普通高等教育“十一五”国家级规划教材

地下建筑工程施工技术

DI XIA JIAN ZHU GONG CHENG SHI GONG JI SHU

周传波 陈建平 罗学东 王晓梅 编著

人民交通出版社
China Communications Press

内 容 提 要

本书以开挖和支护两项地下建筑工程的基本作业为主线，全面介绍了不同应用领域和不同施工条件下的地下建筑工程施工技术与工艺方法；内容注重理论联系实际，并吸收地下工程学科领域的有关最新理论与工程技术成果；以地下建筑工程施工技术内容为主，系统地介绍了与施工技术关系密切的施工监测、施工对环境的影响以及施工管理等内容。

本书作为地下建筑工程学科方向的本科生教材，也可供相关专业的教师、研究生和工程技术人员参考。

图书在版编目（CIP）数据

地下建筑工程施工技术／周传波等编著．—北京：人民交通出版社，2008.5

ISBN 978-7-114-07124-9

Ⅰ.地… Ⅱ.周… Ⅲ.地下工程—工程施工—施工技术 Ⅳ.TU94

中国版本图书馆 CIP 数据核字(2008)第 055860 号

书　　名：地下建筑工程施工技术
著 作 者：周传波　陈建平　罗学东　王晓梅
责任编辑：高　培
出版发行：人民交通出版社
地　　址：(100011)北京市朝阳区安定门外外馆斜街 3 号
网　　址：http://www.ccpress.com.cn
销售电话：(010)59757973
总 经 销：人民交通出版社发行部
经　　销：各地新华书店
印　　刷：北京盈盛恒通印刷有限公司
开　　本：787×1092　1/16
印　　张：22.25
字　　数：563 千
版　　次：2008 年 6 月　第 1 版
印　　次：2014 年 7 月　第 5 次印刷
书　　号：ISBN 978-7-114-07124-9
定　　价：37.00 元

前　言

随着国家经济建设的发展，地下建筑工程施工技术应用领域越来越广泛，无论是在交通、市政、水利水电、矿床开采等工业民用建设领域，还是在现代化的军事建设领域都得到了广泛的应用。施工过程中遇到的复杂地质条件和环境，进一步促进了地下建筑工程施工技术的创新和发展，工程实践中出现了许多新技术、新方法。为适应新形势下地下建筑工程学科本科教学特点，并结合当前不同应用领域对地下建筑工程施工技术的要求，特编著了本教材。

教材编著特点是：以开挖和支护两项地下建筑工程的基本作业为主线，全面介绍了不同应用领域和不同施工条件下的地下建筑工程施工技术与工艺方法；内容注重理论联系实际，并吸收地下工程学科领域的有关最新理论与工程技术成果；以地下建筑工程施工技术内容为主，同时介绍了与施工技术关系密切的施工监测、施工对环境影响、施工管理等内容；教材各章节内容编排上有详有略，主次分明；教材强调内容的系统性与完整性。其中，第3～8章为暗挖法施工技术，第9～11章为明挖法施工技术。由于受篇幅和课时限制，带“*”的章节，可作为授课时的选学内容。

本书由中国地质大学(武汉)工程学院几位从事相关地下建筑工程学科教学科研较长时间的教师集体编写。全书共15章，周传波教授任主编，陈建平教授、罗学东副教授、王晓梅讲师为副主编。其中：第1、2、3、4章由周传波、陈建平编写；第5、6、7章由周传波编写；第8、9、10、11章由王晓梅编写；第12、13、14章由罗学东编写；第15章由陈建平、罗学东编写；周传波负责全书的统稿。

硕士研究生姚颖康、张亮、王鹏、贾建红、李扬、郑晓硕、彤增湘参与了书中部分章节的图文处理，在此表示感谢！

由于本书是多位编者合作的产物，加之编著者学术水平有限，书中的错误在所难免，恳请读者批评指正。

周传波

2008年2月　武汉

前　言

目　录

第一章
绪　论

1.1 概　述

1.1.1 含义与基本特征

地球表面以下是一层很厚的岩石圈，岩石圈表面不断风化形成土层。岩层和土层在自然状态下都是实体，只有在外部条件作用下才能形成空间。在岩层或土层中天然形成或经人工开发形成的空间称为地下空间(Subsurface space)。例如，石灰岩岩体由于水的冲蚀作用形成的空间称为天然溶洞；土层中含有地下水的空间称为含水层；人工采用各种技术开挖出来的空间称为地下建(构)筑空间。

建造在岩层或土层中的各种建筑物(Buildings)和构筑物(Structures)，是在地下形成的建(构)筑空间，称为地下建筑(Underground buildings and structures)。地面建筑的地下室部分归为地下建筑；大部分处于岩石或土壤中的建筑物和构筑物常称为半地下建筑。地下建筑用途很广，如交通运输方面的地下铁道、公路隧道、地下停车场、过街和穿越障碍的地下通道；工业与民用的各种地下车间、电站、矿井、储藏库、商店、人防与市政(城市下水道、电缆隧道)地下工程；文化、体育、娱乐与生活等方面的联合建筑体，还有军事等方面的地下设施。

由于处于一定厚度的土层或岩层的覆盖下，因而具有良好的防护性能，可免遭或减轻包括核武器在内的空袭、炮轰、爆破、火灾等人为灾害，能较好地抵御地震、飓风等自然灾害；又由于地层具有良好的热稳定性、密闭性，故地下建筑有一个比较稳定的温度场，对于要求恒温、恒湿、超净的生产或生活用建筑非常适宜，尤其对低温或高温状态下储存物资效果更为显著。有规划地建造各种地下建筑工程，对节省城市占地、克服地面各种障碍、改善城市交通、减少城市污染、扩大城市空间容量、提高工作效率和提高城市生活质量等方面，能起到极其重要的作用。

1.1.2 地下空间应用历史

人类利用地下空间的历史是与其文明史相呼应的，经历了一个从自发到自觉的漫长过程。推动这一过程发展的动力一是人类的自身发展，如人类繁衍和智能的提高；二是社会生产力的发展。人类对地下空间的利用史大体可划分为以下四个阶段。

远古时期，人类出现～公元前 3000 年。人类利用天然洞穴作为栖身住所。考古学家发现，距今 1 万年前，称为“新洞人”、“山顶洞人”的两种古人类居住地址就在北京周口店龙骨山自然条件较好的天然岩洞里；黄河流域已发现公元前 8000～前 3000 年的洞穴遗址 7 000 余处，其中最早的是河南新郑裴李岗及河北武安磁山的窑址和窑穴；典型的村落遗址有西安半坡、临潼姜寨、郑州大河村等，住房多为浅穴，房中央有火塘。在日本、西亚、中东、欧洲、美洲、北非也都发现了这一时期的古人类居住洞穴。

古代时期，公元前 3000 年～5 世纪。公元前 3000 年以后，世界进入了铜、铁器时期，劳动工具的进步和生产关系的改变，导致生产力有很大的发展，出现了古埃及、希腊、罗马及古代中国的高度文明。人类对地下空间的利用从单纯的居住进入了更广泛的领域。埃及金字塔下的墓穴、巴比伦幼发拉底河引水隧道，均为这一时代地下建筑的典范。我国秦汉时期（公元前 221 年～公元 220 年）的陵墓、采矿、军事、地下粮仓已具有相当的技术水准和规模。

中世纪时期，5 世纪～14 世纪。欧洲经历了封建社会最黑暗的千年文化低潮，地下空间的开发利用基本上处于停滞状态。这一时期我国地下建筑的开发多用于陵墓的建造和满足宗教的一些特殊要求，以及用于屯兵和储粮的军事目的。隋朝（7 世纪）在洛阳东北建造了面积达 600m×700m 的近 200 个地下粮仓，其中第 160 号粮仓直径 11m，深 11m，容量 $445m^3$，可屯粮 2 500～3 000t；宋朝在河北峰峰建造的军用地道，长约 40km。自四世纪中叶佛教传入我国后，相继建成著名的云冈石窟、龙门石窟、敦煌莫高窟（从北魏到隋、唐、宋、元各朝），以及甘肃麦积山和河北邯郸响堂山石窟等，这些石窟岩洞形成了大型的雕刻艺术空间。

近代和现代。从 15 世纪开始，欧洲出现文艺复兴、产业革命，科学技术开始走在世界的前列，地下建筑工程迅速发展。1613 年建成伦敦地下水道；1681 年修建了地中海比斯开湾 170m 的连接隧道；1843 伦敦建成越河隧道；1863 年伦敦建成世界上第一条城市地下铁道；1871 年穿越阿尔卑斯山，连接法、意的全长 12.8km 的公路隧道开通。

到 20 世纪 90 年代末，世界上已有 75 个国家和地区的 80 多个城市修建地下铁道，线路总长 5 200km；有 14 座城市地铁运营线路超过 100km。各国开凿的铁路隧道长 10km 以上的就有 41 条。

日本青函（青森一函馆）隧道连接北海道与本州，总长 53 850m，穿越津轻海峡，海底长度就达 13.3km。青函隧道工程，1939 年开始规划，1946 年实施调查，1971 年正式施工，至 1988 年 3 月投入运营，经历了半个世纪。英法海峡隧道总长 50km，其中海底长度 37km，1987 年动工，1994 年 5 月投入运营。各类地下电站也迅速增长，其中地下水电站的数目全世界已超过 400 座，其发电量达 40 亿瓦以上。地下电站的建设是十分巨大的工程，前苏联的罗戈水电站，土石方量 510 万 m^3，混凝土用量 160 万 m^3，开凿的隧道洞室 294 个，总长度达 62km。

据交通部统计，20 世纪 50 年代，我国仅有 30 多座隧道，总长约 2.5km。1964 年修建的北京至山西原平公路上，修建了两座 200m 以上的隧道，已是非常大的工程。1993 年发展到 682 座，总长 136km。隧道平均长度为 199m，均以二级以下的短隧道为主。新华网北京 2002 年 11 月 6 日交通部副部长胡希捷向 770 多名中外专家宣布，在我国有 8 600 多座铁路、公路隧道，总长度约 4 370 多公里，居世界第一，我国已成为世界上隧道和地下工程最多、最复杂、发展最快的国家。

目前我国较长的隧道有：大瑶山铁路隧道长 14 295m，1982 年施工，1987 年 5 月建成；秦岭铁路隧道，双线并长 18.46km；兰（州）新（疆）铁路乌鞘岭隧道全长 20.05km，是亚洲最长的陆地隧道；京一福高速公路美菰林隧道 2003 年 11 月贯通，双线总长 11.148km；秦岭终南山公路隧道，双洞双车道，单洞全长 18.004km。我国最长的城市地下隧道，南京玄武湖地下隧道，2.66km，双向 6 车道，2002 年竣工。我国第一条海底隧道，厦门"东通道"海底隧道全长 9km，总投资 32.8 亿元，预计 2010 年建成。

世界各国还修建了大量的地下储藏库，其建造技术得到不断革新。目前城市地下空间的开发利用，已经成为城市建设的一项重要内容。一些工业发达国家，将地下商业街、地下停车场、地下铁道及地下管线等连为一体，成为多功能的地下综合体。大规模的开发和利用地下空间，已在缓解城市用地矛盾和城市现代化建设中起着至关重要的作用。

1.1.3 地下建筑工程建设发展前景

随着社会生产力的巨大发展，人口和生活需求与自然资源逐渐枯竭之间的矛盾越来越突出，已引起人们的普遍关注。地球上每增加一个人，就占用一定的生存空间，它包括生态空间，即生产粮食等生活必需品，和供人居住及从事各种活动的生活空间。这两类空间都是以土地为依托，随着人口的不断膨胀，人类现有的生活空间是十分有限的。因此，迫切需要开拓新的生存空间。

国际上提出一种普遍接受的观点：认为19世纪是“桥”的世纪，20世纪是“高层建筑”的世纪，21世纪将是人类开发和利用“地下空间”的世纪。

21世纪人类面临人口、粮食、资源和环境的四大挑战。可持续发展作为国策摆在每个学科和产业面前，谁违背了可持续发展的国策，谁就会被淘汰。人类应顺应这一潮流，开拓新的空间资源。随着城市化进程的发展，我们每天可以看到，大片的土地被钢筋混凝土建筑和交通道路等设施所取代，并且无法再生，居住、交通、环境的矛盾日益突出。能否把地面沃土多留给农业和环境，把地下岩土空间多开发点给道路交通、工厂和仓库，从而使地下空间成为人类充分合理利用的空间资源，这是21世纪现代化城市建设的必由之路。

地下空间是迄今尚未被充分利用的一种自然空间资源，具有很大的开发潜力。地球的表面积为$5.1\times10^{14}m^2$。表面以下是岩石圈（地壳），陆地下的岩石圈平均厚度为33km，海洋下7km。理论上讲，天然存在的地下空间蕴藏总量有$7.5\times10^{18}m^3$。但随着地球深度的增加，其内部温度和压力随之加大，以目前的技术经济条件来看，地下空间的合理开发深度为2km。考虑到地下实体中开挖地下空间，需要一定的支撑条件，即两个相邻岩洞间应保留相当于岩洞尺寸1～1.5倍的岩石实体；以1.5倍计，则当前和今后一段时间内的技术条件下，地下2km范围内的地下资源开发量为$4.12\times10^{17}m^3$。而人类生活主要集中于占陆地面积20%左右的可耕地、城市和农村用地的范围内，故可供有效利用的地下空间资源为$2.40\times10^{16}m^3$。在我国，农村、城市居民点及可耕地面积约占国土面积的15%，这样计算，我国可供有效利用的地下空间资源总量接近$1.15\times10^{15}m^3$。

由此可见，从拓展人类生存空间的意义上来讲，体积庞大的地下空间是一种具有很大潜力的自然资源。

与建立太空城市、海洋城市、海底城市的一些设想相比，开发和利用地下空间是最现实的途径。首先，潜在的巨大空间资源为城市地下空间的开发利用提供了客观条件；其二，开发地下空间的技术已比较成熟，在已有的技术上进一步发展新技术要比开发宇宙技术、海洋技术容易得多；其三，也是最重要的一点是，开发陆地以下空间的最大优势在于不脱离原来的土地和原有的城市，此可与地上的城市空间得到协调发展，而要建立完全脱离地球的或远离陆地的城市，不仅要在建造技术上，而且在解决空气、水、粮食、能源等一系列问题上，都是一个个非常困难的课题。

因此，有理由认为，在城市的地下空间开发利用上，地下建筑在未来相当长的时间内有着非常广阔的前景。

国际上已把21世纪作为人类开发利用地下空间的世纪，世界各国也都作为国策去努力。日本提出要利用地下空间，把国土面积扩大数倍。我国也已开始大规模的进行地下工程开发与建设。正在或即将开发的主要地下工程有：

一、铁路、公路隧道建设

我国铁路分布多集中在比较发达的东部地区，目前随着我国国民经济的不断发展和西部领域的不断开发，铁路正在或必定要向西南、西北等边远山区延伸。山区建路必多桥隧工程。如正在建设中的穿越秦岭山脉，打通包头—西安—安康—重庆—北海的西部大通道，由于该通道将穿山越岭，必然面临众多长大隧道工程；正在建设的西安至南京复线铁路神朔（神木—朔州）线、宝兰线（宝鸡—兰州）复线、渝怀（重庆—怀化）线铁路的相继开工，都已出现或必将出现大量的隧道建设。

我国过去修建的山区公路大多采用盘山道，长远来看其缺点突出：线路长、费时、耗油量多、车辆磨损大，且破坏植被、环境。如昆明—西双版纳，直线距离只有 400 多公里，而公路里程却有 800 多公里；四川、贵州、云南、广西等很多公路均是如此，更不用说通向世界屋脊的西藏公路了。随着经济和技术不断发展，我国也可以像发达国家那样，开凿较长的隧道，这样就可以快速地改善已有的交通状况。

西部大开发，计划在 5～10 年内完成连接西部地区的丹东至拉萨、青岛到银川等 8 条国道主干线的建设，打通滇藏、川藏、成都到樟木等 8 条省际间主要公路通道，都会出现大量的隧道工程建设任务。

二、地下海底隧道

目前，世界上许多国家正在进行海峡隧道的研究和筹建，如白令海峡（俄罗斯—美国）隧道、直布罗陀海峡隧道（西班牙—摩洛哥）、连接意大利本土和西西里岛的墨西拿海峡隧道等。

21 世纪，我国学者也在为修建连接大陆与台湾的台湾海峡隧道、连接大陆与海南岛的琼州海峡隧道进行积极筹划和可行性研究。早在 1998 年 11 月 25～27 日海峡两岸有关单位联合在厦门召开了"台湾海峡隧道学术论证研讨会"探索和研究台湾海峡隧道工程的有关学术问题。

此外，国内有关单位正在组织研究横穿渤海海峡，连接辽东半岛与山东半岛的南桥和北隧海峡通道，连接上海—崇明岛—南通的长江口越江通道（桥隧结合通道），以及横跨胶州湾连接青岛市区与黄岛开发区的青黄通道等工程。

三、城市地铁隧道

我国人口众多，截至 2002 年底，全国设市级城市 660 个，其中 100 万人口以上的特大城市已达 171 个，200 万人口以上的特大城市达 33 个，400 万人口以上的特大城市有 10 个。随着国家工业化的发展，会有更多的人口转向城市。现有的城市人口将大大增加，现有的中等城市将转为大城市。众所周知，大城市的交通已成大问题，堵车严重，交通事故频繁发生。解决这一问题的途径不外两种，一是高架桥、另一是建地铁。高架桥影响市容、且运输容量不大。从长远观点来看，城市地铁是解决交通问题的主要途径。纵观世界各座大城市，均有四通八达的地铁网，可以将乘客大量、快捷、安全、舒适地输送到四面八方。我国各主要大、中城市都在积极筹划和发展地铁交通，地铁工程建设将是我国 21 世纪城市地下空间开发的重点。

四、城市地下市政建设

世界上有许多国家城市建设向地下发展，如地下商场、地下冷藏库、地下仓库、地下游泳馆、地下污水处理厂等。修建地下民用建筑，可以更加充分利用城市面积；修建地下冷藏库有明显的优点，可以将十几、二十米厚的地层冷冻起来，即使停电半个月，温度仍可保持在零度以下。地下体育馆、游泳池等都是因此而保温性好，受到人们的青睐。

我国地少人多，每年由于城市发展，工业交通发展要多占去几千万亩的耕地，城市建设尽可能转入地下，迟早会被提到议事日程。

五、水利、水电地下工程

调水工程在我国已有若干工程实例，南水北调工程的开展，将会出现很多输水隧道。调水工程翻山越岭，必须打通隧道，如引滦入津工程修建的穿山输水隧道、引大入秦修建的盘道岭隧道长 10 多公里、引黄入晋工程修建的 21 公里长隧道等。

我国现有的水电资源均在高山峡谷地区，尤其是西南、西北地区，河谷狭窄，流量大，选择地下厂房往往是最佳方案。根据规划，上个世纪末计划建造总容量达 4 000 万千瓦以上的水电站，其中 40%以上均为地下水电站。正在建设的三峡地下电站土建工程将于 2008 年 12 月完工，安装 6 台 70 万千瓦机组相当于再建 1.5 个葛洲坝水电厂或 2.3 个小浪底水电站。

而在东南、华北地区，水电资源相对少些，这些地区的主力电站多半是火力发电站。火力电站调峰能力差，电网运行不经济，环境污染大。因此，抽水蓄能电站已经或正在这些地区兴建。这些电站均以庞大复杂的地下洞室群作为建设工程的主体。

据统计，目前世界上已有 400 多座地下电站，而我国只有 40 余座。可以想象，对于我们这样国土辽阔、人口众多、发展迅速的国家，在今后几十年内必然要建造大量的地下水电站。

六、其他方面

(1)国防建设工程

现代地下建筑起源于地下铁路和军事工程，国防地下工程建设是国家军事建设的重要内容之一。如军事指挥中心、武器库(飞机、舰艇库等)、军需品仓库均可以设置在地下；主要的军事工业工厂，导弹基地等当然有设置于地下的，这些地下设施除了满足一般的地下工程要求外，往往还要满足承受爆破冲击荷载的作用。

(2)油库、汽库、核废料库

目前我国的石油天然气库建在地表，既占地又不安全，且钢材消耗量大。国际上某些发达国家将此建在地下，最大容量超过 300 万 m^3，我国也即将建立地下油库。我国目前发展核电站，处于刚起步阶段，以后还将兴建大量的民用核电设施，因此核废料必然越来越多，核废料的处理会成为一个严重的问题。发达国家如瑞典、美国等认为核废料密闭储藏在几百米深的地下洞库中比较理想，可以做到几百年甚至几千年内不向外泄漏渗透。我国在不久的将来也会遇到这一问题，需要提前做这方面的研究工作。还有矿业工程、民用建筑工程地下部分等，都需要涉及地下建筑工程，因此，地下建筑专业人才是大有用武之地的。

(3)深部矿产资源开采

我国煤炭资源埋深在 1 000m 以下的为 2.95 万亿吨，部分有色金属矿山已进入采深超过 1 000m 的深部开采阶段，随着浅部资源的逐步枯竭，进行深部资源开采势在必行，这将会给采矿地下工程带来一系列问题，如地下工程稳定性、冲击地压等。

1.2 地下建筑的类型及特点

1.2.1 地下建筑的类型

地下建筑类型不同，其工程特点、设计、施工方法和施工组织也不相同。地下建筑常见的分类方法有四类：

一、按使用功能分类

①军用地下建筑：如地下指挥所、人员或装备隐蔽所、地下通讯站及战备电站等；

②交通地下建筑：公路、铁路隧道或城市地铁、人行地道等；

③市政地下建筑：城市地下自来水厂，地下污水处理厂，动力电缆、通讯电缆、给排水管道等的地下通道；

④地下采掘空间：各种矿体开采后形成的地下空间，在我国这些地下空间大多未被利用，可用来储藏核废料或其他物资；

⑤工业地下建筑：地下工厂、车间，如地下水电厂、地下精加工车间等；

⑥地下仓储设施：地下油、粮、气库，冷、热库，核废料库等；

⑦地下民用设施：地下游乐场、地下商场、地下旅馆、地下住宅、地下医院等。

二、按断面形状分类

①曲线型断面：圆形、椭圆形、曲墙拱形；

②半曲线型断面：直壁平底拱形、直壁仰拱形；

③直线型断面：如矩形、方形等。

三、按所处的地质条件分

①岩体地下洞石室：包括人工洞和天然洞两种；

②土体地下洞室：包括黄土洞室和其他土层洞室。当洞室上部为土层，下部为岩层时，根据其周围应力特征和防排水要求，也宜归为土体地下洞室进行设计。

四、按埋深分类

①当 $h/b \geqslant k$ 时，为深埋隧道；

②当 $h/b < k$ 时，为浅埋隧道。

其中，h 为毛洞的埋深，b 为毛洞的跨度；k 的取值与岩性有关，当为土层时，取为 2.5，当为坚硬岩石时，取值偏高，建议值为 1～2，但同时满足：$h \geqslant (2\sim2.5)h_0$（$h_0$ 为压力拱的计算高度）。

1.2.2 地下建筑工程特点

地下建筑工程是在岩体或土体中开挖的空间结构工程，与地面工程相比，地下工程在很多方面具有完全不同的特点，主要表现在以下几个方面。

(1)工程受力特点不同

地面工程是先有结构，后有荷载，经过施工形成结构后，再承受自重、风雪以及其他静载或动载；地下工程是先有荷载，后有结构，在岩土地质体内开挖，在工程开挖之前就存在着地应力荷载，所以地下工程是先有荷载，后形成结构。

(2)工程材料特性不确定性

地面工程结构材料多为人工制造，如钢筋混凝土、钢材、砖块等，这些材料与岩土体材料相比，在力学和变形性质等方面不仅无变异性，而且人们可以对其进行控制和改变。地下工程结构所涉及的材料包含两部分，其一部分支护结构材料性质是人工制造的，而另一部分作为地下结构重要组成的工程围岩是难以预测和控制的岩土地质体。这样的地质体不仅包含大量的断层、节理夹层等不连续介质，而且还存在着很大程度的不确定性，这种不确定性主要体现在两个方面：

①空间上的不确定性。对于地下工程围岩，不同位置围岩的地质条件存在差异(如岩性、

构造、地下水条件等），因此，人们通过有限的地质勘察、取样，很难全面了解掌握整个工程体地质条件和力学特性。

②时间上的不确定性。即使在同一地段的不同历史时期，其地应力、岩土体物理力学特征等也会发生变化。尤其是开挖后的工程岩体特性除随时间的变化而变化外，更重要的还与开挖顺序、支护方式、施工工艺方法、施工时间等因素密切相关，这往往是一个十分复杂的变化过程。

(3)工程荷载的不确定性

地面结构所受荷载较为明确，其荷载量值及其变异性与地下工程相比要小得多。对于地下工程，工程围岩的地质岩体不仅是支护结构的荷载，同时又是承载体，作用到支护结构上的荷载难以精确计算，而且，此荷载是随着支护类型、支护时间与施工工艺的变化而变化。因此，地下工程的设计与计算，难以准确地确定作用于结构上的荷载类型与量值大小。

(4)破坏模式的不确定性

工程数值分析、计算的主要目的在于为工程设计提供评价结构破坏或失稳的安全指标，如稳定性系数、各种力学与变形指标等。这种指标的计算是建立在结构的破坏模式基础上的。地面工程的破坏模式较容易确定，如强度破坏、变形破坏、旋转失稳等破坏模式。而地下工程破坏模式一般难以确定，它不仅取决于岩土体工程、水文地质性质，而且还与开挖顺序、支护方式、施工工艺、支护时间等密切相关。

(5)地下工程设计施工信息的不充分性与模糊性

地下工程设计与施工的主要信息是通过工程勘察手段和从局部的工作面或露头中获取，此获取信息的数量与质量是局部和有限的，且可能存在错误的资料或信息；准确充分的围岩工程地质与物理力学性质资料对地下工程设计与施工指导作用极其重要，但描述对这些资料的内容如节理特征、充填物性质以及岩性的描述等又都具有模糊性。

1.3 地下建筑工程建设基本程序及原则

地下建筑工程建设，要经过可行性研究、设计、施工等阶段。一个工程建设项目的设计任务书经批准后，建设单位通过招标确定或委托设计单位，按设计任务书的要求编制设计文件。设计文件是安排建设项目和组织工程施工的主要依据。按国家有关规定：一般建设项目，按初步设计和施工设计（亦称施工图设计）两个阶段进行设计；对于技术复杂而又缺乏经验的项目，需增加技术设计阶段；对于一些大型综合工程、矿区和水利水电枢纽工程，为解决总体部署和开发问题，还需进行总体规划设计或总体设计。

采用三阶段设计时的设计文件是：

①初步设计及总概算；

②技术设计及修正总概算；

③施工设计及施工图预算。

在初步设计和技术设计阶段，都要编制指导性施工组织设计，它既是工程设计的必要组成部分，又是组织工程施工必不可少的依据。在施工阶段的施工准备中亦必须编制实施性施工组织设计，从内容上要求比指导性施工组织设计具体、准确，更能切合施工实际。

一般隧道工程的施工设计属于单项设计，它的编制是以计划任务书（或委托任务书）和地质设计为依据，在施工设计的基础上编制施工预算。一个工程建设项目在建设时期和生产时期的效果，在很大程度上取决于其设计和施工的质量。

设计是根据业主对一个工程建设项目的总要求，通过调查研究，摸清和掌握有关资料与数据，将合适的先进工艺、技术和设备应用到设计工程中，并运用技术和经济等各方面的科学知识，经过综合研究，反复比选而编制出设计文件，用以指导施工和竣工验收及规划生产的过程。施工起着将设计的图纸转化为工程实体的作用，其中需要在设计的指导下，根据工程的具体实际情况，从技术和经济的角度制定出合理的施工方案和施工方法，用于指导施工。所以，施工是一项从施工技术与工艺、施工机械、施工组织与管理等方面，研究多快好省地进行工程建设基本规律的工作。

任何建筑工程的建设都必须按一定的原则与程序进行，地下建筑工程从立项到设计与施工等建设过程应遵循如下基本原则：

(1)要遵循基本建设程序

所谓建筑工程基本建设程序是指基本建设项目从决策、可行性研究、设计、施工到竣工验收整个工作过程中的各个阶段及其先后次序。科学的基本建设程序是基本建设过程及其规律性的反映。

在项目决策阶段，根据经济发展长远规划布局的要求编制项目建议书。项目建议书经批准后(国家建设项目须经其主管部门批准)，由业主委托设计单位或咨询单位进行可行性研究。可行性研究的任务和作用是从技术经济方面论证建设该项目是否可行，如果证明其兴建是必要的和可行的，经(主管部门)审批后，则应编制设计任务书为它的附件。设计任务书在工程建设之前起定项目、定方案的作用，是工程建设的指导性文件，是编制设计文件的主要依据之一。在可行性研究的基础上，对推荐的方案再进行研究，落实各项建设条件和协作配合条件，使项目建设及建成投产后所需的人、财、物有可靠保证。有了经过审批的设计任务书，该项目就算基本确定，可据此进行设计等各项建设的前期工作。但是，设计任务书并不是工程动工兴建的许可证，我国规定，有经过批准的设计文件，但没有列入国家年度计划、没有经过批准的开工报告，不能开工。

在设计阶段，业主可招标确定或委托设计单位，按设计任务书的要求，编制设计文件。设计文件是安排建设项目和组织工程施工的主要依据。

在着手地下结构设计时，首先要详细了解工程所在地及附近的地质情况，对现场进行如钻探、取样分析、物理力学测试、岩石结构模型分析、水文分析等工程地质勘察，必要时采用坑探手段进一步了解岩性与岩体结构。工程地质勘察是工程设计的非常重要的前期工作，它直接关系到设计的优劣和工程投资的大小。

设计完成后，需要由施工单位付诸实施。我国规定，国家的建设项目确定施工单位必须进行公开招标，通过投标择优选择施工单位。在基本建设程序中，一般要求在施工图设计完成进行招标，这样可减少施工中工程量的变动和索赔。

工程施工必须按照批准的设计文件施工，如需变更，应按设计单位现行的变更设计处理办法执行。业主和施工单位都要做好施工前的准备工作，开工前应深入工地做好调查研究，核对设计文件，编制实施性施工组织设计，对工程施工在时间顺序上和工程项目上进行合理安排，对施工现场在平面和空间上进行合理布置，完成实测和定位工作；工业场地平整及障碍物拆迁，形成施工需要的“三通”(即路通、水通、电通)，完成施工需要的工业设施和必要的生活设施；做好设备、材料、工具及劳保用品的准备工作，编制劳动力计划，并做好调配、培训工作，做好对外协作工作。要加强施工管理，严格质量控制，以保证在预定的时间内，用较少的人力和物力，完成规定的任务。

工程施工必须实行监理制，通过对工程质量、进度和价款进行控制和管理，保证工程按质、按期完成。

工程完工时编写工程施工技术报告，提交竣工文件，按有关规定进行验收。

(2)要搞好调查研究，取得必要的资料

必要的资料，特别是工程地质、水文资料和工程技术经济论证报告，是可行性研究和设计、施工的依据，是保证设计和施工质量的重要条件。在进行设计和施工之前，应根据不同设计阶段和施工准备的任务、目的和要求，针对不同用途的地下建筑工程的特点，确定应搜集资料的内容和范围，力求做到搜集资料齐全、准确，满足设计和施工要求。

(3)要认真贯彻执行国家有关的方针政策

设计的基本任务是要做出能体现国家有关方针、政策，切合实际，安全适用，技术先进，经济效益好的设计。因此，设计和施工要遵守国家的法律、法规，认真贯彻执行国家经济建设的各项有关方针政策，如征用土地必须按《土地法》的要求，少占良田，充分利用荒地；选用材料和施工时必须满足《环境保护法》的要求，保护生态环境，防止自然环境的破坏和污染。

(4)必须遵守有关规范和规程

设计内容和深度要满足有关规定的要求，内容要简明扼要、突出重点，图件、附表要清晰齐全。

不论是哪一类地下工程，其设计的基本目标均须充分利用围岩的自承能力，在施工过程中尽量减少对围岩的破坏。对地质变化较大的工程，选用的施工方法要有较大的适应性，对方案的技术问题，要通过技术和经济比较分析，使确定的方案符合国家当前技术经济政策，要在技术可靠和先进的基础上，达到最大的经济效果。

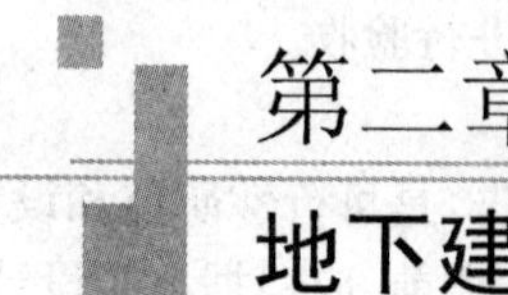

第二章 地下建筑工程施工概论

2.1 地下建筑工程施工技术概述

地下建筑通常包括图 2-1 工程内容：

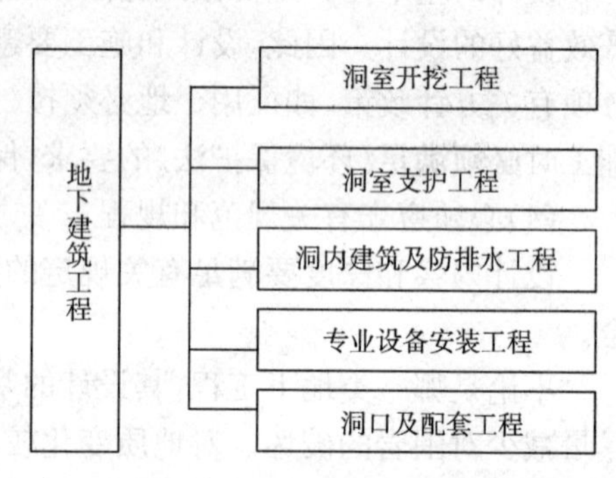

图 2-1 地下建筑工程组成

洞室开挖工程:根据工程设计,在岩体内进行开挖成洞的作业,以获得符合使用要求的洞室空间。

洞室支护工程:增强洞室围岩的稳定性,保证洞室在长期使用条件下的安全性。洞室支护形式有,喷射混凝土、锚杆、锚喷、整体式衬砌、装配式衬砌等。

洞内建筑及防排水工程：包括洞内衬套及房屋,分隔洞室平面或空间的隔墙和维护结构工程,设备基础工程,地面工程,防排水工程,坑、池、管沟工程,门窗、粉刷、油漆等装修工程。

专业设备安装工程:包括生产工艺设备、运输设备、动力、照明、通风、给水、供热、消防、通讯、信号等管线设施,消波、密闭、滤毒等三防设施,防震、隔音、防腐等专业工程,生活及公共设施的安装工程。

洞口及配套工程:包括洞门、洞口护坡、泄洪排水、道路以及洞外必需的配套工程。

由于地下建筑类型众多,使用要求不同,施工工程组成并不一定都包括上述几项。本课程主要学习洞室开挖工程和洞室支护工程的施工工艺和施工组织方面的基本知识。

地下工程施工技术是以在地层中修建建、构筑物为目的,研究解决地下工程修建中的技术方案和措施,地下工程在各种地质条件下的施工方法、手段、工艺和工程实施中的技术、计划、质量、经济和安全管理措施,所包含的内容主要有地下工程的基本作业、辅助作业、环境控制和施工管理等,如图 2-2 所示。

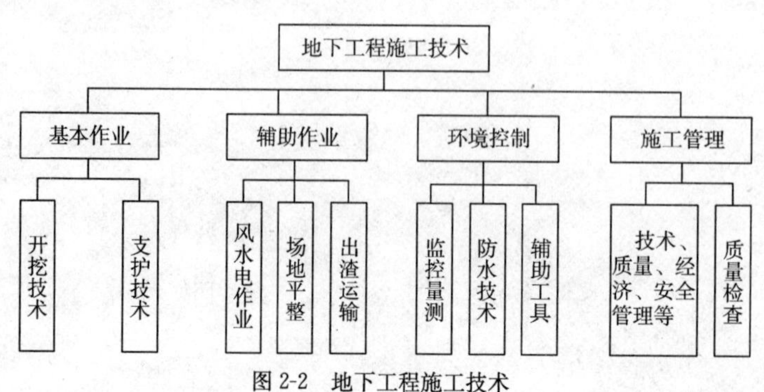

图 2-2 地下工程施工技术

地下工程基本作业主要包括开挖、支护和衬砌三大技术。在开挖技术中十分重要的是开挖方法的选择，选择的主要考虑因素一般有工程地质和水文地质条件、地形和地貌、埋置深度、结构形状和规模、使用功能和环境条件、施工队伍的技术水平和施工机具、交通条件和工期要求、经济和技术等，通过综合研究来确定。目前我国地下工程使用的开挖方法可分为两大类（表 2-1）。

地下工程开挖方法　表 2-1

明挖法	暗挖法
基坑敞口开挖	矿山法（钻爆法）
基坑支挡开挖	掘进机（TBM）法
地下连续墙	盾构法
盖挖法	顶进法
沉管法	

支护技术是为了地下工程开挖的安全，一般分为临时支护和永久支护两类；形式上有木支撑、钢支撑、格栅支撑、锚杆、喷混凝土和它们的组合、混凝土衬砌等。

地下工程辅助作业是配合基本作业必需的环节，包括风水电的设计、安装和供给，施工场地的计划和布置，出渣运输的计划和设备的配置等。

环境监控主要研究解决地下工程施工过程中的安全和对周围环境的影响，如开挖洞室的位移过大引起围岩塌方、支护结构位移过大引起结构失稳或者沉陷、地面沉陷过大对环境的影响、地下水的控制等；采用的手段主要是对施工的过程进行监测监控，发现异常情况，及时采取加固措施（辅助施工手段）和更改施工方法。

施工管理是通过有效的管理来保证工程的质量和工期，应用科学合理和符合地下工程施工特点的方法，规划组织施工设计，对各施工中的各环节进行科学的技术、计划、质量、经济和安全的管理，达到高质量、高效益的目的。

2.2　地下建筑工程施工方案

确定施工方案对工程按期、保质及顺利进行有非常重要的意义。隧道施工方案细分可以有多种，但可根据开挖、支护及安装的程序区别概括为两种，一种是多次成巷方案，另一种是一次成巷方案。

2.2.1　一次成巷方案

一次成巷的施工方案，要求在单位时间内（按月计）完成开挖、永久支护、安装铺设等项工程，达到设计规定的成巷要求，使隧道尽快投产。因此，这种方案首先是在具有支护工程的隧道中使用。

在断面不大的隧道施工中，一次成巷要求全断面开挖、支护（包括衬砌）和安装一次完成。当然，开挖工作面和永久支护之间应相隔一段距离，使开挖和支护同时进行。当隧道断面较大，岩层又不太稳定，采用全断面一次开挖支护有困难时，可采用先开导洞后扩挖支护或采用台阶工作面的施工方案，但导洞的工作面与扩挖工作面相距不能太远，一般以 10～20m 为好。

2.2.2 多次成巷方案

多次成巷是指在一条隧道中开挖、支护(包括衬砌)、安装等依次完成。单纯从施工的角度分析,这种成巷方案与一次成巷方案比较显得成巷速度慢,经济上不够合理,所以我国矿山部门已不提倡使用。但在其他部门,如水工、铁路、公路隧道施工中,因隧道的用途不同,或总施工方案安排上的原因等使得一次成巷方案难以实行,此时多次成巷是可行的施工方案。另外,在使用全液压凿岩台车全断面快速开挖及使用各类型的钢模台车进行快速衬砌时,可以加快多次成巷的施工进度,使该方案更经济合理。

2.2.3 一次成巷方案与多次成巷方案比较

一次成巷与多次成巷比较,当机械化施工程度不高,有着以下的一些优点:

(1)成巷速度快

一次成巷施工法能最充分地利用隧道的有限空间,在整个巷道的各个区段内安排较多工种,组织多工序平行作业;同时又可以多工种机动调整、统一指挥,这样便于消除各工种作业不均,从而免除了劳逸不均的现象,提高了工效。

(2)综合工效高

一次成巷时,能充分利用工时,各工种之间能互相协作,从而减少窝工现象;永久支护所必需的充填料石就地取材,节约了劳动力;又由于一条隧道,统一由一个施工队负责施工,有利于保证工程质量。

(3)作业安全

一次成巷的永久支护可以及时支撑顶板,特别是采用锚喷支护后,能使锚喷支护紧跟工作面,可以缩短围岩的暴露时间,有效地防止了围岩的风化、变形、甚至松动,避免了冒顶、片帮事故。

当然,如果组织不好,在一次成巷的工作面上,由于人员多,同时作业的项目也多,会造成一定的紊乱,各工种之间会发生干扰,甚至可能出现安全事故。因此在采用一次成巷的隧道中,必须把技术管理紧紧跟上,如能这样,上述的问题是不难解决的。

隧道开挖中,为了缩短一个工作循环的时间,在确保安全的前提下,在一次成巷的施工管理方面,除了尽量使占时间较多的钻眼、装岩和支护三项主要作业平行外,还必须实行多工序平行交叉作业,这是国内外快速开挖隧道中行之有效的措施。国内一些快速掘进队组提出的钻眼、装岩与支护,测中腰线与准备钻眼、铺设风水管路,钻上部炮眼与装岩,钻下部炮眼与铺永久轨道,交接班与工作面安全质量检查等平行作业。

随着大型、高效、多用的开挖设备的出现,依次作业和多次成巷的方式正在扩大使用,正日益显出它的优越性。如使用凿岩台车,就难以实现钻眼与装岩平行;高效率的钻眼设备和装岩设备的出现,将使有些工序平行作业的意义大大降低。依次作业和多次成巷作业具有作业单一,工作条件好,工效高,便于推广高效率设备,提高机械化水平等优点。

2.3 地下建筑工程施工特点

地下建筑工程施工,一般是指在岩(土)体中修建建筑物,其上述工程内容主要是在地面以下进行,它直接受到工程地质、水文地质和施工条件的制约。这些施工项目与露天作业差别很大,主要有如下几个特点:

①工程埋设地下,因此工程地质和水文地质条件对地下建筑工程施工的成败起着重要的甚至决定性的作用。如当年修建穿越阿尔卑斯山的圣哥达铁路隧道时,由于遇到事先未料到的高温(41℃)和涌水(660L/min),给施工带来很大困难,最终延期两年才完成任务。因此,不仅要在勘测阶段做好详细的地质调查和勘探,尽可能准确地掌握隧道工程范围内岩层地质条件,而且在长大隧道施工中,还应采取超前导坑、钻孔、仪器探测等手段,进行隧道施工前方的地质超前预报工作,根据变化了的地质条件,相应调整设计、施工方案,及时采取有效措施。

②地下工程施工作业空间狭小,工序交叉多,施工干扰比较大,因此,要求施工中加强管理,合理组织、避免相互干扰。在长隧洞施工中,正常情况下只有进出口两个工作面,施工速度较慢,工期长,这些工程往往成为控制交通线路的工期的关键工程。为满足施工进度要求,需要开挖施工支洞以增加工作面。

③当前,地下工程主要采用钻孔爆破法进行开挖,因此钻孔、爆破、装运岩石等工序在同一工作面常表现为周期性的循环。爆破产生的有害气体使得地下施工环境进一步恶化,必须采取有效措施加以改善。如通风、照明、防尘、隔音、排水等,以保证施工人员的身心健康,提高劳动生产率。

④地下工程施工,岩石是成洞开挖对象,开挖后又是支护对象,这就需要在充分了解围岩性质和合理运用洞室体型特征,以发挥围岩的自承稳定能力,既可保证施工安全,又可节省支护工程量。

⑤对于铁路、公路大多穿越峻岭,施工工地一般都位于偏远的山区中,远离交通线路,运输不便,供应困难,这些也是规划隧道工程时应当考虑的问题。

⑥地下建筑工程埋设地下,一旦建成就难以更改。因此,除施工前必须审慎规划和设计外,工程的施工质量必须按规范和设计要求,一次达标,不留后患。

⑦地下工程施工基本不受外界气候影响,但洞室内施工劳动条件较差,安全问题比较突出。遇到不良地质地段往往会发生塌方、逸出有害气体和涌冒地下水等突发事件,对此施工中必须备有充分的应急措施。

2.4 地下建筑工程施工技术发展

地下工程施工技术的发展是和国家经济发展相关联的。近年来随着我国社会经济快速发展,城市化进程加快,地面交通增长十分迅猛,而修建水平满足不了发展的需要,造成了城市用地紧张,各种交通设施超负荷运转,交通事故、交通阻塞和交通公害等成为一大社会问题,阻碍了国家和地区经济的发展。因此,开发城市地下空间,规划和修建高水平的交通隧道(铁路隧道、公路隧道、地下铁道、越江隧道等),是目前急需研究的课题之一。

我国是拥有地下工程数量最多的国家,具有悠久的历史。在古代人们挖掘窑洞来居住,是最早的地下工程,具有一定工程规模的地下工程,根据考古研究发现,应是长沙的楚墓、洛阳的汉墓、明朝的定陵等。第一座用于交通的铁路隧道是在1887～1889年修建在我国台湾,在从基隆到台南的窄轨(1 067mm)铁路线上,长261m的师球岭隧道,1907年我国杰出的工程师詹天佑先生主持修建了第一座由中国人自己设计和施工的现代隧道——八达岭铁路隧道,长1 091m,目前该隧道还在运营。1949年前,由于我国经济和技术落后,修建的地下工程数量很少。中华人民共和国成立后,地下工程建设有了较大的发展,尤其是改革开放以来,伴随我国经济的腾飞,地下工程施工技术有了飞跃,地下工程的建设得到大规模的发展。至2002年底,我国已修建了8 600多座铁路、公路隧道，总长度约4 370多公里，居世界第一；北京、上海、天津、广州、南京、深圳相继建成了超过100km的地下铁道，目前还有超过25个城市拟建设地下铁道；近年来采用沉管法修建的穿越珠江、甬江、长江的隧道，极大地提高了我国修建水下隧道的技术水平。目前我国已具有修建各种地质条件下的地下工程的能力，在许多方面已步入世界先进水平。

我国人口多，幅员辽阔，是一个多山的发展中国家，城市化交通处于发展阶段，城市地下空间开发刚刚起步，可以预见，地下工程的建设必将有更大的发展。

地下工程施工技术水平的进步主要体现在：

(1)修建长大交通隧道方面

近年来修建的交通隧道越来越长，跨度越来越大，如乌鞘岭铁路隧道长20.05km、秦岭铁路隧道双线并长18.46km、秦岭终南山公路隧道长18.004km，修建超过20km的大跨隧道技术已十分成熟，说明我国已掌握了修建长大隧道的成套技术。

(2)不良地质条件下修建隧道方面

我国在这方面已经积累丰富的工程经验和科技成果，取得了主动权。如在青藏铁路的修建中，解决了在海拔4 000m、−40℃的高寒地区修建隧道的问题；在渝怀铁路的修建中，克服了大涌水的因素，修建了圆梁山隧道；1996年建成的南昆铁路家竹箐隧道，克服了高瓦斯、高地应力、大涌水的困难，填补了我国在高瓦斯、高地应力隧道施工技术的空白。这些充分说明我国能够在各种不良地质条件下修建隧道。

(3)地下工程开挖技术方面

在城市明挖地下工程修建中，形成了适应各种工程条件的基坑敞口开挖、支挡开挖、地下连续墙、盖挖法的施工技术体系；暗挖钻孔技术由人力持钻钻进到支腿架钻，进而采用风动和液压的钻孔台车。近年来，非爆破机械开挖技术在我国得到长足的发展，隧道掘进机(TBM)和盾构机得到广泛应用，如北京、上海、南京、广州和深圳地铁就使用盾构修建了部分区间隧道，水利建设更是大量使用盾构修建输水隧道，秦岭双线铁路隧道建设中也采用隧道掘进机修建其中一条隧道。

(4)支护和衬砌技术方面

从木支撑、钢支撑发展到锚杆和喷混凝土、格栅支护等技术的广泛应用；修建衬砌由砖石垒砌，到混凝土就地模注、混凝土泵挤送、锚喷柔性衬砌、喷射钢纤维混凝土衬砌等。

另外，以监控预测信息反馈指导施工，在我国地下工程施工中得到广泛的应用。

地下工程施工技术的发展，体现了地下建筑不占地面空间、抗震、隐蔽等优越性，扩大了地下建筑的应用范围。充分利用地下空间已为各界人士所重视，许多地下工厂、地下仓库、地下核能设施、地下休闲设施、地下体育馆、地下废物处理场、地下街、地下停车场、地下养殖场等相继出现在城市的规划和建设中。可以说，地下工程已经渗透到了国民经济建设的各个领域，成为人们活动的又一新空间。

我国地下工程施工技术的进步为大规模建设地下工程奠定了基础，取得了很大的成就。但是和国外先进技术和管理水平相比，我们还有许多需要学习的地方，许多问题有待研究解决，如怎样获取准确的地质勘察信息、施工中的超前地质预报、隧道施工的机械化配套技术、非爆破掘进机械的国产化、高强度衬砌技术、预制拼装衬砌研究应用、现代化施工管理技术等，都是需要我们去认真解决的问题。

第三章
隧道钻爆法开挖施工技术

3.1 隧道爆破的基本概念

隧道开挖爆破是单自由面条件下的岩石爆破，其关键技术是掏槽，其次是周边孔光面爆破。隧道爆破程序是：先按设计在掌子面上布置炮眼，而后根据设计的炮眼位置、深度、方向钻眼，最后根据设计装药量及起爆顺序将炸药及不同段别的雷管装入炮眼，待做好安全防护工作后，连接回路并起爆。按照爆破顺序，最初的几个炮眼要形成一个槽腔，破岩深度取决于掏槽效果。较理想的隧道爆破效果，应该是开挖达到预定的进尺，轮廓壁面及掌子面平整，岩渣块度适宜装运，对围岩的扰动小。

隧道开挖爆破涉及的主要名词如下：

掏槽：即在开挖断面的中部（适当偏下），钻一定数量的炮孔，超量装药，最先起爆，以破碎抛掷岩石，形成一个槽腔，增加自由面，为其他炮眼的爆破创造条件。

光面爆破：即在开挖轮廓线上按设计的炮孔密集系数，布置比普通爆破较为密集的炮眼，并采用少量、不耦合装药的特殊装药结构，在主爆孔爆破后同时起爆，使被爆岩体沿开挖轮廓线爆除，并使围岩最小限度受损伤的爆破技术。

预裂爆破：按设计的密集炮孔和装药形式，在开挖断面轮廓线钻眼、装药，并将周边炮眼在断面上的所有其他炮眼爆破之前首先同时起爆。当装药量和眼间距选择适当时，周边各炮眼在爆炸荷载作用下，形成一相互贯穿的预裂面，成为主炮眼爆破所产生的爆炸应力波的屏障，隔阻或减小主炮眼爆破对围岩体的破坏影响。

循环进尺：一次开挖爆破的隧道进尺。

炮眼间距：同一并排两相邻炮眼的中心距离。

抵抗线：药包中心至自由面的最小距离。

炮眼利用率：实际循环进尺与炮眼深度之比。

掏槽眼：开挖断面中部偏下，最先起爆的炮眼。

辅助眼：掏槽眼之外、周边眼之内的所有炮眼。

周边眼：周边轮廓线上的炮眼。

底板眼：隧道底边上的炮眼。

炸药的敏感度：炸药在外能作用下起爆的难易程度称为炸药的敏感度，简称为感度。某一炸药起爆所需的外能小，则该炸药的感度高；反之，则该炸药的感度低。同一种炸药对于不同的外能，感度是不一样的。在实际工作中，必须综合炸药对各种外能作用所表现的感度，才能全面评价该炸药的敏感度。

炸药的威力：通常用爆力和猛度表示。

爆力:在某一介质体内,炸药爆炸破坏一定量的介质体积的能力,叫做爆力,用体积单位来表示。炸药的爆力是表示炸药爆炸做功的一个指标,它表示炸药爆炸所产生的冲击波和爆轰气体作用于介质内部,对介质产生压缩、破坏和抛移的做功能力。炸药的爆力越大,破坏岩石的能量就越多。爆力的大小取决于炸药的爆热、爆温和爆生气体的体积。炸药的爆热、爆温越高,生成气体体积就越多,则爆力就越大。

猛度:炸药爆炸瞬间爆轰波和爆炸产物直接对与之接触的固体介质局部产生破碎、压缩的能力,炸药猛度大小用长度单位来表示。猛度大小主要取决于爆速,爆速越高,猛度越大,介质被粉碎、压缩得越厉害。

炸药爆炸的稳定性:爆轰波在炸药中稳定传播的速度简称为爆速。炸药起爆后,爆轰波以最大的速度稳定传播的过程,称为理想爆轰。在一定条件下,炸药达不到理想爆轰,但还能以相应的某一定常速度稳定传播爆轰的过程,称为稳定传爆。炸药理想爆轰时,才能充分释放出其固有能量,否则爆轰不稳定,会降低爆炸效果,甚至发生拒爆。为充分利用炸药的爆炸能,提高爆破效果,保障施工安全,必须保证炸药的稳定传爆,争取达到理想传爆。影响爆炸稳定性的主要因素有药包直径、密度、径向间隙约束条件等。

3.2 钻爆法隧道开挖方法

目前,钻爆法是一种使用最普遍的岩石隧道开挖方法,由于其具有适用于各种岩性、各种断面的隧道开挖施工的优点,而得到广泛的应用。

3.2.1 开挖方法

根据不同的地质条件和断面面积,钻爆法隧道开挖可归纳为如下几种类型,如图 3-1 所示。

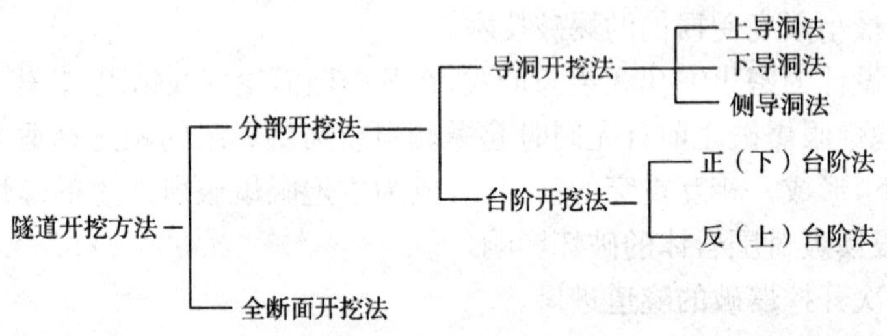

图 3-1 钻爆法隧道开挖方法

一、全断面开挖法

当岩石坚固性中等以上,节理裂隙不甚发育,围岩整体性较好,断面小于 100m² 的条件下,可采用全断面开挖法。采用该法时,整个工作面基本上一次向前推进,在开挖工作面上只有一个垂直作业面,凿岩、爆破依次进行。目前矿山巷道断面小,施工多使用小型凿岩和装运机械,钻凿上部炮孔常采用蹬渣作业,装药连线借助梯子进行,因而多采用全断面开挖法。

应用该法开挖洞室的优点是:开挖面大,能发挥深孔爆破的优点;作业集中,便于施工管理;工作面空间大,易于通风,适合选用以大型机械为主的机械化作业线,施工进度快。如日本大成公司在云南鲁布革工程直径 8.8m 引水隧道中使用该法,月成洞达 250m 以上。所以,在岩层条件允许的情况下、尽量选择该施工方法。但使用该法也有缺点,在设备落后、使用小型机械时,凿岩、装药、装岩等比较麻烦,难以发挥生产效率。

二、台阶开挖法

台阶法开挖时将工作面分成上下两部分，若上部工作面超前时形成正台阶，称为正台阶工作面；若下部工作面超前时形成倒台阶，称为反台阶工作面。

正台阶法：采用正台阶法开挖时，将洞室断面分成两部分，先掘上部断面使上部超前而出现台阶。爆破后先将拱部用喷射混凝土进行支护，出渣后在上下断面同时进行凿岩（见图3-2）。此外，根据洞室大小也可将断面分成几个部分，但在施工中一般采用两个台阶。

采用正台阶开挖，下部台阶开挖时由于开挖工作面具有两个自由面，因此炮眼的钻凿也可以采用向下钻立孔的方式进行。但有时由于凿岩深度不够会出现底板欠挖的现象，此时必须及时进行纠正。

在整个洞室完成爆破开挖后，自下而上先墙后拱进行浇灌混凝土工作。若采用锚喷支护，拱部锚杆的安设随上部断面的开挖及时进行，而喷射混凝土则可视具体情况分段完成。

正台阶开挖法在施工中需经常调整上下台阶的进度，且往往由于上部出渣速度慢而影响下部凿岩工序的进行，致使开挖不能按正规循环进行作业。在一般情况下，上部工作面要超前3～5m，但在施工中还应根据具体条件调整工艺参数，才能取得良好效果。

反台阶法：采用反台阶开挖方式如图3-3所示，先开挖下部断面I，然后在下部开挖面开挖一段距离后再开挖上部断面II。开挖上部断面时，由于有良好的爆破自由面，可适当减少炮孔数量。

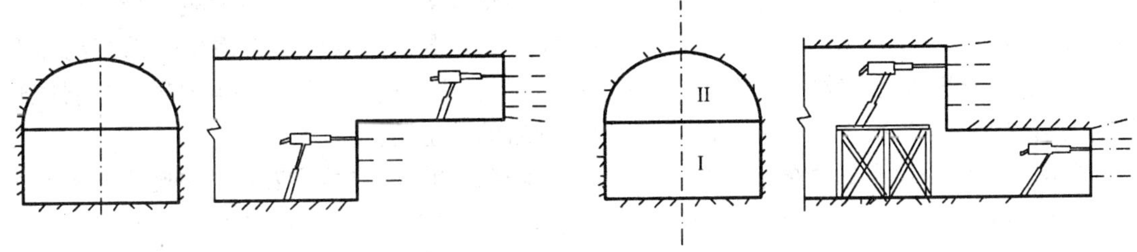

图3-2　正台阶工作面开挖示意图　　　　图3-3　反台阶工作面开挖示意图

整个洞室开挖后，自下而上先墙后拱浇灌混凝土，若采用锚喷支护，拱顶支护与上部断面开挖平行作业，随后完成墙部支护。

本法的主要优点是：上部断面爆破时岩渣直接落到洞室底板上，减少了上部工作面人力耙运岩渣的工序，并使上下两个工作面的作业相互干扰少，平行作业的时间长，因而工效高且管理方便。

此外，为减少搭设凿岩台架的工作，也可将下部工作面I一直掘至洞室的端墙，然后再开挖上部断面II，此时凿岩和支护均可利用渣堆做工作台，这样便将全断面反台阶工作面开挖法改变为先拉底后挑顶的两部开挖法。实践证明，该法也是一种行之有效的方法。

采用全断面开挖法和台阶法布置工作面的开挖均具有以下优点：

①开挖空间大，有利于提高施工机械化程度和劳动生产率。

②作业地点集中，施工管理方便。

③轨道和管线路可以一次铺成，并可铺双轨提高出渣效率。

④通风条件好，有利于改善劳动条件。

三、导洞开挖法

借助辅助巷道（导洞）开挖大断面洞室的方法称为导洞法。先行开挖的导洞可用于洞室施工的通风、行人和运输，并有助于进一步查明洞室范围内的地质情况。这种导洞具有临时性，一般断面4～8m^2，在中等稳定岩层中不需临时支护。采用本法施工时不需要特殊设备和机具，并能根据不同地质条件、洞室断面和支护形式变换开挖方法，灵活性大，适用性强。导洞法可根据导洞在主洞室的位置分为上导洞、下导洞和侧导洞等几种开挖法。如图 3-4 所示为上导洞开挖施工示意图。

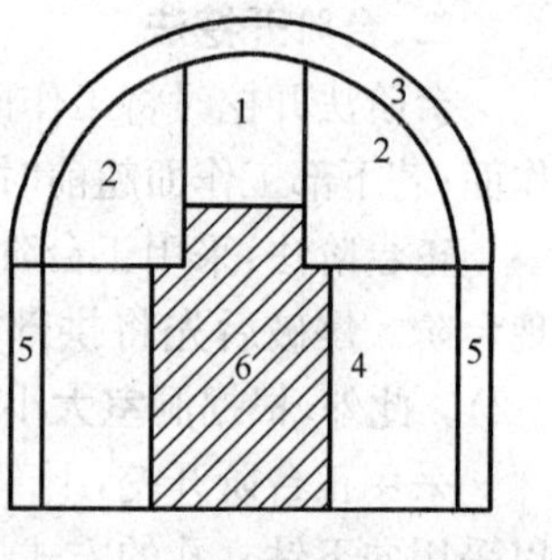

图 3-4　上导洞先拱后墙开挖法施工顺序图

1-上导洞；2-拱部扩大；3-浇灌混凝土拱顶；4-开挖边墙；5-浇灌混凝土边墙；6-挖取中心岩柱

3.2.2　影响开挖方法的因素

开挖大断面洞室的方法有多种，施工条件各异，因此，为达到施工可靠、速度快、效率高，以及保证工程质量经济效果好等要求，必须综合考虑地质条件、断面大小、支护形式、运输条件，以及施工队伍与设备条件等有关影响因素，才能合理选择开挖方法。

一、地质条件

洞室的开挖与支护方法、施工速度、工程费用都与围岩的地质条件和地下水情况有关，尤其是开挖方法和支护形式，在很大程度上取决于地质条件。因此，确定洞室开挖方法时，首先应根据洞室围岩的地质构造、岩石坚固性、地下水等，以判断洞室围岩的整体稳定性。并根据这种分析判断围岩的允许暴露面积和暴露时间，以便选择与其相适应的开挖方法。

在复杂地质条件下，施工中有时还需要随着岩石地质条件的变化及时变更开挖方法。另外，为保证洞室顺利施工和投产后设备正常运转，在确定洞室位置时除考虑生产系统的需要外，还应尽量避开断层和软弱夹层较多的不稳定岩层，若难以避开时也应使洞室轴线与岩体软弱结构面的走向尽量接近垂直相交，以保证洞室围岩的稳定性。

在围岩坚固和稳定的情况下，地下水尚不致影响洞室的稳定性，主要是解决施工期的排水问题。但当岩石破碎、软弱及遇水膨胀时，地下水有可能造成开挖过程中的冒顶和片帮事故，给施工带来极大困难。因此，洞室的位置应尽量避开复杂的地质构造。

二、洞室的断面大小

大断面洞室也因断面大小不同而采用不同的施工方法。这主要是从稳定围岩角度考虑的，其次考虑开挖进度、便于凿岩和装运岩石等因素。因而，针对不同的洞室跨度和高度，就有不同的开挖方法。岩石条件差时，选择合适的开挖方法尤为重要，许多情况下，这关系到洞室开挖能否顺利甚至能否成功的问题。

在围岩坚固稳定，且开挖后的施工期内无需大量的临时支护的条件下，若洞室断面积小于 $100m^2$，应采用全断面开挖法施工，这样能有效地提高施工进度。

三、洞室的支护形式

洞室的支护形式较多，就其作用可分为临时支护和永久支护（在新奥法中又分别称初次支护和二次支护）。临时支护常用锚喷（网）、钢拱架和格栅拱加模喷支护，其特点是：快速封闭围岩、支护速度快、成本较低。在一定程度可减少洞室开挖的程序。

常用的永久支护有混凝土整体式浇筑和锚喷支护两大类。由于不同的类型，有其不同的工艺特点，就同一类型也因具体条件的差异使施工方法和顺序亦不一样，这就要求开挖方法与之相适应。

整体式混凝土支护时，一般采用先墙后拱的施工顺序较多，这是由于使用先墙后拱的施工方法能获得良好的整体性。然而在某些破碎松软岩层中，不允许有较大暴露面积的情况下，采用整体式混凝土支护洞室时，为了施工安全采用先拱后墙施工顺序是合理的。

目前，由于支护形式不断增多，大断面洞室的开挖程序逐渐减少。

四、装运条件

选择洞室开挖方法，除考虑稳定围岩外，尽量提供便于装运岩石的条件，如使岩渣集中，便于装运；便于大型设备施工；减少转车和其他工序等。

五、施工队伍与设备条件

确定洞室开挖方法时，必须从现实条件出发，尽量利用单位现有的设备和机具，并考虑充分发挥施工队伍的技术特长。

大断面洞室开挖队伍必须是具备经验的专业化施工队伍，该队伍应熟悉洞室开挖方法并配备与要求相适应的设备和机具。

3.3 隧道爆破技术

3.3.1 凿岩爆破基本参数

在进行凿岩爆破设计时，首先要确定凿岩爆破参数。隧道开挖凿岩爆破基本参数包括：单位体积岩石炸药消耗量、炮孔数目、炮孔直径、药包直径、炮孔深度、炮孔间距及抵抗线。这些参数对于爆破效果、施工方案以及工期等都产生较大的影响。因此，合理地确定这些参数至关重要。

确定凿岩爆破参数应考虑的因素很多，大的方面有设备类型与状态、岩石与岩体条件、施工方案与方法、施工队伍与施工技术及使用材料等。确定这些参数的主要方法有：经验或类比法，现场爆破漏斗试验法，反分析法和数值计算方法。这几种方法的应用不是彼此孤立的，往往互相结合起来综合运用。

由于爆破理论研究尚不成熟，且计算结果的爆破参数在定量应用方面，仍有待进一步研究。实际应用中，一般先根据经验公式或定额计算基本参数取值范围，然后按计算值进行炮孔布置设计，根据炮孔布置的结果和预先确定的施工方案修正并重新确定凿岩爆破基本参数。

经验公式计算（或查定额）的方法应用起来方便快捷，但由于爆破岩体的复杂多变性，使得计算参数的准确合理性不够，实际应用中可根据爆破漏斗理论进行现场试验的方法或计算机数值模拟优化的方法进一步确定合理的爆破参数，并根据现场的应用效果，采用反分析的研究思路，对参数加以调整完善。

一、按经验方法进行参数估算

(1)单位岩体炸药消耗量

爆破 $1m^3$ 岩体所需的炸药量称为单位岩体炸药消耗量，也叫单位炸药消耗量，以 q(kg/m^3)表示。单位岩体炸药消耗量随岩体和岩石性质、隧道开挖面积大小、爆破自由面数量、炸药性能、爆破目的要求、其他钻爆参数（如装药密度、药卷直径和炮孔深度）等因素的不同而变化。在凿岩爆破中，单位岩石炸药消耗量不仅是一个重要的技术参数，而且还是一个十分重要的经济参数，因为它在很大程度上影响着凿岩爆破的成本。单位岩体炸药消耗量值选取偏低时，爆破后隧道断面达不到设计要求；偏高时，不仅造成浪费，而且可能造成破坏岩壁等现象。

合理确定单位岩石炸药消耗量，必须综合考虑上述因素。一般 q 值与隧道开挖面积、自由面数量、装药密度、药卷直径成反比，与岩石硬度值和炮孔深度成正比。

确定单位岩体炸药消耗量，一般用经验公式进行计算或直接查找定额确定，下面介绍几种不同条件下的经验公式。

①断面积在 $20m^2$ 以内,用式(3-1)计算:

$$q=\frac{Kf^{0.75}}{\sqrt[3]{X_x}\ \sqrt{d_x}}e_x \tag{3-1}$$

式中:K——常数,对平巷取 0.25～0.35;

f——普氏岩石坚固系数;

S_x——相对断面积,$S_x=S/5=0.5\sim3.6$;

S——平洞断面积(m^2);

d_x——药卷相对直径(mm),$d_x=d/32$;

d——药卷直径(mm);

e_x——炸药爆力影响系数,$e_x=320/e$;

e——所用炸药爆力(cm^3);

②断面积在 $20\sim50m^2$ 时,可用公式(3-2)计算:

$$q=\left(\sqrt{\frac{f-3}{3.8}}+\frac{L_1K_1\eta}{S}\right)K_2K_3F_s \tag{3-2}$$

式中:L_1——平均凿岩深度(m);

K_1——炮孔装药量充填系数(%);

η——炮孔利用系数;

K_2——等效炸药换算系数,$K_2=Q/Q_0$;

Q_0——标准炸药的热能值(1 000J/kg);

Q——使用炸药释放的爆热值(J/kg);

K_3——岩体裂隙率的修正系数,查表 3-1;

F_s——自由面数量,一个自由面时 $F_s=1$,两个自由面时 $F_s=0.6\sim0.7$。

岩体裂隙率修正系数 K_3 表 3-1

岩体裂隙状况	岩体单位裂隙率	K_3
强裂隙和层理明显	35～55	0.7～0.79
裂隙中等发育	25～34	0.8～0.89
裂隙轻微发育	15～24	0.9～0.99
裂隙极轻微发育	5～14	1.0

③断面积大于 $50m^2$,需将式(3-2)乘以$\sqrt{50/S}$,换算成较大断面积的单位岩体耗药量。

坚硬岩体大断面开挖的单位岩体炸药消耗量可按瑞典建议采用的计算式(3-3)计算:

$$q=\frac{14}{S}+0.8 \tag{3-3}$$

式中符号意义同前。因炸药威力及钻孔直径的差异,式(3-3)在国内运用时 q 值偏小 0.1～0.2 (kg/m^3)。

施工中,也可以参考表 3-2 进行初选。

掘进爆破炸药单耗(单位:kg/m³)　　表 3-2

掘进断面面积(m^2)	岩石坚固性系数 f				
	2～3	4～6	8～10	12～14	15～20
<4	1.23	1.77	2.48	2.96	3.36
4～6	1.05	1.50	2.15	2.46	2.93
6～8	0.89	1.28	1.89	2.33	2.59
8～10	0.78	1.12	1.69	2.04	2.32
10～12	0.72	1.01	1.61	1.90	2.10
12～15	0.66	0.92	1.36	1.78	1.97
15～20	0.64	0.90	1.31	1.67	1.85
>20	0.60	0.86	1.26	1.62	1.80

(2)开挖断面的炮孔数量

开挖工作面上如果设计炮孔数量过少,爆破时装药集中、爆破震动大。爆破效率低或岩石块度大,不利装岩;如炮孔数太多,则凿岩时间增加,开挖进度慢、成本高。因此,必须合理地选择炮孔数。

确定合理炮孔数目的原则有二:一是对稳定性较好的围岩体,在保证爆破效果良好,即炮孔利用率高,爆破后形成的洞室规格符合设计要求,爆破震动小,块度均匀、利于装运的前提下,尽可能减少炮孔数;二是在围岩稳定性较差时,应以保证隧道成型、稳定为主要目的,此时应按照"多打孔、少装药"的原则进行布孔设计。

确定炮孔数要考虑的因素,除了岩石和围岩体的性质是主要因素外,选用的炸药种类、起爆器材种类,开挖断面大小等亦是重要因素。

实际应用中,一般按以下经验公式来确定:

①20m² 以内断面的开挖的炮孔数,按单孔装药量平均分配原则计算,并考虑掏槽孔空孔数和周边孔由于药径减小而增加的炮孔数,则炮孔数按公式(3-4)计算:

$$N=\frac{qSl_1}{a_x g}+n_1+n_2 \tag{3-4}$$

式中:N——开挖断面的炮孔数量;

q——岩石单位耗药量(kg/m³);

S——平洞断面积(m²);

l_1——单个药卷长度(m);

g——单个药卷重量(kg),$g=(\pi d^2/4)\times l_1\Delta$;

Δ——炸药密度(kg/m³);

a_x——炮孔充填系数,$a_x=1-(d_x/d)(1-a)$;

a——使用 32mm 直径炸药时的炮孔充填系数,一般为 0.6～0.7,或按表 3-3 选用;

n_1——药径减小时周边孔增加数量,普通爆破时的小断面洞室 $n_1=1\sim4$;使用 32mm 药卷 $n_1=0$;采用光面爆破时应按光爆要求增加周边孔数量;

n_2——掏槽孔数量;

d_x、d——分别为药卷相对直径和药卷直径(mm)。

炮孔充填系数 a 表 3-3

岩体坚固系数	4～6	7～9	10～14	15～20
a	0.55～0.6	0.6～0.65	0.65～0.7	0.7～0.75

②大于 20m² 断面的炮孔数，按下式计算：

$$N=a_1+a_2S \quad （取整数值） \tag{3-5}$$

式中：a_1、a_2——均是由岩体可爆程度确定的系数，见表 3-4；

S——平洞断面积（m²）。

a_1 及 a_2 值 表 3-4

岩体性质	a_1	a_2	岩体性质	a_1	a_2
易爆	25.1	0.62	难爆	37.6	1.36
中等可爆	30.9	1.00			

式(3-5)为译波尔建议公式，在国内使用小炮孔（ϕ38～ϕ42mm）和 2 号岩石炸药时，系数 a_1 偏小，应增加 1～2 倍方能使用（普通爆破时取小值，光面爆破时取大值）。

(3)炮孔直径和药卷直径

炮孔直径的大小，由所用的凿岩机具确定。如孔眼直径超过所使用的凿岩机允许的钻径范围太多，则凿岩速度大大降低。钻凿两种不同孔径的凿岩机钻孔速度的经验关系式为：

$$V_{d2}=V_{d1}\left(\frac{d_1}{d_2}\right)^P \tag{3-6}$$

式中：V_{d2}、V_{d1}——分别为钻两种不同直径炮孔（d_2、d_1）时的钻速；

P——与岩石坚固性和凿岩机类型有关的系数，$P=1$～2.5。

但是，炮孔直径相对加大，对减少工作面孔数和加深孔深是有益的。

孔眼爆破时，炮孔直径和药卷直径越大，炸药的能量利用率越高，需要的炮孔量越少，但对围岩的振动和破坏也越大。所以不宜使用过大或过小的炮孔直径和药卷直径。

国内使用风动气腿凿岩机时，常选用 ϕ38～ϕ42mm 的钎头，使用大型凿岩台车时，常选用 ϕ45～ϕ50mm 钎头。一般药卷直径常用 ϕ32～ϕ38mm，光面爆破的药卷直径在 ϕ25～ϕ32mm。炮孔直径一般比钎头直径大 1～2mm，比药卷直径大 5～9mm，一般装药不耦合系数为 1.2 左右，光面爆破装药不耦合系数在 1.6～2.0 之间。

炮孔直径与药卷直径间隙的存在，不但影响爆破效率，而且有产生间隙效应的可能性，但使用纸卷炸药，这种间隙不可避免且必须达到一定值才能方便装药，若使用散装炸药（如装药机装药）则不存在这种间隙，另外，对于光面爆破和预裂爆破，其周边孔必须使这种间隙大到一定值，方能达到其爆破效果。

(4)炮孔深度

如果仅就凿岩技术条件确定最优凿岩深度，一般是比较容易的，经现场实测便可以确定。即在这个深度，凿岩速度最高，它也必然体现凿岩的最优经济效果。但是从设计和施工角度确定炮孔深度，要考虑的因素却很多。大的方面讲，它涉及工期和施工方案的问题，还涉及施工组织安排的问题。所以，孔深是一个十分重要的工作参数。

钻爆法隧道施工是循环渐进的，其工期主要取决于循环进尺所需的时间。而循环进尺取决于炮孔深度，所以炮孔深度是掘进循环中影响全局的参数，它决定着掘进循环中主要工序的工作量和延续时间。因此，合理确定孔深并不断随实际情况变化调整孔深，是加强技术管理，确保正规循环作业和提高掘进速度的重要措施。

一般在施工组织设计时，希望尽可能增加炮孔深度。这样有利于增加循环进尺，相对减少辅助作业时间，降低爆破材料的消耗量，进而降低开挖成本和提高掘进效率。

但实际上，由于钻孔设备提供的动力是有限的，当孔深加大到一定深度后，凿岩效率明显降低，爆破效率下降，整个作业循环时间和施工组织都发生改变，不能形成最佳施工组织方案。所以，应考虑钻孔设备、施工工期、方案等多种因素，选择最优的炮孔深度。

从钻孔设备的有效效率来看，目前国内在采用气腿式风动凿岩机时，孔深以 2～2.5m 为宜；若使用先进的大型全液压凿岩台车，孔深可达到 3～3.5m。

(5)炮孔间距与抵抗线

炮孔间距与抵抗线的确定，一般是根据计算出的炮孔数量，按开挖断面大小及形状、掏槽孔布置方式与孔距、辅助孔孔距与抵抗线要求、周边孔孔距与抵抗线要求(进行光面爆破或预裂爆破时，须按相应要求周边孔距与抵抗线)等进行合理布置(见 3.3.2)。

二、爆破参数的确定

以上述确定的爆破参数为参考值，在开挖的隧道断面上进行炮孔布置(见 3.3.2)。先以炮孔数量计算值布孔，按布孔过程中的实际条件修正孔数，从而得出实际需要的炮孔数量。同时，图中量取的孔间距、与抵抗线值即为本次设计的参数值。

同样，以上述方法获取的单位耗药量计算每循环开挖所需的总药量，并按掏槽孔、周边孔、辅助孔和底板孔的不同要求分配到各类孔中。具体方法是：将计算的总药量除以实际布置的总孔数，得出每孔的平均布药量；在分配药量时，掏槽孔和底板孔按平均药量的 110%～120% 布药，非光面爆破时的周边孔按平均药量的 80%～90%布药，光面爆破时的周边孔按光面爆破参数设计要求布药，剩下的炸药则均布在辅助孔中。

为便于施工，使用包装药卷炸药时，每孔的药卷数尽量取整。这样，炸药布孔后的总药量和单位岩体炸药消耗量都将稍有变化，必须再对炸药布孔后的装药量进行统计，得出实际每循环所需的炸药总量和实际单位岩体炸药消耗量，作为核算和编制后续设计的依据。

三、现场系列爆破漏斗试验法在确定隧道开挖爆破参数中的应用

(1)基本理论

利文斯顿爆破漏斗理论又称能量平衡理论，按照利文斯顿的观点，球状药包在岩石内爆炸时，岩石的变形和破坏取决于岩石单元体通过爆破能量的多少，当岩石条件一定时，爆破能量的大小又取决于药包的重量，炸药爆炸释放的能量主要消耗在岩石的变形、破碎、破裂、抛掷以及形成空气冲击波和对空气做功之中。当一定量装药埋置深度由深向浅逐渐变化时，通过岩石单元体的爆破能量将逐渐增加，岩石的变形和破坏加重。利文斯顿将使能量变化的埋深分为三个：临界埋深 L_e、最佳埋深 L_j、过渡埋深 L_g。在临界埋深 L_e 时，岩石所吸收的能量刚好达到饱和状态，岩石表面开始隆起或破裂，但无漏斗生成；当药包埋深大于临界埋深时，爆破能量完全被岩石吸收，岩石呈弹性变形，当药包理深小于临界埋深时，爆破能量除被岩石吸收外，还有一部分能量用于抛掷和形成空气冲击波，产生爆破漏斗。从传给爆破岩体的能量观点来看，药包埋置深度不变而改变药包重量，同药包重量不变而改变药包埋置深度会有相同的效果。据此利文斯顿研究了在药包重量不变的情况下，药包埋置深度对岩石破坏的影响，提出了药包处于临界埋深 L_e 与装药量 Q 之间的关系为：

$$L_e = E \cdot Q^{1/3} \tag{3-7}$$

式中：L_e——临界埋深(m)；

E——应变能系数，对于特定的岩石与炸药，E 为常数；

Q——球状药包重量(kg)。

随着埋深 L 的减小，漏斗体积增大；当 $L=L_j$ 时，漏斗体积最大，此时爆破能量利用率最高；埋深 L 继续减小，漏斗体积也随之减小，消耗于抛掷和形成空气冲击波的能量增大，此时药包埋深称为过渡埋深 L_g。

利文斯顿把药包埋深与临界埋深的比值称为深度比，用 Δ 表示，即：

$$\Delta = \frac{L}{L_e} \tag{3-8}$$

因此，最佳埋深可表示成：

$$L_j = L_e\Delta_j = \Delta_j \cdot E \cdot Q^{1/3} \tag{3-9}$$

式中：Δ_j——最佳埋深比，$\Delta_j=L_j/L_e$，对于特定的岩石和炸药 Δ_j 为常数。

按上述理论，利文斯顿采用固定药量改变埋深的方法进行爆破漏斗试验，获得了大量的数据，根据试验结果作出了漏斗特征曲线，如 V/Q-L/L_e 曲线等。同样，采用埋深不变改变药量进行爆破漏斗试验，所得结果与上述结果是一致的，即漏斗特征曲线相同。

(2)爆破漏斗试验原理

C. W. 利文斯顿爆破漏斗理论是建立在球状药包试验基础上的，球状药包爆破时的装药量是根据立方根相似定律计算的，爆破立方根相似定律是指同一种炸药在同一类岩石中爆破，药量为 Q_0 时爆出某一特定效果的爆破漏斗各参数，与药量改变为 Q_1 时爆出的另一爆破漏斗各参数应满足：

$$\frac{L_{j1}}{L_{j0}} = \left(\frac{Q_1}{Q_0}\right)^{\frac{1}{3}}；\frac{R_{j1}}{R_{j0}} = \left(\frac{Q_1}{Q_0}\right)^{\frac{1}{3}}；\frac{V_{j1}}{V_{j0}} = \frac{Q_1}{Q_0} \tag{3-10}$$

式中：Q_0、Q_1——分别为爆破漏斗试验和实际开挖爆破所用的药包重量(kg)；

L_{j0}、L_{j1}——分别为爆破漏斗试验药包重量为 Q_0 时、实际爆破药包重量为 Q_1 时的最佳埋深(m)；

R_{j0}——为爆破漏斗试验，当药包重量为 Q_0、且处于最佳埋深 L_{j0} 时的最佳漏斗半径(m)；

R_{j1}——为实际爆破，当药包重量为 Q_1、且处于最佳埋深 L_{j1} 时的最佳漏斗半径(m)；

V_{j0}、V_{j1}——分别为爆破漏斗试验在 Q_0、L_{j0} 状态时、实际爆破在 Q_1、L_{j1} 状态时的爆破漏斗体积(m^3)。

根据最佳单位耗药量不变(单位耗药量是指破碎单位体积原岩的炸药消耗量)，并假设不同药量下爆破漏斗形状相似的基本原则，也可以得到柱状爆破装药条件下的不同爆破漏斗各参数关系与式(3-10)相同，只是公式中以炮孔深度 L 取代了球状药包的炸药埋深或抵抗线，炮孔装药线密度代替了装药量。

根据爆破体积与装药量成正比的关系，在柱状连续均匀装药时，则有：

$$W_1/W_2 = (q_1/q_2)^{1/3} \tag{3-11}$$

式中：W_1、W_2——分别为漏斗试验与实际爆破时的抵抗线(m)；

q_1、q_2——分别为漏斗试验与实际爆破时单位长度炮孔装药量(kg/m)。

式(3-10)、式(3-11)说明，通过采用重量为 Q_0 的球状药包进行爆破漏斗试验，求得最佳埋深、最佳漏斗半径和最佳爆破漏斗体积之后，即可以求出在药包重量为 Q_1 时的实际爆破各相应参数。

(3)试验基本方法

①单孔爆破漏斗试验,以寻求最佳爆破漏斗深度 L_j。

单孔爆破漏斗试验布孔原则是要求各孔爆破后形成的漏斗互不干扰,孔口尽可能有足够大的平整自由面,钻孔轴线要垂直于帮壁,深孔和浅孔交替布置。爆破形成漏斗后,逐一观察、量测漏斗的形状,统计漏斗参数,计算漏斗体积。

根据试验结果作出漏斗特性曲线,采用回归分析的方法,获得爆破漏斗体积与药包埋深之间函数关系,以求出最佳爆破漏斗体积、最佳爆破漏斗深度 L_j。

②多孔同段爆破漏斗试验。

以最佳爆破漏斗深度 L_j 为装药深度,进行变孔距同段爆破漏斗试验,统计并计算出爆破漏斗最佳连通、体积最大时的爆破漏斗体积与炮孔孔距,而后计算出炸药单耗。这样通过分析计算,便可获取实际爆破时炸药单耗与炮孔间距的参数值。

③斜面台阶爆破漏斗试验。

采用连续柱状炸药斜面台阶爆破试验方法,利用斜面台阶爆破抵抗线连续变化的性质,进行单孔或双孔斜面台阶爆破,测量爆破的最大的最小抵抗线,如图 3-5 所示。

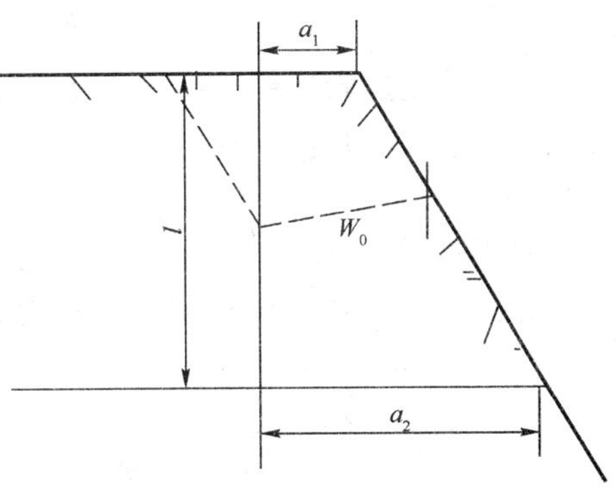

图 3-5 斜面台阶爆破漏斗试验炮孔布置示意图

l-孔深;a_1-孔口距;a_2-孔底距;W_0-最大的最小抵抗线

如上述,影响爆破参数的因素很多,且隧道开挖施工过程中的地质条件也是复杂多变的。这就要求施工过程中应不断的根据实际爆破效果和施工条件,进行爆破参数的动态设计,不断修正和完善爆破参数。

3.3.2 布孔技术

一、掏槽眼的布置

掏槽眼目的是为隧道开挖爆破创造第二自由面,掏槽成功与否直接影响隧道爆破效果,掏槽的深度直接影响隧道循环进尺,它是加快隧道施工进度、降低隧道工程施工成本的重要途径。

掏槽眼分为斜眼掏槽和直眼掏槽,眼位置一般布置在开挖断面的中部或中偏下位置。在岩层层理明显时,炮眼方向应尽量垂直于岩层的层理面。

掏槽孔应综合考虑开挖断面、岩体地质条件、循环进尺等因素来确定。

1)小断面浅眼掏槽爆破技术

所谓小断面,一般指分部开挖的局部断面,平行导坑、上导坑、下导坑、断面积约为 20m^2 以下的隧道。炮眼深度小于 1.5m 时,属于浅眼爆破。

隧道(或导坑)开挖时,只有一个临空面,为给其他炮眼创造新的临空面,必须先在开挖面上炸出一个槽子,这个在开挖面上炸出一个槽子的过程就叫做掏槽,这个槽子内的炮眼就叫做掏槽炮眼。

一般情况下构槽眼应布置在开挖面的中下部。在岩质软硬不均的岩层中,应布置在岩层较为薄弱的位置,一般布置在软岩层中。掏槽眼必须比其他眼深 15～25cm,才能为辅助眼创造出足够深度的临空面,保证循环掘进进尺。

小断面浅眼掏槽爆破有以下几种形式。

(1)斜眼掏槽

①单向斜眼掏槽。由数个炮眼向同一方向倾斜组成。炮眼的布置形式有爬眼掏槽、侧向掏槽和插眼掏槽(见图 3-6)。单向掏槽,一般用于中硬($f<4$)以下的层状岩层,炮眼方向要尽量垂直于岩层层理,一般在 45°～65°之间,岩石越硬,角度越小,间距约在 30～60cm 范围内。掏槽眼应尽量同时起爆,这样效果会更好。

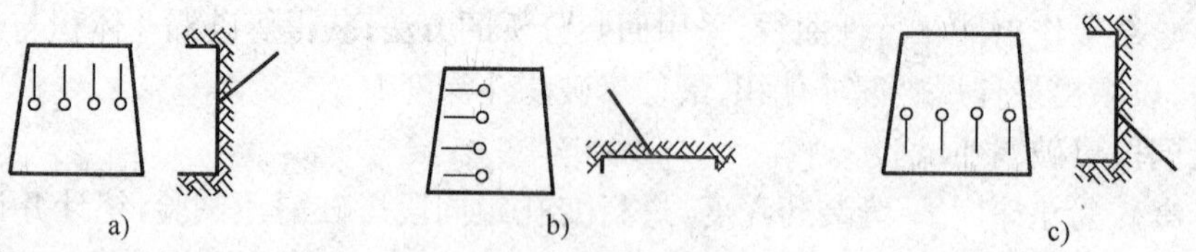

图 3-6　单向掏槽炮眼布置方式

a)爬眼掏槽;b)侧向掏槽;c)插眼掏槽

爬眼掏槽适用岩层层理明显的倾斜工作面;侧向掏槽适用于断面一侧有软弱层,或岩层具有垂直的层理并与开挖方向成一角度;插眼掏槽适用于断面下部有软弱层或岩层层理倾向工作面的场合。

②锥形掏槽。由数个共同向中心倾斜的炮眼组成,爆破后槽子呈角锥形。炮眼布置形式有三角锥形、四角锥形、五角锥形等(见图 3-7)。

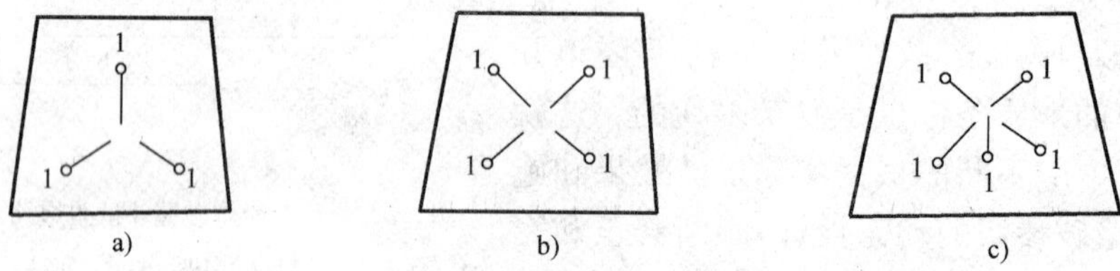

图 3-7　锥形掏槽炮孔布置方式

a)三角锥形;b)四角锥形;c)五角锥形

锥形掏槽一般用于较坚硬($f=4\sim10$)的整体岩层中。三角锥形掏槽适用于小断面且岩层节理不发育,层理不明显,石质较破碎的情况;四角锥形掏槽,施工工地上又俗称为四门斗,适用于岩层整体均匀,节理不发育,层理不明显,石质较坚硬的岩层;五角锥形掏槽适用于较坚硬的倾斜岩层与整体岩层。

锥形掏槽炮眼倾斜角度一般在 60°～70°之间,岩石越硬,倾角越小。眼底距离在 0.2～0.4m左右,石质越硬,距离越小。

③楔形掏槽。楔形掏槽由数对(一般为 2～4 对)对称的相向倾斜的炮眼组成,爆破后形成楔形的槽子。楔形掏槽爆力比较集中,爆破效果较好,掏出的槽子体积较大,可以适应各种不同坚固程度的岩层。

楔形掏槽炮眼的对数视围岩类别而定,一般 IV 级围岩,掏槽眼 2 对;III 级围岩,掏槽眼 2～3 对;II 级围岩,掏槽眼 3 对;I 级围岩掏槽眼 3～4 对。还必须注意岩石情况的变化以及各对炮眼的倾斜角度,眼底距离和每对炮眼与另一对炮眼的距离。

实际布置时,每对炮眼的眼口距可根据设计槽眼深度按:

眼口距离＝2×掏槽深度×炮眼倾斜坡度＋眼底距离

楔形掏槽可根据岩层层理对布孔的不同要求,分成水平楔形掏槽和垂直楔形掏槽两类。水平楔形掏槽炮眼布置如图 3-8 所示,它适用于层理接近于水平或倾斜平缓层面、裂缝和夹层的围岩或均匀整体的围岩。由于钻凿向上倾斜的掏槽眼与装渣作业干扰大，施工较困难，一般较少采用。

垂直楔形掏槽布置，适用于层理大致垂直或倾斜的各种岩层。因为它的所有炮眼都是接近水平的，钻凿方便，利用和装渣同时平行作业，因此，采用比较广泛。其主要形式有普通、剪式和层状 3 种(见图 3-9)。

普通方式采用较广泛，可以用于各种地质情况，如图 3-9a)所示。

剪式布置的特点是把普通的垂直楔式掏槽的每对炮眼上下交错进行布置，使其排列更加均匀。在中等硬度的岩层中可获得良好的爆破效果，如图 3-9b)所示。

层状布置在较坚硬的岩层中，如图 3-9c)所示，炮眼倾斜角受到限制，如果炮眼钻得太陡，由于岩层的夹制作用，会出现较长的残眼。这时为了提高循环进尺，可采用逐步加深掏槽眼深度的层状垂直楔形掏槽。

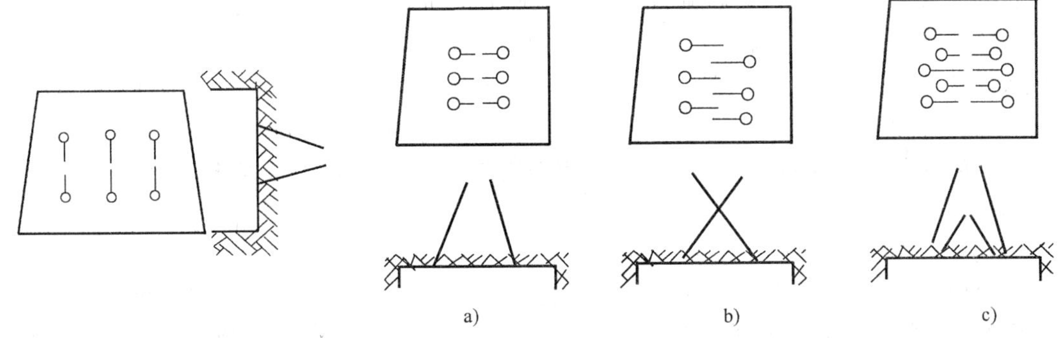

图 3-8　水平楔形掏槽布眼方式

图 3-9　垂直楔形掏槽炮孔布置方式
a)普通；b)剪式；c)层状

以上三种掏槽形式，掏槽炮眼都是倾斜的，统称为斜眼掏槽。斜眼掏槽在软岩层中采用，爆破循环进尺一般控制在 1m 左右。中硬岩、硬岩，以及循环进尺要求较大时，一般不采用。

在隧道掘进中，为了加大掏槽深度，可以采用二层、三层(或多层)的复式楔形掏槽，每对掏槽眼呈完全对称形或近似对称形。每对掏槽眼由浅变深，与工作面的夹角由小变大，掏槽眼与工作面的夹角称为爆破角，第一层掏槽眼可用较小的爆破角钻凿(约 50°～60°)，其深度等于第二层掏槽眼深的 0.5～0.7 倍为宜，第二层掏槽眼可用较大的层角(70°～80°)钻凿。起爆时先起爆第一层掏槽眼，然后起爆第二层掏槽眼。

爆破角和掏槽眼的相互关系，应使每个孔底所作垂线 h_n 恰好落在开挖断面内。使每一个掏槽眼孔底所作垂线 h_n 与对应的断面 L_nR_n 相交，即 h_0 与 L_0R_0 相交，h_1 与 L_1R_1 相交，h_n 与 L_nR_n 相交(见图 3-10)。

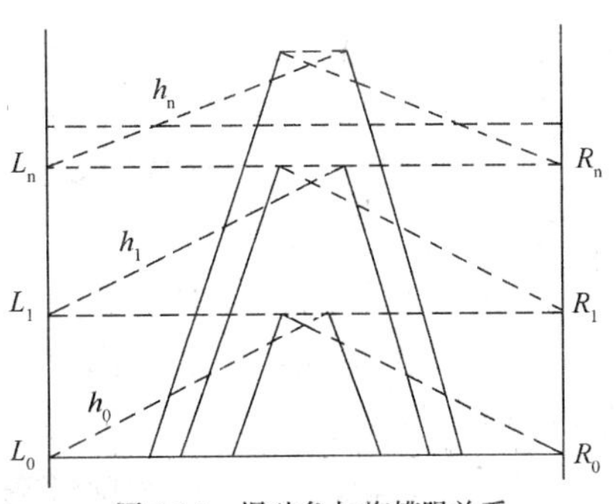

图 3-10　爆破角与掏槽眼关系

在大断面隧道爆破开挖中，为了加大循环进尺，大多采用二层或三层楔形掏槽爆破来实现隧道的深眼爆破作业。

在使用楔形掏槽进行铁路隧道爆破施工中，应注意以下几个关键技术问题：

一是大断面隧道采用楔形掏槽时，应充分利用原有的唯一自由面，尽量加大第一层掏眼之间的水平距离，缩小掏槽角，第一层掏槽角往往小于 55°。

二是当楔形掏槽炮眼大于2.5 m时，可采用复合装药结构，其底部炮眼长度的1/3处装高威力炸药或加强装药，上部可换成低威力炸药或降低装药集中度，前部装药可减为底部的40%～50%，孔口应保留20%炮眼长度进行堵塞，一般堵塞长度为40cm。

三是楔形掏槽应爆破，每层掏槽眼尽量做到同时起爆，采用毫秒微差，各层之间延期时间以25～50ms为宜。

四是一般硬岩中，布置上下两排掏槽孔，坚硬岩石中布置3、4排。

斜眼掏槽的主要缺点是掏槽的深度受到开挖面宽度和岩层硬度的限制，不易提高每一循环的进尺，因为石质越硬，炮眼倾角越小(即炮眼坡度越平缓)，在一定的开挖断面宽度(如4m)内，钢钎长度受到了限制，过长就会碰到导坑侧壁。其次钻凿时倾斜角度也难以掌握。为克服这些缺点，可采用直眼掏槽形式。

(2)直眼掏槽

直眼掏槽是由若干个彼此距离很近的、垂直于开挖面的、互相平行的炮眼组成，其中有一个或几个不装药的炮眼(空眼)，空眼的作用是给装药眼创造临空面，保证掏槽眼范围内的岩石被破碎。所以，直眼掏槽就是利用一些相互平行、眼距不大的一组炮眼内药包爆炸的巨大功能，爆破处于掏槽内部的岩石，并使之抛出槽外，从而形成一个设定的槽腔。为崩落眼提供了一个平行的自由面，然后按照预定的顺序起爆崩落眼，对这个空洞逐渐扩大，直到设计的断面轮廓为止。

①直眼掏槽的优缺点

直眼掏槽一般可用于中硬岩层或坚硬岩层。由于炮眼与掌子面垂直，所以炮眼深度不受开挖断面的宽度和高度的限制，适宜钻凿较深的炮眼而提高每循环的进尺。所有炮眼均垂直掌子面钻进，容易控制，钻眼时各台凿岩机间互相干扰少，便于多台凿岩机同时作业，提高凿眼效率。容易控制眼底深度，使眼底在同一垂直面上。炮眼利用率高，可达90%～100%；石碴抛掷距离较近，不易打坏支护及机具设备等；在各种硬度的岩层中都可以使用。

直眼掏槽的缺点：需要较多的炮眼数目和较多的炸药，而且钻眼位置一定要精确，误差不能太大，因此必须具备熟练的钻眼操作技术。

②浅眼直眼掏槽的典型形式

浅眼直眼掏槽的典型形式有：龟裂直眼掏槽、五梅花小直径中空直眼掏槽、螺旋形掏槽、菱形掏槽、无空眼直眼掏槽等。

a. 龟裂直眼掏槽。龟裂直眼掏槽主要是利用龟裂眼起爆后，在整个炮眼深度范围内形成条状槽口，为辅助眼创造临空面。龟裂眼的布置分一般布置、六眼布置、七眼布置(见图3-11)。龟裂眼装药量一般不小于炮眼深度的90%，过小会产生炮眼内部爆通，孔口部位炸不开，碎石抛不出来的“口气”现象，影响槽腔的形成。

b. 五梅花小直径中空直眼掏槽。五梅花小直径中空直眼掏槽炮眼布置如图3-12所示。在1号眼的周围设置4个距离很近的小直径空眼作1号眼的临空面，1号眼起爆后，在中央形成一个孔洞，作其他眼的临空面，这样逐步扩大形成槽腔，提高炮眼的利用率。其装药量至炮眼深度的90%左右。

c. 螺旋形掏槽。常用的螺旋形掏槽炮眼布置形式，如图3-13所示。石质软一些中部布置2个小直径空眼，石质较硬时布置3个小直径空眼，以作为1号炮眼爆破的临空面，爆破顺序从1号眼开始，而后2号、3号、4号，螺旋形进行，装药量为炮眼深度的90%左右。在设计合理的情况下，较易形成槽腔，且掏槽爆破的振动效应较小。

d. 菱形掏槽。常用的且能取得良好掏槽效果的菱形掏槽炮眼布置如图 3-14 所示。较软的岩层中部布置一个小直径空眼，且炮眼间距取小值，较硬的岩层中部布置 3 个小直径空眼，且炮眼间距取大值，起爆顺序对称进行，如图 3-14 所示 1、2 号炮眼爆完后形成一个菱形槽腔，装药量取其炮眼深度的 90%左右，一般均能取得满意的效果。

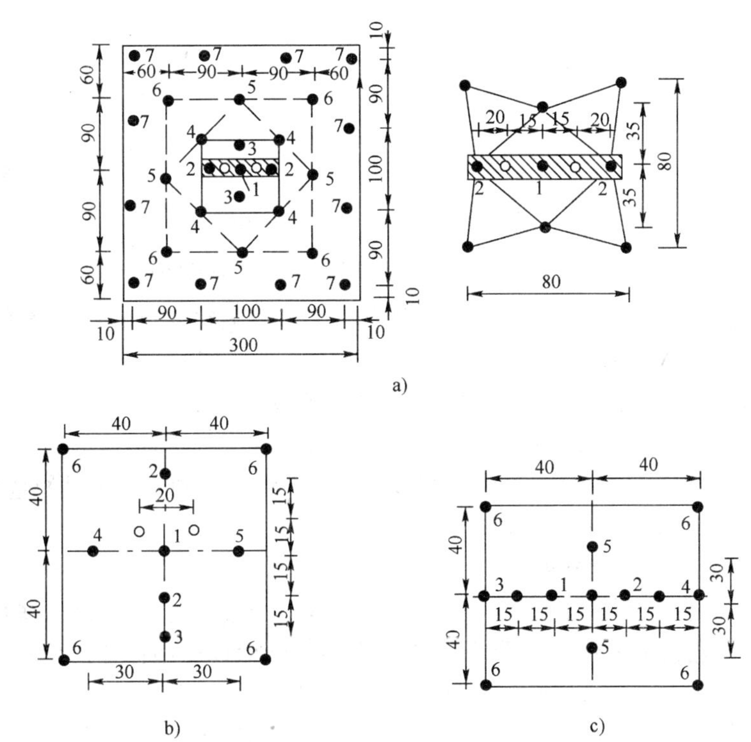

图 3-11　龟裂直眼掏槽炮眼布置(尺寸单位:cm)

a)一般布置;b)六眼布置;c)七眼布置

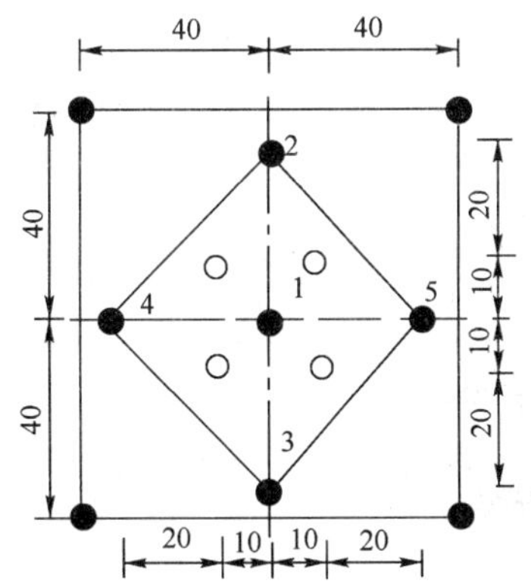

图 3-12　五梅花小直径中空直眼掏槽炮眼布置(尺寸单位:cm)

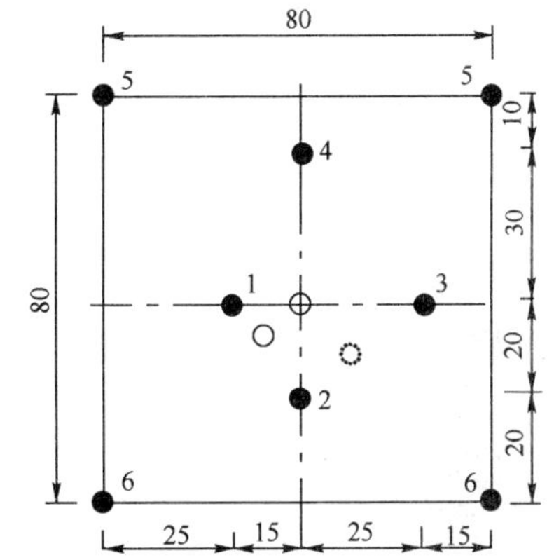

图 3-13　螺旋形掏槽炮眼布置(尺寸单位:cm)

e. 无空眼直眼掏槽。无空眼直眼掏槽炮眼布置，如图 3-15 所示。1 号眼爆破后，附近的岩石被粉碎和压缩，形成一个漏斗形空洞，这个空洞的直径往往比原炮眼直径大 2～6 倍之多，形成一个直径约 200mm 的孔洞，为后继炮眼创造临空面。它的优点是减少了炮眼数目，不需要大直径钻机，炮眼利用率可达 90%以上。

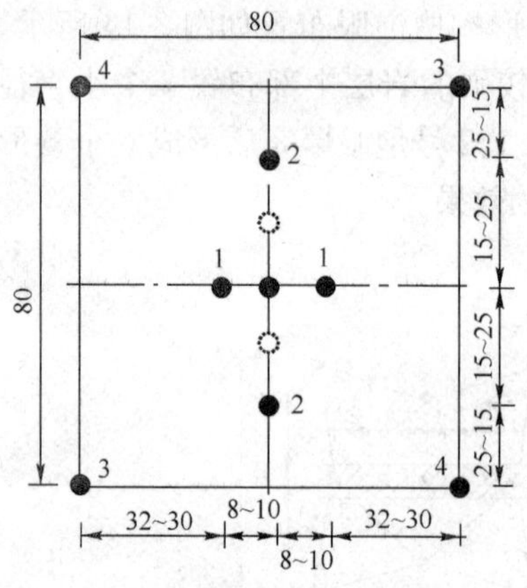

图 3-14 菱形掏槽炮眼布置(尺寸单位:cm)

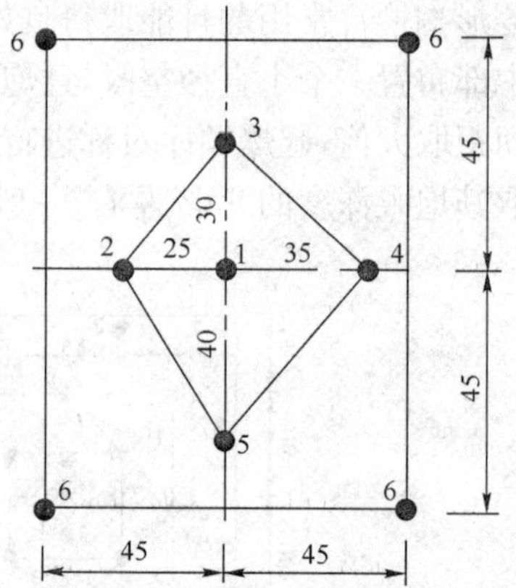

图3-15 无空眼直眼掏槽炮孔布置方式(尺寸单位:cm)

f. 小直径中空直眼掏槽。在软岩、中硬岩层中,节理裂隙较发育的浅眼爆破,较为普遍采用的是小直径中空直眼掏槽,如图 3-16 所示。中间留一不装药的空眼,其周围的 4 个眼同时爆破,一般均能取得良好的掏槽效果。图中尺寸软岩取大值,偏硬的岩层取小值,根据石质情况灵活决定。装药量取炮眼深度的 60%～80%。小直径中空直眼掏槽的优点是容易被工人所掌握,实施操作方便,需要雷管的段数比较少,适用于软岩、中硬岩。不足的是与微振动掏槽及螺旋掏槽相比掏槽爆破产生的振动强度要大一些。

(3)减轻爆破地震动掏槽技术

在隧道开挖中,会碰到软弱围岩段,这时关键是减小爆破震动强度,降低爆破对围岩的扰动。隧道爆破质点振动速度观测表明,掏槽爆破在整个断面爆破中往往产生较大的地震动强度,因此减小掏槽爆破的地震动强度,常是确保围岩稳定的主要手段。

软岩隧道减轻地震动掏槽形式经实践检验是可靠的掏槽形式。其减振原理是,从第 1 段承担小部分岩体爆破开始,分多段爆破,逐步扩大形成槽腔。这样掏槽爆破的每段药量比其他炮眼的每段药量小得多(一般不超过 1kg),其次是夹制作用小,如图 3-16 所示。该图在实践中观测表明:使用该图式后,爆破产生的最大质点振动速度不再发生在掏槽爆破,并且还比较小。软岩隧道减轻地震动掏槽形式如图 3-17 所示,其主要优点是减小了掏槽爆破的地震动强度,有效地控制围岩的变形,保持围岩的稳定;缺点是增加了钻眼量及多使用了雷管与雷管段号。

(4)掏槽形式的选定

①掏槽选定的条件。掏槽形式的选定由以下几方面条件考虑决定:

a. 开挖断面的大小及宽度;

b. 地质条件;

c. 机具器材条件;

d. 钻眼爆破技术水平;

e. 开挖技术要求等。

②直眼掏槽与斜眼掏槽的选定条件。根据以上条件把两大类掏槽适用条件加以对比,如表 3-5 所示。

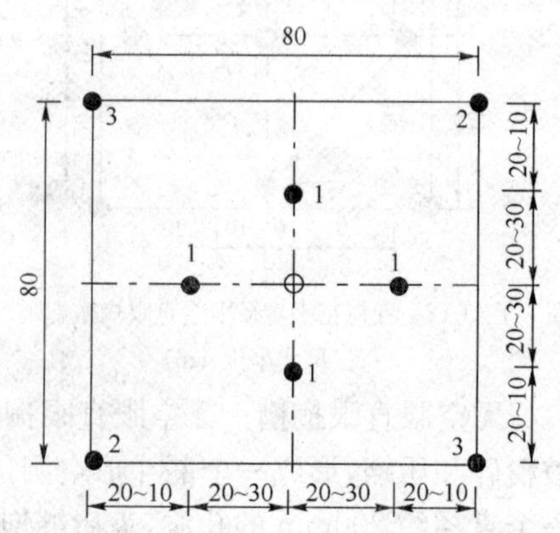

图 3-16 小直径中空直眼掏槽炮眼布孔(尺寸单位:cm)

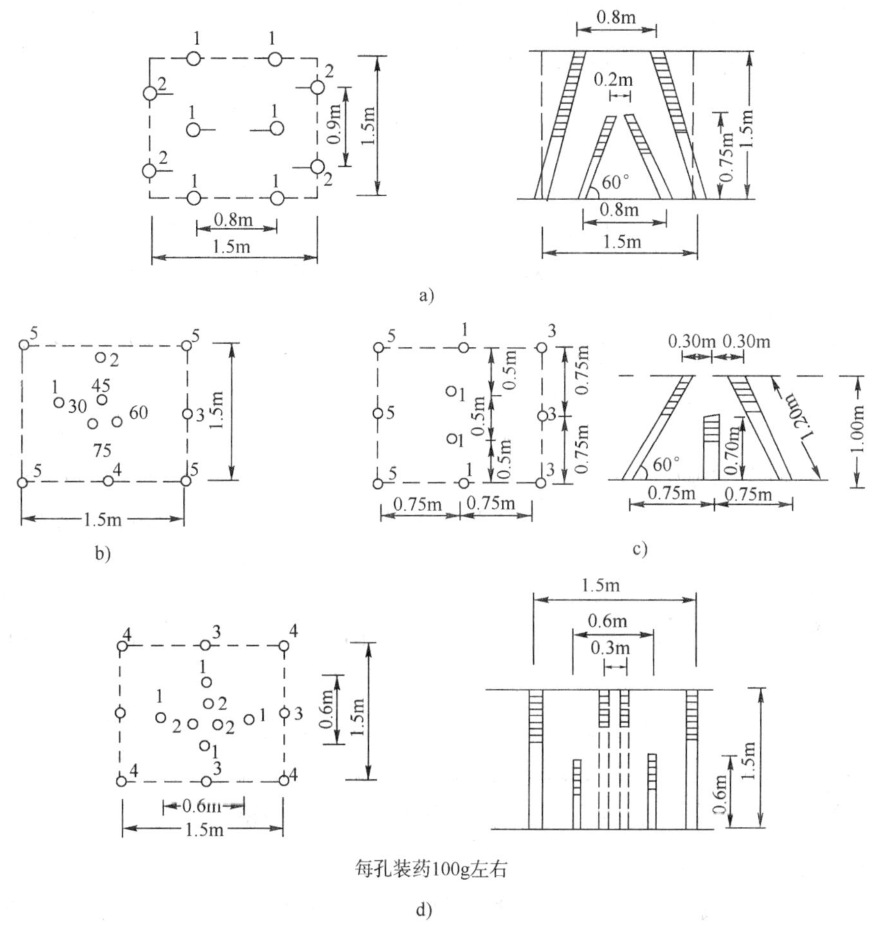

图 3-17 软岩隧道减轻地震动掏槽布置方式(尺寸单位:m)

a)楔形掏槽;b)有小直径空眼直眼掏槽;c)混合掏槽;d)直眼分层掏槽

直眼掏槽与斜眼掏槽的适用条件 表 3-5

序 号	直 眼 掏 槽	斜 眼 掏 槽
1	大小断面均可以,小断面更优越	大断面较适用
2	韧性岩层不适用	对各种地质条件均适用
3	一次爆破深度可以较大	受隧道宽度限制,不宜太深(＜5m)
4	技术要求高,钻眼精度影响大	相对来说可稍差些
5	炸药用量较多	相对较少些
6	需用雷管段数多	需用雷管段数少
7	钻眼互相干扰少	钻眼时,钻机干扰大
8	渣堆较集中	抛渣远,易打坏设备

因此,应当根据现场条件因地制宜地选择恰当的掏槽方式,除考虑上述因素外,主要考虑经济及技术效果,而不应以不变应万变,死搬硬套。

2)大断面中深眼掏槽爆破技术

所谓大断面,目前尚没有确切的定义,本节所指的大断面是指单线铁路隧道分上下台阶开挖、全断面开挖,双线铁路隧道分上下台阶开挖的断面(其断面积约在 20～50m^2 的范围内)。

中深眼也没有统一的规定，一般将炮眼深度 1.5～3.5m 定为中深眼。隧道中深眼、深眼爆破，如果掏槽不成功，处理起来既麻烦，又影响施工进度与效益，因此，隧道中深眼爆破更要重视掏槽技术。

大断面中深眼隧道爆破有以下几种掏槽类型。

(1)V 形掏槽

V 形掏槽是在浅眼楔形掏槽的基础上发展起来的，有的文献上也叫多重楔形掏槽。V 形掏槽，只要钻眼精确(达到深度、保证角度)，按设计装药，一般均能取得良好效果，且适用于硬岩、中硬岩的中深眼隧道爆破。

①三级复式楔形掏槽。使用效果较好的三级复式楔形掏槽，如图 3-9 所示，适用于单线铁路隧道全断面爆破开挖。

一般情况下，上下排距为 50～90cm，硬岩取小值，中硬岩取中值，软岩取大值；在硬岩中爆破时，最好用高威力炸药(如胶质炸药、乳化油炸药、水胶炸药等)；排数通常只用上下 2 排即可，岩石十分坚硬时可采用 3 排或 4 排。炮眼深度＜2.5m 时，可用两级复式楔形掏槽。

值得注意的几个关键技术问题：

a. 楔形掏槽在断面较宽时，应当尽量缩小掏槽角，因而也要尽量加大第一级掏槽眼的水平间距。新手往往想不到这一点。

b. 楔形掏槽在炮眼较深时(如＞2.5m)，其底部加强装药应保持炮眼全长的 1/3 长度，前部装药(柱状结构)集中度可以减为底部装药集中度的 40%～50%，或换成威力较低的炸药。不应把炸药装填到炮眼口，而应大约留出 20%的炮眼长度不装药，并装填不少于 40cm 长的炮泥。

c. 楔形掏槽眼每级均尽量同时起爆，毫秒微差。级间间隔时差，以 25～50ms 较合适，以保证前段爆破的岩石破碎与抛掷。

②二级复式楔形掏槽。这里介绍两个国外的实例供参考，如图 3-18 所示。如图 3-18a)所示的在法国洛林矿坚硬矿石中使用过的 V 形掏槽形式，炸药为铵油炸药，一般钻 3.6m 的炮眼，掘进进尺可达到 3m 以上。如图 3-18b)所示为《Swedish Blasting Technique》杂志介绍的最为普遍采用的 V 形掏槽形式，使用的炸药为硝化甘油炸药，密度 1.4kg/cm^3，爆速 5 500m/s。

V 形掏槽的优点：适用于各类岩层，不需大直径钻眼设备。缺点：受断面限制，钻眼角度不好掌握，岩渣抛掷较远。

(2)扇形掏槽

扇形掏槽也就是将其钻眼布置成扇形，如图 3-19 所示。扇形掏槽与楔形掏槽相同，扇形掏槽也需要有一定的隧道宽度以取得每次爆破的正常进尺。扇形掏槽原则上是向着临空面即掌子面崩落，由于夹制作用不是太大，比其他掏槽形式较易爆破。

由于钻眼的不对称分布和需要精确设计钻眼深度和开钻位置，因而目前使用得不是很多。但是在没有大直径空眼钻孔设备时，也是一种中深眼隧道爆破的行之有效的掏槽方案。扇形掏槽还适用于岩石内有明显断层处进行爆破，由于断层中的岩石容易崩开，对爆破有利。

(3)大直径中空直眼掏槽

大直径中空直眼掏槽的中心空眼一般是用重型凿岩机钻凿成较大直径的中空眼，由此逐渐扩大形成槽腔。常用的有菱形掏槽、螺旋形掏槽、对称形掏槽等，如图 3-20 所示。

采用大直径中空直眼掏槽，要求钻眼方向精确，控制好掏槽眼的间距，尽量减少眼位偏差值；使用毫秒雷管，按设计的起爆顺序起爆；且用于中硬岩、硬岩整体性好的岩体中，以防止殉爆，其次控制掏槽眼的炸药用量，以防止“压死”而拒爆。

在实际工程中，应根据岩石性质、现场具体条件，选择不同类型的掏槽形式，以取得较好的技术经济效果。

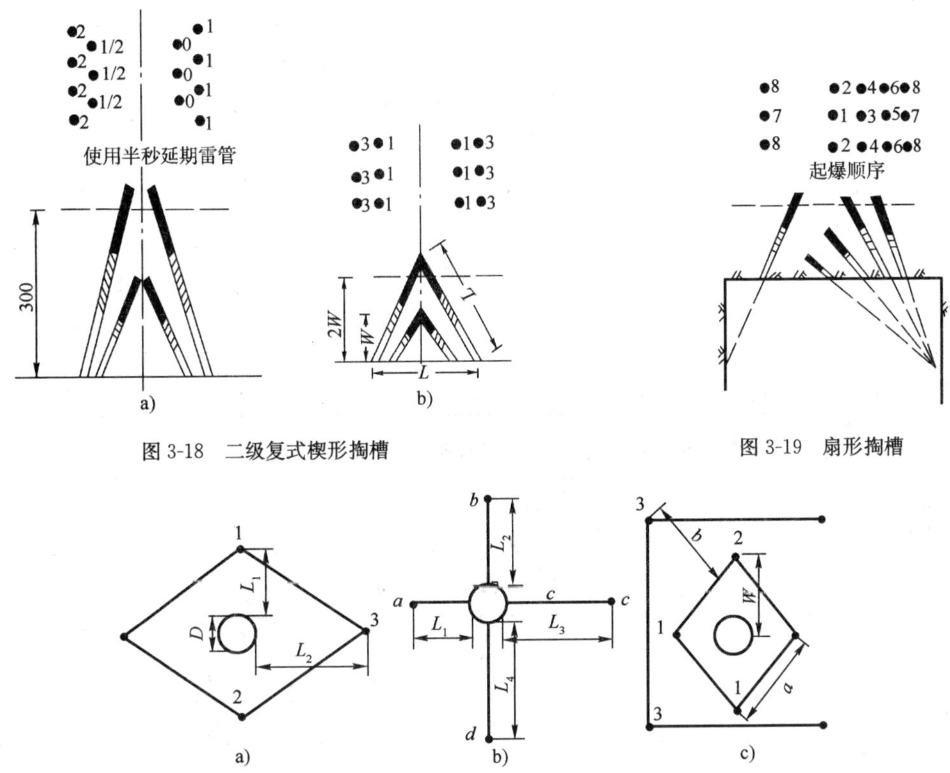

图 3-18　二级复式楔形掏槽

图 3-19　扇形掏槽

图 3-20　大直径中空眼掏槽布眼基本类型

a)菱形；b)螺旋形；c)对称形

一般大直径中空直眼与装药孔的间距有式(3-12)～式(3-18)的关系：

大直径中空直眼螺旋形掏槽：

$$L_1 = (1 \sim 1.5)D \tag{3-12}$$

$$L_2 = (1.5 \sim 2.0)D \tag{3-13}$$

$$L_3 = (2.5 \sim 3.0)D \tag{3-14}$$

$$L_4 = (3.5 \sim 4.5)D \tag{3-15}$$

大直径中空直眼对称形掏槽：

$$W = 1.2D(1\text{个空眼}) \tag{3-16}$$

$$W = 1.2 \times 2D(2\text{个空眼}) \tag{3-17}$$

$$b = 0.7a \tag{3-18}$$

式中，D 为大直径中空直眼的直径，a、b、W 含义如图 3-20c)所示。装药系数一般为眼深的 85%～90%。图中大直径中空直眼可以是 1 个，也可以是 2 个，还可以是 3 个，应根据具体情况确定。

大直径中空直眼掏槽主要参数参考值见表 3-6、表 3-7、表 3-8。

单螺旋掏槽中空孔直径 *D*、各掏槽眼与中空孔的中心距
以及掏槽炮眼单位长度装药量之间的关系

表 3-6

各掏槽炮眼	*a*	*b*	*c*	*d*
与中空眼的中心距离(mm)	(1.0～1.2)*D*	(1.2～1.3)*D*	(3～1.4)*D*	(1.4～1.5)*D*
	100～130	130～200	200～300	300～400
炮眼单位长度的装药量($kg \cdot m^{-1}$)	0.52	0.52	0.52	0.52

双螺旋掏槽中空孔直径 *D*、各掏槽眼与中空孔的中心距
以及掏槽炮眼单位长度装药量之间的关系

表 3-7

中孔眼直径 *D*(mm)		75	85	100	110	125	150	200
各掏槽炮眼与中空眼中心距离(mm)	*a*	110	120	130	140	160	190	250
	b	130	140	160	170	190	230	310
	c	160	175	195	210	240	290	380
	d	270	290	325	350	400	455	575
第一圈掏槽炮眼单位长度装药量($kg \cdot m^{-1}$)		0.30	0.35	0.40	0.45	0.50	0.60	0.80
第二圈掏槽炮眼单位长度装药量($kg \cdot m^{-1}$)		0.65	0.75	0.85	0.90	1.10	1.30	1.30

对称掏槽中空孔直径 *D*、各掏槽眼与中空孔眼的最大距离 *a*
以及掏槽眼单位长度装药量之间的关系

表 3-8

中空眼直径 *D*(mm)		50	2×57	75	85	100	2×57	110	125	150	200
掏槽眼与中空眼的中心距离(mm)		90	100	130	145	175	200	190	220	250	330
掏槽眼单位长度装药量($kg \cdot m^{-1}$)	d=32mm	0.2	0.30	0.30	0.35	0.40	0.45	0.45	0.50	0.60	0.80
	d=37mm	0.25	0.35	0.35	0.40	0.45	0.53	0.53	0.60	0.70	0.95
	d=45mm	0.30	0.42	0.42	0.50	0.55	0.63	0.65	0.70	0.85	1.10

注：d 为掏槽眼直径。

上述几种中深孔隧道爆破掏槽技术，在实际工作中，要根据不同种类掏槽的特征及现场的具体条件进行选择，并根据实际掏槽的效果加以改进，以期取得更好的技术经济效果。

3)全断面深眼掏槽爆破技术

在 20 世纪 80 年代以前，我国没有引进液压钻眼台车和大型的石渣装运设备，深眼掏槽的经验不多。80 年代，由于大瑶山长大隧道的修建，促进了隧道全断面深眼爆破技术的发展。1981 年 8 月，隧道深眼掏槽爆破技术和硬岩双线铁路隧道深眼全断面一次爆破成型技术首先在雷公尖隧道试验成功。后来在张滩隧道、大瑶山隧道得到了完善，继而 1986 年又在花果山隧道得到了推广，目前这些技术已是成熟的。

全断面深眼爆破技术，因目前有钻大直径空眼的条件，主要应用的是大直径中空孔掏槽，实际上是直眼掏槽的一种。采用这种掏槽，只要钻眼精确，按设计的装药量起爆顺序，装药起爆，一般掏槽效果是有保证的，炮眼利用率比小直径炮眼掏槽高。一般适用于中硬岩、硬岩的大断面深眼爆破。

大直径中空直眼掏槽是在掌子面中下部用大直径钻机钻凿一个或几个中空炮眼，一般在 60～250mm，通常大于 100mm 的炮眼作为掏槽炮眼的临空面，在大直径炮眼的周围配合一些小炮眼以逐渐增大的距离布置掏槽炮眼进行掏槽，一般有菱形掏槽、螺旋形掏槽、对称掏槽等。掏槽设计应考虑以下问题。

(1)了解岩石的特性

影响直眼掏槽最重要的因素为岩石特性，这可从隧道设计的地质纵断面图及现场勘探等有关资料上了解。首先判明所爆岩石是属于塑性岩石还是脆性岩石，因为在直眼掏槽中塑性岩石要比脆性的困难得多；其次要了解岩石的结构，结构面、断裂面、软弱夹层或其他不连续性与非均质性都是设计时应考虑的问题，大量断裂面或裂隙的存在对应力波的传播很不利。一般来说脆性岩石完整性好对大直径中空直眼掏槽是更易于成功。

(2)空眼的直径与数量

各种不同的直眼掏槽方法其主要差别在于给予装药眼的应力释放能量的不同。应力释放可以定义为使空眼与装药眼之间破碎与自由地膨胀到空眼的难易性。空眼越大，破碎与膨胀越容易。同样，所给的应力释放越大，掏槽越深，不少大直径中空直眼掏槽法已给予肯定的证明。另一种说法，即空眼的容积要接近于最先一段起爆的掏槽眼所爆的岩石因膨胀而增大的体积，也就是考虑膨胀余量问题。否则，爆碎而抛不出来，导致掏槽失败。由此看来，空眼的直径要足够，空眼的数量要足够，至少满足膨胀余量的要求。直径和数量根据现有的设备情况、钻眼的技术水平、施工进度及经济效益来综合考虑选定。目前，我国采用的空眼直径为75～100mm，空眼个数2～4个。

(3)最先一段起爆的掏槽眼与空眼的距离

兰格福斯认为，在装药眼及装药密度一定的条件下，眼间距和空眼直径的不同，装药眼和空眼间的岩体爆破破坏可以发生如图3-21所示的4种情况，即塑性变形、破碎、完全抛出、两眼贯穿。理想的大直径中空眼掏槽的眼间距必须在“抛掷”带，如图中阴影部分，这样就不仅使岩石破碎，并且抛出槽腔之外。在“破碎带”岩石将被破碎，但大部分仍然残留或挂在槽腔中。这种情况下，对脆性岩石大多仍可达到破碎，但塑性岩石掏槽就可能失败，因为岩石碎块或碎屑可能在槽腔中重新固结。当发生塑性变形时，眼间岩石将剪切到空眼中，但并不增加槽口，大部分岩石都密实地甚至有些变质地固结或挤压在空眼的位置中。这种现象称为“冻结”或“夹制”。由此得到爆破结果随间距的改变而改变。

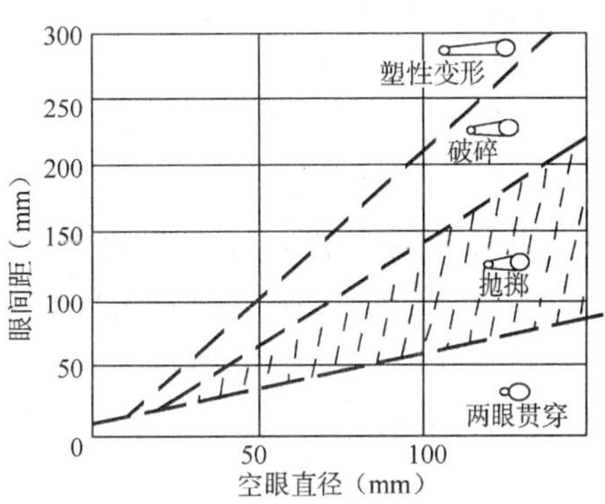

图3-21　空眼直径与眼间距的不同破岩程度关系

当眼间距为空眼直径的1.5倍时，槽子中的碎石完全抛出，在1.5～2.1之间则仅仅破碎而不抛出。距离再增大就造成如上所述的塑性变形。若装药密度太大，亦会在槽腔中发生“烧焦”现象。

实践证明：空眼直径102mm、装药眼直径40mm、取空眼到装药眼眼壁的设计间距为18～20cm时，只要钻眼精度有保证，掏槽爆破效果非常好。

(4)炸药性能与装药量

炸药性质对直眼掏槽的影响很大，其中爆速具有决定性的意义。为使岩石从槽腔抛出而不固结，以选用与岩石性质相适宜的炸药为宜。这就是近年来人们研究的炸药与岩石的阻抗匹配问题。中硬岩石以选用爆速为3 000m/s左右的炸药为宜，采用硝铵类炸药是比较合适的。对于坚硬岩石，应选用爆速为4 000m/s左右的炸药，如乳胶、乳化类炸药。其次由于钻眼精度的原因，以及孔底部的抵抗线增大、夹制作用大，孔底部应采取加强装药措施，如耦合装药，或是选用高威力炸药等。

在掏槽设计与施工中，浅眼一般留出 10～20cm 段、深眼一般留出 20～40cm 段装填炮泥进行堵塞，其他长度装满炸药。

掏槽眼装药量必须结合眼间距与空眼直径来考虑。另外也可用体积公式计算，在中硬岩、硬岩中，使用硝铵类炸药进行掏槽爆破，据统计炸药单耗为 14～18kg/m³。

(5)殉爆与瞎炮

当空眼与装药眼中心间距小于 2 倍的空眼直径时，在爆破过程中往往容易发生两种意外的事故。其一是殉爆，即先爆的炮眼引起附近炮眼的起爆，从而打乱设计的起爆顺序，结果使掏槽失败；其二是瞎炮，即先爆的炮眼挤压附近的炮眼，使其中装药压实至超过极限密度而拒爆。后一种情况最容易在塑性岩石爆破中或采用粉状硝铵炸药时发生。当岩石裂隙或钻眼平行度不足时，殉爆的可能性就更大。设计时应考虑这一情况，采取相应措施，避免殉爆与瞎炮的发生。

(6)钻眼爆破的管道效应问题

当粉状炸药在深眼中爆炸时，由于炮眼直径与炸药直径的比值不合理，炮眼与炸药之间的间隙太大，爆炸冲击波超前于炸药中的爆轰波速度，将炸药挤压至极限密度，致使中途产生熄爆现象，称为管道效应或沟槽效应。当不耦合系数选择合适或装药配用有扩张翼片的塑料套管时，将可消除深眼爆破的管道效应现象。大瑶山隧道采用粉状硝铵类炸药的实践经验：炮眼直径与药卷直径的最佳比是 1.14～1.15，一般均没有发生管道效应现象。

(7)钻眼偏差的允许值

在设计直眼掏槽时，常常忽略的一个问题为可能产生的钻眼偏差及它对掏槽效果的影响，这必须引起足够的重视。因为大直径中空眼直眼掏槽的成功决定于十分靠近的炮眼必须互相平行，钻眼的偏差必须加以限制。

按兰格福斯的理论，设计时必须考虑到钻眼时会发生的 3 种偏差：开眼偏差、方向偏差及钻眼深入岩石中因层面、裂隙等可能引起的岩性偏差。

(8)起爆顺序与段间隔时差

大直径中空直眼掏槽必须采用段发雷管，因一次响炮的即发雷管容易造成槽腔被堵塞。掏槽眼的起爆顺序，距空眼最近的炮眼最先起爆，同段起爆眼数视空眼直径及空眼个数而定，同时受现有雷管总段数的限制，一般先起爆 1～4 个炮眼。后续掏槽眼同样按上述原则确定其起爆顺序及同一段起爆炮眼个数。

间隔为 1s 的段发管可以使每一段爆破的炮眼部分有充分的时间来破碎岩石，并在下一段响炮以前把岩石抛出。此外还可从响炮的顺序来判断是否发生殉爆和瞎炮事故。然而目前的雷管秒级误差太大，大多使用毫秒级雷管，每段间隔时间从 25 至 300ms 不等。实用中，开始几段一定要跳段使用，以免串段，实践证明段间隔时差为 50～100ms 左右，掏槽效果均比较好。

(9)正向起爆与反向起爆

对于正向起爆与反向起爆问题，国内外有关专家都做过试验，其结论是：要想破碎效果好，取得较好的石碴粒度，就应采取反向起爆，只有那些装有零段雷管的炮孔才可采用正向起爆，其余炮眼应使用反向起爆。周边预裂爆破应采用零段雷管和正向起爆以减少超挖。因此掏槽眼除第一段顺向起爆外，其余眼均应采用反向起爆，以便于破碎岩石，并将碎石抛出槽外。

4)数值模拟技术在掏槽方式优化中的应用*

(1)基本方法

近些年来，电子计算机的迅速发展，为爆破理论的深入研究提供了重要的手段。爆破的计算机模拟是真实过程或系统在整个时间内运行的模仿。爆破过程的数值模拟就是采用模拟的方法，以不同的数值方法为手段，求得爆破过程或系统的模型解，它对于深入认识岩石爆破现象及其机理有着重要的意义。数值模拟和实验、理论分析已构成认识爆破力学，甚至整个力学问题的三种有效方法，称为“三位一体的研究途径”。对可以同时选用不同爆破掏槽方式的开挖断面而言，掏槽方式的合理选择，是取得良好开挖爆破效果的前提。借助于计算机模拟技术，模拟不同掏槽方式的爆破作用机理，是优化掏槽方式的一种重要和有效的手段。

爆破过程计算机模拟和其他计算机模拟一样，需要解决以下 3 个关键问题。

①定义问题

定义问题包括确定不同类型的有关变量，即根据基本的不可控变量，取什么样的决策变量值可使系统优化，对于爆破过程来说，影响爆破效果的因素或不可控变量有 3 个方面，20 余个参数。例如：

岩石性质——包括岩石力学性质，如岩石强度、泊松比、弹性模量、内摩擦角等，和岩体结构面，如断层、劈理、节理等；

炸药特性——包括炸药密度、爆速、猛度、爆力、殉爆距离；

爆破工艺——包括爆破参数、起爆方式和装药结构。

从上述众多参数中，如何选取有代表性的参数，就成为定义问题的关键。

②建立模型

爆破模型的建立是计算机模拟爆破的核心问题。建立模型必然要涉及下列 3 个问题：一是岩石破碎过程中应力波和爆炸气体各自所起作用；二是在炸药爆炸能作用下，岩石的断裂和破碎是如何发生的；三是影响破碎诸因素的分析及相关函数式的建立。

建立模型就是要确定炸药特性、岩石性质、爆破工艺和爆破效果各有关参数之间的数学表达式。目前，国内外的爆破模型有多种多样。按建立模型的方法分类有理论模型、经验模型和二者相结合的综合模型。按破坏准则分类有能量准则和强度准则模型。按爆炸能量主要来源分类有应力波模型、爆炸气体模型。按研究对象分类有连续、均质各向同性介质和裂隙介质模型。在裂隙介质模型中又有断裂扩展模型和连续介质损伤模型等。国外主要爆破模型如表 3-9 所示。在国内，马鞍山矿山研究院于 1984 年首次推出“露天矿台阶爆破矿岩破碎过程的三维数学模型”并根据该模型编制了 BMMC 程序。随后，长沙矿山研究院、中国矿业大学(北京)、东北大学、北京科技大学都做了不少有益的工作。

国外主要的爆破模型　　表 3-9

模　型	起始年代	作　者	目　的	方　法	参　数
BCM(Bedded Crack Model)	1981	Margolin	研究破碎形成	断裂力学和动态应变	爆轰基本参数；动态应变参数
MAG-FRAG	1983	Mchlugh	岩石破裂的产生和扩展	裂纹产生和扩展的统计	裂纹分布和弹性波传播特性
SHALE	1983	Adams Dcmth	岩石破碎的本质	用以说明破碎机理的应力波和气体模型	爆轰参数，破碎分布，弹性参数和断裂韧性参量
KUSZ	1983	Kuazmaul	模拟岩石断裂	损伤力学方法	除一般岩石性能外尚需损伤参量
Word Index	1959	Bond	露天矿破碎预测	根据能量、体积平衡	平均块底尺寸；能量消耗

续上表

模 型	起始年代	作 者	目 的	方 法	参 数
BLASPA	1963	Faveau	详细爆破设计及破碎预测	由于爆炸气体和冲击作用二者产生的破碎动态模型	能量因数；岩石分类和爆炸参数
KUZ-RAM	1973	Kuzenezov Cunningham	台阶爆破平均块度尺寸	爆破参数与平均块度的经验公式	能量因数；岩石分类和爆炸参数
Harries	1973	Harries	岩石破裂、隆起、破碎块度和爆堆的预测	动态应变引起的炮孔周围岩石破碎	爆破震动和岩石的动载特性
设计准则	1978	Longefors	岩体爆破设计准则	爆破设计经验模型	岩石破碎参数；爆破几何参数及炸药特性
块状岩石破碎模型	1997	Gama	构造体岩石的破碎预测	多面体的块状描述，破碎作用理论和能量消耗	岩石结构；能量消耗；爆破作用特性
可爆性指数	1986	Lily	普通露天矿爆破设计指南	破碎与岩石参数的相关式	岩体分类；爆破设计
SABREX	1987	ICI 炸药集团	预测台阶爆破效果	计算机图解计算法，炸药与岩石相互作用原理	岩石力学参数，爆破几何参数；炸药、爆破器材及钻孔的单位成本
JKMRC	1988	Kleine Leung	破碎度预测，炸药选择和爆破设计	破碎理论应用到原岩矿块	现场矿岩尺寸分布；能量分布和破碎特性

③计算机程序

20 世纪 50 年代末，美国加利福尼亚大学劳伦斯辐射实验室开发的 SOC 代码和 TENSOR 代码；70 年代美国桑迪亚实验室(Sandia)提出了一维和二维应力波传播的计算机程序 WONDY 和 TOODY；80 年代美国洛斯—阿拉莫斯实验室(Los Almos)发展了二维和三维应力波传播的计算机程序——2DSHALE 和 3DSHALE；1987 年美国桑迪亚实验室又开发了 CAROM 计算机程序，可以预测岩石的运动规律和爆破的最终形态；1993 年桑迪亚实验室与 ICI 公司共同开发了煤矿台阶爆破，包括抛掷爆破的计算机模拟程序 DMC(Dinstinct Model Code)。对于爆破数值模拟，目前应用较多的是 ANSYS/LS-DYNA 程序系列。这是一个显示非线性动力分析通用的有限元程序，可以求解各种二维、三维非弹性结构的高速碰撞、爆炸等大型动力响应问题。国内用它进行的硐室爆破、台阶爆破、药壶爆破的数值模拟都取得了较好的效果。它最初是 1976 年由美国 J. Q. Hallquist 主持开发的，1986 年部分源程序在北约局域网发布，是当时北约开发新武器的重要工具。从此在研究和教育机构广泛转播，被公认是显式有限元的鼻祖和理论先导。

在 ANSYS/LS-DYNA8. 0 中，求解步骤可以归结为：

第一步：前处理

a. 定义单元类型；

b. 定义材料属性；

c. 建立实体模型；

d. 进行有限元网格划分；

e. 生成 PART；

f. 定义接触；

g. 约束、加载和初始速度定义；

h. 设置求解过程的控制参数；

i. 选择求解过程的控制参数；

j. 生成 LS-DYNA 输入文件(文件后缀名为 k)。

第二步：求解

由于 ANSYS 前处理还不支持 LS-DYNA 程序的全部功能(一些材料模型例如高能炸药引爆燃烧材料模型、自定义材料等材料模型以及二维非反射边界的定义等不能从 GUI 中直接得到，并且一些 Keyword 的具体控制参数不能在 ANSYS/LS-DYNA 直接输入)，所以在输入文件 Jobname. k 生成以后，要先使用文本编辑软件对输入文件进行编辑，添加和修改 Keyword，然后利用 ANSYS 程序项中 LS-DYNA Solver 菜单进行 GUI 输入，也可以在 DOS 模式下用命令行输入，LS-DYNA970 求解器将读取输入文件，进行求解。

第三步：后处理

LS-DYNA 既可以生成 ANSYS 结果数据文件(主要包括：Jobname. db，Jobname. rst，Jobname. his，Jobname. out，Jobname. log 等)也可以生成 LS-DYNA 结果数据文件(主要包括：Jobname. k，d3dump，d3plot，d3thdt 等)。

对于 ANSYS 结果数据文件，可以使用 POST1 后处理器观察结构的变形和应力应变状态，使用 POST26 后处理器绘制时间历程曲线。对于 LS-DYNA 结果数据文件，可以使用 LS-POST 进行后处理。

(2)应用实例

某铁矿采矿进路采用三心拱断面方式，毛断面尺寸宽 3.78m，高 3.07m，断面面积为 10.89m^2(见图 3-22)，采用光面爆破技术掘进，2 号岩石炸药和段发毫秒导爆管爆破。原掏槽方式的掘进每循环平均孔深为 1.71m，平均进尺为 1.15m，炮孔利用率仅为 67.3%，爆破效果很不理想。根据现场资料的统计分析，具体表现在如下几个方面：

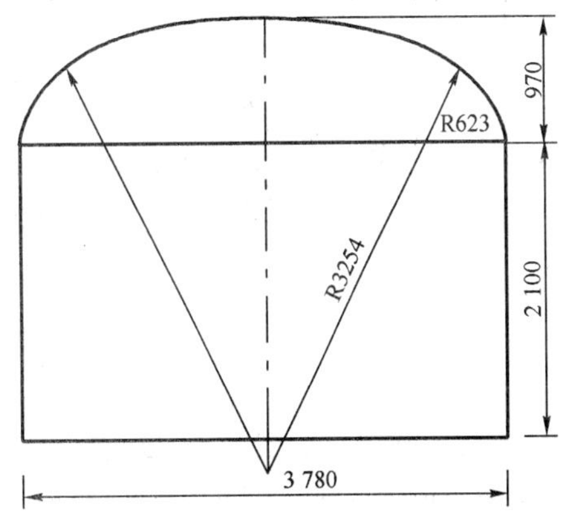

图 3-22 采准巷道断面设计图(尺寸单位：mm)

①爆破循环作业效率低。掘进断面每循环布置炮眼 48 个，其中掏槽眼 5 个，炮孔布置过多；

②炮孔利用率低。断面平均孔深为 1.71m，平均进尺为 1.15m，炮孔利用率仅为 67.3%；

③爆破成本高。每循环平均消耗炸药量高达 47.6kg，炸药单耗量达 3.80kg/m^3；

④巷道成型质量差，断面爆破后轮廓成形不规则，岩面很不平整，掏槽部分凹进最大达 50cm，半孔率仅为 50%，断面周边有超挖现象，围岩中有危石。

针对上述情况，在现场跟班综合调查的基础上，得出了影响爆破效果的主要原因是：掏槽孔布置方式不合理。掏槽孔的爆炸，不能很好的形成一个有足够尺寸的槽腔，无法为后继炮孔的爆炸提供适当的膨胀空间。为解决上述问题，采用数值模拟结合现场试验的方法，先对三种不同掏槽方式的爆破效果进行计算机数值模拟并对计算结果进行综合研究，然后在施工现场进行试验对模拟结果加以验证，找到一条解决采矿巷道爆破开挖掏槽方式难以确定的问题的途径，并为其在地下建筑工程领域中的推广应用提供科学合理的理论指导依据。

(3)计算模型

由于炮孔孔径相对于整个掘进断面过小，如果取全断面进行有限元分网计算的话，网格划分将过于密集，得到的单元和节点数量将超过了现有计算机的计算处理能力，计算无法进行。为了方便数值模拟中的网格划分，也为了更能接近于施工现场的实际布置情况，物理模型尺寸选为 2.20m×2.20m×2.20m。本次主要模拟三种掏槽方式：双楔形掏槽、九孔掏槽、单螺旋掏槽，三种掏槽方式的掏槽孔布置图见图 3-23～图 3-25。

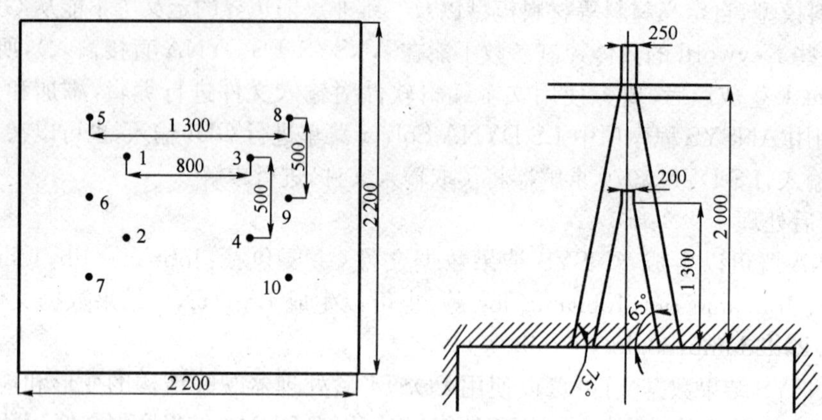

图 3-23 双楔形掏槽方式掏槽孔平面布置图(尺寸单位:mm)

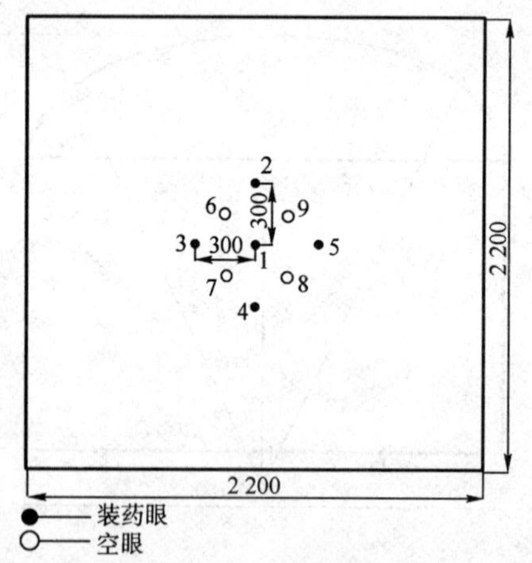

图3-24 九孔掏槽方式掏槽孔平面布置图(尺寸单位:mm)

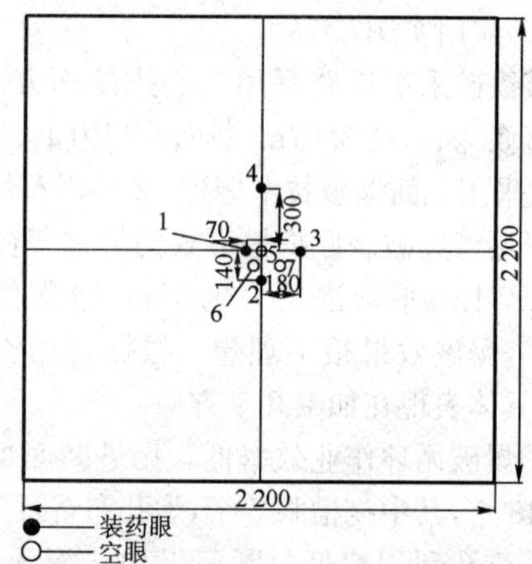

图 3-25 单螺旋掏槽方式掏槽孔平面布置图(尺寸单位:mm)

表 3-10 列出了三种掏槽方式的炮孔尺寸及相关爆破参数。

三种掏槽方式的炮孔尺寸及相关爆破参数 表 3-10

掏槽方式	炮孔数	孔径(cm)	炮孔深度	起爆时间
双楔形	10	2	1～4 号:120cm,5～10 号:200cm	1～4 号 0μs 起爆;5～10 号 300μs 起爆
九孔	9(4)	2	200cm	1 号 0μs 起爆;2～5 号 300μs 起爆
单螺旋	7(3)	2	200cm	1 号 0μs 起爆;2 号 100μs 起爆;3 号 200μs 起爆;4 号 300μs 起爆

注:括号内为空孔数。

数值模拟所需要的相关岩体力学参数，是在现场取样进行室内测试和综合研究现场岩体工程地质性质的基础上，通过分析计算获取。主要参数如下：

天然密度：　2 700kg/m^3

单轴抗压强度：　95.6MPa

泊松比：　0.23

弹性模量：　66GPa

按照物理模型及炮孔布置方式，分别建立双楔形掏槽、九孔掏槽、单螺旋掏槽方式的三维立体模型。爆破加载可以采用多种方式进行，最简单的是将爆炸载荷简化为一随时间变化的节点力施加到结构上。LS-DYNA 提供了更精确的爆炸模拟方法，利用状态方程模拟爆炸过程中压力与体积的关系。本次数值模拟相关参量采用的是 cm-g-μs 单位制，计算时间为 600μs，使用了三种材料本构模型，其中岩石材料为各向同性双线性弹塑性模型、炮孔堵塞材料为各向同性线弹性材料、炸药采用 LS-DYNA 提供的炸药材料模型，同时使用 JWL 状态方程模拟炸药爆轰过程中压力和比容的关系。

JWL 状态方程是 E. L. Lee 等在 Jones 和 Wilkins 工作基础上提出的。方程形式为：

$$P = A\left(1-\frac{\omega}{R_1 \upsilon}\right)E^{-R_1 \upsilon} + B\left(1-\frac{\omega}{R_2 \upsilon}\right)e^{-R_2 \upsilon} + \frac{\omega E_0}{\upsilon} \tag{3-19}$$

式中 P 为压力，υ 为相对体积，E_0 为初始比内能，A、B、R_1、R_2、ω 为常数。

表 3-11～表 3-13 列出了三种材料的相关参数。

岩石材料参数(PLASTIC-KINEMATIC)　表 3-11

密度 (g/cm^3)	弹性模量 (×100GPa)	泊松比	屈服强度 (×100GPa)	切线模量 (×100GPa)	硬化系数	失效应变
2.7	0.66	0.23	0.005	0.02	0.5	1.25

炮孔堵塞材料参数(ELASTIC)　表 3-12

密度(g/cm^3)	弹性模量(×100GPa)	泊　松　比
0.5	0.1	0.2

炸药材料参数(HIGH-EXPLOSIVE-BURN)　表 3-13

密度 (g/cm^3)	爆速 (cm/μs)	A (×100GPa)	B (×100GPa)	R_1	R_2	ω	E_0 (×100GPa)
1.74	0.853	5.409	0.093 7	4.5	1.1	0.35	0.095

由于模型中含有孔洞的情况，自由分网效果不好，所以采用通过扫掠(Sweep)方式生成体网格。

(4)数值模拟结果分析

根据 LS-DYNA 的求解结果，通过后处理软件 LS-prepost 进行处理，通过同坐标典型单元等效应力；模型单元最大等效应力和节点最大位移；模型同一时刻最大等效应力三个方面对三种掏槽方式的爆炸效果进行比较。

由于对三种掏槽方式建立的三维模型相同，但网格的划分有所不同，因此选取三维模型中 4 个坐标相同的特殊位置上的典型单元，并作出它们相应的应力-时间历程曲线进行比较。4 个典型单元在物理模型上的位置如图 3-26 所示，其中 1 号单元是爆破自由面中心，2 号单元位于自由面中心与左边界的中间位置，3 号单元位于左边界的中心位置，4 号单元位于爆破顶面中心位置。由于三维模型具有空间对称性，所选取的 4 个单元可以很好反映爆炸过程中整个三维模型上的单元应力随时间变化的情况。

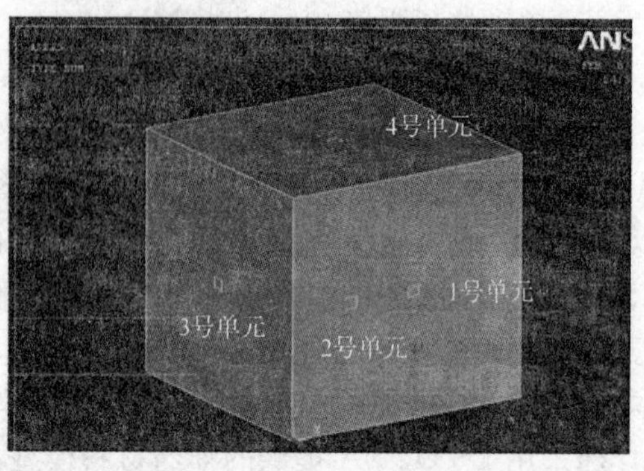

图 3-26 三维模型上 4 个典型单元位置图

①同坐标典型单元最大应力比较

4 个典型单元的最大应力和作用时间列于表 3-14～表 3-17。三种掏槽方式下 4 个典型单元最大应力对比如图 3-27。

1 号单元最大应力和作用时间 表 3-14

掏槽方式	双楔形	九孔	单螺旋
单元坐标(cm)	$x=110, y=110, z=0$	$x=110, y=110, z=0$	$x=110, y=110, z=0$
对应有限元模型中的实际单元编号	28 344	24 691	28 603
最大应力(GPa)	0.002 53	0.004 32	0.005 68
作用时间(μs)	200	250	280

2 号单元最大应力和作用时间 表 3-15

掏槽方式	双楔形	九孔	单螺旋
单元坐标(cm)	$x=50, y=110, z=0$	$x=50, y=110, z=0$	$x=50, y=110, z=0$
对应有限元模型中的实际单元编号	28 776	14 565	13 357
最大应力(GPa)	0.002 19	0.002 37	0.005 02
作用时间(μs)	180	550	250～320

3 号单元最大应力和作用时间 表 3-16

掏槽方式	双楔形	九孔	单螺旋
单元坐标(cm)	$x=0, y=110, z=-110$	$x=0, y=110, z=-110$	$x=0, y=110, z=-110$
对应有限元模型中的实际单元编号	19 098	22 064	27 459
最大应力(GPa)	0.001 21	0.002 04	0.004 10
作用时间(μs)	480	460	240

4 号单元最大应力和作用时间　　表 3-17

掏槽方式	双楔形	九孔	单螺旋
单元坐标(cm)	$x=110, y=220, z=-110$	$x=110, y=220, z=-110$	$x=110, y=220, z=-110$
对应有限元模型中的实际单元编号	18 870	22 611	27 606
最大应力(GPa)	0.001 53	0.002 05	0.004 90
作用时间(μs)	600	400	210

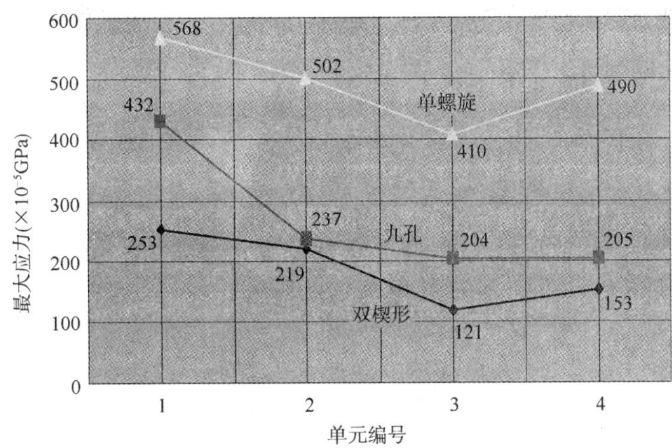

图 3-27　三种掏槽方式下 4 个典型单元最大应力对比

分析相关图表,可以看出:三种掏槽方式的有限元模型中,都是自由面中心位置的单元应力最大,侧面中心位置的单元应力最小;三种掏槽方式中,单螺旋的对应的各个单元应力最大,其次是九孔,双楔形掏槽方式各个单元的应力最小。

②三个计算模型在同一时刻最大等效应力的比较

比较了双楔形掏槽、九孔掏槽、单螺旋掏槽在 150μs、250μs、350μs、450μs 的等效应力分布情况,其中单螺旋掏槽方式在四个时刻的应力分布情况如图 3-28～图 3-31 所示。

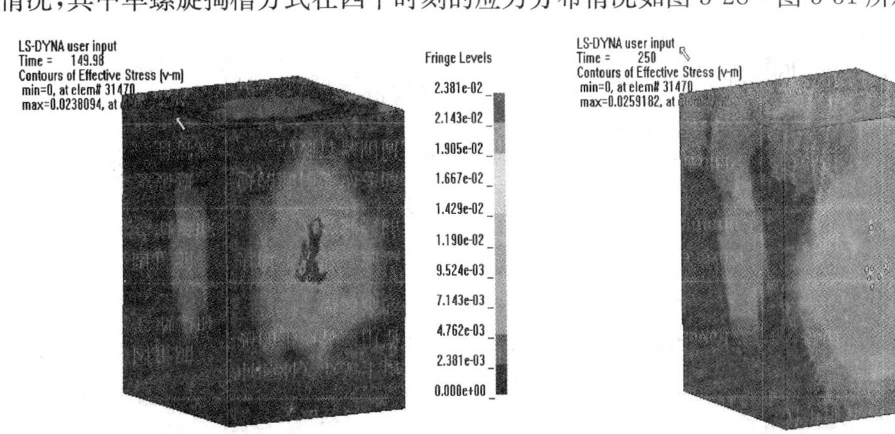

图 3-28　150μs 时等效应力分布云图

图 3-29　250μs 时等效应力分布云图

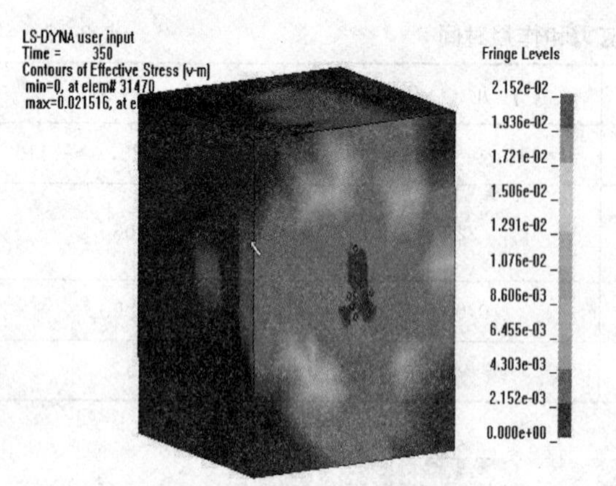

图 3-30　350μs 时等效应力分布云图

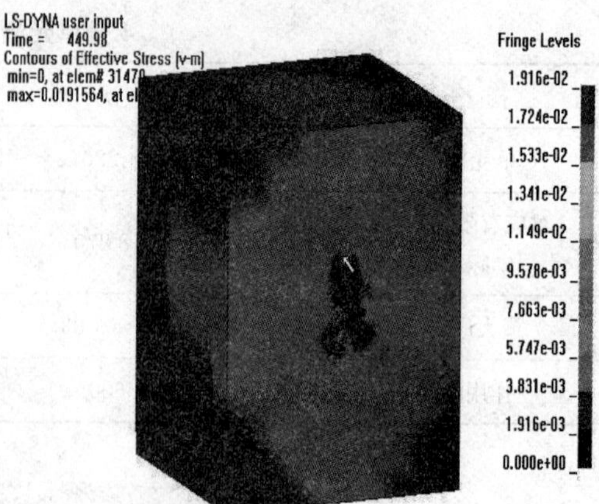

图 3-31　450μs 时等效应力分布云图

根据模拟结果，三种掏槽方式不同时刻最大等效应力见表 3-18、图 3-32。

三种掏槽方式不同时刻最大等效应力(GPa)　　表 3-18

掏槽方式＼时间	150 (μs)	250 (μs)	350 (μs)	450 (μs)
双楔形	0.012 9	0.013 3	0.012 9	0.013 3
九孔	0.015 3	0.019 7	0.014 0	0.014 1
单螺旋	0.023 8	0.025 9	0.021 5	0.019 1

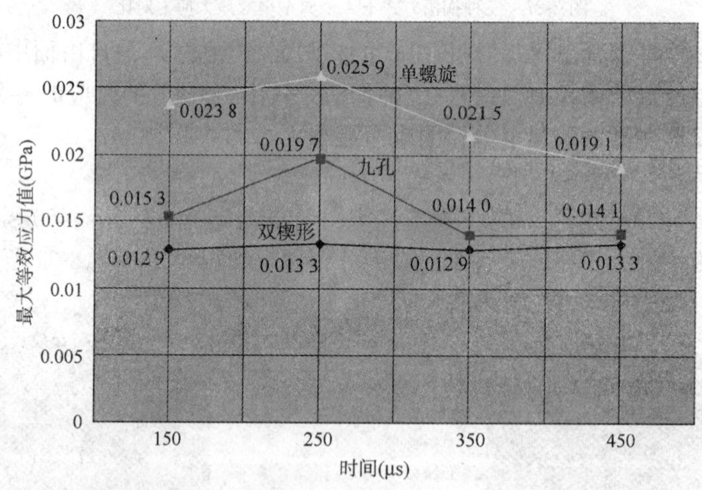

图 3-32　三种掏槽方式不同时刻最大等效应力比较图

分析以上三种掏槽方式不同时刻等效应力云图，可以看出：三种掏槽方式的最大等效应力基本上都出现在 250μs；等效应力的变化过程基本上是一个先升后降的过程，双楔形的最大等效应力随时间的变化比较平缓，而九孔和单螺旋的最大等效应力随时间变化比较明显；三种掏槽方式中单螺旋在各个时刻的最大等效应力的值都是最大的，其次是九孔，双楔形掏槽各个时刻的最大等效应力值最小。

③计算模型中单元最大等效应力和节点最大位移的比较

根据计算结果，三种掏槽方式单元最大等效应力及节点最大位移见表 3-19。

三种掏槽方式单元最大等效应力及节点最大位移 表 3-19

比较项＼掏槽方式	双楔形	九孔	单螺旋
单元编号	28 730	126	1 108
最大等效应力(GPa)	0.013 3	0.020 6	0.031 3
作用时间(μs)	290	240	240
节点编号	15 579	30 223	56 216
最大位移(cm)	2.24	4.84	12.23
作用时间(μs)	600	600	600

从以上对三种掏槽方式单元最大等效应力及节点最大位移的比较可以看出：单螺旋的单元最大等效应力及节点最大位移都为最大，其次是九孔，双楔形的最小；三种掏槽方式的单元最大等效应力基本上都是出现在炸药爆炸后的 200～300μs，节点最大位移都出现在计算终止时间，节点的最大位移是一个持续增加的过程。

(5)数值模拟研究的主要结论

①尽管三种掏槽方式布孔、起爆顺序、炮孔间距等参量不同，但其深孔柱状装药爆炸后的一定时间范围内，应力波均是以柱面波的形式传播的。当受到边界条件和自有面(包括空孔)的影响时，应力波优先向自由面以及相邻两炮孔的连心线方向发展。这一结果，验证了柱状装药结构的应力波传播理论假说。

②当爆破条件苛刻，即自由面少的时候，空孔能较好地起到自由面的作用。因为从典型单元的时间-应力历程曲线可以看出，空孔处应力分布情况和两炮孔连心线的中心相似，而我们知道，两炮孔连心线的中心是应力优先发展的地方。可见，空孔起到了此作用。

③模拟结果表明，三种掏槽方式在爆炸应波产生及传播机理等方面有着明显的不同。从爆炸应力波的有效传播、叠加、应力峰值与高应力作用时间以及介质最大运动速度等方面综合比较分析可知，单螺旋掏槽方式相对其他三种方式均具有相当优势。所以从双楔形、九孔和单螺旋三种掏槽方式的数值模拟结果来看，单螺旋掏槽爆破的预期效果最优，其次是九孔掏槽。

(6)现场试验验证

为了验证数值模拟的结果，结合工程实际，2005 年 8～9 月在武钢大冶铁矿尖林山龙洞采区进行三种掏槽方式掘进爆破的现场试验，以评价三种掏槽方式的优劣。

现场爆破试验在大冶铁矿龙洞采区－74m 水平巷道掘进中进行，配备气腿式凿岩机 3 台，采用 38mm 的柱齿钎头，钎杆长度为 2.2m 或 1.8m；采用 2 号岩石炸药爆破，药卷规格为 ϕ32mm×200mm，重 150g；导爆管共有 6 个段别，分别是 1、3、5、7、9、10。每次试验时间为一个掘进工班，9 时进入巷道作业，16 时起爆。

爆破试验结束后，对现场爆破效果进行观察和统计分析。

针对现场的爆破试验情况，从平均进尺、炮眼利用率、炸药单耗三个方面(见图 3-33～图 3-35)对原掏槽方式及三种试验掏槽方式的爆破效果进行比较。四种不同掏槽方式爆破的相关数据列于表 3-20。

不同掏槽方式爆破数据对比表　　表 3-20

掏槽方式	钻眼用时(min)	总眼数(个)	炸药用量(kg)	钻眼延米(m)	平均眼深(m)	平均进尺(m)	炮眼利用率(%)	单位岩体炸药消耗量(kg/m³)	每米巷道炸药耗量(kg/m)
原方式	190	48(6)	47.6	82.1	1.71	1.15	67.3	3.80	41.4
双楔形	180	42	39.6	69.4	1.65	1.13	68.5	3.22	35.0
单螺旋	140	44(3)	38.3	73.7	1.68	1.52	90.3	2.31	25.2
九孔	160	46(4)	39.6	77.9	1.69	1.38	81.9	2.64	28.7

注:括号内为空孔数

4 种不同掏槽方式平均进尺寸、炮眼利用率、炸药单耗对比柱状图见图 3-33 至图 3-35。

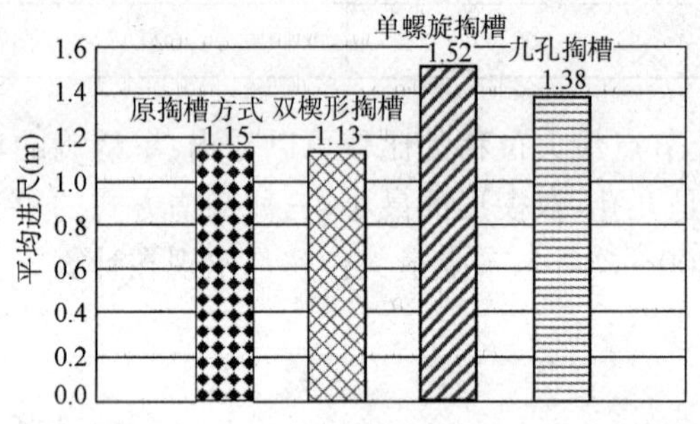

图 3-33　不同掏槽方式爆破平均进尺

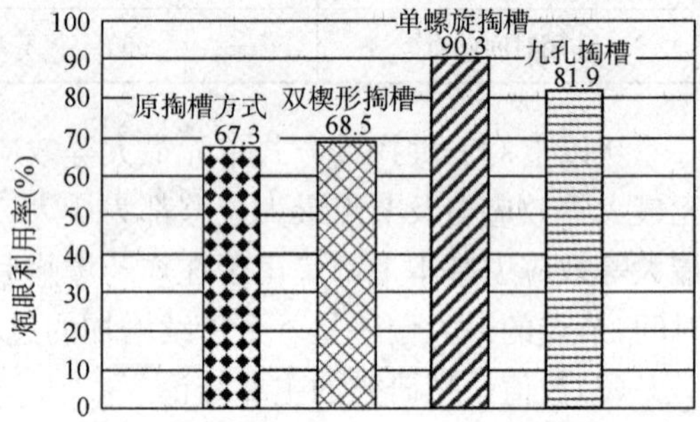

图 3-34　不同掏槽方式爆破炮眼利用率

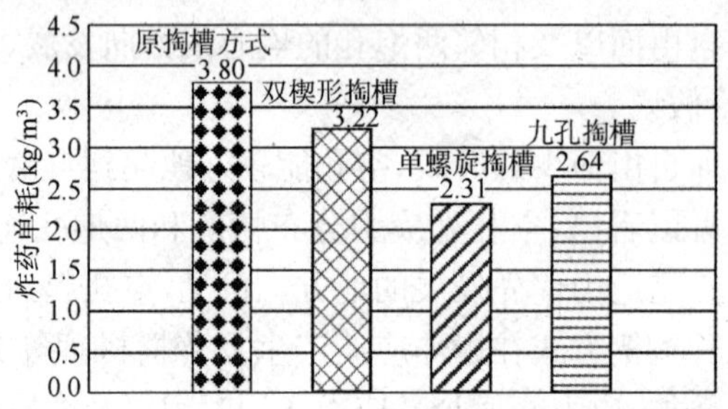

图 3-35　不同掏槽方式炸药单耗

对比试验研究结果表明:掏槽方式及布孔参数的优劣是影响爆破进尺最为关键的因素。针对大冶铁矿龙洞采区巷道掘进,复式楔形掏槽施工难度较大,掏槽眼方向难以控制,炸药单耗大,掏槽效果不理想;单螺旋掏槽炮眼数目较少,结构简单,爆破效率高,材料消耗少,比较适宜现场施工,可以取得良好的经济效益;九孔掏槽眼数最多,炸药单耗较大,耗时多,爆破效率一般。

比较 3 种掏槽方式,单螺旋掏槽是最适合于该巷道掘进爆破的掏槽方式,这与计算机数值模拟的计算结果想一致。

二、周边眼和辅助眼的布置

从掏槽孔至周边孔之间的孔称为辅助孔,也称扩槽孔,其目的是扩大掏槽容积并按隧道断面形状逐渐扩挖。辅助孔布孔在参照炮孔总数及排间距等参数的基础上,前后排间按爆破漏斗原理或三角形原理进行交错布孔,且由于越靠近槽眼的辅助孔爆破夹制作用越大,故辅助孔越近掏槽孔,抵抗线越小,最外层辅助孔的抵抗线最大。

周边孔起控制洞室轮廓线的作用,所以,对周边孔的孔位、孔深和角度偏差有较高的要求,对于普通爆破，因爆破对围岩破坏的影响，周边孔的孔位可在设计轮廓线以内 10cm 处，对于光面爆破，其孔位应在轮廓线上。普通爆破时周边孔的孔距视洞室断面大小和岩石硬度而定，断面越大或岩石硬度越小，孔距越大；反之越小。光面爆破时按光面爆破要求设计孔距（见 3.3.3 节）。

3.3.3 光面（预裂）爆破技术

一、简述

光面爆破是一种控制岩体开挖轮廓的爆破技术，是通过沿开挖边界布置密集炮孔，采取不耦合装药或装填低威力炸药等措施，使周边眼在主爆区之后起爆的爆破方法；预裂爆破线装药密度要比光面爆破大一些，周边眼间距要适当小一些，崩落距离与光面爆破周边眼的最小抵抗线相比也要小一些。周边眼则是最先起爆，爆破后沿周边眼连线形成断裂面，使保留的围岩稳定性不因主炮孔爆破而遭破坏。

光面爆破技术 1950 年发源于瑞典，1952 年在加拿大首次应用，预裂爆破是由光面爆破演变而来的。开始，我国则将光面爆破和预裂爆破列为控制爆破技术之内，但由于“控制爆破”的含义甚广，如岩石爆破时的振动、抛掷方向、块度控制等，如果笼统地称为控制爆破就不够确切。光面爆破和预裂爆破都是控制轮廓成型的爆破方法，它们都能有效地控制开挖面的超欠挖。两者之间的主要差别表现在两个方面：其一，预裂爆破是在主爆区爆破之前进行，光面爆破则是在之后进行；其二，预裂爆破是在一个自由面条件下爆破所受的夹制作用很大，而光面爆破则是在两个自由面条件下进行，受夹制作用小。由于光面爆破周边孔在主爆孔之后起爆，因此防振及防爆破裂隙伸入保留区的能力较预裂爆破差。

二、光面、预裂爆破的作用机理

由于岩石爆破过程本身的复杂性，光面（预裂）爆破的作用机理，国内外至今尚未取得一致认识。在爆破成缝机理方面，光面爆破与预裂爆破基本相同。不同之处是光面爆破有侧向自由面，爆破应力波传到自由面后产生反射拉伸波，因其抵抗线一般大于孔间距，若用导爆索起爆，反射波尚不能干扰两孔间直达波波峰的叠加；侧向自由面的存在，使应力波和爆生气体的能量向抵抗线方向转移。实践证明，这种转移的能量不至于阻碍裂缝的形成，但可使作用于保留岩体的能量减弱。光面爆破的壁面质量优于预裂爆破的壁面质量，这也是重要原因之一。

保证光面（预裂）爆破成功的必要条件是炸药在炮孔中爆炸产生的压力不破坏孔壁并沿预定方向成缝。当炸药与孔壁留有空隙时，炮孔所受的压力会大大降低。试验发现：不耦合系数为2.5时的孔壁最大切向应力只相当于相同爆破条件下，不耦合系数为 1.1 时的 1/16。因此，完全可能将现有的常用炸药，用不耦合装药，将孔壁压力降低到只有几百兆帕乃至几十兆帕。那时，孔壁压力接近岩石的极限抗压强度或低于极限抗压强度。使炮孔压力不致压碎孔壁并使炮孔之间岩石产生裂缝。至于炮孔间的岩体为什么能形成裂缝，有不同的解释。

(1)应力波干涉破坏成缝理论

1962 年，W. I. 戴维尔（Duvall）和 K. S. 帕内尔（Panie）提出“相邻炮眼产生的应力波相互干扰”的理论。该理论认为：如果几个相邻炮孔中的炸药同时爆破，爆炸应力波以炮孔为中心呈放射状向外传播，一般在其切线方向会产生拉应力。由两个炮孔出发，沿半径方向扩展的应力波，在两孔连线的中点相会，并产生干扰（见图 3-36）。应力波汇合处产生的合力垂直于两炮孔轴线的连接面,方向向外。连接面(见图3-36中间虚线)的两侧,岩面各自向相反方向移动。因此,两个炮孔轴线的连接面受拉应力的作用,最终致使岩体沿此面断裂。

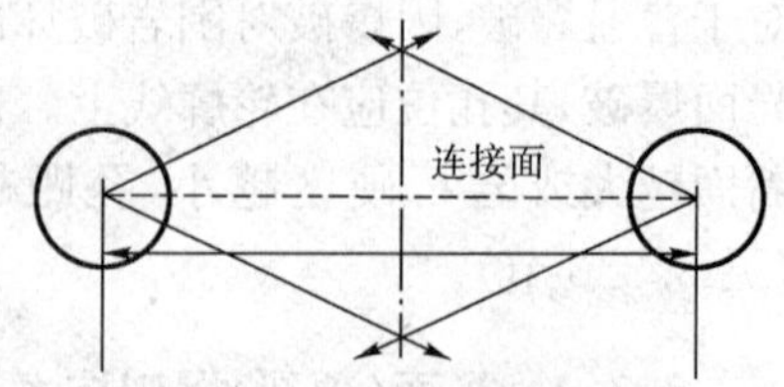

图3-36 应力波干涉破坏成缝作用机理示意图

应力波干扰作用理论指出两个物理现象:其一,相邻两孔应同时起爆,以保证应力波在两孔连线中点产生叠加;其二,应力波叠加后,相邻两孔中点产生的拉应力最大,裂缝因此从中点首先产生,并向两孔方向发展。至于爆炸产生的高压气体在岩体成缝的作用则没有提到。

(2)以高压气体为主要作用的成缝理论

U.兰格福斯(Langefors)、山口梅太郎等人认为,爆生气体的作用对预裂和光面爆破成缝的影响更大。在气体和压力共同作用下,炮孔相距很近时,炮孔连线上因应力叠加而产生很高的拉应力。相邻炮孔同时作用,会使炮孔连线的面破裂更整齐。山口梅太郎的试验和计算证明,两圆孔连线与孔壁的交点在切线方向产生很大的拉应力。这种应力条件,在两孔相距很小和圆孔直径越大时越明显。两孔连线切向最大应力发生在孔壁上。因此他认为,裂缝的发生也首先出现在孔壁上,当孔壁的间距较小时,两孔之间也会产生较大的拉应力。

预裂与光面爆破时岩石的开裂,可认为是由孔壁切向拉应力造成的,且孔间距与裂缝的开裂关系很大。由此得出结论:①不论是单孔或是两孔同时起爆,裂缝均能产生,且后者更易形成裂缝;②要加长爆破气体的作用时间,强调堵塞和不耦合装药,并要求炸药的爆速低、生成气体数量多;③关于应力波,他们认为不会形成孔间贯穿裂缝,仅能形成潜在的闭合裂缝。对于单孔而言,这些裂缝是无规则的;对于双孔而言,两孔连线方向的裂缝最长,裂缝的贯穿是在气体作用下完成的;④裂缝是由孔壁向中间发展的。

(3)爆炸应力波与高压气体联合作用理论

1963年前后,美国A.麦哈斯(Maihias)对预裂爆破成缝的机理进行模型试验研究。他认为:爆破气体在渗入裂缝之前,应力波在两孔间形成的裂缝已经产生;应力波到达相邻孔后,在孔壁连线的垂直方向产生拉应力,应力波沿孔壁连线的径向是压应力。

这种应力波作用状态有利于两孔连线成缝,而阻碍与连线垂直向裂缝发展。

1968年美国人H.K.科特尔(Kotter)等人的试验证明;应力波在两炮孔中间不可能形成开裂。同时起爆时,爆炸气体形成的应力场在预裂缝的形成中起主要作用。南非人A.N.布朗(Brown)的高速摄影试验证明;炮孔孔壁边开裂发生在爆轰波之后,冲击波形成的同时,而裂缝的扩展较迟,可以认为是气体产生的;应力集中和应力波的干扰也是存在的。

联合作用理论可以用以下粗略的模式来描述,即爆炸应力波由炮孔向四周传播,在孔壁及炮孔连线方向出现裂缝,随后在爆炸气体作用下,原裂缝延伸扩大,最后形成平整开裂面。

此模式将预裂成缝机理分为两个过程,即应力波的作用过程和高压气体的作用过程,它们有先后,但又是连续的、不可分割的。第一个过程,应力波的作用,指当应力波从孔壁向四周传开后,产生的切向拉应力超过岩石的抗拉强度而使岩石破裂。最初,裂缝出现在炮孔壁向外的短距离内,如果应力波在两孔之间能够发生叠加,那么,在此区段内,合成拉应力也能使岩石产生裂缝,这些裂缝给预裂面的形成创造有利的导向条件。第二个过程,高压气体的作用过程,指爆炸高压气体紧接着应力波作用到孔壁上,它的作用时间比应力波要长得多。孔周围便形成准静态的应力场,相邻炮孔相互作用,并互位于应力场中。孔中连线方向产生很大的拉应力,孔壁两侧产生拉应力集中。如果孔的间距很近,则炮孔之间连线两侧全部是拉应力区,并达到足以拉断岩石的程度。

如果相邻孔的距离很小,上述拉应力可以是岩石抗拉强度的数倍,孔壁的集中拉应力还要大。因此,即使应力波没有产生裂缝,单靠高压气体的作用,也能使岩石断裂。如果应力波产生了初始裂缝,高压气体渗入使裂缝尖端产生气刃效应。由于气体作用的时间比应力波长得多,其总能量也大得多,气体的作用不仅能爆炸并形成贯通裂缝,还可以使裂缝扩展成一定的宽度。因此爆炸气体作用是预裂缝最终形成的基本条件,起着主导的作用。

(4)两相邻孔预裂爆破时几种组合情况分析

利用应力波和高压气体联合作用理论,对如图 3-37 所示的几种组合情况进行分析。

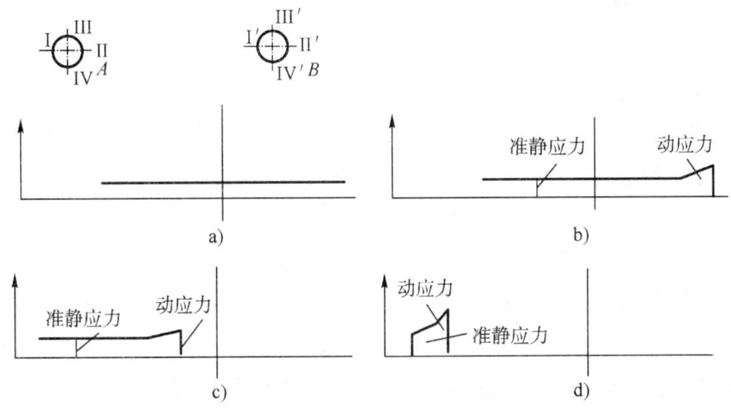

图 3-37　相邻炮孔不同起爆时差起爆后的相互影响

①相邻炮孔起爆时间相差很大

如图 3-37a)所示,A、B 孔各自单独爆破,无论是应力波或静态应力场都不能产生叠加。

当两炮孔相距很远,各自类似于单孔爆破,难于形成贯通裂缝;当炮孔间距很小时,两孔爆破相互影响。

炮孔 A 先爆破,B 孔起空眼作用。AB 连线上靠 A 的一侧因由 A 传出的应力波强度较大,压缩波波阵面切线方向的拉应力大于岩石极限抗拉强度,I、II 点处便产生裂缝。B 孔上的 I′和 II′点因拉应力集中,只要它超过岩石的极限抗拉强度也能形成裂缝。以上两种裂缝都是径向裂缝,并沿 AB 连线延伸。

A 孔的气体压力随应力波通过之后作用到炮孔壁,使原有裂缝在准静态应力场拉应力的作用下延长。如果气体渗入上述裂缝中,裂缝伸展会加长。

B 孔爆破时 A 孔起空眼作用,但 B 孔在 AB 连线方向已有裂缝产生。所以不论是应力波或是气体作用都能促使原有裂缝发展。此方向裂缝的发展,势必阻止其他方向再产生裂缝或老裂缝的再发展。

实践证明上述爆破条件可以形成预裂缝,但相邻孔的间距要小,而且裂缝面的质量不好。

②相邻炮孔起爆时间相差较小

如图 3-37b)所示,A 孔爆破应力波已经掠过 B 孔,但准静态气体压力仍在起作用,此时 B 孔爆破。两孔间爆炸应力不能叠加,但 A 孔的准静态应力场与 B 孔的应力波及准静态应力场叠加。A 孔壁产生的裂缝会因 B 孔爆炸而发展延伸。这种情况在使用即发毫秒雷管起爆炮孔时有时会遇到。

③相邻炮孔起爆时间相差更短

如图 3-37c)所示，A 孔爆破后的应力波到达 B 孔之前 B 孔起爆。预裂孔之间用导爆索连接一般都属于这一情况。起爆后，两孔的爆破应力波有可能在后爆孔附近叠加；两孔爆炸产生的准静态应力场发生叠加。上述两种情况的叠加使孔间连线方向裂缝的发展处于有利地位。高压气体的渗入，导致裂缝形成。

④相邻炮孔同时起爆

如图 3-37d)所示，两孔爆炸产生的应力波及准静态应力场都会叠加，它们的叠加促使预裂缝的形成，达到最佳的组合。但是，这一情况在实际施工中难以实现。

从以上讨论看出，尽量缩小两孔间起爆时差，对于预裂缝形成总是有利的。

三、预裂爆破施工技术

1)装药量的确定

(1)影响装药量的因素

影响预裂爆破效果的因素很多，包括钻孔间距、直径，岩石的物理力学性质，地质构造，炸药性质，装药结构和不耦合系数等，它们同时又影响着装药量。至于其中哪些因素是主要的，到目前为止尚无定论。

首先从预裂爆破的实践发现，预裂爆破在各种因素不变的情况下保证成缝的装药量变化区间相当大。例如，某种岩石在 400g/m 药量下形成裂缝，装药量在 250g/m 时也炸出了裂缝。说明，预裂缝的形成与装药量不是一一对应的关系。之所以会发生这种情况，除不同孔位所处的地质及岩性有差异(这是各种因素中人们最无法控制的一个因素)之外，更主要的原因是裂缝宽度。目前对于不同岩性、不同裂缝宽度与装药量的关系，尚无系统研究，也少见文献报道。尽管如此，爆炸使裂缝增宽，必须增加药量这一基本观点是可以接受的，虽然增加的数量无法确定。

但是，装药过小使裂缝不能形成，装药过大，壁面残留不是半孔而是 1/3～1/4 个孔壁，并且两孔之间出现凹槽或鱼鳞状破裂，药量过大或过小出现的情况都可以分辨清楚。除上述两种药量外，其他的装药量若能保证成缝，在其中选择最佳装药量较为困难。通过现场爆破试验，在过大与过小装药量之间选取中值可以做到。本书介绍的装药量计算公式是指中值附近的数值。

在影响预裂效果及装药量的因素中，岩石性质、孔距及不耦合系数较为重要。岩石性质一般指岩石的物理力学性质，预裂爆破的理论指出，岩石的抗拉强度直接与成缝有关。但是岩石抗拉强度没有抗压强度容易获取，为简单起见，有时也可以用后者替代前者进行估算。

不耦合系数的影响，前已述及，它对孔壁压力大小的影响，还可以通过孔内装药量的大小调剂。

钻孔间距不仅影响装药量的大小，还直接关系着预裂壁面的质量。无数预裂爆破的实践表明，在保证两孔之间裂开成缝的前提下，小间距的壁面质量远远优于大间距的壁面质量。因为小间距增加钻孔量，使其应用受到限制。但是，为保证边坡工程质量，也不宜选择大的孔间距。孔间距的选择一般以钻孔直径的倍数表示。永久边坡宜取 7～10 倍钻孔直径(d)，3～5 年的临时边坡宜取 10～15d，其他临时性边坡 15～20d。

(2)装药量确定

预裂爆破装药量的计算及确定有 3 种方法：理论计算法、经验公式计算法和经验数值法。理论计算法因预裂爆破的理论还有不成熟的地方，许多参数确定有困难，甚至不准确，直接影响计算精确度，加之运算比较复杂，实际使用也比较少，故不再赘述。

①经验公式计算法

如上所述，岩石的抗压强度、钻孔间距和不耦合系数是影响装药量的主要因素。在装药量计算中，不耦合系数可以不纳入计算式中，不耦合系数建议选取下列数据：

地下隧道及巷道开挖：取 1.5～4；

明挖及大型硐库中的深孔爆破：取 2～4。

以上不耦合系数条件下，药量计算建议采用以下公式：

用于地下隧道爆破：

$$Q_{线}=0.034[\sigma_{压}]^{0.6}[a]^{0.6} \tag{3-20}$$

用于深孔爆破：

$$Q_{线}=0.042[\sigma_{压}]^{0.5}[a]^{0.6} \tag{3-21}$$

式中：$Q_{线}$——炮孔线装药密度(kg/m)；

$[\sigma_{压}]$——岩石极限抗压强度(MPa)；

a——炮孔间距(m)。

②经验数据法

正由于预裂爆破成缝与装药量不存在一一对应关系，所以一些学者提出一些经验数据供选取，然后再通过试验确定合适的装药量。表 3-21 为瑞典 U. 兰格福斯(Langefors)建议值，表 3-22 为中孔径深孔预裂爆破时建议选取的数值。

预裂爆破参数经验数据 表 3-21

钻孔直径(mm)	装药密度($kg \cdot m^{-1}$)	药卷牌号	直径(mm)	钻孔间距(m)	钻孔间距与钻孔直径的比值	备　注
30		古力特		0.25～0.50	8～17	U. 兰格福斯建议值
37	0.12	古力特		0.30～0.50	8～13.5	
44	0.17	古力特		0.30～0.50	7～11	
50	0.25	古力特		0.45～0.70	9～14	
62	0.35	那比特	22	0.55～0.80	9～13	
75	0.50	那比特	25	0.60～0.90	8～12	
87	0.70	狄纳米特	25	0.70～1.00	8～11.5	
100	0.90	狄纳米特	29	0.80～1.20	8～12	
125	1.40	那比特	40	1.00～1.50	8～12	
150	2.00	那比特	40	1.20～1.80	8～12	
200	3.00	狄纳米特	52	1.50～2.10	7.5～10.5	

预裂爆破参数经验数值 表 3-22

岩 石 性 质	岩石抗压强度(MPa)	钻孔直径(mm)	钻孔间距(mm)	线装药量($g \cdot m^{-1}$)
软弱岩石	<5	80	0.6～0.8	100～180
		100	0.8～1.0	150～250
		80	0.6～0.8	180～300
中硬岩石	50～80	100	0.8～1.0	250～350
次硬岩石	80～120	90	0.8～0.9	250～400
		100	0.8～1.0	300～450
坚硬岩石	>120	90～100	0.8～1.0	300～700

注：药量以 2 号岩石铵梯炸药为标准，间距小者取小值，大者取大值；节理裂隙发育取小值，反之取大值。

2)预裂爆破施工

(1)钻孔

预裂爆破实践表明,预裂壁面的超欠挖和不平整度主要取决于钻孔精度。可以这样说,预裂爆破的成败 60%取决于钻孔质量,40%取决于爆破技术水平。

钻孔质量的好坏取决于钻孔机械性能、施工中控制钻孔角度的措施和工人操作技术水平,以上 3 个影响钻孔质量的因素中,尤以工人操作技术水平最为重要。如果操作人员技术水平不高,即使采用一些好设备,也难以打出高质量的炮孔;相反,即使采用一些性能较差的设备,但技术工人认真操作,仍可打出高质量炮孔。国内钻孔经验表明,对于平整的施工现场,设置钻机移动轨道,是打出高质量钻孔的一个非常重要的技术措施。目前,已有国家研制生产出保证钻孔精度的控制器,它在钻孔时能自动调整钻孔角度。

预裂孔的偏差直接关系到边坡面的超欠挖,控制钻孔质量是施工人员必须关注的问题。预裂孔的放样、定位和钻孔施工中角度的控制决定着钻孔质量。一般施工放样的平面误差不应大于 5cm。钻孔定位是施工中的重要环节,对于不能自行行走的钻机,铺设导轨往往是不可少的;而对于能自行行走的钻机必须注意机体定位。钻孔过程中,应有控制钻杆角度的技术措施。

在预裂面内的钻孔左右偏差比在设计预裂面前后方向的钻孔偏差危害要小一些,因为它尚不至于给超欠挖带来过大的影响,仅仅使相邻钻孔之间平面内的不平整度增大。

在设计预裂面前后方向的钻孔偏差的危害则要大得多,它是壁面参差不齐、波浪起伏和造成超欠挖的根源,钻孔中要防止这种偏差的产生。

国内外预裂爆破的钻孔深度多在 15m 以内;也偶有深度达数十米的情况。过大的钻孔深度,易使钻孔精度难以控制而对预裂爆破效果不利。

(2)装药结构

预裂爆破装药结构有两种形式:采用定位并将装药的塑料管控制在炮孔中央,爆破效果好,但费用较高;另一种是将 25mm、32mm 或 35mm 等直径的标准药卷顺序连续或间隔绑在导爆索上。炮孔底部 1～2m 区段的装药量应比设计值大 1～4 倍,取值视孔深和岩性而定,孔深及岩性坚硬者取大值。接近堵塞段顶部 1m 的装药量为计算值的 1/2 或 1/3,炮孔其他部位按计算的装药量装药。

药串可以先绑在导爆索上再绑在竹片上,缓缓送入孔内,应使竹片贴靠保留岩壁一侧。

(3)堵塞

为了保证预裂爆破效果,应该进行堵塞,但是,也有人主张预裂爆破的炮孔可以不堵塞,使在坚硬岩石中形成宽度非常小的缝即可,不过坚持不堵塞观点的人已越来越少。

堵塞时先用牛皮纸团或编织袋放入堵塞段的下部,再回填钻屑,要使装药段保持空气间隔。

由于预裂爆破是在夹制条件下的爆破,振动强度很大,有时为了防振,可将预裂孔分段起爆(见图 3-38),一般采用 25ms 或 50ms 延时的毫秒雷管。在分段时,一段的孔数在满足振动要求条件下尽量多一些,但至少不应少于 3 孔。实践证明,孔数较多时,有利于预裂成缝和壁面整齐。

当预裂孔与主爆区炮孔一起爆破时,预裂孔应在主爆孔爆破前引爆,其时间差应不小于 75～110ms。

3)预裂爆破实施中的相关问题

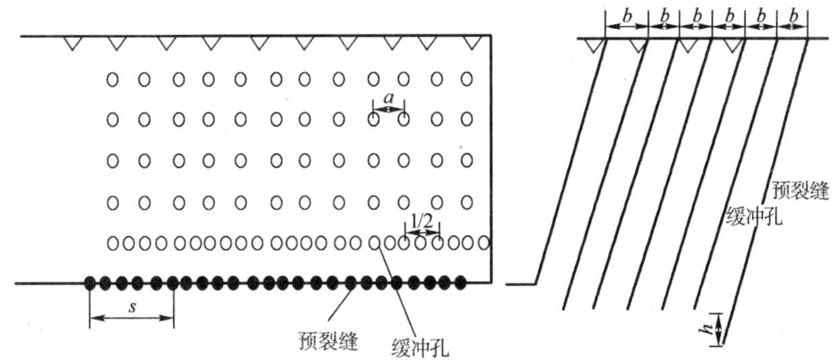

图 3-38　预裂缝的超深值(h)及超长值(s)示意图

(1)预裂爆破(含光面爆破)壁面质量标准

预裂爆破与光面爆破的目的是沿设计轮廓线形成整齐的轮廓面,其质量标准应符合以下条件。

①裂缝必须贯通,壁面上不应残留未爆落岩体。

②相邻孔间壁面的不平整度小于±15cm。

③为使壁面达到平整,钻孔角度偏差应小于1°。

④壁面应残留有炮孔孔壁痕迹,且应不小于原炮孔壁的1/2～1/3。

⑤残留的半孔率,对于节理裂隙不发育的岩体应达到85%以上;对于节理裂隙较发育和发育的岩体,应达到50%～85%;对节理裂隙极发育的岩体,应达到10%～50%。

在过去文献资料中,还强调预裂爆破的裂缝宽度,认为缝宽应达1cm以上。在软岩中,这一要求可以做到;但对于中硬、坚硬岩石,该要求难以达到。

(2)预裂爆破与工程地质状况关系

一般而言,岩石愈完整均匀,愈有利于预裂爆破;非均质、破碎和多裂隙的岩层则不利于预裂爆破;对于破碎的岩石,预裂壁面的不平整度往往不由爆破参数决定,而由破碎面控制,甚至预裂面也沿裂隙面或破碎面形成。当裂隙率达到5%时,预裂爆破有时难以按设计成缝;当裂隙率为1.5%～5%时,采用小孔距预裂往往收到良好效果。

高倾角裂隙对预裂面不平整度的影响较之倾角为45°～60°时小得多,与预裂面大致平行;位于保留区而距设计预裂面不太远的高倾角裂隙,爆破时该面与预裂面之间的岩石有时很难留住,由此造成超挖。但是,该裂隙面的面积若很大,沿该面滑下形成的保留面,对边坡稳定有时很有利。总之这种情况下,设计应根据高倾角的构造情况调整预裂缝的位置。

与预裂面垂直的裂隙,往往使预裂缝不能连接起来,构成齿状缝面,形成超欠挖。

与预裂面斜交的裂缝,又易使裂缝偏离中心线,顺裂隙延伸一段距离后与其他预裂孔连起来,形成更严重的超欠挖。

岩石的非均质性也影响裂缝的形成。某工程试验证明,顺岩层走向易成缝,而垂直岩层走向难成缝。单孔爆破试验表明,顺岩层走向裂缝长度是垂直岩层走向的2～3倍。

对于水平层状岩石,层厚不大时,预裂爆破时常造成孔口移动,可通过减少顶部装药量、减小孔距和减少堵塞长度予以调整。

由上可知,必须在预裂爆破前进行试爆,在弄清地质状况的基础上及时调整预裂爆破参数。不管地质状况如何变化,减小孔距总可以获得较好效果。

(3)炸药特性对预裂爆破效果的影响

预裂爆破理论说明，预裂爆破要求炸药具有一定的猛度和爆速，而且生成的气体量多。我国的工业炸药普遍使用岩石铵梯炸药、乳化炸药、铵油炸药、水胶炸药等。尽管它们都有获得预裂爆破成功的例证，但不等于它们都是进行预裂爆破最合适的炸药。由于采用不耦合装药进行预裂爆破，使孔壁受力状态得以调整，这是上述炸药都能获得预裂爆破成功的重要条件。采用上述炸药进行预裂爆破，当不耦合系数小于 2 时，常使孔壁受到损坏。国外有专用于预裂和光面爆破的炸药，例如表 3-21 中的“古力特”等。我国也曾研制出专用于光面爆破炸药，因种种原因未形成规模生产，也未能在全国推广。承包商为求施工简便，多用与主爆破区相同的炸药进行预裂爆破，通过不耦合系数和装药量的调整满足预裂爆破需要。

在其他预裂爆破参数不变的条件下，采用不同品种炸药可以获得不同的效果。例如在葛洲坝工程中，使用 40%耐冻胶质炸药获得很好的预裂面，换成同量的 2 号岩石铵梯炸药，则往往形不成裂缝。

凡能进行预裂爆破的炸药，都有一个适合每种岩石的合适的装药量范围。当炸药性能改变时，这一范围随之而变，此时必须重新调整装药量或钻孔间距。在施工过程中经常对所使用的炸药进行性能测定(例如爆速等)，对取得良好的爆破效果有极大好处。

(4)关于预裂缝前设置缓冲孔的问题

过去为了保护预裂面的完整性，人们在它前面设置 1～2 排缓冲孔(一排居多)。缓冲孔的抵抗线较主炮孔小、间距小且装药量少。在我国缓冲孔的使用以水利水电系统最多，铁道建设次之，矿山采用较少。

(5)预裂爆破的自身损坏及其防震防破坏

预裂爆破是一种处在夹制作用很大情况下的爆破，振动强度大并使保留岩石受到某种影响在所难免。但是，预裂缝一旦形成，对防止主爆区产生的振动及保留岩体的损坏起着重要的保护作用。

①预裂爆破自身的影响

正确的设计和施工，预裂爆破一般不会对保留岩体产生严重损坏。产生损坏的原因除因设计不当外，主要为施工中将药包贴于保留壁面所致。尤其在炮孔底部，因装药量大，破坏范围可达约 10cm。此外，当岩石为水平层状时，预裂爆破的上抬力，会使孔口以下数米的岩层受到损坏。预裂爆破使保留岩体在水平向的损坏程度一般在 1.0m 以内，遇到水平层状岩石并含泥化夹层，顺夹层损坏深度可达 2～3m。上述的损坏一般不影响边坡的稳定。至于孔口段保留岩体的损坏，可通过孔口装药量及堵塞长度进行调整。

至于预裂爆破产生的振动影响，根据三峡等水电工程的观测资料，在装药量相等情况下，是深孔台阶爆破的 3～4 倍。因此，有重要设施需要保护及为减少对保留岩体振动的情况下，应当限制预裂爆破的单响药量。

②预裂缝的减震及防损坏

预裂缝形成后有两个重要作用：第一，防止主爆区的破裂缝伸向保留区；第二，减小主爆区对保留区的振动影响。

预裂爆破的实践表明：软弱岩石(小于 60MPa)和坚硬岩石形成的裂缝差别很大。前者缝宽可达 1cm，甚至超过它；后者只在 5mm 以内。缝宽对减振有重要影响。葛洲坝工程预裂缝的地面宽度可达 1cm 以上，实测减振率达 48.2%～70.8%。若预裂缝充填泥石或水，减振效果大为降低。在预裂缝形成后，尽快进行主爆区的爆破。

坚硬岩石中预裂缝宽度虽然小，减振效果也不显著，但其抗压强度高，抵抗应力波作用能力强，一般主爆区爆破产生的振动不容易造成保留岩体损坏。预裂缝又阻断了主爆区延伸至保留区的裂缝，因而保留岩体的质量可以得到保证。这也许是进行预裂爆破取得良好效果的重要原因。

(6)预裂缝的超深及超长

①预裂孔底以下开裂深度。

合适的预裂爆破装药量，均可使裂缝在孔底贯穿；有时预裂缝还可向下延伸一段距离。葛洲坝等工程中实测的预裂缝向下延伸距离为 0.7～1.5m。预裂缝向底部延伸的深度，与炮孔装药量，尤其与底部装药量有关。以上数值仅给出一个大体的数量概念，当靠近预裂孔底有水平夹层或裂隙时，预裂缝一般就此止住，不会再向下延伸。

②预裂缝的超深和超长。

设计中，预裂缝的超深和超长，起着防止主爆区爆炸应力波和爆破裂隙直达保留区的作用，如图 3-38 所示，预裂缝的超深值由式(3-22)决定：

$$h \leqslant H-l \tag{3-22}$$

式中：h——预裂缝超过炮孔底的深度(m)；

H——预裂缝的总深度(m)；

l——炮孔深度(m)。

如果预裂缝的超深值等于或大于主爆孔爆破的底部破坏深度，那么由于主爆孔造成的破坏性裂缝当然不会通过预裂缝延伸至保留区。从防震上讲，应力波绕射到保留区的强度较之直达波的强度弱。一般预裂缝的超深值应大于 1.0m。

预裂缝超长值(s)的确定大多采用经验数据。为了防止爆破应力波绕过预裂缝破坏保留岩体，预裂缝应该越过爆破界限范围以外 7～10m，美国有人建议为 15m。

(7)不同抗力条件下的预裂爆破

一般预裂爆破是在预裂缝两侧岩体能够抵抗爆炸荷载向两侧的推力情况下进行的，这一情况属于对称抗力情况下的预裂爆破。

但在工程施工中，预裂爆破往往是在裂缝两侧岩体厚度不相等的条件下进行的，有时其中一侧岩体处于一种较为单薄的情况。爆破后，单薄一侧岩体产生较大位移，给以后的深孔爆破造成极大困难。例如，某水电站左岸溢洪道右边墙预裂爆破，孔深 20m，预裂缝一侧岩体厚度约 10m(即小于 1 倍预裂孔深)，爆破后该侧有数千方岩石被崩塌下河，堵塞河道。这些情况都说明必须认真对待不对称抗力条件下的预裂爆破。

进行不对称抗力条件下的预裂爆破时，要正确确定预裂孔深度与两侧岩体厚度的关系，即如图 3-39 所示的 B 和 B' 与 H 的关系。当 $B'>H>B$ 时，属不对称情况。当预裂孔深为 H 时，B 值应多大才能抵抗预裂爆破的推力呢？B 值大小显然与岩石性质、地质产状等因素有重要关系，如在 B 位置存在的水平夹层、断层或裂隙，将极大减弱其抵抗预裂爆破推力的能力。

采用如图 3-40 所示的计算简图，分析 B 与 H 之间的关系。为便于计算，假设预裂爆破产生了沿孔轴均匀分布的荷载 q；沿 EF 线附近没有不利的地质构造，岩石是均匀且各向同性的。$CDEF$ 块体受力条件简化为一端固定的悬臂梁受均布荷载的作用。

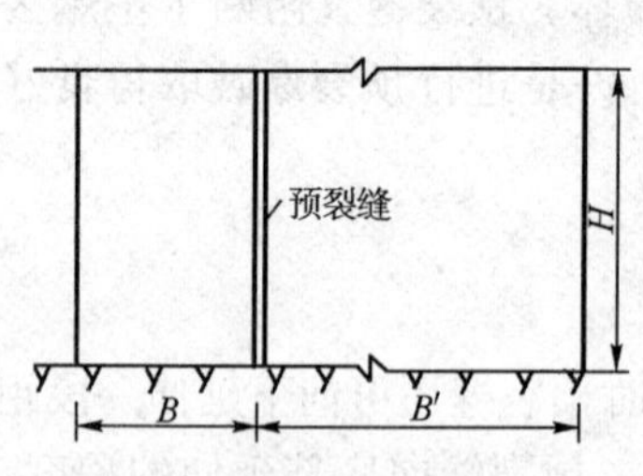

图 3-39　不对称抗力条件下预裂爆破示意图

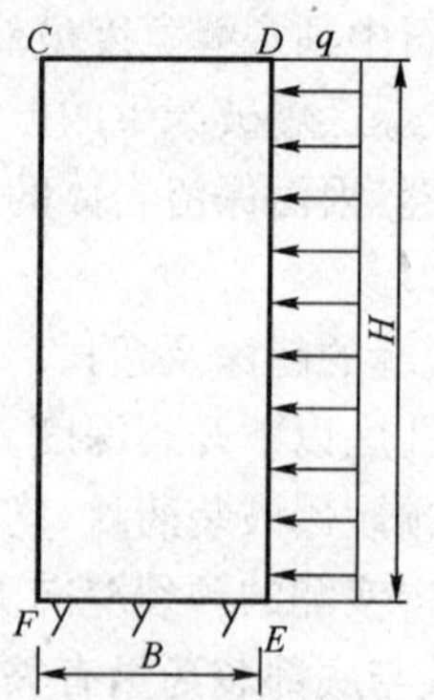

图 3-40　不对称抗力条件下预裂爆破作用计算简图

显然，E 点处于最不利的位置，它承受最大的拉应力，该值一旦超过岩石的抗拉强度，E 点处的岩石将会被拉断，并沿 EF 线破裂。因此，若 $\sigma_{拉}>[\sigma_{拉}]$，则在预裂爆破作用下，$CDEF$ 块体将失稳；若 $\sigma_{拉}<[\sigma_{拉}]$，在预裂爆破作用下，$CDEF$ 块体将保持稳定。

根据弹性理论平面应变问题求解，可较容易得出 $CDEF$ 块体的失稳判定方程：

$$\frac{H}{B}<\sqrt{\frac{[\sigma_{拉}]+q/5}{3q}} \tag{3-23}$$

同时，式(3-23)中的 q 值应满足：

$$q=\frac{Pd}{a}=\frac{\sigma_{拉}\,d}{a}>[\sigma_{拉}] \tag{3-24}$$

式中：P——作用于炮孔壁的压力(kg/cm^2)，根据预裂爆破的基本理论 $P<[\sigma_{拉}]$；

a——钻孔间距(cm)；

d——钻孔直径(cm)。

根据式(3-23)和式(3-24)的计算，B 应大于 $2H$ 才是安全的。当有水平向裂隙、弱面等存在，B 值还要增大。

四、光面爆破施工技术

光面爆破是在两个自由面条件下爆破，光爆层受夹制作用较小。因装药量远比主炮区炮孔小，故对岩体振动影响较小，对保留基岩的破坏较轻微。主要缺点是它在主爆区之后爆破。所以，防振及防裂缝伸入保留区的能力较预裂爆破差。

光面爆破原大多用于地下隧道开挖，现在明挖中使用也逐渐增多。例如，三峡水利枢纽永久船闸的高边坡及直立墙闸室边界面的开挖都使用光面爆破法。地下工程及隧道开挖中，因为光面爆破得出的壁面平整、裂隙少、危石少，洞中施工的安全性及围岩稳定性大大提高，支护工程量也大大减少。例如，安徽某铜矿在部分竖井、马头门和调车场开挖中应用光面爆破，超挖量由 20%～30%降低到 3%。一些资料表明：由于隧洞采用光面爆破减少超挖节省的费用几乎是爆破成本的 4 倍。

应当指出，不论在何种岩质条件下，采用光面爆破与不采用光爆或其他控制围岩轮廓爆破法相比，效果相差甚远。即使围岩岩质很差而不能留下半个孔痕迹，在对减轻围岩破坏、减少超挖，以及防止冒顶等方面，其作用都是不能忽视的。

因为光面爆破存在第二个自由面，进行光面爆破的一个重要而必备的条件是孔间距应小于抵抗线。若采用与之相反的做法，孔间岩壁不易形成平整壁面。

1)光面爆破主要参数

光面爆破的凿岩爆破参数主要包括周边孔间距 a、最小抵抗线 W、炮孔密集系数 m、不耦合系数 K、装药量 Q 等。其确定方法有工程类比法，理论计算法，半经验、半试验法等。关于光面爆破参数的理论计算方法，不同系统分别有自身的经验公式，但尚不够系统化。有的是建立在统计经验数据的基础上创立的，有的是在台阶爆破的基础上加以修正而用于隧道爆破的参数计算，但都有一定局限性。理论计算一般采用岩石爆炸力学计算方法，基本思想是：炸药在眼中爆炸时，使作用在眼壁的压力小于其岩石的抗压强度。由于光面、预裂爆破机理还不完全清楚，计算模式还很不完善，并且爆破条件千变万化，理论计算的参数通常只可供选定参数时参考。

光面、预裂爆破参数的理论计算，一般仅在工程施工资料缺乏的情况下应用，实践中仍以采用工程类比法、经验方法、试验方法为主。实际应用中光面爆破参数一般通过上述方法初步确定，施工时先按照选定的参数，总结每次爆破效果，测量半孔率和轮廓的不平整度；采用声波测量仪器时，可测定围岩受爆破影响程度，不断调整光爆参数。

(1)经验计算法

①光面爆破抵抗线的确定

一般光面爆破的抵抗线按下式确定：

$$W_{min} = (10 \sim 20)d \tag{3-25}$$

式中：W_{min}——光面爆破最小抵抗线(m)；

d——钻孔直径(m)。

②孔距

周边孔间距 a 是控制开挖轮廓面平整程度的基本因素，根据实践经验，光面爆破的孔距可采用下式选定：

$$a = (0.6 \sim 0.8)W_{min} \tag{3-26}$$

③炮孔密集系数

周边孔的密集系数 m 为间距 a 与最小抵抗线 W 的比值即：

$$m=a/W$$

a. 瑞典兰格福斯的试验结果表明，$m=0.5\sim0.8$ 时，得到的平整度较好。

b. 前苏联莫斯特科夫建议的炮孔密集系数 m 值，见表 3-23。

c.《矿山井巷工程施工及验收规范》(GBJ 213—1990)建议 m 值宜为 0.8～1.0；《铁路隧道工程技术安全规则》建议 m 值为 0.65～1.0。

莫斯特科夫建议的炮孔密集系数与岩石强度的关系 表 3-23

岩石强度(MPa)	<58.84	58.84～78.45	78.45～88.26	>98.07
$m=a/W$	1.3～1.1	1.1	1.0	0.8～0.7

④装药量和装药不耦合系数

光面爆破装药量，一般先按类比法或现场试验、经验选定装药集中度 q_1(kg/m 或 g/m)，再进行计算。q_1 与岩石的坚固性系数和岩石的结构面分布有关，范围在 50～300g/m 之间，其值不宜过大，否则失去光面爆破效果。

Q 也可按式(3-25)和式(3-26)计算的 W_{min} 和 a 再按与台阶爆破类似的方法计算装药量。

采用式(3-27)计算装药量：

$$Q = qahW_{min} \tag{3-27}$$

式中：Q——装药量(kg)；

a——钻孔间距(m)；

h——孔深(m)；

q——炸药单耗(kg/m³)，取值范围为 0.15～0.25kg/m³，软岩取小值，硬岩取大值。

不耦合系数 k 大小关系到爆破后的孔痕残留率和炸药对围岩的破坏程度。显然，k 值越大，孔痕残留率越大，围岩受破坏越小。k 值的范围在 1.5～2.4 之间。

(2)工程类比法

工程类比法是参照类似工程的经验数据，根据其工程的具体条件，确定有关参数的方法。采用此法，应根据具体工程条件，对照综合考虑确定之。所参考的主要工程条件为：

①地质条件。

②炸药种类。

③开挖断面的大小及形状。

④钻眼机具设备。

⑤开挖方法(全断面一次爆破成型，预留光面层)。

爆破参数选出后，经过两三次试爆确定。

表 3-24～表 3-26 是某些工程或经验的光面爆破参数，设计时可类比选取。

国内部分水工隧洞开挖的光面爆破参数 表 3-24

工程名称	岩性	不耦合系数 k	线装药密度 q ($g \cdot m^{-1}$)	炮孔间距 a (cm)	最小抵抗线 W_{min} (cm)	密集系数 m
隔河岩引水隧洞	石灰岩 页岩	2.25	150～200(石灰岩) 50～100(页岩)	40～50	60～70	0.65～0.75
三峡茅坪溪泄水隧洞	花岗岩	2.25	300	50	70	0.71
天生桥一级引水隧洞	泥岩砂岩	1.56	250～300	40～50	50～60	0.67～0.83
广蓄引水隧洞	花岗岩片麻岩	1.92	289	60	70	0.86
鲁布革电站引水洞	石灰岩白云岩	2.0	425	60	100	0.6
东江电站导流洞	花岗岩	2.0	485	56	70	0.8
太平驿电站引水洞	中硬岩		360	50～60	50～60	1.0
察尔森水库输水洞	软岩		300	40～50	50～60	0.8～1.0

隧洞光面爆破参数一般参考值 表 3-25

钻爆参数 / 围岩条件	钻孔间距 a(m)	最小抵抗线 W_{min}(m)	线装药密度 q ($kg \cdot m^{-1}$)	适用条件
坚硬岩	0.55～0.70	0.60～0.80	0.30～0.35	炮孔直径 D 为 40～50mm，药卷直径为 20～25mm，炮孔深为 1.0～3.5m
中硬岩	0.45～0.65	0.60～0.80	0.20～0.30	
软岩	0.35～0.50	0.40～0.60	0.08～0.12	

马鞍山矿山研究院光爆参数 表 3-26

<table>
<tr><th rowspan="2">岩样情况</th><th rowspan="2" colspan="2">开挖部位及跨度(m)</th><th colspan="5">光爆孔参数</th></tr>
<tr><th>炮孔直径(mm)</th><th>炮孔间距(mm)</th><th>最小抵抗线(mm)</th><th>炮孔密集系数</th><th>装药集中度(kg·m⁻¹)</th></tr>
<tr><td rowspan="3">整体稳定性好，中硬到坚硬岩石</td><td rowspan="2">拱顶</td><td><5</td><td>35～45</td><td>600～700</td><td>500～700</td><td>1～1.1</td><td>0.20～0.30</td></tr>
<tr><td>>5</td><td>35～45</td><td>700～800</td><td>700～900</td><td>0.9～1.0</td><td>0.20～0.25</td></tr>
<tr><td colspan="2">边墙</td><td>35～45</td><td>600～700</td><td>600～700</td><td>0.9～1.0</td><td>0.20～0.25</td></tr>
<tr><td rowspan="3">整体稳定性一般或欠佳</td><td rowspan="2">拱顶</td><td><5</td><td>35～45</td><td>600～700</td><td>600～800</td><td>0.9～1.0</td><td>0.20～0.25</td></tr>
<tr><td>>5</td><td>35～45</td><td>700～800</td><td>800～1000</td><td>0.8～0.9</td><td>0.15～0.20</td></tr>
<tr><td colspan="2">边墙</td><td>35～45</td><td>600～700</td><td>700～800</td><td>0.8～0.9</td><td>0.20～0.25</td></tr>
<tr><td rowspan="3">节理裂隙发育、破碎、岩性松软</td><td rowspan="2">拱顶</td><td><5</td><td>35～45</td><td>400～600</td><td>700～900</td><td>0.6～0.8</td><td>0.12～0.18</td></tr>
<tr><td>>5</td><td>35～45</td><td>500～700</td><td>800～1000</td><td>0.5～0.7</td><td>0.12～0.18</td></tr>
<tr><td colspan="2">边墙</td><td>35～45</td><td>500～700</td><td>700～900</td><td>0.7～0.8</td><td>0.15～0.20</td></tr>
</table>

注：炮孔密集系数宜选取小于 1 的数值

(3)半试验、半经验确定法

现场试验发现，根据爆破漏斗理论，通过在现场进行有限次数的单孔及三孔爆破漏斗试验确定光面、预裂爆破参数，是目前比较科学的有实用价值的光面爆破和预裂爆破参数的设计方法，即半经验、半试验法。

①爆破漏斗理论。炸药在岩石中爆破后，其能量消耗在下列四个方面：a. 岩石的弹性变形；b. 岩石的破裂；c. 岩石破碎并抛掷；d. 传播给大气的能量即形成的声响及空气冲击波。对于在某种岩体中具有一定重量的集中装药来说，作用于以上四个方面的能量各占比例的大小，是随药包埋置深度而变化(见图 3-41)。

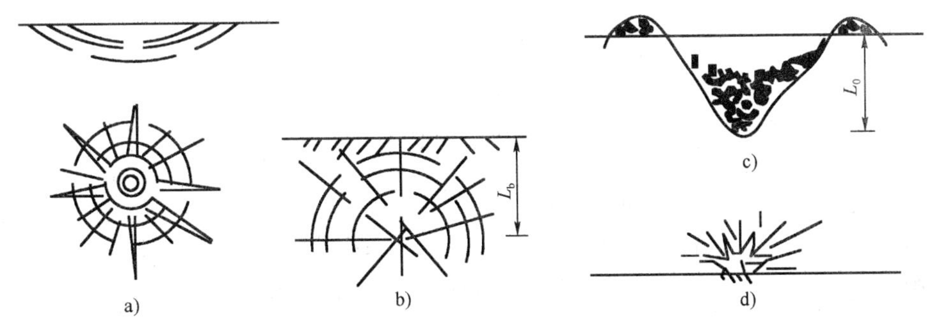

图 3-41 不同炸药埋深时爆破作用示意

当药包埋在地下相当深处爆炸时，地表岩石不发生任何破坏。这时认为全部能量都为岩石弹性吸收，仅仅产生变形而已[见图 3-41a)]。

如果把药包向地表移动至某一距离时，地表第一次出现裂缝，这时的装药深度叫做临界深度，这时的爆破漏斗半径等于零，也就是说，不出现爆破漏斗[见图 3-41b)]。

但是，装药如果再向地表移动，则开始产生爆破漏斗，而且随着埋置深度的变化，爆破漏斗的体积也就不同。对应于产生最大爆破漏斗体积时的装药深度，称为最佳深度[见图 3-41c)]。

药包埋置深度进一步减小，则漏斗体积逐渐变小，直到药包完全放在地表爆炸，即埋置深度等于零时，炸药爆炸的全部能量转化成音响和空气冲击波而又不出现爆破漏斗了[见图 3-41d)]。爆破漏斗理论的基本原理，详见 3.3.1。

②隧道光面爆破参数设计的方法。由爆破漏斗试验资料，我们可以得到如下初步结论。

对于一般炮眼法柱状装药的隧道控制爆破来说，采用爆破漏斗理论，通过一定次数现场试验的方法，来进行光面爆破、预裂爆破的参数设计是可行的。其具体的方法步骤可简单归纳如下：

a. 调查隧道地质情况。

通过了解有关地质报告资料，现场调查等手段，尽可能详细准确地弄清隧道穿过的山体地质条件。除了对岩体的强度做出估计外，还应对岩体的节理裂隙、弱面等影响爆破效果较大的工程地质情况弄清楚。必要时利用弹性波法、钻孔岩芯取样分析等方法研究岩体的爆破地质性质，最后应对隧道穿过的主要岩层爆破性进行描述。

b. 单眼爆破漏斗试验。

一般按如下步骤进行：

• 依据隧道施工组织设计的总体要求，确定隧道开挖一个循环的炮眼深度。

• 根据地质调查的结果，选定与隧道穿过的岩层相近地点作为试验场地，试验时应使用与洞内施工实际相同的钻机设备。

单眼爆破漏斗试验地点可选在洞内，也可选在洞外，可以用垂直向下的炮眼，也可用水平炮眼进行试验。需要注意的是，洞内试验时，要注意到已有隧道开挖过程中使围岩受到破坏对试验结果造成的影响。

• 根据类比方法，按经验初定试验眼深的单眼装药量 Q。进行单眼爆破漏斗试验先确定出大致使用的单眼总装药量。这时，只要爆后不出现过大的爆破漏斗，而且也并非明显的装药过少，就可以作为进一步试验的单眼装药量。

• 适当调整 Q 值大小与装药结构，直到获得临界深度时的装药量与装药结构为止。这时炮眼中的装药爆破后，眼口刚好只出现裂缝，不产生爆破漏斗。

单眼爆破漏斗试验，可用实际需要的眼深逐组进行。一般 3 眼 1 组，如果第 1 组效果不够理想时才再进行 1～2 组。通常经过 2 组左右的炮眼试验后，即可得到必要的临界深度及装药集中度的较准确数值。

c. 三眼同段爆破漏斗试验。

取单眼爆破漏斗试验所得的装药参数、装药结构，按类比方法初选光面爆破及预裂爆破时必需的周边炮眼间距 a 值，在与单眼爆破漏斗试验相似的岩层中逐组进行三眼爆破漏斗试验。三眼应用同段雷管起爆，3 个炮眼应尽可能钻得深度一致，互相平行。一般 3 次为 1 组，通常只需要进行 1 组就可找出既不形成爆破漏斗，而又出现贯通裂缝时的炮眼间距 a 值及装药集中度 q_1。

d. 整理单眼爆破漏斗试验的资料，求出经验公式。大多数情况下，有 10 次左右的试验数据，就可以用最小二乘法回归分析，得到该工程条件下的临界深度与药量之间的关系曲线，即相应的经验公式。曲线一般为下式形式：

$$L_e = k(Q^{1/3})^{\alpha} \tag{3-28}$$

式中，k 是与爆破地质条件有关的系数，α 常是大于 1 的指数。该公式可供在类似地质条件下进行隧道爆破参数设计时参考使用。

e.按以上试验成果进行爆破参数设计。有条件时先以小断面导洞形式试爆，分析试爆效果，并对相关些参数作必要的修正调整。这样作出的爆破设计，在最初的几个施工循环中经过实践检验，有时可能还需要进行某些修正，但周边眼的装药参数一般是不会有很大出入的。

2)光面爆破装药结构

光爆孔的装药量通常为普通爆破法的 1/3～1/4。隧道中的光面和预裂爆破一般采用小直径药卷或专用的低爆速、低密度、低威力炸药，采用不耦合装药爆破。

按光面爆破的要求，装药沿炮孔应纵向均匀分布，并有合理的不耦合系数。当炮孔较浅时（<2m），可采用连续装药；孔较深时，若连续装药会因装药量少而集中于孔底部，故应采用导爆索连接的空气间隔装药，这样才能保证钻凿的岩体全部爆落。

光面爆破采用现场制作的细药卷，也可直接从厂家购买光爆炸药，炸药卷直径按照不耦合系数确定。

光面爆破应使用毫秒微差雷管，且周边孔一般应同段起爆才能保证光面爆破效果。炮孔的爆破顺序及分段段数应根据地下工程断面大小确定，一般掏槽孔按设计分 1～3 段起爆。辅助孔按圈数自内向外选择起爆段数，辅助孔起爆后，再起爆底（板）孔，周边孔最后起爆。周边炮孔的孔底段应装一个粗药卷，以克服岩体的夹制作用。

3)光面爆破施工

光面爆破施工方法与预裂爆破基本相同。本节主要讨论光面爆破的起爆方法。采用导爆索连接起爆可得到较好的效果。但是，因光爆孔最后起爆，先爆孔易将光爆孔的导爆索拉断，导致部分甚至全部光爆孔拒爆，硐挖中尤为明显。所以，许多工程中，不敢使用导爆索连接，在每个光爆孔中装高段位雷管起爆，使邻孔起爆时差拉大，光爆效果很不理想。

为解决上述问题，建议采用导爆索双向环形连接法（见图 3-42），图中起爆雷管数目越多，网路准爆率越高。

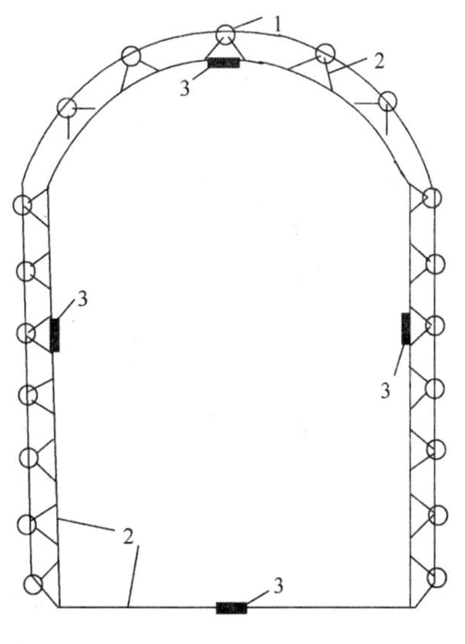

图 3-42　隧道光面爆破导爆索闭合网路图

1-炮孔；2-导爆索；3-起爆雷管

在隧道掘进时，光面爆破有两种施工方案：一是全断面一次掘进，用多段毫秒雷管顺序起爆；另一种是预留光爆层掘进，即先掘进超前导洞，然后扩大到全断面，如大断面隧道和硐室等。进行光面爆破时，一般都要引用光爆层这一概念。所谓光爆层，就是指周边炮孔与最外层主爆孔之间的一圈岩石层，光爆层的厚度就是周边孔（光爆孔）的最小抵抗线。

五、光面爆破与预裂爆破的应用条件

预裂和光面爆破虽然都能获得完整、光滑的壁面，但在技术上却有差异，什么条件下使用哪种爆破自然会引起争议。在坚硬岩石中究竟采用哪种爆破方式较好，人们产生了不同看法。过去，隧道及巷道

中光面爆破使用较多,预裂在明挖中,尤其在深孔爆破中应用居先。近年来明挖中,光面爆破的使用逐渐增多。例如在长江三峡工程中,临时船闸及其引航道的开挖以预裂爆破为主,永久船闸以光面爆破为主。只要主爆区爆破对保留岩体不产生明显破坏,光面爆破因对被保护岩体损伤小应为首选。如另有防振等特殊要求,则另当别论。在选用预裂或光面爆破方法时应考虑下列因素的影响:

①欲对二者进行试验比较,二者的爆破参数都应取得满意的效果。施工过程的各个环节的掌握也应符合设计要求,在此基础上做出的判断才是合理的。

②要根据边坡或结构的特点和工程要求选择方案。例如,三峡工程永久船闸双闸室直立边壁高 60m、两闸室间之隔墩宽 60m,光面爆破比预裂爆破更有利于保护隔墩的完整性。

③要认真分析地质条件、节理裂隙的组合情况,以及它们对裂缝形成的影响。

④施工队伍的经验及掌握复杂起爆技术的熟练程度。

⑤预裂爆破在半无限介质中爆破成缝,势必对缝两侧岩体产生较强的振动和损伤。如果它的一侧 2～4 倍预裂孔深的厚度处存在自由面,此时的预裂爆破不仅对裂缝的形成有利,而且对保留岩体的损伤也较轻。

⑥采用光面爆破时,应注意观测主爆区爆破对保留区岩体的影响。

⑦进行高边坡开挖时,顶部一、二层宜采用光面爆破,必要时还须采用多层浅孔光面爆破,待达到一定压重后,再进行正常台阶的光面爆破。

六、光面爆破及预裂爆破的凿岩与爆破质量标准

进行光面爆破可大大减少爆破对围岩的破坏作用,使爆破超挖量明显减少。但因凿岩孔位误差和因设备因素产生凿岩外斜造成的超挖不可避免,但超挖量应限制在一定范围内。最大超挖值为凿岩孔位误差最大值和凿岩外斜最大值之和,它限制了最大孔深。平均超挖值按下式计算:

$$\Delta R = a + 0.5L\tan\alpha \tag{3-29}$$

式中:ΔR——平均超挖值(cm);

a——凿岩孔位误差值(cm);

L——一次进尺长度(cm);

α——凿岩偏角(度)。

按一般规定,开孔的孔位误差不大于 5cm,每米凿岩斜率不大于 5cm。当炮孔深度超过 4m 时,应采取减少超挖的措施。

如何评定地下工程的光面和预裂爆破效果,目前国内尚无统一标准,应根据不同的用途(水工隧道、地下铁道、铁路隧道)、不同的技术要求,合理地拟定各项具体标准。下面介绍国内几种地下工程检验标准供参考(见表 3-27～表 3-29)。

铁路隧道光面爆破质量评定标准 表 3-27

序号	项目	硬岩	中硬岩	软岩
1	平均线性超挖量(cm)	16～18	18～20	20～25
2	最大线性超挖量(cm)	20	25	25

续上表

序　　号	项　　目	硬　　岩	中　硬　岩	软　　岩
3	两炮衔接台阶最大尺寸(cm)	15	20	20
4	炮眼痕迹保存率(%)	≥80	≥70	≥50
5	局部欠挖量(cm)	5	5	5
6	炮眼利用率(%)	90	90	95

光面爆破质量检验标准　　表 3-28

项目 部门	不平整度(cm)	超欠挖量(cm)	平均线性超挖量(cm)	最大线性超挖量(cm)	炮眼痕迹保存率(%)	两炮衔接台阶(cm)	备注
原煤炭部	5	1. 巷道围岩不破坏,肉眼观察无炮振裂缝; 2. 围岩破坏不超过炮眼直径大小				>10	小断面
原冶金部		≤±5	1. 破坏轻微无炮振裂缝; 2. 软岩爆后无大浮石、硬岩无浮石		>80	10～15	预留光面层
西安矿院	±10	岩面上用肉眼看不见明显的裂缝				>80	小断面
原国家建委二局	1. 炮眼痕迹中无过大纵向裂缝; 2. 围岩破坏总深度; 3. V_0 比 V 降低不大于 400m/s		≤10	≤20	>60		大硐室坚硬岩石弹性波速

预裂爆破质量检验标准　　表 3-29

项　目 部　门	不平整度(cm)	平均线性超挖量(cm)	最大线性超挖量(cm)	炮眼痕迹保存率(%)	两炮衔接台阶(cm)	缝宽(cm)
原水电部长江科学院	≤±15					≤1
	1. 完整留下半个眼壁;2. 药包位置不出现严重爆破裂缝					
原国家建委二局		≤8	≤15	90		≤1
	1. 形成贯通裂缝,眼口不出现爆破漏斗;2. 眼壁中不出现爆破裂缝;3. 围岩破坏总厚度 0.6mm					

3.3.4　隧道爆破设计

一、隧道爆破设计程序

隧道爆破设计,可分为准备阶段和设计阶段。准备阶段包括了解工程基本情况、在现场做些小型试验、为设计做准备;设计阶段包括初步设计、现场试炮、调整参数、推广应用。

①准备阶段:查阅工程设计图纸,了解工程基本情况;查阅并熟悉施工组织设计内容和要求。

②设计阶段:综合上述情况,确定开挖方案、炮眼直径、循环进尺;设计爆破参数。

二、隧道设计内容

设计文件内容包括:炮眼布置图、装药参数表、综合技术经济指标、编制说明等。

①炮眼布置图:通常应有开挖断面的正面炮眼布置图,其内容有:炮眼间距、抵抗线、总的断面尺寸、起爆顺序、装药量,一般为对称布置,故可一侧标注起爆顺序与单孔装药量(见图 3-43)。掏槽眼一般应单独画出施工大样详图。炮眼布置较为复杂时,应增加掏槽部位炮眼布

置的水平剖面图,并应标明钻眼方向,角度与钻眼深度。

②装药参数表包括:炮眼名称与编号、炮眼参数、单眼装药量、段落装药量、雷管段号与装药结构、必要的说明、最后一栏为合计。

③技术经济指标包括:周边眼钻爆参数、工程量、材料消耗、其他数据指标。

④设计说明:包括设计依据、本设计的使用条件、施工要求与注意的问题、机具材料的有关说明、设计未尽问题的说明、安全事项说明及其他必要的补充附图,主要有装药结构图、爆破网络连接图、钻眼分工顺序图等。

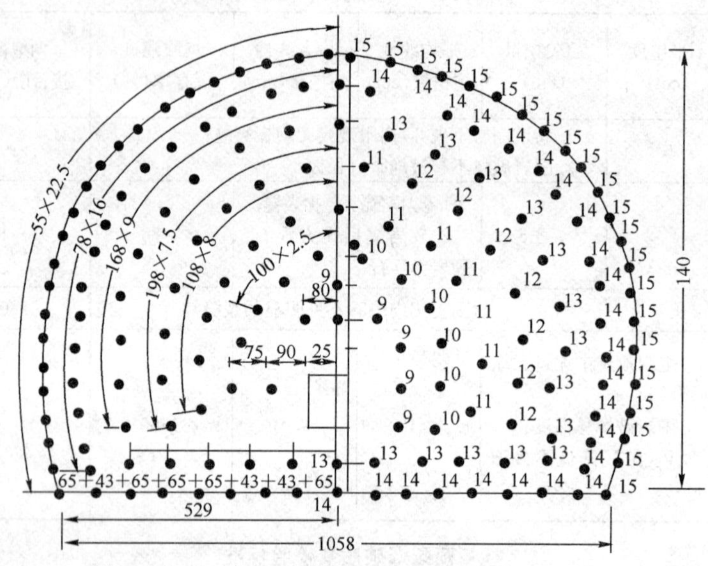

图 3-43　直眼掏槽环状布置　(尺寸单位:cm)

随着国民经济的发展,道路交通路建设遍及全国,铁路、公路隧道经常遇到各种类型的地质条件(软岩、硬岩、中硬岩;还会遇到破碎地带,断层及瓦斯等各种特殊情况),周围环境各种各样,因此,在隧道爆破设计中,应根据不同情况、不同机械设备、不同的技术水平和不同施工习惯进行科学设计,并在施工中不断调整和完善设计方案,方能使隧道爆破设计切合实际。

三、隧道爆破设计实例

某采矿巷道,断面形状为直墙三心拱形式,净断面尺寸为宽 3.6m、高 3.0m,面积为 10.89m^2,如图 3-22 所示。出露主要地层为大理岩和矿体,岩石坚固性系数 $f=10$。炮眼直径 40mm,平均深度 2.0m。利用 2 号岩石炸药和段发毫秒导爆管爆破,药卷直径 ϕ32mm。预计巷道掘进每循环进尺为 1.8m,炮眼利用率 $\eta=0.90$。

采矿巷道爆破设计如下:

(1)掏槽方式

根据巷道的地质情况和前期的研究分析结果,采用单螺旋掏槽方式。

(2)单位岩体炸药消耗量

单位岩体炸药消耗量,可以采用经验公式计算、查找定额、工程类比等方法加以确定。

采用经验公式:将数据代入式(3-4)算得: $q=1.64$kg/m^3。

按定额取值:查表 3-2 得:炸药消耗量 1.61kg/m^3。

工程类比:参照已有的类似工程地质条件,掘进条件的巷道掘进爆破资料,平均岩体单位耗药量为 2.5kg/m^3。

根据以上计算,选取每循环单位岩体炸药消耗量 $q=2.0\ kg/m^3$。

(3)每循环炸药消耗量

按体积公式算得:$Q=39.24$ kg

(4)炮眼数目

药卷规格:一般炮眼:ϕ32mm×200mm×150g;

光爆孔:ϕ25mm×200mm×100g。

根据式(3-4)算得炮孔数为: $N=41$。(计算时装药系数 a_x 取 0.65)

(5)炮眼布置

①掏槽眼

单螺旋掏槽方式的特点是各装药眼至空眼的距离依次递增,呈螺旋线布置,并由近及远顺序起爆,能充分利用自由面,扩大掏槽效果。根据经验,各装药眼与空眼之间的距离可由炮眼直径 d 来确定。结合实际情况,中心空眼到周边掏槽眼的距离分别选取 $s_1=70$mm; $s_2=140$mm; $s_3=180$mm; $s_4=300$mm。掏槽眼布置三个爆破空眼,深度为 2.5m,以产生足够的空腔体积,从而满足岩石的充分破碎膨胀,进而被抛出槽外;布置四个装药眼,深度为 2.2m。掏槽眼布置图如图 3-44 所示。

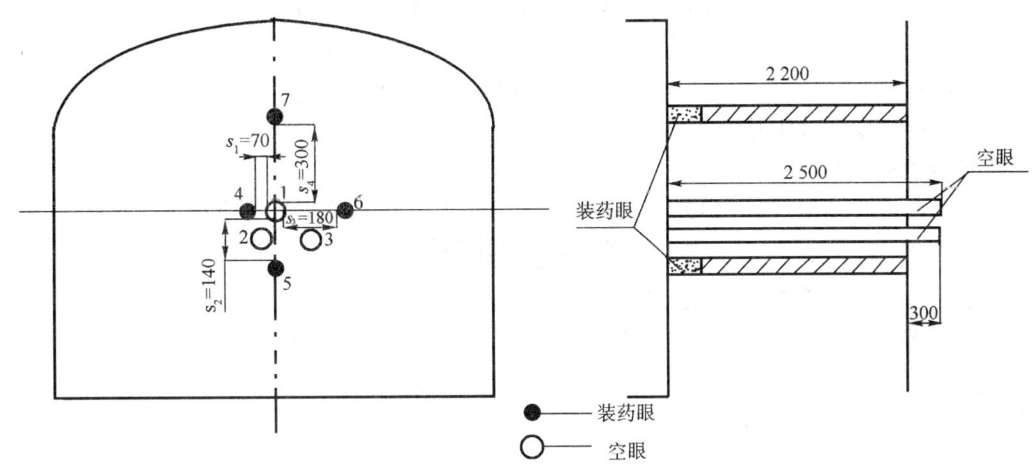

图 3-44 单螺旋掏槽炮孔布置示意图(尺寸单位:mm)

螺旋形掏槽眼爆破后往往在掏槽中存留下被压实的岩渣,影响辅助眼的爆破效果,为此,在施工中,将掏槽眼的空眼比装药眼加长 300mm,并在眼底装入 200g 炸药,然后用充填物堵塞 100mm 左右,待所有掏槽眼爆破之后,紧接着反向起爆,以利于抛渣。

②周边眼与底眼

周边眼共布置 22 个,深度为 2.0mm,其中帮眼间距为 600mm,帮眼数为 6 个;顶眼间距为 500~600mm,顶眼数为 9 个;底眼间距为 600mm,底眼数为 7 个。

③辅助眼

共布置辅助眼 13 个,深度为 2.0mm,辅助眼间距为 500~600mm,光面层厚度为 600mm,则炮孔密集系数 k 为:

$$k = E/W = (0.52 \sim 0.60)/0.60 = 0.87 \sim 1.0$$

通过在工作面上合理布置炮眼,求得实需炮眼总数为 42 个。

④各炮眼装药量的分配

掏槽眼 7 个(3 个空眼):采用 ϕ32mm 长 200mm 药卷,单药卷重 0.15kg,装药系数 a 取 0.7,则:

掏槽眼装药卷数=2.2×0.7 / 0.2= 7.7 = 8 卷

掏槽眼总装药量=4×8×0.15 = 4.8kg

单眼装药量为 1.2kg

辅助眼 13 个:采用 ϕ32mm 长 200mm 药卷,单药卷重 0.15kg,装药系数 a 取 0.6,则:

每眼装药卷数=2.0×0.6 / 0.2=6 卷

辅助眼总装药量=13×6×0.15 =11.7kg

单眼装药量为 0.9kg

周边眼 15 个:采用 ϕ25mm 长 200mm 药卷,单药卷重 0.1kg,装药系数 a 取 0.5,则:

每眼装药卷数=2.0×0.5 / 0.2=5 卷

周边眼总装药量=15×5×0.10=7.5kg

单眼装药量为 0.5kg

底眼 7 个:采用 ϕ32mm 长 200mm 药卷,单药卷重 0.15kg,装药系数 a 取 0.6,则:

每眼装药卷数=2.0×0.6 / 0.2= 6 卷

底眼总装药量=7×6×0.15= 6.3kg

单眼装药量为 0.9kg

装药总量 Σ=4.8+11.7+7.5+6.3=30.3kg<39.24kg

即小于所选取炸药消耗量要求。

(6)绘制爆破图表

根据设计计算结果,爆破相关图表如图 3-45、3-46 和表 3-30~3-32 所示。

爆破原始条件及材料耗用 表 3-30

序　号	名　称	单　位	数　量	备　注	序　号	名　称	单　位	数　量	备　注
1	掘进断面	m^2	10.89		5	导爆管	发	39	ms
2	炮孔深度	m	2.0	平均	6	火雷管	个		
3	炮孔数目	个	42		7	炸药	kg	30.3	2 号岩石
4	岩石坚固系数		10	中等	8	导火索	m		

炮眼布置及装药量 表 3-31

眼　号	孔数	炮眼名称	炮眼深度(m)	炮眼长度(m)	装　药　量		倾角(度)	起爆段别	导爆管量(发)
					卷(眼)	计(卷)			
1~3	3	空孔	2.5	7.5	—	—	90°	—	—
4	1	掏槽眼	2.2	2.2	8	8	90°	Ⅰ	1
5	1	掏槽眼	2.2	2.2	8	8	90°	Ⅱ	1
6	1	掏槽眼	2.2	2.2	8	8	90°	Ⅲ	1
7	1	掏槽眼	2.2	2.2	8	8	90°	Ⅳ	1
8~20	13	辅助眼	2.0	26.0	6	78	90°	Ⅴ	13
21~35	15	周边眼	2.0	30.0	5	75	92°	Ⅵ	15
36~42	7	底眼	2.0	14.0	6	42	92°	Ⅶ	7
合计	45			86.3		227			39

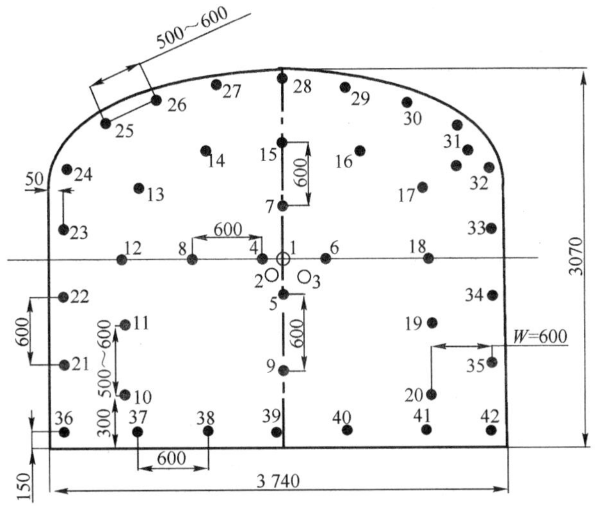

图 3-45　单螺旋掏槽断面炮孔布置示意图

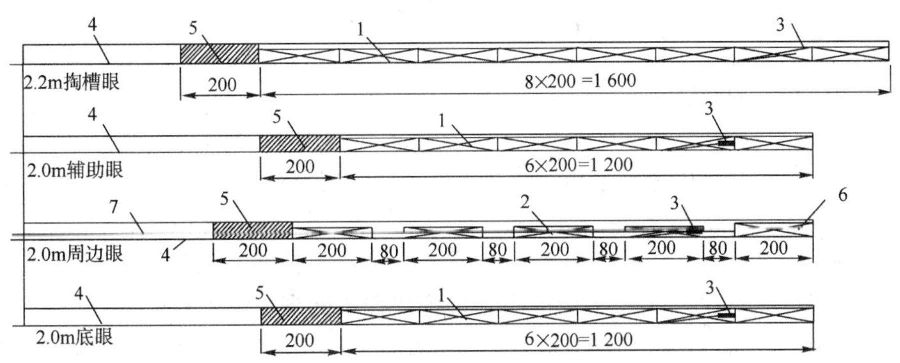

图 3-46　单螺旋掏槽炮孔装药结构示意图

1-直径 32mm 的 2 号岩石炸药；2-直径 25mm 的 2 号岩石炸药；3-起爆雷管；4-导爆管；5-堵塞炮泥；6-底部加强药；7-导爆索

预期爆破效果　　表 3-32

序号	名称	单位	数量	序号	名称	单位	数量
1	炮孔利用率	%	90	6	每米巷道炸药耗量	kg/m	16.8
2	每循环进尺	m	1.8	7	每循环炮眼总长度	m/循环	86.3
3	每循环崩落岩	m^3	19.6	8	每 m^3 岩石雷管耗量	个/m^3	2.0
4	炸药消耗量	kg/m^3	1.55	9	每米巷道雷管消耗	个/m	22
5	炸药消耗量	kg/t		10			

(7)施工注意事项

为保证施工质量,施工时必须采取如下措施:

①施工前,应按要求画出巷道轮廓线、拱基线、巷道中心线,并按眼距点位。

②完成一个爆破循环后,必须踩渣打顶板眼,并尽量使钻机放平,以保证光面层孔眼质量。

③确保炮眼孔间的平行度,对于周边眼的上挑、外偏角度要严格控制(一般控制在 5°以内)。

④要保证眼深、眼数，并严格控制孔眼深度，使眼底落在同一个平面上。

⑤底眼眼口应比巷道底板高出 150～200mm，以利钻眼，但眼底应低于底板标高 100～200mm，以免巷道底板偏高。

⑥装药前，要吹清眼内碎渣，尤其是眼底。对于有水的巷道，浸水的底眼应套防水套，以防药卷拒爆。

⑦掏槽孔、辅助孔、底孔采用 ϕ32mm×200mm×150g，周边孔（顶眼，邦眼）采用 ϕ25mm×200mm×100g，以保证光面爆破爆破效果。

⑧装药量要严格控制，按设计要求进行，不能随意多装或少装。

⑨炮孔堵塞为掏槽孔须将炮泥充填至炸药尾端，周边孔、辅助孔在两充填物之间留一空腔。

⑩施工人员要掌握爆破顺序，顺段起爆先后为掏槽眼、辅助眼、周边眼；采用导爆管-雷管起爆方式，采用多段毫秒导爆管，以增大起爆间隔时间；降低爆破震动，减少裂隙扩展。

⑪施工中应针对不同的地质情况，对设计中的某些参数作出相应的调整，使之与实际情况相一致。

3.3.5 隧道爆破器材及起爆方法

一、隧道爆破常用炸药

一般手持凿岩机钻眼，浅眼爆破，在无水的情况下，选用标准型的 2 号岩石硝铵炸药。周边光面爆破，用专用的光面爆破小药卷或在工地用 2 号岩石硝铵炸药改装成小药卷用于光面爆破。

进口的液压凿岩机钻眼，孔径要大一些，要选用大直径药卷，以消除其管道效应。

隧道内遇有水的情况，可选用防水型的炸药，以防炸药遇水失效而拒爆。

隧道内遇到坚硬岩石，最好选用猛度大的乳胶炸药、硝化甘油炸药，以破碎岩体和取得较高的炮眼利用率。

隧道周边光面爆破一定要采用小直径的低爆速、低猛度、高爆力的光爆炸药，以取得优质的光爆效果，围岩稳定，施工作业安全。

二、起爆方法与器材

为了使炸药发生爆炸，就需要一定的起爆能。起爆方法根据所用的器材不同分为：火雷管起爆法、电雷管起爆法和塑料导爆管非电雷管起爆法，以及混合起爆法。常用的起爆器材有：火雷管、导火索、电雷管、导爆索、塑料导爆管非电雷管等。不同的爆破方法所用的起爆器材也不同。

(1)火雷管起爆法

主要用火源（点火材料）点燃导火索，用导火索来传导火焰，直接喷射于火雷管的正起爆药上而使火雷管起爆，使炸药发生爆炸。

①火雷管。构造如图 3-47 所示，它由用金属（铝、铁或铜）、纸、硬塑料做一端开口，一端封闭成聚能结构的圆管状管壳；用雷汞、二硝基重氮酚等高感度的炸药作正起爆药；用黑索金、特屈儿、TNT 等爆炸威力大的炸药作副起爆药；另有中心带一小孔的加强帽等 4 部分组成。

工业火雷管按起爆药量多少分为 10 个等级，号数越大起爆药量越多，则起爆能力越强。

②导火索。导火索是以具有一定密度的粉状或粒状黑火药为索芯，以棉线、塑料、纸条、沥青等材料被覆而成的圆形索状起爆器材，主要用来传递火焰、起爆火雷管和黑火药。

外观为白色、外径为 5.2～5.8mm，其燃烧速度为 100～125m/s。整根导火索在燃烧过程中不应有断火、透火、外壳燃烧、速燃、爆燃等现象，喷火长度应不低于 40mm，耐水时间应能超过 2h。

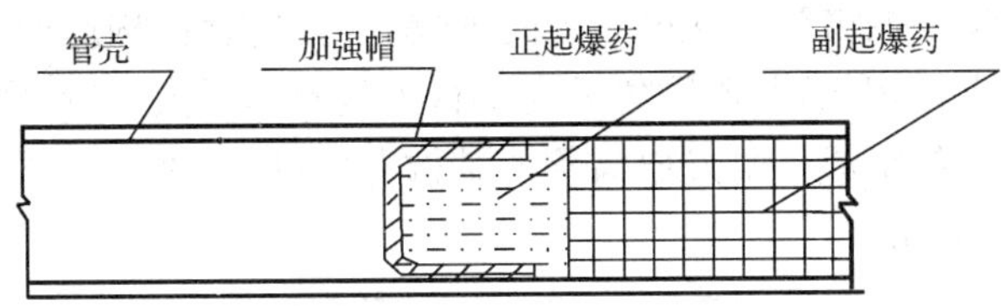

图 3-47　火雷管的构造

③点火材料。点燃导火线的材料有自制导火索段、点火线、点火棒、点火筒等。

火雷管起爆方法简单灵活，成本较底，目前主要应用于炮眼数较少的浅眼和裸露药包的爆破中，但禁止在有瓦斯或矿尘爆炸危险的矿井中使用。国家爆破器材主管部门已计划淘汰火雷管。

(2)导爆索起爆法

导爆索起爆法所需要的器材有：雷管、主导爆索和炮眼导爆索。它用雷管首先引爆主导爆索，然后引爆炮眼导爆索，引起炸药的爆炸。主要用于隧道周边炮眼的爆破，有时为了加强掏槽眼的爆破，也用于掏槽爆破。

①导爆索。导爆索是以黑索金或泰安作为索芯，以棉麻、纤维等为被覆材料的索状起爆材料。它经雷管起爆后，可以引爆其他炸药。

导爆索分为两类，即普通导爆索和安全导爆索。隧道内一般使用普通导爆索，安全导爆索一般在煤矿部门使用。

导爆索外观为红色，外径为 5.7～6.2mm，每卷长 50±0.5m，爆速为 6 000m/s 以上。

目前生产的导爆索药芯黑索金密度在 1.2g/cm^3，药量为 12～14g/m。普通导爆索具有一定的防水性能和耐热性能。在 1m 深的 10～25℃水中浸泡 4h 后，其感度和爆炸性能仍能符合要求；在 50±3℃条件下保温 6h，其外观和传爆性能不变。

②导爆索的起爆。导爆索的起爆，通常采用火雷管、电雷管、塑料导爆管非电雷管起爆，为保证起爆的可靠性，经常在导爆索与起爆雷管的连接处加 1～2 卷炸药卷。雷管的聚能穴应朝传爆方向，雷管或起爆药包绑扎的位置需离开导爆索始端约 100mm。为了安全，只准在临起爆前将起爆雷管绑扎在导爆索上。

③导爆索起爆网路的连接如图 3-48 所示。

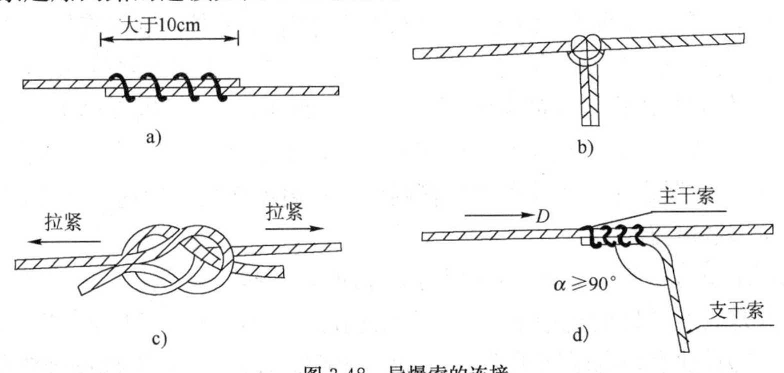

图 3-48　导爆索的连接

a)搭接头；b)T 形接；c)水手接；d)支干索与主干索的搭接

(3)电雷管起爆法

电雷管起爆法是利用电能首先引起电雷管的爆炸，然后再起爆工业炸药的起爆方法。它所需用的爆破器材有爆破电源、导线、电雷管。

①电雷管。电雷管分为瞬发电雷管和延期电雷管,后者又分为秒延期电雷管和毫秒延期电雷管。

a. 瞬发电雷管。瞬发电雷管是通电后瞬时即爆炸的电雷管,构造如图 3-49 所示。

它的装药部分与火雷管相同,不同之处在于管内装有电点火装置,由脚线、桥丝、引火头及固定脚线的塑料塞或圆垫组成。瞬发电雷管的结构有两种:一种为直插式(见图 3-49a)),另一种为引火头式(见图 3-49b))。

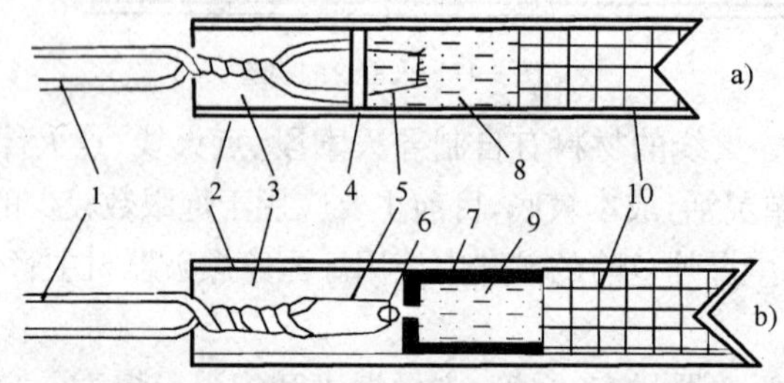

图 3-49 瞬发电雷管

1-脚线;2-管壳;3-密封塞;4-垫纸;5-桥丝;6-引火头;
7-加强帽;8-松散 DDNP;9-正起爆药;10-副起爆药

b. 秒延期电雷管,秒延期电雷管的组成与瞬发电雷管基本相同,不同点是在引火头与正起爆之间安装了延期装置(见图 3-50)。通常延期装置是用精制的导火索制成的,由其长度控制雷管延期时间。管壳上钻有 2 个排气孔以放出延期装置燃烧时生成的气体。国产秒延期电雷管的延期时间分为 7 段。

c. 毫秒延期电雷管。毫秒延期电雷管的组成基本上与秒延期电雷管相同,不同之处在于延期装置的差异(见图 3-51)。毫秒延期电雷管的延期装置是延期药,常用硅铁(还原剂)和铅丹(氧化剂)的混合物,还掺入适量的硫化锑。通过改变延期药的成分、配比、药量及压药密度来控制延期时间,目前国产毫秒延期电雷管延期时间分 20 段。

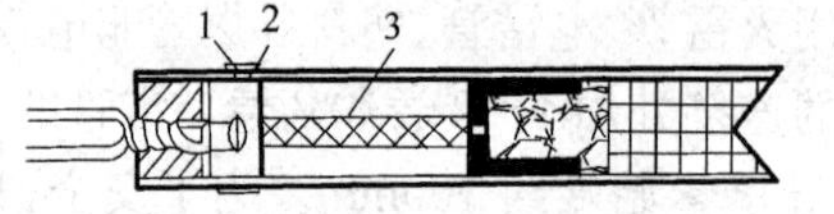

图 3-50 秒延期电雷管

1-蜡纸;2-排气孔;3-精致导火索

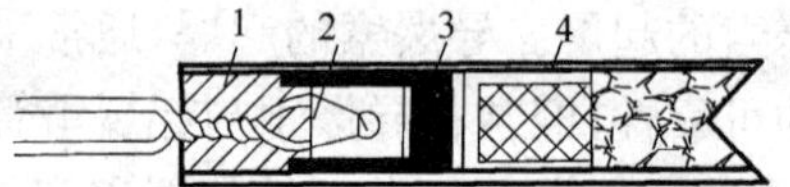

图 3-51 毫秒延期电雷管构造

1-塑料塞;2-延期内管;3-延期药;4-加强帽

d. 抗杂毫秒电雷管。主要有无桥丝抗杂电雷管,它与普通毫秒电雷管的主要区别是取消了桥丝,而在引火药中加入适量的导电物质——乙炔炭黑和石墨,做成导电引火头。当外加电压小于某一数值时,它显现出较大的电阻,通过的电流很小,就不足以点燃引火头。当电压升至一定值时,导电物质颗粒因受电压和电流热效应作用热膨胀,使质点接触面积增大,电阻下降,使引火头发火。正是由于引火头的电阻值随电压和电流而变化的这一特征,才使得抗杂雷管具有一定的抗杂散电流的能力。

起爆电源可用动力电源及 GM-2000 型高能脉冲起爆器等。

该雷管优点是具有较好的抗杂电能力,可保证在 5V 电压下作用 5min 不发火,又有较好的串、并联起爆能力;缺点是电阻离差值较大(50～400Ω),网路不易发现漏连雷管,普通的电爆网络计算方法不能适用。

②电雷管的主要参数:

a. 点燃起始能:(通过桥丝电流的平方与通电时间的乘积)指恰好能把引火头点燃的能量。

点燃起始能值越小，说明雷管对电能的敏感度越高。

b. 点燃时间、传导时间和反应时间：电雷管从开始通电到引火头引燃的时间称为点燃时间；电雷管从引火头引燃到发生爆炸的时间称为传导时间，传导时间对成组电雷管的齐发爆破有着重要意义，较长的传导时间才能使敏感度稍有差别的电雷管成组爆炸成为可能；点燃时间与传导时间之和称为反应时间。

c. 电雷管的全电阻：电雷管全电阻包括桥丝电阻和脚线电阻。但在使用单个电雷管起爆时，电阻值在规定范围内均属合格。但在进行成组电雷管起爆时，则要求每个电雷管的电阻差不得大于 0.25Ω。

d. 最低准爆电流：电雷管通过恒定的直流电，在较长时间（2min）以内能使引火头必定引燃的最小电流，称为最低准爆电流。国产电雷管的最低准爆电流一般不大于 0.7A。

e. 最高安全电流：电雷管通过恒定的直流电，在较长时间（5min）内不致引燃引火头的最大电流，称为最高安全电流。国产电雷管的最高安全电流为：康铜桥丝 0.3～0.55A；镍铬桥丝 0.125A。为了安全，测量电爆网路爆破仪表输出的电流强度不得大于 30mA。

③电爆破测量仪表与电雷管主要参数测定：

a. 电雷管和电爆网路电阻的测量，只准用爆破专用的线路电桥和爆破欧姆表，严禁使用非专用仪表。

b. 电雷管参数的测定。全电阻测定测量电雷管电阻的仪器可用 205 线路电桥、爆破欧姆表等专用仪表。为保证测量精确，应将脚线上的氧化物、铁锈和油污除去。测量中必须采取措施将被测电雷管隔离，以保安全。

最高安全电流和最低准爆电流的测定，一般工程中不作要求。通过调整可变电阻器，调整通入电雷管的电流，电流从小到大，直至雷管爆炸，即可测出电雷管的最高安全电流和最低准爆电流。

④电爆网络的电源和导线：

a. 起爆电源。起爆电源有照明线路、动力线和起爆器等。

采用照明、动力线起爆，最常用的连接方式之一是电爆网络连接到一相线和零线或连接到照明线路上，起爆电压为相电压或照明电压，即 220V；另一是电爆网络连接到两条相线上，起爆电压为线电压，即 380V。

采用起爆器起爆，起爆器按结构原理分有发电机式和电容式两类。发电机式起爆器实质上就是一个小型的手摇发电机。电容式起爆器通常是采用三极管振荡电路将干电池的直流电变为交流电，经过变压器升压，再用晶体二极管整流变成高压直流电，并对电容器充电，当电能储存到额定数值时，即可放电起爆。

b. 导线。爆破网路中的导电线多采用绝缘良好的铜或铝线。接在网路中的位置分为主线（也叫起爆电缆母线），通常采用断面为 16～150mm 的铜芯塑料或橡皮线；区域线，一般用断面 6～35mm铜芯塑料或橡皮线；连接线，一般采用 2.5～16mm 的铜芯塑料线。隧道内起爆电缆多采用 2.5～4mm 的铜芯多股橡胶电缆，连接线多用 0.2～0.4mm 的铜芯多股塑料软线。

⑤成组电雷管的准爆条件。因各个电雷管点燃起始能的差异，为保证成组电雷管全部准爆，点燃起始能最低的电雷管的点燃时间与其传导时间之和应大于点燃起始能最高的电雷管的点燃时间。

一般规定采用较最低准爆电流更高的值作为成组电雷管的准爆电源，采用直流电时，准爆电流不小于 2.5A，采用交流电时，准爆电流不小于 4A。

此外，还应尽可能使用点燃起始能差异小的电雷管进行爆破。要求同一次成组电雷管起爆时，采用同厂、同批生产的同规格的电雷管，并且要求所有的电雷管中最大电阻与最小电阻之差不大于 0.25 Ω。

⑥电爆网络的连接方式：

a. 串联方式如图 3-52、图 3-53 所示。

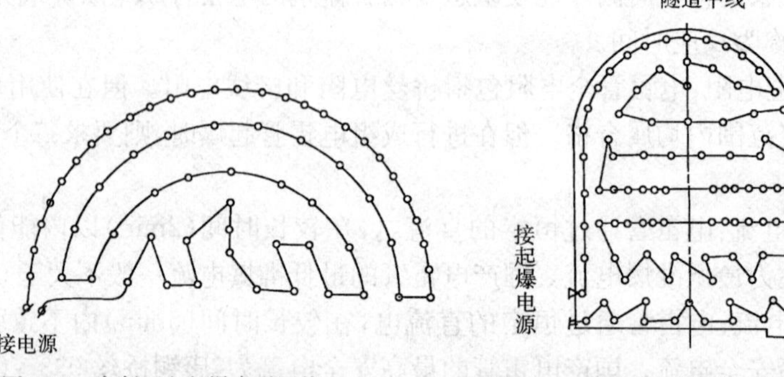

图 3-52 半断面电起爆串联网络 图 3-53 全断面电起爆串联网络

优点：连线简单，操作容易，所需电流小；电线消耗量小。

缺点：网路中若有一个电雷管断路，会使整个网路拒爆。为弥补这一缺点，可一圈一圈或一排一排先进行小串联，进行电阻测量后再串成大串联网路。

b. 并联方式。

优点：不至于因一个雷管断路，而引起其他雷管拒爆。

缺点：电爆网络总电流大，连线消耗多，漏连雷管不易被检查发现。

隧道内一般不采用并联连接，这里不作具体介绍。

c. 串并联方式如图 3-54、图 3-55 所示。

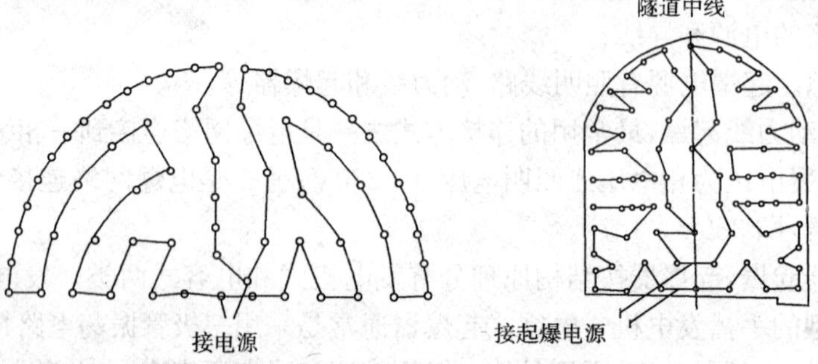

图 3-54 半断面电爆破串并联网络 图 3-55 全断面电爆破串并联网络

隧道内往往一次起爆的电雷管数量较大，为满足起爆器起爆能力的需要，通常采用串并联的电爆网络连接法。周边眼分成两支串联网路，其他眼分圈串联，而后量测各支路电阻并进行配平，接上配平电阻，最后并联在一起。

⑦电雷管起爆的优缺点。电雷管起爆的优点有，操作人员可以退到安全地点后再通电起爆；可以同时起爆大量雷管，爆破规模较大；可以准确地控制起爆时间和延期时间；可以在爆破前用仪表检查电雷管和电爆网络。其缺点有：操作、网路计算复杂；作业时间长；需要足够的电源和消耗电线较多。

(4)塑料导爆管非电起爆法

塑料导爆管非电起爆法是 20 世纪 70 年代出现的一种新的起爆方法，我国也于 1978 年研制成功并应用于生产。由于该起爆法具有抗杂电、操作简单、使用安全可靠、成本较低及能节省大量棉纱等优点，目前应用非常广泛，有逐渐取代导火索起爆、导爆索起爆、电雷管起爆的趋势。

①塑料导爆管非电起爆系统的组成

塑料导爆管非电起爆系统包括击发元件、传爆元件、起爆元件、连接元件等。

a. 击发元件，用以激发导爆管。主要有两类，一类为工业雷管含火雷管、电雷管，另一类为击发枪、火帽及击发笔。

b. 传爆元件，其作用是将冲击波信号从击发元件传给每个起爆元件。主要有塑料导爆管和传爆雷管（8 号火雷管和毫秒延期火雷管）。

c. 起爆元件，其作用是在导爆管传播的冲击波作用下爆炸而引爆工业炸药。可用 8 号火雷管和毫秒延期火雷管。

d. 连接元件，用于连接击发元件、传爆元件、起爆元件。通常有卡口塞、连接块。广泛应用的传爆元件与起爆元件的连接用卡口塞，自加工的瞬发雷管一般现场用电工胶布连接；击发元件与传爆元件的连接现场用电工胶布、塑料条带、细绳线等捆扎代替。

e. 组合雷管。在现场一般均用成品的组合雷管，它由一定长度的导爆管、卡口塞和雷管组合而成。组合雷管的导爆管一端封口，另一端与雷管相组合。组合雷管既可用作起爆雷管，也可用作传爆雷管。

②塑料导爆管

a. 塑料导爆管的构造，如图 3-56 所示。塑料导爆管是内壁涂有混合炸药粉末的空心塑料软管。管壁材料为高压聚乙烯，外径 ϕ1.95±0.15，内径 ϕ1.4±0.10。所涂的混合炸药成分是 91%的奥克托金，9%的铝粉，外加 0.25%～0.5%的工艺附加物，一般为石墨粉。药量为 14～16mg/m，导爆管内也有用黑索金等炸药的。

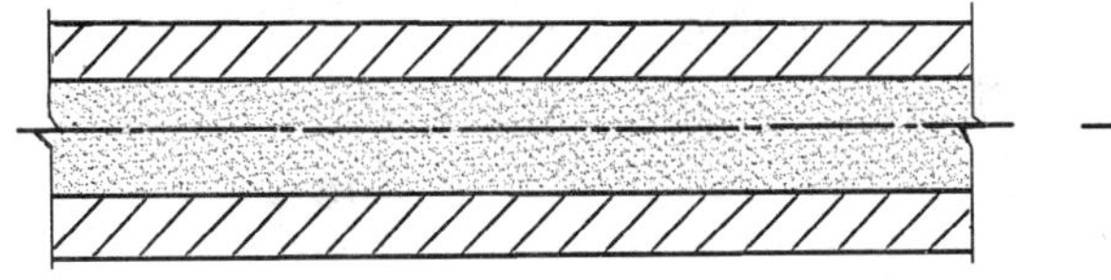
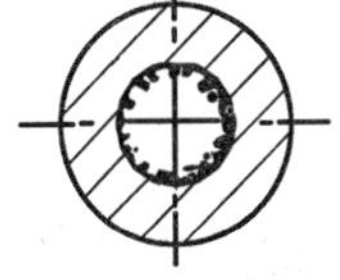

图 3-56　塑料导爆管结构

b. 塑料导爆管的作用原理。当击发元件起爆枪（火雷管、导爆索）对着导爆管腔激发时，将激起冲击波，冲击波沿导爆管传播过程中，导爆管内壁上涂有的炸药受作用发生化学反应，反应释放出的热量补充了沿导爆管传播的冲击波能量。由于管壁内的炸药量很少，不能形成爆轰，其化学反应释放出的能量与冲击波传播过程中的能量损失相平衡，从而使冲击波能以一恒定的速度沿导爆管稳定传播。

c. 塑料导爆管的主要性能。

激发感度：塑料导爆管可以用火帽、雷管、导爆索、引火头等一切能产生冲击波的起爆器材激发。一个 8 号工业雷管可激发 50 根导爆管。

传爆速度：国产塑料导爆管的爆速为 1 950±50m/s，最低为 1 580m/s。

传爆性能：国产导爆管传爆性能良好。一根数米至 6km 的导爆管，中间不要中继雷管接力；或者一根导爆管内有不超过 15cm 长的断药时，都可正常传爆。

抗火性能：火焰不能激发导爆管，用火焰点燃单根或成卷的塑料导爆管时，它只能和塑料一样缓慢地燃烧。

抗冲击性能：塑料导爆管受一般机械冲击作用不会被激发。200m 长，药量超过正常药量的1～5倍的成卷导爆管，用大锤猛砸直至敲碎，没有发生爆炸现象。用54式手枪在10～15m远处射击导爆管，导爆管也不被击发。

抗水性能：导爆管与金属雷管组合后，具有很好的抗水性，在水下80m深处放置48h，仍能正常起爆。如果对雷管防护好，可在水下135m深处起爆炸药。

抗电性能：塑料导爆管能耐30kV以下的直流电。15cm长的导爆管两端插入相距10cm的2个电极，两极加30kV直流电，1min导爆管不被起爆，也不被击穿。

破坏性能：塑料导爆管传爆时，管壁完整无损，对周围环境没有破坏污染作用，人手握无不适之感。偶尔因药量不均使管壁破洞，也不致伤害人体。

国产塑料导爆管还具有一定的强度，在50～70N拉力作用下，导爆管不会变细，传爆性能不变。

国产塑料导爆管可作为非危险品运输。

d.塑料导爆管起爆网路的连接方式。设计中通常采用一些图例符号表示起爆网路的各组成部分，如图3-57所示。

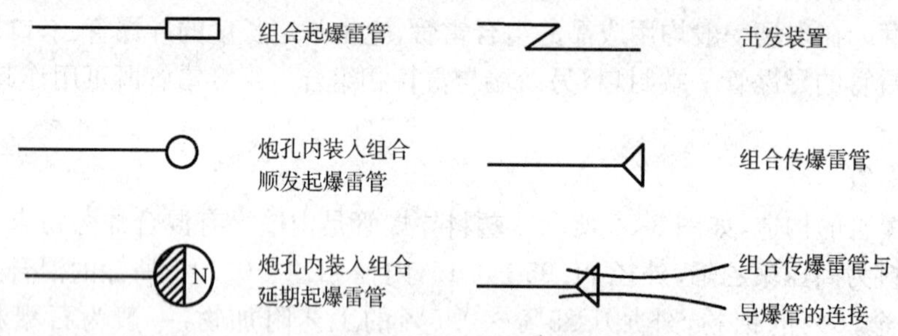

图3-57 塑料导爆管非电起爆图例符号

隧道爆破塑料导爆管常用的起爆网路连接方式有：簇联法、并联法等多种。一般局部采用簇联法，全断面采用并联法。为了准爆，常采用复式连接网路(每组组合传爆雷管均使用双雷管)，万一组合传爆雷管有一个拒爆，那么另一个还能起作用，传爆可继续下去。这种连接法使爆破网路大大地提高了传递的可靠性(见图3-58、图3-59)。

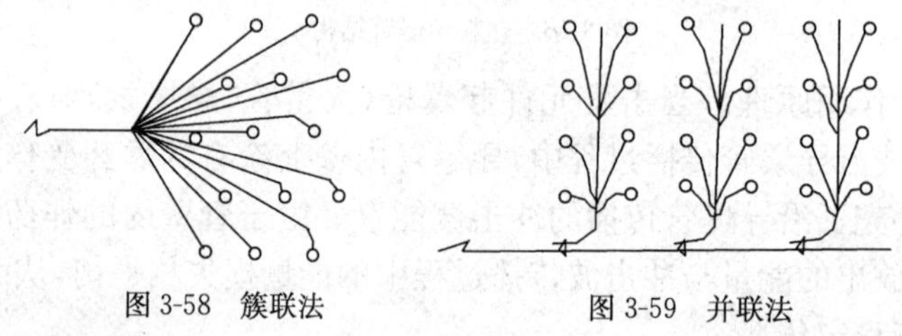

图3-58 簇联法　　图3-59 并联法

e.塑料导爆管非电起爆系统微差起爆方法。

一般有孔内延期和孔外延期两种。

孔内延期是将装入炮孔炸药内的组合起爆雷管配用毫秒延期火雷管等，而在孔外传爆网路中各组合传爆雷管配用瞬发火雷管。孔内延期网路存在的问题有：爆破作业中需用的毫秒延期火雷管数量大爆破段数受到毫秒延期雷管的限制；由于使用大量不同段别的毫秒延期火雷管，增加了装药连线的难度，容易装错而造成延期错误。

孔外延期是将装入炮孔炸药内的组合起爆雷管全部用瞬发火雷管或低段毫秒雷管。而在孔外传爆网路中各组合传爆雷管配用毫秒延期火雷管，可用同段号雷管或不同段号的雷管，配合使用可实现孔外延期。孔外延期爆破网路的优点有：不会出现串联现象，且微差时间准确，从而保证了微差效果；组合传爆雷管所配用的毫秒延期雷管段数可根据爆破作业的需要确定，一次爆破只需一个段的毫秒延期雷管，因而可减少操作差错；可以进行任意段的微差爆破，在工业爆破中，利用该法已成功地进行了 49 段的微差爆破；大量节约了毫秒延期雷管，从而降低了爆破成本；弥补了现有毫秒延期雷管配套的不足。

孔外延期爆破在露天矿山爆破中正大力推广，特别是深孔爆破，因为炮眼间距相对比较大，在平地上网路连接操作较为方便。而在隧道爆破中，因炮眼密度大，易破坏传爆网路的正常传爆，而且隧道爆破是在近似直立的工作面连接网路，操作起来比较困难。因此，此法在隧道爆破还处在试验探索过程中，有待于进一步的研究。

毫秒电雷和秒延期电雷管的延期时间见表 3-33、表 3-34。

毫秒电雷管延期时间 表 3-33

段　别	延期时间(ms)	标志(脚线颜色)	段　别	延期时间(ms)	标志(脚线颜色)
1	＜13	灰　红	11	460(±40)	标牌区别
2	25(±10)	灰　黄	12	550(±40)	标牌区别
3	50(±10)	灰　蓝	13	650(±50)	标牌区别
4	75(+15,−10)	灰　白	14	760(±55)	标牌区别
5	110(±15)	绿　红	15	880(±60)	标牌区别
6	150(±20)	绿　黄	16	1020(±70)	标牌区别
7	200(+20,−25)	绿　白	17	1200(±90)	标牌区别
8	250(±25)	黑　红	18	1400(±100)	标牌区别
9	310(±30)	黑　黄	19	1700(±130)	标牌区别
10	380(±35)	黑　白	20	2000(±150)	标牌区别

秒延期电雷管的延期时间 表 3-34

段　别	延期时间(s)	标志(脚线颜色)	段　别	延期时间(s)	标志(脚线颜色)
1	不大于 0.1	灰　蓝	5	4.3+0.8	灰　黄
2	1.0+0.5	灰　白	6	5.6+0.9	黑　蓝
3	2.0+0.6	灰　红	7	7.0+1.0	黑　白
4	3.1+0.7	灰　绿			

3.4　凿岩机械与工具

钻孔在隧道开挖工程中是工时消耗多、劳动强度大的一项基本作业。钻孔所需时间一般约占开挖循环时间的 40%～50%。钻孔作业主要通过钻孔机械予以实现。因此，合理选择钻孔方式和正确使用钻孔设备，对于缩短钻孔时间、加快开挖进度、减轻劳动强度等，均具有重要意义。

3.4.1 凿岩机械

按凿岩方式的不同，凿岩机可分为冲击转动式(如各类风动、液压凿岩机、潜孔钻机)、放置冲击式(如牙轮钻)和旋转式(如地质取样钻、电钻)三大类；按所用动力的不同，可分为风动、电动、液压、内燃式凿岩机等；而按钻孔深度和直径的不同，又可分为浅孔(孔径小于 50mm，孔深不超过 5m)、中深孔(孔径 50～70mm，孔深 5～15m)、深孔(孔径一般不小于 80mm，孔深大于 12～15mm)。对于中深孔，常用导轨式凿岩机辅以接杆来完成，而对深孔，则常用潜孔钻机或牙轮钻机完成。在洞室开挖中，除了用潜孔钻来钻凿竖井和平洞工程中的大孔、深孔和超前孔外，主要使用风动凿岩机和液压凿岩机进行钻孔作业。

一、风动凿岩机

风动凿岩机的类型很多，根据其重量的大小、工作中安装及推进方式的不同，又可分为：手持式凿岩机，这类凿岩机重量较轻(在 20～25kg 以下)，用手进行操作，可打各种方向较浅的小直径炮眼；气腿式凿岩机，带有起支承及推进作用的气腿，如 7655(YT-23)、YT-24、YT-26、YTP-26 等型号均属于这类凿岩机，它的重量通常为 23～30kg，一般用于打深度为 2～5m 直径为 34～42mm 的水平或带有一定倾角的炮眼；上向式凿岩机，它的气腿与主机在同一轴线上固结成一体，专用于打 60°～90°的上向炮眼，一般用于钻锚杆孔眼等，常用的有 YSP-45 等型号。导轨式凿岩机比较重(30～100kg)，一般装在凿岩台车或柱架的导轨上工作，以便改善工作条件、减轻劳动强度和提高凿岩效率。导轨式凿岩机可打水平和各种方向的较深(5～10m 以上)炮眼，这类凿岩机有 YGP-28、YGP-35、YG-40、YG-80 及 YGZ-90 等型号。

各类风动凿岩机的技术性能与应用范围如表 3-35、表 3-36 所示。

风动凿岩机技术性能 表 3-35

类 型	气腿式			上向式	导轨式		
	YT-23	YT-24	YTP-26	YSP-45	YG-40	YG-80	YGZ-90
质量(kg)	24	24	26	44	36	74	90
全长(mm)	628	678	680	1 420	680	900	883
活塞行程(mm)	60	70	50	47	80	70	62
冲击功(J)	＞60	＞60	＞60	＞70	＞100	＞180	＞200
冲击频率(Hz)	＞33	＞30	＞43	＞45	＞27	＞29	＞33
扭矩(kN · cm)	＞150	＞130	＞180	＞180	380	1 000	＞1 200
耗气量(m^3/min)	＜3.2	＜2.9	＜3	＜5	＜5	8.5	＜11
气腿型号	FT160	FT140B	FT170	轴向气腿	专用推进器		

各类型风动凿岩机的应用范围 表 3-36

类型 / 项目	手持式	气腿式	上向式	导轨式
最大炮眼直径(mm)	40	45	50	75
最大炮眼深度(m)	3	5	6	20
炮眼方向	水平、倾斜及垂直向下	水平、向上及向下倾斜	垂直向上及 60°～90°向上倾斜	水平、向上及向下缓倾斜
岩石硬度	软岩、中硬及坚硬	中硬、坚硬及极硬	中硬、坚硬及极硬	坚硬及极硬

二、液压凿岩机

液压凿岩机是20世纪70年代研制发展出来的新型高效钻孔设备。自首次研制出第一批液压凿岩机(H-50和H-60)以来,现已生产数十种型号的液压凿岩机,孔径为27～275mm,应用于地下巷道掘进、采矿及隧道工程等钻孔作业。随着技术的进步,液压凿岩机将可能逐渐取代风动凿岩机。

液压凿岩机是一种很有发展前途的新型高效率的凿岩设备,它以循环的高压液体为动力,驱动凿岩机的冲击机构和回转机构。与风动凿岩机原理一样,液压凿岩机是利用高压液体(风动凿岩机为气体)介质交替作用在活塞两端,实现其往复运动。回转机构由单独的液压马达系统驱动,用压力水冲洗岩粉。我国目前已生产了YYG-80、YYG-250A与KZL-120等型号的液压凿岩机。国内外几种常见的液压凿岩机技术性能如表3-37所示。

液压凿岩机技术性能 表3-37

国别	型号	性能参数								
		冲击频率(次/min)	冲击功(N·m)	转速(r/min)	最大转矩(N·m)	最大推力(N)	冲击压力(MPa)	冲击流量(m^3/min)	回转压力(MPa)	回转流量(m^3/min)
中国	YYG-80	3 000	120	0～500	150	—	12	0.12	7	0.045
瑞典	COP1088HP	2500～3800	250～350	0～300	413	5 980	15～25	0.09	12	0.045
美国	JH-2	12 000	80～120	450	410	6 350	21	0.095	—	—
芬兰	HE425	3 100	180	0～300	200	—	12	0.085	12	0.04
德国	HP-5	300	196	250	—	—	15	0.085	7	0.059

液压凿岩机的优点是:

①高效、节能、成本低,与风动凿岩机在相同条件下相比,机械性能好,凿岩速度可提高1～2倍以上,动力消耗少,仅为风动的1/3左右。

②使用范围广、参数可调、孔径系列宽广,如国外液压钻机的钻孔直径为27～275mm,能满足各类工程的钻孔需要;能钻多种方位的炮孔,实现一机多用;可根据岩石性质,调节冲击功、冲击频率、扭矩、转速和推力参数;且岩石越坚硬,越能显示其高效优势。

③可消除或排气钻孔的噪声,无油雾,有利于改善劳动卫生条件。

但液压钻岩机也有它的不足:和风动凿岩机相比,由于需要和液压车配套使用,投资大、单位功率的重量也比较大,同时所要求的技术水平和维护费用相对较高。

三、选用凿岩机械考虑的因素

在凿岩爆破设计时,合理选用凿岩机械对提高开挖速度非常重要,目前国内凿岩有凿岩台车与气腿凿岩机两种设备,选用何种取决于以下因素:

①岩石物理力学特性,如岩石坚固系数,可钻性等。硬岩地层可选用风动凿岩机或液压凿岩机,软岩或土层可选用电钻。

②凿岩作业所需生产率,或开挖进度快慢的要求。凿岩时间越短,或开挖进度越快,所需同时开动的凿岩机台数越多。

③开挖洞室断面尺寸大小。断面越大,可同时开动的凿岩机台数越多。大断面要加快开挖进度,在地层稳定允许的条件下,应优先考虑使用大型凿岩台车及深孔钻爆。

④开挖方法的影响。全断面开挖大断面洞室时,应优先考虑使用凿岩台车;台阶法和导洞

法施工,可使用气腿式凿岩机。

⑤炮孔深度和孔径的影响。选用大型凿岩设备,其钻孔深度超过 2.5m,孔径在 45～50mm之间;使用小型设备,孔深在 2m 左右,孔径在 38～40mm 之间。

⑥工程量大小和工程造价高低。工程量过小时,投入大型设备不经济,应用小型设备为主。造价过低,则尽量不要购置大型新设备。

四、同时开动凿岩机械数量的确定

一个工作面上同时开动凿岩机械数量或凿岩台车上钻臂数量应根据要求的凿岩生产率和开挖断面尺寸按下式确定:

$$N=\frac{\sum L_d}{V_d T}=\frac{S}{\Delta f} \tag{3-30}$$

式中:N——同时开动的凿岩机械台数或凿岩台车的钻臂数量;

$\sum L_d$——每一循环钻孔总长(m),根据开挖钻爆参数计算确定;

V_d——凿岩机实际生产率(m/min);

T——开挖循环作业计划的凿岩时间(min);

S——开挖断面(m^2);

Δf——每台凿岩机或钻臂的工作面积(m^2/台),参考表 3-38。

每台凿岩机或钻臂的工作面积 表 3-38

凿岩机类型	气腿或手持凿岩机	凿岩台车钻臂
每台凿岩机工作面积(m^2)	4.0～4.2	轻型:5～10 重型风动凿岩机:15～20 重型液压凿岩机:20～30

凿岩台车应配备重型高速凿岩机,以减少凿岩机数量和简化凿岩台车结构,便于操作。液压凿岩机具有钻速快、省钢钎、噪音低、无排油雾污染等优点,有条件时宜优先使用。

五、凿岩机械生产率计算

根据制造厂提供的纯钻速数据或试验的纯钻速数据,按下式计算凿岩机械实际生产率:

$$V_d = V_0 \Phi \beta \tag{3-31}$$

式中:V_d——凿岩机械的实际生产率(m/min);

V_0——纯钻速(m/min);

Φ——同时开动干扰系数,取 0.7～0.9(2～10 台内);

β——工作时间利用系数,扣除换孔定位、处理卡钻等时间,取 0.75～0.9。

表 3-39、表3-40中列出一些国内常用风动凿岩机和国内从瑞典进口的凿岩机在不同岩石硬度的实际生产率,作为设计选用凿岩机时的参考。

凿岩台车上导轨式钻机生产率(单位:m/min) 表 3-39

凿岩机型号	规　格	实际钻进率指标
瑞典 COP126ED	风动 175kg 高频	花岗岩:0.5,石灰岩:1.0
瑞典 COP1038HD	液压 145kg 调频	花岗岩:0.82,石灰岩:1.6

凿岩机台班钻进率(单位:m/台班)　　表 3-40

凿岩机型号	岩石坚固系数 f 值				
	8～10	10～12	14～16	16～18	18～20
手持凿岩机 Y-30	45	37	29	22	17
气腿凿岩机 YT-25	50～60	45	35	25	20
气腿凿岩机 YT-23	70	58	45	35	25
导轨凿岩机 YG-80	60～80	50～60		30～40	

选择凿岩机械时,首先根据要求的开挖工期,初估开挖月进尺及日进尺指标,进而在确定的掘进循环图表和炮孔深度的基础上,确定凿岩生产率,选择的凿岩设备以满足炮孔深度和掘进循环图表给定的凿岩时间为前提。

3.4.2 凿岩工具

选择和凿岩机相配套的钎头(也称钻头)和钎杆,对于提高凿岩速度和钎头与钎杆的寿命是相当重要的。

(1)钎头

选用钎头既要考虑钎头直径,也要选择钎头的形式和使用的合金种类。国内用于凿岩机的钎头直径在 ϕ36～ϕ50mm 之间,钎头形式有一字形、十字形和球齿形(也称柱齿形)。合金种类较多,一字钎头适用较完整岩层,并适合手持和气腿凿岩机使用;十字钎头和球齿钎头可适用各类地层并适合各种凿岩机使用。

(2)钎杆

目前常用的钎杆多为合金中空钢,如 55 硅锰钼和 35 硅锰钼钒等,这种钎杆寿命长,钻速高。我国曾较长时间使用 T7、T8、T9 高碳工具钢为钎钢,这种钎杆易断,加工困难,已逐渐被淘汰。

钎头与钎杆的连接方式,对中小直径的,如 ϕ25mm 钎杆以内的,常用锥体连接,锥度一般为 7°10′;对中大直径(>45mm)的常用螺纹连接。选用时,两者应相互配套,并与相应的凿岩机相配套。

3.5 隧道钻爆法施工通风与防尘

3.5.1 隧道施工通风

隧道施工通风的目的是供给洞内足够的新鲜空气,稀释并排除有害气体和降低粉尘浓度,以改善劳动条件,保障作业人员的身体健康。

一、隧道施工作业环境

隧道爆破开挖施工中,由于炸药爆炸、内燃机械的使用、开挖时地层中放出有害气体,以及施工人员呼吸等因素,使洞内空气十分污浊,对人体的影响较为严重,因此,在隧道内必须尽量降低有害气体的浓度,同时对其他不利于施工的因素如噪声、地热等也应进行控制按照有关规定,隧道施工作业环境必须符合下列卫生标准:

①氧气含量:按体积计,不得低于 20%。

②粉尘允许浓度:每立方米空气中含 10%以上游离二氧化硅的粉尘为 2mg,含 10%以下

游离二氧化硅的粉尘为 4mg，二氧化硅含量在 10%以下，不含有毒物质的矿物性和动植物性的粉尘为 10mg。

③有害气体浓度：a. 一氧化碳（CO），不大于 30mg/m³，当作业时间短暂时，一氧化碳浓度可放宽。作业时间在 1h 内为 50mg/m³，在 0.5h 以内为 100mg/m³，在 15～25min 内为 200mg/m³，在上述条件下反复作业时，两次作业时间间隔必须在 2h 以上。b. 二氧化碳（CO_2）按体积计不得超过 0.5%。c. 二氧化氮（NO_2），氧化物换算成二氧化氮应在 5mg/m³ 以下。

④瓦斯（CH_4）浓度：按体积计不得大于 0.5%，否则必须按煤炭工业部现行的《煤矿安全规则》的进行处理。

⑤洞内工作地点的空气温度，不得超过 30℃，（铁路规定不得超过 28℃）。

⑥洞内工作地点噪声，不宜大于 90dB。

二、通风方式

施工通风方式应根据隧道的长度、断面大小、施工方法和设备条件等诸多因素来确定。在施工中，有自然通风和强制机械通风两类，其中自然通风是利用洞室内外的温差或风压差来实现通风的一种方式，一般仅限于短直隧道，且受洞外气候条件的影响极大，因而完全依赖于自然通风是较少的，绝大多数隧道均应采用强制机械通风。

(1)机械通风方式类别

机械通风方式，可分为管道通风和巷道通风两大类。而管道通风根据隧道内空气流向的不同，又可分为压入式、吸出式和混合式三种[见图 3-60a)、b)、c)]。

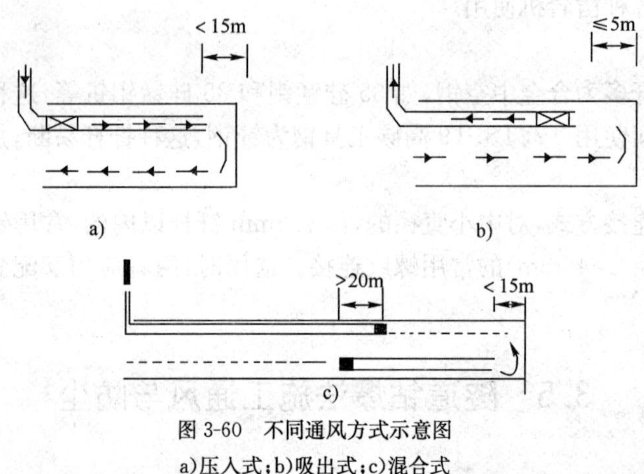

图 3-60 不同通风方式示意图

a)压入式；b)吸出式；c)混合式

这些方式，根据通风机（以下简称风机）的台数及其设置位置、风管的连接方法又分为集中式和串联（或分散）式；还可根据风管内的压力来分为正压型和负压型。

巷道式通风方式是利用隧道本身（包括成洞、导坑及扩大地段）和辅助坑道（如平行导坑）组成主风流和局部风流两个系统互相配合而达到通风目的。以设有平行导坑的隧道为例来说明组成一个风流循环系统：在平行导坑的侧面开挖一个通风洞，通风洞口安装主通风机，平行导洞口设置两道风门，除最里面一个横通道作风流通道外，其余横通道全部设风门或砌筑堵塞。当主通风机向外抽风时，平行导洞内就产生负压，洞外新鲜空气就向洞内补充，由于平导口及横通道全部风门关闭或砌堵，新鲜空气只得由正洞进入，直至最前端横通道，带动污浊气体经平导进入通风洞排出洞外，形成循环风流，如图 3-61 所示，以达到通风目的。

另外，巷道通风尚有风墙式、通风竖井、通风斜井、横洞等。但随着我国独头掘进技术的提高，开挖断面大，通风方式更趋向于采用大功率、大管径的压入式通风。秦岭隧道 II 线平导，开挖断面为 28m，独头掘进 9.5km。通风设计为两个阶段，第一阶段采用 PF-110SW55 型风机，ϕ1 300 的 PVC 塑布软风管的单机压力式通风，通风长度可达 6km；第二阶段在 4.5～5km 处设通风站，采用混合式通风，总通风长度可达 10km，充分说明了压入式通风方式的优点。

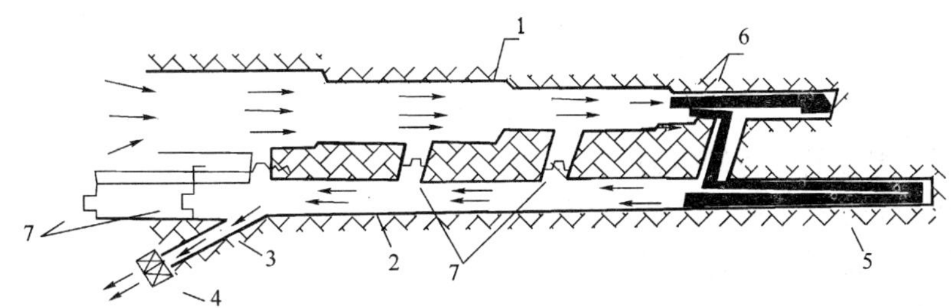

图 3-61　巷道式通风示意图

1-主洞；2-平行导洞；3-通风支洞；4-主通风机；5-吸出式风机；6-压入式风机；7-风门

(2)通风方式选择

应针对污染源的特点选择通风方式，尽量避免成洞地段的二次污染，且应有利于快速施工，因而在选择时应注意以下几个问题。

①自然通风因其影响因素较多，通风效果不稳定且不易控制，故除短直隧道外，应尽量避免采用。

②压入式通风能将新鲜空气直接输送至工作面，有利于工作面施工，但污浊空气将流经整个坑道。若采用大功率、大管径风机，其适用范围较广。

③吸出式通风的风流方向与压入式相反，但其排烟速度慢，且易在工作面形成炮烟停滞区，故一般很少单独使用。

④混合式通风集压入式和吸出式的优点于一身，但管路、风机等设施增多，在管径较小时可采用，若有大管径、大功率风机时，其经济性不如压入式。

⑤利用平行导坑(支洞)作巷道通风，是解决长隧道施工通风的有效方案之一，其通风效果主要取决于通风管理的好坏。若无平行导坑，如断面较大，可采用风墙式通风。

⑥选择通风方式时，一定要选用合适的设备——通风机和风管，同时要解决好风管的连接，尽量减少漏风率。

⑦搞好施工中的通风管理，对设备要定期检查、及时维修，加强环境监测，使通风效果更加经济合理。

三、施工通风计算

施工通风计算的目的是为了供给洞内所需的新鲜空气，选择合适的通风机，以便布置合理的通风管道，从而满足施工作业环境的要求。

1)风量计算

隧道施工的通风计算，因施工方法、隧道断面、爆破器材、炸药种类、施工设备等不同而变化。目前所用的通风计算公式大都是从矿井通风及铁路运营通风的计算公式类比或直接引用，一般按以下几个方面计算并取其中最大的数值，再考虑漏风因素进行调整，并加备用系数后，作为选择风机的依据。

(1)按洞内同时工作的最多人数计算。

$$Q = k \cdot m \cdot q \tag{3-32}$$

式中：Q——所需风量(m^3/min)；

k——风量备用系数，常取 $k=1.1\sim1.2$；

m——洞内同时工作的最多人数；

q——洞内每人每分钟需要新鲜空气量，通常按 $3m^3/min$ 计算。

(2)按同时爆破的最多炸药量计算。由于通风方式不同，计算方法也各不相同，以下分别介绍。

①巷道式通风：

$$Q = 5Ab/t \tag{3-33}$$

式中：A——同时爆破的炸药量(kg)；

b——1kg 炸药折合成一氧化碳的体积，一般采用 $b=40L/kg$；

t——爆破后的通风时间(min)。

②管道通风：

a. 压入式通风：

$$Q = 7.8\sqrt[3]{A \cdot S^2 \cdot L^2/t} \tag{3-34}$$

式中：S——坑道断面面积(m^2)；

L——坑道长度(m)；

其他符号同前。

b. 吸出式通风：

$$Q = 15\sqrt{A \cdot S \cdot L_{散}/t} \tag{3-35}$$

式中：$L_{散}$——爆破后炮烟的扩散长度(m)；

非电起爆： $L_{散}=15+A$(m)

电雷管起爆： $L_{散}=15+A/5$(m)

其他符号同前。

c. 混合式通风：

$$\begin{cases} Q_{混压} = 7.8\sqrt[3]{A \cdot S^2 \cdot L_{入口}^2/t} \\ Q_{混吸} = 1.3Q_{混压} \end{cases} \tag{3-36}$$

式中：$Q_{混压}$——压入风量；

$Q_{混吸}$——吸出风量；

$L_{入口}$——压入风口至工作面的距离，一般采用 25m 计算；

其他符号同前。

(3)按内燃机作业废气稀释的需要计算。

$$Q = n_i A \tag{3-37}$$

式中：n_i——洞内同时使用内燃机作业的总功率(kW)；

A——洞内同时使用内燃机每 kW 所需的风量，一般用 $3m^3/min$ 计算。

(4)按洞内允许最小风速计算：

$$Q = 60 \cdot V \cdot S \tag{3-38}$$

式中：V——洞内允许最小风速(m/s)，全断面开挖时为 0.15m/s，其他为 0.25m/s；

S——坑道断面积(m^2)。

2)漏风计算

通风机的供风量($Q_{供}$)除满足上述计算的需要风量外，还应考虑漏失的风量，一般考虑漏风系数来计算，即：

$$Q_{供} = PQ \tag{3-39}$$

式中：Q——前述计算结果的最大值称计算风量；

P——漏风系数，管道通风时，根据风管材料不同可分别由表 3-41～表 3-43 中查得，巷道式通风则常采用 1.2～1.3。

胶皮风管漏风系数 表 3-41

风管延长(m)	50	100	150	200	250	300	400	500
漏风系数 P	1.04	1.08	1.11	1.14	1.16	1.19	1.25	1.30

金属风管漏风系数 表 3-42

风管长(m)	每节 3m 及下列直径(m)时漏风系数			每节 4m 及下列直径(m)时漏风系数		
	0.5	0.7	0.8	0.5	0.7	0.8
100	1.02 0.09	1.01 1.03	1.01 1.03	1.02 1.06	1.01 1.03	1.008 1.02
200	1.08 1.27	1.05 1.16	1.03 1.16	1.06 1.19	1.02 1.11	1.02 1.06
300	1.16 1.51	1.09 1.29	1.06 1.18	1.10 1.37	1.06 1.22	1.04 1.12
400	1.25 1.82	1.15 1.46	1.10 1.32	1.16 1.61	1.10 1.34	1.06 1.23
500	1.36 2.25	1.21 1.62	1.14 1.45	1.25 1.88	1.14 1.51	1.08 1.32
600	1.49 2.76	1.28 1.93	1.19 1.57	1.27 2.22	1.18 1.66	1.12 1.45
700	1.63 3.44	1.36 2.20	1.27 1.79	1.48 2.60	1.28 1.85	1.16 1.56
800		1.45 2.63	1.33 2.05		1.30 2.13	1.22 1.74
900		1.54 2.89	1.36 2.25		1.39 2.28	1.25 1.87
1 000		1.65 3.42	1.50 2.52		1.46 2.62	1.28 2.07

注：表中同格内上行值为风管接头用橡皮油封衬垫，螺栓完全拧紧；下行值为风管接头用马粪纸或麻绳密封，螺栓完全拧紧。

聚氯乙烯塑料漏风系数 表 3-43

风管直径(m)	风管延长(m)									
	100	200	300	400	500	600	700	800	900	1 000
0.5	1.019	1.045	1.091	1.145	1.157	1.230	1.280			
0.6	1.014	1.036	1.071	1.112	1.130	1.180	1.201	1.330		
0.7	1.010	1.028	1.053	1.080	1.108	1.145	1.188	1.237	1.288	1.345
0.8	1.008	1.022	1.040	1.067	1.090	1.126	1.153	1.195	1.229	1.251

对于长距离大风量供风，目前一般采用 PVC 塑布软管，管路直径大于 1m。由于采用长管节(20～50m)，从而大大降低了接头漏风，漏风以管壁为主，如选用优质管路，如管理良好，每百米漏风率一般可控制在 2%以下，其漏风系数可由送风距离及每百米漏风率计算得出。

若处于高山地区，由于大气压强降低，供风量需按下式进行修正：

$$Q_{高} = 100Q_{正} / P_{高} \tag{3-40}$$

式中：$Q_{高}$——高山修正后的供风量($3m^3/min$)；

$P_{高}$——高山地区大气压(kPa)，见表 3-44；

$Q_{正}$——正常条件下的供风量，即上述 $Q_{供}$。

海拔高度与大气压($P_{高}$)的关系 表 3-44

海拔高度(m)	1 500	2 000	2 500	3 000	3 500	4 000	4 500	5 000
大气压强(kPa)	82.9	77.9	73.2	68.8	64.6	60.8	57.0	53.6

3)风压计算

在通风过程中，要克服风流沿途所受阻力，保证将所需风量送到洞内，并达到规定的风速，则必须要有一定的风压。因此，风压计算的目的就是要确定通风机本身应具备多大的通风压力才能满足风量需要。

气流所受到的阻力有摩擦阻力和局部阻力(包括断面变化处阻力、分岔阻力、拐弯阻力)及正面阻力，其计算可用下列式表示：

$$\begin{cases} h_{机} \geqslant h_{总阻} \\ h_{总阻} \geqslant \sum h_{摩} + \sum h_{局} + \sum h_{正} \end{cases} \tag{3-41}$$

式中：$h_{机}$——通风机的风压；

$h_{总阻}$——风流受到的总阻力；

$h_{摩}$——气流经过不同断面的管(巷)道时产生的摩擦阻力；

$h_{局}$——气流经过断面变化，拐弯、分岔等处分别产生的阻力；

$h_{正}$——巷道通风时受运输车辆阻塞产生的阻力。

(1)摩擦阻力($h_{摩}$)

摩擦阻力是管道(巷道)周壁与风流互相摩擦以及风流中空气分子间的挠动和摩擦而产生的阻力，也称沿程阻力。

根据流体力学的达西公式可以导出隧道通风的摩擦阻力公式：

$$h_{摩} = \lambda \cdot \frac{LV^2}{d \cdot 2g}\gamma \tag{3-42}$$

式中：$h_{摩}$——摩擦阻力(Pa)；

λ——达西系数；

L——风管长度(m)；

V——风流速度(m/s)；

d——风管直径(m)；

g——重力加速度(m/s^2)；

γ——空气重度(N/m^3)。

对于任意形状时 $d=4S/U$，(U 为风道周边长度，S 为风管面积)代入上式有：

$$h_{摩} = \frac{\lambda \cdot \gamma}{8g} \cdot \frac{LU}{S}V^2 \tag{3-43}$$

若风道流量为 Q(m^3/s)，则 $V=Q/S$，再令 $\alpha=\lambda\gamma/(8g)$，称为摩擦阻力系数(单位为 $N \cdot s^2/m^4$)，见表 3-45、表 3-46，将 α，V 代入上式有：

$$h_{摩} = \alpha LUQ^2/S^3 \tag{3-44}$$

管道摩擦阻力系数表 表 3-45

风管	直径 D(mm)	α	浸胶风管			
			雷诺数 Re	α	雷诺数 Re	α
金属管	500	0.003 5	1×10^5	0.009 6	6×10^5	0.003 5
	600	0.003 2	2×10^5	0.006 3	7×10^5	0.003 2
	700	0.003 0	3×10^5	0.005 1	8×10^5	0.003 0
	800	0.002 5	4×10^5	0.004 2	9×10^5	0.002 9
塑料管	500	0.001 6	5×10^5	0.003 8	10×10^5	0.002 9
	600	0.001 5	$Re=Q\times10^5/1.201$ 注:Q——风量($3m^3/s$); D——风管直径(m)			
	700	0.001 3				
	800	0.001 3				

巷道摩擦阻力系数表 表 3-46

巷道特征	α	巷道特征	α
混凝土衬砌成洞地段	0.004～0.005	拱部扩大已完成,无支撑地段	0.012～0.016
块石砌筑成洞地段	0.006～0.008	导坑,无支撑地段	0.016～0.020
砌拱已完成马口开挖地段	0.02～0.012	导坑,有支撑无中间立柱地段	0.020～0.025
拱部扩大已完成,有扇行支撑地段	0.02～0.03	导坑,有支撑有中间立柱地段	0.030～0.040

(2)局部阻力($h_{局}$)

风流经过风管的某些局部地点(如断面扩大、断面减小、拐弯、交叉等)时,由于速度或方向发生突然变化而导致风流本身产生剧烈的冲击,由此产生风流阻力称局部阻力。

以风流突然扩大为例来分析局部阻力的计算。设空气自小断面 S_1 流到大断面 S_2,小断面中的风速为 V_1,到大断面中流速必然降为 V_2,这时所产生的能量损失可按下式计算:

$$h_{大} = \frac{(V_1 - V_2)^2}{2g} \cdot \gamma \tag{3-45}$$

因为:

$$S_1V_1 = S_2V_2$$

所以:

$$V_2 = S_1V_1/S_2$$

即:

$$h_{大} = \left(1 - \frac{S_1}{S_2}\right)^2 \cdot \frac{V_1^2}{2g} \cdot \gamma$$

令:

$$\xi_{大} = \left(1 - \frac{S_1}{S_2}\right)^2$$

则有:

$$h_{大} = \xi_{大} \cdot \frac{V_1^2}{2g} \cdot \gamma \tag{3-46}$$

类似于断面扩大时的局部阻力分析,也适用于其他几种不同情况,用 $V=Q/S$ 代替 V_1,γ

取 $12N/S^3$，得局部阻力公式为：

$$h_{局} = 0.612\xi\frac{Q^2}{S^2} \tag{3-47}$$

式中：ξ——局部阻力系数，可查表得到；

其他符号同前。

(3)正面阻力($h_{正}$)

当通风面积受阻时，会在受阻区域出现过风断面减小后再增大这一现象，相应的会增加风流阻力，一般可用下式计算：

$$h_{正} = 0.612\varphi\cdot\frac{S_m\cdot Q^2}{(S-S_m)^3} \tag{3-48}$$

式中：φ——正面阻力系数，当列车行走时，$\varphi=1.5$；斗车停放时，$\varphi=0.5$；斗车停放间距超过1m时，则逐辆相加；

S_m——阻塞物最大迎风面积(m^2)。

其他符号同前。

4)通风机选择

风机有轴流式和离心式两类。在隧道施工通风中主要采用轴流式通风机。选择时，按$Q_{机}\geqslant 1.1Q_{供}$(1.1是风量储备系数，$Q_{供}$则为前述计算结果)及$h_{机}\geqslant P\sum h$(P为漏风系数，$\sum h=\sum h_{摩}+\sum h_{局}+\sum h_{正}$)，在通风机性能表中选择风机。此外，根据具体情况，还可以选用具有吸尘、防爆和低噪声等特性的风机。

5)风机及风管布置

设置通风机时，其安装基础要能充分承受机体重量和运行时产生的振动，或者水平架设到台架上。吸入口注意不要吸入液体和固体，而且要安装喇叭口以提高吸入、排出的效率。放置在隧道内的风管，应设在不妨碍出渣运输作业、衬砌作业的空间处，同时要牢固地安装以免受到振动、冲击而发生移动、掉落。在衬砌模板台车附近，不要使风管急剧弯曲，以减少风压损失。风管一般均用夹具等安装在支撑构件上，若不使用支撑，只有喷混凝土和锚杆时，可在锚杆上装特殊夹具挂承力索，而后通过吊钩安装风管。风管的连接应密贴，以减少漏风，一般硬管用密封带或垫圈，软管则用紧固件连接。风管可挂设在隧道拱顶中央、隧道中部或靠边墙墙角等处，一般在拱顶中央处通风效果较佳。

3.5.2 隧道施工防尘

在隧道施工中，由于钻眼、爆破、装渣、喷混凝土等原因，在洞内浮游着大量的粉尘，这些粉尘对施工人员的身体健康危害极大。特别是粒径小于10μm的粉尘，极易被人吸入，或沉附于支气管中、或吸入肺泡，隧道施工人员常见的矽肺病就是因此而形成的，此病极难治愈，病情严重发展会使肺功能完全丧失而死亡，因此防尘工作十分重要。

目前，在隧道施工中应采取综合性防尘措施，这些措施主要为：湿式凿岩、机械通风、喷雾洒水和个人防护相结合。

(1)湿式凿岩

湿式凿岩，就是在钻眼过程中利用高压水湿润粉尘，防止岩粉飞扬。根据现场测定，该方法可降低粉尘量80%。目前，我国生产并使用的各类风钻都有给水装置，使用方便。对于缺水、易冻害或岩石不适于湿式钻眼的地区，可采用干式凿岩孔口捕尘，其效果也较好。

(2)机械通风

施工通风可以稀释隧道内的有害气体浓度，给施工人员提供足够的新鲜空气，也是防尘的基本方法。因此，除了爆破后的通风外，还应经常保持通风，这对于消除装运爆渣等工序中产生的粉尘十分必要。

(3)喷雾洒水

喷雾一般是爆破中实施的，主要防止爆破中产生的粉尘过大，喷雾器分两大类：一种是风水混合喷雾器；另一种是单一水力作用喷雾器。前者是利用高压风将留入喷雾器中的水吹散而形成雾粒，适合爆破作业时使用；后者则无需高压风，只需一定的水压既可喷雾。该种喷雾器便于安装，使用方便，可安装于装渣机上，适合于装渣作业时使用。

洒水是降低粉尘浓度简单而有效的措施，即使在通风较好的情况下，洒水降尘仍然需要。因为单纯通风，会吹干湿润的粉尘而再次飞扬。渣堆洒水时应分层洒透，每吨岩石的洒水耗量大致为 10～20L，如果岩石湿度大，水量可适当减少。

(4)个人防护

个人防护主要是指配戴防护口罩，在凿岩、喷混凝土等作业时还要配戴防噪声的耳塞及防护眼镜等。

3.6 装渣与运输

出渣是隧道施工的辅助作业之一。出渣作业能力的强弱，决定了它在整个作业循环中所占时间的长短(一般在 40%～60%)，因此，出渣运输作业能力的强弱在很大程度上影响施工速度。

隧道开挖出渣装运方式可分为有轨(轨道式)和无轨(轮胎式、履带式)两大类。各类的主要配套设备参考表 3-47。

平洞装运配套设备 表 3-47

类别	装岩设备	运输设备	
		运输机械	牵引机械
有轨	1. 铲斗式装岩机(电动或风动)； 2. 带运输机的铲斗式装岩机(电动或风动)； 3. 立爪式装载机(扒渣机、电动或风动)	1. 矿车：V 形斗车、侧卸矿车、底卸矿车； 2. 梭车	1. 蓄电池式电机车； 2. 架线电机车； 3. 内燃机车
无轨	1. 轮胎式铲斗装岩机(电动或风动)； 2. 轮胎式立爪装载机(扒渣机，电动或风动)； 3. 轮胎式或履带式装载机(油动、前卸、后卸或三向卸)； 4. 轮胎式自行装岩运输车(油、后卸、双向行驶)	1. 装运机(风动或内燃)，双向短距离自行； 2. 轮胎式梭车(油动)，双向自行； 3. 自卸汽车(油动，刚性底盘或铰接式底盘)，后卸、侧卸或底卸，单向行驶或双向行驶	

在选择出渣方式时，应对隧道开挖断面的大小、围岩的地质条件、一次开挖量、机械配套能力、经济性及工期要求等相关因素综合考虑。

出渣作业可以分解为：装渣、运输、卸渣三个环节，分述如下。

3.6.1 装渣

装渣就是把开挖下来的石渣装入运输车辆。

一、渣量计算

出渣量应为开挖后的虚渣体积，可按下式计算：

$$V = \alpha\beta LS \tag{3-49}$$

式中：V——单循环爆破后石渣量(m^3)；

α——岩体松胀系数，见表 3-48；

β——超挖系数，视爆破质量而定，一般可取 1.15～1.25；

L——设计循环进尺(m)；

S——开挖断面面积(m^2)。

岩体松胀系数 α 值

表 3-48

岩体级别	IV		V		IV	III	II	I
土石名称	沙砾	黏性土	砂夹卵石	硬黏土	石质	石质	石质	石质
松胀系数 α	1.15	1.25	1.30	1.35	1.6	1.7	1.8	1.85

二、装渣方式

装渣方式可采用人力装渣或机械装渣。人力装渣，劳动强度大、速度慢，仅在短隧道缺乏机械或断面小而无法使用机械装渣时，才考虑采用；机械装渣速度快，可缩短作业时间，目前隧道施工中常用，但仍需配少数人工辅助。

三、装渣机械

装渣机械的类型很多，按其扒渣机构形式可分为：铲斗式、蟹爪式、立爪式、挖斗式。铲斗式装渣机为间歇性非连续装渣机，有翻斗后卸、前卸和侧卸式三种卸渣方式。蟹爪式、立爪式和挖斗式装渣机是连续装渣机，均配备刮板(或链板)转载后卸机构。

装渣机的走行方式有轨道走行和轮胎走行两种。也有配备履带走行和轨道走行两套走行机构的。轨道走行式装渣机需铺设走行轨道，因此其工作范围受到限制。但这些轨道走行式装渣机的装渣机构能转动一定角度，以增加其工作宽度。必要时，可采用增铺轨道来满足更大的工作宽度要求。轮胎走行式装渣机移动灵活，工作范围不受限制。但在有水的土质围岩的隧道中，有可能出现打滑和下陷。

装渣机扒渣的方式不同、走行方式不同、装备功率不同，则其工作能力各不相同。装渣机的选择应充分考虑围岩及坑道条件、工作宽度及其与运输车辆的匹配和组织，以充分发挥各自的工作效能，缩短装渣的时间。

隧道施工中几种常用的装渣机有：

(1)翻斗式装渣机

这种装渣机多采用轨道走行机构，利用前方的铲斗铲起石渣，然后后退并将铲斗后翻，把石渣倒入停在机后的运输车内。

翻斗式装渣机构造简单、操作方便，采用风动或电动，对洞内无废气污染。但其工作宽度一般只有 1.7～3.5m，工作长度较短，需将轨道延伸至渣堆，且一进一退间歇装渣，工作效率较低，其斗容量小，工作能力较低，一般只有 30～120 m^3/h(技术生产能力)，主要适用于小断面或规模较小的隧道中。

(2)蟹爪式装渣机

这种装渣机多采用履带走行，电力驱动。它是一种连续装渣机，其前方倾斜的受料盘上装有一对由曲轴带动的扒渣蟹爪。装渣时，受料盘插入岩堆，同时两个蟹爪交替将岩渣扒入受料盘，并由刮板输送机将岩渣装入机后的运输车内(见图 3-62)。

因受蟹爪扒渣限制，岩渣块度较大时，其工作效率显著降低，故主要用于块度较小的岩渣及土的装渣作业，工作能力一般在 60～80m³/h 之间。

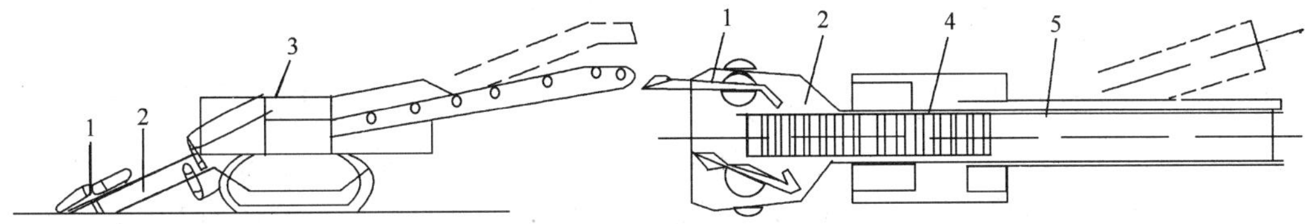

图 3-62 蟹爪式装渣机

1-蟹爪；2-受料盘；3-机身 4-链板输送机；5-带式输送机

(3)立爪式装渣机

这种装渣机多采用轨道走行，也有采用轮胎走行或履带走行的，以采用电力驱动、液压控制的较好。装渣机前方装有一对扒渣立爪，可以将前方或左右两侧的石渣扒入受料盘，其他同蟹爪式装渣机(见图 3-63)。立爪扒渣的性能较蟹爪式的好，对岩渣的块度大小适应性强，轨道走行时，其工作宽度可达到 3.8m，工作长度可达到轨端前方 3.0m，工作能力一般在 120～180m³/h 之间。

(4)挖斗式装渣机

这种装渣机是近几年发展起来的较为先进的隧道装渣机。其扒渣机构为自由臂式挖掘反铲，其他同蟹爪式装渣机，并采用电力驱动和全液压控制系统，配备有轨道走行和履带走行两套走行机构。立定时，工作宽度可达 3.5m，工作长度可达轨道前方 7.11m，且可以下挖 2.8m 和兼作高8.34m 范围内清理工作面及找顶工作，生产能力为 250m³/h。

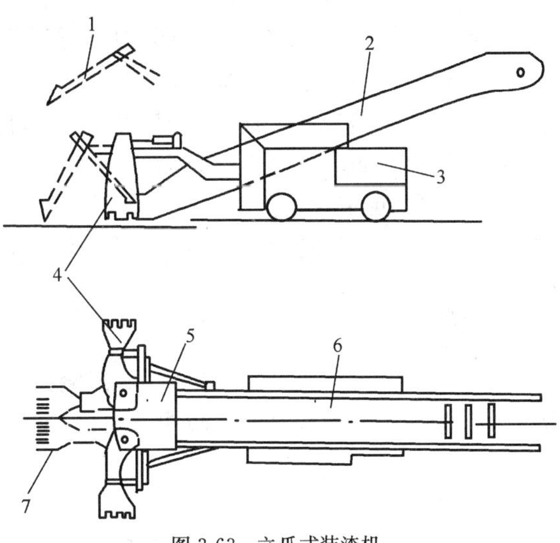

图 3-63 立爪式装渣机

1-立爪；2、6-链板输送机；3-机体；4-立爪(左右位置)；5-机架；7-立爪(前方位置)

(5)铲斗式装渣机

这种装渣机多采用轮胎走行，也有采用履带走行或轨道走行的。轮胎走行的铲斗式装渣机多采用铰接车身，燃油发动机驱动和液压控制系统(见图 3-64)。轮胎走行铲斗式装渣机转弯半径小，移动灵活；铲取力强，铲斗容量大，达0.76～3.8m³，工作能力强；可侧卸也可前卸、卸渣准确，但燃油废气污染洞内空气，需配备净化器和加强隧道通风，常用于较大断面的隧道装渣作业。

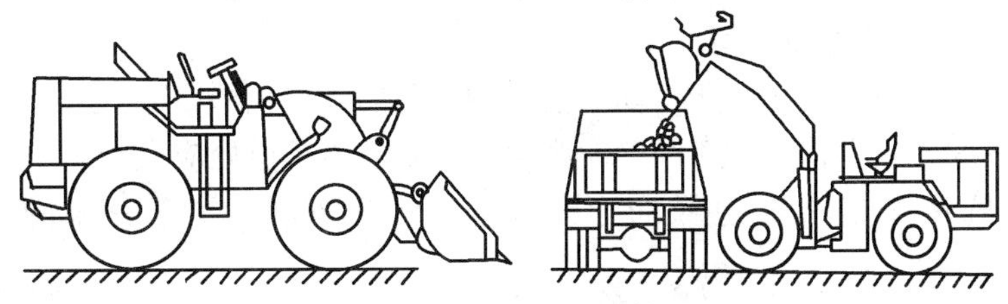

图 3-64 轮胎式铲斗装载机

轨道走行及履带走行的铲斗式装渣机，多采用电力驱动。轨道走行装渣机一般只适用于断面较小的隧道中，履带走行的大型电铲则适用于特大断面的隧道中。

3.6.2 运输

隧道施工的洞内运输（出渣和进料）方式分为有轨式和无轨式。有轨式运输是铺设小型钢轨轨道，用轨道式运输车出渣和进料。有轨运输大多采用电瓶车或内燃机车牵引，有少量为人力推运，采用斗车或梭式矿车运石渣，是一种适应性较强的及较为经济的运输方式；无轨式运输是采用无轨运输车出渣和进料。其特点是机动灵活，不需要铺设轨道，适用于弃渣场离洞口较远和道路纵坡度较大的场合。缺点是由于大多采用内燃驱动车辆，作业时，在整个洞中排出的废气污染了洞内空气，故适用于大断面开挖和中等长度的隧道施工中，并应注意加强洞内通风。

选择运输（即出渣）方式应考虑的因素：

(1)开挖断面的尺寸

有轨运输适用于各种断面，无轨运输适用于较大断面。高、宽在5～6m以下时，一般采用表3-47有轨运输或无轨运输中序号1、2的装岩机与相应运输车辆配套。

(2)口距开挖工作面长度

无轨运输具有生产效率高、省劳力、道路基建和维护工作量少等优点；但当洞内运输距离较长时，柴油机械的废气处理量大、通风费用高，装载、会车、回车、避车等附加洞室工程量增大。采用何种运输方式皆需进行技术经济综合比较确定。一般洞口距开挖工作面长度大于2km时，采用有轨运输可能比较经济。

(3)施工进度要求

根据施工进度要求选用配套设备，无轨运输可选大容量装载机和运输设备，以加快出渣进度。

(4)设备来源

地下工程多为专业施工单位施工，出渣方式选择要考虑施工单位已有装备条件和可能新增设备来源。无轨运输设备比较机动灵活，通用性大，几个工作面和工种可共用一套设备，设备利用率高。

一、有轨式运输

(1)有轨式运输的线路铺设标准和要求

①钢轨人力推运时，采用单位长度钢轨质量不应小于8kg/m；机动车牵行时钢轨不宜小于24kg/m。钢轨配件、夹板、螺栓必须按标准配齐。

②道岔型号应与钢轨类型相配合。机动车牵引宜选用较大的型号，并安装转辙器。

③轨枕的间距不宜大于70cm，长度为轨距加60cm。轨枕的上下面应平整，在道岔处应铺设长轨枕，道床的石道渣厚度不宜小于15cm。

④平曲线半径在洞内不应小于机动车或车辆轴距的7倍，洞外不应小于10倍。

⑤双道的线间距应保持两列车间的净距大于20cm，错车道处应大于40cm。

⑥车辆距坑道壁或支撑边缘的净距，应不小于20cm，单道一侧的人行道宽度不小于70cm。

⑦轨道纵坡，洞内人力推车时不宜大于1.5%；机动车牵引时不宜大于2.5%；皮带运输机输送时不宜大于25%。洞外卸渣线末端应设0.5%～1.0%的上坡段，有利于重车减速停车和

空车启动。

⑧线路铺设的轨距容许误差为+6mm，-4mm，曲线地段应按规定加宽和设超高，必要时加设轨距拉杆；直线地段应两轨平整。钢轨接头处应并排铺设两根枕木，保持平顺，连接配件应齐全牢固。

⑨当采用新型轨式机械设备时，线路铺设标准应符合机械规格、性能要求，保证运输安全。

(2)运输车辆

常用的轨道式运输车辆有斗车、梭式矿车、窄轨平板车、窄轨矿车等。

①斗车。斗车结构简单、使用方便、适应性强、经济性较好。按其容量大小可分为小型斗车(容量小于 $3m^3$)和大型斗车(单车容量可达 $20m^3$)，采用动力机车牵引。

②梭式矿车。主要由整体式车厢、传动机构和转向架等部分组成。输送机为刮板式，设有装渣移动挡板，由石渣推动挡板前移，卸车将挡板带回装渣端，可在轨道正前方或侧面卸渣。梭式矿车单车容量为 $6\sim18m^3$，可以单车使用，也可 2～4 节搭接使用，以减少调车作业次数。卸车处要求铺设岔道双线。

③窄轨平板车。用于运输材料、工具和设备等。

④窄轨矿车。窄轨矿车分固定车厢式、翻转车厢式和侧卸式等多种形式。主要技术性能详见《隧道施工技术手册》。

(3)有轨式运输牵引机车类型

常用的有电瓶机车、内燃机车，主要用于纵坡坡度不大的隧道施工运输牵引。当采用小型斗车和坡度较缓的短隧道施工时，还可以采用人力推运。

电瓶车牵引的优点是无废气污染。但电瓶需充电，能量有限，必要时可增加电瓶车台数，以保证行车速度和运输能力等。

内燃机车牵引能力较大，但增加洞内噪声和废气污染，需加强隧道洞内通风。

(4)有轨运输作业应遵守的规定

①机动车牵引不得超载。

②车辆装渣的高度不超过斗车顶面 40cm，装载宽度不超过车宽。

③列车连接必须良好。利用机车进行车辆的调车、编组和停留或人力推运斗车时，必须有可靠的制动装置，严禁溜放。

④车辆在同方向行驶时，两组列车间的距离不得小于 60m；人力推斗车时，间距不得小于 20m。

⑤在洞内施工地段、视线不良的弯道上或通过道岔和洞口平交道等处。机动车牵引的列车运行速度不宜超过 5km/h；其他地段在采取有效的安全措施后，最大速度不应超过 15km/h。

⑥轨道旁的料堆，距钢轨外缘不应小于 50cm，高度不大于 100cm。

⑦长隧道施工应有载人列车供施工人员上下班使用，并应制定保证安全的措施。

(5)调车设备

如临时岔线、平移调车器、水平移车器、浮放道岔、浮放调车盘等。当采用大型斗车时，用装渣机能使斗车装渣均匀而满载。目前机械装渣中的主要问题是调车作业，因为在装渣时间上，装渣机每装满一个车斗后，要等待一次推出重换入空车的调车时间而停机。实际上装渣机等待调车的时间往往要比装车作业时间长得多。我国隧道工人和技术人员共同创造了许多调车设备，大大缩短了调车时间，提高了机械装渣和轨道运输的工作效率，对加快掘进速度有显著效果。现介绍如下：

①平移调车器(如图3-65所示)。平移调车器由底架、车架和车轮组成，调车器离开挖面10～20m为宜。这种调车器一般在单线轨道上使用，方法是轨道上吊起一辆空斗车移向一侧，待重车过后，将空斗车移回轨道上放下，送到工作面装渣。双道亦可使用。

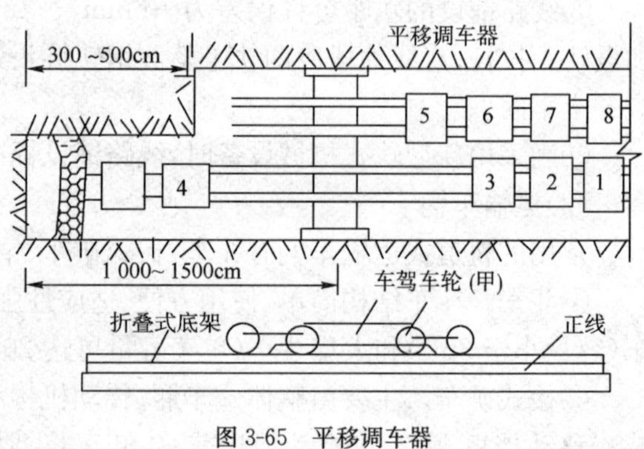

图3-65 平移调车器

②水平移车器(如图3-66所示)。水平移车器由导轮轨、导轮、导链组成，每横移1车次约需15min。另有一种气动水平移车器，提升时可不用导链，而用一种气动装置，移车较快，但是故障较多，应注意安全。

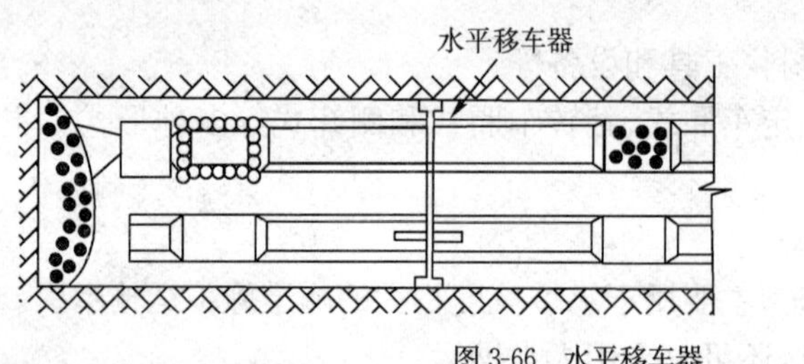

图3-66 水平移车器

③浮放道岔(如图3-67所示)。浮放道岔每调动1次斗车约仅需1min。浮放道岔上直线段长度B应大于斗车2倍轴距，也不小于2m。其种类有扣道式浮放道岔、拼板式单向浮放道岔、转盘式双向浮放道岔和菱形浮放道岔等。

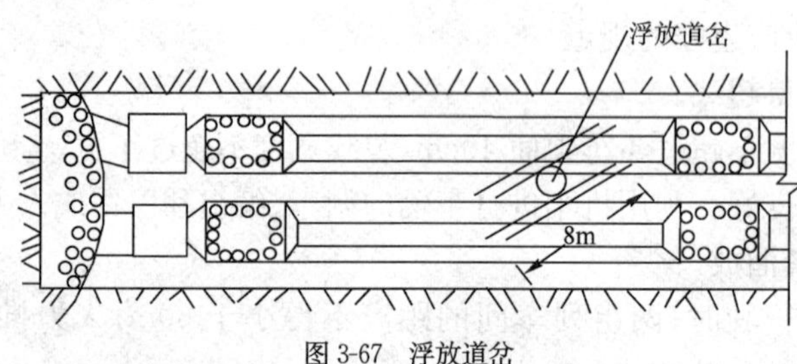

图3-67 浮放道岔

④浮放调车盘(如图3-68所示)。在导坑内铺设双股道，轨距750mm，两根内轨之间的距离为770mm。装渣机在其上行走，调车盘采用10mm厚的钢板，在钢板上安设轨道而成。为使制造及运输方便可分成三块，用铰连接。调车盘前后段均有两个牵引孔，以便用装渣机牵引。调盘上的岔尖由弹簧调节，空车推过后即自动弹回原位置，重车通过时不需要扳道岔，因此调车很快。但使用前必须计划好空车线和重车线。

(6)运输轨道和运输组织

隧道施工中出渣和进料有轨式运输能力的提高，也有赖于洞内与洞外轨道的合理布置，并保持轨道的良好质量，以及周密的运输管理和运输组织等。

①洞内轨道的布置形式：

a.单线运输。其运输能力较低，常用于地质条件较差或小断面开挖的隧道中。为调车方便和提高运输能力，在整个单线线路上根据隧道的长短，合理地布设错车道、调牢设备、加岔线和岔道等。

会让车道的距离应根据装渣作业时间和行车速度计算确定(见图 3-69)。

b.双线轨道运输。其进出车分道行驶,不需要避让等待,运输能力比单线轨道运输大。为了调车方便,应在两线间合理布设渡线。渡线距离应根据工序安排及运输调车需要来确定,一般间距为 100~200m,或更长一些,并每隔 2~3 组渡线,设置 1 组反向渡线(见图 3-70)。

②洞口外轨道布置。洞口外轨道布置,包括卸车线、错车线、上料线、修理线、机车整备线等专用线及调车场等。卸车线应搭设卸渣码头,其重车方向应设置一段 0.5%~1.0%的上坡道,并在轨道端加设车挡,以保证卸渣列车安全等。其他各线均应满足施工使用要求(见图 3-71)。

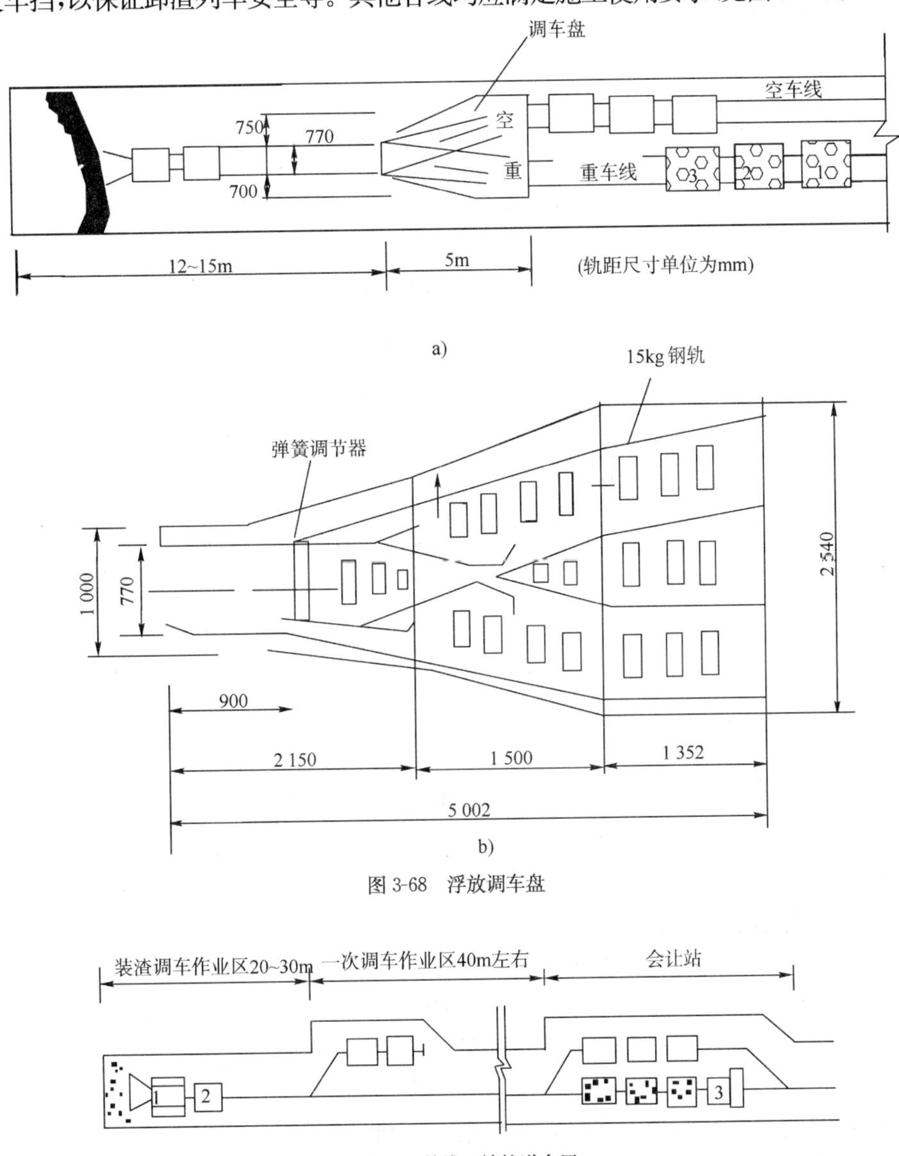

图 3-68 浮放调车盘

图 3-69 单线运输轨道布置

③运输组织管理。隧道施工洞内各个工序都需要出渣与进料。若洞外、洞内运输工作组织管理不好,就必然会造成混乱现象,车辆积压、堵塞轨道等,致使石渣运不出洞、材料运不进洞,直接影响各工序的正常施工。运输组织管理重点要抓好两个主要环节:一是要编制和优化列车运行图,以减少避让等待时间和提高运输能力;二是要建立健全行之有效的运输调度管理制度,同时加强安全运输,并设专人养护运输线路。

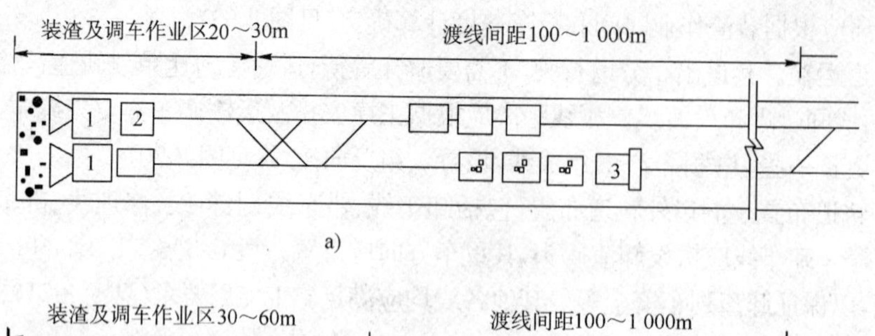

a)

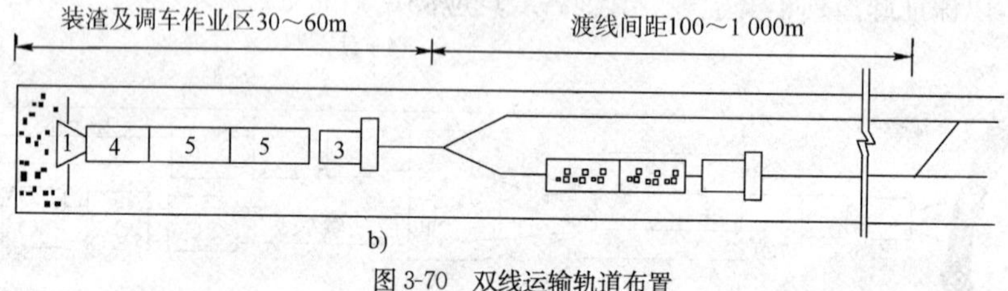

b)

图 3-70　双线运输轨道布置

a)双机装渣；b)单机装渣

1-翻斗装渣机；2-斗车；3-牵引电瓶车；4-立爪装渣机；5-梭式矿车

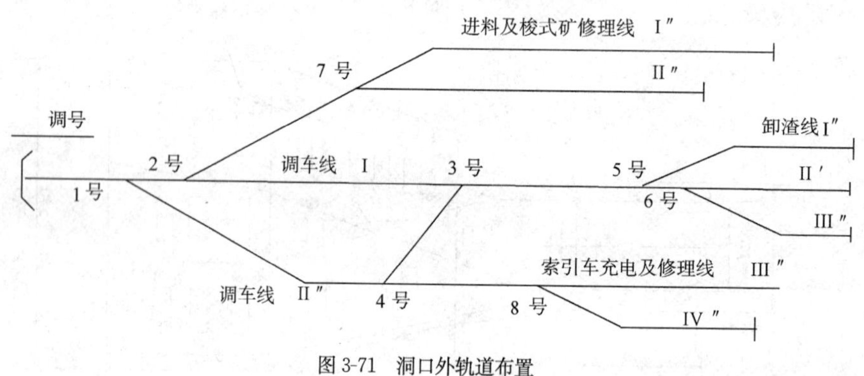

图 3-71　洞口外轨道布置

二、无轨式运输

隧道用无轨运输车多为燃油式动力、轮胎行走的自卸汽车(载重量 2～25t)。还有铰接车身或双向驾驶的坑道专用车辆。一般要求选用载重自重比大、体型尺寸较小、机动灵活、自卸、配有废气净化器、能与装渣机能力相配套的运输车,可充分发挥各自的工作效率及提高整体作业能力,达到加快隧道施工掘进速度的目的。

关于洞内转向,可以考虑局部扩大洞径、设置车辆转向站,或设置机械式转向盘等。洞内无轨式自卸卡车运输道路,宜铺设简易路面。道路的宽度及行车速度应符合下列要求:

①单车道净宽不得小于车辆宽加 2m,并应相隔适当距离设置错车道;双车道净宽不得小于 2 倍车宽加 2.5m;会车视距宜为 40m。

②行车速度,在施工作业地段和错车时不应大于 10km/h,成洞地段不宜大于 20km/h。

③运输线路或道路应经常保持平整、畅通,道路两侧的废渣和余料应随时清除,以保洞内洞外运输安全。

3.6.3　卸渣

卸渣工序的安排与卸渣场的码头设置,应能适应每个洞口出渣高峰期的需要,并尽量减少调车时间,做到安全、有效、快速卸渣。

公路隧道施工中卸渣作业应符合下列要求：

①应根据弃渣场地形条件、弃渣利用情况、车辆类型，妥善布置卸渣线，卸渣时应在布置的卸渣线上依次进行。

②卸渣宜采用自动卸渣或机械卸渣设备，卸渣时应有专人指挥卸渣、平整。

③卸渣场地应修筑永久排水设施和其他防护工程，确保地表径流不致冲蚀弃渣堆，重视环境保护。

④轨道运输卸渣时，卸渣码头应搭设牢固，并设挂钩、栏杆，轨道末端应设置可靠的挡车装置，以保证列车卸渣作业安全。

一般地下开挖工程中，装运岩石的时间占各工序的总时间比例最大，所以，正确地选好装运设备、设计好装运作业线对提高开挖速度是十分重要的。

3.7 钻爆法开挖机械方案配套

3.7.1 方案配套的原则

开挖机械化作业设备配套，是指开挖各工序所用的机械设备，特别是主要工序的施工机械在规格和生产能力上要基本相适应，形成机械化作业线，使之能充分发挥每一工序施工机械的生产能力，从而提高掘进机械化水平和综合的技术经济效果。

在确定机械配套方案时，应充分考虑下列原则：

①各工序都应采用机械作业，一般应包括凿岩、装渣、运输（提升）和支护。最少要实现凿、装、运（提）工序机械化。

②各工序所使用的机械设备，在生产能力上要匹配合理，相互适应，如运输能力（或转运能力）要稍大于装岩机的生产能力；提升能力要大于抓岩机的生产能力。

③要求配套设备在布置、操作等方面互不干扰，保证作业安全。机械的规格及结构形式必须适应施工条件、工程规格及作业方式的要求。平巷主要工序应以顺序作业的方式来考虑。

④尽量选择操作方便，性能稳定，质量可靠，易损件消耗少、易补充，故障少、通用性强的设备。

⑤配套的机械设备在生产能力和数量上都要有一定备用量。

⑥通风、电力、压气、通讯、照明等辅助作业要满足施工工艺的需要。

⑦应根据本单位现有设备、操作技术、维修水平和经济可能性等情况来确定机械化作业线的组成内容及配套的机械设备，有几个可供选择的方案时，应进行技术经济对比后择优选用，做到在满足工期、质量等要求的基础上，技术合理，经济有利，适应性强。

目前国内外常用的机械化作业线可分为有轨与无轨两种。有轨机械化作业线常用于中、小断面、长巷道和隧道，我国矿山部门用得较多，设备比较完善，并积累了丰富的经验；无轨机械作业线常用于大断面隧道，水电、交通、铁路部门用得较多。

3.7.2 常用的机械配套方案

下面为几种常用的机械作业设备配套方案。

①由多台气腿式凿岩机钻眼，蟹爪式装载机或耙斗式装载机装岩，梭式矿车或斗式矿车加皮带转载机转运，电机车运输（见图 3-72 和图 3-73）组成的机械配套方案，这种配套方案多见于矿山巷道施工。

②由双臂液压轨轮式凿岩台车，铲斗后卸式装岩机装岩，侧卸式矿车及电机车运输组成的机械配套方案。这种配套方案主要用于矿山及小断面开挖施工。

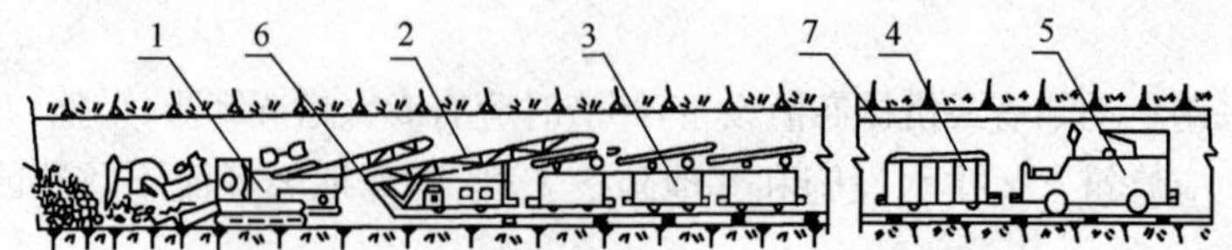

图 3-72　装运卸机械化作业线示意图

1-蟹爪、立爪装载机；2-皮带转载机；3-矿车；4-平巷人车；5-7t电机车；6-轨道；7-电机车架线

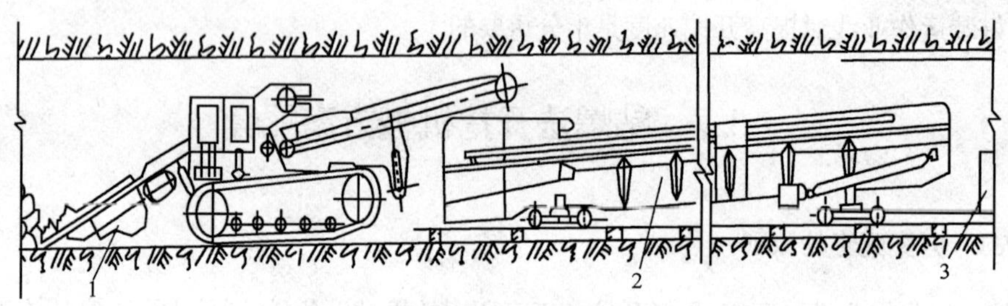

图 3-73　装运机械化作业线

1-蟹爪式装载机；2-梭式矿车；3-10t架线式电机车

③由全液压轨轮式凿岩台车、立爪式装岩机装岩、两辆或多辆搭接式梭车（车容达十几到几十立方米）配电机车组成的机械配套方案。该方案中，使用搭接式梭车在国外用得较多，如挪威豪斯乔登供水隧道中，使用五辆梭车搭接，总车容达 $5\times11.5m^3$。铁十六局在山西草峪岭隧道中也使用该方案，其中两辆搭接梭车的车容为 $2\times8m^3$，在 $17m^2$ 断面中，月进尺达 150m。该方案适用中小断面的长隧道中快速施工。

④轮胎式凿岩台车钻孔，装载机装岩，自卸汽车运岩。这种配套方案在国内交通、水电系统的大断面隧道中被广泛采用。

⑤日本大成公司在我国云南鲁布革水电站引水隧道工程中，使用的方案见表 3-49。该方案开挖平均月进尺 212m，最高月进尺 373.5m（开挖断面 $60.82m^2$，隧洞全长 9 382m）。

隧洞开挖主要机械设备配置表　　表 3-49

名　称	型　号	功　能	数 量（台）	主要用途
激光指向器	SLB	300～500	6	定向，布孔
履带液压凿岩台车	JCH 3100C	三臂	4	钻孔，锚杆，装药
反转型轴流通风机	PF 100，SW 37	1 000m^3/min	11	通风，散烟
反转型轴流通风机	PF 60，SW 15	400m^3/min	2	通风，散烟
液压反向铲	UH 04	0.4m^3	2	撬挖，挖沟，清底，修路
液压破碎锤	H7X	585kg	2	处理欠挖，破碎大石
轮式装载机（侧卸）	CAT 966D	2.7m^3	2	装岩
自卸汽车	CW 52	11t	17	运岩
洞内车辆转向盘	ST-30H	30t	2	洞内车辆转向

续上表

名称	型号	功能	数量（台）	主要用途
推土机	D65A	155Hp	1	永久堆渣场推渣
喷混凝土机组		6～120m³/h	1	喷混凝土
喷混凝土机械手	AL 304	3～10m	2	喷混凝土
混凝土搅拌运输车	CWD52LML	4.5～6m³	1	运输喷混凝土料
移动式变压器	3ϕR400kVA	6kV/420V	2	洞内降压
移动式变压器	3ϕTR400kVA	6kV/210V	2	洞内降压
移动式变压器	OSP 75	75kW	2	空气压缩机用
潜水泵	UL,UK,UO		5	排水
螺旋管成型机	SPD 1300	ϕ300 ～ϕ1 300	1	制作通风筒
高架升降作业车	AS C2	10.5m	1	架设电缆、电线
液压作业平台车		5m,4kN	2	安装风筒,撬挖
自吊运货车	TK80GH	载重 4t,自吊 2.9t	2	运输设备、材料,接送人员
吉普车	TOYOTO	10 座	2	指挥车,接送人员

第四章
竖井、斜井钻爆法开挖施工技术

4.1 竖井施工技术

4.1.1 概述

垂直或近似垂直地面、满足一定需要的巷道叫竖井。地下开采的矿山,因开拓、运输、通风的需要,竖井占量很大,如:主井(用于提升矿石、废石)、副井(提升人员、设备)、通风竖井(用于通风)等。在水电、铁道工程中,竖井有时作为主要工程之一(如水电引水系统中的调压井或闸门井),有时仅为辅助工程(如施工支洞或通风井等),但其所占比率一般比较小。

在地下建筑工程中,竖井与平洞的开挖方向不同,竖井施工有自上而下的正向施作法和自下而上的反向施作法。由于其工作面沿地层纵向,故其在施工方案及装岩运输方式上均与平巷施工有着较大的区别。一般竖井是由上向下开挖的,正向施作时,如从地表开始开挖,则首先要进行表土层施工,由于松软破碎且容易风化,故开挖后首先采取必要的支护措施,以防垮塌,井口的支护称为锁口。随着开挖深度的加大,要通过提升的方式,不断运出工作面的碎渣,并根据设计要求采取相应的支护措施。反向施作,爆破后则利用岩渣自重抛离工作面,此方法一般在矿山应用较多。

4.1.2 井口施工

对于正向施工的竖井,一般井口分基岩层和表土层两类:基岩层比较稳定,开挖比较容易;表土层地质条件较复杂、稳定性较差,厚度从几米至几十米,又直接承受井口结构物的荷载,因此表土层施工比较困难。

在井口施工前首先要标定井筒中心。因开挖井筒中心成为虚点,故要在井边四周设立十字线确定中心点。

井口向下开挖 2～4m 深开始井颈锁口,即加固井壁,防止坍塌,并在井口用型钢或木梁搭成井字形,铺上木板,作为提升和运输场所。

井口段开挖常用简易的提升方法,如简易三脚架提升和由两个柱式结构拼装而成龙门吊提升,也可使用移动方便的汽车起重机提升。

4.1.3 竖井井身施工方法

竖井通过表土层后,即在基岩中继续开凿井筒至设计深度。基岩开挖一般采用钻爆法。钻爆法包括三项主要作业,即:

①开挖:包括凿岩爆破、通风、临时支护、装岩和提升岩石等作业;

②永久支护:包括架设木材支架或砌筑石材、混凝土支架(又称混凝土井壁)及喷射混凝土井壁等;

③安装:包括安装井筒永久装备,如罐梁、罐道、梯子及管缆等格间。

为了便于竖井施工和保证作业安全,通常将井筒全深划分成若干井段。根据上述三项主要作业在井筒施工顺序的不同,可分为下列五种施工方案:单行作业、平行作业、短段掘砌、一次成井及反井刷大。

一、单行作业

将施工的井筒分成若干个井段,每一个井段先由上而下挖掘岩石,然后由下而上砌筑永久井壁。当此井段掘砌结束后,再按上述顺序掘砌下一井段,依此循环进行直到井底,最后再进行井筒装备的安装,如图 4-1 所示。

单行作业所需用的设备少,工作组织简单,因此,较为安全。但掘砌作业是顺序进行的,将延迟整个井筒的开凿速度。在井筒深度不大(200m 左右),及地层比较稳定井筒断面较小,砌壁速度很快和凿井设备不足的情况下,采用单行作业是合适的。单行作业在我国用的较多。

二、平行作业

平行作业即挖掘岩石与砌壁在两个相邻的井段中同时进行。在下一井段由上向下挖掘岩石,而在上一井段中,则在吊盘上由下而上砌筑永久井壁。井筒装备的安装工作是在整个井筒掘砌全部完成之后进行。

段高一般为 20～50m,砌筑方向是由下向上进行,如图 4-2 所示。我国目前采用的平行作业多属此种形式。

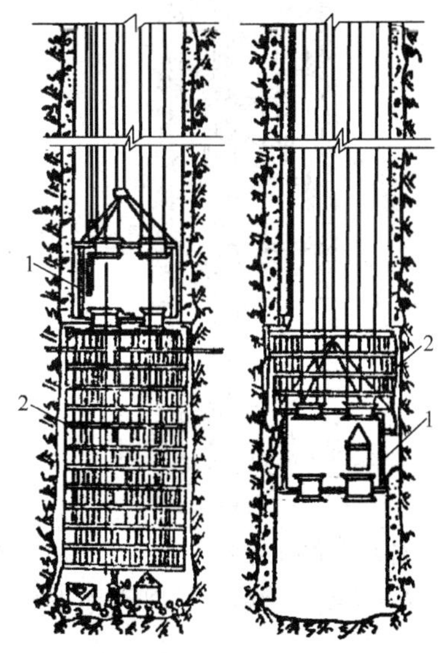

图 4-1　掘砌单行作业示意图

1-双层掘进吊盘;2-临时支护井圈

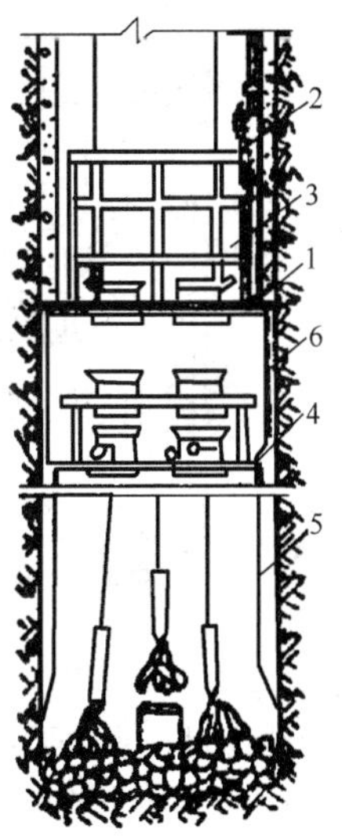

图 4-2　掘砌平行作业

1-砌井托盘;2-活节溜子;3-门扉式模板;4-掩护筒吊盘;5、6-上、下部掩护筒

在一般情况下,平行作业的成井速度较单行作业为快,但其使用的掘进设备较多,工作组织复杂,安全性较差。这种方案在井筒较深(大于 250m)、断面较大(直径大于 5m)、围岩较稳固、涌水量较小、掘进设备充足且施工队伍的技术熟练的条件下,可以采用。

三、短段掘砌

短段掘砌其特点是段短,因而不需架设临时支护。采用普通模板时,段高一段不超过 3～

5m;用移动式金属模板时,段高和模板的高度一致,搭设临时脚手架即可进行永久支护(见图4-3)。

短段掘砌方案一般适用于不允许有较大的暴露面积和较长暴露时间的不稳定岩层中。短段掘砌顺序作业施工方案的施工组织简单,井内设备少,适用于断面较小的井筒,而短段掘砌平行作业施工方案用于井筒断面较大的情况。

四、一次成井

这种方案是掘进、砌壁和安装三项作业分别在不同的井段内顺序或平行进行,其施工方案可分为以下三种情况:

(1)掘、砌、安顺序作业一次成井

此方案是在每个段高内利用双层吊盘把掘进、砌壁和安装工作顺序完成,即在每个井段内先掘进、后砌壁、再安装,然后按此顺序进行下一个井段。已安装的最下一层罐梁距掘进工作面的距离一般为30～60m。此法主要可缩短由井筒转入平巷掘进时井筒的改装时间。

(2)掘砌、掘安平行作业一次成井

这种方案是先在下一个井段内掘进,在上一个井段内由下向上砌壁。由于砌筑一个井段比掘进一个井段为快,则可利用砌壁完成一个井段后,下一个井段的掘进尚未完成的时间,再在上一个井段内进行井筒的安装工作,如图4-4所示。在永久设备供应及时、并符合平行作业条件时,可以采用此法。

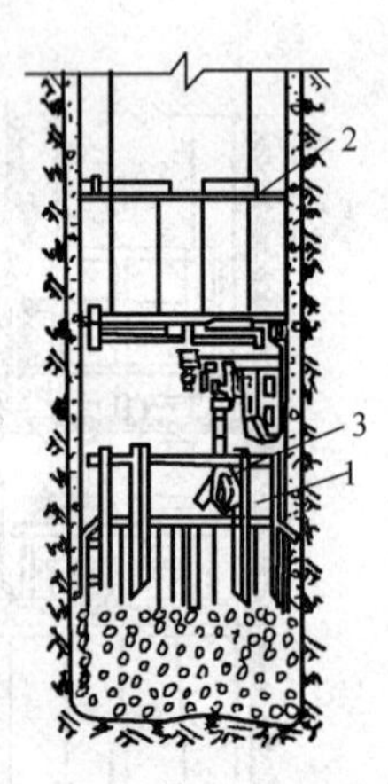

图4-3　利用移动式模板短段掘砌示意图

1-移动式模板;2-双层吊盘;3-抓岩机

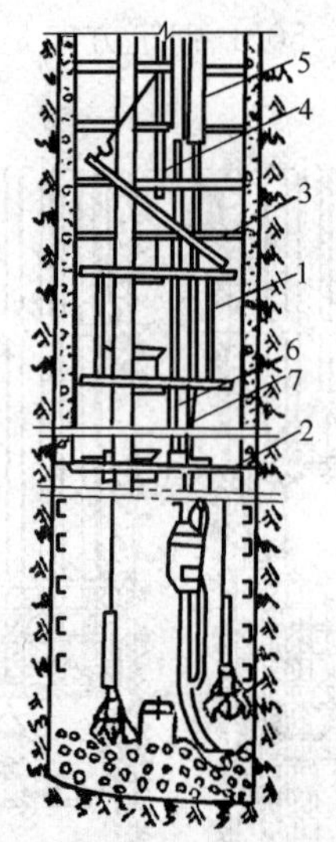

图4-4　掘砌、掘安平行作业一次成井示意图

1-吊盘;2-稳绳盘;3-罐梁;4-罐道;5-永久排水管;6-临时压风管;7-临时排水管

(3)短段三行作业一次成井

此种方案是在短段掘砌平行作业的同时,在双层吊盘的上层盘上进行井筒安装工作。

五、反井刷大

在地形条件合适、能把平洞巷道送到未来井筒的下部时,或在未来井筒下部已开挖了平洞,可以从下向上开凿小天井,然后由上向下刷大至设计断面。采用此法凿井,不必用吊桶提升岩渣,岩石仅从天井中溜下,从平洞上装运;不需排水设备,爆破后通风也较容易。因此,所需用的设备少,成井速度快,成本低。

天井开挖方法有普通开挖法、吊罐法、爬罐法、深孔爆破法和钻孔法等几种。

如图 4-5 和图 4-6 所示分别为吊罐法和爬罐法施工示意图。

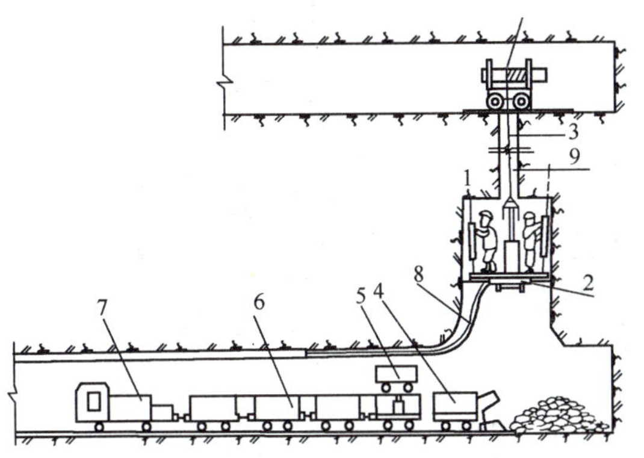

图 4-5 吊罐法掘进天井示意图

1-游动绞车；2-吊罐；3-提升钢丝绳；4-装岩机；5-斗式转载机；6-矿车；7-架线电机车；8-风水管、电缆；9-中心孔

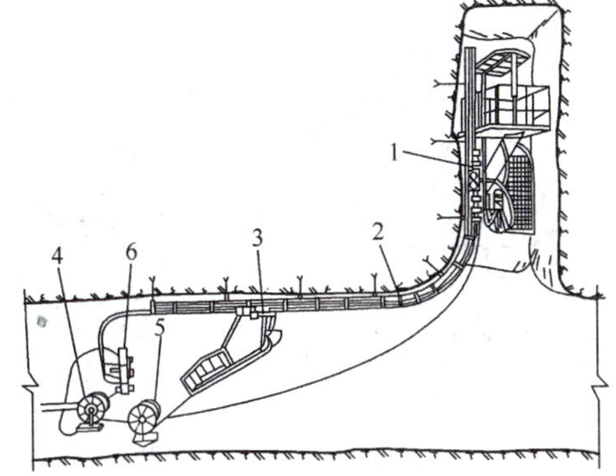

图 4-6 爬罐法掘进天井示意图

1-主爬罐；2-导轨；3-副爬罐；4-主爬罐软管绞车；5-副爬罐软管绞车；6-压气、水分配器

4.1.4 竖井凿岩爆破

长大隧道的开挖，为缩短工期，往往需要设置斜井、竖井来增加工作面。因此竖井的开挖爆破也是隧道现代爆破技术的重要组成部分。由于竖井是为隧道开挖增加工作面而设置的，故一般是从上往下开挖掘进。竖井施工工序包括：凿岩、装药爆破、通风、清扫吊盘和临时井圈、排水、装岩清底、提升、支护等。确定竖井凿岩爆破参数可参照平洞确定凿岩爆破参数方法。本节将介绍竖井在凿岩爆破方面与平洞不同的部分内容。

一、凿岩

竖井凿岩主要是钻凿垂直向下或倾斜向下的炮眼。凿岩机有手持式、钻架式(有环形吊架和伞形吊架)、导轨式几种类型。竖井钻孔的直径和平洞相似，但孔深比平洞为浅，一般小于2m 深，设备条件好时，可以达 2.5～3m 深。

竖井掘进时，随着井的加深，凿岩用水的压力会逐渐加大。若用水箱时，水箱可跟随向井下移动，保持水压在 3～5kg/cm^2 以内。

二、竖井掏槽爆破技术

竖井掏槽爆破只有向上单一的自由面，因此掏槽爆破的夹制作用很大。竖井的掏槽方式与炮孔布置与平洞类似。常用的掏槽方式有圆锥形掏槽与大直径空眼掏槽。

(1)圆锥形深眼掏槽

如图 4-7 所示，该图在白色致密大理岩，普氏系数 f=8～10 的岩层中使用过，炮眼利用率平均接近 70%，最高达 85%。本图式装药眼直径为 42mm，所装炸药系加工的含黑索金 20%、TNT10%高威力炸药。药卷直径 32mm，线装药密度 0.8kg/m，爆速 4 966m/s。采用毫秒雷管起爆。装药量按炮眼深度的 70%～80%进行装填，孔口堵塞炮泥。炸药的实际单耗为 3.30～3.60kg/m^3。

(2)大直径空眼掏槽

如图 4-8a)所示，该图曾在美国色达利亚火箭发射场的发射井开挖中使用，并取得良好的掘进效果。井的直径 4.5m，深 15m。施工程序是：将所有爆破炮眼一次钻到井底，然后分

2.4～3.0m为一层，进行分层爆破，直到竖井完成。装药眼直径为 70mm，中空眼直径为 90mm，除周边眼预裂爆破采用传爆线间隔绑扎炸药外，其余装药眼均装直径为 28mm 的 40% 甘油炸药。

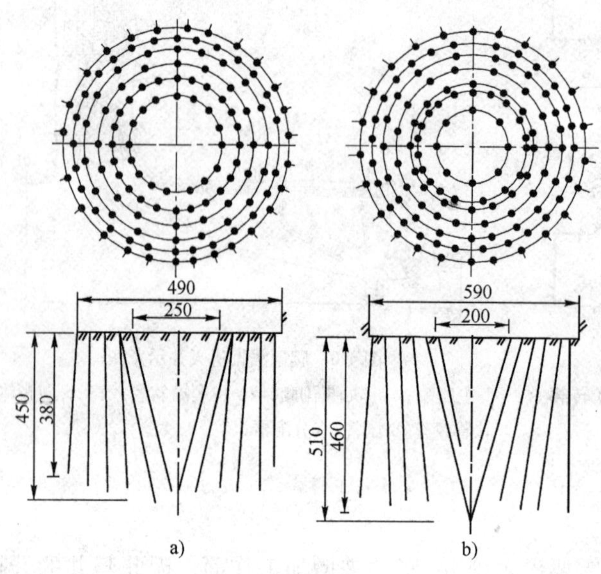

图 4-7　圆锥形深眼掏槽(尺寸单位：cm)

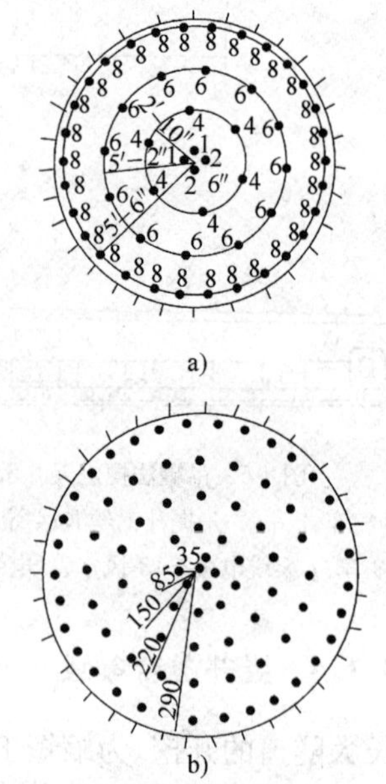

图 4-8　大直径空眼掏槽(尺寸单位：cm)

注：图中序号为雷管段号

大瑶山隧道斑古坳竖井开挖爆破采用如图 4-8b)所示的掏槽形式。竖井直径约 6m，深度 440m，岩性主要是板状灰岩与脆性条状灰岩，钻孔直径为 45～48mm，钻眼深度 2.3m，实际平均循环进尺为 2m，装药为乳胶炸药，用毫秒雷管起爆，引爆雷管采用 8 号工业雷管、黑火药，用电阻丝自己组装的电阻丝雷管，确保引爆顺利进行，并且清底干净，取得了良好的爆破效果。

(3)提高竖井掏槽爆破效率的技术措施

提高竖井掏槽的爆破效率(炮眼利用率)的主要技术措施：

①在韧性大的岩体中爆破开挖竖井，采用圆锥形掏槽，第一圈掏槽眼取大开口圈径即达到井筒直径的 1/2，炮眼倾角为 75°±1°，对提高循环进尺是有效的；

②毫秒雷管或高精度秒级延期雷管可以改善爆破效果，正确选择段间隔时差可防止冲击波和飞石的破坏作用，取 1s 左右比较合适；

③合理控制第 1、2 圈炮眼的装药长度，保证充填质量，可以有效地控制爆破飞石；

④为克服深部的夹制力过大，炮眼下部应保证足够的药量集中。加大药包直径，增加底部量，可以有效地提高炮眼利用率。

三、竖井爆破注意问题

竖井爆破一般要求采用光面或预裂爆破，其爆破参数可参照平洞的爆破参数。但竖井的单耗药量比平洞略高，可参照定额或用有关计算公式计算。

竖井施工时工作面总处在积水状态(不管岩层涌水与否)，因此，竖井爆破要使用抗水炸药。国产抗水炸药有抗水 2 号、3 号和 4 号岩石硝铵炸药、水胶炸药、乳化炸药。水胶炸药和乳化炸药因比重比岩石硝铵炸药大，故单位体积的炸药威力要高，使用时应注意。另外，周边用的光爆炸药一般不宜用水胶和乳化炸药，而用抗水硝铵炸药，否则对围岩破坏太大，影响光爆效果。

竖井施工中，严禁用导火线火雷管爆破，而用导爆管或电雷管起爆，不允许在井下点炮。

竖井爆破施工，井口上面必须有严密的盖板，以免落石掉物伤人，同时也防止爆破飞石；必须设有一定速度的提升设备，以便紧急情况（如涌水等）时人员、设备的撤离。

4.1.5 竖井装岩与提升

竖井装岩与提升方式，因竖井的开挖方案不同而异。若采用反井刷大法开挖，施工时省去抓岩提升工序，在矿山部门和水利水电工程中常采用，其装岩方法见图 4-9。

若采用由上向下开挖法，则岩渣就需要靠抓岩和提升才能排出。

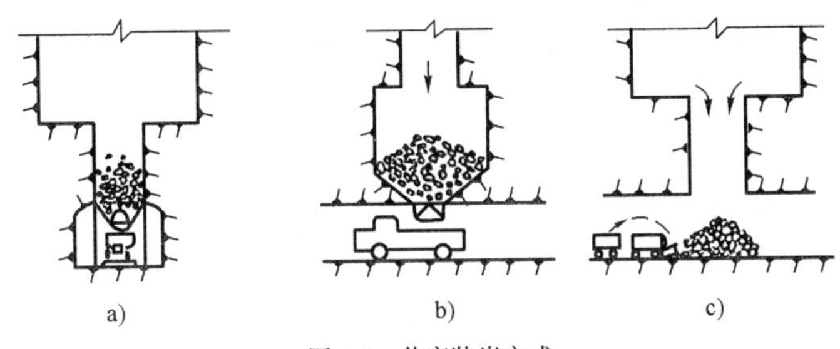

图 4-9 井底装岩方式

a)棚架漏斗；b)井底漏斗；c)装岩运输

一、装岩

装岩是竖井施工过程最繁重、最占工时的工序，通常占循环时间的 60%，对竖井掘进速度起决定性影响。人工装岩是落后的装岩方法，设计时尽可能采用机械装岩。

抓岩机是一种竖井装岩机械，一般由抓斗、提升、回转、操作等机构组成，其作用是将井底岩石抓起并卸到吊桶中。其工作原理是通过人工操作，控制抓斗叶片张开与闭合，抓住岩石，提升并回转，将岩石卸到吊桶中。

二、提升

竖井提升包括提升岩石、运送设备和材料、升降人员等。

(1)提升方式的选择

提升方式有单钩提升和双钩提升。掘进和支护为单行作业时，常用一套单钩提升；两者平行作业时，用双钩提升，其中一套为开挖，另一套为支护。

合理选择施工期提升方式，在技术上考虑井筒断面、深度、掘砌方式、吊桶容积和操作方便等因素；在经济上考虑设备投资和动力消耗的影响。一般认为，在井筒断面较小时，井筒深度小于 300m 的条件下，用一套单钩提升较为合理；如果井筒断面较大（如在 $20m^2$ 以上）、深度在 250m 以上，使用双钩较为合理。

(2)提升容器的选择

提升容器常用吊桶，有时也用箕斗。吊桶的容积有 0.5～$3.0m^3$ 不等。选择吊桶容积，受井筒断面积的限制，因为在井筒有限的空间内，除放置吊桶外，还放置吊泵、风筒、压气管、安全梯、抓岩机等。在井筒断面许可的条件下，吊桶容积要按抓岩机生产率和提升一次的循环时间决定。至于材料吊桶的选择取决于井筒断面大小和需要运送材料的数量，其容积一般比渣石吊桶容积要小。

(3)钢丝绳和提升机的选择

①选择钢丝绳，钢丝绳根据计算单位长度重量值选取：

$$P_c = \frac{Q_1 + Q_2}{\frac{110\sigma}{m} - H} \tag{4-1}$$

式中：P_c——钢丝绳单位长度重量(N/m)；

Q_1——提升容器及连接装置自重(N)；

Q_2——提升容器载重(N)；

H——绳悬吊高度(m)；

σ——钢丝绳公称抗拉强度，取 0.152～0.167MPa；

m——安全系数，提升人与提升安全梯时采用 9，提升物时采用 6.5，提升吊盘、管路和导向绳时采用 6。

根据 P_c 值选择相应钢丝绳。提升绳一般用 6×19 钢丝绳，导向绳一般用 6×7 钢丝绳、且直径小于 20.5mm。

②选择卷扬机(或提升机)：

选择提升机，首先要确定最大提升力，然后根据提升力确定提升电机功率。

单钩提升卷扬力(最大静张力)：

$$F_{max} = Q_1 + Q_2 + P_c H \tag{4-2}$$

双钩提升卷扬力(最大静张力差)：

$$\Delta F_{max} = Q_2 + P_c H \tag{4-3}$$

上二式中：F_{max}——单钩提升卷扬力(N)；

ΔF_{max}——双钩提升卷扬力(N)；

H——提升高度(m)；

Q_1、Q_2、P_c 的代表意义与公式(4-1)相同。

单钩提升电动机功率：
$$N' = \frac{KF_{max}V_{max}}{102\eta a}\rho \tag{4-4}$$

双钩提升电动机功率：
$$N'' = \frac{K\Delta F_{max}V_{max}}{102\eta a}\rho \tag{4-5}$$

上二式中：N'、N''——分别为单钩、双钩提升电动机功率(kW)；

K——电机功率备用系数，取 1.2；

η——传动效率，取 0.85；

ρ——动力系数，取 1.4；

a——速度系数，取 1.2；

V_{max}——最大提升速度(m/s)，见表 4-1。

竖井最大提升速度(单位：m/s)　　表 4-1

竖井深度(m)	罐　笼	吊　桶	备　注
<40	2	0.75	无导向装置
40～100	3	1.50	沿导向装置
>100	6	3.0	沿导向装置

箕斗提升速度按 V_{max}<2.0m/s 计。

F_{max}、ΔF_{max}的代表意义与公式(4-2)、公式(4-3)同。

根据式(4-4)、式(4-5)计算的 N'或 N''及相应的 F_{max}或 ΔF_{max}、V_{max}选用卷扬机。一般选用

XKT、JT 型电动卷扬机。

当井深小于 30m 时，采用简易提升方式，而深井施工时，其提升应使用型钢井架或混凝土结构井架。如图 4-10 所示如为深井结构布置一例。

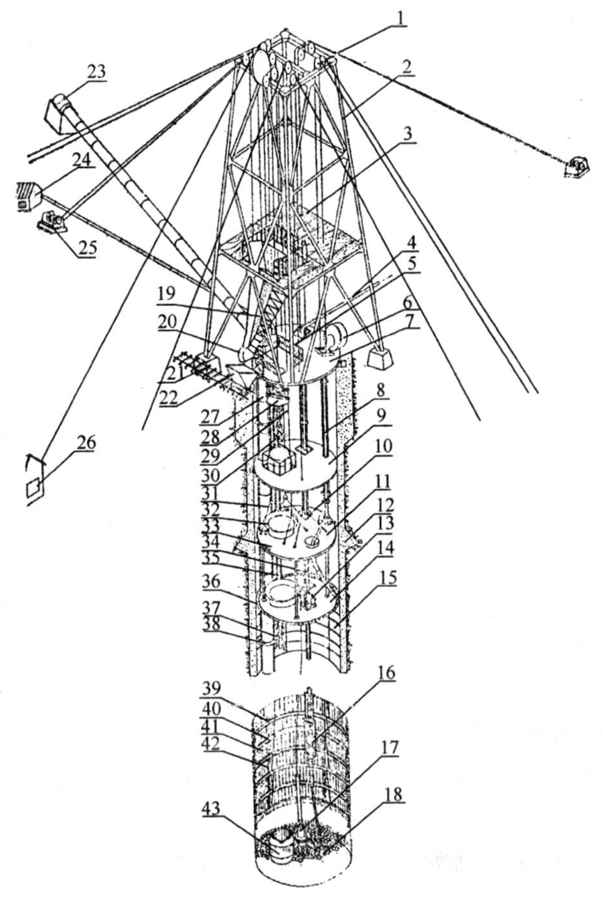

图 4-10　深井结构布置示意图

1-天轮；2-凿井井架；3-卸渣台；4-排水管；5-井盖门；6-混凝土搅拌机；7-封口盘；8-混凝土输送管；9-固定盘；10-吊泵通过口；11-吊盘上层盘；12-壁座；13-气动绞车；14-吊盘下层盘；15-金属模板；16-吊泵；17-抓岩机；18-吸水龙头；19-卸渣溜槽；20-溜槽闸门；21-临时轨道；22-矿车；23-扇风机；24-压风机房；25-稳车；26-提升机房；27-风筒；28-滑架与保护伞；29-稳绳；30-提升钩头；31-吊盘被叉绳；32-喇叭口；33-吊盘定位丝杠；34-输送混凝土的活节管；35-压风管；36-吊盘折页；37-分风器；38-风筒卡子；39-挂钩；40-井圈；41-背板；42-撑柱；43-吊桶

4.2 斜井施工

4.2.1 斜井开挖特点

斜井开挖是介于平洞和竖井之间一种开挖方法，当斜井倾角小于 10°时可视为水平洞室开挖；倾角大于 45°时，同竖井开挖方法。

与水平洞室相比，斜井开挖的特点是：

①对围岩的扰动范围比同断面的平洞大。倾角不同，对围岩稳定性的影响也不同。一般随倾角增大，斜井四周均受围压作用，围岩的稳定性降低。

②钻孔的作业条件较差，且对钻孔方向要求高，才能保证坡度的准确。

③装岩条件差，目前装岩机械种类较少，且适用性较差。故装岩占用的劳动力较大。

④通风、排烟、排水方面，因开挖方向不同也具有不同的特点。由下向上倾斜开挖时，通风排烟较为困难；由上向下倾斜开挖时，排水困难。

⑤为保证准确成型和贯通，对测量工作要求高。

⑥斜井掘进时凿岩爆破工作，多同于平洞施工，但斜井所需的孔数和药量较平洞多，特别是靠底板边的炮孔所需药量更多。

⑦底孔有时为水所淹没，必须使用抗水炸药或进行防水处理。

⑧为防止井底板偏高，应将底孔的倾角较斜井底板坡度大2°～5°，且底孔深度较其他孔深10～20cm，一般底孔间距不大于30～40cm。

⑨运岩一般使用提升机提升矿车或箕斗，为了防止提升时发生跑车事故，井口应设置阻车器。

4.2.2 斜井施工方法

斜井基岩掘进与井筒支护的作业方式，可以根据围岩的特性，施工方法及施工期限等采用不同的方式，如采用掘砌单行作业或掘砌平行作业。我国煤炭系统大力推行掘砌平行作业，这种作业就是在同一井筒中，使支护工作面与掘进工作面总是保持一定的距离，跟随掘进工作面前进的同时进行永久支护，它能比较充分地利用井筒空间，是加快成井速度、降低成本的有效措施，它在岩层比较稳定、涌水量不大的斜井中广泛使用。不仅如此，它还使岩石暴露的时间缩短，减轻了井巷围岩的风化程度。

斜井基岩掘进施工方法与平洞掘进施工方法大致相同，但由于斜井是具有一定倾角（一般小于30°）的井筒，工作面容易积水，使得其施工方法比较平洞又有它的特点。设计时，凿岩爆破参数可参照平洞，但炸药单耗量及工作面单位面积的炮孔数应增加10%～15%。

斜井掘进要防止底板抬高，为此，在打底眼前，必须排除工作面积水，使底眼与水平线夹角稍大于斜井设计角度，同时还要加密炮眼。

4.2.3 斜井装岩

相比平洞，斜井装岩要困难得多。因为斜井倾斜一定角度，使得应用于平洞的移动式的装岩和装运机械在斜井中无法使用。在斜井装岩时，装岩机或者固定不动，或者靠绞车移动。

我国目前用于斜井装岩的机械种类并不多，常用的是耙斗装岩机，另外的种类还有铲斗式斜井装岩机、正装侧卸式斜井装岩机。

一、耙斗装岩机（俗称电耙子）

耙斗装岩机在平巷和倾角小于35°的斜井内都能使用，其适应性强、设备结构简单、制造容易、成本低、操作简单和易于维修。使用耙斗装岩机容易实现装岩与凿岩平行作业。

耙斗装岩机主要由耙斗、绞车、槽子和台车组成。绞车钢绳通过滑轮组牵引耙斗耙取岩石，经过槽子的簸箕口、中间槽、卸料槽，把岩石卸入提升容器内，如图4-11所示。

工作时，耙斗装岩机安装在离工作面5～15m处，最远不宜超过20m。距离太大，耙装时钢绳摆动大、走绳时间长、操作不便、装岩效率不高；距离太小，耙斗出绳偏角大，容易挂绳擦斗，再者，设备离工作面太近，容易被爆破损坏。

耙斗装岩机在斜井工作时的固定方法是：当斜井倾角较小时，使用卡轨器把耙斗装岩机台车卡在钢轨上，防止倾倒和跑车；当斜井倾角较大时，用四副"U"形卡把车轮和钢轨卡在一起，或在斜井底板上凿两个1m左右深度的眼，楔入两根圆钢当橛子，用钢绳套把装岩机拴在橛子上。

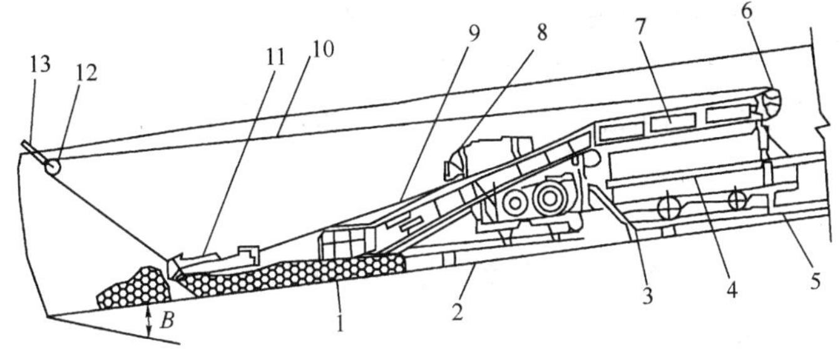

图4-11 耙斗装岩机斜井施工示意图

1-挡板；2-操纵杆；3-大卡轨器；4-提升容器；5-支撑；6-导轮；7-卸料槽；8-照明灯；9-主绳；10-尾绳；11-耙斗；12-尾绳轮；13-固定楔

耙斗装岩机在斜井内移动要用斜井提升机牵引。移动前先把耙斗、尾轮、钢绳收到槽内，关闭电源，清理簸箕口及车辆两旁的浮石，调整升降装置，使簸箕口抬高，离开轨面50mm以上，收起簸箕口两侧挡板。当牵引钢绳拉紧后，松开卡轨器等固定装置，然后提升或下放耙斗装岩机。下放装岩机以前，先接好下部轨道，装岩机移到新位置后，先装好卡轨器等固定装置，然后放松牵引钢绳。

耙斗尾绳的悬挂方法如图4-11所示，在岩堆上部800～1 000mm处安装固定楔和尾绳轮。为此，在钻凿爆破炮眼时，常将2～3个顶眼加深300～500mm，装药前用木棍或炮泥充填加深部分。爆破后利用残留孔打入固定楔。

二、铲斗式III型斜井装岩机

铲斗式型斜井装岩机由铲斗、刮板运输机和牵引绞车组成，有三台电动机为动力。其中一台电动机控制铲斗的提起、放下和左右摆动；一台带动刮板运输机工作；一台通过行星齿轮减速器完成提机、停机、下放三个动作。

如图4-12所示，装岩机工作时的移动由绞车牵引，牵引钢绳固定在机器后方，电机通过行星齿轮减速传动，使绞车滚筒慢慢下放钢绳，在装岩机离岩堆1m左右时，靠机器自重下滑的力量将铲斗插入岩堆。控制铲斗工作的电机工作，提起铲斗转一定角度向后卸载于刮板运输机上，刮板运输机起转载作用，把货载卸入提升容器。

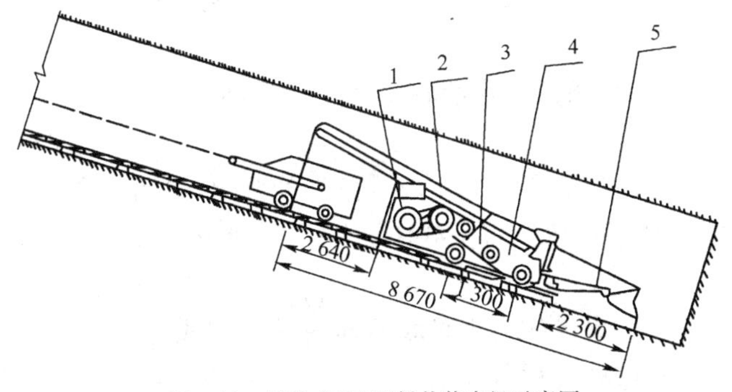

图4-12 铲斗式III型斜井装岩机示意图

1-牵引绞车；2-刮板运输机；3-手把；4-机架；5-装岩机构

4.2.4 斜井提升

斜井施工时期，基本上采用矿车或箕斗提升。

斜井箕斗提升与矿车提升比较，箕斗提升具有优越性，即箕斗提升不必每次摘挂钩，卸载节省时间，安全性好；矿车的装满系数随斜井倾角的增大而减小，箕斗的装满系数不受倾角影响。但箕斗提升要求在井口有卸载装置，卸载于渣石漏斗或溜槽，转由矿车运走。

小型生产斜井，为了运输系统的简化，多用矿车或串车提升。但是，在斜井倾角较大，矿车运行不安全和矿车装满系数变小的条件下也使用箕斗提升。

斜井提升计算与设备、材料的选择与竖井类似。

4.3 斜井、竖井施工治水

斜井、竖井施工中，含水层淋水、工作面积水，恶化作业条件，影响工程进度和质量，增加工程成本，尤其是突然大量涌水可能造成淹井事故。因此，在斜井、竖井施工中如何治水便成为非常重要的问题。

水的来源是多方面的，为了综合治水，施工前应详细了解含水层、破碎带、溶洞、老窿的位置、水压、渗透系数、涌水量，以及地表河流、湖泊和古河道与井筒的相关位置和影响。必要时应打检查钻孔，以获得必要的资料。

一、综合治水措施

根据现场实践经验，针对水的来源和大小，采取不同的治理措施，堵截水源，使工作面无积水或积水少，改善作业条件，有利于工作面排水。

(1)避

井筒位置的选择要尽可能避开含水层。

(2)防

为了防止地表水流入或渗入井筒，设计时必须使井口标高高于最大洪水位，并在井口周围挖排水沟，及时排水。斜井在靠近含水层与含水溶洞时，或发现某些涌水预兆时，应先打探水钻孔探水或泄水。

(3)泄

预先在竖井周围钻出若干个大钻孔，然后用深井泵或气升泵排水，降低水位，井筒处被疏干后再向下掘进；或在井筒掘进过程中采取超前钻孔或超前小井进行辅助排水疏干；或在竖井的下部有平巷时，打钻孔将井筒涌水泄于下部平巷，将井筒疏干后掘进。

(4)堵

采用地面预注浆、工作面预注浆或壁后注浆，封堵涌水。

(5)截

为消除淋帮水对工程质量的影响和对施工条件的恶化，采用截水和导水的方法，如斜井在底板每隔 10～15m 挖一道横向水沟将水截住，引入纵向水沟汇集后排出。

(6)排

工作面的积水需要根据水量的大小采取不同的排水方式。采用混凝土砌壁支护时，在涌水量集中或水压较大的井壁处要预留放水管。放水管外露端要套上丝扣，以便安装阀门，以后可经放水管向井壁后裂隙和含水层注浆。

二、排水方法

(1)潜水泵排水

潜水泵有气动和电动两类，体积小、便于搬移，能排污水，工作可靠。其缺点是效率低、扬程不高，所以常配合提升容器排水，或与卧泵配合排水。

(2)喷射泵(水力扬水器)排水

喷射泵由喷嘴、混合室、喉管、扩散器、吸水管、供水管、排水管等部分组成。工作动力由另外一个水泵供给高压水,当高压水经喷嘴以高速射入混合室时,在喷嘴的后面造成负压,工作面积水借助压力差沿吸水管流入混合室,在混合室中吸入水与高速水流混合获得动能,经过喉管进入扩散器,速度变慢,部分动能变为静压,获得一定扬程。

喷射泵构造简单、体积小、重量轻、无运转部件、工作可靠,吸入空气和泥沙时,对排水工作无影响,可以一直把水抽干,使施工在无水条件下进行。缺点是需要高扬程、大流量的原动泵,并且由于吸排一部分循环水,所以电耗大、效率低。

(3)矿车(箕斗)排水

当涌水量不大(小于 5～7m^3/h)时,可用气动或电动潜水泵将水排入提渣矿车或箕斗、吊桶中,随同渣石一起提至地面排出。

(4)卧泵排水

当涌水量超过 20～30m^3/h 时,则需在工作面设离心水泵排水。随工作面不断向下延伸,离心泵受吸水高度限制,也要不断向下移动。井深时,高差超过一台水泵的扬程,必须分段排水。工作面附近的水泵把水排到一定高度的临时水仓内,经另一台水泵排到地表,临时水仓设在井筒侧帮。

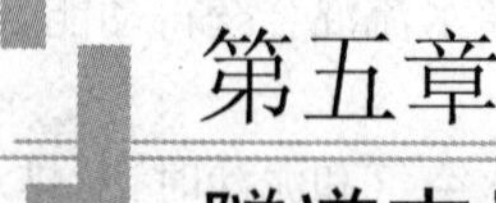

第五章 隧道支护施工技术

5.1 概 述

在洞室施工中，支护工作量占有很大比重，其工作进度直接影响着地下工程的施工速度，施工质量直接决定着地下工程的稳定。因此，洞室支护是继洞室开挖之后地下建筑施工中的另一项主导工程。

按照现代岩石力学观点，传统的岩石工程支护可分为两大类，即岩石支护和岩石加固技术。岩石支护是以人工结构物承受围岩变形压力、岩体不连续面切割的岩块或破碎带岩石自重荷载的岩层控制方法。它可以采用支撑方式，也可以采用吊挂方式。例如，常见的混凝土衬砌、各种金属支架、金属与木支柱等都属于前者；而无预应力的锚杆、锚索以及无预张拉的锚杆桁架、锚杆钢带等，当它们是以悬吊破碎岩石重量为主要目的时，则是后者的应用实例。由于支护系统要等岩石变形甚至支护构件与岩石接触后才起支护作用，所以也称之为被动支护。岩石加固是通过人工手段调动和利用岩石自支撑的岩层控制方法，最常用的办法是安装预应力锚杆和锚索，由于在安装的同时对岩体施加了作用力，又称这种加固方式为主动支护。

在岩体发生显著变形和风化之前，在地下工程围岩表面喷射一层水泥砂浆，喷层会在短期内达到很高强度，使地下工程边界附近的高应力直接传递给喷层，因此，也可以认为是一种岩体加固方法。与此相近的方法是通过钻孔等对岩体高压注浆，以阻止地下水渗流并增加岩体的强度。锚喷支护方法是将岩体作为结构材料，通过调动和增加岩体自身强度实现岩体自身支撑，是一种符合现代岩石力学理论的岩层控制方法。为了区别于依靠人工材料和构件支撑岩块重量的传统支护方法，国际岩石力学界常称之为岩石加固技术。在不与前述“岩石支护”混淆的情况下，有时也将岩石支护和岩石加固统称为岩石工程支护，简称“支护”。

锚喷支护是锚杆与喷射混凝土联合支护的简称，锚杆与喷射混凝土都可以独立使用。洞室混凝土衬砌一般作为永久性支护，在 NATM 法中属二次支护，并与初期锚喷支护构成复合式支护。因衬砌的成形和表面光滑度优于锚喷支护，故衬砌的作用既有支护功能，又有装饰功能，这是衬砌工艺得到广泛应用的重要原因。但由于混凝土衬砌的厚度远超过喷射混凝土厚度，故其支护柔性不及喷射混凝土，在设计中初期支护一般不使用衬砌。

目前，隧道支护形式主要有锚喷衬砌、整体式衬砌和复合式衬砌三种。锚喷衬砌一般由锚杆、喷射混凝土、钢筋网等组成；整体式衬砌由临时支撑(施工支护)和永久衬砌组成；复合式衬砌由初期支护和二次衬砌组成。临时支撑(施工支护)和初期支护一般由锚杆、钢筋网、钢支撑、喷射混凝土等组成。永久衬砌和二次衬砌一般为模注混凝土。当隧道开挖施工过程中，如围岩不能自稳时，常采用预加固工法。

5.2 锚杆支护施工

5.2.1 锚杆支护参数确定方法

锚杆(索)支护作为一种支护技术,在矿山、交通、水电、军工及民用建筑等整个建筑领域中迅速发展起来,在技术、经济等各方面,已显示了旺盛的生命力。目前,国内外适用于不同地质条件、具有各种用途的不同种类的锚杆有数百种,分类方法也遵循不同原则。

锚杆是用金属或其他具有高抗拉性能材料制作的一种杆状构件。经使用某些机械装置或黏结介质,通过一定的施工操作,将其安设在地下工程围岩或其他工程体中,形成承受荷载、阻止变形的围岩拱结构或其他复合结构物的锚杆支护。

锚杆的作用在岩石力学有关文献中已有详细论述,通常认为,锚杆具有悬吊作用、减跨作用、组合作用、加固作用、改善围岩周边应力状态作用等。

锚杆支护参数的选择,主要是确定锚杆支护的间距、长度及直径。由于地下工程地质条件的复杂性,以及科学水平所限,目前在选择锚杆支护合理的参数问题上,往往是根据理论公式进行估算或用工程类比法来确定的。通常意义上的理论方法包括解析法和数值法,它们在锚喷支护设计中已取得了一批有用成果,并逐渐成为锚喷加固设计的重要组成部分。这两种方法应该密切结合,互为补充,并在工程中推广使用监控设计和反分析设计,通过实践不断修正。

近年来,随着计算机数值模拟技术的发展,计算机数值模拟计算方法被用来进行锚喷支护参数优化研究(见5.4节),并在工程实践中得到较好的应用。

下面用解析计算法为例,说明锚杆支护参数的估算方法。

一、锚杆支护间距的确定

在一般情况下,锚杆支护都布置成正方形,即锚杆的间距等于锚杆排距。根据锚杆悬吊作用理论,计算锚杆间距公式如下:

$$G = a^2 m\gamma \tag{5-1}$$

由:

$$kG=Q_{固}$$

得出:

$$a=\sqrt{\frac{Q_{固}}{km\gamma}} \tag{5-2}$$

同时:

$$kG=\frac{\pi}{4}d^2\sigma_{拉}$$

即:

$$a=0.887d\sqrt{\frac{\sigma_{拉}}{km\gamma}} \tag{5-3}$$

式中:k——安全系数;

γ——岩体容重;

a——锚杆间距;

m——锚固岩层厚度;

d——锚杆直径;

G——锚固的岩石重量;

$Q_{固}$——锚杆的锚固力;

$\sigma_{拉}$——杆体材料的设计抗拉强度。

二、锚杆长度确定

假设锚杆安设在顶板岩层中，被锚固的岩层厚度不大，且在它上面有坚固岩层时，则锚杆的长度只要使其锚固部分固定在坚固岩层内，大于或等于 0.2～0.3m 就可以。假如直接顶板为软弱岩层和坚固岩层的互层，只要将锚杆锚固部分固定在较远的、较厚的坚固岩层内，大于或等于 0.2～0.3m 就可以。在这种情况下，按单体锚杆悬吊作用的理论计算，如图 5-1 所示。锚杆长度 l 的计算公式如下：

$$l = l_2 + m + l_1 \tag{5-4}$$

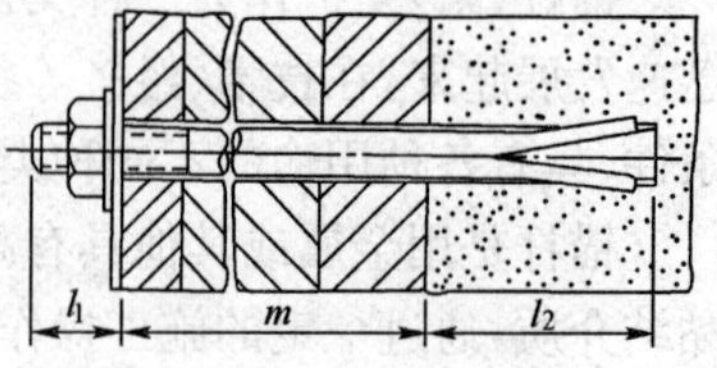

式中：l_2——锚杆顶端进入岩层的长度；

m——锚固岩层厚度；

l_1——锚杆露在锚杆眼外的长度。

图 5-1 锚杆长度计算

(1)l_2 的确定

①按经验取 $l_2 > 0.2 \sim 0.3\text{m}$；

②根据杆体材料设计抗拉强度等于锚固端部的黏结力，求 l_2 的计算公式如下：

$$\frac{\pi}{4} d^2 \sigma_{拉} = \pi d l_2 \tau_{黏}$$

$$l_2 = \frac{d\sigma_{拉}}{4\tau_{黏}} \tag{5-5}$$

式中：d——锚杆直径；

$\sigma_{拉}$——杆体设计抗拉强度；

$\tau_{黏}$——锚杆与砂浆的黏结强度，圆钢取 $\tau_{黏} = 2.5\text{MPa}$，螺纹钢取 $\tau_{黏} = 5.0\text{MPa}$。

(2)m 的确定

①如果能调查清楚易碎直接顶时，则 m 须大于等于易碎直接顶厚度。

②按冒落拱的高度 1.3～1.5 倍为基础，锚固岩层厚度的计算公式如下：

$$m = kb \tag{5-6}$$

式中：k——安全系数，取 1.3～1.5；

b——自然冒落高度，$b = \dfrac{B}{2f}$；

B——巷道掘进跨度；

f——岩石坚固性系数。

③取 m 为洞室围岩破碎带厚度。

对圆形洞室：

$$m = R_p - R_0 \tag{5-7}$$

式中：R_p——破碎带半径；

R_0——洞室半径。

(3)l_1 的确定

锚杆露在锚杆眼外长度 l_1，取决于锚杆的类型和构造，对钢锚杆而言，其确定方法如下：

l_1＝托梁厚＋垫板厚＋螺帽厚＋露在螺帽外的长度(2～3cm)

三、锚杆直径确定

各种锚杆的锚固力必须与杆体本身的抗拉强度相适应，即锚杆的实际锚固力要等于杆体的抗拉极限，这样才能充分发挥锚杆材料的作用。因此，锚杆体直径，按照杆体的抗拉力等于锚杆实际锚固力的原则确定。

$$P_{拉} = \frac{\pi}{4} d^2 \sigma_{拉}$$

由：

$$P_{拉} = Q_{固}$$

得：

$$d = 1.13\sqrt{\frac{Q_{固}}{\sigma_{拉}}} \tag{5-8}$$

式中：$P_{拉}$——锚杆杆体材料的抗拉力；

其他符号同前。

5.2.2 不同类型锚杆施工要点

隧道工程开挖后，应尽快安设锚杆，一般宜先喷射混凝土，再钻孔安设锚杆。锚杆的孔位、孔径、孔深及布置形式应符合设计要求，锚杆杆体露出岩面长度，不应大于喷层的厚度，应确保隧道工程辅助稳定措施中的锚杆施工质量符合设计要求。

不同类型的锚杆其施工要点也不相同，最常见锚杆基本分类方法是按锚杆与被支护结构(岩体)的锚固方式划分为五种类型，如图5-2所示。

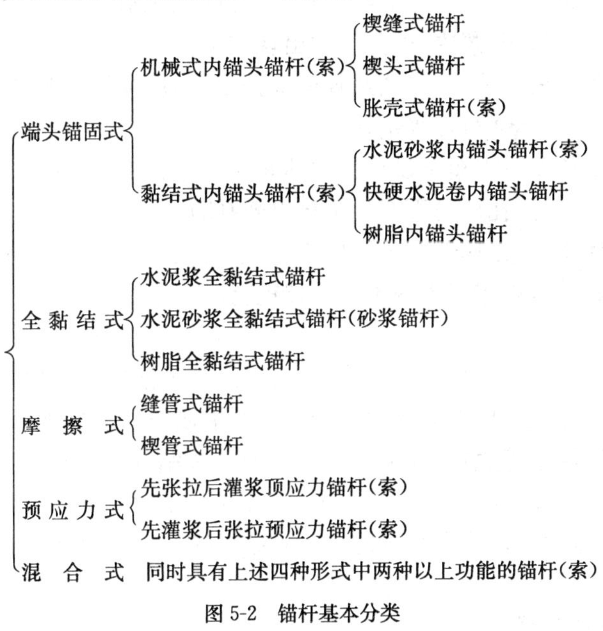

图5-2 锚杆基本分类

下面简要介绍隧道工程中几种常用锚杆的构造和设计、施工要点。

一、普通水泥砂浆锚杆

(1)构造组成

普通水泥砂浆锚杆，是以普通水泥砂浆作为黏结剂的全长黏结式锚杆，其构造如图5-3所示。

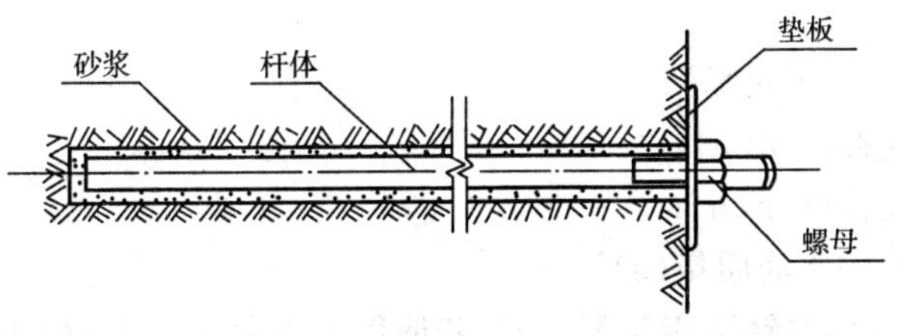

图5-3 普通水泥砂浆全黏结锚杆

(2)设计、施工要点

①杆体材料宜用 20MnSi 钢筋，亦可以采用 A3 钢筋，直径 14～22mm 为宜，长度 2～3.5m 为增加锚固力，杆体内端可劈口叉开。

②水泥一般选用普通硅酸盐水泥，砂子粒径不大于 3mm，并过筛。

③砂浆强度等级不低于 M20，配合比一般为水泥∶砂∶水=1∶(1～1.5)∶(0.45～0.5)。

④钻孔应符合下列要求：孔径应与杆径配合好；一般孔径比杆径大 15mm(采用先插杆体后注浆施工的孔径比先注浆后插杆体施工的孔径要大一些)，这主要考虑注浆管和排气管占用空间；孔位允许偏差为±15～50mm、孔深允许偏差为±50mm；钻孔方向宜适当调整，尽量与岩层主要结构面垂直；孔钻好后用高压水将孔眼冲洗干净(若是向下钻孔还须用高压风吹净水)，并用塞子塞紧孔口，防止石渣掉入。

⑤锚杆及黏结剂材料应符合设计要求，锚杆应按设计要求的尺寸截取，并整直、除锈和除油，外端不用垫板的锚杆应先弯制弯头。

⑥黏结砂浆应拌和均匀，并调整其和易性，随拌随用，一次拌和的砂浆应在初凝前用完。

⑦先注浆后插杆体时，注浆管应先插到钻孔底，开始注浆后，徐徐均匀地将注浆管往外抽出，并始终保持注浆管口埋在砂浆内，以免浆中出现空洞。

⑧注浆体积应略多于需要体积，将注浆管全部抽出后，应立即迅速插入杆体，可用锤击或通过套筒用风钻冲击，使杆体强行插入钻孔。

⑨杆体插入孔内的长度不得短于设计长度的 95%，实际黏结长度亦不应短于设计长度的 95%。注浆是否饱满，可根据孔口是否有砂浆挤出来判断。

⑩杆体到位后要用木楔或小石子在孔口卡住，防止杆体滑出。砂浆未达到设计强度的 70%时，不得随意碰撞，一般规定三天内不得悬挂重物。

二、早强水泥砂浆锚杆

早强水泥砂浆锚杆的构造、设计和施工与普通水泥砂浆锚杆基本相同，所不同的是早强水泥砂浆锚杆的黏结剂是由硫铝酸盐早强水泥、砂、II 型早强剂和水组成，因此，它具有早期强度高、承载快、不增加安装困难等优点，弥补了普通水泥砂浆锚杆早期强度低、承载慢的不足，尤其是在软弱、破碎、自稳时间短的围岩中显示出其一定的优越性。

另外，以快硬水泥或树脂作为黏结剂的全长黏结式锚杆，也具有以上的优点，但费用较高，在一般隧道工程中使用较少。

三、早强药包内锚头锚杆

(1)构造组成

早强药包内锚头锚杆，是以快硬水泥卷、早强砂浆卷或树脂作为内锚固剂的内锚头锚杆。其构造如图 5-4 所示。不管采用什么类型的药包，其设计、施工基本一致，下面以快硬水泥卷内锚头锚杆为例说明。

(2)设计要点

①快硬水泥卷有三个主要参数：

d——快硬水泥卷直径(mm)；

L——快硬水泥卷长度(mm)；

G——快硬水泥卷的水泥质量(g)。

②快硬水泥卷直径要与钻眼直径配合好，若使用 D42 钻头，则采可用 d37 直径的水泥卷。

③L 要根据内锚固段长度 l 和生产制作的要求来决定，其计算公式如下：

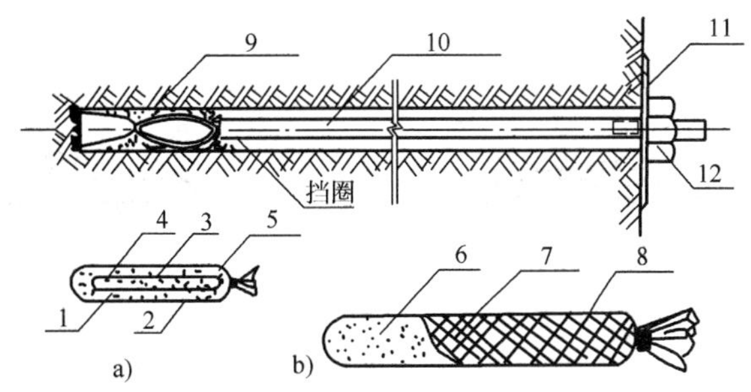

图 5-4　早强药包内锚头锚杆

1-不饱和聚酯树脂＋加速剂＋填料；2-纤维纸和塑料袋；3-固化剂＋填料；4-玻璃管；5-堵头（树脂胶泥封口）；6-快硬水泥；7-湿强度较大的滤纸筒；8-玻璃纤维纱网；9-树脂锚固剂；10-带麻花头杆体；11-垫板；12-螺母

$$L=\frac{(D^2-\phi^2)l}{d^2}k \tag{5-9}$$

式中：D——钻眼直径（mm）；

ϕ——锚杆直径（mm）；

l——内锚固段长度（mm）；

k——富余系数，一般取 1.05～1.10。

④G 主要由装填密度 γ 来确定。γ 是控制水灰比的关键，当 $\gamma=1.45\text{g/cm}^3$ 时，水泥净浆的水灰比控制在 0.34 左右为好。每个快硬水泥卷的 G 值可按下式计算：

$$G=\frac{\pi d^2}{4}L\gamma \tag{5-10}$$

（3）施工要点

①钻眼要求同前、但孔眼应比锚杆长度短 4～5cm。

②用 2～3mm 直径，长 150mm 的锥子，在快硬水泥卷端头扎两个排气孔。然后将水泥卷竖立放于清洁水中，保持水面高出水泥卷 100mm。浸水时间以不冒气泡为准，但不得超过水泥初凝时间，必要时要作浸水后的水灰比检查。

③将浸好水的水泥卷用锚杆送至眼底，并轻轻捣实。若中途受阻，应及时处理；若处理时间超过水泥终凝时间，则应换装新水泥卷或钻眼作废。

④将锚杆外端套上连接套筒（带有六方旋转头的短锚杆；断面打平，对中焊上锚杆螺母），装上搅拌机（如 TJ-9 型），然后开动搅拌机，带动锚杆旋转，搅拌水泥浆，并用人力推进锚杆至眼底，再保持 10s 的搅拌时间（总时间约 30～40s）。

⑤轻轻卸下搅拌机头，用木楔楔住杆体，使其位于钻眼中心。自浸水 20min 后，快硬水泥有足够强度时，才能使用扳手卸下连接套筒（可准备多个套筒周转使用）。

采用树脂药包时，还需注意搅拌时间应根据现场气温决定。20℃时，固化时间为 5min；温度下降 5℃，固化时间大致会延长一倍，即 15℃时，为 10min；10℃时，为 20min。因此，地下工程在正常温度下，搅拌时间约为 30s，当温度在 10℃以下时，搅拌时间可适当延长到 45～60s。

四、缝管式摩擦锚杆

（1）构造组成

缝管式锚杆由前端冠部制成锥体的开缝管杆体、挡环及垫板组成，如图 5-5 所示。

（2）设计施工要点

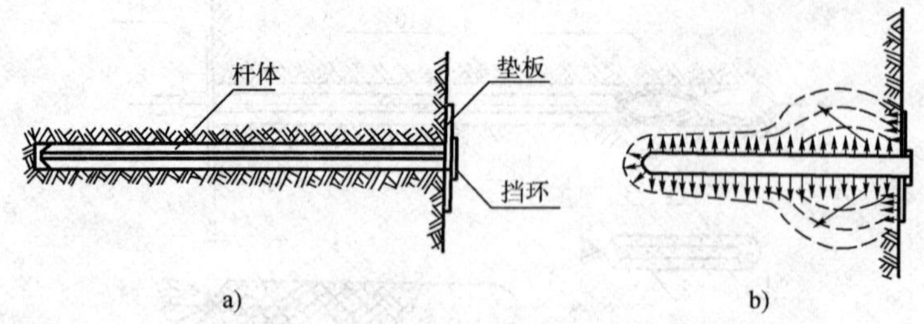

图 5-5 缝管式摩擦锚杆

a)缝管式锚杆;b)围岩梨形应力体

①缝管式锚杆的锚固力与锚杆的材质、构造尺寸、围岩条件、钻孔与锚管直径之差、锚固长度等有直接关系。其中,钻孔与缝管直径之差是设计与施工要严格控制的主要因素。锚固力与孔、管径差的关系是:径差小,锚杆安装推进阻力小,锚固力亦小;径差大,锚杆安装推进阻力大,锚固力也大。

②可根据需要和机具能力,选择不同直径的钻头和管径,通过现场试验确定最佳径差。另外施工中还应考虑到因钻头磨损导致孔径缩小等情况。

③缝管式锚杆的杆体一般要求材质有较高的弹性极限。

④安装时先将锚杆套上垫板,将带有挡环的冲击钎杆插入锚管内(钎杆应在锚管内自由转动),钎杆尾端套入凿岩机或风镐的卡套内,锚头导入钻孔,调正方向,开动凿岩机,即可将锚杆打入钻孔内,至垫板压紧围岩为止。停机取出钎杆即告完成。2.5m 长的锚杆,一般 20～60s 时间即可安装完毕。

⑤若作为永久支护,则应作防锈处理,并灌注有膨胀性的砂浆。

另有一种楔管式锚杆,它是楔缝式锚杆结合的一种锚杆,其施工与缝管式锚杆相同。

五、楔缝式内锚头锚杆

(1)构造组成

楔缝式内锚头锚杆由杆体,楔块,垫板和螺母组成(见图 5-6)。

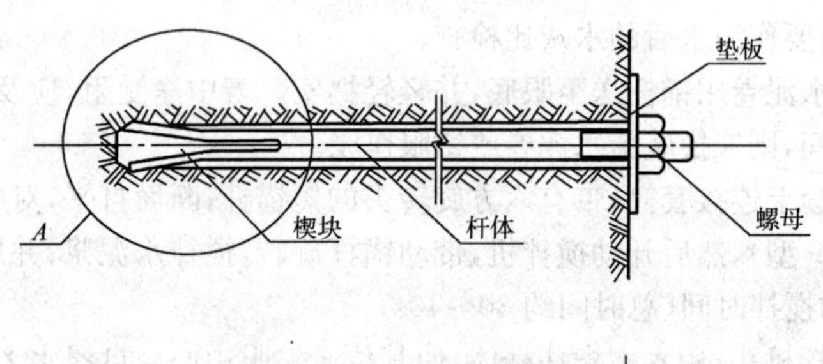

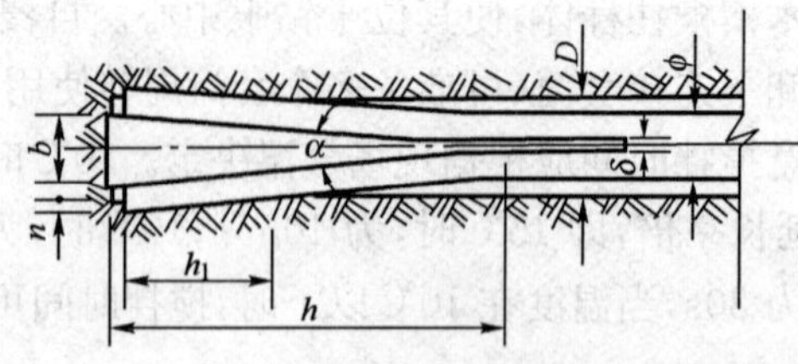

图 5-6 楔缝式内锚头锚杆

D-钻孔直径;ϕ-锚杆杆体直径;δ-锚杆杆体楔缝宽度;b-楔块端头厚度;α-楔块的楔角;h-楔块长度;h_1-楔头两翼嵌入钻孔壁长度;n-楔缝两翼嵌入钻孔壁深度

(2)设计要点

影响锚固力的主要因素有：岩体性质，锚杆有效直径 ϕ'，楔块端部厚度 b 和楔角 α（即嵌入长度 h_1 和深度 n）。

①在其他条件相同时，围岩愈坚硬（f），则锚固力愈大；嵌入长度（h_1）愈长、深度（n）愈深，则锚固力愈大；或锚杆有效直径（ϕ'）愈大，则锚固力愈大。另外钻孔直径（D）与锚杆直径（ϕ）的配合情况对锚杆锚固力也有一定影响。

②在一定岩体中和相同的安装冲击（或锤击）条件下，提高楔缝式锚固力的办法有：加大楔块长度 h，或加大楔块端头厚度 b，或减小钻孔直径与锚杆直径之差，或减小楔缝宽度 δ。

一般而言，对于坚硬岩体，楔角在 8°以上为好，楔缝宽度一般为 3mm。其他尺寸可根据其对锚固力的影响关系适当选择。

③采用楔缝式锚杆，若对锚固力有明确要求，则应根据以上配合和影响关系，先行试验，以检验初选参数的合理性；否则应修改参数，直到满足锚固力的要求为止。

(3)施工要点

①楔缝式锚杆的安装是先将楔块插入楔缝，轻敲，使其固定于缝中，然后插入眼底，并以适当的冲击力冲击锚杆尾，至楔块全部楔入楔缝为止。有时为了防止杆尾受冲击发生变形，可以采用套筒保护。

②一般均要求锚杆具有一定的预应力，此时可采用测力矩扳手或定力矩扳手来拧紧螺母，以控制锚固力。

若要求在楔缝式锚杆的基础上再作灌浆处理，则除按砂浆锚杆灌浆外，预应力应在砂浆初凝完成，并注意减小砂浆的收缩率。

另外，若只要求作为临时支护，则可以改楔缝式锚杆为楔头式锚杆或胀壳式锚杆。楔头式锚杆及胀壳式锚杆均可以回收，但锚头加工制作较复杂，故一般在煤矿或其他隧道中应用稍多。

六、胀壳式锚杆

(1)构造组成

胀壳式锚杆主要由胀壳、锥形螺帽、杆体、垫板和螺母组成（见图 5-7）。

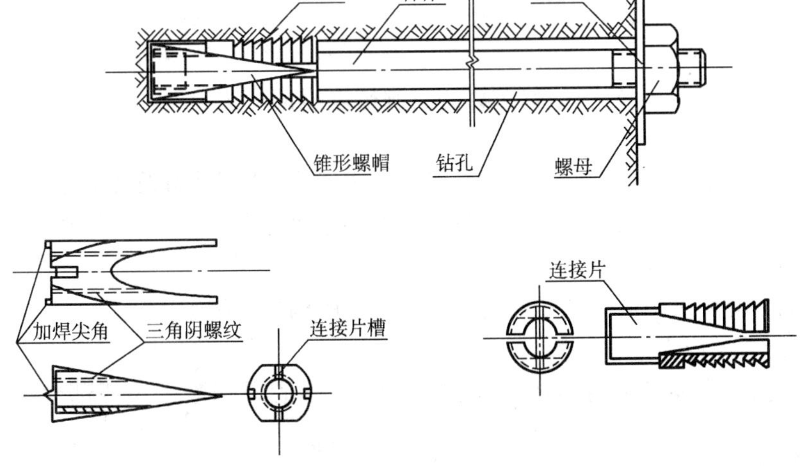

图 5-7　胀壳式锚杆

(2)性能特点

胀壳锚杆的工作原理与楔缝式锚杆不同。它是靠旋转杆体，使锥形螺帽向下滑动，迫使胀壳向左右张开，楔嵌入钻孔岩壁，且随着杆体的继续转动，越楔越牢，锚杆所穿越的围岩受到挤压，自稳能力增加，变形受到控制。这种锚杆(锚索)常用在中等以上的围岩中，可以在较小的施工现场中作业，常用于高边坡、大坝及大跨度地下隧道洞室的抢修加固和支护。它具有施工工序紧密简单、安装快速方便的特点，是能立即起作用的大型预应力锚杆(目前的预应力值一般为 600kN)。但胀壳锚杆内锚头采用机械加工，比较复杂、价格较高，在软弱围岩中不能使用。施工中还要及时注浆，以减少预应力损失。

(3)施工要点

钻眼：要求与楔缝式锚杆同。

安装：

①先把锥形螺帽套入胀壳，胀壳连接片嵌入锥形螺帽端头的槽内；

②将锚杆杆体内端旋入锥形螺母，旋入深度以不使胀壳外胀为度；

③将锚杆徐徐地送到钻孔底，并轻敲杆体外端(最好加冲击套)，使锥形螺帽尖角插入钻孔底部岩面，同时稍用力顶推杆体，不让锥形螺帽尖角离开岩面，防止旋转杆体时锥形螺帽也随着转动；

④拧转杆体外端(杆体外端局部刨平，以利活动扳子卡稳杆体拧转)，使锥形螺母沿杆体移动，胀挤两片胀壳，使胀壳嵌入钻孔孔壁，此时顶推杆体的力始可松开；

⑤清理、整平岩石钻孔周围岩面，或采用斜面垫板，使杆体轴线基本与岩面垂直，拧上螺母。

注浆(临时支护无此工序)、预加拉应力和施工记录同楔缝式锚杆。

隧道工程中，锚杆种类很多，常用的有砂浆锚杆、缝管式摩擦锚杆、楔缝式内锚头锚杆、早强药包(树脂)内锚头锚杆、胀壳式锚头钢绞线预应力锚索等。

七、预应力锚索

在高大的地下洞室工程中，地质条件又差时，为了更有效地保持围岩的稳定，除采用一般灌浆锚杆和喷混凝土支护外，还常需在围岩中安装长度为 10～20m、预应力值达 100 多吨的长锚索来加固围岩。

预应力锚索群，由于其预应力的作用，可在岩体中形成一个压力带。压力带范围内的岩块相互紧密嵌固，有效地阻止了岩块的转动和下滑，从而改善了围岩的力学性能。在洞室周边的一定范围内合理地设置预应力锚索，可以调整洞体围岩的应力，使洞室周边的拉应力区上移，提高洞室围岩的稳定性。

目前采用的预应力锚索有胀壳式钢绞线预应力锚索、胀壳式高强度钢筋束预应力锚索和二次灌浆预应力锚索等。预应力锚索不仅应用在稳定性较差的地层中修建大型洞室，而且还可用来加固边坡和坝体等。

以下仅简要介绍国内应用的二次灌浆应力锚索的构造和施工工艺。

(1)二次灌浆预应力锚索的构造

二次灌浆预应力锚索是由内锚固段、张拉段、外锚固段和溢浆段四部分组成，其构造见图 5-8。

①内锚固段

内锚固段的主要作用是为锚索张拉时提供足够的锚固力。内锚固段的长度应根据所需锚固力的大小来确定。根据试验，在一般岩石中，要求锚索的张拉力为 50～60t 时，采用 1.5～2.5m 即可。

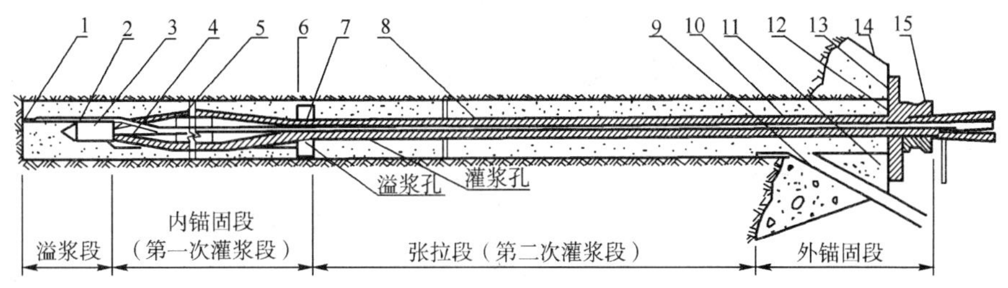

图 5-8 二次灌浆预应力锚索

1-定位杆；2-排气管；3-顶帽；4-溢浆管；5-架线环；6-定位止浆环；7-固线塞；8-套管；9-口部灌浆管；10-钢绞线；11-固定钢垫板；12-活动钢垫板；13-外锚圈；14-混凝土垫墩；15-外锚塞

把内锚固段各部件组装好，推送到钻孔的预定位置，灌满砂浆并达到一定强度后，内锚固段即告构成。

②张拉段

张拉段是预应力锚索的主体，它是由内锚固段延伸的钢绞线经张拉后灌注水泥砂浆而成，其长度可根据地质条件、洞室跨度确定。灌浆用砂浆可用普通硅酸盐水泥砂浆。灌浆时该段内的空气被压送到溢浆段，然后通过排气管排出，最后溢浆段也被水泥砂浆填满。

③外锚固段

外锚固段由外锚头及垫墩等组成，主要作用是保持锚索张拉后的预应力，扩大锚索外端对围岩的承压面积，以均匀传递压力。

外锚头由外锚圈和外锚塞组成。外锚圈与外锚塞的锥度相同，当钢绞线张拉完毕时，千斤顶以 30～35t 的压力将外锚塞顶入外锚圈中，使钢绞线牢固地嵌在槽内。

④溢浆段

溢浆段是为确保张拉段灌浆饱满而设置的，一般长约 50cm。溢浆段内有顶帽、定位杆和排气管。顶帽为了调直止浆环以上的钢绞线，使在推送锚索时避免钢绞线端部卡住孔壁。定位杆用于供保持溢浆段的长度和固定排气管用。

(2)预应力锚索的施工工艺

①钻孔

钻孔质量的好坏，对推送锚索和能否达到预期的效果有密切关系。钻孔前应按设计要求和岩体构造合理地选择孔位、角度和深度，确保钻孔质量。

钻孔可采用潜孔凿岩机，钻孔直径一般为 80～130mm。

钻孔前，先将孔位附近的松石清除，架立凿岩支柱，安装好凿岩机；选用合格的钻头，按大小排列，依序使用；接通风、水、电源，并试运转，经检查并调整后，再进行钻孔作业。钻孔作业中，要注意石质情况，并应有详细记录。钻孔完毕，记录钻孔深度，用水冲洗钻孔，拆卸钻杆、风、水、电源、凿岩机和凿岩支柱。最后，量测锚固段钻孔直径，以选择适宜的定位止浆环尺寸。

②锚索的组装与推送

根据钻孔深度、孔径和内锚固段长度，将钢绞线、定位止浆环、排气管和溢浆管等，按一定要求进行组装与绑扎。钢绞线的切割长度等于钻孔深度(包括垫墩)加上外露长度减去溢浆段长度。推送锚索一般用人力，推送前应搭设好作业台。推送时需逐次接长灌浆管。

③内锚固段的灌浆

把锚索推送到预定位置后，应尽快向内锚固段内灌浆。灌浆采用 HB6-3 型灰浆泵。水泥和沙子都要过筛，筛孔直径为 3mm。要使用新鲜的早强水泥，砂浆配合比为 1∶1∶(0.4～0.45)(水泥∶砂∶水)。

拌制好的砂浆要尽快灌注，并应通过筛子倒入料斗中。开机灌浆，当压力表的压力达到预定值并灌满后，即停机。打开泄浆阀，拆除连接管和全部灌浆管，并清洗备用。

④浇筑孔口混凝土垫墩

为张拉和传递压力，必须浇筑孔口混凝土垫墩。浇筑时先把定位管插入钻孔中，调整好方位并予固定，然后设立模板，灌注用早强水泥拌制的混凝土。

⑤锚索的张拉

张拉前，先将活动垫板(连外锚圈)和外锚塞安装好，然后安装张拉千斤顶。注意钢绞线不得交扭，千斤顶和张拉力作用线要与钢绞线的受力中心线相互重合。

张拉时，工作程序为张拉、顶压、张拉回程和顶压回程四个工序。操作过程中应注意其顺序不能填倒，千斤顶加荷时应平稳、均匀和徐缓。卸荷降压时，应缓慢地打开回油阀，使压力表指针平稳下降。

张拉程序完毕后，拆除电源和张拉设备。

⑥张拉段的灌浆

钢绞线张拉后，即可向张拉段灌浆，以保护钢绞线和永久保持预应力。其灌浆工作与锚固段基本相同，但系采用普通水泥砂浆，其配合比为 1∶1∶(0.45～0.5)。

⑦外锚固段的处理

当张拉段灌注的砂浆达到一定强度后，把露出外锚圈的钢绞线多余部分切断，然后再喷上混凝土或浇筑混凝土墩帽，防止钢件锈蚀。

5.3 喷射混凝土支护施工

5.3.1 喷射混凝土基本特点及作用

喷射混凝土是使用混凝土喷射机，按一定的混合程序，将掺有速凝剂的混凝土拌和料与高压水混合，经过喷嘴喷射到岩壁表面上，并迅速凝固结成一层支护结构，从而对围岩起到支护作用。

采用喷射混凝土作为隧道工程 II～V 级围岩中临时性和永久性支护，也可以与各种形式的锚杆、钢纤维、钢拱架、钢筋网等构成复合式支护结构。它除用于地下工程外，还广泛应用于地面的路堑边坡防护与加固、基坑防护、结构补强等工程。随着施工工艺、施工机械、新型材料的研究和应用，喷射混凝将有更为广阔的发展前景。

喷射混凝土有以下特点：

(1)自捣

喷射混凝土有两个同时进行的过程，即在受喷岩面由砂浆组成一个可塑层面，同时在其中嵌入骨料。自捣就是拌和料在用压风输送和搅捣成形的过程中，水泥在管子中高速运动、激发它的活性；由于喷射速度较高，骨料与水泥颗粒受到连续冲击，使混凝土被压实，从而具有良好的物理力学性质。所以喷射混凝土比一般细粒混凝土密实，强度较高，防水性能较好；围岩与喷层间的黏结力及喷层与喷层间黏结力也较大。

(2)早强

目前喷射混凝土时，一般要掺入3%左右的速凝剂，而且水灰比较小，所以凝结、硬化较快，早期强度较高。它能在10min左右终凝，一般2h后即具有强度，8h后可达2MPa，16h后达5MPa，一天后可达7～8MPa，四天达到28d强度的70%左右。特别是抗剪、抗弯强度在12小时到48小时之内就达到抗压强度的30%～50%。早期强度对迅速发挥支护作用是非常重要的。

(3)粘贴

喷射混凝土与受喷岩面能紧密黏结，并有很高的黏结强度。喷射混凝土支护在结构受力特点方面的优越性也是通过与围岩的粘贴来实现的。

(4)柔性

喷射混凝土支护的柔性，就是允许围岩与喷层一起产生一定量的共同变形，从而使围岩的自支承作用得到充分发挥。

(5)施工快捷

与普通模筑混凝土相比，喷射混凝土施工将输送、浇筑、捣固几道工序合而为一，更不需模板，因而施工快速、简捷。在II～III类围岩的隧道若采用复合式衬砌(即以锚喷作为初期支护)，与整体式模筑混凝土衬砌相比，能节约工程投资约5%～10%。

(6)物理力学性能好

试验表明，喷射混凝土与模筑混凝土相比，其物理力学性能多有所改善，尤其以湿式喷射和水泥裹砂喷射混凝土的抗压强度、抗弯曲疲劳强度、早期强度和抗渗性能提高更显著。喷射混凝土28d抗拉、抗压、抗弯、抗冲切，以及与钢筋握裹、与岩面黏结、与旧混凝土面黏结的强度列于下表5-1。

喷射混凝土28d强度指标 表5-1

条　件	抗压(MPa)	抗弯(MPa)	抗冲切(MPa)	握裹(MPa)	与岩面黏结(MPa)	与旧混凝土黏结(MPa)
水泥品种	52.5号普通硅酸盐水泥					
配比(水泥：砂石：石)	1：2：2			1：1.5：2.5	1：2：2	
速凝剂掺量(%)	2.5～3			3	2.5～3	2.5～3
强度值	20.0～26.7	4.0～4.1	3.7	2.5～6.9	0.05～1.2	1.5～2.0

根据国内外的研究，喷射混凝土支护的作用可以归纳为以下几方面：

(1)封闭岩体、防止风化

洞室开挖后，暴露岩体经受大气、地热、地下水的侵蚀风化，会逐渐丧失稳固性而发生剥落。在采用钻爆法掘进时，洞室围岩有一定的爆破裂隙，再加之地压的作用，就更易被侵蚀风化而丧失稳固性。喷射混凝土后，喷层与围岩粘贴成一体，形成致密坚实的防护层，隔绝了空气、水汽等，防止了岩体的风化作用。

(2)粘贴、补强和柔性作用

喷射混凝土支护的早期强度是发挥支护能力的前提。喷射混凝土不但能及时地封闭围岩，而且能充填裂隙、凹穴，将围岩粘贴在一起形成连续支护，阻止了围岩的位移和松动，提高了围岩强度，可利用围岩本身的强度去支护其本身。由于喷层与围岩粘贴咬合成一整体结构，变形一致、受载均匀，减少了喷层中的弯矩，甚至不出现拉应力。这种受力状态适合于混凝土抗压强度大而抗拉强度低的特性。

(3)支承危岩活石作用

当围岩被节理裂隙等不连续结构所切割时,局部可能出现危岩活石,这时喷层具有抗冲切作用而对危岩活石产生支承。

(4)共同承载作用

由于喷层与岩面的交界面具有很高的致密度和强度,使喷层与岩面构成整体组合结构,围岩与喷层协调变形,共同承载。

这些作用彼此间不是孤立的,而是互为补充、相互联系的。应该指出,喷射混凝土支护的理论研究还不完善,尚需进一步加强。尽管如此,采用喷射混凝土作隧道支护的主要优点还是明显的:施工速度较快,支护及时,施工安全;支护质量较好,强度高,密实度好,防水性能较好;省工,操作较简单,支护工作量少;省料,不需要进行对边墙后及拱背作回填压浆等;施工灵活性很大,可以根据需要分次喷射混凝土追加厚度,满足工程设计与使用要求。

5.3.2 喷射混凝土的设计要点

①为使喷射混凝土有一定的力学性能和耐久性以及早期强度,喷射混凝土设计的最低强度不应低于 15MPa,一般设计强度为 20MPa,一天龄期抗压强度不应低于 5MPa。不同强度等级的喷射混凝土设计强度及弹性模量、容重按国家标准列于表 5-2。

喷射混凝土的设计强度及弹性模量、容量 表 5-2

性　能	C15	C20	C25	C30
轴心受压(MPa)	7.5	10	12.5	15
弯曲抗压(MPa)	8.5	11	13.5	16
抗压(MPa)	0.8	1.0	1.2	1.4
弹性模量(MPa)	1.85×10^4	2.1×10^4	2.30×10^4	2.50×10^4
容重(kg/m^3)	2 200			

对 V～IV 类围岩,喷射混凝土与岩面的黏结强度不应低于 0.8MPa;对 III 类围岩,喷射混凝土与岩面的黏结强度不应低于 0.5MPa。

②喷射混凝土支护的设计厚度,若作为防止围岩风化、侵蚀,不得小于 30mm;若作为支护结构,不得小于 50mm;若围岩含水,不得小于 80mm;为防止喷射混凝土由于收缩裂纹而剥落并妨碍喷射混凝土的柔性特点的发挥,以及减少在软弱围岩中产生较大变形压力,喷射混凝土最厚不宜超过 200mm。

③在 V、IV、III 类围岩中,易出现局部不稳定岩块,喷射混凝土的设计厚度应按下式验算:

$$d \geqslant \frac{k_s G}{0.75 f_{ct} u_r} \tag{5-11}$$

式中:d——设计的喷射混凝土厚度(cm),当 $d>10$cm 时,仍按 10cm 计;

f_{ct}——喷射混凝土设计抗拉强度(Pa);

u_r——局部不稳定块体出露的周边长度(cm);

G——不稳定岩块重量(N);

k_s——安全系数,一般取 2.5。

④喷射混凝土中含有较多的大小适中、分布均匀、彼此不串通的气泡,故提高了抗渗性。

一般若水灰比不超过 0.55 时，可以达到 B8。要求有较高的抗渗性时，水灰比最好不超过 0.45～0.50。

⑤采用水泥裹砂喷射工艺时，除应试验确定总的水灰比外，还应注意试验选择最佳造壳水灰比 W_1/C。有试验表明，对普通中砂，当造壳水灰比 W_1/C 为 0.20～0.25 时，R_{28} 及其他指标均最高，称为最佳造壳水灰比。造壳水灰比与砂子的细度模数关系很大，砂子越细，其表面需水量越大，则需要较大的造壳水灰比；否则用较小的 W_1/C 值，一般在 0.15～0.35 范围内。最佳造壳水灰比与水泥品种亦有很大关系，一般的，矿渣水泥、火山灰水泥较之硅酸盐(普通硅酸盐)水泥的最佳造壳水灰比大 0.05 以上。

⑥拌制 SEC 砂浆应采用强制式搅拌机，以缩短搅拌时间和改善造壳效果。尤其第二次加水后的搅拌时间不能太长，要加以严格控制。

5.3.3 喷射混凝土工艺流程类型

喷射混凝土的工艺流程有干喷、潮喷、湿喷和混合喷四种类型。它们之间的主要区别是：各工艺流程的投料程序不同，尤其是加水和速凝剂的时机不同，其中湿喷混凝土按其输送方式的不同，可分为风送式、泵送式、抛甩式和混合式，应根据实际情况选用。

一、干喷

用搅拌机将骨料和水泥拌和好，投入喷射机料斗，同时加入速凝剂，用压缩空气使干混合料在软管内呈悬浮状态，压送到喷枪，在喷头处加入高压水混合，以较高速度喷射到岩面上，其工艺流程如图 5-9 所示。

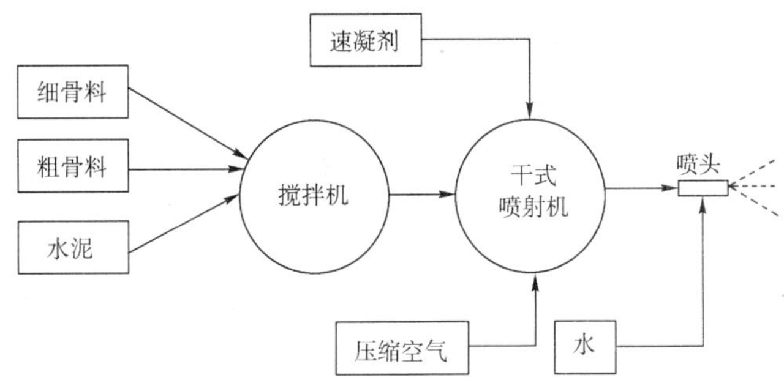

图 5-9　干喷、潮喷工艺流程

干喷特点是：产生水泥与砂粉尘量较大，回弹量亦较大，加水是由喷嘴处的阀门控制的，水灰比的控制程度与喷射手操作的熟练程度有直接关系。但使用的机械较简单，机械清洗和故障处理较容易。

二、潮喷

潮喷是将骨料预加少量水，使之呈潮湿状，再加水泥拌和，从而降低上料、拌和及喷射时的粉尘，但大量的水仍是在喷头处加入和从喷嘴射出的，其工艺流程与使用机械同干喷工艺(见图 5-9)。目前隧道施工现场较多使用的是潮喷工艺。

三、湿喷

湿喷是将骨料、水泥和水按设计比例拌和均匀，用湿式喷射机压送拌和好的混凝土混合料压送到喷头处，再在喷头上添加速凝剂后喷出，其工艺流程如图 5-10 所示。

湿喷混凝土的质量较容易控制，喷射过程中的粉尘和回弹量较少，湿喷比干喷可降低粉尘 50%以上、减少耗风量 50%、提高抗压强度 50%、回弹也成倍降低，是应当发展、推广应用的喷射工艺。但对湿喷机械要求较高,设备复杂,成本高,机械清洗和故障处理较困难。对于喷层较厚的软岩和渗水隧道,不宜采用湿喷混凝土工艺施工。目前,国内地下工程施工中还是选用干喷法比较多。

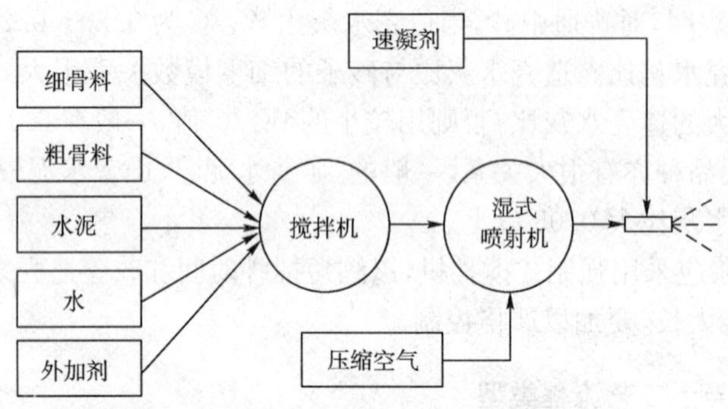

图 5-10　湿喷工艺流程

四、混合喷射(SEC 式喷射)

此法又称水泥裹砂造壳喷射法,分别由泵送砂浆系统和风送混合料系统两套机具组成。先是将一部分砂第一次加水拌湿,再投入全部用量水泥,强制拌和成以砂为核心外裹水泥壳的球体;然后两次加水和减水剂拌和成 SEC 砂浆;再将另一部分砂与石、速凝剂按配合比配料,强制搅拌成均匀的干混合料。然后再分别通过砂浆泵和干式喷射机,将拌和成的砂浆及干混合料由高压胶管输送到混合管混合,最后由喷头喷出。其工艺流程如图 5-11 所示。

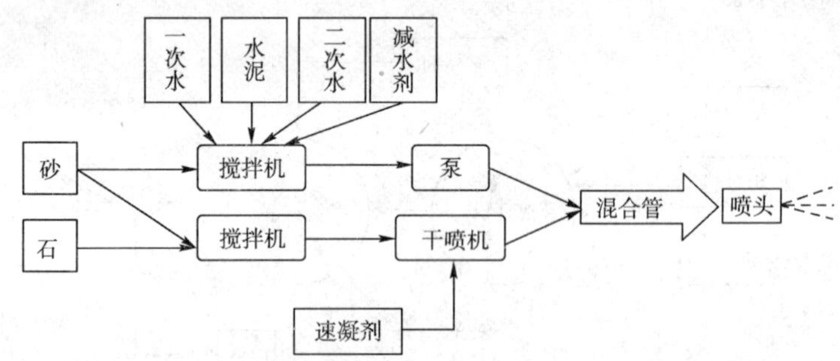

图 5-11　混合喷射工艺流程

混合式喷射是分次投料搅拌工艺与喷射工艺相结合,其关键是水泥裹砂(或砂、碎石)造壳工艺技术。混合式喷射工艺使用的主要机械设备与干喷工艺基本相同,但混凝土的质量较干喷混凝土的质量好,且粉尘和回弹量大幅度降低。混合式喷射使用机械数量较多,工艺技术较复杂,机械清洗和故障处理较麻烦。因此一般只在喷射混凝土量大和大断面隧道工程中使用。混合喷射混凝土强度可达到 C30～C35,而干喷和潮喷混凝土强度较低,一般只能达到 C20。

以上几种喷射方式,各有其特点,现归纳加以比较,列入表 5-3 中,以便于选用。

不同喷射方式的特点比较　　表 5-3

项　目	干　喷	潮　喷	湿　喷	混合式喷射
喷混凝土质量	由于喷嘴处将水与干拌和料混合,所以质量取决于作业人员的熟练程度和能力	由于砂、石料预湿后,再在喷头处第二次加水,水化较好,所以质量有所提高	能事先将包括水在内的各种材料正确计量,充分混合,所以质量容易管理	由于集中了干喷、湿喷的优点,所以质量好,强度高

续上表

项　目	干　喷	潮　喷	湿　喷	混合式喷射
作业条件	由于供应干混合料，所以供料作业的限制少	因在地面对骨料进行预湿，所以供料作业的限制少	供料较困难，操作也麻烦，设备占空间较大	设备规模大，适用于大断面隧道施工，在作业空间有限的隧道中使用时，其适用范围有限，操作和工艺复杂
一般采用的水平输送距离	40～60m	40m	20～40m	40m
粉尘	多	较少	少	少
回弹	较多	较少	少	少
故障处理	较容易	较容易	堵管后处理较困难	困难
清洗养护	容易	较容易	麻烦	很麻烦

5.3.4　喷射混凝土原材料及配合比

一、喷射混凝土原材料

喷射混凝土的原材料包括：水泥、碎石或卵石(砾石)、砂、水和外加剂(速凝剂)等。

(1)水泥

为保证喷射混凝土的凝固时间，并与速凝剂有较好的相溶性，所用水泥应具有强度高、抗渗好和耐久性好，应优先选用42.5号以上的普通硅酸盐水泥，其次是矿渣硅酸盐水泥和火山灰质硅酸盐水泥，在地质条件复杂的隧道中应用早强水泥，使用前均应做强度鉴定试验。

(2)粗骨料(碎石或卵石)

为防止喷射混凝土过程中的堵塞管道，减少回弹量及保证混凝土支护结构的强度，应采用坚固耐久的碎石或卵石，粒径不宜大于15mm(细卵石较好)。

(3)细骨料(中、粗砂)

为保证喷射混凝土的强度和减少施工作业时的粉尘，以及减少混凝土硬化时的收缩裂纹，应采用坚硬耐久的中、粗砂，细度模数一般宜大于2.5，含水率控制在5%～7%，若超过7%喷射时易造成堵管。

(4)水

为保证喷射混凝土正常凝结和硬化，保证强度和稳定性，饮用水可作喷射用水，不得使用污水以及pH值小于4的酸性水和含硫酸盐量(按 SO_4^{2-} 计算)超过水量1%的水，也不得使用含有影响水泥正常凝结与硬化的有害物质的其他水。

(5)外加剂

主要是速凝剂，应采用符合质量要求、并对人体危害性很小的外加剂。掺外加剂之前，应做与水泥的相溶性试验及水泥净浆速凝效果试验，初凝时间不应大于5min。终凝时间不应大于10min，注意速凝剂平时保持干燥勿受潮变质。在喷射混凝土中添加速凝剂的目的是使喷射混凝土速凝，以减少回弹量及早强。因此，掺外加剂后的喷射混凝土性能必须满足设计要求。一般速凝剂最佳掺量约为水泥重量的2%～4%，实际使用时拱部可用2%～4%，边部可用2%，过多的掺量对喷射混凝土反而不利。

(6)骨料成分和级配

喷射混凝土的骨料级配，宜控制在表5-4所给的范围内。若使用碱水性质速凝剂，砂、石(骨)料均不得含有活性二氧化硅，以免产生碱骨料反应，引起混凝土开裂。为使喷射凝土在输送管道中顺畅和喷射后密实性高，砂石骨料级配应按国家标准控制在表5-5的范围之内。

喷射混凝土骨料通过各筛径的累计重量百分数(%)

表5-4

骨料粒径(mm)	0.15	0.30	0.60	1.20	2.50	5	10	15
优	5～7	10～15	17～22	23～31	35～43	50～60	73～82	100
良	4～8	5～22	13～21	18～41	26～54	40～70	62～90	100

喷射混凝土配合比

表5-5

喷射部位	级配配合比
	水泥：粗中混合砂：石子(重量比)
边墙	1：(2.0～2.5)：(2.5～2.0)
拱部	1：2.0：(1.5～2.0)

二、配合比

(1)干集料中水泥与砂石重量比

水泥与砂重量比一般为1：4～1：4.5；干集料中，水泥用量约为375～400kg/m³。实践表明，这种配合比能满足喷射混凝土强度要求，回弹量也较少。

(2)含砂率

含砂率一般为45%～55%。实践表明，低于45%或高于55%，均容易造成堵管、回弹量大、强降低，且收缩加大。应特别强调，细砂不宜采用，因其会影响喷射混凝土强度，增加其收缩开裂等。宜用中砂或中粗混合砂，砂子含水率应控制在5%～7%(按重量计)。

(3)水灰比

水灰比一般以0.4～0.45为宜。经验表明，水灰比太小，产生粉尘大、回弹量多、黏结力低，喷层会产生干斑、砂窝等现象，并影响喷混凝土的密实性；而水灰比若太大，又会使喷射混凝土强度降低、速凝效果差，造成喷层流淌、滑移、坍落等。

通过工程实践，喷射混凝土的配合比，参照表5-5所列配合比较为合适，且能保证质量。

(4)速凝剂和其他外加剂

速凝剂和其他外加剂的掺量值，一定要由速凝剂效果试验即相容性试验来确定其最佳掺量值，并要求达到各龄期的设计强度。工程实践证明，速凝剂效果受水灰比和施工温度影响而有差异。水灰比越大，速凝效果就越差；施工温度越高，速凝效果会越好。并且当施工温度低于5℃时，即使加入速凝剂，喷混凝土也很难成型。一般情况下，实际使用时拱部可用2%～4%，边部可用2%的速凝剂掺量，并通过试验适当调整，以达到最佳掺量。

总之，合理又适当的配合比，必须满足喷射混凝土工艺流程的基本要求，即易喷射、不易堵管、减少回弹量和粉尘，同时，要符合设计的要求，质量好、强度高、密实度高，防水性能好及达到其他物理力学指标等。

5.3.5 喷射混凝土机械设备

为保证喷射混凝土质量，减少粉尘和回弹量，在施工中所使用的主要机具设备有：喷射机、喷射机械手、强制式搅拌机(拌和机)、压力水泵、压风机(压缩空气机)、上料机等。

一、喷射混凝土施工机具要求

喷射混凝土施工机具,应符合下列规定:密封性良好,不漏水,不漏气;生产能力(干混合料)为 3～5m^3/h;输送连续、均匀;允许输送的骨料最大粒径为 25mm;输送距离(干混合料),水平方向为 100m、垂直方向 30m;喷射混凝土所选用的空压机,应满足喷射机作业风压和耗风量的要求,工作效率高;混合料的拌和应采用强制式拌和机;供水设施应保证喷头处的水压为 0.15～0.2MPa。

二、喷射混凝土施工机械设备

(1)喷射机

喷射机是喷射混凝土施工最主要的设备。目前,国内常用的干式混凝土喷射机,有如下 3 种类型,如图 5-12 所示。

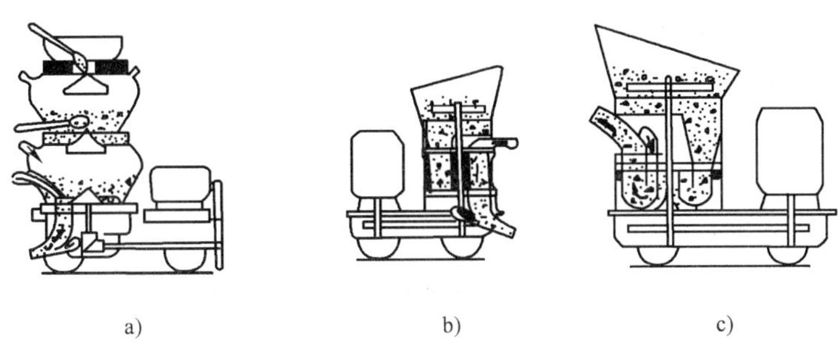

a)　　　　b)　　　　c)

图 5-12　干式喷射机

a)双罐式喷射机;b)转体式喷射机;c)转盘式喷射

①双罐式(气闸罐式)喷射机:机械性能良好、工作可靠、结构简单,但其体积较大、较笨重、操作较为复杂。

②转体式喷射机:机械操作简单,能进行远距离操作,机身体积小、重量轻,但构造复杂,加工困难,特别是上下两道密封耐磨橡皮垫圈不易保证质量,故在隧道施工中使用较少。

③转盘式喷射机:机械结构简单、重量轻、体积小、生产效率较高,但其锥形管和螺旋片容易磨损,还有待进一步改进。

新研制的湿式喷射机有:挤压泵式、转体活塞泵式、螺杆泵式喷射机。

这些泵式喷射机均要求混凝土具有较大的流动性,其机械构造较复杂、易损构件不耐用、机械使用费较高,并且机械清洗和故障处理较困难,故目前很少使用,有待进一步改进。

(2)喷射混凝土机械手

喷射混凝土采用人力直接控制,尽管可以近距离随时观察喷射情况,但劳动强度大,粉尘危害身体健康,劳保要求戴防尘面具,尤其对软弱破碎围岩,需紧跟开挖面及时施喷时,有可能因突发性坍塌而危及施工人员的人身安全;对于大跨度大断面隧道,还需搭设临时性喷射工作台架,费时、费材和影响施工喷射效果及工期。而采用机械手控制,如图 5-13 所示,则可避免以上人力直接控制的缺点,并且较方便灵活,作业范围大,一般可以覆盖 10m^2 左右。喷射混凝土机械手技术性能见表 5-6。喷枪操作是关系到喷射混凝土质量的重要环节,因此必须按有关施工技术要求及操作规定进行作业。喷头的移动和喷射方向与距离的控制,一般多采用机械手控制,只有用于少量的或局部的喷射才采用人力直接控制。

喷射混凝土机械手技术性能表　　表 5-6

型　号	BP_S-1,QP_S-1	PH_S-3	JP-U	CPC-1	KM-1
喷头动作	划圆	划圆	划圆	划圆	划圆
喷头左右摆角(°)	220	各 105	±135	220	180
喷头仰俯角(°)	45/30	42/42	32/22	60/20	32/38
一次伸缩范围(mm)	2 500	1 000	1 200	1 000	1 000
大臂仰俯角(°)	20/27	45/22	32/3.93	0～135	25/45
大臂旋转角(°)	±15	±40	±120	±90	±35
喷头前伸最大长度(mm)	5 500	3 550	4 500	5 450	3 350
轨迹(mm)	600	600,720	600	600,900	
自行速度(km/h)	拖动	6.65	2.5	2.5	拖动
喷头最大扬高(mm)	5 000～7 500	3 300	3 500	6 450	3 200
动力	电、液	电、液	电、液	电、液	电、液
工作压力(MPa)	5	5	7	10	5
电机功率(kW)	7.5	3.0	10.0	7.5	3.0
运输外形尺寸(mm)	5 750×2 025×2 410	400×1 016×1 360	4 550×1 030×1 790	4 420×1 100×1 850	
总重(kg)	4 000	1 400	2 500	2 600	700

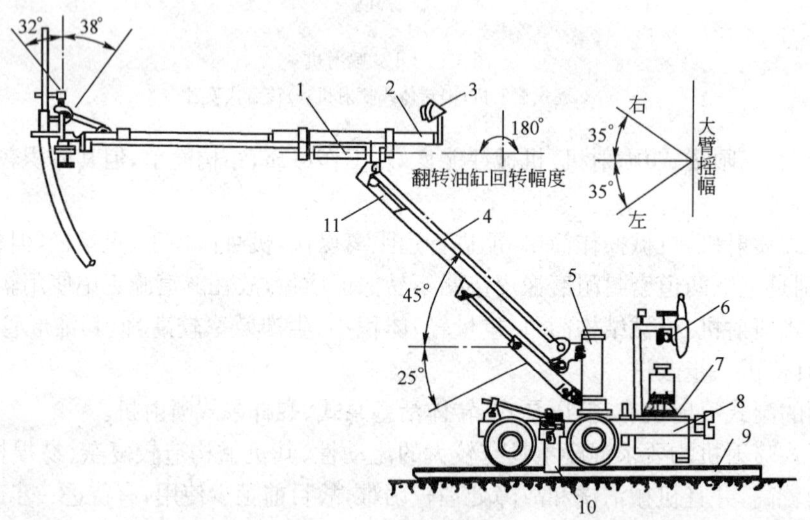

图 5-13　喷射机械手

1-翻转油缸;2-伸缩油缸;3-探照灯;4-大臂;5-转筒;6-风水系统;7-液压系数;8-车架;9-钢轨;10-卡轨器;11-拉杆

(3)强制式搅拌机

喷射施工前应进行试运转。喷射时风压应为 0.10～0.15MPa,水压应稍高于风压。湿式喷射时,风压及水压均应较干喷时高。

(4)压风机和压力水泵

要求风管不漏风、水管不漏水,应经过试运转检查工作状态良好。机械及管路方面,要求检修完好,管路和接头要保持良好;输料管在使用过程中应注意转向连接良好,以减少管道的磨损等。

5.3.6 喷射混凝土的施工要点

一、喷射作业前检查及施工准备工作

(1)喷射作业前检查主要内容

喷前应对开挖面尺寸认真检查,清除松动危石,欠挖超标过多的先行局部处理;受喷岩面有较集中渗水时,应作好排水引流处理;无集中渗水时,根据岩面潮湿程度,适当调整水灰比;应根据石质情况,在喷射前用高压风或水清洗受喷面,将开挖面的粉尘和杂物清理干净,以有利于混凝土黏结;埋设喷层厚度检查标志,一般是在石缝处打铁钉,或用快硬水泥安设钢筋头,并记录其外露长度,以便控制喷层厚度;应检查运转和调试好各机械设备工作状态。

(2)喷射作业前施工准备工作

喷射作业前施工准备和要求,详见表5-7。

喷射作业前施工准备工作　　表5-7

项　　目	内容及要求
材料方面	对水泥、砂、石、速凝剂、水等的质量要进行检验;砂、石均应过筛,并应事先洗干净;砂、石含水率应符合要求,为控制砂、石含水率,一般应设置防雨棚,干燥的沙子应适当洒水
机械及管路方面	喷射机、混凝土搅拌机、皮带运输机等使用前均应检修完好,就位前要进行试运转;管路及接头要保持良好,要求风管不漏风、水管不漏水,沿风、水管路每隔40～50m装一阀门接头,以便当喷射机移动时,连接风、水管
其他方面	检查开挖断面,欠挖处要补凿够;敲帮找顶、清除浮石,用高压水冲洗岩面,附着岩面的泥污应冲洗干净,每次冲洗长度应以10～20m为宜;对裂隙水要进行处理;不良地质条件处应事先进行加固(如采用锚杆、钢筋网或金属支架等);对设计要求或施工使用的预埋件要安装准确;备好脚手架或喷射台车,以便于喷射边墙上部或拱部;埋设测量喷混凝土厚度的标志,如利用锚杆预留一定长度作标记时,应及时将多余长度锯掉,以免喷射后露在表面;喷射作业面需要有充足的照明,照明灯上应罩上铁丝网,以免回弹物打坏照明灯;当喷头作业与喷射机间的距离超过30m时,宜设置电铃或信号灯,作为通信联络信号;做好回弹物的回收和使用的准备,喷射前先在喷混凝土地段铺设薄铁板或其他易于回收回弹物的设备

二、素喷混凝土施工要点

①喷射作业施工准备工作做好后,严格掌握规定的速凝剂掺量,并添加均匀。

②喷射时,喷射手应严格控制水灰比,使喷层表面平整光滑,无干斑或滑移流淌现象。

③在未上混凝土拌和料之前,先开高压风及高压水,如喷嘴风压正常,喷出来的水和高压风应呈雾状;如喷嘴风压不足(适宜的风压一般为0.1～0.15MPa),可能是出料口堵塞;如喷嘴不出风,可能是输料管堵塞。这些故障都应及时排除,再开电动机,先进行空转,待喷机运转正常后才开始投料、搅拌和喷射。

④喷射应分段、分部、分块,按先墙后拱、自下而上地进行喷射,如图5-14a)所示。喷嘴需对受喷岩面作均匀的顺时针方向的螺旋转动,一圈压半圈的横向移动,螺旋直径约为20～30cm,如图5-14b)所示,以使混凝土喷射密实。

为保证喷射混凝土质量、减少回弹量和降低粉尘,作业时还应注意以下事项:

①分段喷射范围:喷射时应分段(不超过6m)、分部(先下后上)、分块(2.0m×2.0m),严格按先墙后拱、先下后上的顺序进行,以减少混凝土因重力作用而起的滑动或脱落现象的发生。

②施喷程序:混凝土喷射时,喷射移动可以采用螺旋形移动前进,如图5-14b)所示,也可

以采用S形往返移动前进，如图5-15所示。

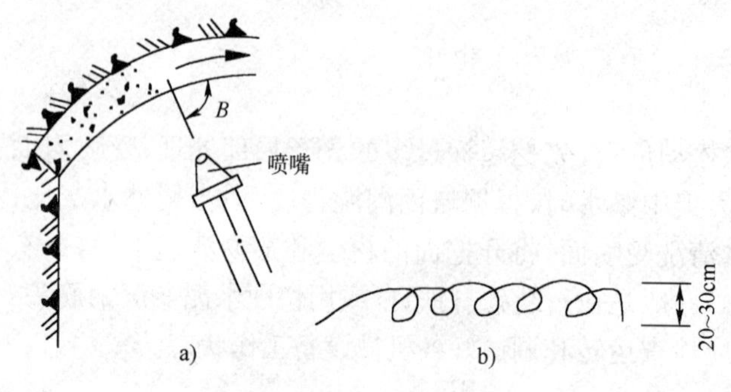

图5-14 喷枪操作示意图

a)先墙后拱喷射；b)螺旋式移动喷射

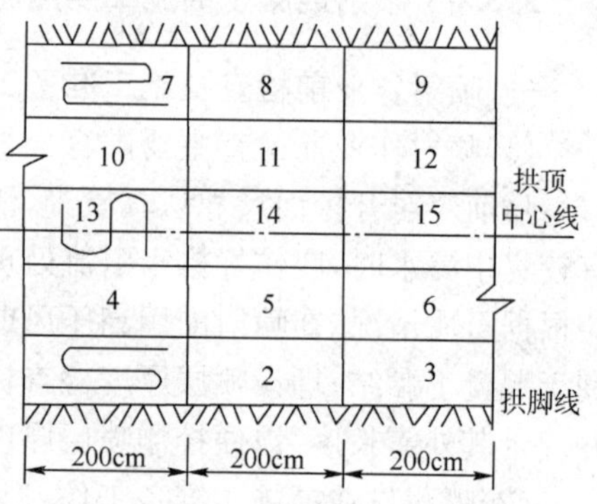

图5-15 混凝土施喷程序

③调节好风压与水压：风压与喷射质量有密切的关系，过大的风压会造成喷射速度太高而加大回弹量、损失水泥；风压过小会使喷射力减弱，则混凝土密实性差。因此，根据喷射情况应适当调整风压，可参考表5-8及结合输料管长度进行风压调节；为保证高压水能从喷枪混合室(喷头处)内壁小孔高速度射出，把干拌和料迅速拌均匀，水压应稍高于风压。湿式喷射时，风压及水压均较干喷时高。一般水压应比输料管的压力至少高100～150kPa，同时要求供水系统的水压不应大于400kPa，供水系统水压不足时，需要采用压力水箱提供稳定的水压，才能确保喷射混凝土施工质量。

风压调节参数表

表5-8

输料管长度(m)	20	40	60	80	100	120
风压(MPa)	1～1.5	2	3	4	5	6

④喷嘴施工参数：喷射时喷嘴要垂直于受喷面，倾斜角不大于10°，并稍微偏向刚喷射的部位，喷嘴至岩面的距离0.8～1.2m；对于岩面凹陷处应先喷和多喷，而凸出处应后喷和少喷。

⑤一次喷层厚：喷射时一次喷射厚度不得太薄或太厚，喷射作业应分层进行。一次喷层厚主要与混凝土的黏结力和受喷部位及回弹情况、掺与不掺速凝剂等有关。一次喷射太厚，在自重作用下，喷层会出现错裂而引起大片坍落；一次喷射太薄，大部分粗骨料会回弹，使受喷面上仅留下一层薄薄的混凝土或砂浆，势必影响效果及工程质量。一般规定按表5-9执行。

一次喷射厚度(单位：cm)

表5-9

部位	掺速凝剂	不掺速凝剂
边墙	7～10	5～7
拱部	5～7	3～5

⑥分层喷射的间隔时间：若设计喷射混凝土较厚，应分层喷射，一般分2～3层喷射；分层喷射合理的间隔时间应根据水泥品种、速凝剂种类及掺量、施工温度(最低不宜低于5℃)和水灰比大小等因素，并视喷射的混凝土终凝情况而定。分层喷射间隔时间不得太短，一般要求在初喷混凝土终凝以后，再进行复喷；当间隔时间较长时，复喷前应将初喷混凝土表面清洗干净，且复喷时应将凹陷处进一步找平。一般在常温下(15～20℃)，采用红星一型速凝剂时，可在5～10min后，进行下一次喷射；而采用碳酸钠速凝剂时，最少要在30min后，才能进行复喷。

⑦喷射混凝土的养护:为使水泥充分水化,使喷混凝土的强度均匀增长,减少或防止混凝土的收缩开裂,确保喷混凝土质量,喷射后特别需要有良好的养护,应在其终凝 1～2h 后进行水养护,养护时间应不少于 7d。

⑧冬季施工时喷射混凝土作业区的气温不得低于 5℃;若气温低于 5℃,亦不得洒水;混凝土强度未达到设计强度的 50%时,若气温降低到 5℃以下,则应注意采取保温防冻措施。

⑨回弹物料的利用。实测表明,采用干法喷射混凝土时,一般边墙的回弹率为 10%～20%,拱部为 20%～35%,回弹量相当大。除应设法减少回弹外,尚应将回弹物料回收利用。及时回收的洁净而尚未凝结的回弹物,可以一定比例掺入混合料中重新搅拌后喷射,但掺量不宜大于 15%,且不宜用于喷射拱部;回弹物的另一处理途径是掺进普通混凝土中,但掺量也应加以控制。

三、钢纤维喷射混凝土特性及施工要点

钢纤维喷射混凝土是在喷射混凝土中加入钢纤维,弥补喷射混凝土的脆性破坏缺陷,改善喷射混凝土的物理力学性能。

(1)性能特点

①钢纤维喷射混凝土中的钢纤维主要在喷射平面内呈两维分布,且相当均匀(见图 5-16)。

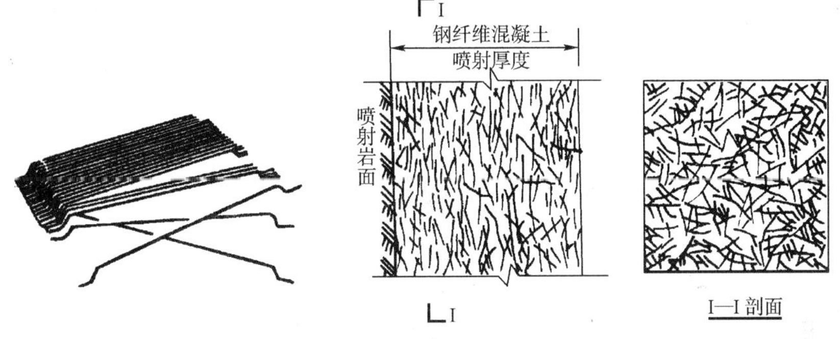

图 5-16　钢纤维及其在喷射混凝土中的分布

根据统计,平行于喷射平面的钢纤维根数,约占总根数的 70%～80%。这种结构保证了钢纤维喷射混凝土在喷射平面内的力学强度的均匀性和在比平面上力学强度的优势。

②钢纤维喷射混凝土的破坏呈塑性破坏,因此容许有较大的变形,裂缝出现后仍有一定的承载能力。

③在一般掺量情况下(约为喷射混凝土重量的 1%～1.5%),钢纤维喷射混凝土比普通喷射混凝土的抗压强度提高 30%～60%,抗拉强度提高 50%～80%,抗弯强度提高 40%～70%。

④在一般掺量情况下,钢纤维喷射混凝土的韧性(加载至试件完全破坏所做的功)为普通喷射混凝土的 20～50 倍,抗冲击性能提高 8%～30%,抗磨损性能能提高 30%(钢纤维掺量要大于 1.5%)。

(2)应用范围

可用于承受强烈震动,冲击动荷载的结构物的构筑,也适用于要求耐磨或不便配置钢筋但又要求有较高强度和韧性的工程中。如用于地下工程中的受动荷载部位的结构,地上建筑物的补强加固,以及机场跑道、高速公路路面等。

在软弱破碎围岩隧道中,采用钢纤维喷射混凝土的支护效果,优于采用挂钢筋网喷射混凝土的反抗效果。因此,可以采用钢纤维喷射混凝土代替挂钢筋网喷射混凝土,作为软弱破碎围岩隧道的初期支护,甚至作为永久性衬砌。

(3)设计要点

①钢纤维喷射混凝土的物理力学性能除与基体材料——喷射混凝土的物理力学性能有直接关系外,同时与钢纤维的形状、尺寸、掺量,以及钢纤维在基体材料中的分布状态和排列方向、喷射工艺等有直接关系。因此,设计者应在试验的基础上充分认识,并针对具体需要,适当选择,以期获得较好的技术经济效益。

②当钢纤维尺寸相同时,其抗拉、抗弯强度随钢纤维含量的增强而提高,如图 5-17 所示。

③当钢纤维长度、掺量相同时,细纤维较粗纤维的强度有显著提高,如图 5-18 所示。

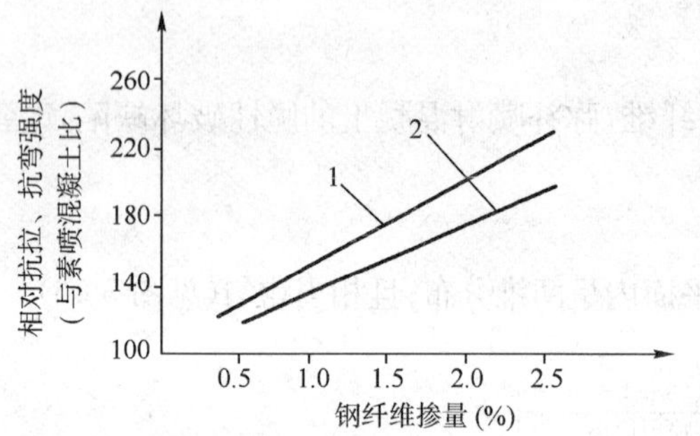

图 5-17 钢纤维掺量与抗拉、抗弯强度关系

1-抗拉强度(钢纤维 $d=0.4$mm,$l=25$mm);2-抗弯强度(钢纤维 $d=0.3$mm,$l=25$mm)

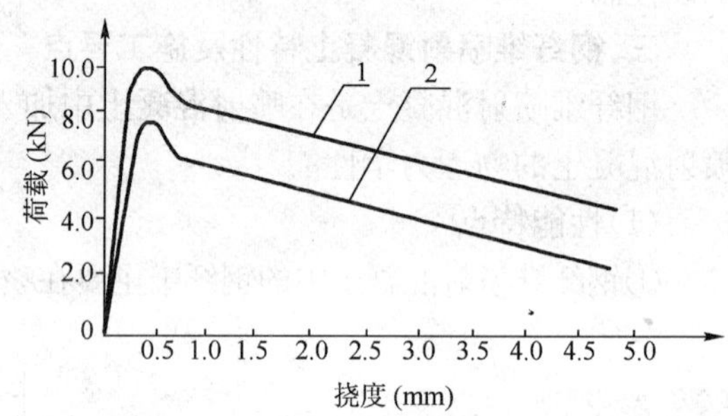

图 5-18 不同直径钢纤维在相同掺量下(2%)抗挠比较

1-$d=0.3$mm,$l=25$mm;2-$d=0.4$mm,$l=25$mm

④当钢纤维的尺寸相同,掺量高的较掺量低的抗冲击性能显著提高,如图 5-19 所示。这是因为试件破坏时,钢纤维缓慢地从喷射混凝土中拔出。钢纤维喷射混凝土的力学性能主要取决于钢纤维与喷射混凝土之间的黏结强度。相同体积的钢纤维,其表面积越大,则黏结力越大,增强效果就越好。即钢纤维长径比(l/d)越大,黏结力越高。目前由于工艺设备方面的原因,钢纤维的长度一般不超过 30mm,$l/d=45\sim80$ 之间为好。

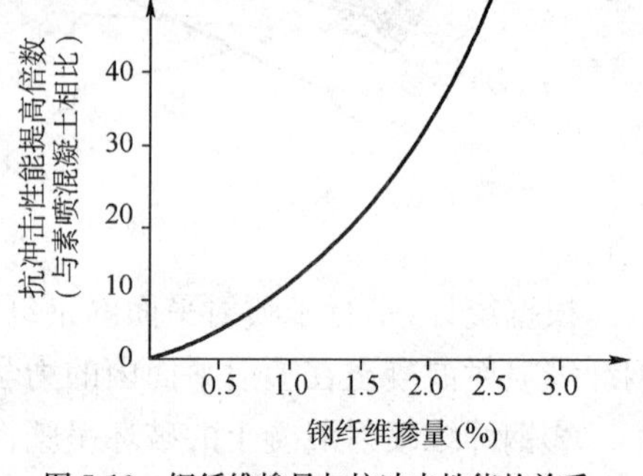

图 5-19 钢纤维掺量与抗冲击性能的关系

⑤钢纤维喷射混凝土的配合比一般为水泥∶砂∶石=1∶1.6∶1.6,水泥强度等级不低于52.5 号,砂子采用中砂,石子采用筛洗卵石、最大粒径 10mm,钢纤维掺量一般为喷射混凝土重量的 1.0%~2.0%,规格尺寸为直径×长度=0.3mm×20mm 或 0.4mm×20mm 或 0.4mm×25mm。

(4)施工要点

①喷射钢纤维混凝土,应选用经过实用检验的喷射机械。主要问题是防止钢纤维结团堵管。目前已有些钢纤维产品采用水溶性黏结剂将钢纤维黏结成片状,在搅拌过程中可以方便地分离单一纤维,较好地解决了结团问题。

②钢纤维和基料必须拌和均匀,避免结成喷射机拨料盘堵塞或堵管。方法是先将水泥、砂、石拌和均匀,然后掺入钢纤维和速凝剂,再拌和均匀,装入运输车。

③钢纤维喷射混凝土操作同普通喷射混凝土,但输料管的磨耗大,一般要高于普通喷射混凝土 30%~40%,尤其是拐弯处。可每班将胶管翻转 1~2 次,以延长胶管寿命。

④风压要比普通喷射混凝土高 0.02～0.05MPa；当输送距离不大于 40m 时，风压一般可为 0.05～0.18MPa。

四、钢筋网喷射混凝土施工要点

钢筋网喷射混凝土是在喷射混凝土之前，在岩面上挂设钢筋网，然后再喷射混凝土。其物理力学性能基本上同钢纤维喷射混凝土，只是其配筋均匀性较钢纤维差，主要用于软弱破碎围岩，更多的是与锚杆或者钢拱架构成联合支护。

(1)构造组成

钢筋网通常作环向和纵向布置。环向筋一般为受力筋，由设计确定，直径 12 左右；纵向筋一般为构造筋，直径 $\phi6\sim\phi10$；网格尺寸一般为 20cm×20cm，20cm×25cm，25cm×25cm，25cm×30cm 或 30cm×30cm，围岩松散破碎严重的，或土质和砂土质隧道，可采用细一些钢丝，直径一般小于 $\phi6$；网格尺寸亦应小一些，一般为 10cm×10cm，10cm×15cm，15cm×15cm，15cm×20cm或 20cm×20cm。

(2)施工要点

①钢筋网应根据被支护围岩面上的实际起伏形状铺设，且应在喷射一层混凝土后再行铺设。钢筋与岩面或与初喷混凝土面的间隙应不小于 3～5cm，钢筋网保护层厚度不小于 3cm，有水部位不小于 4cm。

②为便于挂网安装，常将钢筋网先加工成网片，长宽可为 100～200cm。

③钢筋网应与锚杆或锚钉头连接牢固，并应尽可能多点连接，以减少喷射混凝土时使钢筋发生“弦振”，锚钉的锚固深度不得小于 20cm。

④开始喷射时，应缩短喷头至受喷面之间的距离，并适当调整喷射角度，使钢筋网背面混凝土密实。对于干燥土质隧道，第一次喷射不能太厚，以防起鼓剥落。

5.4 数值模拟方法在优化锚喷支护参数中的应用*

5.4.1 引言

目前，锚喷支护参数设计方法主要有三种，即以围岩分类为基础的工程类比法、以计算为基础的理论解析法和以量测为基础的现场监控法。实际应用中主要以工程类比法为主，必要时辅以现场监控法和理论解析法。尤其是对在中硬以上岩类地层中修建中小跨度的地下工程，一般按工程类比法就可确定锚喷支护的类型与参数。

以经验和围岩分类为基础的工程类比法，首先是按照一定的方法与准则对围岩进行分类。目前，国内外常用的分类设计方法有：Terzaghi 岩体荷载法、*Q* 指标法、岩体结构等级（Rock Structure Rating，RSR）法、岩体力学等级与经验设计（RMR 岩体力学等级法）、《锚杆喷射混凝土支护技术规范》（GB 50086—2001）围岩分类等，实际应用中，RMR 法和 *Q* 指标法应用较为普遍。两种方法采用的指标体系既有相同点，又有区别。RMR 系统和 *Q* 系统都侧重考虑了岩体结构面的作用，但前者未考虑地应力因素，后者未直接考虑岩石的单向抗压强度和结构面的方位，它认为岩体的变形和强度主要是由节理和裂隙控制的。实际计算中各指标的选取应该结合工程特性及已有资料建立起统一的标准，从而减少人为因素的影响。

近 30 年来，随着计算机技术的迅速发展和普遍使用使数值模拟方法有了很大的发展，较好地解决了支护结构计算中数学和力学处理上的困难。地下工程领域中常用的数值分析方法主要有：有限元法(Finite Element Method)、边界元法(Boundary Element Method)、离散元法(Discrete Element Method)、块体理论(Block Theory)和反演分析(Back Analysis)等。逐渐发展起来的数值模拟方法，不仅克服了工程类比法和理论解析法中由于岩体性质复杂性和岩体构造复杂性而不能准确地进行工程类比或解析计算的严重不足，更进一步模拟了地下工程的开挖与支护过程，并由此来确定和优化开挖方案和支护措施。

下面以某铁矿采矿巷道支护参数选择为例，介绍数值模拟方法在优化锚喷支护参数中的实际应用。

某铁矿采用无底柱分段崩落法回采矿石，该方法的主要特点是回采巷道数量多，工程量大，且凿岩、爆破、出矿等回采作业均在同一回采进路内顺序进行。因此，保证采矿巷道的稳定是顺利回采矿石的前提和保证。鉴此，针对巷道围岩的工程地质情况，开展锚喷支护参数研究，获得技术经济合理的参数，对于保证巷道稳定、确保采矿生产安全，降低支护成本等都有着重要的理论与实际意义。

研究对象的－62m、－74m 水平采矿巷道断面形状为直墙三心拱形式，净断面尺寸为宽3.6m、高3.0m。巷道围岩主要为大理岩，矿体为磁铁矿。

5.4.2 锚喷(网)支护形式与参数的初选

一、RMR 岩体分类的支护设计

根据 RMR 岩体分类及其稳定性评价研究结果，按 RMR 岩体分类工程类比法确定的支护形式和参数为：

①－62m 水平采矿巷道破碎不稳定地段的围岩类别为 IV 类岩体，根据其分类结果该地段的主要支护形式有两种：

其一，以砂浆锚杆为主，喷射混凝土加钢筋网为辅的支护形式。锚杆直径 $\phi=25$mm、长度 $l=2$m、间距 0.5～1.0m；拱顶、边墙喷 50mm 混凝土；采用直径 $\phi8$ 的钢筋、网度为 200mm×200mm。

其二，以喷射混凝土为主，砂浆锚杆加钢筋网为辅的支护形式。拱顶喷 150mm，边墙喷 100mm 混凝土；锚杆长 3m，间距 1.5m；采用直径 $\phi8$ 的钢筋、网度为 200mm×200mm。

②－74m 水平采矿巷道中矿体及围岩整体工程地质条件良好，均为 II 类岩体，根据其分类结果该地段的主要支护形式有两种：其一砂浆锚杆支护为主，锚杆长度 1.5～2m，间距 1.5～2m；其二喷射混凝土支护为主，喷射混凝土厚度 50mm。

二、Q 指标法岩体分类的支护设计

同理，根据 Q 指标岩体分类及其稳定性评价研究结果，其支护形式和参数的确定如下：

①－62m 水平采矿巷道破碎不稳定地段的围岩的 Q 值按式(5-12)计算：

$$Q_{\text{闪长岩}}=\frac{RQD}{J_h}\cdot\frac{J_r}{J_a}\cdot\frac{J_w}{SRF} \tag{5-12}$$

式中：RQD——岩石质量指标；

J_h——节理组数目。岩体愈破碎，J_h 取值愈大，整体没有或很少有节理的岩体取 0.5～1.0；两个节理但时，取 4；破碎岩体取 20；

J_r——节理粗糙度，节理愈光滑，J_r 取值愈小，不连续节理取 4；平整光滑的取 0.5；

J_a——节理蚀变值，蚀变愈严重，J_a 取值愈大，节理面紧密结合，夹有坚硬不软化的充填物时取 0.75，夹有膨胀性黏土时取 8～12；

J_w——节理含水折减系数，节理渗水量愈大，水压愈高，J_w 取值愈小，干燥或微量渗水，水压<0.1MPa 时取 1.0，而渗水量特别大或水压特别高，持续无明显衰减时取 0.1～0.05；

SRF——应力折减系数，围岩初如应力愈高，SRF 取值愈大，脆性而坚硬的岩石，有严重岩爆现象时取 10～20，坚硬岩石有单一剪切带时取 2.5。

将各计算参数代入上式得 Q 指标值为 0.77，以此值判定该区域的岩体稳定性类别为差岩体。

根据采矿巷道服务年限特点，经查相关表格可确定"开挖支护比"ESR 为 3，再根据洞室跨度 L=3.6m 即可根据公式(5-13)确定开挖的当量尺寸 H：

$$H = L/ESR \tag{5-13}$$

经计算可得 H=1.2，根据已经计算出的 Q 值和当量尺寸 H，查"支护系统图"，可确定该类岩体支护类型为 25 类型。具体支护形式为预应力砂浆锚杆的锚喷网复合支护。锚杆长度 2m，间距为 1m，喷层厚度为 50mm，钢筋网的直径为 $\phi 8$ 的钢筋、网度为 200mm×200mm。

②−74m 水平采矿巷道中矿体及围岩的 Q 值按式(5-12)计算分别为：

$$Q_{大理岩} = 29.03;\ Q_{磁铁矿} = 41.1$$

根据 Q 指标计算结果，该区域的岩体稳定性类别为好岩体。根据−74m 水平采矿巷道服务年限特点，查相关表可确定"开挖支护比"ESR 为 3，再根据洞室跨度 L=3.6m 即可根据式(5-13)确定开挖的当量尺寸 H=1.2，根据已经计算出的 Q 值和当量尺寸 H，查"支护系统图"，可确定该类岩体不需支护。

三、工程类比方法的设计结果

在现场地质调查和室内岩体力学试验基础上，首先采用工程类比法中的 RMR 法和 Q 指标法对围岩体进行分类，在不同的分类结果上得到不同的锚喷支护参数。

(1)−62m 水平采矿巷道破碎不稳定地段的锚喷网支护参数

RMR 分类的设计结果为：①锚杆支护为主：锚杆间距 0.5～1.0m 加钢筋网，拱顶、边墙喷 50mm 混凝土；②喷射混凝土支护为主：拱顶喷 150mm，边墙喷 100mm 混凝土，加钢筋网与锚杆，长 3m、间距 1.5m。

Q 指标的设计结果为：间距为 1m 的快速预应力砂浆锚杆支护＋喷层厚度为 50mm 的喷射混凝土支护＋加强钢筋网的锚喷网联合支护。

综合两种设计结果，确定工程类比法设计结果为：①以砂浆锚杆支护为主的网喷联合支护：锚杆长 2m，间距 0.6～1.0m；拱顶、边墙喷射 50mm 混凝土；钢筋网直径为 $\phi 8$、网度为 200mm×200mm；②喷射混凝土支护为主的网喷联合支护：砂浆锚杆长 2m、间距 1m；拱顶、边墙喷射 100mm 混凝土；钢筋网直径为 $\phi 8$ 的钢筋、网度为 200mm×200mm。

(2)−74m 水平采矿巷道的锚喷支护参数

根据分类结果，RMR 的设计结果为：①锚杆支护为主：长度 1.5～2m 的砂浆锚杆，间距 1.5～2m；②喷射混凝土支护为主：喷射混凝土厚度 50mm。

Q指标的设计结果为：不需支护。

综合两种设计结果，确定工程类比法设计的锚喷支护参数为：①采用砂浆锚杆支护：锚杆长2m，间距1.5m；②喷射混凝土支护：喷层厚度50mm。

根据工程类比方法的初步设计结果，项目研究采用计算机数值模拟方法对此加以优化比较，以确定技术经济合理，符合生产实际的支护形式与支护参数。

5.4.3 锚喷网支护参数数值模拟优化

上述工程类比法设计所获得的锚喷支护参数，只是一个取值范围，且由于应用条件的变化性，致使所获得参数的准确性和合理性难以满足要求。因此，本次数值模拟以上述工程类比法所获得的锚喷支护参数和现场实际应用的锚喷支护参数为基础，采用有限元数值模拟方法，对此加以优化研究，以期获得最佳的支护参数。

一、有限元方法基本理论

有限元法适合各种边界条件，考虑了岩体的非均质性、各向异性和围岩与结构的共同作用等因素，并可以引入非线形的应力-应变关系以及地质非连续性的因素，因而为基岩、岩质边坡和地下洞室围岩应力与变形的计算提供了有效的方法。

有限元法的要点是将连续体用网络划分为若干个有限数目的单元体，这些单元体只在角点处相互铰接，角点也称为节点。而有限大小的单元体就称为有限单元或有限元件。将荷载移植作用于有限单元的节点上，成为节点荷载。通常求解时取节点位移作为基本未知量，也就是采用位移法求解。

本次数值模拟所采用的软件为2D-σ有限元软件，2D-σ有限元软件共包括前处理器、分析器和后处理器，前处理器可自动将用户输入的工学数据转换为分析用的有限元数据。2D-σ的分析器将对前处理器的输出数据进行分析，并输出有限元的分析结果。2D-σ的后处理器则用于将分析器的分析结果转换成直观的具有工学意义的结果。通过使用2D-σ，用户只需将设计图、材料常数、荷载、边界条件等参数以及填土、挖掘、支护等与施工工艺相关的数据直接输入给前处理器，就可从后处理器获得变形图、应力分布曲线、轴力曲线、数值表等容易理解的直观结果。用户而不必关心有限元理论相关的中间处理过程。其基本操作流程如图5-20所示。

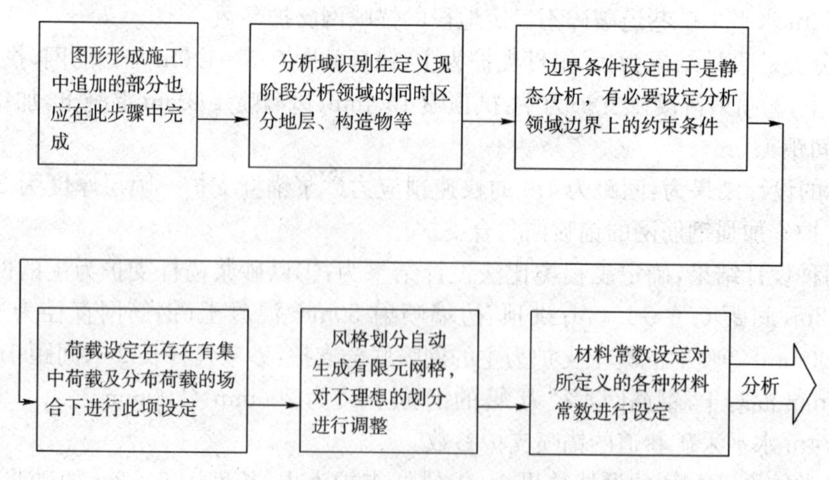

图5-20 2D-σ的基本操作流程

二、数值模拟计算模型与参数选取

本次有限元数值模拟在龙洞采区工程地质条件、有限元基本理论、岩体力学和－62m、－74m水平巷道断面设计的基础上，建立巷道有限元分析模型。按照隧道结构分析的惯例，模型取三倍洞径作为有限元分析的区域，巷道最大埋深 547m，最小埋深 289m，模拟取平均值 400m。计算模型的边界条件除上部为荷载外，其余各侧面和底面为均法向约束边界，荷载按照自重应力场进行计算，根据泊松比取侧压系数 0.351。模型视岩体为弹性体，采用平面四边形单元，锚杆按照杆单元模拟，喷射混凝土以平面单元模拟，节理裂隙以及钢筋网设定为接触面。模拟几何模型见图 5-21。

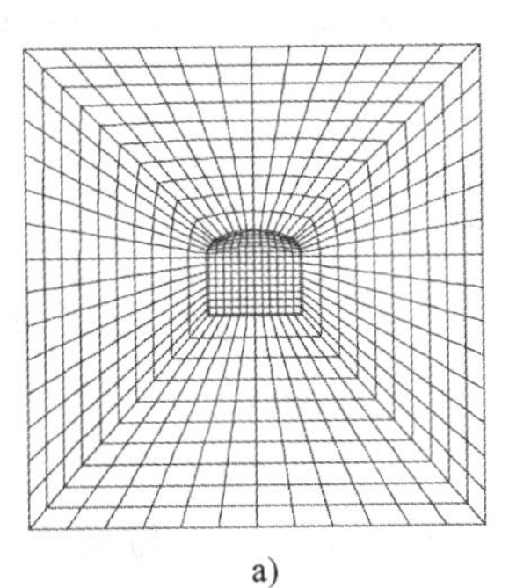
a)

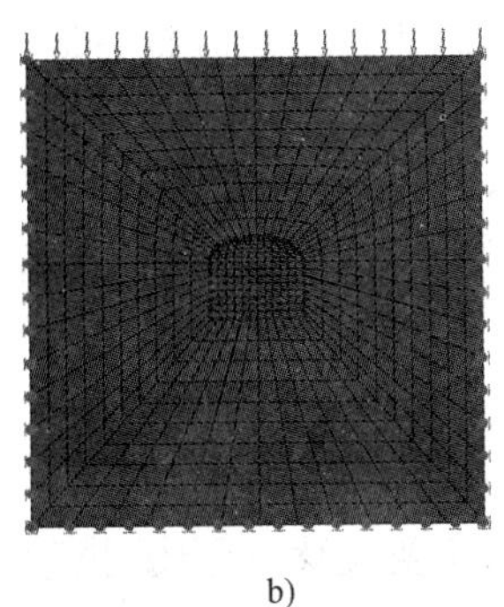
b)

图 5-21　模型的初始约束荷载

a)模型开挖前有限元网格划分；b)模型的初始约束与荷载

在已建立采矿巷道模型的基础上，针对工程类比法中 RMR 指标和 Q 指标岩体分类所提供的锚喷支护参数进行数值模拟，建立不同的锚喷支护设计模型，通过分析模拟结果中的位移、应力、破坏接近度等指标得到直观的锚喷支护结果。

最后，通过对既有直观的锚喷支护效果进行量化比较分析后，再针对现场采用的锚喷支护参数做出合理变化得到其他形式的锚喷支护参数，以得到不同锚喷支护参数的支护效果，这些参数包括锚杆长度、间距变化和喷层厚度变化等。

有限元模型的建立主要是确定计算模型的介质力学参数和确定模型的边界条件。这些参数的确定与计算的方向、计算区的介质结构条件有关。模拟条件的参数选取直接影响到模拟结果，在室内岩体力学试验的基础上，选用表 5-10、表 5-11 参数作为采矿巷道一般条件下模拟的围岩以及支护结构的物理力学参数。

有限元计算模型选用的介质力学参数　　表 5-10

岩　性	弹性模量 (GPa)	泊　松　比	比重 (N/m³)	C值 (MPa)	内摩擦角 φ(°)
闪长岩	13	0.26	28 900	0.45	55
大理岩	13	0.26	26 600	3.2	26.6
磁铁矿	12.6	0.26	40 000	2.5	35.0
混凝土	21	0.18	22 000	3.5	50.0

锚杆计算选用参数　　表 5-11

编　号	锚杆名称	锚杆弹性模量(GPa)	锚杆半径(mm)
1	WTD25 注浆锚杆	200	12.5

说明：有限元参数输入时采用单位，应力为 Pa，长度为 m。

三、-62m水平采矿巷道稳定性及锚喷参数优化数值模拟

在RMR和Q指标所做出的围岩分类和依据工程类比方法做出的锚喷支护参数初步设计基础上，采用有限元数值模拟方法对巷道开挖后的稳定性情况，以及针对初步设计所提出的不同的锚喷支护参数，分别进行模拟，并通过优化比较得到合理的支护参数。

(1)巷道开挖后应力分布情况的数值模拟

对-62m水平破碎地段采矿巷道在不支护情况下进行数值模拟，主要是为了了解巷道在开挖后围岩的应力分布情况及洞室的相对收敛变化范围，并与前述的RMR及Q指标围岩分类结果进行分析比较，为进一步分析巷道稳定性情况，优化锚喷支护参数提供依据。巷道不支护情况下的数值模拟结果见图5-22。

如图5-22所示，主应力σ_1中最大拉应力为4.007MPa，最大压应力为8.900MPa，最大拉应力主要存在于巷道底部，最大压应力主要存在于两边墙底角处；主应力σ_2中最大拉应力为2.208MPa，最大压应力为41.958MPa，最大拉应力主要存在于巷道底部和顶部，最大压应力存在于边墙底角以及边墙顶角处；剪应力中最大正剪应力为15.195MPa，最大负剪应力为15.193MPa，最大正剪应力分布于右上拱脚—左下边墙底角处，最大负剪应力分布于左上拱脚—右下边墙底角处；主要位移点图中，拱顶沉降47.11mm，底部向上位移32.74mm，相对收敛79.85mm，超出《采矿设计手册》中规定的相对收敛值；从危险点摩尔圆可以看出，洞室的破坏形式主要为拱顶拉裂和边墙剪切破坏。

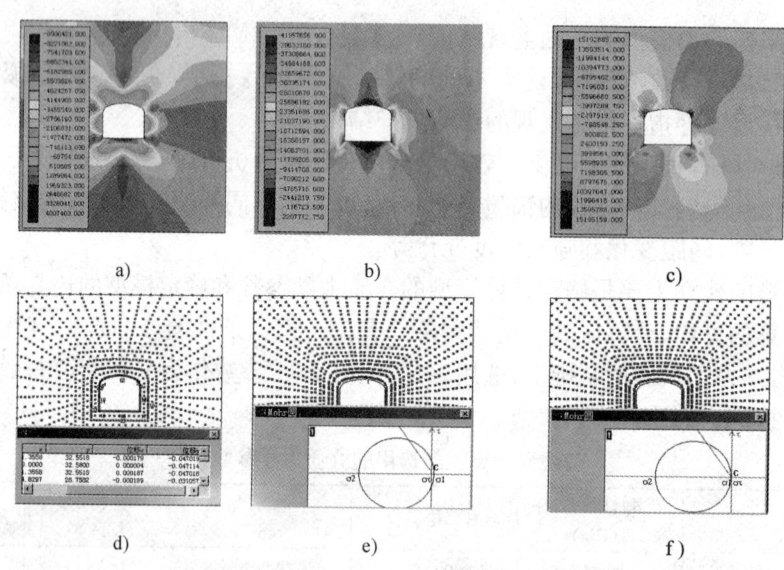

图5-22 破碎地段巷道不支护情况下数值模拟结果

a)σ_1分布图；b)σ_2分布图；c)τ分布图；d)主要点位移图；e)危险点摩尔圆；f)危险点摩尔圆

(2)不同锚喷支护参数的数值模拟

针对经验设计法中所提出的锚喷支护参数：①以砂浆锚杆支护为主：锚杆长2m，间距0.6m+拱顶、边墙喷射50mm混凝土+钢筋网（钢筋网直径为ϕ8、网度为200mm×200mm）联合支护；②喷射混凝土支护为主：砂浆锚杆长2m、间距1m+拱顶、边墙喷射100mm混凝土+钢筋网（钢筋网直径为ϕ8、网度为200mm×200mm）联合支护。两种不同支护形式及参数的数值模拟结果如图5-23、图5-24所示。

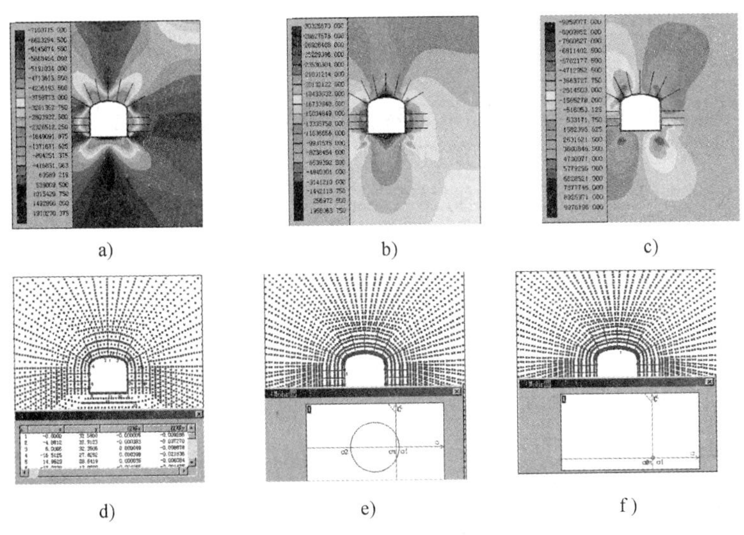

图 5-23 砂浆锚杆支护为主的联合支护数值模拟结果

a)σ_1 分布图;b)σ_2 分布图;c)τ 分布图;d)主要点位移图;e)危险点摩尔圆;f)危险点摩尔圆

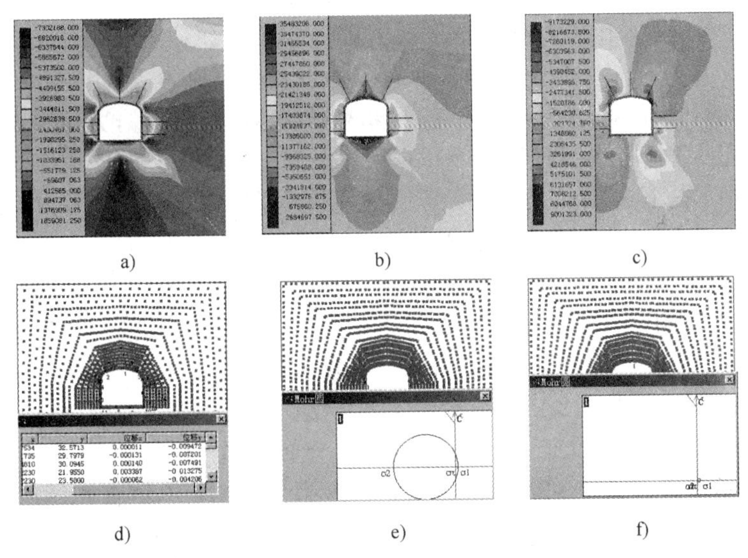

图 5-24 喷射混凝土支护为主的联合支护数值模拟结果

a)σ_1 分布图;b)σ_2 分布图;c)τ 分布图;d)主要点位移图;e)危险点摩尔圆;f)危害点摩尔圆

如图 5-23 所示,主应力 σ_1 中最大拉应力为 1.970MPa,最大压应力为 7.100MPa,最大拉应力主要存在于巷道底部,最大压应力主要存在于两边墙底角及边墙顶角处;主应力 σ_2 中最大拉应力为 1.956MPa,最大压应力为 30.327MPa,最大拉应力主要存在于巷道底部和顶部,最大压应力存在于边墙附近,分布较均匀;剪应力中最大正剪应力为 9.960MPa,最大负剪应力为 9.976MPa,最大正剪应力分布于右上拱脚处,最大负剪应力分布于左上拱脚—右下边墙底角处;主要位移点图中,拱顶沉降 9.29mm,底部向上位移 6.43mm,相对收敛15.72mm,在规定的相对收敛范围之内;从危险点摩尔圆可以看出,进行支护后,洞室稳定,不会发生破坏。

如图 5-24 所示,主应力 σ_1 最大拉应力为 1.859MPa,最大压应力为 7.302 MPa,最大拉应力主要存在于巷道底部，最大压应力主要存在于两边墙底角及边墙顶角处；主应力 σ_2 中最大拉应力为 2.685MPa，最大压应力为 35.483MPa，最大拉应力主要存在于巷道底部和顶部，最大压应力存在于边墙附近，分布较均匀；剪应力中最大正剪应力为 9.001MPa，最大负剪应力为 9.173MPa，最大正剪应力分布于右上拱脚处，最大负剪应力分布于左上拱脚—右下边墙底角处；主要位移点图中，拱顶沉降 9.48mm，底部向上位移 6.48mm，相对收敛 15.96mm，在规定的相对收敛范围之内；从危险点摩尔圆可以看出，进行支护后，洞室稳定，不会发生破坏。

(3)综合优化锚喷支护参数数值模拟

在对①以砂浆锚杆支护为主：锚杆长 2m，间距 0.6m＋拱顶、边墙喷射 50mm 混凝土＋钢筋网（ϕ8：200mm×200mm）联合支护；②喷射混凝土支护为主：砂浆锚杆长 2m、间距 1m＋拱顶、边墙喷射 100mm 混凝土＋钢筋网（ϕ8：200mm×200mm）联合支护等两种锚喷支护方式及参数进行数值模拟并定量分析后，为了对复杂破碎地段的水平采矿巷道锚喷网支护有更深入的研究和优化经验法设计的锚喷支护参数，论文进一步模拟了 a：锚杆长 2m，间距 0.6m＋拱顶、边墙喷射 100mm 混凝土＋钢筋网（ϕ8：200mm×200mm）联合支护；b：砂浆锚杆长 2m、间距 1m＋拱顶、边墙喷射 50mm 混凝土＋钢筋网（ϕ8：200×200mm）联合支护等两种变化后的锚喷支护参数。

锚喷支护参数 a 的联合支护数值模拟结果为：主应力 σ_1 中最大拉应力为 1.970MPa，最大压应力为 7.206MPa，最大拉应力主要存在于巷道底部，最大压应力主要存在于两边墙底角及边墙顶角处；主应力 σ_2 中最大拉应力为 2.156MPa，最大压应力为 30.370MPa，最大拉应力主要存在于巷道底部和顶部，最大压应力存在于边墙附近，分布较均匀；剪应力中最大正剪应力为 10.489MPa，最大负剪应力为 10.490MPa，最大正剪应力分布于右上拱脚处，最大负剪应力分布于左上拱脚—右下边墙底角处；主要位移点图中，拱顶沉降 9.47mm，底部向上位移 6.48mm，相对收敛 15.95mm，在规定的相对收敛范围之内；从危险点摩尔圆可以看出，进行支护后，洞室稳定，不会发生破坏。

锚喷支护参数 b 的联合支护数值模拟结果为：主应力 σ_1 中最大拉应力为 1.853MPa，最大压应力为 7.392MPa，最大拉应力主要存在于巷道底部，最大压应力主要存在于两边墙底角处；主应力 σ_2 中最大拉应力为 2.252MPa，最大压应力为 32.920MPa，最大拉应力主要存在于巷道底部和顶部，最大压应力存在于边墙附近，分布较均匀；剪应力中最大正剪应力为 8.857MPa，最大负剪应力为 7.937MPa，最大正剪应力分布于右上拱脚处，最大负剪应力分布于左上拱脚—右下边墙底角处；主要位移点图中，拱顶沉降 9.45mm，底部向上位移 6.48mm，相对收敛 15.93mm，在规定的相对收敛范围之内；从危险点摩尔圆可以看出，进行支护后，洞室稳定，不会发生破坏。

四、－74m 水平采矿巷道锚喷支护参数数值模拟

同理，研究过程中分别用数值模拟方法对巷道在不支护，以及不同锚喷支护形式与参数情况下的稳定性进行了数值模拟。模拟结果的应力分布图与－62m 水平结果相似，因巷道工程地质基本条件和支护方案不同，而在应力、位移数值上有所变化。

在对 50mm 喷射混凝土支护和长 2m、间距 1.5m 砂浆锚杆支护两种锚喷支护方式进行数值模拟并定量分析后。为了使有限元数值模拟研究具有更普遍的意义，本研究报告进一步模拟了长 2m、间距 0.6m 的砂浆锚杆支护、80mm 喷射混凝土支护和 1.5m 锚杆＋50mm 喷射混凝土联合支护等三种锚喷支护参数，以求对－74m 水平采矿巷道的锚喷支护参数进行优化研究。

五、数值模拟结果分析

(1)−62m 水平采矿巷道数值模拟结果分析

在对龙洞采区−62m 水平破碎复杂地段水平采矿巷道有限元数值模拟的基础上，通过比较分析应力应变、主要点位移、边墙摩尔圆等数值模拟结果，得到不同支护情况下数值模拟结果分析表 5-12。

不同支护情况下数值模拟结果分析表　　表 5-12

模拟结果 \ 支护形式		不支护情况	50mm 混凝土＋长 2.0m 间距 0.6m锚杆＋钢筋网	100mm 混凝土＋长 2.0m 间距 1.0m 锚杆＋钢筋网	100mm 混凝土＋长 2.0m 间距 0.6m 锚杆＋钢筋网	50mm 混凝土＋长 2.0m 间距 1.0m锚杆＋钢筋网
σ_1(MPa)	＋	4.007	1.970	1.859	1.970	1.853
	−	8.900	7.100	7.302	7.206	7.392
σ_2(MPa)	＋	2.208	1.956	2.685	2.156	2.252
	−	41.958	30.327	35.483	30.370	32.920
τ(MPa)	＋	15.195	9.976	9.001	10.489	8.857
	−	15.193	9.960	9.173	10.490	7.937
位移值(mm)	拱顶沉降	47.11	9.29	9.48	9.47	9.45
	底部隆起	32.74	6.43	6.48	6.48	6.48
	相对收敛	79.85	15.72	15.96	15.95	15.93
边墙、拱顶危险点摩尔圆是否发生破坏		是	否	否	否	否

注:"＋"、"−"分别表示拉应力和压应力。

由表 5-12 分析可以总结出以下几点：

①−62m 水平不稳定地段的采矿巷道更需要合理的支护，不支护情况下，巷道边墙和拱顶不仅会发生破坏，而且巷道的相对收敛变形远远大于《采矿设计手册》中规定的允许值。

②喷射混凝土＋锚杆＋钢筋网联合支护能够显著降低开挖巷道周围附近的围岩应力，也能有效降低因开挖造成的巷道相对收敛变形，其支护方式要优于单独的锚杆支护和喷射混凝土支护，更适于在结构面明显或破碎断裂地段进行支护。

③通过对比分析表 5-12 中四种不同锚喷支护参数数值模拟结果的应力和位移，在考虑经济安全的原则上，确定破碎复杂地段的优化锚喷支护参数为：锚杆长 2m，间距 0.6m～1.0m＋拱顶、边墙喷射 50mm 混凝土＋钢筋网($\phi 8$：200mm×200mm)联合支护方式为最佳锚喷支护参数。

(2)−74m 水平采矿巷道数值模拟结果分析

在对龙洞采区−74m 水平大理岩巷道和磁铁矿巷道有限元数值模拟的基础上，通过比较分析应力应变、主要点位移、破坏接近度和边墙摩尔圆等数值模拟结果，得到不同支护情况下数值模拟结果分析表 5-13、表 5-14。

不同支护情况下数值模拟结果分析表(大理岩巷道)　　表 5-13

模拟结果 \ 支护形式		不支护情况	喷射混凝土支护(50mm)	锚杆支护(长 2m、间距 1.5m)	锚杆支护(长 2m、间距 0.6m)	喷射混凝土支护(80mm)	联合支护(50mm 混凝土+长 1.5m、间距 0.6m 锚杆)
σ_1(MPa)	+	0.597	1.960	0.432	1.524	1.371	1.335
	−	7.368	6.706	8.329	8.722	6.839	6.182
σ_2(MPa)	+	*	2.842	*	*	2.570	1.357
	−	27.420	19.952	26.799	28.816	19.750	24.391
τ(MPa)	+	8.234	9.113	8.321	7.569	9.049	7.452
	−	8.233	9.104	8.322	7.569	9.108	7.453
位移值(mm)	拱顶沉降	25.51	8.48	25.57	25.80	8.49	6.39
	底部隆起	17.77	5.77	17.81	18.04	5.73	4.31
	相对收敛	43.28	14.25	42.38	43.84	14.22	10.70
边墙危险点摩尔圆是否发生破坏		是	否	是	是	否	否

注:1."+"、"−"分别表示拉应力和压应力。

2."*"表示该种应力不存在。

不同支护情况下数值模拟结果分析表(磁铁矿巷道)　　表 5-14

模拟结果 \ 支护形式		不支护情况	喷射混凝土支护 50mm	锚杆支护(长 2m、间距 1.5m)	锚杆支护(长 2m 间距 0.6m)	喷射混凝土支护(80mm)	联合支护(50mm 混凝土+长 1.5m 间距 0.6m 锚杆)
σ_1(MPa)	+	0.596	2.189	0.455	1.648	1.531	1.568
	−	7.376	7.336	9.109	9.539	7.481	7.027
σ_2(MPa)	+	*	3.190	*	*	2.870	0.589
	−	27.437	22.252	29.023	31.472	21.918	23.325
τ(MPa)	+	8.231	10.204	8.950	8.134	10.166	6.465
	−	8.231	10.204	8.951	8.134	10.040	6.774
位移值(mm)	拱顶沉降	26.40	9.31	28.15	28.41	9.31	7.01
	底部隆起	18.28	6.58	20.29	20.54	6.54	4.91
	相对收敛	44.68	15.89	48.44	48.95	15.85	11.92
边墙危险点摩尔圆是否发生破坏		是	否	是	是	否	否

注:1."+"、"−"分别表示拉应力和压应力。

2."*"表示该种应力不存在。

从表 5-13、表 5-14 分析来看，可以总结出以下几点：

①采矿巷道需要合理的支护，不支护情况下，不仅巷道边墙会发生剪切破坏，而且巷道的相对收敛变形远远大于《采矿设计手册》中规定的允许值。

②依据现场的实际工程地质情况，由于模拟地段分别是单一岩体——大理岩和磁铁矿，其完整性较好，数值模拟视其为完整岩体，因此单独的锚杆支护在龙洞－74m 水平采矿巷道中不宜采取。从表 5-13、表 5-14 锚杆支护的数值模拟结果分析来看，锚杆支护不能对巷道的相对收敛变形起到抑制作用，而且在维护边墙稳定性方面效果甚微。

③喷射混凝土支护在降低开挖巷道周围岩体内部应力方面效果不如锚杆支护理想，但喷射混凝土支护却能显著的降低巷道的相对收敛变形，并且能较好的支护因各种原因的造成的边墙失稳。

④喷射混凝土和锚杆联合支护能够显著降低开挖巷道周围附近的围岩应力，也能有效降低因开挖造成的巷道相对收敛变形。其支护方式要优于单独的锚杆支护和喷射混凝土支护，更适于在结构面明显或破碎断裂地段进行支护。

⑤通过对比分析表 5-13、表 5-14 中几种不同锚喷支护参数数值模拟结果的应力和位移，在考虑经济安全的原则上，确定－74m 水平采矿巷道的优化锚喷支护参数为：一般稳定地段，50mm 喷射混凝土支护；结构面明显、轻微破碎地段，50mm 喷射混凝土＋长 1.5mm、间距 0.6m的砂浆锚杆联合支护。

5.4.4 结论与建议

通过对－62m、－74m 水平采矿巷道的锚喷支护参数数值模拟优化研究，可以得出以下结论和建议：

(1)运用有限元数值模拟方法对不同的锚喷支护参数进行数值模拟，并对模拟结果进行量化比较分析和锚喷支护参数优化是对传统工程类比法的补充与发展。由于地质条件的复杂性和多变性，人们暂时不具备透视岩层的本领，在运用工程类比法进行地下建筑结构设计与施工时，很难选得真实反映围岩性质的计算指标，再加上地下结构荷载分析的复杂性，使得工程类比法存在着无法克服的缺点。运用有限元数值模拟则可以动态地反映出围岩和支护结构在施工中应力应变和位移的主要特征，为更加合理的确定地下建筑设计与施工提供有利的参考。

(2)本次有限元数值模拟明显且有效地验证了锚喷支护的加固机理：①锚杆加固的特点是伸入到岩体内部，由于其弹性模量比围岩体大很多，因此在围岩变形过程中两者间所产生的变形差就形成了对围岩体的约束力。其主要适用于层理明显的沉积岩和块状、破碎状结构围岩，以发挥其组合、悬吊、挤压加固作用；②喷射混凝土支护能产生其他支护形式所达不到的良好支护效果，因为它能与岩面紧密结合，所以能有效防止围岩因吸水潮解和风化而出现的剥落和膨胀现象，更能利用其较高的柔性与围岩共同位移至平衡从而使得围岩充分发挥其自承能力。

(3)次有限元数值模拟的结果，主要是 σ_1、σ_2 和剪应力分布图验证了岩体力学中“当天然水平应力与垂直应力比为 1∶3 时，洞室顶部及底部将出现拉应力，洞室侧壁在开挖后将会出现大于 2.67 倍的天然垂直应力，洞室破坏形式可能为洞顶拉裂掉块，洞室侧壁内鼓张裂和倒塌”关于洞室开挖破坏的经典理论。

(4)在－62m 水平破碎不稳定地段和－74m 水平采矿巷道工程地质概况的基础上，根据论文的有限元数值模拟结果，综合考虑技术经济因素，可确定各不同地段的锚喷支护参数优化结果如下：－62m水平破碎不稳定地段：锚杆长2m，间距0.6m～1.0m＋拱顶、边墙喷射50mm混凝土＋钢筋网(ϕ8：200mm×200mm)联合支护方式为最佳锚喷支护参数；－74m水平采矿巷道：①一般稳定地段，50mm喷射混凝土支护为最佳支护参数；②结构面明显、轻微破碎地段，50mm喷射混凝土＋长1.5m、间距0.6～1.0m的砂浆锚杆联合支护，为最佳支护参数。

(5)有限元数值模拟虽然可以动态地反映出地下洞室在施工过程中围岩和支护结构的应力应变和主要变形点位移特征，但只是一种模拟手段，应辅以现场监控量测来获得实际施工中的围岩力学动态和支护体系的工作状态信息(数据)。通过实际监控数据来调整工程类比法的设计参数和有限元数值模拟的参数取值，从而达到符合信息化设计与施工思想的经济、快速、最优化要求。

5.5 钢拱架支护施工

5.5.1 钢拱架支护的性能特点

当围岩软弱破碎严重(IV级软岩至VI级围岩)其自稳性差，开挖后要求早期支护具有较大的刚度，以阻止围岩的过度变形和承受部分松弛荷载时，可以用钢拱架进行支护。钢拱架支护具有如下性能特点：

①钢拱架整体刚度较大，可提供较大的早期支护刚度；型钢拱架较格栅钢架能更早承载。

②钢拱架可以很好地与锚杆、钢筋网、喷射混凝土相结合，构成联合支护，增强支护的有效性，且受力条件较好，尤以格栅钢架结合最好。

③格栅钢架采用钢筋现场加工制作，技术难度和要求并不高，对隧道断面变化适应性好。

④钢拱架的安装架设方便。

5.5.2 钢拱架支护设计要点

①钢拱架的设计可按其单独承受早期松弛荷载来设计。根据设计、施工经验，早期松弛荷载的量值一般按全部松弛荷载的10%～40%来考虑。用式(5-14)表示：

$$q' = \mu q \tag{5-14}$$

式中：q'——钢拱承受的早期松弛荷载；

q——围岩松弛荷载，按松弛荷载统计公式计算，详见《隧道设计》或设计规范；

μ——钢拱架的荷载系数，一般取0.1～0.4。

②拟定钢拱架尺寸后，进行强度、刚度和稳定性检算。常用的钢拱架设计参数见表5-15。

常用钢拱架支护设计参数 表5-15

围岩类别	荷载系数μ	钢拱架类型	每榀轴线间距(m)
III	0.25	三肢格栅钢架	1.0
	0.4	三肢格栅钢架＋喷射混凝土	
	0.3	工字钢架	
	0.35	工字钢架＋喷射混凝土	

续上表

围岩类别	荷载系数μ	钢拱架类型	每榀轴线间距(m)
II	0.2	四肢格栅钢架	0.8
	0.6	四肢格栅钢架＋喷射混凝土	
	0.4	工字钢架	
	0.45	工字钢架＋喷射混凝土	
I	0.1	四肢格栅钢架	0.6
	0.15	四肢格栅钢架＋喷射混凝土	
	0.1	工字钢架	
	0.1	工字钢架＋喷射混凝土	

③钢拱架的截面高度应与喷射混凝土厚度相适应，一般为 10～18cm，最大不超过 20cm，且要有一定保护层。钢拱架通常是在初喷混凝土后架设的，初喷混凝土厚度约 4cm。

④为架设方便，每榀钢拱架一般应分为 2～6 节，并保证接头刚度，节数应与断面大小及开挖方法相适应，每榀钢拱架之间应设置不小于 ϕ22 的钢拉杆。

⑤当围岩变形量较小或只允许围岩有小量变形时，钢拱架可以设计为固定型。当围岩流动性强、变形量大时，且允许围岩有较大变形时，宜将钢拱架设计为可缩性，其可缩节点位置宜设置在拱顶节点处。

5.5.3 钢拱架构造和制作

一、钢拱架的构造

隧道用作支护结构的钢拱架的形式较多，可采用型钢、工字钢、钢管或钢筋制成，现场一般采用钢筋加工制作格栅拱架较多。

二、钢拱架的制作

钢拱架一般在现场制造，采用冷弯或热弯加工焊接而制成。钢筋格栅钢拱架的腹部八字单元可以在工厂压制，装运到隧道施工现场按比例为 1∶1 的胎模热弯加工及焊接或铆接而成。钢拱架加工后要进行试拼，拼装允许误差沿隧道周边轮廓线的误差不大于±3 cm、平面(翘曲)应小于±2cm、接头连接要求每榀之间可以互换，即采用冷弯、冷压、热弯、热压、电焊加工制作钢拱架构件时，要求尺寸准确、弧形圆顺、结构安全可靠；钢拱架的截面尺寸，应满足强度、刚度、稳定性的要求。故此，应按设计计算要求进行选材、加工、制作及检算验收等。

5.5.4 钢拱架安设与施工

①钢拱架应按设计位置安设，钢架之间必须用钢筋纵向连接，钢拱架与围岩之间应尽量接近，留 2～3cm 间隙作为保护层，在安设过程中当钢拱架与围岩之间有较大的间隙时，应设垫块垫紧。

②钢拱架应垂直于隧道中线，上下左右偏差应小于±5cm，其垂直度允许误差为±2°。

③钢拱架的拱脚应有一定的埋置深度，以保证拱架脚的稳定(少沉降、少挤入)。一般可以采取的措施有垫石、垫板、纵向托梁、锁脚锚杆等。

④钢拱架的安设应在开挖后的 2h 内完成。

⑤钢拱架应尽可能多地与锚杆露头及钢筋网焊接，以增强其联合支护效应。

⑥可缩性钢拱架可缩性节点不宜过早喷射混凝土,应待收缩合拢后,再补喷射混凝土。

⑦喷射混凝土时,应注意将钢拱架与岩面之间的间隙喷射密实。

⑧喷射混凝土应分层分次喷射完成,初喷混凝土应尽早进行,复喷混凝土应在量测指导下进行,以保证其适时、有效。

5.6 混凝土衬砌施工

在隧道及地下工程中常用的支护衬砌形式主要有:整体式衬砌、复合式衬砌及锚喷衬砌。整体式衬砌即为永久性的隧道模注混凝土衬砌(常用于传统的矿山法施工)。复合式衬砌是由初期支护和二次支护所组成,初期支护是帮助围岩达到施工期间的初步稳定,二次支护则是提供安全储备或承受后期围岩压力;初期支护按主要承载结构设计与施工,二次支护在 III 级及以上围岩时按安全储备设计,在 IV 级及以下围岩时,则按承受后期围岩压力结构设计与施工,并均应满足构造要求。锚喷衬砌的设计基本上同复合式衬砌中的初期支护的设计,只是增加一定的安全储备量(主要适用于 III 级及以上围岩条件)。

由于地质条件复杂多变,尤其是在稳定性很差的 V～VI 级围岩中,单靠工程类比法进行作为安全储备的二次支护是在围岩或围岩加初期支护稳定后及时施作的,此时隧道已成型,因此二次支护多采用顺作法,即由下到上,先墙后拱顺序连续灌注。在隧道纵向需要分段支护,分段长度一般为 9～12m。二次衬砌多采用模注混凝土作为内层衬砌结构。由于时间因素影响很多,二次衬砌和仰拱的施作,直接关系到衬砌结构的安全。过早施作会使二次衬砌承受较大的围岩压力,拖后施作会不利于初期支护的稳定。因此,在施工中通过监控、量测,掌握围岩与支护结构的变化规律,及时调整支护与衬砌设计参数,并确定二次衬砌和仰拱的施作时间,使衬砌结构安全可靠。

5.6.1 混凝土衬砌施工工艺

整体式衬砌可分为混凝土衬砌和钢筋混凝土衬砌两大类。主要作业包括模板、钢筋(混凝土衬砌不含有钢筋作业)和混凝土三大作业,其施工工艺过程见图 5-25。

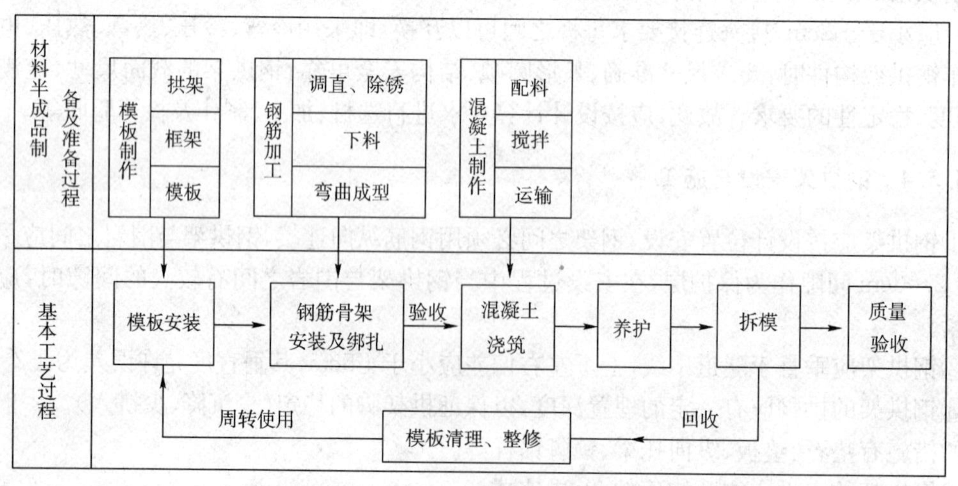

图 5-25 衬砌施工工艺过程

5.6.2 模板工程

在毛洞开挖完成后，为了修筑一定形状的混凝土或钢筋混凝土衬砌，必须先架设由模板和支撑系统（包括拱架、框架）组成的临时性结构物，这一工程叫做模板工程。模板的作用：一是承受新浇筑混凝土产生的荷载和施工过程中的其他荷载；二是使浇筑的混凝土准确成型，符合设计要求。

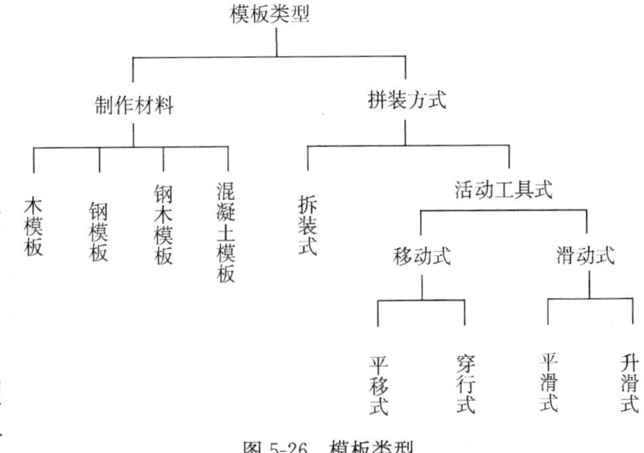

图 5-26　模板类型

一、模板的类型和构造

（1）模板类型

模板的类型很多，可按不同制作材料和拼装方式进行分类如图 5-26 所示。

（2）模板构造

不管是拆装式或活动工具式模板，从总体上看都是由与混凝土接触的模型板（通常称模板）和支撑结构系统两部分组成。前者系保证混凝土衬砌尺寸和准确成型，并承受混凝土的分布荷载；后者则系将上述荷载再传递给地基。

①拆装式模板的构造。以平洞的模板为例，拆装式模板由模板和支撑系统（又包括拱架和框架）组成。

a. 拱架：拱架是拱部模板的主要承重构件，常采用有木拱架、钢拱架、钢木混合拱架等几种。

木拱架一般采用桁架结构。如图 5-27 所示为整底梁式木拱架，适用于小跨度的洞室。

钢拱架的主要优点是重复使用次数多，占用的净空少，在较大的洞室施工中应用尤为经济。钢拱架使用较多的有型钢拱架和轻便钢拱架等。型钢拱架一般用旧钢轨、工字钢或槽钢制成，能承受较大的荷载。如图 5-28 所示为用旧钢轨制成的钢拱架。轻便钢拱架大多采用圆钢筋焊成，拱架截面为三角形，如图 5-29 所示，目前较多地应用于净跨为 8～10m 的洞室衬砌施工中。跨度较大的钢拱架，可根据其弧长分成若干节段拼接而成，拼接接头可用连接板拼接或对接拼接形式。

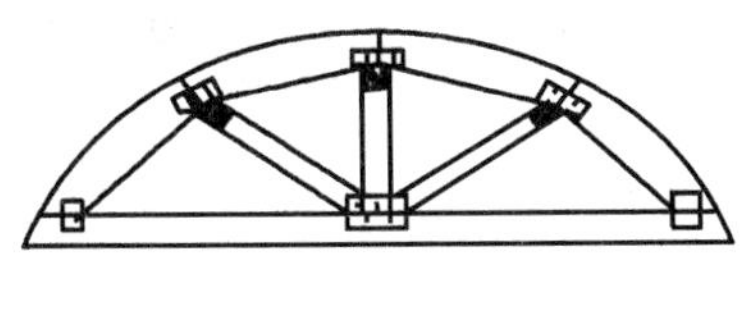
图 5-27　整底梁式木拱架

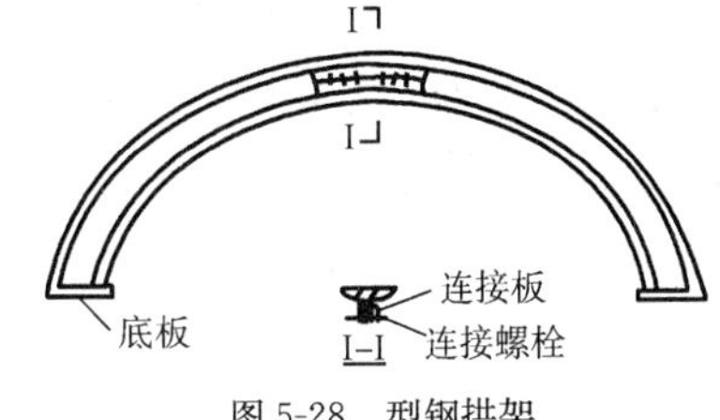

图 5-28　型钢拱架

b. 框架：框架也叫侧墙模架，既承受拱架部分传来的垂直荷载，又承受侧墙部分传来的水平荷载，由立柱、纵梁和支撑等组成，如图 5-30 所示。

c. 模板：平洞的模板包括拱部模板和侧墙模板，如图 5-31 所示。按制作方法分有散装模板和组合模板两种。散装模板的安装是将加工好的板料直接钉在模架上；组合模板是按一定规格要求预先加工制成，安装时再安设在模架上。组合模板装拆方便、迅速、安装质量高、用料省，所以除特殊部位用散装模板外，一般均应采用定型化标准模板。长度应取为拱架间距的整数倍，一般为2～3倍拱架间距。

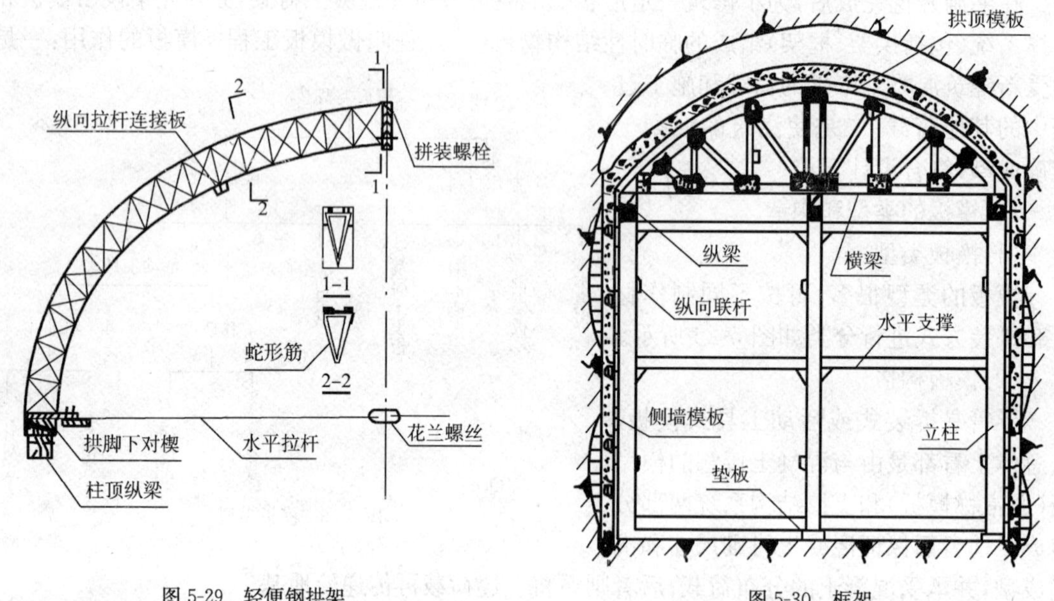

图5-29 轻便钢拱架

图5-30 框架

②活动式模板的构造。活动式模板在断面固定的长洞室衬砌施工中的应用，对提高衬砌施工机械化作业，加快施工进度，节约模板材料等有重要意义。这里仅介绍目前应用较多的平移式活动模板，见图5-32。

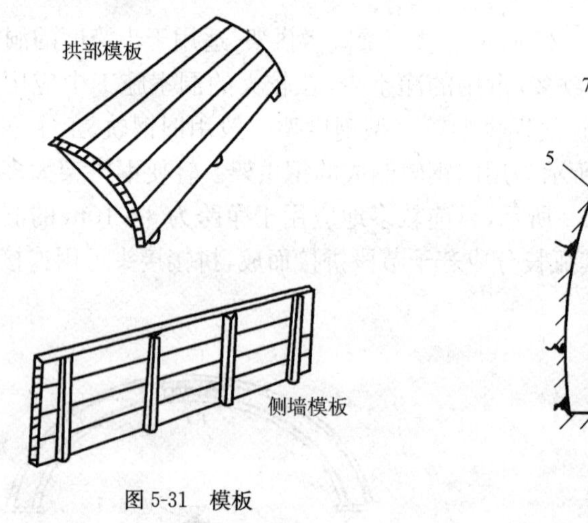

图5-31 模板

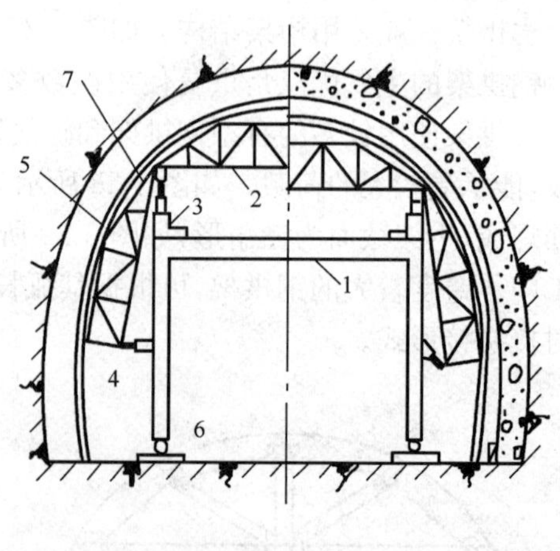

图5-32 平移式活动模板

1-台车排架；2-模架；3-电动蜗杆千斤顶；4-手动螺旋千斤顶；5-钢拱架及模板；6-轨道；7-单向铰

平移式活动模板在一个浇筑段上使用时，固定台车，用调幅装置将模板撑开，并准确定位。混凝土浇筑完成后，需经过必要的养护时间才能脱模，并整体移动到下一浇筑段使用。模板的形式很多，但基本构造是由模板、模架、台车排架、调幅装置和轨道线路构成。

a.模架：相当于拼装式模板中的拱架。模架用型钢制成，间距一般在1 m左右。模架间设置肋条，肋条上铺设模板，所在活动式钢模板是一个包含有模架、肋条的整体外壳。

b. 台车排架(简称车架):车架是一个空间结构,下部可以通过斗车或其他运输工具。在衬砌施工过程中,用来支撑模架;在移动模板时,作运载工具用。

c. 调幅装置:调幅装置是指设置在车架上的千斤顶,用以张开或收拢模板,并调节幅员尺寸及水平标高。

d. 轨道线路:由于移动式活动模板重量以及施工时所受的荷载都比较大,外形又接近于衬砌净空,所以对轨道线路要求较高。一般采用 30kg 以上的钢轨,枕木间距不大于 50cm,地基要稳固,线路要平直,以避免线路不均匀下沉而引起衬砌质量事故和移动模板时发生故障。

二、模板的安装与拆除

(1)模板安装

为了保证洞室轴线方向和坡度准确,在安装模板前应将洞室轴线、边墙轴线和标高轴线测设在洞室底部和岩壁上,并在设置立柱的下方、近轴线方向和设计坡度浇筑混凝土地梁(或设置垫板),然后在混凝土地梁上测出侧墙内线,作为立模的依据。

以拆装式模板为例,模板的安装顺序系由下到上,由框架、拱架到模板进行。安装时立柱、拱架必须垂直,并加临时斜撑固定,用对楔调整好位置及标高后再用支撑固定。

模板安装应根据不同的地质条件和底部虚渣情况,在高度方向预留必要的沉落量。在跨度方向,为了防止浇筑混凝土时模板受力产生后向内位移,支撑时宜向外扩展 10～20mm。

对于有较大偏压的地段,拱部模板与围岩之间应设置支撑,以防模板受力不均匀而位移变形。

(2)模板拆除时间

模板拆除时间是决定模板周转快慢的关键,所以拆模时间应尽量缩短。拆模时间与混凝土硬化条件、模板受力情况、结构跨度及其所处的地质条件,以及水泥品种、强度等级等有关。一般不承重的侧墙模板,混凝土强度达到 2.5MPa 后方可拆除。拱部承重模板,跨度在 2m 及 2m 以下时,混凝土强度达到设计强度的 70%后,才能拆除;跨度在 8m 以上,或地层松软破碎时,混凝土强度必须达到设计强度后,才能拆除。

5.6.3 钢筋工程

钢筋工程包括钢筋加工和钢筋骨架的绑扎安装两部分作业,前者一般在加工厂进行,后者在施工现场进行。

一、钢筋加工工艺过程

钢筋加工的工艺过程一般如下:

调直除锈→下料→接头→弯曲。

(1)调直除锈

(2)下料

设计图上标出的钢筋长度,都为钢筋的轴线长度。实际上,钢筋在弯曲时轴线会伸长,其伸长量与钢筋的直径、弯曲角度有关。钢筋的理论伸长量:当弯曲角为 45°时,伸长 $0.5d$(d 为钢筋直径);90°时,伸长 $1d$;180°时,伸长 $1.5d$。故在实际下料时,应根据试弯,并扣除伸长量后确定下料长度。

(3)接头

当钢筋长度不够或绑扎不便,截断的钢筋需要接长。钢筋接头处是钢筋抗拉或抗压强度最薄弱的环节,因此应尽量将钢筋接头布置在构件受力最小的部位。

接头的方法有绑扎搭接和焊接两种。直径大于 16mm 的钢筋接头，一般采用焊接；直径在 16mm 以内的钢筋接头，可以采用绑扎搭接。

(4)弯曲

钢筋弯曲包括钢筋成型和端部弯钩的弯制。

拱部钢筋成型采用放大样弯制，施工中要考虑钢筋的弹性恢复量，所以需经过试弯确定弯曲量。

绑扎骨架中的受力光面钢筋端部都必须有弯钩，目的是为了增加钢筋与混凝土之间的黏结力。常见的弯钩形式有半圆形弯钩、直角弯钩和斜弯钩 3 种，弯钩的尺寸要求见图 5-33。绑扎骨架中的轴心受压光面钢筋、非轴心受压的直径在 12mm 以下的受压钢筋，以及规律变形钢筋可不作弯钩。

钢筋弯钩的弯制可在工作台上用钢筋扳手进行，大直径钢筋和钢筋批量大时，用弯筋机弯制，以提高工作效率和减轻劳动强度。

二、钢筋的绑扎

绑扎前，作业人员应熟悉图纸，了解钢筋网的结构形式，拟定绑扎顺序和方法。检查现场各类钢筋的直径、长度、形状和数量是否符合设计图纸要求。此外，还需要检查标高、净空尺寸和围岩的欠挖情况。模板内的杂物也应清除干净。

绑扎钢筋通常按侧墙、拱部和底板的顺序进行。绑扎时要求位置准确、绑扎牢固。绑扎结点最好按梅花形布置，相邻两绑扎结点的绑扎铁丝方向成八字形，如图 5-34 所示，以免钢筋网发生扭曲。

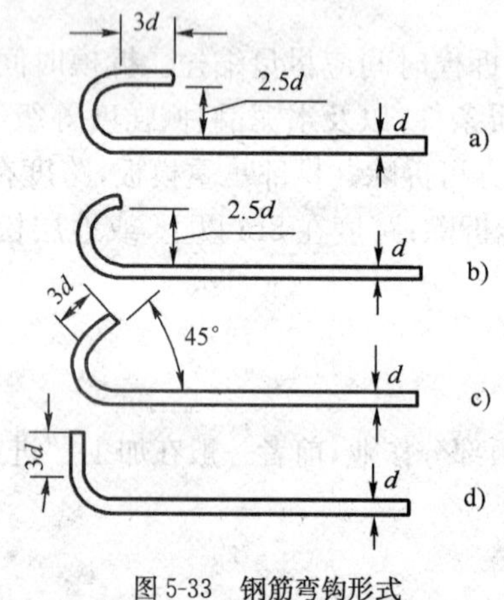

图 5-33 钢筋弯钩形式

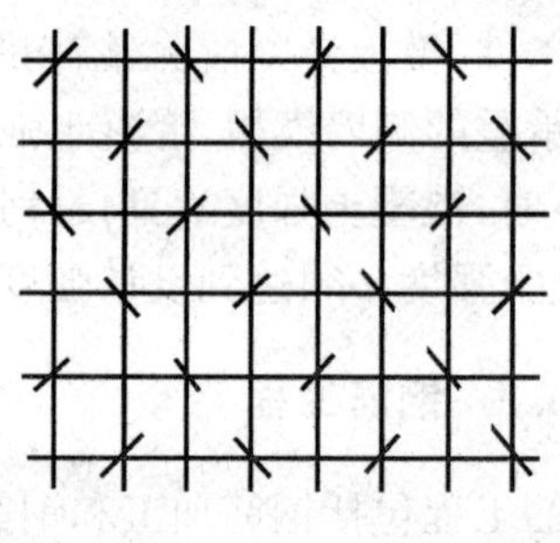
图 5-34 钢筋绑扎法

5.6.4 混凝土工程

混凝土工程是整体式衬砌施工的主要作业。混凝土工程的施工质量，直接影响到混凝土的强度、耐久性以及地下建筑的正常使用。混凝土作业也是地下建筑施工中劳动条件最差的作业之一。因此，在整体式衬砌施工中，应把工作重心放在混凝土作业上，并努力提高机械化施工水平，以改善劳动条件。

一、混凝土施工技术一般要求

(1)泵送混凝土施工技术的一般要求

①坍落度。从泵送顺利的角度考虑，混凝土坍落大一些为好，但单位用水量过大不利于提高混凝土强度，也容易产生干缩裂缝。振捣时通常应为 10～15 cm；不振捣时通常应为15～21 cm。

②单位水泥最小水泥用量。地下工程中泵送混凝土的单位水泥用量一般为 300kg/m³ 左右。水泥含量过少又无其他措施配合(如加硫化剂)时,混凝土缺乏润滑作用,不利于泵送。管径分别为 100、125、150mm 时,其最小水泥用量分别为 280、290、300kg/m³。鲁布革水电站引水隧洞衬砌施工初期曾采用 270kg/m³ 的水泥用量,因泵送阻力大,不时发生堵塞而停用,后改用了 280～290kg/m³ 的水泥用量才比较顺利。

③骨料的级配。泵送混凝土的粗骨料宜连续级配,卵石较好,碎石较差,如果尖削细长或薄片形的成分过多,对泵送是很不利的。砂以连续级配的河沙为好,细度模数 2.4～3.0 为宜。泵送混凝土的砂率一般以 36%～42%为好。粗骨料的最大粒径也取决于输送的尺寸,一般应控制卵石的最大粒径不超过管径的 40%,碎石的最大粒径不超过管径的 1/3。

④泵送物含气量应为 5%左右为宜。

(2)普通防水混凝土施工技术要求

采用的水泥标号不应低于 32.5 号;水用量不得少于 280kg/m³(无外掺料);水灰比不应大于 0.6,灰砂比不应小于 1∶2.8;细骨料宜用中砂,其砂率应高于普通混凝土 5%～8%;混凝土中粒径 0.16mm 以下的砂,应占骨料总重量的 5%左右。

(3)泵送防水混凝土施工技术要求

泵送防水混凝土施工,除应按前述泵送混凝土施工技术要求进行外,尚应满足下列要求:采用的水泥标号不应低于 32.5 号;水泥用量为 360kg/m³(无外掺料);骨灰比宜采用 5∶1,灰砂比不应小于 1∶2.8(冬季施工时,应适当降低水灰比);砂率应高于普通防水混凝土 5%左右;每立方米混凝土中,粒径 0.315mm 以下的砂不得少于 400kg;外加剂宜选用减水缓凝型,其掺量应冬夏有别,冬季施工时应掺用加气剂。

二、混凝土制备

(1)配料

配料就是将胶结材料,骨料和拌和水按配合要求量取。配料时一要严格控制加水量,以保证水灰比的正确性;二要定期检查、校正衡器,使称量正确。

(2)搅拌

为保证混凝土质量,混凝土应采用机械搅拌。搅拌机按工作原理可分为自落式和强制式搅拌机两类。强制式搅拌机用于拌和干硬性混凝土。自落式搅拌机用于拌和低流动性混凝土和塑性混凝土。地下建筑工程中大多采用自落式鼓筒搅拌机,其原理是利用鼓筒内壁的固定叶片,在鼓筒回转过程中,将拌和物带起,旋转至顶部后,拌和物靠自重落下,如此多次反复,将混凝土拌和均匀。鼓筒转速一般为 15～18 转/min,转速过大,将产生过大的离心力,阻碍拌和物的自由坠落,影响正常搅拌。

混凝土的搅拌时间,一般根据搅拌机的性能和拌和物的要求确定。拌好的混凝土应混合均匀,颜色一致,石子表面应为砂浆包裹。发现出料情况不符合上述要求时,可以适当延长搅拌时间。

三、混凝土运输

对混凝土的运输,尤其是使用容器式运输设备,必须符合以下要求:

①不得产生分层离析现象,以免破坏混凝土的均匀性。

②保证混凝土运至浇筑地点时,仍具有较好的流动性,其坍落度的降低值不得超过原规定的 30%。

③从搅拌机出料到捣固定完毕的全过程,不得超过混凝土的初凝时间。

混凝土输送泵是目前运输和上料效率最高的设备，也是快速衬砌工艺中的主要设备之一，在施工中已得到广泛使用。

混凝土搅拌车是一种用于长距离运送混凝土的运输机械，它能防止运送过程中混凝土产生离析现象。它通过自身或外部提供的动力，在行走过程中，不停地转动容器，使容器内的混凝土不断地搅拌，避免了运输过程中的离析。隧道用混凝土搅拌车有无轨与有轨两种形式，一般在隧道超过1 000m以上才使用。

搅拌车的搅拌与卸混凝土与混凝土搅拌机相似。搅拌车一般与混凝土输送泵、移动式模板台车联用，形成机械化作业线。

选择混凝土运输方式和机械，应根据上述技术要求，并结合工程特点、水平及垂直运输距离、混凝土工程量、浇筑速度、现有机具设备和气候情况等因素确定。施工中常用的运输方式如图5-35所示。

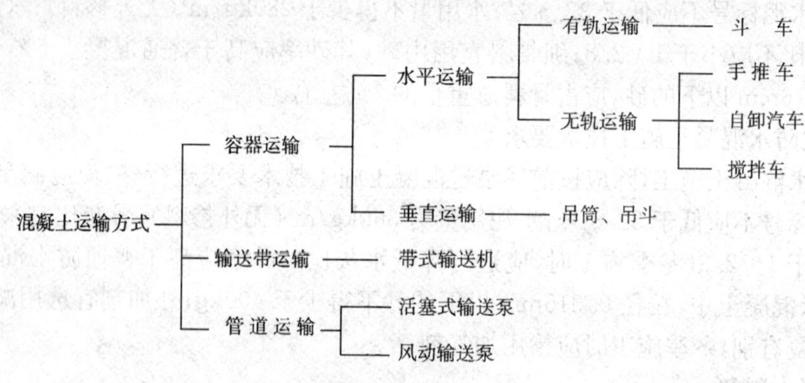

图5-35　浇筑混凝土施工中常用的运输方式

四、混凝土浇筑方案

衬砌混凝土的浇筑方案主要需确定混凝土的浇筑方式、浇筑分段长度和混凝土的浇筑强度(每小时浇筑量)。并据以进行混凝土搅拌、运输、捣固等作业的组织。

对于使用拆装式模板来说，混凝土浇筑方式有分段浇筑和连续浇筑两种。分段浇筑是把整个洞室在长度方向分成大致相等的若干段，每一段是连续浇筑的，段与段之间设置施工缝(或结合变形缝分段)。连续浇筑是沿洞室纵向长度连续浇筑，不留施工缝，如引洞浇筑、罐帽浇筑以及用滑模浇筑的竖井等。

浇筑分段长度，从防水要求出发宜长一些，以减少渗漏水的薄弱环节——环向施工缝。但考虑到混凝土干缩应力和温度应力可能引起衬砌裂缝，分段长度又不宜过长。另外，还必须根据施工技术装备条件、劳动力数量、每一分段的混凝土工程量和连续作业时间等因素来确定。一般分段长度为15m左右，大跨度地下工程采用跳格开挖、跳格衬砌时，分段长度可减少到4～8m。中、小跨度的地下工程，分段长度可增大到20m左右。

对于移动式模板或钢模台车来说，分段长度可看成台车长度或浇筑一模的长度，因而可根据工期要求来确定分段长度和同时使用的钢模台车的台数。

设隧道浇筑长度为L(m)，工期为t(月)，同时浇筑的台车有n台，则每月浇筑计划量为：

$$P=k\frac{L}{t}=\frac{30}{T}L_{c}n \tag{5-15}$$

式中：P——每月计划浇筑量(m)；

k——大于1的系数；

T——完成一模的浇筑时间(d)；

L_c——浇筑分段长度或台车长度(m)。

则台车长度：

$$L_c = \frac{kLT}{30tn} \tag{5-16}$$

浇筑分段长度确定后，就可计算出各个浇筑段的混凝土浇筑工程量。从而计算出混凝土的浇筑强度，即：

$$M \geqslant \frac{Q_{max}}{24T}n = \frac{(S_2 - S_1)L_c}{24T}n \tag{5-17}$$

式中：M——混凝土浇筑强度(m^3/h)；

Q_{max}——浇筑段的最大混凝土浇筑工程量(m^3)；

S_2——洞毛断面面积(m^2)；

S_1——洞净断面面积(m^2)；

其他符号同上。

根据确定的混凝土浇筑强度，就可以据此组织混凝土搅拌站，选择运输方式和机具，以及确定浇捣方式和捣固机具的数量等。

五、混凝土浇筑及捣固

混凝土浇筑包括浇筑和捣固两个施工过程。把混凝土拌和物注入模板中的过程，叫做混凝土浇注。浇注入模的松散状的混凝土拌和物，经振动或其他方式使其变成密实状态的过程，叫做混凝土的捣固。

(1)混凝土浇筑技术要求

混凝土浇注和捣固得如何，直接影响混凝土的密实性和整体性。所以，混凝土浇注应充满模板，振动密实，钢筋位置正确，保护层厚度符合设计要求，拆模后混凝土表面平整光滑，无蜂窝、麻面、露筋等缺陷，切实做到内实外光。为达到上述要求，在施工中应认真做到以下几点：

①混凝土必须有次序和均衡地分层浇注，以便于混凝土捣实和不使模板受力不平衡而发生位移变形。

②必须保证浇注的连续性。混凝土浇注层之间的时间间隔，应能使混凝土在前一层初凝前浇捣完毕，以使衬砌具有较好的整体性。如遇特殊情况，作业必须中断时，若间歇时间超过2 h者，即应按施工缝要求留设接缝。

③混凝土浇注时不应发生离析现象，使混凝土获得较好的匀质性和密实性。

(2)浇筑顺序

洞室衬砌包括侧墙、拱部和底板三部分，它们的浇筑顺序与开挖方案有关，有先墙后拱法、先拱后墙法、墙拱一次施工法等。洞室底板一般在最后进行浇筑，当设计要求底板必须与侧墙整体浇筑时，则先浇筑底板。

洞室衬砌的纵向分段，可随开挖作业由外向内逐段浇筑，也可待开挖作业基本结束后，由内向两端逐段进行衬砌。底板浇筑一般由外向内逐段浇筑，边浇注，边捣固，边抹平。

浇筑侧墙混凝土时，要两侧混凝土保持对称地均匀上升，以免模板受力不均匀而倾斜或移动。

浇筑拱部混凝土时，一般由两侧拱脚开始，保持一定的坡度，对称地向拱顶中央成“八”字形浇筑，如图 5-36a)所示，这样最后封顶时有利于作业人员逐步撤出。当浇筑钢筋混凝土衬砌时，由于上述方法施工不方便，一般就改用水平分层浇筑封顶，如图 5-36b)所示。

整体式衬砌封顶时，自拱脚衬砌混凝土浇筑到顶部汇合时，改为沿洞室轴线方向进行浇筑、封口。当衬砌浇筑到最后一个连接段时，只能在拱顶中央留一个 50cm×50cm 的孔洞，采用死封口封顶。死封口封顶是在衬砌混凝土结硬后，先拆除孔洞四周模板，然后在封口下面支设模板，并设置压浆管，经过压浆管压入混凝土进行封顶。

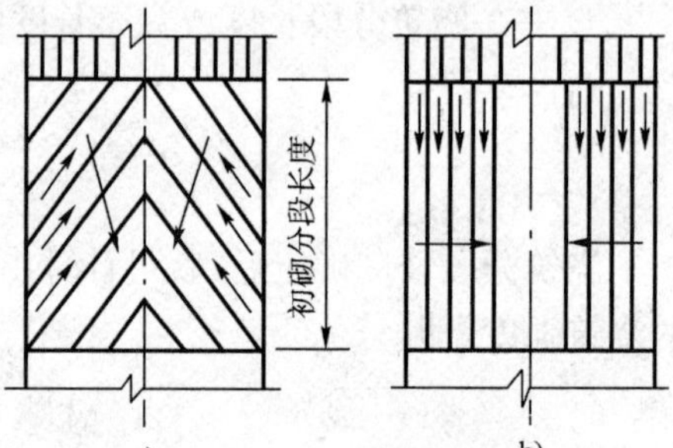

图 5-36　拱部浇筑顺序

(3)混凝土捣固

混凝土的捣固方法分人工捣固和机械捣固两种。地下工程中以采用机械捣固为主。捣固机械的形式很多，按其工作方式有插入式内部振捣器、表面(平板)振捣器、外部振捣器等。地下建筑施工中应用得最多的是插入式内部振捣器，主要用于侧墙和拱部混凝土捣固。浇筑洞室底板时，则采用平板振捣器。

机械捣固利用强烈的机械振动，克服混凝土拌和物颗粒间的摩擦力和黏聚力，获得较高的流动性，使骨料在自重作用下互相滑动下沉，排列紧密，同时骨料间的空隙被流动性很大的砂浆填满，混凝土中的空气形成小泡上浮，从而形成密实的混凝土层。此外，拌和物在振动作用下填满模板的各个角落，达到设计要求的形状和尺寸。

六、混凝土拆模与养护

(1)模板拆除时间与技术措施

①模板拆除时间

模板拆除时间是决定模板周转快慢的关键，所以拆模时间应尽量缩短。拆模时间与混凝土硬化条件、模架受力情况、结构跨度及其所处的地质条件，以及水泥品种、强度等级等有关。一般不承重的侧墙模架，混凝土强度达到 $25kg/cm^2$ 后方可拆除。拱部承重模架，跨度在 2m 及2m以下时，混凝土强度达到设计强度的 50%后，才能拆除；跨度在 2m 以上至 8m 时，混凝土强度达到设计强度的 70%后，才能拆除；跨度在 8m 以上，或地层松软破碎时，混凝土强度必须达到设计强度后，才能拆除。

对于移动式模架台车衬砌，由于使用的早强剂，一般拆模时间较短，美国混凝土协会(ACT)建议的最短拆模时间应根据经验和试件强度确定。对于外露混凝土面最短的拆模时间不得小于 12h，对于施工缝处不得短于 8h，当未设排水孔而可能在岩面与混凝土衬砌之间形成集水时，不要过早拆模。

②缩短拆模时间的技术措施

为了提高衬砌速度、节省模架、提高模架周转率，必须缩短拆模时间。由于洞室内温度变化不大，自然养护不可能加速混凝土硬化；采用高强度等级硅酸盐水泥，虽可提高早期强度，缩短拆模时间，但效果没有采用蒸汽养护和掺加早强剂好。地下工程一般不采用蒸汽养护，而采用掺加早强剂的办法来缩短拆模时间。如掺入水泥重量的 0.5%的氯化钠时，3～4d 的混凝土强度即可达到设计强度的 70%。

(2)混凝土的养护

为了给混凝土创造适宜的硬化条件，防止其发生不正常的干缩，混凝土浇筑后必须进行养护。混凝土的养护，除保证混凝土在凝结硬化期间有足够的湿度和适宜的温度外，还应保证混凝土在强度未达到 1.2 MPa 时，不得受撞击和振动，以免产生开裂和掉角。

养护方法有喷水自然养护、蒸汽养护和薄膜养护。

地下建筑施工中常用的是喷水自然养护。在混凝土浇筑完毕 12 h 后，即开始进行喷水养护。干硬性混凝土或夏季高温时的洞外工程，应于混凝浇筑完毕后立即覆盖，并加强喷水养护。对养护用水的要求与搅拌用水相同。喷水养护时间根据工程地段、气温情况和水泥品种等条件确定。用普通水泥时，洞室内部不得少于 7d，颈部不少于 10d，口部不少于 20d。用火山灰质水泥、矿渣水泥或掺外加剂时，洞室内不少于 14d。对于有抗渗要求的混凝土不得少于 14d。每天喷水次数以能保持混凝土具有足够的湿润状态为度。

七、施工缝及变形缝的处理

(1)施工缝处理

施工缝有预留施工缝和间歇施工缝两种。预留施工缝是两段衬砌之间的结合缝。间歇施工缝是由于特殊原因造成混凝土作业中断 2h 以上留置的施工缝。施工缝是可能造成混凝土衬砌渗漏的薄弱环节，故应尽量少设。

①预留施工缝处理：地下建筑衬砌是分段浇筑的，不可避免地要设置环向施工缝。预留施工缝的设置应尽量与变形缝设置结合考虑，以简化施工缝的处理。预留施工缝处理的一般方法是将先浇混凝土断面凿毛，用水冲洗干净。后续浇筑混凝土时应特别注意接缝处混凝土的捣实。

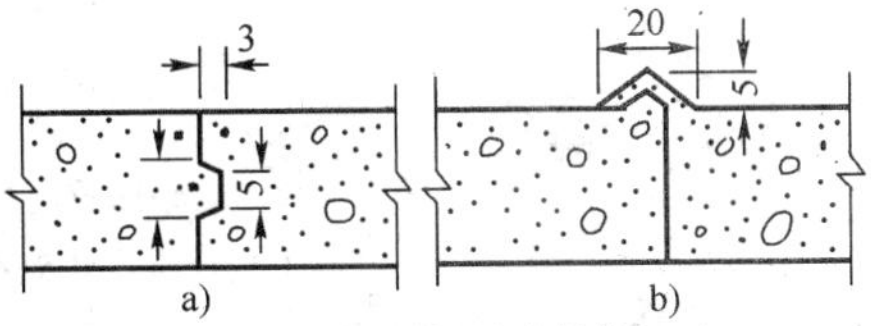

为使施工缝提高防水性能，常在混凝土衬砌断面作适当的构造处理。如图 5-37 所示，对侧墙断面作成梯形凹凸槽，对拱部断面作搭接接头。

图 5-37　施工缝(尺寸单位：cm)

a)边墙施工缝；b)拱部施工缝

如图 5-38 所示，为除作搭接接头外，在浇筑前一段衬砌时，在接缝处外侧设置一层混凝土预制板(厚约 3cm，宽 50cm，高等于起拱线高)。重要工程的严重渗水地段，可如图 5-39 所示，在衬砌的断面上沿环向设置一圈外涂沥青，厚约 2mm 的钢板止水片。

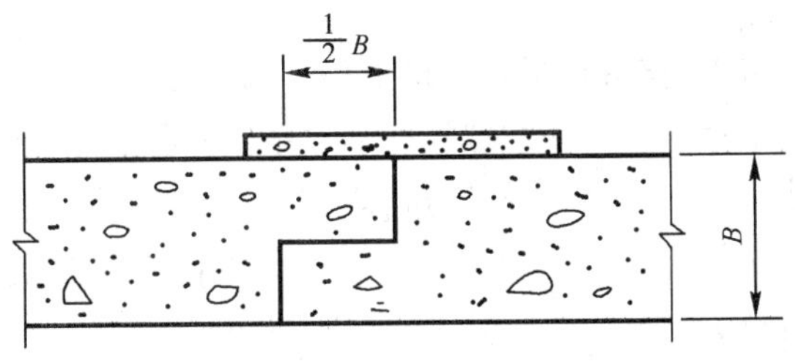

图 5-38　外贴预制板施工缝

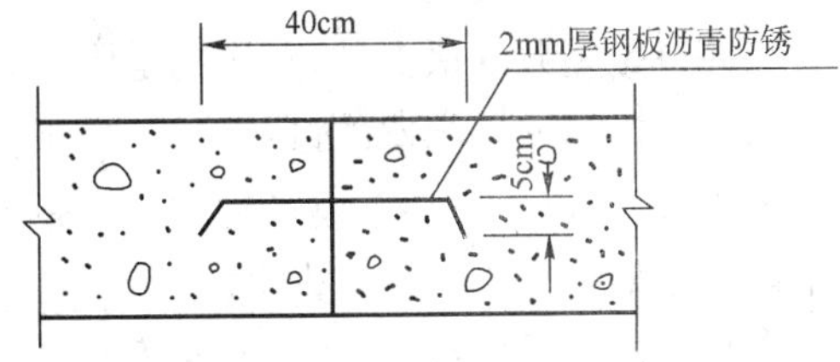

图 5-39　钢板止水片施工缝

②间歇施工缝处理：当上下两层混凝土的浇筑间歇时间超过 2 小时，须待前层混凝土强度达到 1.2 MPa 后，将表面经过凿毛，冲洗干净，方可浇筑新层混凝土。

(2)变形缝处理

为避免混凝土衬砌因温度变化、胀缩变形或地质条件变化而产生不均匀的沉降，必须沿纵向轴线，相隔一定距离设置变形缝，以保证各段衬砌能自由地变形。变形缝包括伸缩缝和沉降缝两种，根据其变形要求选用，但必须同时满足变形和防水要求。

①填缝式变形缝：填缝式变形缝，如图 5-40 所示，一般采用预制油毡纸，预制石棉沥青木丝板等直接嵌填在缝内，内侧再用防水胶膏(玛脂)和环烷酸、水泥拌和物等填实。

②止水片(带)变形缝：防水要求较高的变形缝，可沿整个缝设罩一环镀锌钢板止水片或橡胶止水带，见图 5-41。钢板止水片适用于衬砌沿轴线方向的变形，橡胶止水带适用于任意方

向的变形。

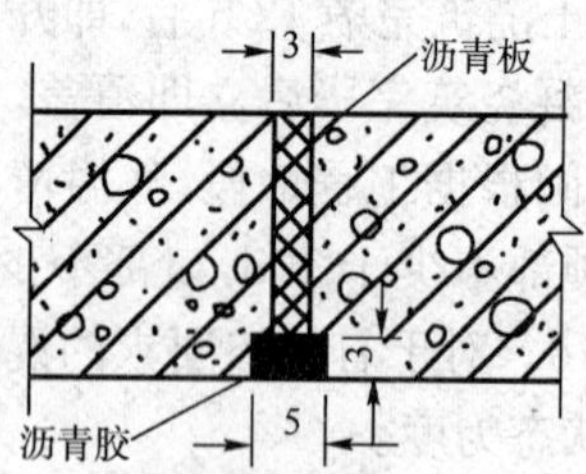

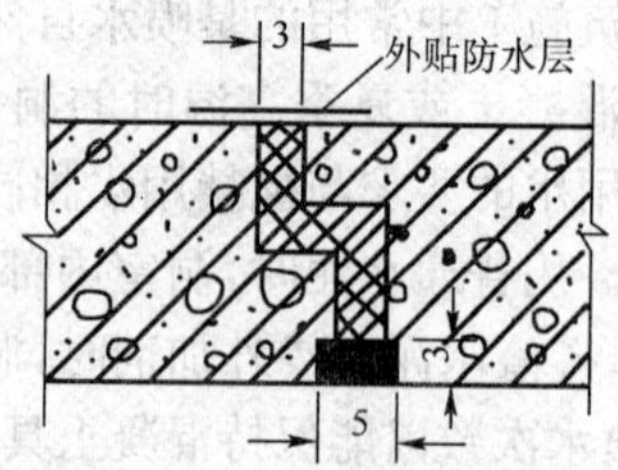

图 5-40 填缝式变形缝(单位:cm)

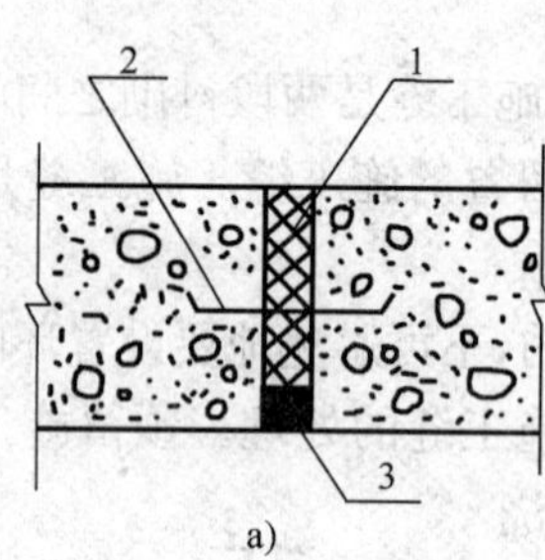

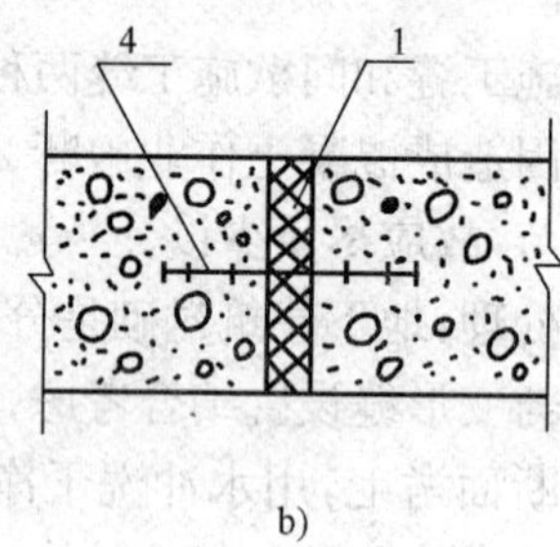

图 5-41 变形缝

a)钢板止水片变形缝;b)橡胶止水带变形缝

1-浸沥青木丝板;2-钢板止水片;3-沥青胶;4-橡胶止水带

钢板止水片和橡胶止水带变形缝施工时,要求埋设位置准确,接头处混凝土应振捣密实。这种变形缝处理方式,虽止水效果较好,但端头模板制作较复杂。

5.6.5 竖井衬砌施工

竖井主要包括:井口、井筒及井筒与水平洞室的连接段三大部分组成。

一、井口衬砌施工

井口是竖井的最上部,其作用是固定竖井的起点,支持悬吊在井口上的一部分临时支撑和井筒。井口和水平洞室的口部一样,处于松软而不稳定的冲积层或风化岩层中,地层的水平压力相当大,加以井口临时建筑物和地面施工荷载的影响,所以在施工过程中要特别注意容易发生井口塌陷。为了防止发生事故,竖井施工一般先修筑带锁口圈的井口。由于竖井要连通地下水平洞室,所以竖井中线及方向传递必须精确测定。

二、井筒衬砌施工

井筒衬砌施工应根据工程地质条件,开挖方案及施工机具来确定,一般自上而下地开挖(扩大)竖井时,衬砌也自上而下地分段浇筑。但每一衬砌段是由下而上地架设模架,并浇筑混凝土。每一段都要构筑壁座,以支承该衬砌自重和施工荷载,如图5-42a)所示。井筒衬砌模架为非承重模架,所以混凝土浇筑完毕后 2～4 昼夜以后,便可拆除模架。由于竖井分段在垂直方向可长达几十米,所以临时支撑和施工安全应特别注意。

当围岩稳定,或采用反井开挖法时,可待开挖工程完成后,最后采用滑升模架一次浇筑完成,如图5-42b)所示。这样可大大加速衬砌施工速度,并不留置施工缝,有利于衬砌防水。

滑升模架,简称滑模,主要用于垂直筒壁结构的施工,地表如烟囱、电视塔等,地下工程中常用于竖井中。

如图 5-43 所示。为竖井液压滑升模架施工示意图。岩石地层中的竖井一般为素混凝土结构，所以在井口上设置井架，以悬挂、固定爬杆。如竖井衬砌为钢筋混凝土结构物时，爬杆可配制 $\phi25$ 钢筋。爬杆供液压千斤顶攀行，承受操作平台及模架系统的全部荷载。操作平台是滑模施工的主要工作场地，在平台上布置混凝土分料装置、堆放钢筋、放置振捣器、焊接设备、液压操纵设备等。模架系统由钢模板、围圈及提升架联合组成。

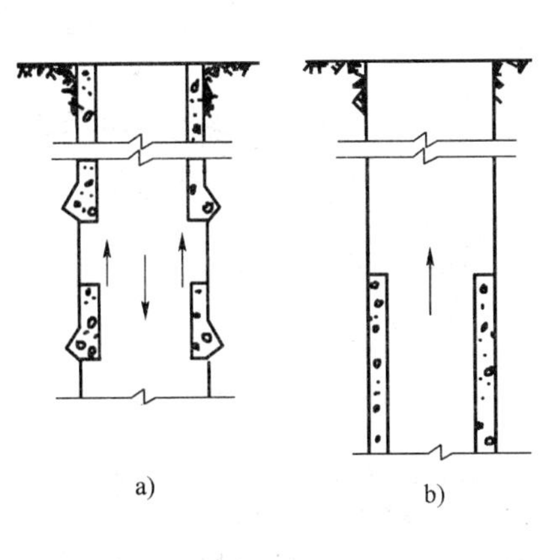

图 5-42　竖井井筒衬砌施工方案
a)由上至下逐段衬砌；b)由下至上一次衬砌

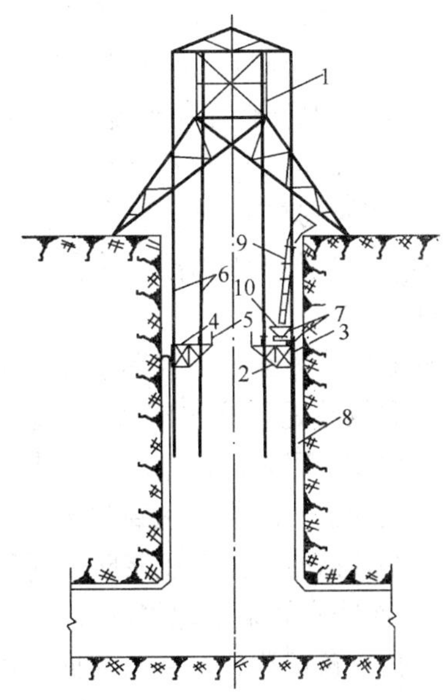

图 5-43　竖井液压滑升模架示意图
1-井架；2-模架；3-模板；4-操作平台；5-栏杆；6-爬杆；7-千斤顶；8-混凝土砌体；9-串筒；10-运输小车

三、井筒与水平洞室连接段施工

井筒与水平洞室连接段，由于开挖扰动大，围岩破碎，漏水和地层压力都比井筒或水平洞室严重，所以施工时应采用相应的措施，如制订爆破方案，加强支撑，加固围岩等，既要方便施工，又要保证衬砌质量和施工安全。

5.6.6　混凝土衬砌施工后的若干问题及其处理

一、初期支护与二次衬砌间空隙处理

混凝土衬砌浇筑完毕后，由于超挖、坍塌等原因造成初期支护内轮廓与二次衬砌外轮廓之间可能有空隙，为了使衬砌受力均匀合理，阻止地层变形和地层压力的增加，提高衬砌的抗震能力，需要将岩壁与衬砌间的超挖部分用块石回填密实。可采用以下几种办法处理，以增强初期支护与二次衬砌之间的黏结。

①采用同级混凝土回填密实。当空隙不超过允许超挖量时，或由于初期支护施工后洞体净空收敛未达到设计预留变形量时，应根据实际轮廓选择增大加宽值，或以同级混凝土回填密实。

②采用贫混凝土回填。当超挖较大，用上述方法不能满足初期支护与二次衬砌间密贴的要求时，拱脚及墙基以上 1 m 范围内采用同级混凝土回填密实，其余部分可根据空隙大小分别选用同级混凝土、浆砌片石或贫混凝土回填。

③采用背板、钢支架、钢支撑等。当为较大空隙或坍塌处，应加强初期支护，使其充分稳定后方可进行二次衬砌。此时，较大的空隙或坍塌处不宜采用一般填料，以避免二次衬砌的局部

承载过大，而应增设锚杆钢筋网喷混凝土等措施，如图5-44所示，以加强初期支护及与二次衬砌间的支撑接触。

二、衬砌混凝土壁后注浆

对于有防水或密闭要求和承受动荷载的地段，以及遇到断层破碎带，需要进一步加固地层的隧道，在衬砌混凝土后，一般可采用衬砌混凝土壁后压注水泥砂浆的办法，使衬砌与围岩结合密实，阻止地层变形和地层压力的增加，改善结构受力条件。

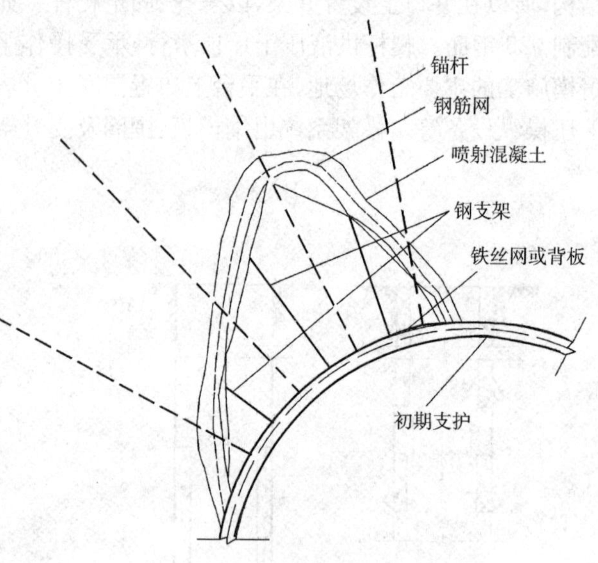

图5-44　超挖、坍塌等原因造成的空隙处理

压浆工作分为初次压浆和检查压浆两种。初次压浆是压注水泥砂浆，检查压浆是压注纯水泥浆。检查压浆是当作为防水手段的初次压浆未达到防水目的时进行的补救措施。由于压浆防水耗用水泥过多，而防水效果不理想，所以作为防水目的的压浆，应根据工程情况慎重研究采用。

压浆孔分预留孔和现钻孔两种。预留压浆孔的预留方法，是将一定长度(视浇筑层厚度来定)，内径为ϕ50mm的钢管或毛竹管，管内充填细砂，一头顶着模板，插在浇筑层内，另一头靠着岩壁或插入岩体孔内。管内充砂的目的是防止浇筑时混凝土堵塞，拆模时将管内砂子捅出；现钻压浆孔用ϕ50mm风钻钻孔，孔深入岩体10cm。钻孔时间应在混凝土强度达到70%时进行。

压浆孔成孔后，使用压浆机向孔内压砂浆。压浆次序：沿洞室纵向由洞口向洞内分段进行，每段长度不得小于20m，每段应从两侧边墙的最低一排孔同时开始，向拱顶进行压浆。渗水、漏水地层，应从无水或少水处向多水处逐孔压浆，以便包围漏水地段集中处理。

初次压浆时，当低排压浆孔压入的砂浆上升到上排压浆孔高度时，就表明上排压浆孔以下的衬砌背后空隙已填满；或者当压注压至所规定的极限压力(一般为0.4～0.5MPa)不能再压进砂浆时，即认为初次压浆已完成。

有防水要求的工程，初次压浆完成后，如果防水效果达不到设计要求时，7d后再进行检查压浆。检查压浆系填充比初次压浆时更为细小的空隙和裂缝，故须采用纯水泥浆和较高的注浆压力(一般为0.6～1MPa)。检查压浆是在注浆压力达到规定极限压力，并于15～20min后压浆孔不再吸浆，即认为检查压浆施工完毕。

压浆施工应在洞门完成并连续完成衬砌70m以上，混凝土达到设计强度后始可进行。

三、防止和减少二次衬砌开裂的主要措施

由于混凝土收缩和水泥水化发热，使混凝土灌注后温度上升，浇筑3～5d后其温度又下降等原因，使衬砌受拉超过混凝土极限强度而出现裂缝。其主要措施有：在浇筑混凝土中加减水剂、膨胀剂或用膨胀水泥。在混凝土中加减水剂、膨胀剂，可以减少单位水泥和水的用量，因膨胀剂混凝土压密实，从而减少混凝土的收缩应变等。此外，还有以下措施：

①初期支护与二次衬砌间，设置防水隔离层或低标号砂浆。设置防水隔离层或低强度等

级砂浆，可减少对二次衬砌的约束。设置防水隔离层，使衬砌支护与二次衬砌之间不传递切向力，因此对防止二次衬砌开裂有很大作用。但在铺设防水隔离层之前，应用喷射混凝土或水泥砂浆将初期支护表面大致整平，以改善二次衬砌的均匀受力条件。但是防水隔离层造价较贵，应作技术经济比较。

②改进混凝土的灌注工艺和提高其施工技术水平，并加强混凝土振捣和养护，精心施工，以提高混凝土衬砌的施工质量。可在易开裂部位加设少量钢筋，使混凝土裂缝分散而裂缝宽度不超过允许值。在改进混凝土施工工艺的同时，可放慢灌注速度，并在两侧边墙对称分层灌注混凝土，到拱脚处停止1h左右，待边墙混凝土衬砌下沉稳定后，再灌注拱部混凝土衬砌。

③一次模注混凝土衬砌环节不宜过长，以免混凝土硬化收缩使衬砌产生裂缝(模板台车一般长度为6～12m)。当混凝土灌注速度过快，沉降不均匀易产生裂缝，拱脚附近裂缝更多。在衬砌内或易开裂部位，布置少量钢筋，可减少裂缝的产生，并使裂缝分布较均匀而缝宽度不超过允许值等。

四、二次衬砌有害裂缝处理方法

隧道二次衬砌结构漏水或影响使用的裂缝应用水泥砂浆、丙烯酸、环氧树脂或环氧树脂砂浆等嵌缝和补强。根据其裂缝宽度大小，采用不同材料嵌缝：细小裂缝用丙烯酸、水泥浆或环氧树脂等涂刷和嵌缝，效果较理想；对较大裂缝，可用M10水泥砂浆或膨胀水泥砂浆嵌缝较合适有效；对大裂缝(缝宽大于5mm)，宜用环氧树脂砂浆，或采用压浆、钢筋网喷混凝土等进行补强。

5.7 隧道超前支护施工

在隧道施工中，如果围岩不能自稳，不允许开挖暴露，其施工是不可能进行的。因此，控制围岩(包括掌子面)稳定性就成为隧道开挖技术中的关键和首要问题。目前常用的方法是预加固或超前支护。隧道施工中超前支护措施如图5-45所示。

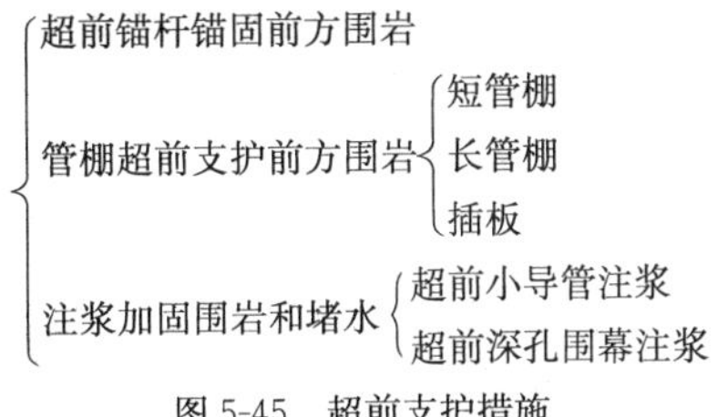

图5-45 超前支护措施

在施工过程中，对上述方法的选用应视围岩地质条件、地下水情况、施工方法、环境要求等具体情况而定，并尽量与常规施工方法相结合，进行充分的技术经济比较，选择一种或几种同时使用。

5.7.1 超前锚杆

一、隧道洞口超前锚杆加固方法

在隧道洞口段，利用地表锚杆预加固地层，较传统的密排支撑简单、有效，也较注浆加固地层简单、经济，因此得到日益广泛地应用。隧道洞口段地表的锚杆预加固方法包括以下几种类型：①洞口浅埋段竖向锚杆预加固法；②洞口仰坡表层锚杆预加固法；③洞口上方陡坎锚杆预加固法。

其适用条件及技术要点列于表5-16。

隧道洞口段锚杆加固工法 表 5-16

类　型	适 用 条 件	技 术 要 点
洞口仰坡表层锚杆	松软砂土质地层仰坡，为防止表层剥落和坍塌	沿仰坡坡面喷射混凝土，必要时加钢筋网和与坡面相垂直的锚杆
洞口上方陡坎锚杆	洞口上方仰坡陡坎岩体软弱，为稳定陡坎，确保进洞安全	在洞口陡坎上沿隧道纵向布设砂浆锚杆，必要时喷射混凝土和敷设钢筋网
洞口浅埋段竖向锚杆	洞口自然山坡较平缓，围岩为 II～III 类，为阻止山体纵向滑坍	在山坡上垂直钻孔，安设砂浆锚杆，锚杆伸至拱外缘

此类加固方法的设计要点如下。

(1)洞口浅埋段竖向锚杆加固设计参数

①锚杆长度为地面至隧道拱部外缘线之间的高度，如图 5-46 所示。

②加固横向宽度为 1～2 倍隧道跨度，也可参照破裂面方法估算，如图 5-47 所示。

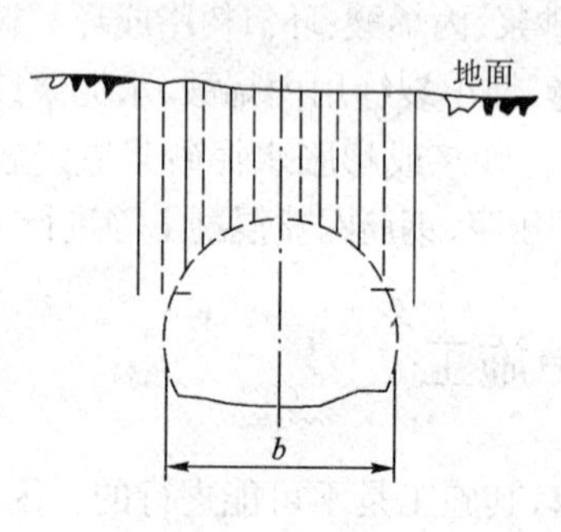

图 5-46　垂直锚杆长度

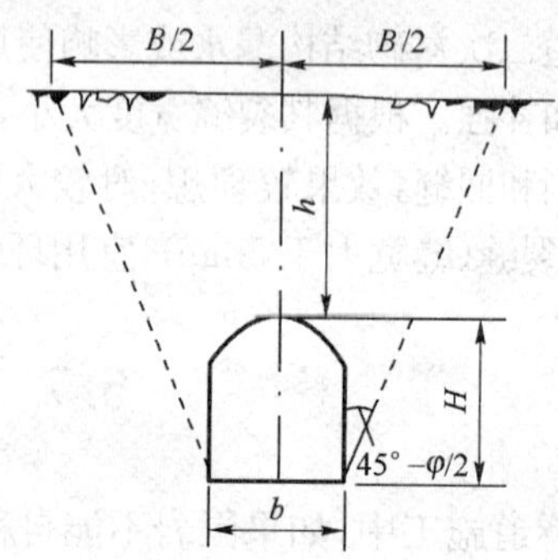

图 5-47　锚杆宽度范围

③隧道纵向加固长度一般采用浅埋段长度，也可按埋深小于等于 2 倍隧道开挖宽度时的长度作为加固范围。

④锚杆间距为 1～1.5m，呈梅花形布置；

⑤锚杆一般采用 $\phi16$～$\phi22$ 的 20MnSi 螺纹钢。锚杆孔直径为≥50mm，充填 M20 水泥砂浆。

(2)洞口仰坡表层锚杆加固设计参数

洞口仰坡锚杆加固技术，如图 5-48 所示。锚杆加固的各项经验设计参数如下：

①喷混凝土厚度为 5～10cm；

②锚杆用 20MnSi 螺纹钢筋，$\phi16$～$\phi22$，长度 1.5～2m。横向间距 2m，纵向间距 1～1.5m，呈梅花形布置。

③锚杆孔直径 $D\geqslant40$mm。

④铺杆与钻孔壁间充填 M20 水泥砂浆。

⑤钢筋用 $\phi6$～$\phi8$ A3 钢筋，编扎成 40cm×40cm 网格，焊接于锚杆尾端。

⑥加固范围一般为刷坡范围，或横向加固宽度 $L\geqslant(1\sim2)B$ 确定，纵向加固长度按 $s\leqslant2B$ 确定（B 为隧道开挖宽度）。

(3)洞口上方陡坎锚杆加固设计参数

洞门上方陡坎系指洞门墙施工前，衬砌拱顶外缘至仰拱坡脚间的坡面。其锚杆加固技术，如图 5-49 所示，设计参数如下：

①喷混凝土厚度为 5～10cm；

②纵向锚杆用 20MnSi 螺纹钢筋，ϕ20～ϕ24，长度3～5m。间距 2～1.5m，呈梅花形布置。

③锚杆孔直径 $D \geqslant 40$mm。

④锚杆与钻孔壁间充填 M20 水泥砂浆。

⑤钢筋用 ϕ6～ϕ8 A3 钢筋，编扎成 40cm×40cm 网格，焊接于锚杆尾端。

⑥加固范围一般为陡坎范围。用该项加固技术配合超前锚杆（或小导管）和钢架，以代替如图 5-50 所示的传统支撑方法，施工简易、安全。

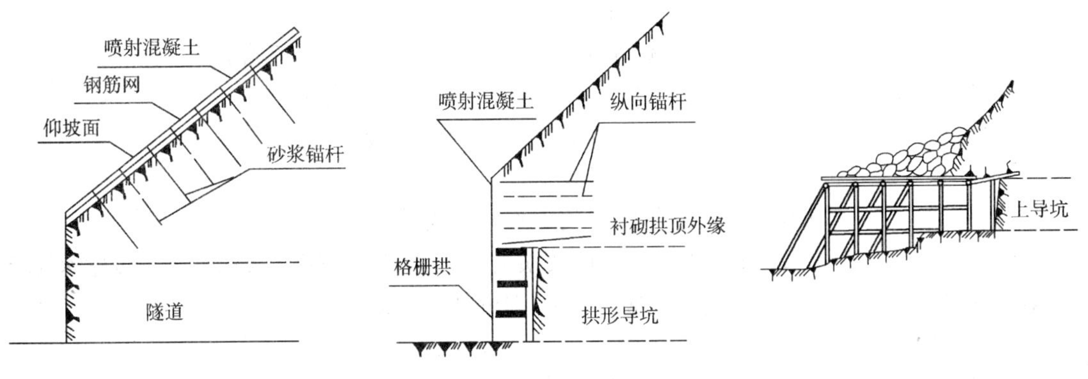

图 5-48　仰坡表层加固　　图 5-49　洞口上方陡坎加固　　图 5-50　洞口施工的传统支撑

二、开挖过程中的超前锚杆支护

开挖过程中，超前锚杆是沿开挖轮廓线，以稍大的外插角，向开挖面前方安装锚杆，形成对前方围岩的预锚固，在提前形成的围岩锚固圈的保护下进行开挖等作业。超前锚杆是作为支护结构的一部分而发挥其作用的，以改善拱顶斜上方的围岩，多用在易崩塌的围岩中，作为支护拱顶的辅助方法。斜锚杆通常与系统锚杆同时施工。超前锚杆是沿隧道轴向在拱上部开挖轮廓线外一定范围内向前上方倾斜一定外插角，或者沿隧道横向在拱脚附近向下方倾斜一定角度的密排砂浆锚杆。前者称拱部超前锚杆，后者称边墙超前锚杆，如图 5-51 所示。拱部超前锚杆用以支托拱上部临空的围岩，起插板作用，边墙超前锚杆将起拱线附近的岩体所承受的较大拱部荷载传递至深部围岩，从而提高施工中围岩的稳定性。

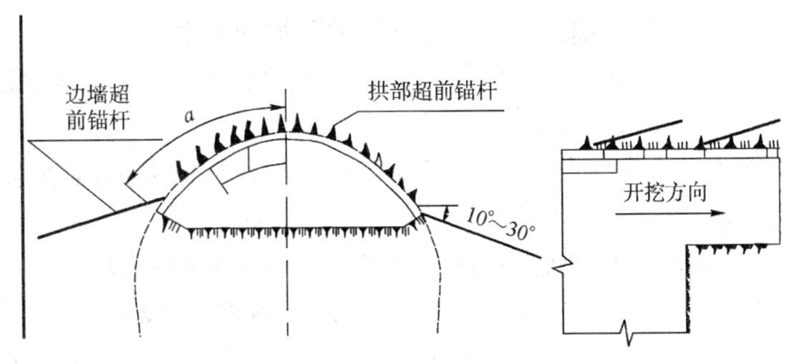

图 5-51　超前锚杆支护

这类超前支护的柔性较大，整体刚度较小。虽然它们都可以与系统锚杆焊接以增强其整体性，但对于围岩应力较大时，其后期支护刚度就有些不足。因此此类超前支护主要适用于应力不太大，地下水较少的软弱围岩的隧道工程中，如土砂质地层、弱膨胀性地层、流变性较小的地层、裂隙发育的岩体、断层破碎带、浅埋无显著偏压的隧道,也适宜于采用中小型机械施工。

设计、施工要点:

①超前锚杆支护设计参数主要为:超前量、环向间距、外插角等参数。对于拱部超前锚杆,超前量一般为:$l=(1/2\sim1/3)a$(a 为隧道拱部外弧半长)。

②超前锚杆宜用早强砂浆全黏结式锚杆,锚杆材料可用不小于 $\phi22$ 的螺纹钢筋。

③锚杆长 3～5m,与隧道开挖高度、钻孔机具的钻眼能力和开挖工序的循环进尺相配合。拱部超前锚杆纵向两排之间应重叠 1m 以上的水平搭接段。

④锚杆间距:较稳定岩层,40～60cm;岩性较差围岩,30～50cm。

⑤锚杆钻孔:钻孔直径 $D\geqslant40$mm。拱部超前锚杆钻孔口位于开挖轮廓线以外 10～20cm;边墙超前锚杆钻孔口位于起拱线以上 10～20cm,可以设一排或数排。

⑥锚杆外插角:II 类围岩 5°～20°,III 类围岩 5°～30°,边墙 10°～30°。

⑦充填砂浆强度等级≥M20,宜用早强砂浆。

⑧开挖后应及时喷射混凝土,并尽快封闭环形初期支护。

⑨开挖过程中应密切注意观察锚杆变形及喷射混凝土层的开裂、起鼓等情况,以掌握围岩动态,及时调整开挖及支护参数,如遇地下水时,则可钻孔引排。

三、正面锚杆

正面锚杆,视变形的方向打设,可减小土压和控制变形,是很有效的一种辅助工法。但施工时间长,锚杆对开挖有妨碍,采用较少。为改善施工性,有采用塑料锚杆的。在掌子面有显著崩塌的情况下有采用正面锚杆的,此时锚杆长 2～3m,视崩塌情况施设。一般在未固结围岩或膨胀性围岩中使用。

掌子面正面锚杆往往与正面喷混凝土同时使用。正面喷混凝土是在掌子面正面开挖后,立即喷射厚 3～5cm 的混凝土,在下次开挖之前保护掌子面,提高掌子面的稳定性。通常施工时将掌子面正面开挖成倾斜状。正面喷混凝土不是作为轴力构件发挥作用的,仅是防止剥离。

5.7.2 管棚超前支护

管棚超前支护,是利用钢拱架沿开挖轮廓线,以较小的外插角、向开挖面前方打入钢管或钢插板构成棚架结构,对开挖面前方围岩进行支护的预加固技术。

采用长度小于 10m 的小钢管的称为小管棚;采用长度为 10～45m 且较粗的钢管的称为长管棚;采用钢插板(长度小于 10m)的称为板棚。

管棚因采用钢管或插板作纵向预支撑,又采用钢拱架作环向支撑,其整体刚度加大,对围岩变形的限制能力较强,且能提前承受早期围岩压力。因此管棚主要适用于围岩压力来得快、大,用于对围岩变形及地表下沉有较严格限制要求的软弱破碎围岩隧道工程中。如砂土质地层、强膨胀性地层、强流变性地层、裂隙发育的岩体、断层破碎带、浅埋有显著偏压等围岩的隧道中。此外,在一般无胶结的土及砂质围岩中,可采用插板封闭较为有效;在地下水较多时,则可利用钢管注浆堵水和加固围岩。

小管棚一次超前量少,基本上与开挖作业交替进行,占用循环时间较多,但钻孔安装或顶入安装较容易。长管棚一次超前量大,虽然增加了单次钻孔或打入长钢管的作业时间,但减少了安装钢管的次数,减少了与开挖作业之间的干扰。在长钢管的有效超前区段内,基本上可以进行连续开挖，也更适于采用大中型机械进行大断面开挖。

一、小管棚超前支护

小管棚构造与压浆锚杆类似，它是沿隧道纵向在拱上部开挖轮廓线外一定范围内向前上方倾斜一定角度，或者沿隧道横向在拱脚附近向下方倾斜一定角度的密排注浆花管，如图 5-52 所示。注浆花管的外露端通常支于开挖面后方的格栅钢架上，共同组成预支护系统。

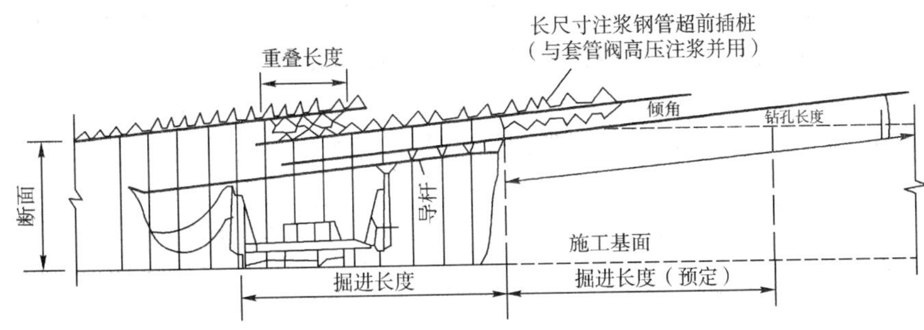

图 5-52　管棚施工示意图

小管棚比超前锚杆长，它既能加固洞壁一定范围内的围岩，又能支托围岩，其支护刚度和预支护效果均大于超前锚杆，但它的施工时间长，对开挖循环影响较大。

通常通过小管棚向掌子面附近的围岩注浆，可以改善围岩状况，保证掌子面的稳定。实践证实：掌子面斜上方土层稳定性对隧道的稳定具有很大的影响，因此，开挖前改善此部分的围岩状况，对增加隧道稳定性是极为重要。小管棚注浆不仅是掌子面稳定对策，也是改善隧道稳定性的对策。小管棚一般适用于较干燥的沙土层、沙卵(砾)石层、断层破碎带、软弱围岩浅理段、洞口有崩塌危险等地段。但在有砾石(孤石)或固结好的围岩中此法应用困难；其次是钢管下方的围岩易崩落，超挖过大。为减少超挖，可减少打入角度，使钢管从支护构件中通过。

小管棚设计要点：

①小管棚纵向加固长度不小于 0.4 倍洞跨。

②小管棚横向加固范围为拱顶中心角对应的 120°拱部范围，余部采用长锚杆加固。

③小管棚环向设置间距一般为 20～50cm，外插角 10°～30°，两小导管间纵向水平搭接长度不小于 1/3 小导管长度。

④小管棚直径为 $\phi42$～$\phi50$，材料为热轧无缝钢管。

⑤小管棚构造为：小管棚前部应钻注浆孔，孔径为 6～8mm，孔间距 10～20cm，呈梅花形布置。前端加工成锥形，尾部长度不小于 30cm，作为不钻注浆孔的预留止浆段。

⑥小管棚注浆参数：通常压注水泥砂浆，水灰比为 0.5～1.0。当围岩破碎，岩体止浆效果不好时，亦可采用水泥-水玻璃双液注浆，将浆液凝结时间控制在数分钟之内。注浆压力为 0.5～1.0MPa，必要时在孔口设止浆塞。

浆液扩散半径尺可根据导管排列密度确定，考虑注浆扩散范围相互重叠的情况，可按下式计算：

$$R = (0.6 \sim 0.7)L \tag{5-18}$$

式中：L——导管中心间距。

单根导管注浆量 Q 按下式计算：

$$Q = 3.14R^2 l \cdot n \tag{5-19}$$

式中：R——浆液扩散半径；

l——导管长度；

n——围岩孔隙率。

二、大管棚超前支护

大管棚法一般多在隧道洞口段施工时采用，它是在隧道开挖之前，沿隧道开挖断面外轮廓，以一定间隔与隧道平行钻孔、插入钢管，再从插入的钢管内压注充填水泥浆或砂浆，来增加钢管外周围岩的抗剪切强度，并使钢管与围岩一体化，形成由管棚和围岩构成的棚架体系。有时还可加钢筋笼，并与强有力的型钢钢架组合成预支护系统，如图 5-53 所示，以支承和加固自稳能力极低的围岩，对防止软弱围岩下沉、松弛和坍塌等有显著效果。在隧道正上方有建筑物时，也可采用此法。最近，利用特殊的钻孔机械，边钻孔边注浆，在土砂隧道中产生较好的效果。大管棚特点是：支护能力强大，适用于含水的砂土质地层或破碎带，以及浅埋隧道或地面有重要建筑物地段。但其施工技术复杂，造价较高。

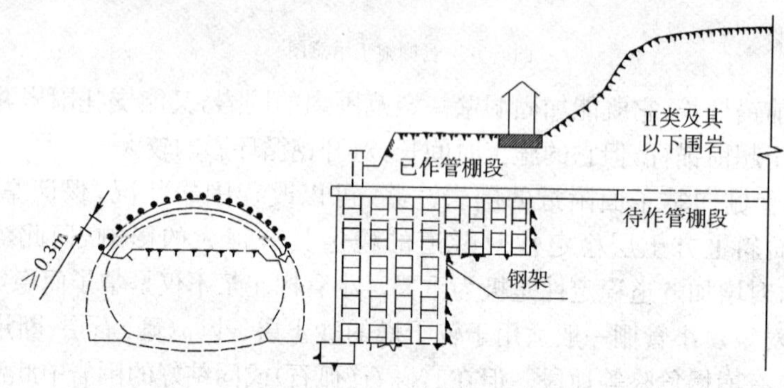

图 5-53　大管棚超前支护示意图

大管棚工法的作用效果可归纳为：

①梁效应。因钢管是先行施设的，在掘进时，钢管在以掌子面和后方的支撑支持下，形成梁式结构，防止围岩的崩塌和松弛。

②加强效应。钢管插入后，压注水泥浆，加固了钢管周边的围岩。在浅埋的情况下，地表有结构物存在时，或隧道接近地层中结构物、地下埋设物开挖时，为把隧道开挖的影响限制在最小限度内，以尽量防止围岩的松弛时采用管棚工法是有利的。

在设计中，要充分考虑地质、周边环境、隧道开挖断面、埋深以及开挖方法等，决定管棚的配置、形状、施工范围、管棚间隔及断面等。

大管棚设计施工要点：

(1)大管棚的配置和形状

大管棚，一般说是沿隧道开挖轮廓外周的一部分或全部，以一定间隔排列而成的棚架体系。但应根据地形、地层的性质及地表或地中结构物的位置关系等，决定管棚的配置和形状。一般说，多采用如图 5-54 所示的形状。

(2)大管棚设置范围

沿隧道轴向，管棚设置到多长范围，要根据隧道周边的地形、地表结构物的状况等决定。管棚的终端位置，应达到防护对象的长度加上因开挖而造成的掌子面松弛范围的长度。在洞口，从经济上看，施工长度应尽可能短些，伸出洞口的长度要满足钻孔作业和注浆作业的要求。此工法施工可能的长度，根据钻孔机械的施工精度，可达 80m，如施工地段更长时，应分段施工。

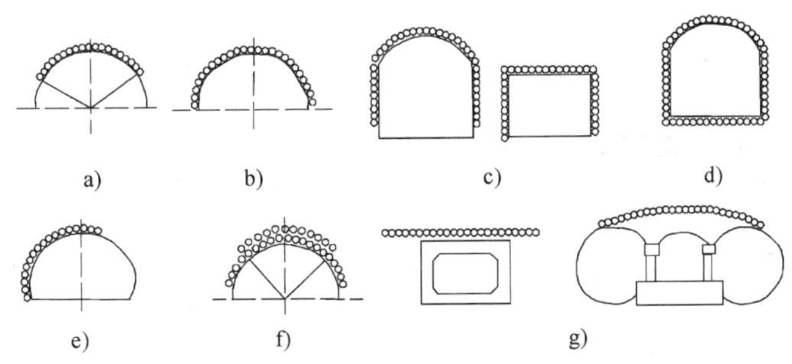

图 5-54　管棚的布置形状

(3)大管棚配置间隔

隧道在公路、铁道下方通过时，或者接近其他建构筑物施工时，为了能直接承受荷载，应选用刚性大的、中直径(165～216mm)或大直径(318mm)的，带接头的钢管。除上述条件外，多采用较小直径(89～139mm)的钢管，以一定间隔设置。此时，应注意的是，管棚的支护效果，是因围岩与管棚形成一体，使有效断面扩大、土压均匀分布而形成的。因此，过大的间隔会降低这些效果。管棚的最小间隔，根据地质条件、施工长度及水平钻孔的弯曲量的精度而定。经验上，钢管间隔多采用管径的 2～3.5 倍。

综上所述，可将大管棚设计参数归纳如下：

①导管设置间距应根据地层性质(裂隙、地下水等)、地层压力、导管设置部位(隧道的拱部、侧墙)、机具性能及隧道开挖方法等条件确定，一般为 30～50cm，或按 2.0～2.5d 估算(d 为导管外径)。纵向 2 组管棚间应有不小于 1.5m 的水平搭接长度。

②导管为热轧无缝钢管，外径为 80～180mm，长度为 10～80m，分段安装，分段长为 4～6m，两段之间用“V”形对焊或丝扣连接。

③导管上需钻注浆孔，孔径为 10～16mm，孔间距为 15～20cm，呈梅花形布置。导管尾部留有不钻孔的止浆段。导管注浆有两种形式：一种是通过导管上的注浆孔向地层内注浆，既加固地层又充填导管；另一种是向导管内灌注水泥砂浆或混凝土，混凝土的标号为 C20～C30。

④导管中可增设钢筋笼，以提高导管的抗弯能力。钢筋笼由 4 根主筋和固定环组成，主筋直径为 16～20mm，固定环用短管节或钢筋环焊接而成。

⑤与管棚配合使用的钢架，可采用钢轨、H 型钢及钢管等加工制成。

⑥当导管钻孔的孔壁不致坍塌时，可采用直接撞击法将导管撞击至设计位置。当导管钻孔的孔壁容易坍塌时，则宜用导管与钻头同时钻进的方法，导管前端安装钨铀合金片等硬质钻头。

⑦导管安装偏差 e 为：$e \leqslant (0.006 \sim 0.015) l$，其中，$e$ 为导管安装偏差；l 为导管长度。导管外插角为 1°左右。

三、插板法超前支护

插板法系在未经任何处理的塌方体内，采用插板(即一端加工成尖刺的钢筋、型钢、钢轨、钢管、硬圆木等)作为超前支护的一种施工方法。插板法适用于塌渣全部堵塞工作面，塌穴情况不明的塌方处理，或冒顶事故处理，往往也是配合纵梁法，混凝土护拱法和环形导坑法等处理方法施工的重要方法之一，如图 5-55 所示。

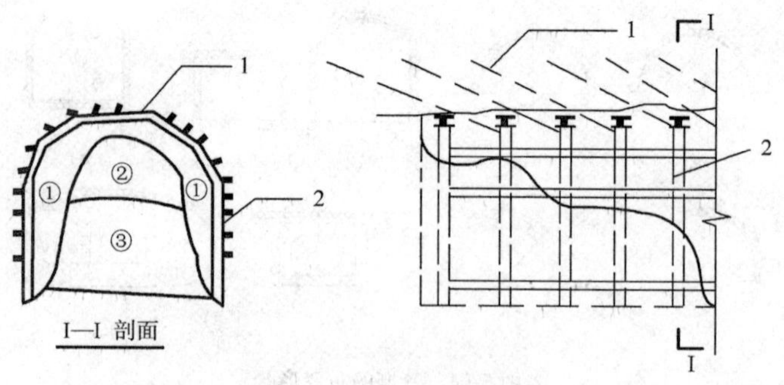

图 5-55　插板法支护示意图

1-钢管(或钢板、锚杆);2-钢支撑

5.7.3　注浆法加固技术

注浆预加固地层是把具有充填和凝胶性能的浆液材料,通过配套的注浆机具设备压入所需加固的地层中,经过凝胶硬化作用后充填和堵塞地层中裂缝,减小注浆区地层渗水系数及坑道开挖时的渗漏水量,并能固结软弱和松散岩体,使围岩强度和自稳能力得到提高。注浆加固围岩适用于下列地层:Ⅵ、Ⅴ级软弱围岩地段、断层破碎带地段、水下隧道或富水围岩地段、坍方或涌水事故处理地段及其他不良地质地段。

根据不同施工条件,围岩预注浆分为地面预注浆、洞内工作面预注浆以及辅助坑道内向隧道正洞预注浆等三种方式,其适用条件及优缺点如表 5-17 所示。

围岩预注浆适用条件及优缺点　　表 5-17

预注浆方式	适用条件及施工方法	优　缺　点
地面预注浆	适用于隧道埋深≤50m,由地面向隧道洞身垂直钻孔	优点: ①地面作业,施工场地宽阔,工作条件好; ②可用多台钻机同时作业,注浆工序可在隧道开挖前完成,加速施工进度; ③注浆孔定向、定位较容易。 缺点: ①注浆成本受隧道埋深控制,深度大,不经济; ②必须有较好的止浆设备
洞内工作面预注浆	适用于洞内开挖施工,对围岩钻孔注浆	优点: ①洞内作业,不受隧道埋深限制; ②注浆钻 TLW 视围岩变化相应调整,注浆效果好。 缺点: ①注浆与开挖作业交替进行,增加施工工期; ②注浆工作面狭小,对开挖工序有干扰

续上表

预注浆方式	适用条件及施工方法	优 缺 点
辅助坑道内向隧道正洞预注浆	适用于隧道通过不良地质地段，由辅助坑道向隧道正洞钻孔注浆	优点： ①可避免注浆与开挖施工的干扰； ②注浆加固效果好，利于开挖施工。 缺点： ①辅助坑道内需开挖注浆洞室，增加工程费； ②在不良地质地段的注浆洞室需支护

注浆加固技术总体上要考虑：注浆孔布置，注浆压力，注浆量（总量和每小时量），注浆材料的选择（特别强度和凝结时间），注浆浓度，注浆机械及其工作性能，钻机类型和钻进深度，钻孔的直径、长度和步距，注浆模式试验等内容。

注浆主要参数设计要点如下。

(1)注浆加固范围（加固带）

一般可按表5-18选取。

注 浆 范 围 表5-18

情 况	条 件	注 浆 半 径
以提高软弱围岩强度为主要目的的注浆	一般情况	$2\sim3B$
	断层破碎带	$3\sim4B$
以提高堵水能力为主受目的的注浆	水平层理坚岩	$0.5B$
	垂直层理坚岩	$0.25B$
	普通节理岩层	$0.25\sim0.35(B+H)$
	裂隙发育岩层	$0.35\sim1.1(B+H)$
	特别破碎岩层	$1.1(B+H)$

注：表中 B 为隧道开挖跨度，H 为隧道开挖高度。

(2)注浆孔布置

注浆孔间距应根据不同的目的而取不同值，一般情况下，对于黏土，取1～2m（加固地层）；对于砂质岩取0.6～1.0m（止水），0.8～1.2m（加固地层）；对于砂砾取0.8～1.2m（止水），1.0～1.5m（加固地层）；对于破碎岩层取1.5～6m。注浆孔孔底间距按单孔注浆时浆液扩散半径来确定，一般取1.4～1.7倍浆液扩散半径。

(3)注浆段长

根据工程地质、水文地质和钻孔机械及注浆设备等条件，确定注浆段长度 L，一般情况下，设计注浆段长度可取30～50m，对于破碎岩层或大涌水量的地段，可适当取短些，每次在注浆段开度范围内开挖0.7～0.8 L，保留0.2～0.3 L，即5～10m左右不开挖，作为下段注浆的止浆岩盘。止浆岩盘厚度应根据围岩性质决定，有时需要用混凝土止浆盘。

(4)注浆压力和注浆量

一般标准：注浆最终压力取为水压的3倍，但在断层带则要增加。注浆量受围岩条件、浆液类型、注浆技术水平及围岩裂隙分布各向异性等多种因素影响，因此，计算的注浆量往往与实际的注浆量相差很大，一般通过试验注浆予以修正，设计时可用下式计算：

$$Q = An\alpha(1+\beta) \tag{5-20}$$

式中：Q——总注浆量(m^3)；

A——注浆范围岩层体积(m^3)；

n——围岩孔隙率(%)；

α——浆液充填系数，一般取 0.7～0.9；

β——注浆材料损耗系数，通常取 0.1 左右。

可以把 $n\alpha(1+\beta)$ 统称为充填率，土质地层及岩石地层的充填率相差较大，表 5-19 为不同地层充填率的经验数值。

围岩孔隙率和注浆充填率

表 5-19

土质		壤土	黏土	粉砂	砂					砂砾		
注浆目的		堵水加固			堵水			加固		堵水		
孔隙率(%)	范围值	65～75	50～70	40～60	46～50	40～48	30～40	46～50	40～48	40～60	28～40	22～40
	标准值	70	60	50	48	44	35	48	44	50	34	31
充填率 α(%)		约 30	约 30	约 20	约 60	约 50	约 50	约 50	约 40	约 60	约 60	约 60

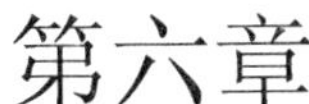

第六章 隧道盾构法施工技术

6.1 概 述

盾构法(Shield-driven Tunneling)或称掩护筒法，是在地表以下土层或软弱松散地层中暗挖隧道的一种施工技术。盾构(Shield)是钢制的活动防护装置或活动支撑，盾构机既可以承受地层压力、又可向前推进，是一种集开挖、推进、衬砌、安装等多种作业功能于一体的大型暗挖隧道施工机械。随着技术的发展，盾构的自动化程度越来越高，又将此比喻为能自如地在地下打洞造壳的“地老鼠”。

盾构法的起源可追溯到1818年，法国工程师布鲁诺(M. I. Brunel)在一次乘船时，发现一种蛀木虫在船甲板上打洞，由此受启发开始研制，并取得发明专利。1823～1841年Brunel首次在伦敦泰晤士河下修建了一条全长458m的世界上第一条盾构法水底隧道。1887年，英国人格雷特海得(J. H. Greathed)在南伦敦铁路隧道工程中组合使用盾构和气压施工技术，奠定了盾构法施工技术的基础。

我国自20世纪50年代开始引进采用盾构法修建隧道工程，起步很晚。1970年，上海隧道工程公司应用直径为10.2m的挤压式盾构机，修建了穿越黄浦江的第一条水下隧道，从而实现了我国盾构法施工的“零”的突破。1988年完工的另一条黄浦江水下隧道——延安东路北线隧道，盾构施工段长1 476m，这是我国自行设计和制造的直径为11.3m网格式水力机械盾构机。进入20世纪90年代，上海地铁一号线采用法国FCB公司设计的盾构机，其车架、拼装机、螺旋机、皮带机、搅拌机等设备在上海配套制造，完成了总长18.5km的单线圆形区间隧道(内径5.5m，外径6.2m)施工。

从世界范围来看，盾构法施工技术正在朝长距离、大直径、大埋深、复杂断面和高度自动化的方向发展，目前处于领先地位的是日本和欧洲。日本建成不久的东京湾海底隧道盾构直径达14.4m，隧道埋深20m，海底洞段长9.5km；英法合建的英吉利海峡隧道，盾构机直径7.82m，隧道埋深达110m，海底段长39km。这两项工程的顺利完成，把盾构法隧道施工技术推到了一个新阶段。

盾构法施工是使用盾构机在地下掘进，边防止开挖面土砂崩塌，边在机内安全地进行开挖作业和衬砌作业，从而构筑成隧道的施工法。按照这个定义，盾构施工法是由稳定开挖面、盾构机挖掘和衬砌三大要素组成。盾构法施工的概貌如图6-1所示。在隧道的一端建造竖井或基坑，将盾构安装就位。盾构从竖井或基坑的墙壁开孔出发，在地层中沿着设计轴线，向另一竖井或基坑的孔洞推进。盾构推进中所受到的地层阻力，通过盾构千斤顶传至盾构尾部已拼装的隧道衬砌结构上，再传到竖井或基坑的后靠壁上。盾构机是这种施工方法中主要的独特施工机具。

用盾构法修建水底公路隧道、地下铁道、水工隧道及市政隧道等在世界各国得到了广泛的应用。

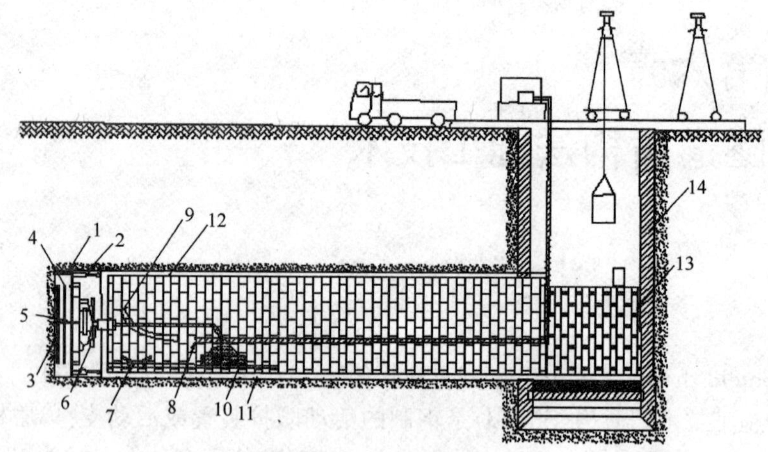

图 6-1 盾构法施工示意图

1-盾构;2-盾构千斤顶;3-盾构正面网格;4-出土转盘;5-出土皮带运输机;6-管片拼装机;7-管片;8-压浆泵;9-压浆孔;10-出土机;11-管片组成衬砌结构;12-盾尾空隙中的压浆;13-后盾管片;14-竖井

盾构法施工之所以为世界各国广泛采用,除了近代城市地下工程发展的客观需要外,还由于该法本身具有以下突出的优越性:

①施工安全。在盾构设备掩护下,于不稳定土层中,可安全进行掘砌作业。

②暗挖方式。施工时与地面建筑物及交通互不影响,不受风雨等气候条件影响。

③震动和噪声小,可控制地表沉陷,对施工区域环境影响较小。

④施工费用受埋深的影响小,有较高的技术经济优越性。

⑤盾构推进、出土、拼装衬砌等主要工序循环进行,易于管理,施工人员较少。

⑥用盾构法进行水底隧道施工,可不影响航道通航。

这些优点将对城市地下空间利用的发展起到有力的技术支持作用。

6.2 盾构基本构造

盾构的通用、标准外形是圆筒形,盾构的壳体由切口环、支承环和盾尾三部分组成,借外壳钢板连成整体,见图 6-2。

(1)切口环部分

它位于盾构的最前端,施工时切入地层并掩护开挖作业。切口环前端设有刃口,以减少切土时对地层的扰动,切口环的长度主要决定于支撑、开挖方法,以及槽上机具和操作人员的工作回旋余地等。大部分手掘式盾构机切口环的顶部比底部长,犹如帽檐。有的还设有千斤顶操纵的活动前檐,以增加掩护长度。机械化盾构机的切口中容纳各种专门挖土设备。在局部气压式、泥水加压式和土压平衡式盾构中,其

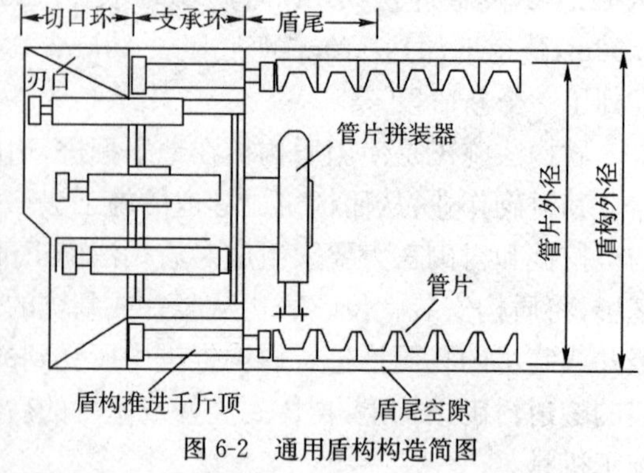

图 6-2 通用盾构构造简图

切口部分的压力高于隧道内的常压,故切口环与支承环之间需用密闭隔板分开。

(2)支承环部分

支承环紧接于切口环后,位于盾构的中部。它是一个刚性较好的圆环结构。地层土压力、所有千斤顶的顶力以及切口、盾尾、衬砌拼装时传来的施工荷载均由支承环承担。支承环的外沿布置盾构推进千斤顶。大型盾构的所有液压、动力设备,操纵控制系统,衬砌拼装机具等均设在支承环位置。中、小型盾构则可把部分设备移到盾构机后部的车架上。正面局部加压盾构机,当切口环内压力高于常压时,支承环内要设置人工加压与减压闸室。

(3)盾尾部分

盾尾一般由盾构外壳钢板延长构成,主要用于掩护隧道衬砌的安装工作。盾尾末端设有密封装置,以防止水、土及注浆材料从盾尾与衬砌之间进入盾构机内。盾尾密封装置损坏时,还要在盾尾部分进行更换。因此,盾尾长度要满足以上各项工作的进行。盾尾厚度从结构上考虑应尽可能减薄,但盾尾除承受地层土压力外,遇到隧道纠偏及弯道施工时,还有一些难以估计的施工荷载,受力情况复杂,所以其厚度应综合上述因素来确定。

6.3 盾构类型

盾构按其构造和开挖方法的分类如图 6-3 所示。

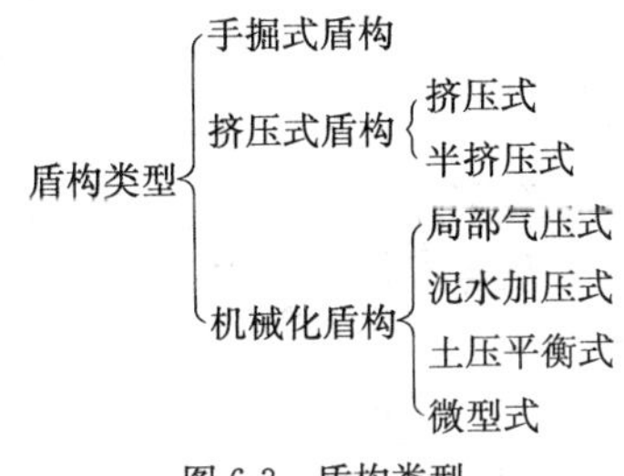

图 6-3 盾构类型

一、手掘式盾构

手掘式盾构是在盾构切口环壳体掩护下,采用人工开挖方式的一种盾构。多用于地质条件较好的小型隧道开挖,其构造简单,配套设备较少,如图 6-4 所示。

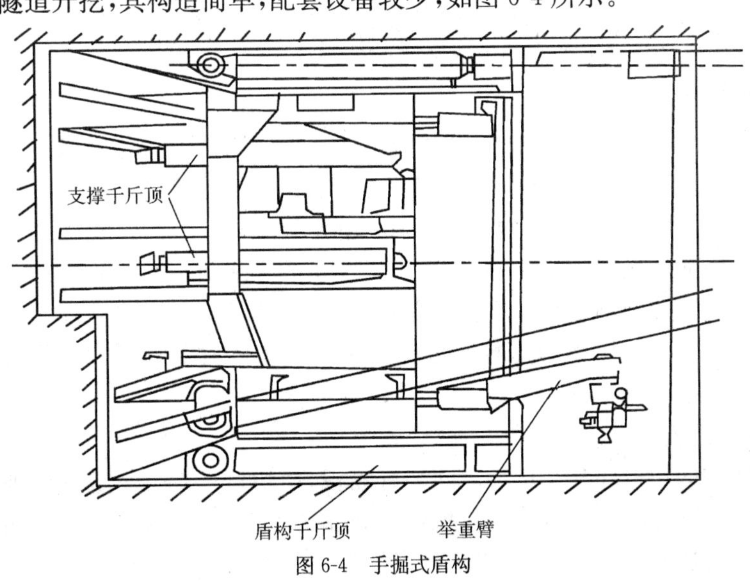

图 6-4 手掘式盾构

可根据工作面的地质条件或全部敞开开挖，或正面支撑开挖，随挖随撑。其优点是：

①开挖面是开放性的，施工人员随时可以观察地层的变化情况；

②遇到地下障碍物时，比较容易排除或处理；

③容易做到需要方向的超挖，对盾构纠偏有利，也便于隧道曲线段施工；

④设备简单，造价低。

缺点是：

①施工人员劳动强度大，施工速度慢；

②用于含水不稳定地层中易产生流沙及涌土现象，施工安全性差。

二、挤压式盾构

分为挤压式和半挤压式两种，挤压式盾构适用于松软可塑性黏土层。前者将开挖工作面用胸板封闭，把土层挡在胸板外面，避免水土的涌入，并省去出土工序。后者则在封闭胸板上局部开孔，当盾构推进时，土体从孔中挤入盾构，装车外运。如图6-5所示，为挤压式盾构示意图。

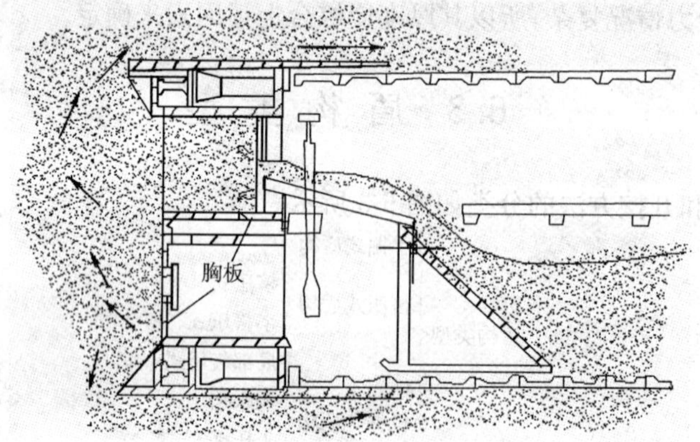

图6-5 挤压式盾构示意图

挤压式盾构靠强大推力将前方土层挤入盾构四周外侧而向前推进，对地层扰动较大，尽量避开在地面建筑物下施工。

网格式盾构是一种介于半挤压式和手掘式之间的盾构形式。它的前部不是胸板，而是钢制的开口网张。当盾构向前推进时，土被网张切成条状，进入盾构后运出；当盾构停止推进时，网张起到挡土作用，可有效地防止开挖面的坍塌。

三、机械化盾构

盾构有半机械化与全机械化之分。半机械化盾构由挖土机械代替人工开挖。根据土质情况，掘土机械可以是反铲挖土机，螺旋切削机或软岩掘进机。因造价相对全机械化盾构低得多，又可减轻劳动强度，效率较高，因此地下工程中应用较多。

全机械化盾构于切口环部位装有与盾构直径相仿的全断面旋转切削切盘，配以运渣机械设备，从开挖到装车全部实现机械化。全机械化盾构分为开胸式、机械切削盾构和闭胸式机械化盾构。各国在闭胸式机械化盾构施工技术方面发展很快。目前闭胸式机械化盾构又分为以下几种。

(1)局部气压盾构

在开胸式盾构的切口环和支承环之间装有隔板，使切口环部分形成密封舱。舱内通入压缩空气，以平衡开挖面的土压力，维持其稳定。局部气压盾构是相对于在盾构隧道内全部通入压缩空气的施工方法而言，它可以免除工作人员在压缩空气下工作的弊病。但局部气压盾构至今还存在下列技术问题：

①密封舱部分的体积小，压缩空气的容量少，若地层透气系数大，难以保持开挖面气压的稳定。

②盾尾密封装置还做不到完全阻止舱内压缩空气的泄漏。

③管片间的接缝存在压缩空气泄漏问题，有时管片外部泥水被一起带入隧道，增加了施工困难。

如图 6-6 所示，为局部气压盾构示意图。由于以上原因，该方法一直未广泛推广应用。

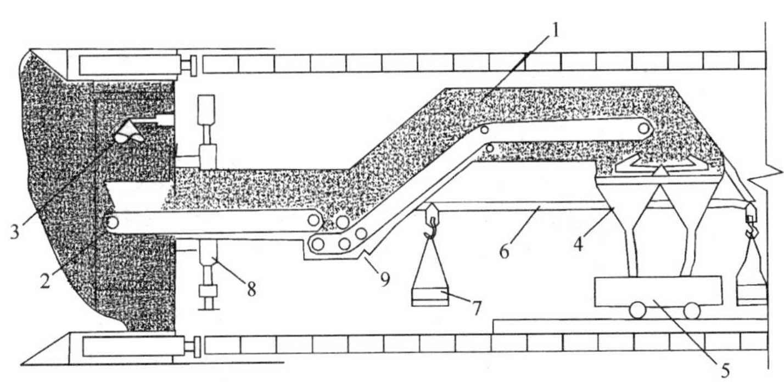

图 6-6　局部气压盾构

1-气压内出土运输系统；2-胶带输送机；3-排土抓土；4-出土斗；5-运土车；6-运送管片单轨；7-管片；8-衬砌拼装器；9-伸缩接头

(2)泥水加压盾构

在盾构密封隔舱内注入泥水，由泥水压力平衡正面土压，用全断面机械化切削及管道输送泥水出土方式，完成盾构开挖掘进的全过程。

如图 6-7 所示是泥水加压盾构示意图。泥水加压盾构实现了管道连续出土，又防止开挖面坍塌，并大大改善了盾尾泄漏。因此，泥水加压盾构发展很快，广泛应用于各种用途的隧道工程中。

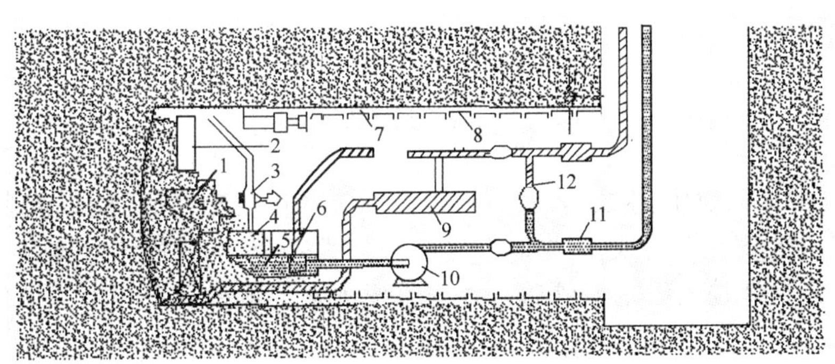

图 6-7　泥水加压盾构

1-钻头；2-隔板；3-压力控制阀；4-集矸槽；5-斜槽；6-搅动器；7-盾尾密封；8-水泥浆；9-摩努型泵；10-砂石泵；11-伸缩管；12-紧急支管

(3)土压平衡盾构

又称削土密闭式或泥土加压式盾构，是在局部气压及泥水加压盾构基础上发展起来的一种适用于含水饱和软弱地层中施工的新型盾构，如图 6-8 所示。

土压平衡盾构的头部装有全断面切削刀盘，在切口环与支承环间设有密封隔板，使切口部分形成浆化泥土密封舱。用流动性和不透水性的“作浆材料”，如膨润土、高吸水树脂、发泡剂等，压注于切削下的土中使之成为可流动又不透水的浆化泥土，充满开挖面密封舱及相连的长筒形螺旋输送机。盾构推进时，浆化泥土的压力作用于开挖面实现与土体静压与水压的平衡。推进中配合刀盘切削速度控制螺旋输送机的转速，保证密封舱内始终充满泥土，而不过于饱满。土压平衡盾构避免了局部气压盾构的主要缺点，又省略了泥水盾构中的处理设备，是正在发展的地下工程施工设备之一。

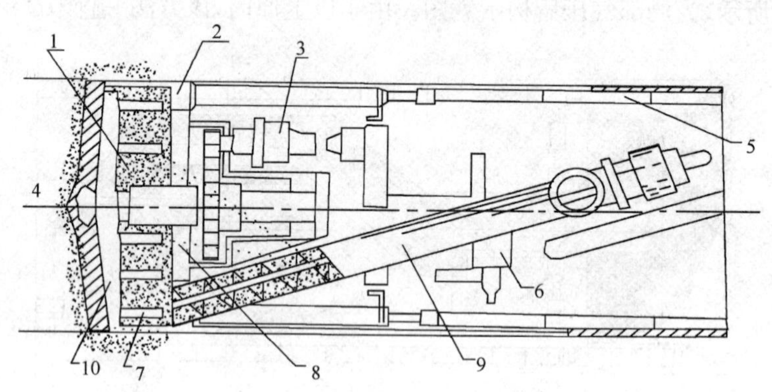

图 6-8　土压平衡盾构

1-浆化泥土；2-泥土压力的测定计；3-驱动刀盘旋转的液压马达；4-自然土层；5-管片；6-衬砌拼装器；7-搅拌叶片；8-作浆材料注入孔阀门；9-螺旋输送机；10-刀盘支架的刀具

(4)微型盾构

微型盾构是指直径在 2.0m 以下的小直径盾构。自 1970 年以来，由于上下水道、电缆隧道等小直径地下隧道工程不断增加，促使微型盾构迅速发展。尤其在大城市中地下管线密集，开槽埋管无法施工时，用微型盾构暗挖法更显示其优越性。

微型盾构基本原理与普通盾构相同但并非单纯将普通盾构按比例缩小，而有其自身的许多特点。例如：覆盖层较薄，一般不及 2.0m，衬砌结构受集中荷载影响；施工于繁忙街区下方，工作片少占地，噪声小等。

6.4　盾构机型选择

根据不同的工程地质、水文地质条件，以及施工环境与工期的要求，合理选择盾构机类型，对保证施工质量、保护地面与地下建(构)筑物安全、加快施工进度是十分重要的。因此，盾构机型选择是工程施工成功与否的重要因素。盾构选型要考虑的因素，按其重要性排列如下：

①工程地质与水文地质条件；

②地面环境、地面和地下建(构)筑物对地面沉降的敏感度；

③隧道尺寸——长度、直径、永久衬砌的厚度；

④工期、造价；

⑤经验——承包商有无同类工程的经验。

对于地质条件变化很大的地区，即施工沿线地质变化较大，一般应选择适合于施工区大多数围岩条件的机型。为了减少辅助施工法的工程量并保证施工安全可靠，选择能保持开挖面稳定并适应围岩条件的盾构机型非常重要。

表 6-1 是以稳定开挖面为重点，不同盾构施工法的比较。

不同盾构施工法的比较

表 6-1

项目 \ 盾构施工法		全开敞式			半开敞式		密封式	
							土压式	
		手掘式	半机械式	机械式	挤压式	泥水式	土压式	泥土加压式
弯曲段施工		采用中间转弯机构进行急弯段施工	有中间转弯机构，可进行急弯段施工	同半机械式	可以改变手掘式曲率半径大小	有中间转弯机构，可进行急弯段施工	同泥水式	同泥水式
辅助施工法		为稳定开挖面、用降水法、压气法和地基改良等辅助施工法	同手掘式	同手掘式	为防止地基沉降，用地基改良施工法，并设挡土墙	对坍塌性细砂、沙砾必须进行地基改良	为改善开挖特性，对砂层等必须采用地基改良施工法	不特别需要
施工方法	挡土装置	挡土墙＋千斤顶	挡土墙＋千斤顶	刀盘	隔墙	刀盘＋千斤顶	刀盘＋千斤顶	泥土压
施工方法	开挖方法	人工开挖	铁锹＋旋转刀盘＋人工	全断面旋转刀盘	由排土口取入	全端面旋转刀盘	全端面旋转刀盘	全端面旋转刀盘
施工方法	洞内出渣方式	皮带运输机加钢车	同手掘式	同手掘式	同手掘式	流体输送	螺旋运送机＋皮带输送机＋钢车或皮带输送机＋压送泵	同土压式盾构机
施工方法	残土处理	一般残土处理方法	同手掘式	同手掘式	同手掘式	根据形状进行废物处理	必须进行软弱土固结处理	同土压式盾构机
施工方法	变换施工方法	手掘式积压式	撤去挖掘机不困难	变换施工方法困难	积压式手掘式	变成开散式有困难	同泥水式	同泥水式
施工方法	开挖面管理	可以支挡开挖面	不能支挡整个开挖面	不能支挡开挖面	通过调整推力和开口率进行管理	靠泥水压用挡土墙检测仪进行设定值管理	用室内土压支挡，用土压和排土量管理	用室内泥土压支挡开挖面，以土压和排土量管理
施工性	对土质变化的适应性	可适应土质变化	由于土质变化，有时不能使用挖掘机	因土质变化，不能使用挖掘机	由于土质变化，不能使用该施工法	难以适应松散的砂、沙砾层	同泥水式	通过调整制泥剂浓度和使用量可以适应
施工性	障碍物的处理	可用肉眼观察开挖面，容易处理	同手掘式	用肉眼观察开挖面，稍难处理	同机械式	不能用肉眼观察开挖面，处理困难	同泥水式	同泥水式
施工性	盾构机故障	故障少，容易检修	同手掘式	故障引起的影响大	同手掘式	同机械式	同机械式	同机械式
施工性	始发基地	一般	一般	一般	一般	大	一般	一般

续上表

盾构施工法 项目		全开敞式			半开敞式		密封式	
							土压式	
		手掘式	半机械式	机械式	挤压式	泥水式	土压式	泥土加压式
施工性	作业环境与安全	依靠人工作业，作业环境差	由于是机械开挖，开挖面稳定	同半机械式	不需要人工开挖，安全	不需人工作业，作业环境良好	同泥水式	同泥水式
	周围环境	需对空压机的噪声及出渣车采取措施	同手掘式	同手掘式	同手掘式	须对泥浆处理设备噪声、振动和出渣车采取措施，且要保护施工地	必须对出渣车采取措施	必须对出渣车采取措施
工期		由于施工技术进步小使进度变化小	施工进度介于手掘式和密封式之间，必须与挖掘机相适应	如果土层合适，与密封式盾构机进度相同	同机械式	如果后方处理设备充足，进度更大，但设备故障影响很大	采用土砂压送泵，进度快	采用土砂压送泵，进度快

6.5 盾构施工

盾构法施工内容包括盾构的安装与拆卸、盾构掘进、盾构掘进施工管理等，主要如下。

6.5.1 盾构的安装与拆卸

在盾构施工段的始端，需要进行盾构的安装和进洞，当盾构通过施工段后，又要出洞和拆卸，这一工作称为盾构的安装与拆卸。它们的操作方法，与盾构的进出洞方法有关，应根据施工方案，选择相应的进出洞方位，一般有以下几种方案：

(1)临时基坑法

用板桩或明挖方法围成临时基坑，在其内进行盾构安装和后座安装并进行直运输出口施工，在留除运输进出口后，将基坑回填并拔除板桩，开始盾构施工。此法适于浅埋的盾构始发端。

(2)逐步掘进法

用盾构法掘进纵坡较大的与地面直接连通的斜隧道。盾构由浅入深掘进，直到全断面进入地层形成洞口。由于盾构法施工费用高，所以施工中洞口及其一段浅埋隧道常采用明挖法施工。

(3)工作井法

在沉井或沉箱壁上预留洞口及临时封门。如图 6-9 所示，盾构在井内安装就位，待准备工作结束后即可拆除临时封门使盾构进入地层。盾构拆卸井应满足起吊、拆卸工作的方便，但对其要求一般较拼装井低。

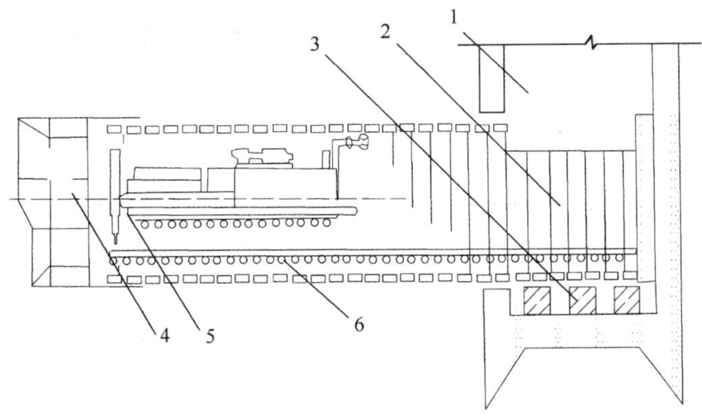

图 6-9　盾构进洞示意图

1-盾构拼装井；2-后座管片；3-盾构机座；4-盾构；5-衬砌拼装器；6-运输轨道

6.5.2　盾构推进

盾构的推进一般要涉及开挖方法，盾构的操纵，隧道衬砌的拼装，衬砌壁后压浆和盾构法施工的运输、供电、通风及排水等，其中，开挖方法、隧道衬砌的拼装和壁后压浆是主要工序并有特殊的内容。

一、开挖方法

(1)敞开式开挖

在地质条件好、开挖面在掘进中能维持稳定或采取措施后能维持稳定、用手掘式及半机械式盾构时，均为敞开式开挖。开挖程序一般是从顶部开始逐层向下挖掘。

(2)机械切削开挖

利用与盾构直径相当的全断面旋转切削大刀盘开挖，配合运土机械可使土方从开挖到装运均实现机械化。

(3)网格式开挖

开挖面用盾构正面的隔板与横撑梁分成格子，盾构推进时，土体从格子里以条状挤入盾构中。这种出土方式效率高，是我国大、中型盾构常用的方式。

(4)挤压式开挖

全挤压式和局部挤压式开挖，由于不出土或部分出土，对地层有较大的扰动，施工中若能精心控制出土量的多少，可以减少地表变形。

二、隧道衬砌的拼装和壁后压浆

软土层盾构施工的隧道，多采用预制拼装衬砌形式；少数采用复合式衬砌，即先用薄层预制块拼装，然后往壁注内衬。若对防护要求很高，隧道衬砌也有采用整体浇筑的。

预制拼装式衬砌通常由称作“管片”的多块弧形预制构件拼装而成；拼装程序有“先纵后环”和“先环后纵”两种。先环后纵法是拼装前缩回所有千斤顶，将管片先拼成圆环，然后用千斤顶使拼好的圆环沿纵向向已安好的衬砌靠拢连接成洞。此法拼装，环面平整纵缝质量好，但可能造成盾构后退。先纵后环因拼装时只缩回该管片部分的千斤顶，其他千斤顶则轴对称地支撑或升压，所以可有效地防止盾构后退。

含水土层中盾构施工，其钢筋混凝土管片支护除应满足强度要求外，还应解决防水问题。管片拼接缝是防水关键部位。目前多采用纵缝、环缝设防水密封垫的方式。防水材料应具备抗老化性能，在承受各种外力而产生往复变形的情况下，应有良好的黏着力、弹性复原力和防水性能。特种合成橡胶比较理想，实际应用较多。

衬砌完成后，盾尾与衬砌间的建筑空隙需及时充填，通常采用壁后压浆，以防止地表沉降，改善衬砌受力状态，提高防水能力。

压浆分一次压注和二次压注。当地层条件差，不稳定，盾尾空隙一出现就会发生坍塌时，宜采用一次压注，压浆材料以水泥、黏土砂浆为主，终凝强度不低于 0.2MPa。二次压注是当盾构推进一环后，先向壁后的空隙注入粒径 3～5mm 的石英砂或石粒砂，连续推进 5～8 环后，再把水泥浆液注入砂石中，使之固结。压浆宜对称于衬砌环进行，注浆压力一般为 0.6～0.8MPa。

6.5.3 盾构掘进施工管理

目前，盾构发展方向的主流已由开挖面开敞型转向泥水式和土压式的开挖面密封型，掘进时的施工管理也不得不由直接目视变为利用数据资料的方法。随着传感器和计算机的发展，在掘进管理的概念下已可将开挖、回填、线形、辅助设备的管理系统化，集中地、实时地进行综合管理。

盾构掘进通过传感器传递信息进行管理时，根据数据资料掌握围岩状态和掘进状况的技术(掘进管理系统)变得日益重要。由于盾构机掘进时洞内、竖井、地面的各类设备与开挖面作业密切相关，所以，管理系统是比较复杂的。尤其对异常情况的处理时，管理系统通常是多个系统的组合。

盾构掘进管理的目的是在保持隧道线型和开挖面稳定的同时，尽早进行尾隙处理，以防止地基变位。掘进管理可分为三大项，即开挖管理、线形管理、回填管理。构成内容示于表 6-2。

盾构掘进管理的内容 表 6-2

项　目	内　容	
开挖管理	开挖面稳定 泥水式 土压式 开挖推土式 盾构机	保持开挖面泥浆压力、溢泥、泥浆形状； 保持开挖面土压、腔体内泥沙形状； 开挖土量、泥浆(排土)形状； 总推力、推进速度、切削刀转矩、千斤顶压力、搅拌转矩
线形管理	盾构机位置、姿势	纵向振动、横向振动、偏转中弯折角度、超挖量、曲行量
回填管理	注浆状况注浆材料	注浆量、注浆压力调度、泌水、胶凝时间、强度、配比
一次衬砌管理	组装防渗位置	正圆度、进固转矩漏水、缺损、裂隙曲行量、垂直角度

6.6 盾构法施工时的地表变形及其控制

用盾构法施工，在其施工段上方会引起地表变形，在松软含水地层和其他不稳定地层中，这种现象尤为明显。地表变形的程度和方式(隆起或沉降)与隧道埋深、隧道断面大小、地层情况、盾构施工方法、地面建筑物基础形式及承受的载荷等有很大关系。

(1)导致地表变形的因素

盾构法施工中,导致地表变形的主要因素有以下几种:

①盾构掘进时,开挖面土体的松动和崩坍,破坏了地层平衡状态,造成土体变形而引起地表变形。

②盾构法施工中当采用降水疏导措施时,因地下水浮力消失,土体自重压力增加,地层固结沉降加速,引起地表下沉。

③盾沟尾部建筑空隙充填不实导致地表下沉。施工纠偏及弯道掘进的局部超挖,均会造成盾构与衬砌间建筑空隙的不规则扩大,而这些扩大有时难以估计也难以及时充填,给地表下沉带来影响。

另外,施工速度快慢、衬砌结构的受力变形等都会导致表面的微量下沉。总之,盾构法施工导致地表变形是一个综合性的技术问题,目前世界各国仍在进行研究。在城市地下工程中应用时,一定要采取多种辅助措施,选择好施工方法,否则,不能进入城市繁忙街道及密集建筑群下施工。

(2)地表变形及隧道沉降的控制

盾构法施工中做不到完全防止地表变形,为减少地表变形和控制地表下沉,可以采取如下措施:

①采用灵活合理的正面支撑结构或适当的压缩空气压力来疏干开挖面地层中的水,以此保持开挖面岩(土)体的稳定。

②采用技术上较先进的盾构,基本不改变地下水位,严格控制开挖面的挖掘量,防止超挖。

③加强盾构与衬砌背面间建筑间隙的充填措施。保证压注工作及时,衬砌环脱出盾尾后立即压注充填材料。

④提高隧道施工速度和连续性,减少盾构在地下的停搁时间,尤其要避免长时间的停搁。

⑤为了减少纠偏推进对地层的扰动,应限制盾构推进时每个循环的纠偏量。

另外,盾构隧道的沉降也是不可避免的。当隧道衬砌成环,离开盾壳后,便开始出现沉降现象,随时间推移沉降量逐渐减小,并稳定下来。

引起隧道沉降的原因很多,主要有:岩(土)体受扰动后的重新固结,以及由防水处理不当导致的底部水土流失和地层在地下水压力作用下产生的塑流或液化。

为了防止由于隧道下沉而使竣工后的隧道高程偏离设计轴线,影响隧道的正常使用,通常按经验估计一个可能的沉降值,施工时适当提高隧道的中轴线,以使产生沉降后的轴线接近设计轴线。

⑥保证做好盾尾建筑空隙的充填压浆。其中特别要保证压注量、控制注浆压力、控制压浆材料的性能和压注的及时性。

⑦隧道设计选线时,要充分考虑地表沉降可能对建筑群的影响。

第七章 掘进机（TBM）施工技术

7.1 掘进机(TBM)法概述

7.1.1 掘进机法及其在国内外的应用

利用隧道掘进机(Tunnel Boring Machine,简称 TBM)在岩石地层中进行隧道开挖的方法,称为隧道掘进机法。它是岩石地层中暗挖隧道的一种施工方法。该方法是利用回转刀盘和 TBM 推进装置的推进力使刀盘上的滚刀切割(或破碎)岩面,以达到破岩开挖隧道(洞)目的。

按岩石的破碎方式,大致分为挤压破碎式与切削破碎式两种:前者是将较大的推力给刀具,通过刀具的楔子作用将岩石挤压破碎;后者是利用旋转扭矩在刀具的切线及垂直方向上切削破碎岩石。如果按刀具切削头的旋转方式,可分为单轴旋转式与多轴旋转式两种。作为构造来讲,掘进机是由切削破碎装置、行走推进装置、出渣运输装置、驱动装置、机器方位调整机构、机架和机尾,以及液压、电气、润滑、除尘系统等组成。

隧道掘进机施工法始于 20 世纪 30 年代,限于当时的机械技术和掘进机技术水平,掘进机的应用事例相当少。50～60 年代随着机械工业和掘进机技术水平不断提高,掘进机施工得到了很快的发展。到目前为止,据不完全统计,世界上采用掘进机施工的隧道已超过1 000座,总长度超过 4 000km。掘进机施工法已逐步成为长大隧道修建中主要选择的施工方法之一。

英吉利海峡隧道的贯通运行,体现了掘进机法施工技术应用的最高水平。英吉利海峡隧道全长 48.5km,海底段长 37.5km,隧道最深处在海平面下 100m。该隧道全部采用掘进机法施工技术,英国侧共用 6 台掘进机,3 台掘进机施工岸段,3 台掘进机施工海底段,施工海底段的掘进机要向海峡中央单向推进 21.2km,与法国侧向英国方向推进而来的掘进机对接贯通施工。法国侧共用 5 台掘进机,2 台机器施工岸边段,3 台机器施工海底段。海峡隧道由 2 条外径 8.6m 的单线铁路隧道及 1 条外径为 5.6m 的辅助隧道组成。掘进机在地层深处要承受 10 个大气压的水压力,单向作距离 21.2km 推进,推进速度达到平均进尺 1 000m/月。因此,掘进机的构造先进性及其配套设备的可靠性和耐久性均需采用高标准、高质量、高技术设计和制造,同时在材质方面必须要耐磨耗及耐腐蚀的材料。所以该隧道的建成标志着掘进机法施工技术的最新水平,也是融合了英、美、法、德等国家掘进机法施工技术于一体的最高成就。

我国隧道掘进机研究开发和制造是从 20 世纪 60 年代中期开始的。到目前为止,已生产了 10 多台直径为 2.5～5.8m 的隧道掘进机,先后在云南的西洱河水电站引水隧道、引滦入津工程的新王庄隧道陡河电站的引水隧道、引大入秦总干渠 38 号隧道、北京落坡岭水电工程、贵州猫跳河水电站引水隧道、江西萍乡煤矿、山西怀仁煤矿、山西古交煤矿、云南羊场煤矿、福建龙门滩引水隧道等工程的施工中使用。这些隧道用全断面岩石掘进机掘进施工，月平均进尺20～300m，国产机型累计总掘进长度约12km。虽然在我国隧道掘进机的制造和施工技术方面，积累了不少经验，但和先进国家相比，还有很大差距。掘进速度相差2.5倍左右，机械性能、隧道施工适应性、配套设备、设计制造、施工操作、机械设备维修保养、施工管理等都有待于深入探索、研究和提高。

我国在引进全断面隧道掘进机施工方面，甘肃省引大（大通河）入秦（秦王川）大型跨流域灌溉工程总干渠中的主体项目30A隧道（又称水磨沟隧道），是引大入秦工程次长的一条无压输水隧道，长度11 649m，直径5.53m，最大埋深330m，穿过岩性软硬不同的地层。隧道预制混凝土衬砌直径4.8m、厚度30cm。工程于1990年12月5日正式试运转掘进施工，最高月进尺1 300.8m，最高日进尺65.6m。该隧道工程施工采用的是美国罗宾斯掘进机制造厂生产的套筒式盾构型岩石掘进机，它包含了液压传动和电子技术等现代高科技成果，是目前最先进的隧道施工机械设备。

此外，在修建我国目前长度最长、埋深最大的铁路隧道——秦岭隧道（长18km）时，首次使用了大型硬岩掘进机开挖。该机由德国WIRTH公司生产，机型为TB880E敞开式TBM，开挖断面为圆形，开挖直径为8.8m，掘进行程1.8m。它是集液压、电气、电子、机械丁一体的先进的隧道掘进机，自身配有超前钻探、激光导向（ZED）、监测监控、通风除尘、围岩支护与加固（喷锚、钢拱架安装、岩石注浆）和数据采集（WADS）等自动化系统。

可以预见，随着我国国民经济建设的发展，国家的能源、交通、冶金矿山、煤炭工业也需要相应地进行大规模建设。这些工程大都有相应的隧道（洞）或巷道，都需要钻爆法和掘进机去开挖施工。

近年来，先进的全断面掘进机在地下工程中越来越显示其功能的优越性。尤其是套筒式盾构型岩石掘进机以及相配套的工艺装备，在隧道施工作业（如开挖、出渣、衬砌灌浆等平行作业）中能实现一次成洞，可有效地利用隧道空间，保证施工作业安全、高效和快速。因此，应大力发展掘进机法修建隧道，不仅会促进我国隧道（洞）或巷道施工技术的大发展，而且具有战略意义。

7.1.2 隧道掘进机分类与特点

隧道掘进机法与以往的钻爆法不同，它不使用火药，而是利用掘进机在开挖面上连续切削或将岩石先行破碎后再掘进。它的特点是：全断面机械破碎，联合作业连续掘进。比之常规施工方法，掘进速度快、洞壁光滑平整、超挖量小、操作安全，可以大大地降低工人的劳动强度和改善作业条件。隧道掘进机是目前隧道开挖施工中一种较为理想的专用机械设备。

由于当前隧道的用途和施工方法种类很多，机器构造形式多种多样，现场条件又各不相同，对应于这些不同条件下的隧道掘进机的施工工法均有各自的特色。因此，对隧道掘进机进行分类是困难的。最常用的分类方法是根据使用目的、工程地点、开挖对象、围岩、施工方法等对隧道掘进机进行分类。

一、按切削方式分类

当前世界上使用的隧道掘进机，可大致分为全断面切削方式和部分断面切削方式两类。部分断面切削方式是挖掘煤炭用的机械在隧道掘进施工中的应用，全断面切削方式掘进机开挖的断面一般是圆形的。

二、按开挖地层分类

(1)土质隧道掘进机

目前通用的土质隧道施工专用机械设备的各种形式掘进机分类方法有以下几种：

①根据开挖面上的挖掘方式，可以分为人工挖掘(手掘)式、半机械挖掘式和机械挖掘式。

②根据切削面上的挡土方式，可以分为开放型方式和封闭型方式(土体能自稳时采用开放型方式，土体松软而不能自稳时则用封闭型方式)。

③根据向开挖面施加压力的方式，可分为气压方式、泥水压力方式、削土加压方式和加泥方式。

(2)岩石隧道掘进机

掘进机生产的机器构造形式多种多样，从世界范围内使用的掘进机来看，是根据制造商生产的掘进机在各自范围自行分类。

如罗宾斯将隧道掘进机分为三大类：

①桁架式掘进机，该类掘进机常用于软岩开挖。

②撑板式掘进机，用于不易塌落或密实的岩石。

③盾构式掘进机，能用于混合型地层(部分硬的黏土或坚实的沙土中)。

三、隧道掘进机(TBM)法优缺点

(1)TBM 法的优点

①掘进效率高。掘进机开挖时，可以实现连续作业，从而可以保证破岩、出渣、支护一条龙作业。特别在稳定的围岩中长距离施工时，此特征尤其明显。与此对比，钻爆法施工中，钻眼、放炮、通风、出渣等作业是间断性的，因而开挖速度慢、效率低。掘进效率高是掘进机发展快的主要原因。

②掘进机开挖施工质量好，且超挖量少。掘进机开挖的隧道(洞)内壁光滑，不存在凹凸现象，从而可以减少支护工程量，降低工程费用。而钻爆法开挖的隧道内壁粗糙不平，且超挖量大、衬砌厚、支护费用高。

③对岩石的扰动小。掘进机开挖施工可以大大改善开挖面的施工条件，而且周围岩层稳定性较好，从而保证了施工人员的健康和安全。

④施工安全。近期的 TBM 可在防护棚内进行刀具的更换，密闭式操纵室和高性能的集尘机的采用，使安全性和作业环境有了较大的改善。

(2)TBM 法的缺点

①掘进机对多变的地质条件(断层、破碎带、挤压带、涌水及坚硬岩石等)的适应性较差。但近年来随着技术的进步，采用了盾构外壳保护型的掘进机，施工既可以在软弱和多变的地层中掘进又能在中硬岩层中开挖施工。

②掘进机的经济性问题。由于掘进机结构复杂，对材料、零部件的耐久性要求高，因而制造的价格较高。在施工之前就需要花大量资金购买部件和制造机器，因此工程建设投资高，难用于短隧道。

③施工途中不能改变开挖直径。如用同一种机型开挖不同直径的断面，在硬岩的情况下更换附属部件，在数十厘米范围内，还是可能的。

④开挖断面的大小、形状变更难，在应用上受到一定的制约。

7.2 隧道掘进机的基本构成和性能

7.2.1 TBM工法的基本构成

TBM工法的基本构成要素大体上可分为开挖部、反力支承靴部、推进部和排土部等几部分。

一、开挖部

(1)开挖机制

开挖岩层所使用的 TBM 刀具，不是用于开挖软弱土层的锯齿形刀具，而是所谓的滚刀(回转式刀具)。该滚刀以一定的间距安设在刀盘上，掘进时，滚刀向岩层挤压，把岩层压碎，进行开挖。

具体来说，施工时用刀具的刀刃接触部，把岩层破碎成粉末，并从该区域，龟裂向岩层深处传播，沿着在刀头间产生的裂隙，形成岩片而剥离。上述龟裂发生处模式视围岩的岩类、岩性而异。为进行有效开挖，使刀头极力剥离出较大的岩片，刀头承受的荷载、安装间距等机械要素是实现高效率开挖的重要参数(见图 7-1)。

(2)滚刀

如图 7-2 所示，是由回转的刀体和装备有刀具的刀头环构成。刀头环具有能够更换的结构。最新的刀头环采用了算盘状的刀圈，材质也改为镍铬钼合金钢系列。

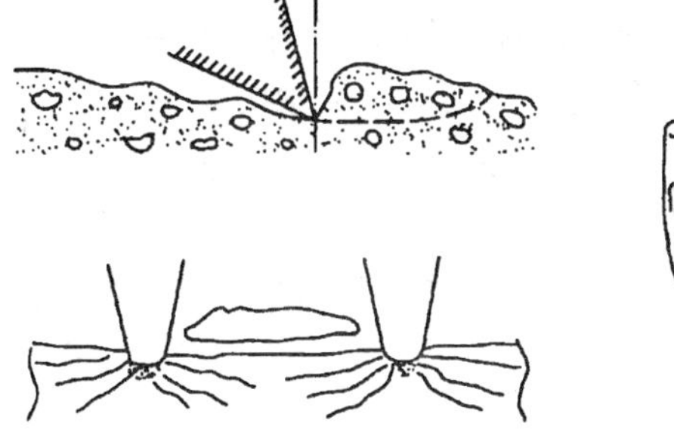

图 7-1　刀头开挖岩石的作用机理

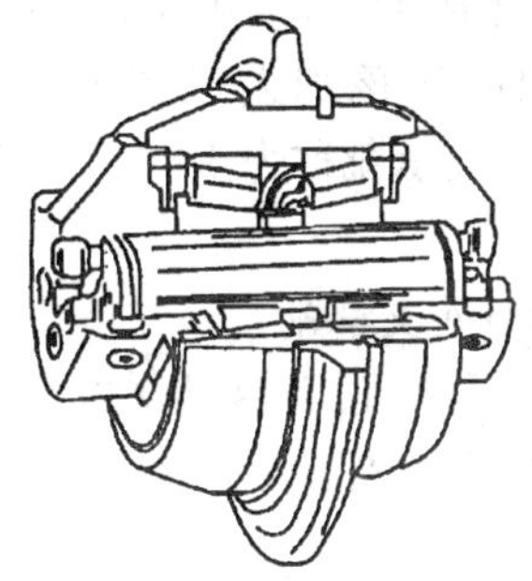

图 7-2　滚刀的结构

TBM 掘进性能，与刀具的性能密切相关。在高速施工的要求下，开发长寿命、大型化的刀具极为必要。一般小口径 TBM 是 ϕ290～ϕ350 的刀具，中大口径、超大口径分别为 ϕ394～ϕ432 和 ϕ483～ϕ559。

(3)刀盘构造

TBM 与在软土中掘进的盾构不同，是以围岩的自稳为前提的。因此，TBM 的设计相对来说是比较自由的，可以有各种各样的构造。但其最主要的是刀盘和支撑靴。

①球面刀盘和平面刀盘。刀盘的前面，以一定的间隔配置滚刀。滚刀一般有中心滚刀、正滚刀(开挖面滚刀)和边滚刀之分。滚刀的配置间隔，决定于滚刀的负荷容量、岩石强度和日掘进进度要求等。在外周部分，为防止滚刀的刀体从刀头上飞出，设置一定的角度，并使刀头的切削断面形状呈圆弧形。

为了不在边缘处安设特殊的边滚刀，可采用平面滚刀。目前发展趋势是重视滚刀的互换性，因而，球面刀盘采用的较多。另外，中心滚刀在各种情况下都是设置在有限的空间内，因此，正滚刀多采用形状各异的滚刀(见图 7-3)。

②周边支持型和中央主轴型刀盘。周边支持型刀盘，是由圆筒状的简体和主机架构成的，它采用大口径轴承。其后背部设有开口很大的周边支持结构。开挖石渣由设在刀盘前面和外周面的缝隙处理。施工时，通过把主机架作为料斗提升，将石渣送到排土装置中。该种刀盘与在软弱围岩中使用的盾构掘进机的刀盘是一样的，它在崩塌性的地质条件下是很有效的。滚刀的突出量可以设置的比较小，同时，也允许在机内进行更换。

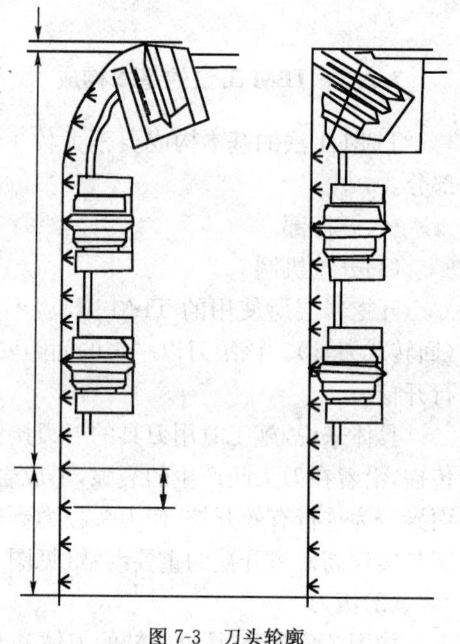
图 7-3　刀头轮廓

中央主轴型刀盘是一个圆板构造体，在其中心处设主轴，用小口径的轴承来支持。滚刀配置在圆板上。出渣是利用设在刀盘外周部的刮板从下部收集，而后用外周部的料斗由上部送到排土装置中。滚刀安设在板的前面，不受主轴等的限制，其设置方式比较自由。

该种构造，在敞开式 TBM 中采用的较多，但出渣口受到限制，故视地质情况，有时不能有效的排土。

二、反力支承靴部

支承靴的作用是提供 TBM 推进时所需的反力(推进力、刀盘转矩)。为提供充分的反力和不损伤隧道壁面，应该加大其接触面积，以减小接地压力。通常，接地压力取为 3.0～5.0MPa。如把上述支承靴称为主支承靴，则还有所谓的以控制振动、控制方向等为目的的各种支承靴。

(1)盾构型 TBM 支承靴

在盾构型 TBM 中，设有提供推进反力的主支承靴(尾部)和掌子面支承靴(前部)。主支承靴一般是水平的在左右设置一对，但对大口径的 TBM，有时在周边上要设置 4～5 个支承靴，见图 7-4。

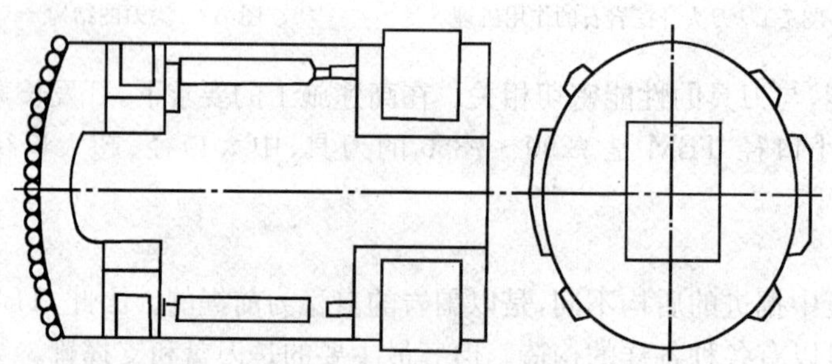
图 7-4　盾构型支承靴

(2)敞开式 TBM 支承靴

有单支承靴方式和双支承靴方式两种。单支承靴方式是在主梁上左右设一对支承靴。该支承靴对应推进时主梁的方位变化。

双支承靴方式是前后各有一对支承靴，前面的支承靴有 4 个 X 形、2 个 I 形、3 个 T 形的布置形式。

不管哪种支承靴，方向修正应在设置支承靴前进行。但单支承靴方式，开挖过程中也能改变方向。而双支承靴方式，在开挖进程中不能改变方向，受地质变化的影响小，直进性能好，如图 7-5 所示。常用的各类支承靴的构造特点介绍如下：

①单支承靴敞开式 TBM 方式。TBM 的刀盘是周边支持型的，驱动马达设在刀盘的后面。为减小伸缩千斤顶时对支承靴产生的弯矩，可把主梁和支承靴座相连接。皮带运输机设置在通过刀盘中央的主梁上面或下面。

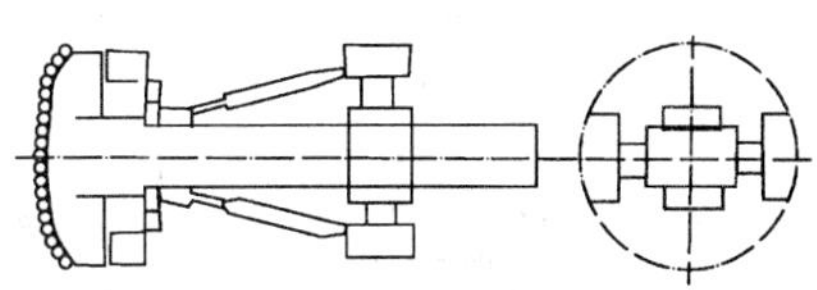

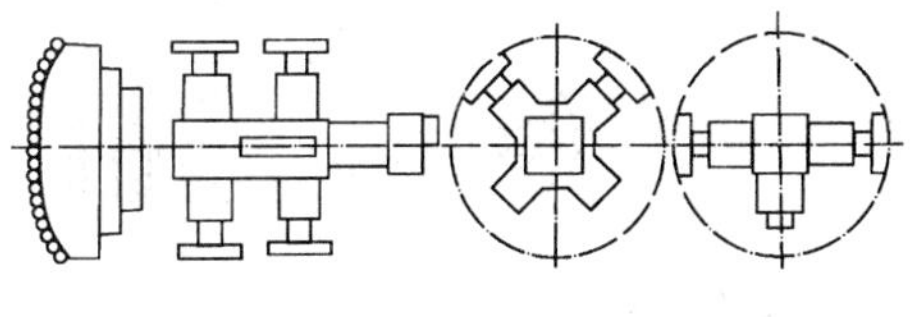

图 7-5　敞开式 TBM 支承靴构造

此类机型的特征是采用球面刀盘，适用的地质条件范围大；在掘进前、掘进中都可以控制方向；重心在机械前部，上下方向的控制易受地质条件的影响。

②双支承靴梁型 TBM 方式。此种类型 TBM 的刀盘通常是平面型的，但也有环面型的。多把驱动装置设在最后端，用主梁内的驱动装置驱动，千斤顶与支承靴的主梁连接，皮带运输机设置在主梁上部。

此类机型的特征是：支承靴把机体牢固地固定在壁面上，方向控制性能好；重量平衡好，上下方向控制容易；方向控制只能在掘进前进行；因刀盘是板型的，不适合于黏性土的开挖。

代表性的 TBM 有：支承靴 X 形布置的 TBM 和 T 形布置的 TBM。

③盾构型 TBM。开放型盾构型 TBM 的刀盘都是穹形的。分前后筒体间可伸缩的两筒式结构和前中筒间及中后筒间用可活动铰结合的筒式结构两种。在前筒设掌子面支承靴。开挖反力分把刀盘的回转转矩传达到主支承靴的方式和液压传递方式。

此类机型的特征是：采用球面刀盘，因采用盾壳保护，其地质适应范围很广；在开挖过程中可控制方向；因有盾壳，TBM 在隧道内的后退受到限制；千斤顶要具备两倍以上的推力；因使用管片，可改变为密闭型。

④斜井用 TBM。在水工隧洞中常常需掘进斜井，其斜度通常为 30°～50°。

斜井使用的 TBM 基本上与在水平坑道中使用的 TBM 一样，仅仅是在后续设备上要下些工夫。两者之间的最大区别是，防止后退的方法和石渣的排出方法。

后退的防止方法，在敞开式 TBM 中，要在 TBM 的后方设置与 TBM 支承靴连动的能够锚引的支承靴装置。在盾构型 TBM 中，使用管片或支撑来防止滑落。石渣的排出通常采用自然流下的方法。

⑤导坑和扩挖型 TBM。开挖大口径隧道的方法，首先是用导坑 TBM 开挖小断面的导坑，以此为前导，用扩挖型 TBM 扩挖隧道。此种方式与全断面掘进时相比，刀盘的外周部和内周部的周速差小。该类 TBM 多采用两机为双支承靴方式的梁型 TBM。

此类机型的特征是：扩挖时，因可借助先行导坑判明地质情况，所以可对不良地质情况先行加以处理；刀盘的后方空间大，支护作业容易；工期和施工成本与全断面方式相比处于劣势。

三、推进部

TBM 的推进部主要使用推进千斤顶，推进按下述动作循环进行（见图 7-6）。

①扩张支承靴，固定机体在隧道壁上；

②回转刀盘,开动千斤顶前进;

③推进一个行程后,缩回支承靴,把支承靴移置到前方,返回①的状态。

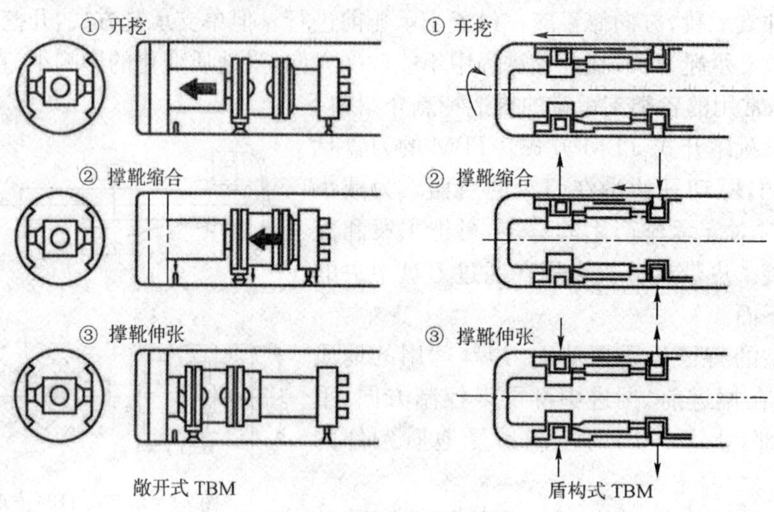

图 7-6　掘进机的开挖循环

a)敞开式 TBM;b)盾构式 TBM

四、排土部

TBM 的排土设备一般有皮带运输机、喷射泵、螺旋式输送机、泥土加压方式液体输送等。分别介绍如下:

①皮带运输机。在所有的梁型 TBM 和敞开式盾构 TBM 中使用,该方式运量大,可实现高速化,但有涌水时,排土困难。

②喷射泵。适用于敞开式盾构 TBM,喷射泵输出后,由液体继续进行输送。因为该方式中,喷射泵是开路的,所以掌子面可以开放出来。同时,有涌水时,该方法也极为有效。但排土效率低,只用于小口径的 TBM 中。

③螺旋式输送机。用于密闭式盾构 TBM,也可以在土压式 TBM 中使用。使用该方法时. 掌子面自稳性高,在无涌水时,掌子面可开放。

④泥土加压方式液体输送。使用在密闭式盾构 TBM 中,该法对掌子面的稳定效果很好。

7.2.2　TBM 的掘进速度

滚刀掘进速度计算公式有多种,但一般以下式概括:

$$R = P \times n \tag{7-1}$$

式中:R——掘进速度(cm/min);

P——切入深度(cm/r);

n——滚刀回转数(r/min)。

一次切入深度 P 与岩石强度(单轴抗压强度 б)、刀头间隔(S)、刀头荷载(W)有关,可按下式计算:

$$P = \frac{1}{\sigma} \cdot \frac{1}{S} W \tag{7-2}$$

因此,为提高掘进速度,可采用加大切入深度,或增加刀盘回转数的措施。刀盘的回转数,根据滚刀密封部的周速度或轴的密封轴速度,有一上限值,此值通常在 100~120m/min。

为增大切入深度,可采用两种方法:一种是采用刀头荷载大的大口径刀头;另一种是增加小口径刀头的数量。但不管哪种方法，如 TBM 的总推力相同，则其掘进速度也是相同的。

刀头采用大口径的优点表现在：可减少刀头的数量，相应的需维护、更换的刀头数量也减少了；与小口径相比，可提高刀头环的磨耗寿命。

但采用大口径刀头会使交换作业变得困难，因此，究竟是采用大口径刀头还是小口径刀头需要综合考虑。就机械施工而言，人们期望的目标是能够“快速施工”，因为，这实质上降低了工程费用。决定施工速度的最重要的因素是：

①机械本身的开挖能力；

②出渣、支护等后续作业的效率。

因此，在编制施工计划时，考虑如何提高后续作业的效率，即如何增加循环作业中机械的纯工作时间是很重要的。

一般情况下，机械工作时间占开挖循环的比例，对于 TBM、自由断面掘进机来说都在 30％、50％左右。

TBM 的掘进速度可按下式计算

$$L=\frac{\text{工作效率}}{\text{纯掘进时间}+\text{刀头更换时间}+\text{辅助作业时间}}=\frac{T_{sh}-t_{sh}}{\frac{1.67}{n\cdot p_e}+2\frac{t_c}{\lambda\cdot p_e}D^{1.75}+t_1} \tag{7-3}$$

式中：T_{sh}——TBM 移动的作业时间(h)；

t_{sh}——TBM 移动中的损失时间(h)；

n——刀盘转数(r/min)；

p_e——刀盘转动一次的切入深度(cm/r)；

t_c——更换一个刀具的时间(h)；

λ——刀具的转送距离(km)；

D——开挖直径(m)；

t_1——每米的辅助作业时间(h)。

可见，提高刀具的耐久性，缩短刀具的更换时间，提高刀盘的转数和切入深度能够提高掘进速度。

7.3 采用隧道掘进机法的基本条件

由于岩石隧道掘进机的断面外径大可达 10m 多，小的仅 1.8m，并且岩石掘进机和辅助施工技术日益完善以及现代高科技成果的应用(液压新技术、电子技术和材料科学技术等)大大提高了岩石掘进机对各种困难条件的适应性。因而全断面岩石掘进机的适用范围，如果简单地从开挖可能性看，是不全面的。必须根据隧道周围岩石的抗压强度、裂缝状态、涌水状态等地层岩性条件的实际状况以及机械构造、直径等的机械条件以及隧道的断面、长度、位置状况、选址条件等进行判断。

7.3.1 工程地质条件

在 TBM 工法中，TBM 和掌子面是分离的，故有软弱层和破碎带时，采用辅助工法很困难。所以，不良地质的调查，不仅对 TBM 的选择和施工速度有很大的影响，对能否采用 TBM

法也是决定性的因素。此外，能否充分发挥TBM的能力，也是调查研究的一个重点。

TBM施工的地质调查主要是调查影响TBM使用的地质条件，如地质的硬软，破碎带的位置、规模，地下水的涌水，膨胀性地质等，对TBM工法是否适合，以及影响TBM开挖效率的地质因素等。调查的地质因素大体上可分为以下两类。

一、影响是否选用TBM工法的地质因素

(1)隧道地压

是否存在塑性地压是决定TBM适用性的重要因素。在最近的TBM施工中，采用护盾式的TBM时，多使用超挖刀具，使断面有些富余，而利用管片的反力来推进。

使用敞开式TBM时，要从初期的喷混凝土支护中脱出，也要采用相应的措施，因此，地压的作用是避免不了的。在这种情况下，事先正确地掌握该区间的位置，就易于采取合适的措施。对此，最好采用掌子面超前探测和钻孔探测的方法进行地质判定。

发生塑性地压的围岩的评价，在软岩情况下，主要采用围岩强度比的方法；在近似土砂的软岩时，应采用围岩抗剪强度比的方法。

比较方便的方法是采用下式表示的围岩强度比的大小进行评价的方法。

$$\alpha = \frac{q}{\gamma h} \tag{7-4}$$

式中：γ——围岩单位体积重量(N/m^3)；

q——试件轴抗压强度(Pa)；

h——埋深(m)；

α——围岩强度比，其中：

$$\begin{cases} \alpha<2 & \text{挤出性～膨胀性围岩；} \\ 2\leqslant\alpha<4 & \text{轻微挤出性～地压大的围岩；} \\ 4\leqslant\alpha<10 & \text{地压大～有地压的围岩；} \\ \alpha\geqslant10 & \text{几乎无地压的围岩。} \end{cases}$$

从目前的技术水平看，在断层破碎带和软弱泥岩等地质条件以及蛇纹岩等膨胀性地质条件下，会有很大的地压作用，掌子面难于自稳，TBM掘进是极为困难的。

(2)涌水状态

在软弱岩层和断层破碎带中，涌水的范围、大小、压力等，是造成掌子面崩塌和承载力低下的主要问题。在极端的情况下，机体会产生下沉，此时必须用护盾式TBM。在涌水地段，TBM的优点会丧失殆尽。在选择时，这是必须注意的。

二、影响TBM效率的地质因素

影响TBM效率的因素主要有岩石强度、硬岩石度及岩层裂隙等。这些因素对TBM切削岩石的能力影响极大。

(1)岩石强度

岩石的抗拉强度和抗剪强度比抗压强度小得多，一般抗拉强度是抗压强度的1/10～1/20左右。开挖的难易与抗拉强度、抗剪强度和抗压强度有关，一般都用通过试验比较容易得到的抗压强度来判定。对开挖的经济性有很大影响的刀具消耗，只用抗压强度判断是不合适的，还应根据岩石中含有的石英粒的范围、大小、岩石的抗拉强度等判断。目前，对局部抗压强度超过300MPa的超硬岩，也可以采用TBM施工，但刀具和刀盘的消耗过大，是不经济的。从机种及裂隙的程度看，经济较合适的强度约在200MPa以下。

(2)岩层裂隙

岩层裂隙(节理、层理、片理)对开挖效率影响极大。裂隙适度发育的岩层,即使抗压强度大,也能进行比较有效的开挖。例如,在裂隙发育的条件下,裂隙间距 30～40cm 就可以认为是很发育了;q=150MPa 时,也能有效地开挖。

(3)岩石硬度

进行机械开挖时,刀具的磨耗问题是永远存在的。因此,要进行硬度试验和矿物成分分析,主要是了解矿物中的石英等硬物质的含量及其粒径等。一般地说,在 q<100MPa 的地质条件下,石英等坚硬的矿物含量很多、粒径很大。此时刀具的消耗很大,在经济上常常不太有利。

(4)破碎带等恶劣条件

在破碎带、风化带等难以自稳的困难条件下进行机械开挖,都需要采取辅助方法配合施工。特别是在有涌水的条件下,施工更为困难,拱顶崩塌、机体下沉、支承反力降低等问题时有发生。为了克服这一缺点,最近已开发出盾构混合型的掘进机,但还不能满足复杂地质条件的要求。

表 7-1 表示对 TBM 的设计施工有影响的围岩条件。

影响 TBM 设计的主要地质条件　　表 7-1

TBM 设计项目 \ 地质的调查项目	TBM 的形式				纯掘进速度	刀头消耗量	刀头转动系数	支护施工装置的位置和种类	排水设备	电气设备	使用材料
	基本形式	支承靴面压	刀头安装	外防护棚架的形式							
岩石种类					○	○					
单轴抗压强度	○	○			◎	○	○				
劈裂抗拉强度					○						
RQD	○							○			
岩心采取率	○							○			
弹性波速度	○	○			◎						
裂隙间距和方向	○	○	○	○	◎						
石英含有率						◎					
岩脉及断层破碎带情况	◎	○	◎	○	○		◎	○			
涌水量、地下水及水压	○								◎		
水质	○							○			◎
有无瓦斯喷出及种类	○									○	○
硬度					◎	◎					
脆性值					○	○					

注:○-重要的地质条件;◎-一般性的地质条件。

因此,从地层岩性条件看适用范围,掘进机一般只适用于圆形断面隧道,只有铣削滚筒式掘进机在软岩层中可掘削成非圆形隧道(自由断面隧道)。开挖隧道直径在 1.8～12m 之间,以 3～6m 直径为最成熟。一次性连续开挖隧道长度不宜短于 1km,也不宜长于 10km,以

3～8km最佳。隧道施工太短，掘进机的制造费用和待机准备时间占工程的总费用和时间的比例必然增加。如果一次性连续开挖施工的隧道太长，超出掘进机大修期限（一般 8～10km），自然要增加费用和延长施工时间。掘进机适用于中硬岩层，岩石单轴抗压强度介于 20～250MPa，尤以 50～100MPa 为最佳。

开挖岩层的地质情况对掘进机进尺影响很大。在良好岩层中月进尺可达 500～600m，而在破碎岩层中只有 100m 左右，在塌陷、涌水、暗河地段甚至要停机处理。鉴于掘进机对不良地质的十分敏感，选用掘进机开挖施工隧道时应尽量避开复杂地层。

7.3.2 机械条件

TBM 不仅受到地质条件的约束，还受到开挖直径、开挖机构的约束。

一般说在硬岩中，大直径的开挖是很困难的。日本的实例是最大直径 5m 左右。其理由是：目前的 TBM 大都是单轴回转式的，开挖直径越大，刀头的内周和外周的周速差越大，对刀头产生种种不良影响。此外，随着开挖直径的增大，要增大推力，支承靴也要增大，会出现运送上的困难和承载力问题。

此外，挖掘机械是采用压碎方式还是切削方式，对实际应用的适用范围也有差别。

7.3.3 开挖长度

TBM 进入现场后，一般要经过运输、组装的过程。根据 TBM 的直径和形式、运输途径、组装基地的状况等，要准备 1～2 个月。其次，TBM 的后续设备长 100～200m，为正规地进行掘进，也要先修筑一段长 200m 左右的隧道。所以，隧道长度短时，包括机械购置费在内的成本是很高的，是不经济的。

当隧道长度在 1 000m 以下时，固定费的成本急剧增大，到 3 000m 左右时，成本大致是一定的。因此，TBM 适宜的长度最好是 3 000m 以上。

由于掘进机在技术上较成熟条件下应用，已在施工速度、安全等方面越来越占优势，以致目前国外在开挖 10～30m^2 断面、而长度在 1 000m 以上的隧道一般都优先考虑选用全断面掘进机法施工。

7.3.4 工程所在地的设施条件

在 TBM 法中，因要进行机械的运输、组装等，故要对隧道所处地点的状况给以应有的注意。TBM 的运搬计划，要考虑道路的宽度、高度和重量的限制，根据组装的条件要充分调查运输时的分割方法（最小分割尺寸和重量）。

TBM 是在工厂试组装、试运输后进行分割的。分割后，再运入现场。通常，分割重量受道路条件的限制，约在 35t 左右，断面尺寸在 3.5m×3.5m 左右。

与同样规模，但使用其他施工方法的隧道比，采用 TBM 工法要消耗较多的电力，例如，开挖直径 3m 的隧道，消耗的电力约为双车道隧道的 1.5 倍，在规划时，要充分注意。

综上所述，探讨掘进机在各类隧道开挖中的技术可行性、经济合理性是隧道工程中的一项十分重要的课题。正确选择隧道的开挖方法是一件复杂而又细致的工作，主要取决于：

①工程规模：如隧道形状、长度、直径、埋深、走向以及围岩条件等。

②地质情况：如岩石类型及强度，地质的节理分布及发育程度，有无断层、暗河、溶洞，地下水的分布，隧道正上方有无建筑物、河流等。

③作业场地：交通运输能力（由于掘进机的机械部件多、重量大，现场搬运、解体等工作需要起重设备等配合）、水电来源、进出洞口场地等。

④施工进度要求：由总控制工期的时间推算出平均月进尺指标。

⑤企业自身的实际能力：如制造维修能力、经济能力，施工队伍的技术、管理水平以及传统的施工习惯等。

7.4 隧道掘进机法的附属设施

TBM 的附属设施，包括与 TBM 本体接续的在洞内配置的后续设备和在整个洞内布设的设备以及洞外的设备。在这些设备中，通常多与钻爆法中采用的设备是一致的，TBM 的附属设备首先是洞内的后续设备。在设计 TBM 施工速度时，当然要研究 TBM 纯掘进速度，但与其能力配套的后续设备效率也是要考虑的重要因素。后续设备除了与把石渣从掌子面输送到后方的运输设备外，还有超前钻孔机、集尘机、压缩机、喷射机、电力电缆等。

7.4.1 TBM 附属设备设置原则

TBM 附属设备的设置原则是根据 TBM 施工流程，选定与之配套的必要设备。因此，要充分研究其作业计划和必要的功能，再来选择有效率的各项设备。特别是在隧道施工中，各作业的循环性强和作业空间的限制等特点。因此，配置设备时，要考虑前一作业与下一作业的关联，以提高作业性。在后续设备中，因限界有一定的容纳度，因此要考虑设备的必要空间，并最后决定整个机组的长度。

TBM 的掘进作业，除掌子面的出渣外，还有与掘进有关的附属作业，如支护作业、轨道的延长、刀头的检查、损耗品的更换、高压电缆的更换、测量、超前钻孔等作业。后续设每通常搭载在台车上，该台车为确保通道，在小断面中多设在一侧，在大断面中可设在两侧。其次，在布置时，要注意使确定 TBM 掘进方向、位置的激光光线能无阻碍通过。

7.4.2 附属设备种类

一、运输方式和设备

运输对象的核心是掌子面开挖排出的大量石渣，其他还有隧道的支护材料和隧道延伸的各种器材以及刀头类的 TBM 维修器材等。前者通过 TBM 开挖施工过程中的连续出渣特征来解决，后者则主要是充分利用返空车辆和后续作业的时间进行安排。其中，出渣方式的选择对 TBM 的施工性能影响很大。目前，在隧道施工中采用的运输方式为：有轨道方式、无轨方式、连续皮带运输方式、泥浆运输方式等几种。各种方式的比较见表 7-2。

不同运输方式的比较 表 7-2

研究项目	有轨道方式	无轨道方式	连续皮带运输方式	泥浆运输方式
运输能力	车辆的编组灵活，无问题	隧道断面小时，很难采用（6m 左右）；端面无富余时，不能高速运送	决定于与隧道端面协调的皮带宽度和输送速度	如采用 1～2 倍隧道宽度的管路可以对应
坡度	1.5%无问题；超过 3%后，要增设机车；1.5%以上时，要采用齿轮或斜坡道	10%也能适应，有 17%的施工实践	15%也能适应	缩短升压泵距离可以适应

续上表

研究项目	有轨道方式	无轨道方式	连续皮带运输方式	泥浆运输方式
设备	斗车、侧卸式斗车、梭车、装渣设备、轨道、枕木	洞内专用汽车、排废气装置、储渣设备	皮带延伸装置、装渣设备、皮带接续装置	碎石机、送排泥泵、泥水处理装置、升压泵等

在选择输送方式时，要考虑TBM开挖的石渣量，使出渣能力与开挖能力相配套，并使设备具有一定的富余能力，避免因出渣能力不足，而降低隧道施工效率。为此，应根据TBM开挖能力，求出最大输送石渣量，来计划相应的输送方式和设备。

二、有轨道方式

(1)车辆

轨道方式的石渣输送是用斗车、底卸式斗车和侧卸式斗车或梭车等运输设备进行的。此外，还有与这些斗车相配合的装渣设备、弃渣设备和弃渣场等。斗车的功能单纯，故障也少，而且，即使发生故障，也只要更换一台就可以解决了，对整个施工循环影响不大。器材的运输多采用专用车辆。出渣运输车的能力，要与TBM一循环的掘进长度排出的石渣量协调，以决定斗车的容量和机车的能力以及车辆的编组。

(2)装渣设备

装渣设备能力上要配备满足运输要求的装载机，充分满足TBM连续出渣的要求，使进入的列车编组斗车全部进行装渣。出渣用的皮带机通常是设在台车的后方，作为后续台车的一部分。此方式在大断面隧道中，不可能用一列车将该循环的石渣排出，要进行列车的交换，这将使掘进中断。

也可采用在装渣地点专用的出渣系统进行连续出碴，但构造复杂，使用较少。

(3)轨道设备

虽然与隧道断面大小有关，但在装渣区间，因净空关系，多采用单线。而在洞内其他区间则以复线为主，用Y形道岔与装渣区间的单线接续。如全线用单线，则隔一定距离(例如500m)应设置待避线。同时，此待避区间可设置配电盘和通风机等设施。

(4)弃渣设备

轨道方式的弃渣，弃渣场的高度应比轨道水平低些，使碎渣自然落下。斗车排出石渣，在梭车情况时，是自行排出的，其他都要有辅助装置，如翻车机、专用的导轨和固定式转车装置等。因这些装置的排渣是固定位置的，故弃渣场和轨道的高差要大些。为提高储渣能力要配备移动石渣的推土机等。为此，也有采用可使一列车分散排土的自行式转倒装置和多连式转倒装置，也有采用垂直式皮带运输系统的。

三、无轨方式

在TBM施工中，无轨方式采用的比轨道方式少，是因为无轨运输空间要求大；TBM隧道一般都较长，需要较强的通风设备，为此，应用要求能源大、排放大量有害气体的内燃机车的无轨方式有很多不利之处；在TBM掘进中，开挖和出渣是连续的，大型装载车运输时，如不使掘进中断，就要设置大型的储渣设施，这受工作空间限制有时是不可能的。

无轨方式的最大特点是，运输设施简便。在大断面隧道中，还是有采用的。TBM后方设有几个与汽车容量相配合的斗仓，将汽车置于其下，即可直接将石渣排入。开挖中的石渣用皮带运输机连续地送到空斗仓中，走行路面是在TBM正后方的位置用石渣填筑而成的。

四、皮带运输机方式

此方式与后述的泥浆方式都是能发挥TBM特点的连续输送方式，是很有效的方式。但是，输送石渣的条件比轨道方式和无轨方式都严格。皮带机能力的输送容量，是由以下的装载断面和皮带速度及装载率决定的，并要考虑坡度、输送距离等条件。

$$Q = A \times V_B \times \gamma_2 \tag{7-5}$$

式中：A——装载断面(m^2)；

Q——皮带机的输送容量(m^3/min)；

V_B——皮带速度(m/min)；

γ_2——皮带机装载率，取0.6。

五、泥浆输送方式

本系统由泥浆输送和土砂分离两个系统构成。

(1)泥浆输送系统

泥浆输送系统流程：从出发基地设置的调整槽用泵及驱动水泵将水送到射流泵。用此射流泵把隔墙内的开挖石渣送到碎石机台车上，石渣通过此碎石机破碎成可输送的粒径大小(2～3cm)，用排泥泵送到洞外的土砂分离设备中。

(2)土砂分离系统

用排泥泵将石渣排在洞外设置的土砂分离设备中，把泥水和土砂分离，泥水则向隧道内循环，土砂则运到弃土场处理。

7.4.3 集尘及通风设备

一、集尘设备

在TBM施工中，因切削岩石，而产生大量粉尘。同时，为冷却切削岩石的刀头，需采用压力水喷雾。掘进机开挖岩石产生的粉尘被冷却水吸收一部分，但因水压、水量、岩石状况等不同，粉尘抑制效果也各不相同。如喷洒水不充分时，粉尘和水的粒子在空气中浮游，妨碍视线，影响环境。因此，为有效抑制粉尘，设置集尘设备收集粉尘并进行处理是必要的。最新的TBM，从刀盘室内用专用的管道直接和集尘机连接，进行粉尘的直接处理，这种方法是十分有效的。

二、通风设备

TBM工法的通风目的，是驱散作业人员呼出和内燃机等产生的有害气体、TBM主机动力产生的热量、岩石破碎时产生的粉尘等。除无轨方式外，洞内的温热，可用吸水冷却，粉尘用前述的集尘装置处理外，作业人员的呼气，通常都用通风设备处理。通风量通常比集尘机的能力大些，而且，通风管的位置要设在集尘机排气部的里面(掌子面侧)。所需风量一人最小为$3m^3/min$。风管管径通常为400～600mm(隧道直径为3～5m)。TBM使用的通风机与一般隧道的比，多是小风量、送风距离长的涡轮式风机。

7.4.4 洞内超前钻孔设备

隧道掘进过程中，遇到断层和涌水是不可避免的。施工前，应进行充分的现场调查，把由此造成的事故控制在最小的限度内。主要调查方法是在TBM掌子面进行地质钻孔调查，钻孔也可同时作为排水孔使用。钻孔设备要在TBM有限的空间内，而且要随施工的进展随时可以作业，故应是小型和易于移动的。

7.5 隧道掘进机法的支护技术

在 TBM 以外的山岭隧道施工方法中，除极小断面的隧道外，喷锚（网）和混凝土衬砌支护被广泛采用。公路和铁路隧道，是基于围岩分类，进行支护方法选取的，适应各种围岩类别的支护形式已基本确定。在 TBM 法施工情况下，支护形式也多采用喷混凝土、锚杆、钢支撑、混凝土衬砌支护等，有的还采用管片。其支护方法，也是基于地质条件进行设计的，但其精确的设计、施工方法问题还没有完全解决，主要由于：

①掌子面被 TBM 封堵，很难基于掌子面状况直接进行的判断。

②拱顶下沉和净空位移等隧道动态量测，在开挖后立即进行是困难的。因此，要采用量测以外的手段来判断围岩的稳定性和支护是否妥当。

③施设支护的位置，要离开掌子面一定距离，支护设置时间较迟。

④支护设置位置因 TBM 的形式各异。

⑤TBM 的直径、用途是多种多样的，在同样的条件下的工程实例较少，因此，TBM 的支护要在积累实践经验的基础上逐步完善。

表 7-3 是不同隧道类型的支护方式选择参照表。

不同支护形式选择参照表 表 7-3

隧道类型或形式		支护方式
隧道完成断面	TBM 开挖断面	在公路隧道中有采用 RC 管片作为永久初砌的；在水工隧道中采用喷混凝土、锚杆、钢支撑等组合支护
TBM 导坑	爆破扩大	事前要拆除管片支护
	TBM 扩大	使用可拆除和可切削的材料
隧道直径	2～5m	多采用无支护钢支撑管片
	＞5m	多采用无支护、喷混凝土、锚杆、钢支撑等组合支护
TBM 形式	敞开式	不使用管片支护
	盾构式	围岩不良处，采用仰拱管片，全闭合管片
隧道坡度	水平斜井	导坑时，可采用纤维喷浆等特殊配比的材料

(1)隧道用途、直径

从隧道直径看，2～3 m 的小直径的 TBM 采用钢支撑和管片较多，在 3 m 以上的工程中，采用喷混凝土、锚杆、钢支撑的组合形式较多。

在上下水道中，钢支撑和管片占大多数，也有很多是无支护的，在发电站的水工隧道中，多采用喷混凝土，因断面大，从洞内环境条件看，可减少粉尘的影响，对确保围岩稳定是有利的。

用 TBM 开挖导坑时，支护多是暂时的，扩大时要拆除，因此，要尽量采用轻型的，易于拆除。扩大也采用 TBM 时，导坑的支护要采用可切削的材料。二次衬砌多在隧道开挖完成后施工。

TBM 掘进和二次衬砌平行作业有困难时，为缩短工期，可采用兼有支护和衬砌作用的管片，此时，管片和盾构法中的功能一样，起支护围岩的作用，同时，在支承靴无效时起提供推进反力的功能。

(2)TBM 的形式

在敞开式 TBM 中，围岩条件差时，在刀盘和主支承靴间施设支护是可能的。

在盾构式 TBM 中，后筒中或后筒后面可直接构筑支护，敞开式 TBM 不能采用管片，但在盾构式 TBM 中多采用管片，其理由是：采用管片多是在围岩差的条件下，但在敞开式 TBM 中，支承靴无效时，可以通过喷混凝土加强支承靴处，但在盾构式 TBM 中，是不可能进行这种加强的，此时，可在盾构式 TBM 中，装备盾构千斤顶，以管片为反力进行掘进。

(3)隧道坡度

支护形式与 TBM 的掘进坡度是相关的。在斜井中采用 TBM 时，导坑 TBM 可向上掘进，为防止出现掉块、崩塌、落石等重大事故，要设置安全所需的护壁；导坑直径小，要采用能保持良好作业环境的工法；要能早期产生支护效果；采用扩大 TBM 时，要采用可切削的材料。

7.6 掘进机开挖隧洞经济分析和施工组织

7.6.1 经济分析

掘进机开挖隧洞的经济分析系相对于钻爆法开挖进行经济比较。比较的主要内容包括：两种方法的主体和附属工程量；完成各项工程量的单项费用；完成全部工程量和总费用；敏感性分析。

(1)工作量对比

以钻爆法为基础，则采用掘进机法往往可使工程量有如下变化：

①施工准备工程：施工准备工程量减少，施工人员减少，工期缩短，临建费用大为降低。国外资料介绍可减少劳动力 40%。我国新王庄隧洞节省劳动力 70%，古人庄隧洞为 80%。

②施工支洞工程：由于提高施工速度，减少了施工支洞工程量。如贵州天生桥二级水电站因用掘进机，减少支洞长 1 495m，主洞也因此裁弯取直而减少 4 950m。

③衬砌工程：可有效地减少衬砌工程量及衬砌工程施工环节。包括因使用掘进机提高了围岩稳定性而降低了的支护强度和减少固结灌浆量，以及因超挖量减少而减少衬砌量等。

(2)隧洞掘进机开挖成本分析

隧洞掘进机开挖的单价一般高于钻爆法开挖的单价。尤其在我国，掘进机尚在试用阶段，设备性能和管理水平较低。欲降低开挖成本，应注意下列各点：

①选择适当的配套出渣方式，及时完成后配套系统。

②选择技术成熟、质量过关的设备，减少非正常性损坏，减少维修、再置费用。

③针对围岩地质条件，选择适当的刀具，控制耗刀在经济范围内。

(3)隧洞掘进机开挖的综合经济效益

虽然洞内掘进机开挖单价远高于钻爆法，但考虑上述掘进机法带来的工程量减少、安全性增加、速度快、效率高等优点，结果在条件合适时掘进机施工的隧洞成洞等价反而较钻爆法施工低，显示出适宜采用掘进机施工的地下工程中，具有很大的优势。

7.6.2 掘进机施工组织

(1)主要施工方法

隧洞开挖直径为 2～10m 时，一般采用全断面一次成洞的方法。隧洞直径为 6～15m 时，可采用分级扩孔法施工，即采用小机组一次贯通导洞，然后扩大，或超前开挖导洞，后面紧跟扩大。

施工方法的选择要根据可能取得的设备、隧洞的地质条件，对通风的要求及施工队伍的条件进行。

(2)施工前的准备工作

掘进机法开挖隧洞必须在严格的施工组织设计指导下进行。掘进机法施工组织设计要根据工程具体情况和设备条件，优选合适的施工、弃渣及运输方式，制定施工进度计划；并根据地质资料制定各段掘进时的安全措施、备品配件及其他材料设备的储备、供应计划和劳动力组织等。

(3)掘进机运输与组装

因掘进机自重较大，一般要拆开运输；掘进机组装应力求靠近工作面。

(4)掘进作业

①洞口开挖：通常用钻爆法开挖洞口。

②准备掘进机工作面：开成洞口后，向前开挖一段隧洞。开挖出的隧洞长度要大于掘进机刀盘到支撑板后缘距离。修平工作面，并将隧洞边墙和底板衬砌好，以支撑掘进机的支撑板。在洞口有条件浇筑相同长度混凝土导墙时，亦可不开挖隧洞。

③掘进作业：将掘进机置于工作面前工作位置，开始掘进作业。

④供水：设备冷却用水一般要求水压在 0.147～0.196MPa，耗水量根据设备性能确定；刀盘要求高压喷水，一般压力为 0.588～0.981MPa，耗水量按机械性能或按单位时间最大破岩体积的 10%～20%估算。

⑤供电：掘进机本身附有变压器，供应主机、出渣带式输送机、排水泵、除尘等辅助设备动力，以及作业区照明用电。主机的供电电压一般为 6kV。其他供电与一般隧洞施工方法相同。

通风、供排水管道和高低压电缆在隧洞断面上的布置，应根据具体情况确定，与一般隧洞施工布置类似。

⑥监测围岩地质情况：测绘隧洞沿线的详细地质图，标明各段的岩石分类，注明岩体的构造状况、节理方向和频度；采用岩石点荷载仪测取岩石的抗拉和抗压强度，注明各段岩石强度。每段岩样的代表强度选其中值，不计平均值。

⑦测定岩石的可钻性比能与磨蚀性：磨蚀性指标与可钻性指标共同反映岩石抵抗破碎的坚固程度和对刀具的磨蚀能力。

(5)出渣作业

掘进机出渣为连续出渣，运输强度高，除向洞外出渣外，还要向洞内运输支护材料、刀具及管材等。有以下几种出渣方案：

①轨道运输：适用于坡度小于 20‰的平洞，配大型梭车和移动调车平台。

②汽车运输：适用于坡度较大的平洞，洞径一般要大于 7.5m，需要较好的通风条件。

③带式输送机运输：适用于坡度 14%～28%的斜井。

④自动溜渣：适用于坡度大于 40°的斜井，可自下向上开挖导井，自上向下扩大时利用导井溜渣，必要时辅以水力冲渣。

除用汽车运渣方式外，其余方式宜在洞口附近设弃渣场，以加快洞内循环，保证连续出渣，洞口弃渣场的岩渣必要时经过技术经济论证后可进行二次倒运到较远的弃渣地点。

(6)通风除尘

通风可采用抽出式、压力式、或混合式。

(7)施工人员安排

掘进机可安排两班作业。根据国外的经验，每台机应配的人员为：司机 1 名/班；钳工 1 名/班；刀具维修工 1 名/班；现场机器负责人 1 名/班。

排渣、风水电管线安装，铺设轨道等应有专人负责，人数根据现场情况安排。另外机后配套、出渣辅助人员，根据出渣方式而定。

第八章 隧道顶管法施工技术

8.1 概　　述

顶管施工是继盾构施工之后而发展起来的一种地下管道施工方法，该方法借助于主顶千斤顶(油缸)及管道间中继间等推力，将掘进机从顶进坑内穿过土层一直推到接收坑内，与此同时，将紧随掘进机后的管道埋设在两坑之间，是一种非开挖的敷设地下管道的施工方法。

顶管施工技术发展至今已有一百余年的历史。据资料记载，国外最早应用顶管法的是1896年在美国的北太平洋铁路铺设工程。20世纪初期，在加利福尼亚的灌溉中又一次采用顶管施工技术，在铁道下施工铸铁管道。接下来采用波纹钢管代替铸铁管，管道直径范围为700mm～2 400mm，所能达到的施工长度已达60m或更长。顶管施工技术在美国也日趋发展，1980年曾创下9个多小时顶进49m的记录。20世纪30年代，英国的一家供水公司就曾有过顶进铸铁管道的纪录。1958年在英格兰中东部采用波纹钢管穿越铁路，顶进长度达到30m。自此以后，更多的工程公司进入顶管技术领域，使该技术在英国得到了发展和应用。日本第一次采用顶管施工方法是于1948年，采用手摇液压千斤顶，在尼崎市的铁路下顶进了一根内径600mm的铸铁管，当时顶距只有6m。大约十年后，日本将这种相当原始的顶管改为采用液压油泵来驱动油缸作为主顶动力，更促进了顶管施工技术的发展和应用，并于20世纪80年代初开发了大刀盘电机驱动的土压平衡顶管机。

我国最早进行顶管施工大约是1953年的北京，接下来上海开始进行顶管试验，在科研人员的努力下，不断获得成功。十余年后，不必进入管子的并带有液压纠偏系统的小口径遥控土压式机械顶管机在上海研发成功。1978年上海开发了适用于软黏土和淤泥质黏土的挤压法顶管，此顶管的应用，大大提高了工作效率。1984年我国的北京、上海、南京等地先后开始引进国外先进的机械顶管设备，随之也引进了顶管理论、顶管施工方法，诸如土压平衡理论、泥水平衡理论、气压平衡理论等，使我国的顶管技术又上了一个新的台阶。

顶管施工技术有以下特点：

顶管施工开挖部分仅仅只有工作坑和接收坑，土方开挖量少；在管道顶进过程中，只挖去管道断面的土，比其他开挖施工技术挖土量少许多，在覆土深度大的情况下比开挖经济；在掘进机向前推进的同时，其后便形成了一个连续的隧道衬砌，推进完了不需要进行衬砌；不需要较大的超挖量，缩短工期，节约成本；可以减少沿线的拆迁工作量，大大加快施工进度，降低工程造价；可以穿越公路、铁道、河川、地面建筑物、古迹保护区、农作物和植被保护区、地下构筑物以及各种地下管线等，施工面移入地下，施工对地面活动影响较小，因此文明施工程度高，可以大大减小对沿线环境的污染；施工安全，可有效减少对周围设施的损坏和地表沉降。在合理的施工条件下，采用一般的顶管工具管引起的地表沉降量可控制在50～100mm，而采用泥水平衡式顶管工具管引起的地表沉降量更在 30mm 以下。

顶管施工也存在一些缺点：在软土层中纠正偏差比较困难，且管道容易产生不均匀下沉；利用顶管技术较难实现管道的快速转弯，曲率半径小且曲率半径变化大时施工困难；大口径，如 5 000mm 以上的顶管施工很难实现。

8.2 顶管法施工基本原理

顶管法是一种非开挖的敷设地下管道的施工方法，如图 8-1 所示，基本原理就是借助于主顶千斤顶(油缸)及管道间中继间等的推力，把工具管或掘进机从工作坑内穿过土层一直推到接收坑内吊起。与此同时，也就把紧随工具管或掘进机后的管道埋设在两坑之间。

顶管施工前要对地质和周围环境情况调查清楚，这也是保证顶管顺利施工的关键之一。

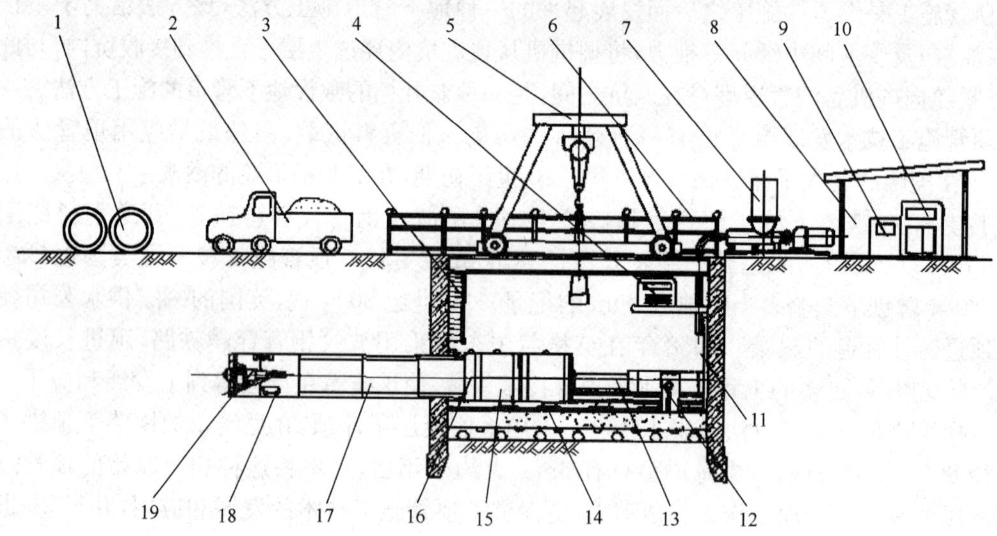

图 8-1 顶管施工示意图

1-混凝土管；2-运输车；3-扶梯；4-主顶油泵；5-起重行车；6-安全扶栏；7-润滑注浆系统；8-操纵房；9-配电系统；10-操纵系统；11-后座；12-测量系统；13-主顶油缸；14-导轨；15-弧形顶铁；16-环形顶铁；17-混凝土管；18-运土车；19-机头

8.2.1 施工内容

比较完整的顶管施工包括以下 16 大部分内容。

一、工作坑

顶管施工虽然不需要开挖地面，但在工作坑处则必须开挖。工作坑的形状主要有圆形和矩形两种。圆形工作坑较深，一般采用沉井法施工。圆形使下沉顺利、筒壁受力好、占地面积小，但需另筑后背。沉井材料采用钢筋混凝土，竣工后沉井就成为管道的附属构筑物。最常用的工作坑形式还是矩形工作坑，短边和长边之比一般为 2∶3。坑内空间能充分利用，覆土深浅都可采用，布置后背方便。若短边和长边之比较小，为条形工作坑，多用于顶进小口径钢管。根据顶管施工的需要有顶进和接收两种形式的工作坑。顶进工作坑是顶进的起点，也是顶管的操作基地，还是承受主顶油缸推力的反作用力的构筑物；接收工作坑则是顶进管道的终点，供顶管工具管进坑和拆卸用的接收井。

为了降低施工的费用，较早完工，在工作坑的选址上应尽量避开房屋、地下管线、河塘、架空电线等不利于顶管施工作业的场所。如果工作坑太靠近房屋和地下管线，在其施工过程中可能使它们损坏，给施工带来麻烦。有时，不得不采用一些特殊的施工方法或保护措施，以确保房屋或地下管线的安全，但这样会增加成本，延长施工的期限。

根据顶进方向，工作坑的顶进形式又可分为单向顶进、对头顶进、调头顶进和多向顶进。

二、洞口止水圈

洞口止水圈是安装在顶进工作坑的出洞洞口和接收坑的进洞洞口，具有制止地下水和泥沙流到工作坑和接收坑的功能。在洞圈与管节间的建筑空隙，在顶管出洞过程中极易造成外部土体涌入工作井内的严重事故。为此，施工前在洞圈上采取安装环形帘布橡胶板等措施，以密封洞圈，达到止水的功能。

三、掘进机

掘进机是顶管用的机器，它总是安放在所顶管道的最前端，它有各种形式，是决定顶管成败的关键所在。在手掘式顶管施工中是不用掘进机而只用一只工具管。不管哪种形式，掘进机的功能都是取土和确保管道顶进方向的正确性。

四、主顶装置

主顶装置由主顶油缸、主顶油泵、操纵台和油管等四部分构成。主顶油缸是管子推进的动力，它多呈对称状布置在管壁周边。在大多数情况下都成双数，且左右对称。

主顶油缸的压力油由主顶油泵通过高压油管供给。常用的压力在32～42MPa之间，高的可达50MPa。

主顶油缸的推进和回缩是通过操纵台控制的。操纵方式有电动和手动两种，前者使用电磁阀或电液阀，后者使用手动换向阀。

五、顶铁

顶铁有环形顶铁和弧形或马蹄形顶铁之分。环形顶铁的主要作用是把主顶油缸的推力较均匀地分布在所顶管子的端面上。弧形或马蹄形顶铁是为了弥补主顶油缸行程与管节长度之间的不足。弧形顶铁用于手掘式、土压平衡式等许多方式的顶管中，它的开口是向上的，便于管道内出土。而马蹄形顶铁则是倒扣在基坑导轨上的，开口方向与弧形顶铁相反。它只用于泥水平衡式顶管中。

六、基坑导轨

基坑导轨是由两根平行的箱形钢结构焊接在轨枕上制成的。它的作用主要有两点：一是使推进管在工作坑中有一个稳定的导向，并使推进管沿该导向进入土中；二是让环形、弧形顶铁工作时能有一个可靠的托架。

七、后座墙

后座墙是把主顶油缸推力的反力传递到工作坑后部土体中去的墙体。它的构造会因工作坑的构筑方式不同而不同。在沉井工作坑中后座墙一般就是工作井的后方井壁。在钢板桩工作坑中，必须在工作坑内的后方与钢板桩之间浇筑一座与工作坑宽度相等的厚度为0.5～1m的钢筋混凝土墙，目的是使推力的反力能比较均匀地作用到土体中去，尽可能地使主顶油缸的总推力的作用面积大些。

由于主顶油缸较细，对于后座墙的混凝土结构来讲只相当于几个点，如果把主顶油缸直接抵在后座墙上，则后座墙极容易损坏。为了防止此类事情发生，在后座墙与主顶油缸之间，我们再垫上一块厚度在200～300mm的钢结构件，称之为后靠背。通过它把油缸的反力较均匀地传递到后座墙上，这样后座墙也就不太容易损坏。

八、推进用管及接口

推进用管分为多管节和单一管节两大类。多管节的推进管大多为钢筋混凝土管，管节长度有 2～3m 不等。这类管都必须采用可靠的管接口，该接口必须在施工时和施工完成以后的使用中都不渗漏。这种管接口形式有企口形、T 形和 F 形等多种形式。

单一管节的是钢管，它的接口都是焊接成的，施工完工以后变成刚性较大的管子。它的优点是焊接接口不易渗漏，缺点是只能用于直线顶管，而不能用于曲线顶管。

除此之外，也有些 PVC 管可用于顶管，但一般顶距都比较短。铸铁管在经过改造后也可用于顶管。

九、输土装置

输土装置会因不同的推进方式而不同。在手掘式顶管中，大多采用人力劳动车出土；在土压平衡式顶管中，有蓄电池拖车、土砂泵等方式出土；在泥水平衡式顶管中，都采用泥浆泵和管道输送泥水。

十、地面起吊设备

地面起吊设备最常用的是门式行车，它操作简便、工作可靠，不同口径的管子应配不同吨位的行车。它的缺点是转移过程中拆装比较困难。

汽车式起重机和履带式起重机也是常用的地面起吊设备，它们的优点是转移方便、灵活。

十一、测量装置

通常用得最普遍的测量装置就是置于基坑后部的经纬仪和水准仪。使用经纬仪来测量管子的左右偏差，使用水准仪来测量管子的高低偏差。有时所顶管子的距离比较短，也可只用上述两种仪器的任何一种。

在机械式顶管中，大多使用激光经纬仪。它是在普通的经纬仪上加装一个激光发射器而构成的。激光束打在掘进机的光靶上，观察光靶上光点的位置就可判断管子顶进的高低和左右偏差。

十二、注浆系统

注浆系统由拌浆、注浆和管道三部分组成。拌浆是把注浆材料兑水以后再搅拌成所需的浆液。注浆是通过注浆泵来进行的，它可以控制注浆的压力和注浆量。管道分为总管和支管，总管安装在管道内的一侧。支管则把总管内压送过来的浆液输送到每个注浆孔去。

十三、中继站

中继站亦称中继间，它是长距离顶管中不可缺少的设备。中继站内均匀地安装有许多台油缸，这些油缸把它们前面的一段管子推进一定长度以后，然后再让它后面的中继站或主顶油缸把该中继站油缸缩回。这样一只连一只，一次连一次就可以把很长的一段管子分几段顶。最终依次把由前到后的中继站油缸拆除，一个个中继站合拢即可。

十四、辅助施工

顶管施工有时离不开一些辅助的施工方法，如手掘式顶管中常用的井点降水、注剂等。又如进出洞口加固时常用的高压旋喷桩施工和搅拌桩施工等。不同的顶管方式以及不同的土质条件应采用不同的辅助施工方法。顶管常用的辅助施工方法有井点降水、高压旋喷、注剂、搅拌桩、冻结法等多种，都要因地制宜地使用才能达到事半功倍的效果。

十五、供电及照明

顶管施工中常用的供电方式有两种：在距离较短和口径较小的顶管中以及在用电量不大的手掘式顶管中，都采用直接供电。如动力电用 380V，则由电缆直接把 380V 电输送到掘进机的电源箱中。另一种是在口径比较大而且顶进距离又比较长的情况下，都是把高压电如1 000V的高压电输送到掘进机后的管子中，然后由管子中的变压器进行降压，降至380V再把380V的电送到掘进机的电源箱中去。高压供电的好处是途中损耗少而且所用电缆可细些，但高压供电危险性大，要慎重，更要做好用电安全工作和采取各种有效的防触电、漏电措施。

照明通常也有低压和高压两种：手掘式顶管施工中的行灯应选用12～24V低压电源。若管径大的，照明灯固定的则可采用220V电源，同时，也必须采取安全用电措施来加以保护。

十六、通风与换气

通风与换气是长距离顶管中不可缺少的一环，不然的话，则可能发生缺氧或气体中毒现象，千万不能大意。

顶管中的换气应采用专用的抽风机或者采用鼓风机。通风管道一直通到掘进机内，把混浊的空气抽离工作井，然后让新鲜空气自然地补充。或者使用鼓风机，使工作井内的空气强制流通。

8.2.2 施工程序

顶管具体施工过程如下：先在管道设计线路上施工一定数量的小基坑作为顶管工作井(大多采用沉井)，也可作为一段顶管施工的起点与终点工作井。根据需要，工作井的一面或两面侧壁设有圆孔作为预制管节的出口与入口。顶管出口后面侧墙为承压壁，其上安装液压千斤顶和承压垫板。千斤顶将带有切口和支护开挖装置的工具管顶出工作井出口孔壁，然后以工具管为先导，将预制管节按设计轴线逐节顶入土层中、直至工具管后第一节管段的前端进入接收工作井的进口孔壁，这样就施工完了一段管道，不断继续上一施工过程，直至一条管线施工完成。

顶管施工的流程如图8-2所示。

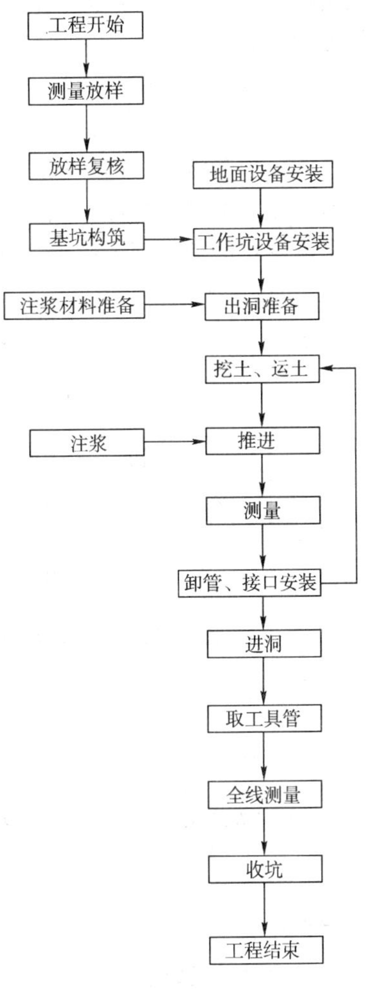

图8-2 顶管施工流程图

8.3 常用顶管类型及特点

顶管可按多种方式进行分类，下面介绍几种最为常见的分类方法。

8.3.1 按管前挖土方式分类

以推进管前工具管或掘进机的作业形式来分，可分为人工顶管、机械化顶管、半机械化顶管、水射流顶管和挤压式顶管。

一、人工顶管

推进管前只有一个钢制的带刃口的管子，具有挖土保护和纠偏功能的被称为工具管。人在工具管内挖土、运土，随后利用安装在工作井内的千斤顶逐渐分段顶入，这种顶管则被称为手掘式或人工顶管。

由于人工挖土能及时针对顶进沿程工作面的土质变化情况采取不同的操作方法，因此对不同土层和地下水的变化适应性强是人工顶管最主要的特点。除了严重液化的土层外，在一般土层，甚至松散的沙砾石层内都能顶进。在顶进中能不断纠正偏差，很容易控制管道前进中的方向和高程，施工时可随时排除障碍物。并且其设备简单，工作坑尺寸较小，造价较低，可以顶进方形或椭圆形的特殊管道。在长距离敷设管线中采用人工顶管法，能够掉头方便、安装用时短。

人工顶管法也有诸多缺点：劳动强度大，影响工人健康，施工安全性差，易造成地面下沉，涌水时需降低地下水位；一般顶入的管节内径不宜小于 800 mm，当管径超过 1 800mm 时，必须采取一定的辅助施工措施，才能保证工作面土壁的稳定性。

二、挤压式顶管

如果工具管前端是环刃式挤压口，主压千斤顶在后面推挤，顶进时挤压刃口切土，土被挤入工具管，切入的土通过挤压口挤压，呈密实的土柱状，挤进一定长度后，用钢丝切断土柱，将土柱运到工作坑外，这就是挤压式顶管。通常条件下，采用挤压式顶管，不用任何辅助施工措施，且比普通手掘式顶管效率提高一倍以上。挤压式顶管工具管见图 8-3。

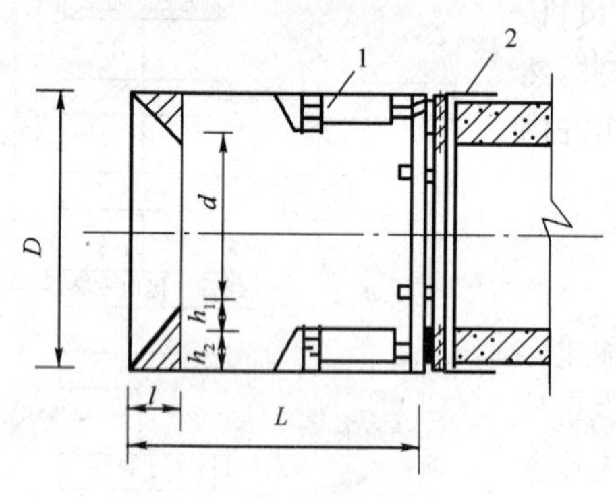

图 8-3　挤压式顶管工具管

1-纠偏千斤顶；2-法兰圈

L-工具管长度(约1.6m)；D-工具管外径；l-喇叭口长度；h_1-土斗车轮高度；d-喇叭口小口直径；h_2-纠偏千斤顶高度

这种顶管适用于各种孔隙较大、又具有可塑性的土质，如含水率较大的黏性土、各种软土、淤泥。在挤压时土在外力作用下形成很长的密实土柱，因此挤压后的土容重增加。但对孔隙比和黏聚力较小的土质，即使能挤压也需要很大的挤压力，因此不宜采用此法。

挤压式顶管法要求覆土深度较大，最少为顶入管道直径的 2.5 倍。如果覆土深度过浅，会使地面变形隆起。

三、水射流顶管

当管道穿越河流时，为了不影响河道通航和河道流量，可以采用水射流顶管法。所谓水射流技术，就是根据不同性能的土壤，采用不同的水压和水量，使用水枪喷嘴射流破碎土层，再用水力吸泥机将土块和水混合成的泥浆运出管外。如图 8-4 所示为三段双铰型水力挖土式顶管工具管。

应用水射流顶管法是有一定条件的：

①现场要有丰富的水源，以保证水力射流破土和水力运土。

②工作面要密闭。为了保证施工的可靠性、操作的安全性，机头除可调整方向、方便操作外，还应具有良好的防水功能和密闭性能，施工中密闭式机头的密封门不得任意开启；此外，管道接口应密封性良好，以防止河水灌入管内。

③排水有道。从管内运出的泥浆要进行泥水分离处理，使泥浆浓度降低成低浓度的泥水排放到下水道或河道，或者作循环使用，并将沉淀出的泥渣运走弃掉。

四、机械化顶管

在推进管前端装上掘进机械，利用掘进机进行掘土、破碎、输送的顶管施工方法称为机械顶管。

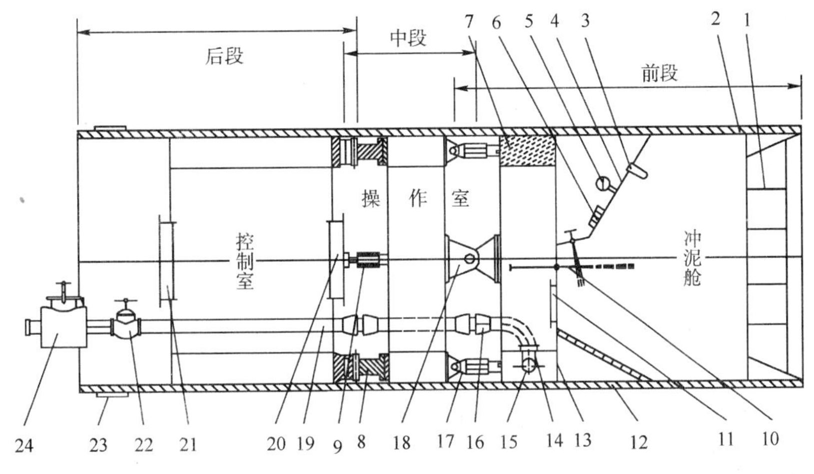

图 8-4 三段双铰型工具管

1-刃脚；2-格栅；3-照明灯；4-胸板；5-真空压力表；6-观察窗；7-高压水仓；8-垂直铰链；9-左右纠偏油缸；10-水枪；11-小水密门；12-吸口格栅；13-吸泥口；14-阴井；15-吸管进口；16-双球活接头；17-上下纠偏油缸；18-水平铰链；19-吸泥管；20-气闸门；21-大水密门；22-吸泥管闸阀；23-泥浆环；24-清理阴井

根据机械挖土的形式又可细分为螺旋钻进式和全面挖掘式。螺旋钻进式就是采用螺旋式水平钻机水平钻进，边钻进，边出土，边顶入管节，施工人员在管外操作，适用于小口径顶管。全面挖掘式是将挖掘刀盘装于主轴上，刀盘旋转挖土，一次挖成土洞，边挖土，边顶进，该方法是很常见的机械顶进形式。

机械化顶管工作面采用机械挖土，方向准确，施工中不需降水，可长距离顶进，安全可靠，工效高，在城市建设及一些国家重点建设项目中发挥了重要作用。但对土质变化的适应性差，顶进过程中遇土质变化，容易给机械挖土带来困难。随着施工经验的积累、科技的不断进步，顶管机向着能适应软硬土层的先进机械型发展。

根据掘进机的种类不同，机械顶管又可分为泥水平衡式、加压式、土压平衡式、岩石掘进式顶管。四种机械式顶管中，泥水平衡式和土压式顶管由于在许多条件下不需要采用辅助施工措施，因而适用的范围较广，掘进机的结构形式也多种多样。

8.3.2 根据工作面的稳定程度分类

一、开放式顶管

顶管工作面与后续的管道之间没有压力密封区，工作面土层稳定，可直接挖土，操作时不会出现塌方现象，称为开放式顶管。优点是方便工作人员进入工作面，便于施工作业，但是要求工作面土层物理力学性能良好。

二、密闭式顶管

顶管机至少由两部分组成，一是切削工具管（顶管机前面部分），二是盾尾。当工作面土层不稳定时，为了防止塌方，在顶管工作面与盾尾之间设一压力墙，并施以一定压力使工作面土层稳定，由于工作面密闭，所以叫密闭式顶管。

根据采用的平衡介质不同，密闭式顶管又分为如下三种顶管：

(1)气压平衡式

采用压缩空气加压，使工作面稳定。气压平衡又有全气压平衡和局部气压平衡之分，全气压平衡使用得最早，它是在所顶进的管道中及挖掘面上都充满一定压力的空气，以空气的压力来平衡地下水的压力。而局部气压平衡则往往只有掘进机的土仓内充以一定压力的空气，达到平衡地下水压力和疏干挖掘面土体中地下水的作用。

(2)泥水平衡式

以含有一定量黏土且具有一定相对密度的泥浆水充满掘进机的泥水舱，并对它施加一定的压力，以平衡地下水压力和土压力。泥浆水在挖掘面上能形成泥膜，以防止地下水的渗透，然后再加上一定的压力就可平衡地下水压力，同时，也可以平衡土压力。

(3)土压平衡式

用挖下来的土造成土压在工作面加压，来平衡掘进机所处土层的土压力和地下水压力，并靠土压力将土挤出。

土压平衡式顶管具有设备简单、适用范围最宽的优点，且在施工过程中所排出的渣土要比泥水平衡掘进机所排出的泥浆容易处理，因此应用越来越广。

8.3.3 按管内径大小和顶进距离分类

按所顶管口径之大小，可分为大口径、中口径、小口径和微型顶管四种。

管内径大于 2 000mm 的为大口径顶管。口径大，使人能够在管道中站立和自由行走，更方便人手工操作。但由于顶管设备比较庞大，管子自重也较大，使顶力增加，施工较复杂。

顶管中绝大多数是中口径顶管，其口径在 900～2 000mm 之间，一般施工人员可在管内勉强行走。

小口径顶管，其内径小于 900mm，人只能在管内爬行，甚至无法进入管子操作，一般顶进的距离较短，且易产生较大误差，使顶进的精确度较低。

微型顶管其口径更小，通常在 400mm 以下，最小的只有 75mm，且一般都埋得较浅。这么小的口径，人根本无法进入管子里，必须靠各种形式的机械，故机械化程度较高。

按顶进距离可分为短距离顶管(小于 100m)、中距离顶管(100～300m)和长距离顶管(大于 300m)三类。所谓顶进距离是指工作坑和接收坑之间的距离，随顶管技术不断发展而发展的。过去把 100m 左右的顶管就称为长距离顶管。而现在随着注浆减摩技术水平的提高和设备的不断改进，百米已不成为长距离了。现在通常把一次顶进 300m 以上距离的顶管才称为长距离顶管。

8.3.4 以推进管的管材来分类

顶管按制成管子的材料来分，通常可分为：钢筋混凝土管、钢管、铸铁管、玻璃钢管和复合管等。

钢筋混凝土管是顶管中使用得最多的一种管材。按其接口形式分为平接口、企口和 F 型接口三种。在钢筋混凝土管中，还有采用玻璃纤维或钢板进行加强的管子。

钢管也是顶管施工中较常用的管材。由于其具有管壁薄、强度高、相应管节重量轻、密闭性好等优点，被广泛用于自来水、煤气、天然气及发电厂的冷却水用管等的顶管。但是钢管刚度差易变形，且埋于地下极易被腐蚀，因此在设计和施工中要采取相应措施加以避免。顶管用管子有时需用钢管做外壳，里面再浇上钢筋混凝土，这种管子是一种特殊的加强管，可用于超长距离的顶进。

玻璃钢管是目前国内外逐渐推广应用的一种柔性复合材料管道。玻璃钢管比重仅是钢管或铸铁管的1/4～1/5，便于运输和安装；管道内表面光滑，水力学性能优于钢管或铸铁管；顶管的外表面光滑，能减小摩擦阻力和顶力，使管材顺利顶进不致损坏；耐腐蚀性能优异，寿命长，几乎不用维护，确保使用寿命达50年。

顶管除按上述方式分类外，还可按顶进轨迹分为直线顶管、曲线顶管两类。

8.4 常用顶管施工技术

目前常用的顶管工具管有手掘式、挤压式、泥水平衡式、土压平衡式等几种。

8.4.1 手掘式顶管施工技术

手掘式顶管，即非机械的开放式（或敞口式）顶管，在施工时，采用手工的方法来破碎工作面的土层，破碎辅助工具主要有镐、锹以及冲击锤等。该方法是最早发展起来的一种顶管施工的方式，由于它在特定的土质条件下和采用一定的辅助施工措施后便具有施工操作简便、设备少、施工成本低、施工进度快等一些优点，所以，至今仍被许多施工单位采用。不过，现在的手掘式顶管施工，无论是设备还是工艺都和原始的手掘式顶管有很大的不同。

一、手掘式工具管的结构

手掘式工具管大体有以下几个部分组成：壳体、纠偏油缸、液压阀、高压油管、测量装置及照明等。壳体有一段的，也有两段的。有两段形式的壳体分为前后两节，在前后壳体之间安装有纠偏油缸，为防止泥水侵入，在前后壳体活动的部分内装有密封圈。后壳体则与第一节要顶的混凝土管或钢管刚性连接。因此，如果顶钢管则把后壳体与第一节钢管的前端焊成一个整体。如果顶混凝土管，一般也把后壳体与第一节混凝土管之间用接拉杆螺栓固定牢，见图8-5。

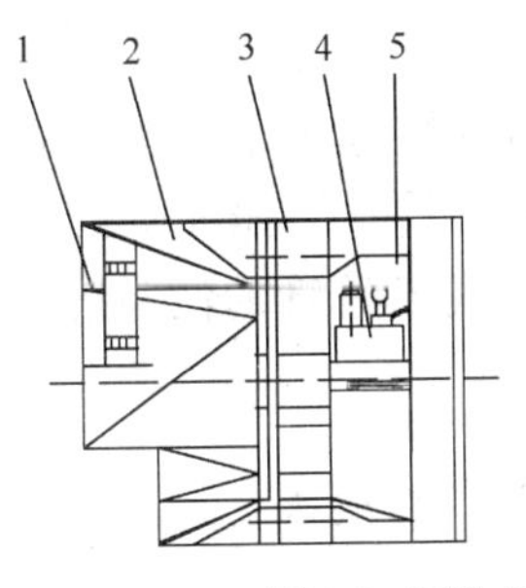

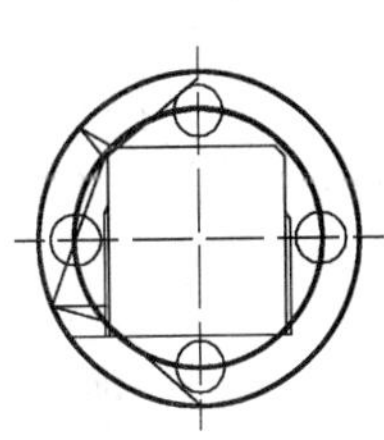

图8-5 两段式手掘式工具管

1-网格；2-前壳体；3-纠偏油缸；4-纠偏液压动力源；5-后壳体

二、手掘式工具管的施工工艺

如图8-6所示为手掘式工具管的施工工艺流程图。主要施工工序如下：

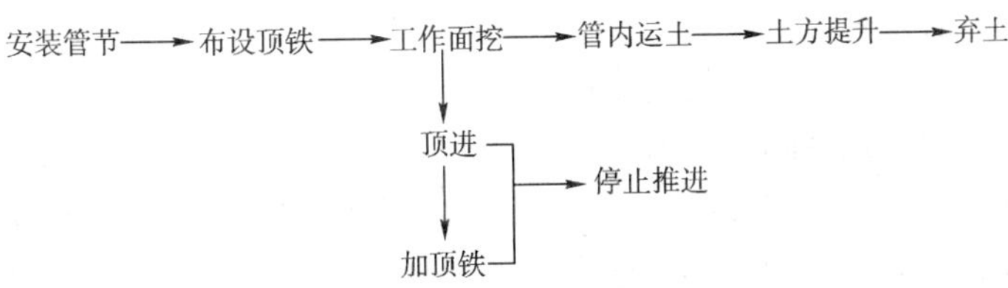

图8-6 手掘式工具管的施工工艺流程图

(1)安装管节

首先用主顶油缸把手掘式工具管放在安装牢靠的基坑导轨上。下管前应先对管子进行外观检查，主要检查管子有无破损及纵向裂缝；端面要平直；管壁无坑陷或鼓泡，管壁应光洁。检查合格后的管子方可用起重设备吊到工作坑的导轨上就位。第一节管作为工具管，它的顶进方向与高程的准确，是保证整段顶管质量的关键。

(2)管前挖土

管前挖土是控制管节顶进方向和高程、减少偏差的重要作业，是保证顶进质量及管上构筑物安装的关键。在不允许土下沉的顶进地段(如上面有重要建筑物或其他管道)，管子周围一律不得超挖。在一般顶管地段，上面允许超挖 1.5cm，但在下面 135°范围内不得超挖，一定要保持管壁与土基表面吻合。

(3)顶进

用主顶油缸慢慢地把工具管切入土中。这时由于工具管尚未完全出洞，可以用水平尺在工具管的顶部检测一下工具管的水平状态是否与基坑导轨保持一致。通常，我们把出洞后的5～10m 以内的顶进，称作为初始顶进。在初始顶进过程中应特别要加强测量工作。如果发现误差，尽量采用挖土来校正。同时可以用多种方法来测量，把测得的数据综合起来加以分析。

顶进若发现有油路压力突然增高，应停止顶进，检查原因经过处理后方可继续顶进，回镐时，油路压力不得过大，速度不得过快。

(4)管内运土

挖出的土方要及时外运，土方在管内可采用电瓶车运送，也可采用人力斗车进行运输。

管道与顶管设备的垂直运输采用简易龙门和卷扬机(电动葫芦)，并搭设工字钢梁作为地面工作平台。下管采用汽车式起重机吊装。

(5)测量与校正

手掘式顶管的纠偏油缸呈十字形布置，最大纠偏角度以不大于2.5°为好。以往手掘式工具管纠偏油缸的行程很长，就无法保证管道入土位置正确。手掘式工具管的测量靶可采用倒“T”字形的，如图 8-7 所示。

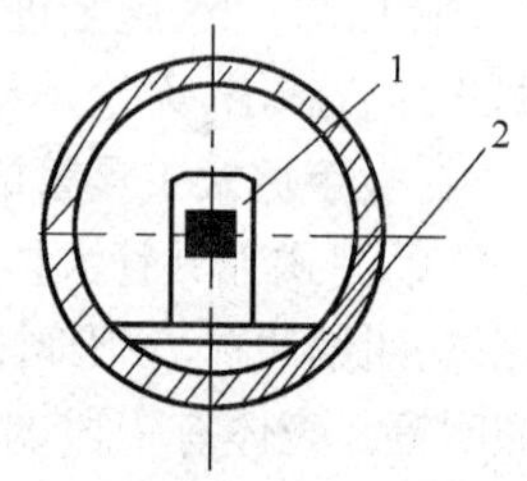

图 8-7　手掘式的测量靶

1-测量靶；2-混凝土管

8.4.2　泥水平衡式顶管施工

在顶管施工的分类中，我们把用水力切削泥土以及虽然采用机械切削泥土而采用水力输送弃土，同时有的利用泥水压力来平衡地下水压力和土压力的这一类顶管形式都称为泥水式顶管施工。这样，从有无平衡的角度出发，又可以把它们细分为具有泥水平衡功能的和不具有泥水平衡功能的两大类。现今生产的比较先进的这类顶管掘进机大多具有泥水平衡功能。泥水加压平衡顶管适用于各种黏性土和砂性土的土层中的 ϕ800～ϕ1 200 的各种口径管道。所用管材可以是预制钢筋混凝土管，也可以是钢管。

一、泥水平衡式顶管基本原理

泥水式顶管施工中，首先应了解泥水的性质。通过比较实验可以了解泥水与普通的清水(不含任何泥土成分的水)的性质有着很大的不同。

如图 8-8a)所示：一个方形玻璃容器中间用一块很薄的隔板将容器隔成左右两部分，在左边部分装上砂，右边部分装有 $\gamma=1.2$ 的泥水(γ 为相对密度)。等泥水稳定下来，轻轻地把容器中的隔板抽掉，我们就会发现砂和泥水都始终处于一种平衡状态，保持相对稳定。即使再过长一点时间，右侧容器内的这种状态仍然不会有明显的改变。

相反，若将容器的右边装上清水如图 8-8b)所示，待隔板去掉后，只需几秒钟时间，我们就看到容器中的砂慢慢地往右边清水中下滑，如果再过 40～60s，砂就会按一定角度分布在整个容器中。

由实验可以得出以下结论：第一，在泥水式顶管施工中，要使挖掘面上保持稳定，就必须在泥水仓中充满一定压力的泥水，而不能充清水；第二，因为泥水在挖掘面上可以形成一层不透水的泥膜，它可以阻止泥水向挖掘面里面渗透。同时，该泥水本身又有一定的压力，因此，它就可以用来平衡地下水压力和土压力。这就是泥水平衡式顶管最基本的原理。

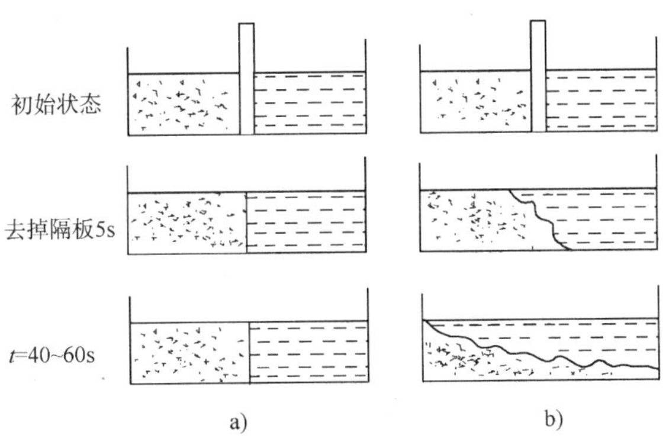

图 8-8　泥水和清水的实验

二、泥水平衡式顶管的组成

完整的泥水平衡顶管系统分为八大部分，如图 8-9 所示。第一部分是掘进机，它有各种形式，往往通过更换切削刀盘，适应于合适的土层。第二部分为泥水平衡(输送)系统，它有两大功能：一是通过加压的泥水来平衡开挖面的土体；二是将刀盘切削下来的土体在泥水舱中混合后通过泵送的泥水管路输送到地面。第三部分是泥水处理系统，通过泥水处理设备的处理后，将泥水的比重和黏度等指标调整到比较合适的值，通过泵将其送到顶管机中使用，同时将排泥管堆放的泥水进行分离，将可重复利用的黏土颗粒送入调整槽中处理后加以利用，其余部分作弃土处理。第四部分是主顶系统，主要功能是完成管节的顶进，有主顶油缸、液压动力泵、操纵台等组成。第五部分是测量、纠偏系统，主要由激光经纬仪、纠偏油缸、油泵、操纵阀和油管组成。第六部分是起吊系统。第七部分是供电系统。第八部分是洞口止水圈、基坑导轨等附属系统。如果是长距离顶进，还需要中继顶装置。

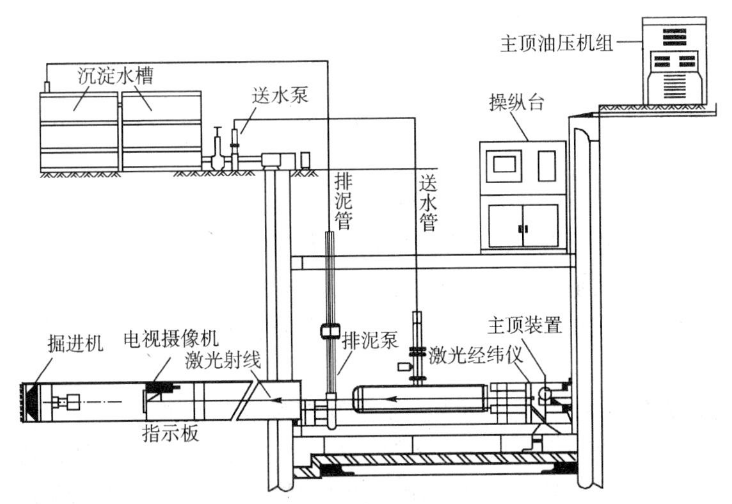

图 8-9　泥水平衡顶管系统

三、泥水平衡式顶管施工的特点

泥水平衡式顶管施工有以下优点：

①对土质的适应性强，如在地下水压力很高以及变化范围较大的条件下，它也能适用。

②采用泥水平衡式顶管施工引起的地面沉降比较小，因此穿越地表沉降要求高的地段可节约大量环境保护费用。泥水平衡式顶管施工可有效地保持挖掘面的稳定，对所顶管子周围的土体扰动比较小，从而引起较小的地面沉降，实际施工中地表最大沉降量可小于 3cm。

③顶进效果好，适宜于长距离顶管。与其他类型顶管比较，泥水顶管施工时的总推力比较小，尤其是在黏土层表现得更为突出。

④工作坑内的作业环境比较好，作业也比较安全。由于它采用地面遥控操作，用泥水管道输送弃土，操作人员可不必进入管子，不存在吊土、搬运土方等容易发生危险的作业。它可以在大气常压下作业，也不存在危及作业人员健康等问题。

⑤施工速度快，每昼夜顶进速度可达 20m 以上。由于顶进效果好，泥水输送弃土的作业也是连续不断地进行的，所以它作业时的进度比较快。

⑥管道轴线和标高的测量采用激光仪连续进行，能做到及时纠偏，顶进质量容易控制。

但是，泥水式(平衡)顶管也有它的缺点：

①所需的作业场地大，设备成本高。

②弃土的运输和存放都比较困难。如果采用泥浆式运输，则运输成本高，且用水量也会增加。如果采用二次处理方法来把泥水分离，或让其自然沉淀、晾晒等，则处理起来不仅麻烦，而且处理周期也比较长。且采用泥水处理设备则往往噪声很大，对环境会造成污染。

③如果遇到覆土层过薄，或者遇上渗透系数特别大的沙砾、卵石层，作业就会因此受阻。因为在这样的土层中，泥水要么溢到地面上，要么很快渗透到地下水中去，致使泥水压力无法建立起来。

④由于泥水顶管施工的设备比较复杂，一旦有哪个部分出现了故障，就得全面停止施工作业。它的这种相互联系、相互制约的程度比较高。

四、泥水加压平衡顶管施工工艺与流程

泥水加压平衡顶管施工工艺流程如图 8-10 所示。主要施工程序如下：

①首先拆除洞口封门；

②推进机头，机头进入土体时开动大刀盘和进排泥泵；

③机头推进至能卸管节时停止推进，拆开动力电缆、进排泥管、控制电缆和摄像仪连线，缩回推进油缸；

④将事先安放好密封环的管节吊下，对准插入就位；

⑤接上动力电缆、控制电缆、摄像仪连线、进排泥管接通压浆管路；

⑥启动顶管机、进排泥泵、压浆泵、主顶油缸，推进管节；

⑦随着管节的推进，不断观察机关轴线位置和各种指示仪表，纠正管道轴线方法并根据土压力大小调整顶进速度；

⑧当一节管节推进结束后，重复以上第②到第⑦步继续推进。

当顶进即将到位时，放慢顶进速度，准确测量出机头位置，在机头到达接收井洞口封门时停止顶进，此时在接收井内安放好接引导轨；在拆除接收井洞口封门后，将机头送入接收井(此时刀盘的进排泥泵均不运转)，先拆除动力电缆、进排泥管、摄像仪及连线和压浆管路等，接着分离机头与管节，吊出机头；然后将管节顶到预定位置，按次序拆除中继环油缸并将管节靠拢；最后拆除主顶油缸、油泵、后座及导轨。

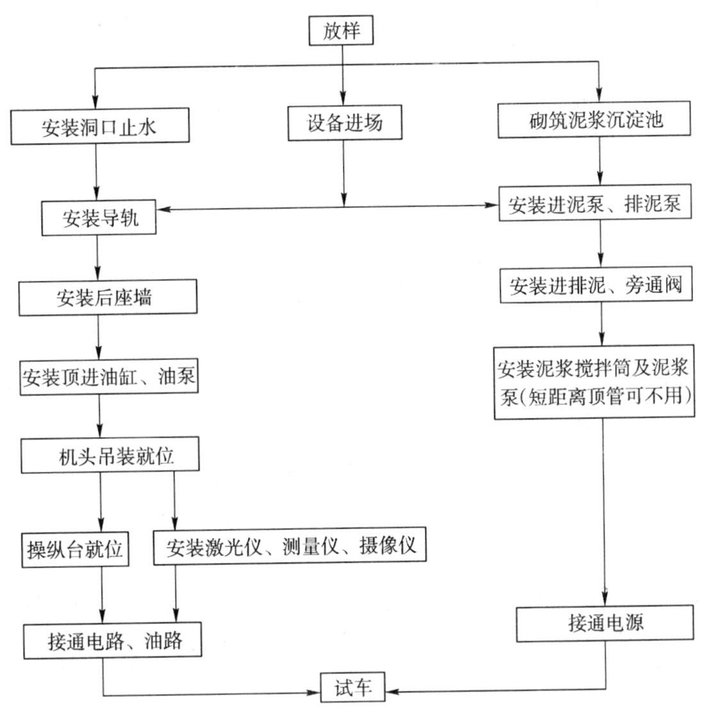

图 8-10　泥水加压平衡顶管施工工艺图

8.4.3　土压平衡顶管施工工法

(1)工法特点

①利用带面板的刀盘切削及支承土体,对土体的搅动比较小,使用土质范围较广,并且能有效地控制地表的沉降和隆起,可在闹市区或建筑密集场合下的管道施工,大大减少了地上地下构筑物破坏而带来的损失。

②与泥水式顶管施工相比,最大的特点是排出的土或泥浆都不需要再进行泥水分离等二次处理。它利用干式排土,废弃泥土处理得很方便,对环境的影响和污染均较小,施工后地面沉降较小。

③要求覆土深度小,最小覆土深度可以相当于 0.8 倍管外径左右,这是任何形式的顶管施工都无法做到的。

缺点是在沙砾层和黏粒含量少的砂层中施工时,必须采用添加剂对土体进行改良。

(2)适用范围

土压平衡顶管适用于饱和含水地层中的淤泥质黏土、粉砂和砂性土等地层中施工,也适用于穿越建筑物密集闹市区、公路、铁路、河流特殊地段等地层位移限制要求较高的地区,特别适用于不宜大开挖的各类地下管线下进行矩形断面的施工。运送管径常为 ϕ1 650～ϕ2 400。顶管管材一般采用钢筋混凝土,管节的接头形式可选用"T"型和"F"型钢套环式和企口承插式等,也可以按工程的要求选用其他材质的管节和管口接头形式。

(3)工艺原理

土压平衡要同时满足两个条件:第一,顶管掘进机在顶进过程中与它所处土层的地下水压力和土压力处于一种平衡状态;第二,它的排土量与掘进机推进所占去的土体积也处于一种平衡状态。

土压平衡顶管就是根据土压平衡的基本原理，利用顶管机的刀盘切削和支承机内土压舱的正面土体，抵抗开挖面的水土压力以达到土体稳定的目的。以顶管机的顶速即切削量为常量，螺旋输送机转速即排放量为变量进行控制，待到土压舱内的水土压力与切削面的水土压力保持平衡，由此减少对正面土体的扰动，减小地表的沉降和隆起。

(4)施工工艺与流程

①首先做好施工准备。清理工作井，设置与安装地面顶进辅助设施、井口龙门吊车、主顶设备后靠背等，接着安装与调整主顶设备导向机架、主顶千斤顶，布置工作井内的工作平台、辅助设备、控制操作台，并做好井点降水、地基加固等出洞的辅助技术准备。

②顶管顶进施工流程。

a. 安放管接口扣密封环，传力衬垫；

b. 下吊管节，调整管口中心，连接就位；

c. 电缆穿越管道，接通总电源、轨道注浆管及其他管线；

d. 启动顶管机主机土压平衡控制器，地面注浆机头顶进、注水系统机头顶进；

e. 启动螺旋输送机排土；

f. 随着管节的推进，测量轴线偏差，调控顶进速度直至一节管节推进结束；

g. 主顶千斤顶回缩就位后，主顶进装置停机，关闭所有顶进设备，拆除各种电缆和管线，清理现场；

h. 重复以上步骤继续顶进。

③顶进到位。顶进到位后的施工流程与泥水加压平衡顶管相似。

8.5 顶管法施工若干关键技术问题

顶管施工的关键技术有：顶力问题、方向控制、承压壁的后靠结构及土体的稳定问题、穿墙出井及管壁外周摩阻力的处理等。下面就施工中管道的穿墙出井、测量与纠偏、管段接口处理、中继间、方向控制、触变泥浆减阻和长距离压浆等问题作出阐述。

8.5.1 穿墙管与止水

穿墙止水是顶管施工最为重要的工序之一。穿墙后工具管的方向的准确程度将会给管道轴线方向的控制以及管道的拼装、顶进带来很大的影响。

从打开封门，将掘进机顶出工作井外，这一过程称为穿墙。穿墙是顶管施工中的一道重要工序，因为穿墙后掘进机方向的准确与否将会给以后管道的方向控制和井内管节的拼装工作带来影响。穿墙时，首先要防止井外的泥水大量涌入井内，严防塌方和流沙。其次要使管道不偏离轴线，顶进方向要准确。由于顶管出洞是制约顶管顶进的关键工序，一旦顶管出洞技术措施采取不当，就有可能造成顶管在顶进过程中停顿。而顶管在顶进途中的停顿将会引起一系列不良后果(如：顶力增大、设备损坏等)，严重影响顶管顶进的速度和质量，甚至造成施工失败。顶管出洞关键应做好以下几个方面的工作：管线放线、后座墙附加层制作、导轨铺设、洞口止水和穿墙等几个方面的工作。

穿墙管的构造要求有：满足结构的强度和刚度要求；管道穿墙施工方便快捷、止水可靠。穿墙止水主要由挡环、盘根、轧兰组成，轧兰将盘根压紧后起止水挡土作用(见图 8-11)。

为避免地下水和泥土大量涌入工作井，一般应在穿墙管内事先填埋经夯实的黄黏土。

打开穿墙管闷板后，应立即将工具管顶进。此时穿墙管内的黄黏土受挤压，堵住穿墙管与工具管之间的环缝，起临时止水作用。同时还必须注意将工作井周围的建筑垃圾等杂物清理干净，避免掘进机出洞时，钢筋等杂物将进入绞笼，损坏绞刀，致使顶管不能正常顶进。

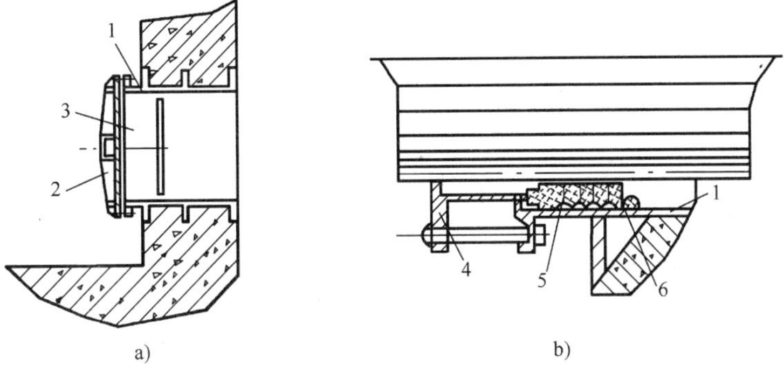

图 8-11　穿墙管

a)穿墙管构造；b)止水

1-穿墙管；2-闷板；3-黏土；4-轧兰；5-盘根；6-挡环

8.5.2　测量与纠偏

顶管施工时，在顶进前要求按设计的高程和方向精确地安装导轨、修筑后背及布置顶铁，目的是使管节按规定的方向前进。因此在顶进中必须不断的观测管节前进的轨迹。当发现前段管节前进的方向或高程偏离原设计位置后，就要采取各种纠偏方法迫使管节回到原设计位置上。

(1)测量

①初顶测量

在顶第一节管(工具管)时，应不断地对管节的高程、方向及转角进行测量，测量间隔不应超过 30cm；当发现误差进行校正偏差过程中，测量间隔也不应超过 30cm，保证管道入土的位置正确；在管道进入土层后的正常顶进时，每隔 60～80mm 测量一次。

②中心测量

为观察首节管在顶进过程中与设计中心线的偏离度，并预计其发展趋势，应在首节管前后两端各设一固定点，以便检查首节管实际位置与设计位置的偏差。

顶进长度在 60m 范围内，可采用垂球拉线的方法进行测量，如图 8-12 所示。一次顶进超过 60m 时，应采用经纬仪或激光导向仪测量(即用激光束定位)。

③高程测量

用水准仪及特制高程尺(比管节内径小的短标尺)根据工作井内设置的水准点标高(设两个)，测量第一节管前端与后端管内底高程，以掌握第一节管子的走向趋势。测量后应与工作井内另一水准点闭合。

水准测量最远测距数十米，而长距离顶距时，可用连通管观测两端水位刻度定高程，简单而方便。

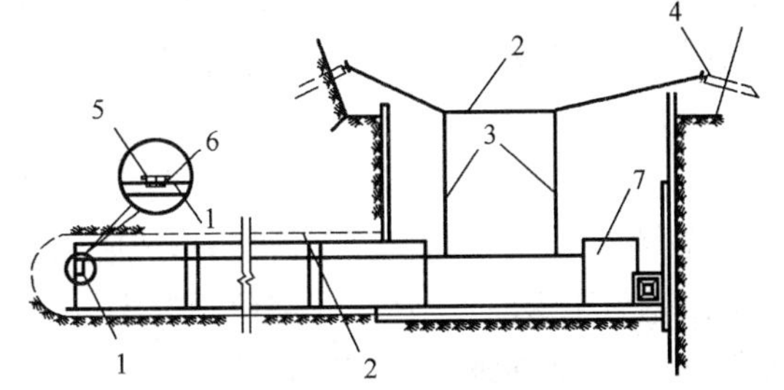

图 8-12　用小线球延长线法测量中心

1-中心尺；2-小线；3-垂线；4-中心桩；5-水准仪；6-刻度；7-顶镐

④激光测量

如图 8-13 所示，激光测量时，将激光经纬仪(激光发射器)安装在工作井内，并按照管线设计的坡度和方向将发射器调整好，同时在管内装上接受靶(激光接收装置)，靶上刻有尺度线，当顶进的管道与设计位置一致时，激光点即可射到靶心，说明顶进无偏差，否则根据偏差量进行校正。

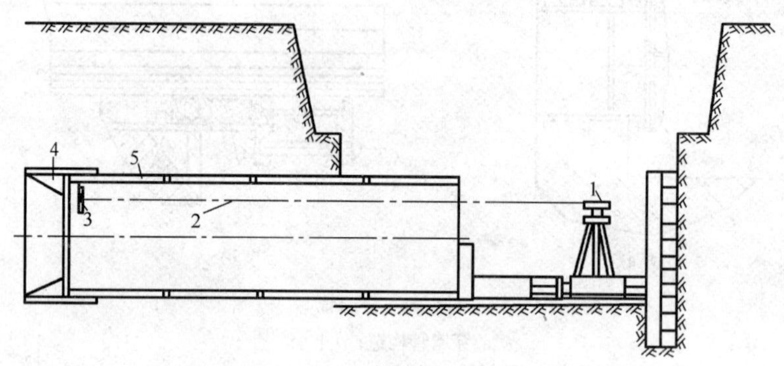

图 8-13　激光测量

1-激光经纬仪；2-激光束；3-激光接受靶；4-刃角；5-管节

⑤顶后测量

全段顶完后，应在每个管节接口处测量其中心位置和高程，有错口时，应测出错口的高差。

(2)纠偏

当顶管偏差超过表 8-1 所示的允许偏差时，应该进行纠偏处理，防止因偏心度过大而使管节接头压损或管节中部出现环向裂缝。

顶 管 允 许 偏 差　　表 8-1

序　号	项　目	允许偏差(mm)		检 验 频 率	检 验 方 法
		距离＜100m	距离≥100m	范围点数	
1	中线位移	50	100	每段 1 点	经纬仪测量
2	管内底高程＜1 500mm	＋30　－40	＋60　－80	每段 1 点	水准仪测量管
	内底高程≥1 500mm	＋40　－50	＋80　－100	每段 1 点	水准仪测量
3	相邻管节错口	≤15，无碎裂		每段 1 点	钢尺量
4	管内腰箍	不渗漏		每段 1 点	外观检查
5	橡胶止水圈	不脱出		每段 1 点	外观检查

顶管误差校正是逐步进行的，形成误差后不可立即将已顶好的管子校正到位，应缓慢进行，使管子逐渐复位。常用的方法有以下三种：

①超挖纠偏法

这种纠偏法的效果较缓慢，当偏差为 1～2cm 时，可采用此法，即在管子偏向的反侧适当超挖，而在偏向侧不超挖甚至留坎，形成阻力，使管节在顶进中向阻力小的超挖侧偏向。例如管头误差为正值时，应在管底部位超挖土方(但不能过量)，在管节继续顶进后借助管节本身重量而沉降，逐渐回到设计位置。

②顶木纠偏法

偏差大于 2cm 时，在超挖纠偏不起作用的情况下可用此法。用圆木或方木的一端顶在管子偏向的另一侧内管壁上，另一端斜撑在垫有钢板或木板的管前土壤上，支顶牢固后，即可顶进，在顶进中配合超挖纠偏法，边顶边支。利用顶进时斜支撑分力产生的阻力，使顶管向阻力小的一侧校正。

③千斤顶纠偏法

当顶距较短时(在 15m 范围内)，可用此法。该方法基本同顶木纠偏法，只是在顶木上用小千斤顶强行将管节慢慢移位校正。

8.5.3 管段接口处理

顶管工程中，需要不断地校正管节的高程和方向。管段不同的接口处理，使接口强度和性能不同，会直接影响施工进度和工程质量。管道接口按性能可分为刚性接口和柔性接口。一般刚性接口有：钢管所采用的焊接口、铸铁管采用的承插口、钢筋混凝土管采用的外套环对接(F 型)接口，柔性接口是指钢筋混凝土管所采用的平口和企口接口。按管道使用要求分为密闭性接口和非密闭性接口。在地下水位下顶进或需要灌注润滑材料时要求管道接口具有良好的密闭性，所以要根据现场施工条件、管道使用要求等选择管道接口形式，以保证施工方便和竣工后管道的质量。

钢管在顶进施工中的连接，主要采用永久性的焊接，并在顶进前在工作井内进行。焊接口的优点是接口强度高、节约金属和劳动力，但应防止焊接后管材产生变形。为减少焊接残余应力、残余变形及节约工时，应对焊缝进行合理的设计和施工，合理考虑焊接顺序、焊缝位置、选用合适的焊条。

平接口是钢筋混凝土管最常用的接口形式。平接口最常用的做法是：在两管的接口处加衬垫，一般是垫 25～30mm 直径的麻辫或 3～4 层油毡，应将其在偏于管缝外侧放置，这样使顶紧后管的内缝有 1～2cm 的深度，以便顶进完成后进行填缝。

8.5.4 触变泥浆减阻

在长距离大直径管道的顶进过程中，有效降低顶进阻力是施工中必须解决的关键问题。顶进阻力主要由迎面阻力和管壁外周摩阻力两部分组成。在超长距离顶管工程中，迎面阻力占顶进总阻力的比例较小。对于一定的土层和管径，其迎面阻力为定值，而沿程摩阻力则随着顶进长度延长而增加。为了充分发挥顶力的作用，达到尽可能长的顶进距离，除了在中间设置若干个中继环外，更为重要的是尽可能降低顶进过程中的管壁外周摩阻力。顶管工程中主要采用触变泥浆改变管子与土间的界面性质。这种泥浆除起润滑作用外，静置一定时间后，泥浆便会固结、产生强度。顶进时，通过工具管及混凝土管节上预留的注浆孔，向管道外壁压入一定量的减阻泥浆，在管道外围形成一个泥浆套，使管道在泥浆套中前进，能使管外壁和土层间摩阻力大大降低，从而顶力值降低 50%～70%。

另外，在顶管顶进过程中，为使管壁外周形成的泥浆环始终起到支承土体和减阻的作用，在中继环和管道的适当点位还必须进行跟踪补浆，以补充在顶进过程中的触变泥浆损失量。一般压浆量为管道外周环形空隙的 1.5～2.0 倍。泥浆在输送和灌注过程中具有流动性、可泵性。施工过程中，泥浆主要从顶管前端进行灌注，顶进一定距离后，可从后端及中间进行补浆。

8.5.5 中继间

在长距离顶进中，应用中继间实施分段顶进是顶管施工采取的重要技术措施。

中继间，也称中继站或中继环，是在顶进管段中间安装的接力顶进工作室，此工作室内部有中继千斤顶，从而把这段一次顶进的管道分成若干个推进区间。从工具管到工作井将中继间依次编序号：1、2…如图 8-14 所示管道分成了 3 段，设置了两个中继间。工作时，首先启动 1 号中继间，其后面管段为顶推后座，顶进前面管节，当达到允许行程后停止 1 号中继环，启动 2 号中继间工作，直到最后启动工作井主顶千斤顶，使整个管段向前顶进了一段长度。如此循环作业直到全部管节顶完为止。从图中可以看出，除了中继间以外，其他的均与普通顶管相同。当置于管道中继间的数量有 5 个，应用中继间自动控制程序，则 1 号的第二循环可与 4 号的第一循环同步进行，2 号中继间的第二循环可与 5 号的第一循环同步进行，以此类推。只有前两个中继间的工作周期占用实际的顶进时间，其余中继间的动作不再影响顶管速度。

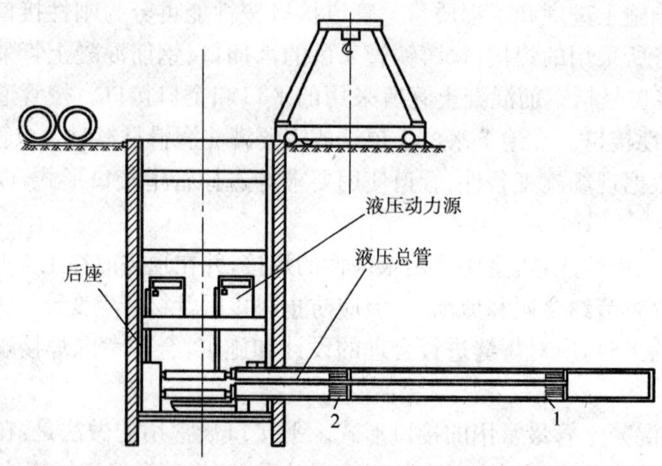

图 8-14　中继间的顶进示意图

中继间必须具有足够的强度、刚度、良好的密封性，而且要方便安装。因管体结构及中继间工作状态不同，中继间的构造也有所不同。如图 8-15 所示的是中继间的一种形式。它主要由前特殊管、后特殊管和壳体油缸、均压环等组成。在前特殊管的尾部，有一个与 T 型套环相类似的密封圈和接口。中继间壳体的前端与 T 型套环的一半相似，利用它把中继间壳体与混凝土管连接起来。中继间的后特殊管外则设有两环止水密封圈，使壳体虽在其上来回抽动而不会产生渗漏。

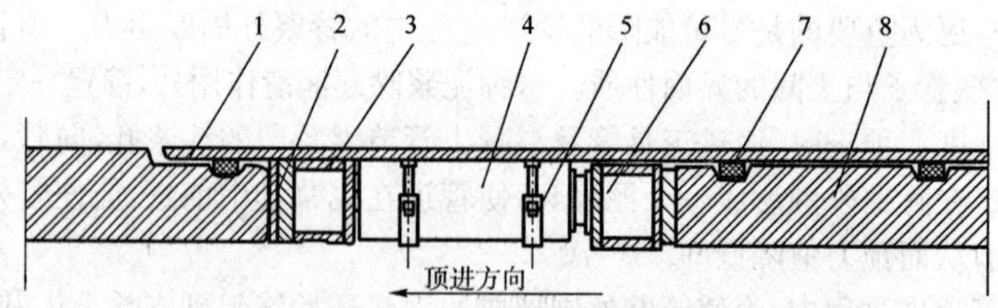

图 8-15　中继间的一种形式

1-中继管壳体；2-木垫环；3-均压钢环；4-中继间油缸；5-油缸固定装置；6-均压钢环；7-止水圈；8-特殊管

8.5.6　顶管法施工的其他主要技术

(1)方向控制

要有一套能准确控制管道顶进方向的导向机构。管道能否按设计轴线顶进，是长距离顶管成败的关键因素之一。顶管方向失去控制会导致管道弯曲，顶力急剧增加，工程无法正常进行。高精度的方向控制也是保证中继环正常工作的必要条件。

(2)顶推力

顶管的顶推力是随着顶进长度的增加而增大的，但因受到顶推动力和管道强度的限制，顶推力不能无限度增大。尤其是在长距离顶管施工中，仅采用管尾推进方式，管道顶进距离必受限制。一般采用中继环接力技术加以解决。另外，顶力的偏心距控制也相当关键，能否保证顶推合力的方向与管道轴线方向一致是控制管道方向的关键。

(3)承压壁的后靠结构及土体稳定

顶管工作井一般采用沉井结构或钢板桩支护结构，除需验算结构的强度和刚度外，还应确保后靠土体的稳定性。工程中可以采取注浆、增加后靠土体地面超载等方式限制后靠土体的滑动。若后靠土体产生滑动，不仅会引起地面较大的位移，严重影响周围环境，还会影响顶管的正常施工，导致顶管顶进方向失去控制。

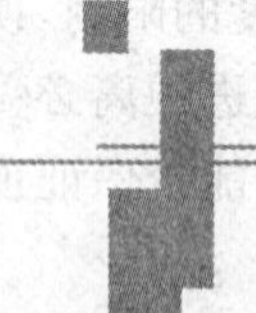

第九章 基坑工程施工技术

9.1 概 述

基坑工程是地下工程施工中一个非常古老的传统课题,同时又是一个综合性的岩土工程难题。既涉及土力学中典型强度与稳定问题,也包含了变形问题,同时还涉及土与支护结构的共同作用。施工的每一个阶段,结构体系和外界荷载都在变化。而施工工艺的变化、挖土次序的位置变化、支撑和留土时间的变化也非常复杂,都对施工的成败有直接影响。对此不仅要在设计阶段提出预测和治理对策,而且还要在施工过程中采用监测、监控及必须的应变措施来确保基坑的安全。因此提高基坑工程的施工技术,是保证施工安全、加快施工进度和提高经济效益亟待解决的问题。

根据土层条件和周边环境,基坑开挖分为以下四种类型:

(1)无支护开挖

又分为垂直开挖和放坡开挖,不采用支撑,费用低、工期短,是首先要考虑的开挖方式。

(2)支护开挖。

根据制作方式常用的围护结构类型,如图 9-1 所示。

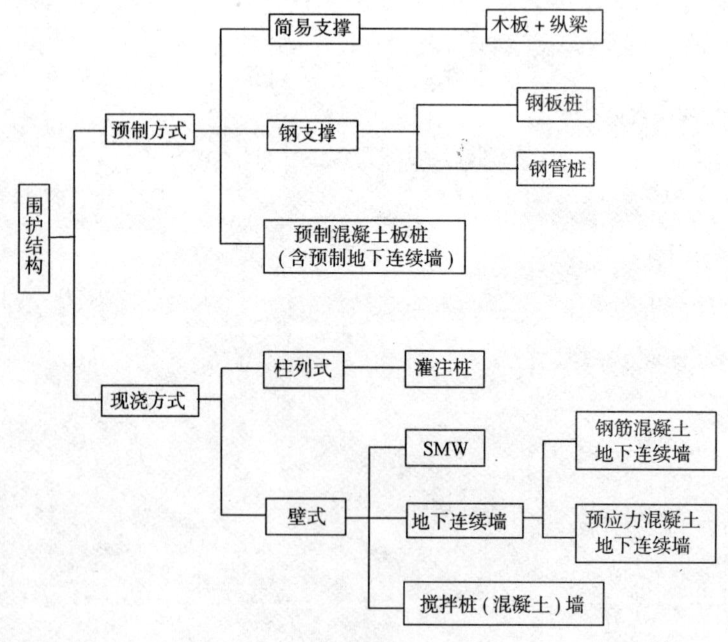

图 9-1 常用的围护结构类型

①简易支挡:一边自稳开挖,一边用木挡板和纵梁控制地层坍塌。一般用于局部开挖、短时期、小规模工程。特点:刚性小、易变形、透水。

②钢板桩:用打入或振动打入法就位,施工简便,工程结束后钢板桩可回收,能重复使用。在软土地区使用钢板桩,打入时会产生挤土作用,常引起地面隆起,拔出时会带出土体形成比钢板桩大得多的孔洞,若不及时采取措施容易造成周围地面下沉。因此,在建筑物密集地区使用时要慎重。

③钢管桩:截面刚度大于钢板桩,在软弱土层中开挖深度可较大。需有防水措施相配合。

④钢筋混凝土板桩:具有施工简便、现场作业周期短等特点,曾在基坑中广泛应用,但由于钢筋混凝土板桩的打入一般采用锤击方法,振动与噪声大,同时沉桩过程中挤土也较为严重,在城市工程中受到一定限制。此外,其制作一般在工厂预制,再运至工地,成本较灌注桩等略高。但由于其截面形状及配筋对板桩受力较为合理并且可根据需要设计,目前已可制作厚度较大(如厚度达 500mm 以上)的板桩,并有液压静力沉桩设备,故在基坑工程中仍是支护板墙的一种使用形式。

⑤灌注桩:刚度大,可用在深大基坑。施工对周边地层、环境影响小。需和止水措施配合使用,如搅拌桩、悬喷桩等。

⑥水泥搅拌桩挡墙:由于一般坑内无支撑,便于机械化快速挖土;具有挡土、止水的双重功能;一般情况下较经济;施工中无振动、无噪声、污染少、挤土轻微,因此在闹市区内施工更显出优越性。但存在缺点有:首先是位移相对较大,尤其在基坑长度大时,为此可采取中间加墩、起拱等措施以限制过大的位移;其次是厚度较大,只有在红线位置和周围环境允许时才能采用,而且在水泥土搅拌桩施工时要注意防止影响周围环境。

⑦地下连续墙:刚度大,开挖深度大,可适用于所有地层。强度大,变形小,隔水性好,同时可兼作主体结构的一部分,环境影响小,造价高。具体的将在 9.5 节详细叙述。

⑧SMW 工法:强度大、止水性好,内插的型钢可拔出反复使用,经济性好。

(3)逆作法或半逆作法开挖

该法是一项近年来发展起来的新兴基坑支护技术。借助地下结构的支撑作用,节省坑壁的锚拉结构。其施工顺序是先做混凝土灌注桩,再做混凝土箱基顶板,然后再做竖井开挖排土,利用箱基结构作为侧向挡土结构的支撑点。

(4)其他形式

除以上介绍的几种外,还有综合法支护开挖(基坑部分放坡开挖,部分支护开挖)及坑壁、坑底土体加固开挖等。

用来支挡围护墙体,承受墙背侧土层及地面超载在围护墙上的侧压力,限制围护结构位移的称为基坑支撑体系。支撑体系是由支撑、围檩、立柱三部分组成,围檩、立柱是根据基坑具体规模、变形要求的不同而设置的。支撑材料应根据周边环境要求,基坑的变形要求,施工技术条件和施工设备的情况来确定。常用的有以下几类。

(1)钢支撑

安装、拆除方便,且可施加预应力,但是其刚度小,墙体变形大,安装偏离会产生弯矩。

(2)钢筋混凝土支撑

刚度大、变形小,平面布置灵活。缺点是自重大,不能预加轴力,且达到强度需要一定的时间,拆除需要爆破,其制作与拆除时间比钢支撑长。

(3)钢与钢筋混凝土混合支撑

这种支撑具有钢与钢筋混凝土各自的优点，但是不太适用于宽大的基坑。

9.2 基坑竖直与放坡开挖施工

放坡开挖是最简单的基坑开挖方法，与支护状态下的开挖相比较放坡开挖是更经济的，并且其技术要求不高，施工难度较低，工程质量更易于得到保证。

一、土方边坡开挖不加支撑的深度和坡度要求

根据《土方和爆破工程施工及验收规范》(GBJ 201—1983)，当地下水位低于基底在湿度正常的土层中开挖基坑(槽)，且敞露时间不长时，可做成直立壁不加支撑，但挖方的深度不宜超过下列规定：

碎石土和砂土：1.0m；

轻压黏土及亚黏土：1.25m；

黏土：1.5m；

坚硬的黏性土：2m。

施工过程中，应经常检查沟壁的稳定情况。

当土的湿度、土质及其他地质条件较好且地下水位低于基底，基坑(槽)深度在5m以内且不加支撑时，其边坡的最大允许坡度，如表9-1。

深度在5m内不加支撑的边坡最大坡度 表9-1

土的类别	边坡坡度(高：宽)		
	人工挖土并将土抛于坑(槽)上边	机械挖土	
		在坑(槽)底挖土	在坑(槽)上边挖土
轻亚黏土	1：0.67	1：0.50	1：0.75
亚黏土	1：0.50	1：0.33	1：0.75
黏土	1：0.33	1：0.25	1：0.67
中密碎石土	1：0.67	1：0.50	1：0.75

注：1.如人工挖土不把土抛到基坑(槽)时，而随时将土运往弃土场时，则应改用机械挖土的坡度。

2.在有充足经验和足够资料时，可不受此表所限。

挖土时，土方边坡太陡会造成塌方，反之则增加土方工程量，浪费机械动力和人力，并占用过多的施工场地。

在开挖不符合规范条件的基坑(槽)时，就需要确定土方边坡稳定。边坡稳定问题是敞口放坡法施工中最重要的问题。如果处理不当，土坡失稳，产生滑动，不仅影响工程进展，甚至危及生命安全，造成工程失败，因此土坡稳定是保证既安全又经济地进行敞口放坡施工的关键。

二、影响基坑边坡稳定的因素

基坑边坡坡度是直接影响基坑稳定的重要因素，当基坑边坡土体中的剪应力大于土体的抗剪强度时，边坡就会失稳坍塌。其次施工不当也会造成边坡失稳。影响边坡稳定的因素主要有：

①没有按设计坡度进行边坡开挖。

②基坑边坡坡顶堆放材料、土方以及运输机械车辆等增加附加荷载。

③基坑降排水措施不力。地下水未降至基底以下，而地面雨水、基坑周围地下给排水管线漏水渗流至基坑边坡的土层中，使土体浸湿，加大土体自重，增加土体中的剪应力。

④基坑开挖后暴露时间过长，经风化而使土体变松散。

⑤基坑开挖过程中，未及时刷坡，甚至挖反坡，使土体失去稳定性。

为保持基坑边坡的稳定，可采取以下措施：

①根据土层的物理力学性质确定基坑边坡坡度，并于不同土层处做成折线形或留置台阶。

②必须做好基坑降排水和防洪工作，保持基底和边坡的干燥。

③基坑放坡坡度受到一定限制而采用围护结构又不太经济时，可采用坡面土钉、挂金属网喷射混凝土或抹水泥砂浆护面。

④严格控制基坑边坡坡顶 1～2m 范围内堆放的材料、土方和其他重物以及较大的机械所产生的荷载。

⑤基坑开挖过程中，随挖随刷边坡，不得挖反坡。

⑥暴露时间在 1 年以上的基坑，一般可采取护坡措施。

三、基坑边坡坡度的确定

确定基坑边坡坡度有 3 种方法，即计算法、图解法和查表法，一般采用查表法。

在城市隧道施工中，一般在地质条件良好、土质较均匀而地下水位低或通过降水将地下水位维持在基底面以下时，常采用查表法确定基坑边坡的坡度。根据《建筑地基基础设计规范》(GB 50007—2002)，并结合北京地下铁道一、二期工程施工经验总结出表 9-2、表 9-3，施工时可作为参考。

岩石基坑边坡坡度 表 9-2

岩 石 类 别	风 化 程 度	坡度值(高∶宽)	
		8m 以内	8～15m
硬质岩石	微风化	1∶0.1～0.2	1∶0.2～0.35
	中等风化	1∶0.2～0.35	1∶0.35～0.5
	强风化	1∶0.35～0.5	1∶0.5～0.75
软质岩石	微风化	1∶0.35～0.5	1∶0.5～0.75
	中等风化	1∶0.5～0.75	1∶0.75～1.00
	强风化	1∶0.75～1.0	1∶1.00～1.25

土质基坑边坡坡度 表 9-3

土 的 类 别	密实度或状态	坡度值(高∶宽)		
		5m 以内	5～10m	10～15m
碎石土	密实	1∶0.35～0.5	1∶0.5～0.75	1∶0.75～1.0
	中密	1∶0.5～0.75	1∶0.75～1.0	1∶1.0～1.25
	稍密	1∶0.75～1.0	1∶1.0～1.25	1∶1.25～1.5
粉土	$S \leqslant 0.5$	1∶1.0～1.25	1∶1.25～1.5	1∶1.5～1.75
黏性土	坚硬	1∶0.75～1.0	1∶1.0～1.25	1∶1.25～1.5
	硬塑	1∶1.0～1.25	1∶1.25～1.5	1∶1.5～1.75

其他规定：

①遇到下列情况之一时，应进行边坡稳定性验算：

a. 坡顶有堆积荷载；

b. 边坡高度超过上表允许值；

c. 具有软弱结构面的倾斜地层；

d. 岩层层面或主要结构层面的倾斜方向与边坡开挖面倾斜方向一致，且两者走向的夹角小于 45°。

②土质边坡稳定性分析宜采用圆弧滑动面条分法。

③岩石边坡宜按由软弱夹层或结构面控制的可能滑动面进行计算。

④放坡开挖时，应采取相应的坡面、坡顶和坡脚排水、降水措施。

⑤放坡宜对开挖坡面采取保护性构造措施。

9.3 基坑支挡施工

目前，城市隧道明挖基坑所采用的围护结构种类很多，其施工方法、工艺和所用的施工机械也各异。因此，应根据基坑深度、工程地质和水文地质条件、地面环境条件等，特别要考虑到城市施工这一特点，经综合比较后确定。

一、工字钢板围护结构

作为基坑围护结构主体的工字钢，一般采用 I50、I55 和 I60 的大型工字钢。基坑开挖前，在地面用冲击式打桩机沿基坑设计边线逐根打入地下，桩间距一般为 1.0～1.2m。若地层为饱和淤泥等松软土层，也可采用静力压桩机和振动打桩机进行沉桩。基坑开挖时，随挖土方随在桩间插入 5cm 厚的水平木背板，以挡住桩间土体。基坑开挖至一定深度后，若悬臂工字钢的刚度和强度都不够，就需要设置腰梁和横撑或锚杆(索)，腰梁多采用大型槽钢、工字钢制成，横撑则可采用钢管或组合钢梁，其支撑平面形式如图 9-2 所示。

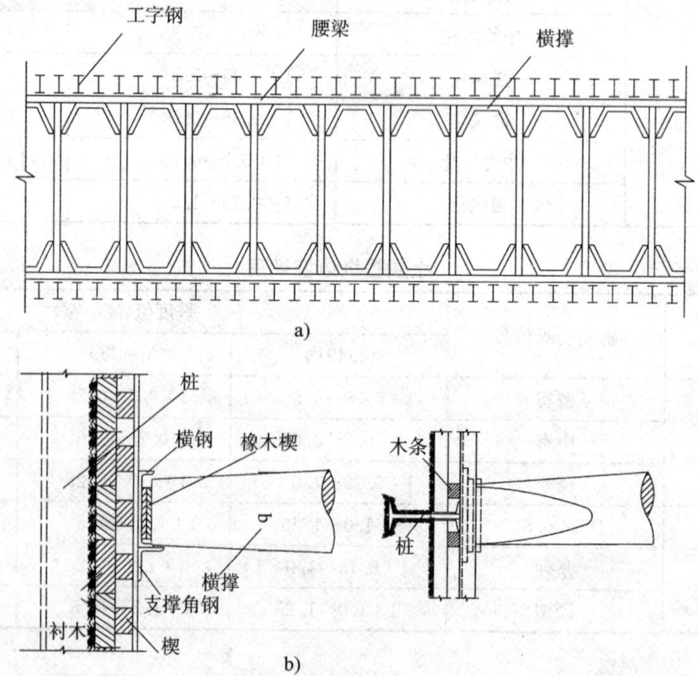

图 9-2 工字钢桩围护结构支护

a)平面图；b)立面图

工字钢围护结构适用于黏性土、砂性土和粒径不大于 10cm 的砂卵石地层，当地下水位较高时，必须配合人工降水措施。而且打桩时，施工噪声一般都在100dB以上，大大超过了环保法规定的限值，所以这种围护结构只适用于郊区距居民点较远的基坑施工中。

二、钢板桩围护结构

钢板桩由带锁口或钳口的热轧型钢制成，强度高，桩与桩之间的连接紧密，形成钢板桩墙，隔水效果好，可多次倒用。因此，沿海城市如上海、天津等地修建城市隧道时，在地下水位较高的基坑中采用较多，北京地铁一期工程也曾采用过。但钢板桩一般为临时的基坑支护，在地下主体工程完成后即可将钢板桩拔出。

目前钢板桩常用断面形式，多为U形或Z形，还有直腹板型。我国城市隧道施工中多用U形钢板桩。

钢板桩构成方法则可分为单层钢板桩围堰、双层钢板桩围堰及屏幕等。采用屏幕式构造，施工方便，可保证基坑的垂直度，并使其能封闭合拢，在城市隧道施工时基坑较深大多采用此围护形式，如图9-3所示。钢板桩的边缘一般应设置通长锁口，使相邻板桩能相互咬合成既能截水又能共同承力的连续护壁。考虑到施工中的不利因素，在地下水位较高的地区，当环保要求较高时，应在钢板桩背面另外加设水泥土之类的隔水帷幕。

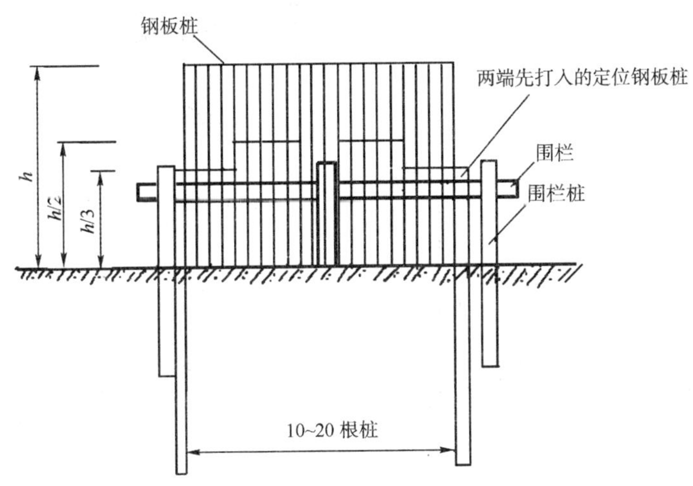

图9-3 钢板桩围护结构

钢板桩围护墙可以用于圆形、矩形、多边形等各种平面形状的基坑，对于矩形和多边形基坑在转角处应根据转角平面形状作相应的异型转角桩。

钢板桩通常采用锤击、静压或振动等方法沉入土中，这些方法可以单独或者相互配合使用。当板桩长度不够时，可采用相同型号的板桩按等强度原则接长。打钢板桩应分段进行，不宜单块打入。封闭或半封闭围护墙应根据板桩规格和封闭段的长度事先计算好块数，第一块沉入的钢板桩应比其他的桩长2～3m，并应确保它的垂直度。有条件时最好在打桩前在地面以上沿围护墙位置先设置导架，将一组钢板桩沿导架正确就位后逐根沉入土中。

钢板桩由于施工简单而应用较广。但是钢板桩的施工可能会引起相邻地基的变形和产生噪声振动，对周围环境影响很大，因此在人口密集、建筑密度很大的地区，其使用常常会受到限制。而且钢板桩本身柔性较大，如支撑或锚拉系统设置不当，其变形会很大，所以当基坑支护深度大于7m时，不宜采用。同时由于钢板桩在地下室施工结束后需要拔出，因此应考虑拔出时对周围地基土和地表土的影响。

三、水泥土搅拌桩挡墙

水泥土搅拌桩挡墙就是利用水泥作为固化剂，采用机械搅拌，将固化剂和软土剂强制拌和，使固化剂和软土剂之间产生一系列物理化学反应而逐步硬化，形成具有整体性、水稳定性和一定强度的水泥土桩墙，作为支护结构。适用于淤泥、淤泥质土、黏土、粉质黏土、粉土、素填土等土层，基坑开挖深度不宜大于 6m。对有机质土、泥炭质土，宜通过试验确定。

常用的有水泥土搅拌桩组成的重力坝式挡土墙和 SMW 工法(Soil Mixed Wall)两种。重力坝式水泥土挡墙，如图 9-4a)所示，它的优点是不设支撑，不渗水，而且只用水泥不需钢材，较经济。但为保持稳定，其宽度较大，因此，必须有足够的施工场地；SMW 工法，如图 9-4b)所示，是在单排搅拌桩内插入 H 型钢，再配以支撑系统，达到既挡土又挡水的目的。SMW 工法施工速度快，占地少，在日本应用较多。

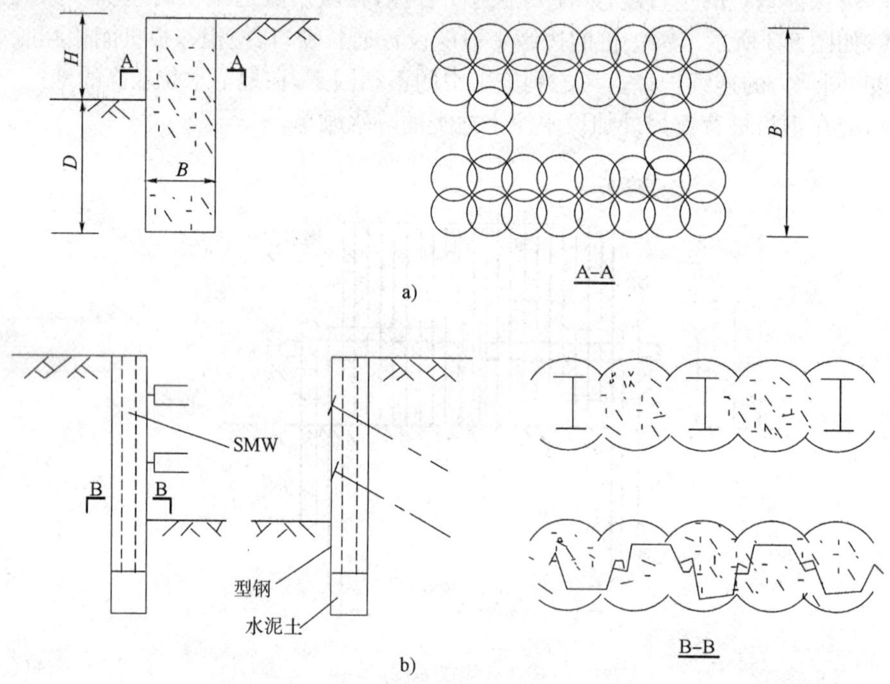

图 9-4　水泥土搅拌桩

a)重力坝式挡墙；b)SMW 工法

国内还利用水泥土搅拌桩排列成拱形。拱脚处需设置钢筋混凝土钻孔灌注桩或在拱脚的水泥土桩中插入型钢，用以传递支撑推力。这种拱形支护结构受力合理、位移小、造价低，但需要足够的场地，并需精心施工，适合于跨度不大的沟槽。

四、钻孔灌注桩围护结构

钻孔灌注桩围护墙是排桩式中应用最多的一种，在我国得到广泛的应用。其多用于坑深 7～15m 的基坑工程，在我国北方土质较好地区已有 8～9m 的臂桩围护墙。

钻孔灌注桩一般采用机械成孔。明挖基坑中所用的成孔机械一般有螺旋钻机、钢丝绳冲击钻机和正反循环回转钻机。其中正反循环回转钻机，由于采用泥浆护壁成孔，故成孔时噪声低，适于城区施工，在地下铁道基坑和高层建筑深基坑施工中得到了广泛应用；螺旋钻机分为长螺旋钻机和短螺旋钻机两种，由于地质条件限制，长螺旋钻机应用较广。螺旋钻机一般只适合干作业钻进，经改进后，也可以实现钻孔压浆成桩。其施工程序：

钻孔至孔底→随压浆随提升钻杆→吊放钢筋笼→灌注混凝土→形成钢筋混凝土桩

钻孔混凝土配制应满足下列要求：

①混凝土应按设计配合比配制；

②混凝土坍落度为：水下 18～22cm，干作业 12～18cm；

③基坑开挖后桩身无蜂窝、麻面、断桩及夹泥等不良现象。

混凝土灌注分干孔和水下灌注两种：

①干孔灌注时，一般采用直接由孔口倾倒，由于桩身较长，依靠混凝土自身的重量就可以将其振实。

②水下灌注时，通常采用导管灌注。为方便混凝土灌注，导管顶部应设置一个漏斗。第一次灌注混凝土时，导管应事先在地面组装好，经检查合格后再吊入桩孔，并将导管底部安装隔水塞，但不能妨碍混凝土顺利排出。导管底距桩孔底高度不宜超过 500mm。

在灌注混凝土过程中，导管应保持埋入混凝土内 2～3m，并严格控制导管拆卸时间，一般不超过 15min，混凝土灌注要连续进行。在灌注混凝土的同时，应测量混凝土的上升高度，以便能及时提升和拆除导管。

需要注意的是：桩间缝隙易造成水土流失，特别是在高水位软黏土质地区，需根据工程条件采取注浆、水泥搅拌桩、旋喷桩等施工措施以解决挡水问题；适用于软黏土质和砂土地区，但是在沙砾层和卵石中施工困难应该慎用；桩与桩之间主要通过桩顶冠梁和围檩连成整体，因而相对整体性较差。在重要地区的特殊工程及开挖深度很大的基坑中应用时需要特别慎重。

9.4 土层锚杆施工

锚杆是一种特殊的支护类型。自 1912 年，德国谢列兹矿最先采用锚杆支护井下巷道以来，锚杆支护在土木工程(包括采矿工程)中得到了广泛应用，对土木工程的稳定性起着重要作用。

锚杆支护的优点：

①安全迅速地与岩土体结合在一起，承受很大的拉力，被广泛的应用于围岩的早期支护，尤其适用于多变的地质条件、块裂岩体以及形状复杂的地下洞室；

②可采用高强钢材，并可施加预应力，可有效地控制建筑物的变形量；

③施工所需钻孔孔径小，不用大型机械；

④不占用作业空间，坑道的开挖断面比使用其他类型支护的小。

缺点：所提供的支护阻力较小，尤其不能防止小块塌落，一般可和金属网喷射混凝土联合使用，效果较好。

锚杆包括土层锚杆及岩石锚杆。隧道工程一般采用土层锚杆。土层锚杆简称土锚杆，可以多层设置，它是在地面或深开挖的地下室墙面(挡土墙、桩或地下连续墙)或未开挖的基坑立壁土层钻孔(或掏孔)，孔径约 90～130mm，然后在孔中心放进钢筋、钢管或钢丝束、钢绞线或其他抗拉材料，灌入水泥浆或化学浆液，使之与土层结合成为抗拉(拔)力强的锚杆。为加强握裹力，可用特制的内部扩孔钻头将直径扩大 3～5 倍，或用炸药爆扩，扩大钻孔端头。

9.4.1 锚杆类型

土层锚杆一般由锚杆头部、自由段和锚固段三部分组成，其中锚固段用水泥浆或水泥砂浆将杆体(预应力钢筋)与土体黏结在一起形成锚杆的锚固体。根据土体类型、工程特性与使用要求，土层锚杆的锚固体结构可设计为圆柱形、端部扩大头型或连续球体型三种，见图 9-5～图 9-7。

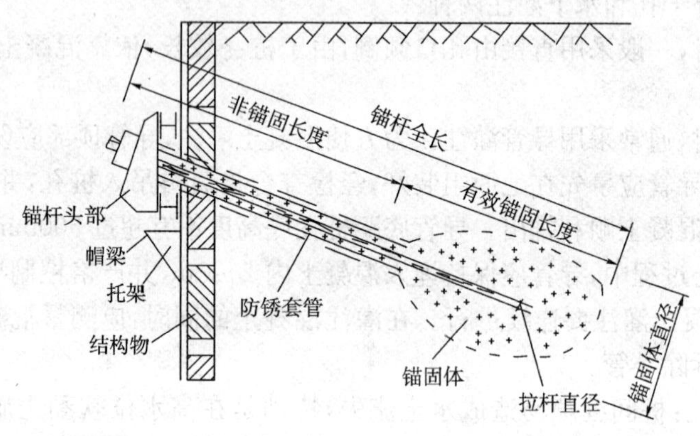

图 9-5　端部扩大头型锚杆

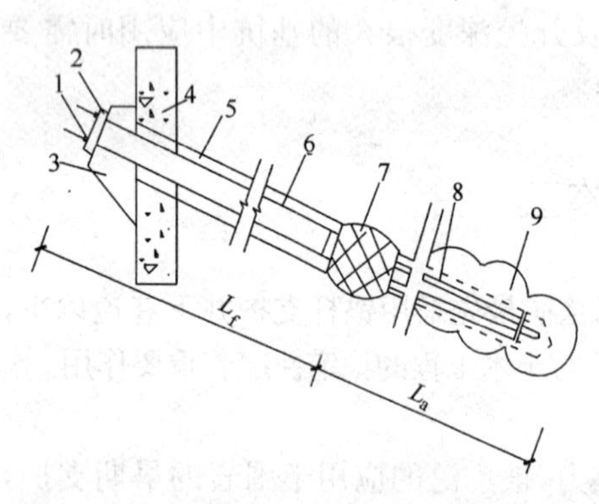

图 9-6　连续球体锚杆

1-锚具；2-承压板；3-台座；4-支挡结构；5-锚孔；6-二次注浆防腐处理；7-可膨胀止浆塞；8-预应力筋；9-多球锚固体

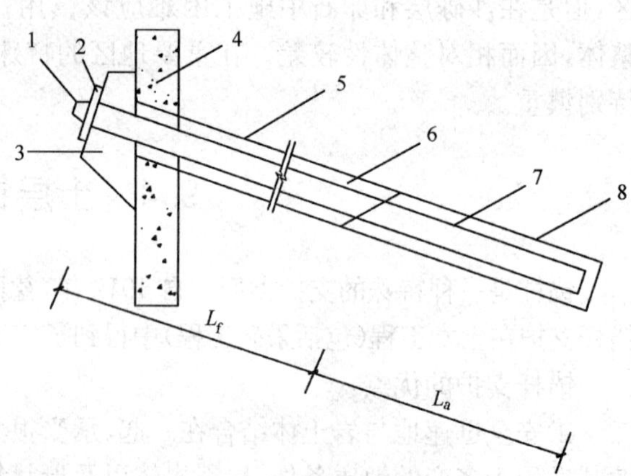

图 9-7　圆柱形锚固体锚杆

1-锚具；2-承压板；3-台座；4-支挡结构；5-钻孔；6-二次注浆防腐处理；7-预应力钢筋；8-圆柱形锚固体

L_f-自由段长度；L_a-锚固段长度

锚固于沙质土、硬黏土层并要求较高承载力的锚杆，宜采用连续球体型锚固体。土层锚杆的布置应符合以下规定：

①锚杆上下间距不宜小于 2.5m；锚杆水平方向间距不宜小于 1.5m。②锚杆锚固体上覆土层厚度不应小于 4.5m，锚杆锚固段不应小于 4.0m。③倾斜锚杆的倾角不应小于 13°，并不大于 45°，以 15°～35°为宜。

9.4.2 锚杆支护体系的构造

锚杆支护体系由挡土构筑物、腰梁及托架、锚杆三部分所组成，以保证施工期间的基坑边坡的稳定。

一、挡土构筑物

包括各种钢板桩、各种类型的钢筋混凝土预制板桩、灌注桩、旋喷桩、挖孔桩、地下连续墙、喷锚支护网等挡土护壁结构。

二、锚杆头部

锚杆头部是构筑物与拉杆的连接部分，为了牢固地将来自结构物的力得到传递，一方面必须保证构件本身的材料有足够的强度，相互的构件能紧密固定，另一方面又必须将集中力分散开，为此锚杆头部需由下列几部分组成：

(1)台座

构筑物与拉杆方向不垂直时，需要用台座作为拉杆受力调整的插座，并能固定拉杆位置，防止其横向滑动与有害的变位，台座用钢板或混凝土做成，如图 9-8 所示。

(2)承压垫板

为使拉杆的集中力分散传递，并使紧固器与台座的接触面保持平顺，钢筋必须与承压板正交，承压垫板一般采用 20～40mm 厚钢板。

(3)紧固器

拉杆通过紧固器的紧固作用将其与垫板、台座、构筑物贴紧并牢固联结。如拉杆采用粗钢筋，则用螺母或专用的连接器、焊结螺丝端杆等。当拉杆采用钢丝或钢绞线时，锚杆端部由锚盘及锚片组成，锚盘的锚孔根据设计钢绞线的多少而定，也可采用公锥及锚梢等零件，见图 9-9。

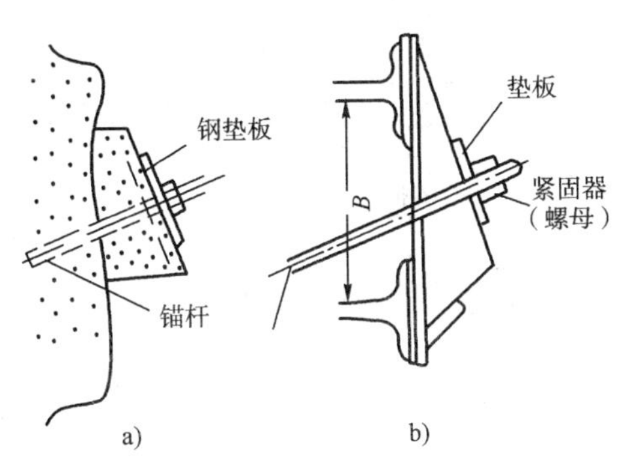

图 9-8　台座形式

a)钢筋混凝土；b)钢板

B-取决于钢模梁尺寸及锚杆倾角

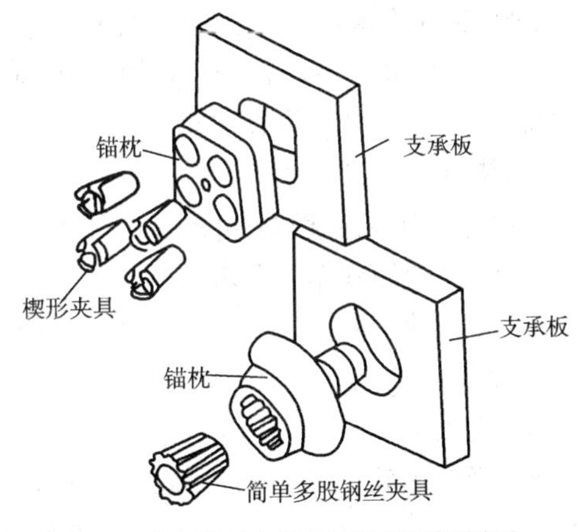

图 9-9　锚杆头处加固多股钢束锚索的方法

三、拉杆

拉杆是锚杆的中心受拉构件。从锚杆头部到锚固体尾端的全长即是拉杆的长度。拉杆的全长(L)实际上包括有效锚固长度(L_a)和非锚固长度(L_f)两部分。有效锚固长度(即锚固体长度)主要根据每根锚杆需承受多大的抗拔力来决定，非锚固长度(亦称自由长度)应按构筑物与稳定地层之间的实际距离决定。

根据设计所需锚固力的大小，拉杆可选用普通钢筋(以螺纹钢为宜)，直径采用 ϕ22mm～ϕ32mm，单根或 2～3 根点焊成束，亦可采用高强钢筋、高强钢丝或钢绞线等。

为了保证钢筋周围有足够的砂浆保护层，沿钢筋长度每隔 1.5～2.0m 焊一个支架。钢拉杆插入钻孔时，一般需将灌浆管同时插入，因此钻孔的直径必须大于灌浆管与钢筋及支架高度的总和。

四、锚固体

锚固体是锚杆尾端的锚固部分，通过锚固体与土之间的相互作用，将力传递给地层。锚固力能否保证构筑物的足够稳定，是锚杆技术成败的关键。根据不同的施工工艺，锚固体有简易灌浆、预压灌浆、化学灌浆等。

9.4.3 锚杆施工工艺

锚杆施工所选用的施工方法、机械设备，是至关重要的环节。机械设备选用得合适，施工工艺采用得当，才能有良好的施工质量，也才能使锚杆的可靠性得到保证。

一、施工准备

锚杆施工的准备工作内容有：

①根据地质勘察报告，摸清工程区域地质水文情况，同时查明锚杆设计位置的地下障碍物情况，以及钻孔、排水对邻近建(构)筑物的影响，按设计要求选定施工方法、施工机械、材料。

②制订施工方案或施工组织设计。根据设计要求和施工现场的实际情况制定施工方法、技术措施、质量保证体系、公害防治措施等，以及施工工期、现场机械、临时用电、水平面布置、材料的准备与堆放等。

③将使用的水泥、砂按设计规定配合比作砂浆强度试验；锚杆对焊应做焊接强度试验，验证能否满足设计要求。

二、锚杆的施工工艺

锚杆施工工艺流程图如图 9-10 所示。

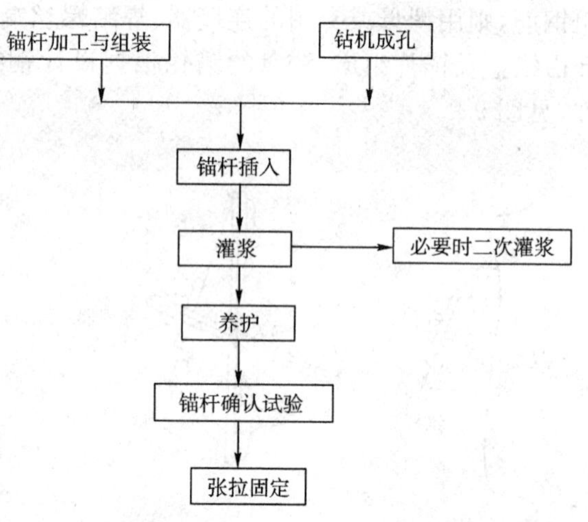

图 9-10 锚杆施工工艺流程图

(1)锚拉杆的制作与要求

锚拉杆可用钢筋、钢管、钢丝束或钢绞线，多用钢筋。当锚杆采用钢筋时，有单杆和多杆之分，单杆多选用 HRB335 或 HRB400 级的热轧螺纹钢筋，一般选用直径 25mm 或 28mm；多杆直径为 16mm，一般为2～4 根。且钢筋、钢绞线使用前要检查各项性能，检查有无油污、锈蚀、缺股断丝等情况，如有不合格的，应进行更换或处理；钢筋的接头应采用焊接接头，搭接长度为 10d(d 为锚杆钢筋直径)，且不小于 50mm。

当采用钢绞线或高强钢丝作锚杆时，应按一定规律平直排列，下料时应留有足够的张拉夹持长度；沿杆体轴线方向每隔 1.0～1.5m 设置一个隔离架，杆体的保护层不宜小于 2.0cm，导气管应与杆体绑扎牢固；杆体自由段用塑料管包裹，与锚固段相交处的塑料管管口应密封并用铅丝绑紧；杆体前端应设置导向装置。

拉杆应由专人制作，要求顺直。钻孔完毕应尽快地安设拉杆，以防塌孔。拉杆使用前要除锈，钢绞线要清除油脂。孔附近拉杆钢筋应涂防腐漆。为将拉杆安置于钻孔的中心，在拉杆上应安设定位器，每隔 1.0～2.0m 应设一个。为保证非锚固段拉杆可以自由伸长，可采取在锚固段与非锚固段之间设置堵浆器，或在非锚固段的拉杆上涂以润滑油脂，以保证在该段能自由变形。

(2)钻机成孔

锚杆钻孔机械有许多类型:螺旋式钻孔机、旋转冲击式钻孔机或 YQ-100 型潜水钻机。亦可采用普通地质钻孔改装的 HGY100 型或 ZT100 型钻机,并带套管和钻头等。

锚杆钻孔时,钻机一般是向下倾斜的,而且往往要通过松软的覆盖层才能达到稳定的土层中,如在复杂的地质条件如涌水的松散层中钻孔时,由于容易塌孔或缩颈,可采用长螺旋一次成孔的施工法。当地层为砂砾石、卵石层及涌水地基,钻孔施工可采用旋转冲击钻机。此种钻机可根据地层情况分别使用旋转、冲击,旋转中前端打击向前走,并打入套管,钻孔速度快。

钻孔要保证位置正确,要随时注意调整好锚孔位置(上下左右及角度),防止高低参差不齐和相互交错。钻进后要反复提插孔内钻杆,并用水冲洗孔底沉渣直至出清水,再接下节钻杆;遇有粗砂、砂卵石土层,在钻杆钻至最后一节时,应比要求深度多 10~20cm,以防粗砂、碎卵石堵塞管子。

(3)锚孔造好后,应尽快安放制作好的锚杆,安放锚杆的要求为:

①锚杆放入锚孔前,应认真检查锚杆的质量,确保锚杆组装满足设计要求;

②安放锚杆时,应防止杆体扭曲变形,无对中支架的一面朝上,放好应检查排气管是否通气,否则抽出重做;

③若采用底部注浆,注浆管应随锚杆一同放入锚孔,注浆管头部距孔底应有一定距离,一般为 5~10cm;

④锚杆体放入孔内深度不应小于锚杆长度的 95%,杆体安放后不得随意敲击、悬挂重物。

(4)张拉锚杆

锚杆安放后,在锚杆头部焊接紧锁装置,或安装张拉夹具,以备张拉。张拉前要校核千斤顶,检验锚具硬度、清理孔内油污、泥沙。张拉力要根据实际所需的有效张拉力和张拉力的可能松弛程度而定,一般按设计轴向力的 75%~85%进行控制。

锚杆张拉时,分别在拉杆上、下部位安设两道工字钢或槽钢横梁,与护坡墙(桩)紧贴。张拉用穿心式千斤顶,当张拉到设计荷载时,拧紧螺母,完成锚定工作。张拉时宜先用小吨位千斤顶拉,使横梁与托架贴紧,然后再换大千斤顶进行整排锚杆的正式张拉。宜采用跳拉法或往复式拉法,以保证钢筋或钢绞线与横梁受力均匀。

(5)采用锚孔口部(非底部)注浆时,锚杆上应安排排气装置,具体要求如下:

①排气管材料通常为 ϕ10cm 左右的塑料管;

②排气管用扎丝或塑线绑扎在锚孔的正上方,离杆体里端 5~10cm,其外端比锚杆长 1m 左右;

③在锚杆体底部绑扎透气的海绵体,其大小应和孔径相同。

(6)孔道注浆

孔道注浆需用搅拌机、活塞式或隔膜式压浆泵等。

注浆用材料应符合下列要求:水泥宜选用 32.5 号或 42.5 号普通硅酸盐水泥,不宜选用矿渣硅酸盐水泥和火山灰硅酸盐水泥,不得采用高铝水泥;细骨料应选用粒径小于 2mm 的中细砂,严格控制砂的含泥量和杂质含量;水用 pH 值小于 4 的水;一般选用灰浆比为 1∶1 或 1∶0.5、水灰比 0.4~0.5 的水泥砂浆或水灰比为 0.4~0.45 的纯水泥浆,还可根据需要加入一定的外加剂。拌和良好的砂浆或水泥浆需具有高可泵送性、低泌浆性,且凝固时只有少量或没有膨胀。

水泥浆液的抗压强度应大于25MPa，塑性流动时间应在22s以下，可用时间应为30～60min。整个浇筑过程须在4min内结束。如果注浆作业开始和中途停止较长时间再作业时，宜用水或稀水泥浆润滑注浆泵及注浆管路。

当采用自孔底向外灌注方法时，随着砂浆的灌入，应逐步地将灌浆管向外拔出直至孔口，但灌浆管管口必须低于浆液面。此种方法可将孔内的水和空气挤出孔外，以保证灌浆质量；当采用孔口灌浆时，排气管停止排气且注浆压力达到设计要求时，或孔口溢出浆液时，方可停止注浆。

灌浆完成后，应将灌浆管、压浆泵、搅拌机等用清水洗净。

9.5 地下连续墙施工

地下连续墙是区别于传统施工方法的一种较为先进的地下工程结构形式和施工工艺。它是在地面上用特殊的挖槽设备，沿着深开挖工程的周边(例如地下结构物的边墙)，在泥浆护壁的情况下，开挖出一条狭长的深槽，在槽内放置钢筋笼并浇灌水下混凝土，筑成一段钢筋混凝土墙。然后将若干墙段连接成整体，形成一条连续的地下墙体。地下连续墙在欧美国家称之为“混凝土地下墙”或“泥浆墙”，在日本则称之为“地下连续壁”。

地下连续墙施工技术起源于欧洲，它是根据打井和石油钻井使用泥浆和水下浇筑混凝土的方法而发展起来的。1950年在意大利米兰的工程首先采用了护壁泥浆地下连续墙施工，20世纪50～60年代该项技术在西方发达国家及前苏联得到推广，成为地下工程和深基础施工中有效的技术。经过几十年的发展，地下连续墙技术已经相当成熟，其中以日本在此技术上最为发达，已经累计建成了1 500万平方米以上。目前地下连续墙的最大开挖深度为140m，最薄的地下连续墙厚度为20cm。1958年，我国水电部门首先在青岛丹子口水库用此技术修建了水坝防渗墙，70年代中期，这项技术开始推广应用到建筑、煤矿、市政等部门。到目前为止，全国绝大多数省份都先后应用了此项技术，特别是在1997年上海成功试制了导板抓斗和多头钻成槽机等专用设备后，我国的地下连续墙技术无论在理论研究，还是在施工技术中都取得很大进步，在工程实践中取得很好的经济效益。地下连续墙已经并且正在代替很多传统的施工方法，而被用于基础工程的很多方面。在它的初期阶段，基本上都是用作防渗墙或临时挡土墙。通过开发使用许多新技术、新设备和新材料，现在已经越来越多地用作结构物的一部分或用作主体结构，最近十年更被用于大型的深基坑工程中。

除现场浇筑的地下连续墙外，我国还进行了预制装配式地下连续墙和预应力地下连续墙的研究和试用。预制装配式地下连续墙墙面光滑，由于配筋合理可使墙厚减薄并加快施工速度。而预应力地下连续墙则可提高围护墙的刚度达30%以上，可减薄墙厚、减少内支撑数量，由于曲线布筋张拉后产生反拱作用，可减少围护结构变形、消除裂缝，从而提高抗渗性。这两种方法已经在工程中试用，并取得较好的社会效益和经济效益。

9.5.1 地下连续墙的分类

虽然地下连续墙已经有50多年的历史，但是要严格分类，仍是很难的。

(1)按成墙方式可分为：①桩排式；②壁板式；③桩壁组合式。

(2)按墙的用途可分为：①防渗墙；②临时挡土墙；③永久挡土(承重)墙；④作为基础用的

地下连续墙。

(3)按墙体材料可分为:①钢筋混凝土墙;②塑性混凝土墙;③固化灰浆墙;④自硬泥浆墙;⑤预制墙;⑥泥浆槽墙(回填砾石、黏土和水泥三合土);⑦后张预应力地下连续墙;⑧钢制地下连续墙。

(4)按开挖情况可分为:①地下连续墙(开挖);②地下防渗墙(不开挖)。

(5)按挖槽方式大致可分为抓斗式、冲击式和回转式。

(6)按施工方法可分为现浇式、预制板式及二者组合成墙等。

所谓桩排式地下连续墙,实际上就是把钻孔灌注桩并排连接所形成的地下墙,它可归类于钻孔灌注桩。

目前,我国建筑工程中应用最多的还是现浇钢筋混凝土壁板式连续墙。

9.5.2 地下连续墙的优缺点

地下连续墙之所以能得到广泛的应用,是因为它具有两大突出优点:一是对邻近建筑物和地下管线的影响较小;二是施工时无噪声、无振动,属于低公害的施工方法。例如有的新建或扩建地下工程由于四周邻街或与现有建筑物紧相连接;有的工程由于地基比较松软,打桩会影响邻近建筑物的安全和产生噪声;还有的工程由于受环境条件的限制或由于水文地质和工程地质的复杂性,很难设置井点排水等。在这些场合,采用地下连续墙支护具有明显优越性。

地下连续墙施工工艺与其他施工方法相比,有许多优点:

①适用于各地多种土质情况。目前在我国除岩溶地区和承压水头很高的沙砾层难以采用外,在其他各种土质中皆可应用地下连续墙技术。在一些复杂的条件下,它几乎成为唯一可采用的有效的施工方法。

②施工时振动小、噪声低,有利于城市建设中的环境保护。

③能在建筑物、构筑物密集地区施工。由于地下连续墙的刚度大,能承受较大的侧向压力,在基坑开挖时,变形小,周围地面的沉降少,因而不会影响或较少影响周围邻近的建筑物或构筑物。国外在距离已有建筑物基础几厘米处就可进行地下连续墙施工。我国的实践也已证明,距离现有建筑物基础1m左右就可以顺利进行施工。

④能兼做临时设施和永久的地下主体结构。由于地下连续墙具有强度高、刚度大的特点,不仅能用于深基础护壁的临时支护结构,而且在采取一定结构构造措施后可用作地面高层建筑基础或地下工程的部分结构。一定条件下可大幅度减少工程总造价,获得经济效益。

⑤可结合"逆作法"施工,缩短施工总工期。一种称为"逆作法"的新颖施工方法,是在地下室顶板完成后,同时进行多层地下室和地面高层房屋的施工。一改传统施工方法先地下后地上的施工步骤,大大压缩了施工工期。然而,逆作法施工通常要采用地下连续墙的施工工艺和施工技术。

当然,地下连续墙施工方法也有一定的局限性和缺点,如:

①对于岩溶地区承压水头很高的沙砾层或很软的黏土(尤其当地下水位很高时),如不采用其他辅助措施,目前尚难于采用地下连续墙工法。

②如施工现场组织管理不善,可能会造成现场潮湿和泥泞,影响施工条件,而且要增加对废弃泥浆的处理工作。

③如施工不当或土层条件特殊，容易出现不规则超挖和槽壁坍塌。

④现浇地下连续墙的墙面通常较粗糙，如果对墙面要求较高，墙面的平整处理增加了工期和造价。

⑤地下连续墙如仅用作施工期间的临时挡土结构，在基坑工程完成后就失去其使用价值，所以当基坑开挖不深，则不如采用其他方法经济。

⑥需有一定数量的专用施工机具和具有一定技术水平的专业施工队伍，使该项技术推广受到一定限制。

9.5.3 成槽机具

用于地下连续墙成槽施工的机械有三大类：挖斗式、冲击式和回转式。挖斗式，分为蛙式抓斗和铲斗式，其中最常用的蛙式抓斗，又有吊索式和导杆式两种类型；冲击式，分为钻头冲击式和凿刨式；回转式，有单头钻和多头钻(亦称为垂直轴型回转式成槽机)两种类型。

我国在地下连续墙施工中，目前常用的是吊索式蚌式抓斗、导杆式蚌式抓斗、多头钻和冲击式挖槽机，尤以前面三种最多。

一、挖斗式挖槽机

挖斗式挖槽机是一种最简单的挖槽机械，以其斗齿切削土体，切削下的土体集在挖斗内，从沟槽内提出地面开斗卸土，然后又返回沟槽内挖土。应用最广的蛙式抓斗，我国已拥有近百台(多数为进口设备)，成为地下连续墙成槽的主力设备。如图 9-11 所示为蛙式抓斗的外形。

为了提高抓斗的切土能力，蛙式抓斗一般都要加大斗重量，并在抓斗的两个侧面安装导向板，以提高挖槽的垂直精度。蛙式抓斗斗体上下和开闭可采用钢索操纵，也可采用液压控制。

这类挖槽机械，适用于较松软的土质。当土壤的 N 值超过 30，则挖掘效率会急剧下降，N 值超过 50 即难以挖掘。对于较硬的土层宜用钻抓法，即预钻导孔，抓斗沿导孔下挖，挖土时不需靠斗体自重切入土体，只需闭斗挖掘即可。由于这种机械每挖一斗都需要提出地面卸土，为提高效率，施工深度不能太深，国内外一般为以不超过 50m 为宜。为钻、抓操作，一般将导板抓斗与导向钻机组合成钻抓式成槽机进行挖掘。施工时先用潜水电钻根据抓斗的开斗宽度钻两个导孔，孔径与墙厚相同，然后用抓斗抓取两导孔间的土体，见图 9-12。

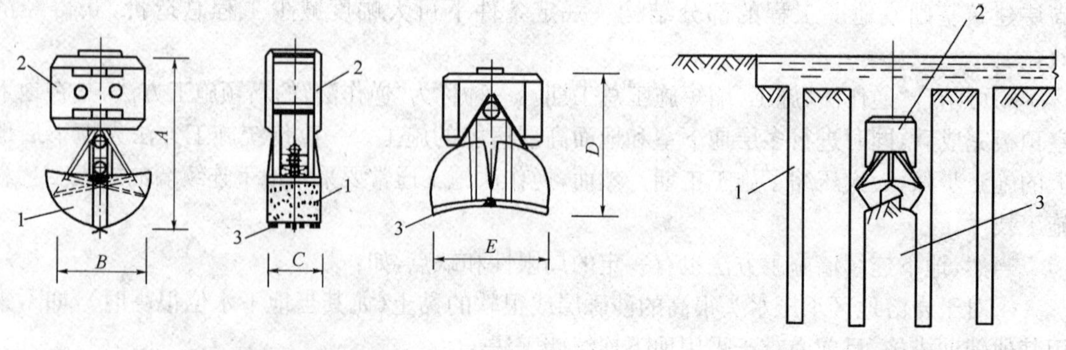

图 9-11 蛙式抓斗的外形

1-斗体；2-导板；3-斗齿

图 9-12 钻抓成槽示意

1-导管；2-钻抓式成槽机；3-导孔间土

我国所用钻抓式成槽机的组成设备与功率如表 9-4。

钻抓式成槽机的组成设备与功率　　表 9-4

组成设备	规　格	功率(kW)	组成设备	规　格	功率(kW)
潜水钻机		22	卷扬机	10kN	7.5
卷扬机	50kN(2台)	22(11×2)	卷扬机	5kN	5.5

二、冲击式挖槽机

冲击式挖槽机包括钻头冲击式和凿刨式两类。

冲击钻机是依靠钻头的冲击力破碎地基土，所以不但对一般土层适用，对卵石、砾石，岩层等地层亦适用。它上下运动以重力作用保持成孔垂直度。正循环方式不宜用于断面大的挖槽施工。

凿刨式挖槽机是靠凿刨沿导杆上下运动以破碎土层，破碎的土渣由泥浆携带由导杆下端吸入经导杆排出槽外。此种机械至今我国尚未使用过。

冲击式挖槽机的排土方式可采用正循环或反循环，正循环方式排土能力与泥浆流速成正比，而泥浆流速又与槽段截面成反比，故它不宜用于断面较大的挖槽施工，同时，此法土渣易混入泥浆中，使泥浆比重增大。泥浆反循环排渣时，泥浆的上升速度快，可以把较大块的土渣携出，而且土渣亦不会堆积在挖槽工作面上。泥浆反循环时，土渣排出量和土渣的最大直径取决于排浆管的直径。但是，当挖槽断面较小时，泥浆向下流动较快，作用在槽壁上的泥浆压力较泥浆正循环方式小，会减弱泥浆的护壁作用。如图 9-13 所示是 ISOS 冲击钻机的示意图。

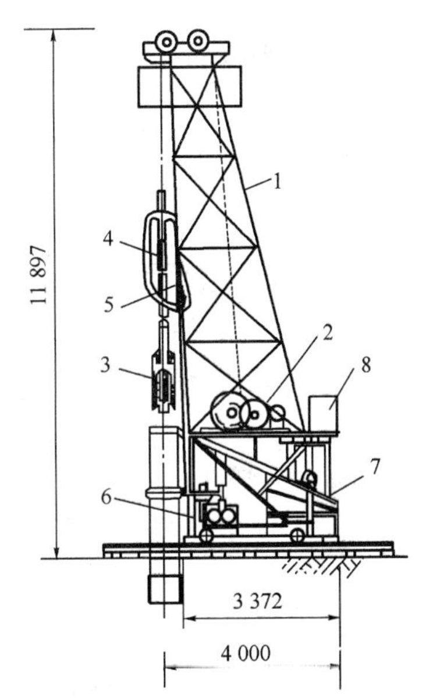

图 9-13　ISOS 冲击钻机

1-机架;2-卷扬机;3-钻头;4-钻杆;5-中间输浆管;6-泥浆循环泵;7-振动筛;8-泥浆搅拌机

在我国，冲击式钻机用于地下连续墙施工已有 46 年历史了，其优点是对地层的适应性强，缺点是效率低。针对其缺点，中国水利水电基础工程局率先研制出 CZF 系列的冲击反循环钻机，既保持了其优点，又使其效率比老式冲击钻机提高 1～3 倍，使冲击式钻机焕发了青春，这种钻机特别适用于深厚漂石、孤石等复杂地层施工，在此类地层中其施工成本远低于抓斗和液压铣槽机，具有不可替代的作用。冲击反循环钻机成墙深度最大达 101m(四川冶勒水电站)，在长江三峡和润扬长江大桥等嵌岩地下连续墙工程中也发挥了重要作用。

9.5.4　地下连续墙施工工艺

一、施工工艺流程

地下连续墙的施工工艺流程图如图 9-14 所示。

二、主要工艺方法

(1)筑导墙

在地下连续墙成槽前，应先浇筑导墙及施工便道。导墙的作用不容忽视：它可以作为地下墙成槽的导向标准，即导向作用；在成槽施工中稳定泥浆液位，以维护槽壁稳定；维持表面土层的稳定，防止槽口塌方；支承面槽等施工机械设备荷载；它还可以作为测量基准线。因此导墙的制作必须做到精心施工，导墙的质量好坏直接影响到地下连续墙的轴线和标高。常用导墙的断面：

①∟形式[见图 9-15a)]：多用于土质较差的土层；

②倒∟形式[见图 9-15b)]：多用在土质较好的土层，开挖后略作修正即可将土体作侧模板，再立另一侧模板浇混凝土；

③[形式[见图 9-15c)]：多用在土质差的土层，先开挖导墙基坑，后两侧立模，待导墙混凝土达到一定强度，拆去模板，并选用黏性土回填并分层夯实。

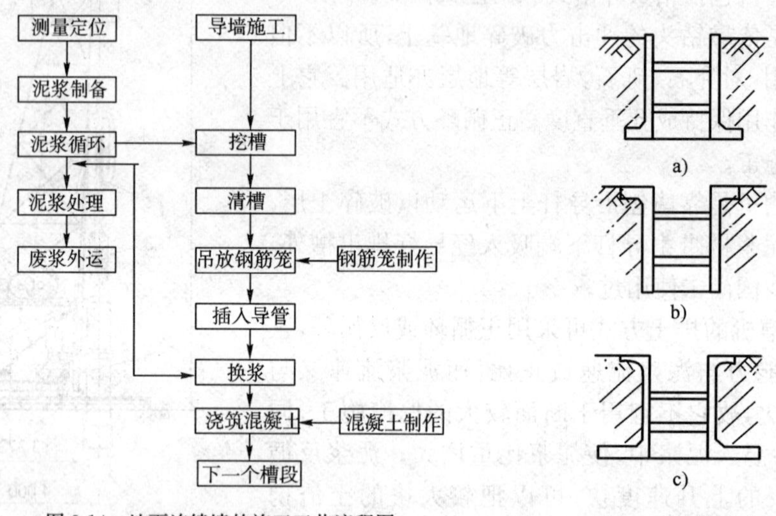

图 9-14　地下连续墙的施工工艺流程图

图 9-15　导墙的形式

a)∟形；b)倒∟形；c)[形

导墙宜采用钢筋混凝土材料构筑，混凝土等级不宜低于 C20，内设钢筋应按规定进行搭接。导墙的平面轴线应与地下连续墙轴线平行，两导墙的内侧间距宜比地下连续墙体厚度大 40～60mm。导墙的几何尺寸见表 9-5。

导墙的几何尺寸　　表 9-5

项　目	常用尺寸(mm)	项　目	常用尺寸(mm)
埋设深度	1 000～2 000	导墙厚度	150～300
导墙内的深度	墙厚＋40		

导墙施工还应符合下列要求：

①导墙要求分段施工时，段落划分应与地下连续墙划分的节段错开。

②安装预制导墙块时，必须按照设计施工，保证连接处质量，防止渗漏。

③混凝土导墙在浇筑及养护时，重型机械、车辆不得在附近作业行驶。

(2)泥浆护壁

护壁泥浆的制备与管理是地下连续墙施工中的关键工序之一。泥浆的作用如下：

①护壁作用：泥浆具有一定的密度，槽内泥浆液面高出地下水位一定高度，泥浆在槽内就对槽壁产生一定的侧压力，相当于一种液体支撑，可以防止槽壁倒塌和剥落，并防止地下水渗入；另外，泥浆在槽壁上会形成一层透水性很低的泥皮，能防止槽壁剥落，还可以减少槽壁的透水性。

②携渣作用：泥浆具有一定的黏度，它能将钻头式挖槽机挖槽时挖下来的土渣悬浮起来，

便于土渣随同泥浆一同排出槽外。

③冷却和润滑作用：泥浆可降低钻具连续冲击或回转而引起升温，又具有润滑作用从而降低钻具的磨损。

泥浆是挖槽过程中保证不塌壁的重要因素。泥浆必须具备物理的稳定性、化学的稳定性、适当的密度、适当的流动性和良好的泥皮形成性。

泥浆密度取决于泥浆设计配合比中的固体(膨润土)物质的含量。密度大的泥浆对槽壁面的稳定有利，但密度较小的泥浆施工性好，易于泵吸泵送、管道输送压力损失小、携带土砂能力大、土渣易于在机械分离装置内分离。密度较小的泥浆用土量也少，节约膨润土原料的用量。我国采用膨润土拌制的泥浆的密度通常为 1.03～1.045g /cm^3。

泥浆的密度是反映泥浆性能的一个综合指标。在成槽过程中由于挖掘土砂的混入，泥浆密度的逐渐增加是必然的，导致泥浆携带土砂的能力减小，还会影响混凝土质量，如钢筋和混凝土的握裹力，影响墙段接头质量和造成地下连续墙底的沉淀层。

泥浆的黏度采用漏斗黏度计测定。我国常用 500/700 方法，即用 700ml 容量的漏斗黏度计装满泥浆，测定从下口漏出 500ml 所需的时间(s)，作为泥浆的黏度指标。黏度指标控制范围为 19～30s，视地质条件而定。在适应地质条件时尽量采用黏度小些的泥浆，施工性能好。

控制泥浆的失水量和使泥浆具有产生良好的泥皮的性质，是泥浆护壁作用的重要因素。通常对于新制泥浆要求失水量在 10ml/30min 以下，泥皮要求致密坚韧，厚度不大于 1mm。对循环使用中的泥浆，由于土砂颗粒的混入地下水中的钙离子等污染，性能会渐渐恶化，但要求控制在 20ml/30min 及 2mm 以下。

施工中泥浆受水泥、地下水和土壤中的钙离子等金属阳离子污染，泥浆会失去悬液性质，产生凝絮化，pH 值升高。一般对新泥浆要求 pH 值为 8～9，对使用中泥浆控制在 11 以内。

检验泥浆本身的悬液结构和稳定性的指标。泥浆应该长期静置不产生清水离析，新浆不应该有制浆固体材料的沉淀。对新浆要求稳定性为 100%，对使用中的循环泥浆没有明确的稳定性指标，但稳定性差的泥浆，在槽内易产生沉渣，携渣能力也比较差。并采用含砂量测定器测定含砂量。

我国的膨润土资源十分丰富，储量居世界第一位，分布在全国 26 个省、市、自治区。制备护壁泥浆应优选当地所产膨润土。膨润土泥浆的成分为膨润土、水和外加剂。

膨润土由多种黏土矿物组成，最主要的是蒙脱石。其颗粒极其细小，一般呈片状，最大外形尺寸不超过 2μm，厚度不超过 0.1μm。遇水显著膨胀(在水中膨胀后的重量可增加到原来干重的 600%～700%)，黏性和可塑性都很大，是理想的造浆材料。

膨润土分散在水中，其片状颗粒表面带负电荷，端头带正电荷。如膨润土的含量足够多，则颗粒之间的电键使分散系形成一种机械结构，膨润土水溶液呈固体状态，一经触动(摇晃、搅拌、振动或通过超声波、电流)，颗粒之间的电键即遭到破坏，膨润土水溶液就随之变为流体状态。如果外界因素停止作用，水溶液又变作固体状态。该特性称作触变性，这种水溶液称为触变泥浆。

拌制泥浆应采用无不纯物质的自来水，一般以 pH 值接近中性的水为好。水中的杂质和 pH 值过高或过低，均会影响泥浆的质量。自来水以外的水在使用前有必要检测有关指标，不允许采用盐水或海水拌制泥浆。

常采用的外加剂有以下几种：

分散剂——FCL 或硝基腐殖酸钠，降低黏度，提高泥浆抗絮凝化能力，促使泥浆中砂土沉淀，降低泥浆密度；

增黏剂——羧甲基纤维素(CMC)或聚丙烯酰胺，由于水分子的作用，使泥皮质密而坚韧，同时CMC溶于水中能增加泥浆黏度，促使泥浆失水量下降。

其他——防漏剂(锯末、石粉等)，防止泥浆在地基中的漏失；加重剂(重晶石粉、铁砂等)，加重泥浆密度。

地下连续墙挖槽护壁用的泥浆除通常使用的膨润土泥浆外，还有聚合物泥浆、CMC泥浆及盐水泥浆。

泥浆性能应根据地质条件和施工机械等不同而有差异，通常应当做实验确定配合比，以满足工程的需要。

(3)挖槽

开挖槽段是地下连续墙施工中的重要环节，挖槽精度又决定了墙体制作精度，所以是决定施工进度和质量的关键工序。

地下连续墙施工挖槽机械是在地面操作，穿过泥浆向地下深处开挖一条预定断面槽深的工程机械。由于地质条件不同，断面深度不同，技术要求不同，应根据不同要求选择合适的挖槽机械。

地下连续墙通常是分段施工的，每一段称为一个槽段，一个槽段是一次混凝土浇筑单位。单元槽段的长度可采用4～8m。

成槽过程中特殊情况处理措施：

①在成槽过程中，若遇到缓慢漏浆现象(浆液用量与出渣量不一致，或发现浆液液面缓缓下降)，则应往槽内倒入适量木屑、锯末或黏土球等填漏物，进行搅动，直至漏浆停止。同时足量补充泥浆，以免浆液液面过低，导致塌孔。

②在成槽过程中，若遇到严重漏浆的情况时(浆液液面下降过快，浆液补充不及时)，先采取投放填漏材料，如无效则分析原因，并采取处理措施，再进行成槽工程的施工。

③若遇特严重漏浆、槽壁坍塌，地表塌陷等情况则立即停止施工，向槽内回填优质黏土，并对槽段及周围进行注浆加固处理，待土层稳定后，再行施工。

④无论遇到哪种突发情况，都必须立即将挖槽机械从槽内提出，以免造成塌方埋斗的严重事故。

(4)钢筋笼的加工与吊放

根据地下连续墙墙体配筋和单元槽段的划分来制作钢筋笼，按单元槽段做成整体。若地下连续墙很深，或受起吊设备能力的限制，须分段制作，在吊放时再连接，则接头宜用绑条焊接。对于重量大的钢筋笼起吊部位采用加焊钢筋的办法进行加固。为防止钢筋笼变形，设置加劲撑。

钢筋笼端部与接头管或混凝土接头面间应有150～200mm的空隙。主筋保护层厚度为70～80mm，保护层垫块厚50mm，一般用薄钢板制作垫块，焊于钢筋笼上。制作钢筋笼时要预先确定浇筑混凝土用导管的位置，由于这部分空间要求上下贯通，周围须增设箍筋和连接筋加固。为避免横向钢筋阻碍导管插入，纵向主筋放在内侧，横向钢筋放在外侧。纵向钢筋的底端距离槽底面100～200mm。纵向钢筋底端应稍向内弯折，防止吊放钢筋笼时擦伤槽壁。

为保证钢筋笼的强度，每个钢筋笼必须设置一定数量的纵向桁架。桁架的位置要避开浇筑混凝土时下导管的位置，桁架与横向筋之间必须保证100%点焊，对于加劲撑与纵、横向钢筋相交点也应100%点焊，其余纵横钢筋交叉点焊不少于50%。

钢筋笼加工场地尽量设置在工地现场，以便于运输，减少钢筋笼在运输中的变形或损坏的可能性。

钢筋笼的起吊、运输和吊放应制订周密的施工方案，不允许产生不能恢复的变形。

钢筋笼的起吊应用横吊梁或吊梁。吊点布置和起吊方式要防止起吊时引起钢筋笼变形。起吊时不能使钢筋笼下端在地面拖引，造成下端钢筋弯曲变形，同时防止钢筋笼在空中摆动。

插入钢筋笼时，要使钢筋笼对准单元槽段的中心、垂直而又准确的插入槽内。钢筋笼进入槽内时，吊点中心必须对准槽段中心缓慢下降，要注意防止因起重臂摇动或因风力而使钢筋笼横向摆动，造成槽壁坍塌。

钢筋笼插入槽内后，检查顶端高度是否符合设计要求，然后将其搁置在导墙上。如钢筋笼是分段制作，吊放时须连接，下段钢筋笼要垂直悬挂在导墙上，将上段钢筋笼垂直吊起，上下两段钢筋笼呈直线连接。

如果钢筋笼不能顺利插入槽内，应重新吊出，查明原因。若需要则在修槽后再吊放，不能强行插放，否则会引起钢筋笼变形或使槽壁坍塌，产生大量沉渣。

(5)水下混凝土的浇筑

在成槽工作结束后，根据设计要求安设墙段接头构件，或在对已浇好的墙段的端部结合面进行清理后，应尽快进行墙段钢筋混凝土的浇筑。

浇筑混凝土之前，要进行清底工作。一般有沉淀法和置换法两种。沉淀法是在土渣基本都沉淀到槽底之后再清底；置换法是在挖槽结束之后，对槽底进行认真清理，在土渣还没有沉淀之前用新泥浆把槽内的泥浆置换出来，使槽内泥浆的密度在1.15以下。我国多采用置换法。清槽结束后1h，测定槽底沉淀物淤积厚度不大于20cm，槽底20cm处的泥浆相对密度不大于1.2为合格。

为保证地下连续墙的整体性，划分单元槽段时必须考虑槽段之间的接头位置。一般接头应避免设在转角处以及墙内部结构的连接处。接头构造可分为接头管接头和接头箱接头。接头管接头是地下连续墙最常用的一种接头，槽段挖好后在槽段两端吊入接头管。接头箱接头使地下连续墙形成更好的整体，接头处刚度好。接头箱与接头管施工相似，以接头箱代替接头管，单元槽开挖后，吊接头箱，再吊钢筋笼。

地下连续墙混凝土是用导管在泥浆中灌筑的。导管的数量与槽段长度有关，槽段长度小于4m时，可使用一根导管；大于4m时，应使用2根或2根以上导管。导管内径约为粗骨料粒径的8倍左右，不得小于粗骨料粒径4倍。导管间距根据导管直径决定，使用150mm导管时，间距为2m；使用200mm导管时，间距为3m。导管应尽量靠近接头。

在混凝土浇筑过程中，导管下口插入混凝土深度不宜过深或过浅。插入深度太深，容易使下部沉积过多的粗骨料，而混凝土面层聚积较多的砂浆。导管插入太浅，则泥浆容易混入混凝土，影响混凝土的强度。该深度不得小于1.5m，也不宜大于6m，一般应控制在2～4m。只有当混凝土浇灌到地下连续墙墙顶附近时，导管内混凝土不易流出时，方可将导管的埋入深度减为1m左右，并可将导管适当地上下运动，促使混凝土流出导管。

施工过程中，混凝土要连续灌注，不能长时间中断。一般可允许中断5～10min，最长20～30min，以保持混凝土的均匀性。混凝土搅拌好之后，1.5h内灌注完毕为原则。夏天因混凝土凝结较快，必须在搅拌好之后1h内浇完，否则应掺入适当的缓凝剂。

在灌注过程中，要经常量测混凝土灌注量和上升高度。量测混凝土上升高度可用测锤。因混凝土上升面一般都不水平，应在三个以上位置量测。浇筑完成后的地下连续墙墙顶存在浮浆层，混凝土顶面需比设计标高超高0.5m以上。凿去浮浆层后，地下连续墙墙顶才能与主体结构或支撑相连成整体。

地下连续墙施工质量应满足下表9-6要求。

地下连续墙施工质量要求　　表9-6

序号	要求项目	允许偏差
1	墙面垂直度应符合设计要求	$H/200$
2	墙面中心线	±30mm
3	裸露墙面应平整，均匀黏土局部突出	100mm
4	接头处相邻两槽段的挖槽中心线，在任一深度的偏差值，不得大于	$b/3$

注：1. H——墙深(m)，b——墙厚(m)。

2. 裸露墙面在非均匀性黏土层中或其他土层中的平整度要求，由设计、施工单位研究确定。

3. 混凝土的抗压、抗渗等级及弹性模量应符合设计要求。

三、地下连续墙施工存在的主要问题及防治措施

地下连续墙施工技术和工艺较复杂，质量要求严，施工难度大，如施工操作不当易出现各类质量问题，影响工程进行和墙体质量。因此在施工中要制订严密科学的施工方案，精心操作，密切关注从挖槽、钢筋笼制作、吊放、混凝土浇筑等质量问题，以确保工程顺利进行和施工质量。

(1)导墙破坏或变形

当导墙刚度和强度不足，或者作用在导墙上的荷载过大、过于集中，或者导墙内侧未设置足够的支撑，导墙就会出现坍塌、不均匀下沉、变形等现象。

对于大部分或局部已严重破坏、变形的导墙应拆除，并用优质土(或再掺入适量水泥、石灰)分层回填夯实加固地基，重新建造导墙。

(2)槽壁坍塌

在槽壁成孔、下钢筋笼和浇筑混凝土时，槽段内局部孔壁坍塌，出现水位突然下降、孔口冒细密的水泡，钻进时出土量增加而不见进尺，钻机负荷显著增加的现象。其原因如下：

①遇软弱土层、粉砂层或流沙土层，或地下水位高的饱和淤泥质土层；②护壁泥浆选择不当，泥浆质量差，不能在槽壁形成良好的泥皮，起液体支撑的作用；③单元槽段过长，或地面附加荷载过大；④成槽后未及时吊放钢筋笼和浇筑混凝土，槽段搁置时间过长，使泥浆沉淀失去护壁作用。

治理方法：对严重坍孔的槽段，提出抓斗斗头，回填较好的黏性土，再重新成槽施工。如有大面积坍塌，用优质黏土(掺入20%水泥)回填至坍塌处以上1～2m，待沉积密实后再行成槽；当局部坍塌时，可加大泥浆比重。

(3)钢筋笼制作尺寸不准或变形

钢筋笼尺寸偏差过大，或发生扭曲变形，造成难以安装和入槽。分析原因不外乎以下几种：①钢筋加工制作场地平整度不合标准，造成变形过大；②钢筋笼制作中，未按顺序进行施工，造成尺寸偏差较大；③钢桁架设置不合理，造成钢筋笼刚度小，起吊时加大变形；④成槽施工中，槽段偏斜引起钢筋笼入槽困难。

如因成槽质量不达标影响钢筋笼难以顺利入槽，应在修整槽壁后，再行吊放，严禁强行入槽。如因钢筋笼制作原因，则需部分或全部拆除，重新制作钢筋笼。

(4)钢筋笼上浮

当钢筋笼重量太轻，槽底沉渣过多，钢筋笼会被托浮起；当混凝土浇灌导管埋入深度过大或混凝土浇筑速度过慢，钢筋笼也会被拖出槽孔外，出现上浮现象。为阻止其上浮，一般在导墙上设置锚固点固定钢筋笼。

(5)墙体出现夹层

现象：墙体浇筑后，地下连续墙墙壁混凝土内存在局部积泥层。

原因很多，列举如下：

①混凝土导管埋入混凝土内过浅，浇筑混凝土时提管过快，将导管提出混凝土面，致使泥浆混入混凝土内形成夹层；

②浇筑导管摊铺面积不够，部分角落浇筑不到，被泥渣充填；

③浇筑导管埋置深度不够，泥渣从管底口进入混凝土内；

④导管接头不严密，泥浆渗入导管内；

⑤首批下灌混凝土量不足，未能将泥浆与混凝土隔开；

⑥混凝土未连续浇筑，造成间断或浇筑时间过长，首批混凝土初凝失去流动性，而连续浇筑的混凝土顶破顶层上升，与泥渣混合，导致在混凝土中夹有泥渣，形成夹层；

⑦混凝土浇筑时局部塌孔。

治理方法：

①如导管已提出混凝土面以上，则立即停止浇筑，改用混凝土堵头，将导管插入混凝土中重新开始浇筑。

②遇坍孔，可将沉积在混凝土上的泥土吸出，继续浇筑，同时采取提高护壁泥浆质量、加大水头压力等措施。

③地下连续墙墙壁开挖中发现夹层，在清除夹层后采取压浆补强方法处理。

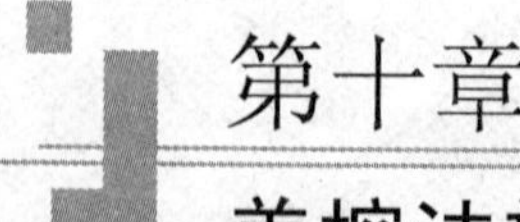

第十章 盖挖法施工技术

10.1 概　　述

在隧道施工中，明挖法施工方式简洁、节约成本，适用于市郊场地开阔地带，缺点是挖方量和填方量都较大，对城市交通影响大，而且产生的噪声和灰尘较大，污染环境。而暗挖法工期通常较长。隧道的开挖，若采用半明挖方式，在地面交通繁忙地区可以很快恢复路面，尽可能小地影响交通。

较常见的半明挖法是"盖板法"，又称"盖挖法"。盖挖法施工技术是先用连续墙、钻孔桩等形式做围护结构和中间桩，然后做钢筋混凝土盖板，在盖板、围护墙、中间桩保护下进行土方开挖和结构施工。盖挖法适用于松散的地质条件及隧道处于地下水位以上的情况。当隧道处于地下水位线以下时，需附加施工排水设施。

最早应用盖挖法的工程是在20世纪60年代西班牙马德里的城市隧道，随后在国外很多城市的隧道建造中被采用。所以盖挖法施工在国外已是成熟的技术，但在我国的发展应用却较迟。

1988年在北京焦化厂翻车机地下工程中采用了连续墙盖挖法施工。该结构断面为24m×15m，深18.3m，地下水位8m，采用23m连续墙施工后用逆作法由上至下逐层做了梁、板、柱等结构，其规模和结构形式与地铁车站相似，为其在地铁车站中的应用做了工程试验。1990年又在北京热力管网过街工程设计施工中应用了盖挖法。红庙路口和大望路口不允许断路，无法采用明挖法，由于地下管网多，采用暗挖法工期太长，所以提出采用盖挖法。在红庙路口采用钢板盖挖法，在大望路口采用预制混凝土盖挖法。主要工艺是夜间做钻孔桩、帽梁，白天在钢板、预制混凝土板支撑下恢复交通，在地下挖土并进行结构施工。在施工前后所进行的车流量调查中发现，可以做到基本上不影响交通。同时，通过工程测试，为设计施工提供了科学依据。通过模型试验，解决了盖挖法结构受力分析、中间竖向支撑系统的设置、梁板节点的设计与施工关键技术等问题，使得盖挖法施工技术终于在国内得到认可。

到目前为止，在地下建筑中应用盖挖法施工的工程较多。例如上海地铁的常熟路，陕西南路车站，北京的永安里、大北窑、天安门东站，南京的三山衔车站，广州的一些车站以及哈尔滨、长春、石家庄等城市的地下商场、地下商业街等，说明盖挖法已成为我国地下工程施工一种简单、快速、安全的施工方法。同时，盖挖法还在高层建筑施工中得到推广。如上海、深圳、天津的一些高层建筑采用盖挖逆做法施工，能够同时向地下和地上进行结构施工，节约了工期，取得了较好的经济效益。

10.2 盖挖法特点及施工类型

一、盖挖法主要特点

盖挖法的主要优点：

①结构的水平位移小，安全系数高；

②对地面影响小，只在短时间内封锁地面交通，采取措施甚至可做到基本上不影响交通，对居民生活干扰小；

③施工受外界气候影响小。

其缺点是：

①盖板上不允许留下过多的竖井，所以后继开挖的土方，需要采取水平运输，出土不方便；

②施工作业空间较小，施工速度较明挖法低，工期较长；

③和基坑开挖、支挡开挖相比费用较高。

二、盖挖法施工类型

盖挖法有逆作与顺作两种施工方法。所谓逆作法是指按土方开挖顺序从上层开始往下进行结构施工；而顺作法则正好相反，是在土方全部开挖完成后，从底板开始做结构的施工方法。两种盖挖法的不同点如下：

(1)施工顺序不同

顺作法是在挡墙施工完毕后，对挡墙作必要的支撑，再着手开挖至设计标高，并开始浇筑基础底板，接着依次由下而上，一边浇筑地下结构本体，一边拆除临时支撑；而逆作法是由上而下的进行施工。

(2)所采用的支撑不同

在顺作法中常见的支撑有钢管支撑、钢筋混凝土支撑、型钢支撑以及土锚杆等，见图10-1；而逆作法中建筑物本体的梁和板，也就是逆作结构本身就可以作为支撑。

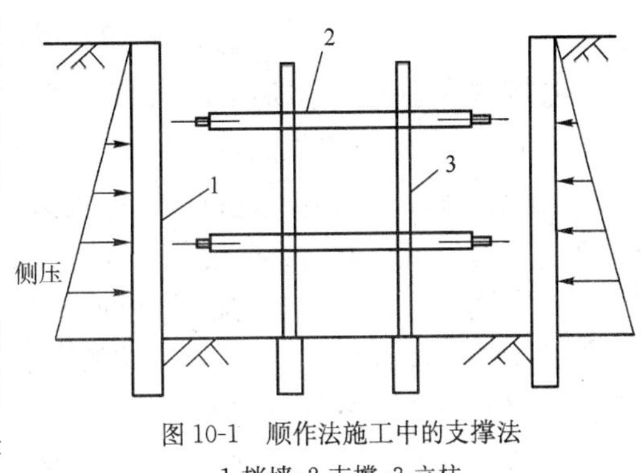

图 10-1 顺作法施工中的支撑法

1-挡墙；2-支撑；3-立柱

10.3 盖挖顺作法

工程中较早采用的盖挖施工法就是顺作法。该法先在支护基坑的钢桩上架设钢梁、铺设临时路面维持地面交通，开挖到预定深度后，浇筑底板→侧墙(中柱或中墙)→顶板。

盖挖顺作法是在现有的道路上，按所需的宽度，由地表面完成挡土结构后，以定型的预制标准覆盖结构(包括纵、横梁和路面板)置于挡土结构上维持交通，往下反复进行开挖和加设横撑，直至设计标高。依序由下而上建筑主体结构和防水措施，回填土并恢复管线路或埋设新的管线路。最后，根据需要拆除挡土结构的外露部分及恢复交通。盖挖顺作法的施工程序见图10-2。

第一步：构筑连续墙、中间支撑桩及覆盖板；

第二步：构筑中间支撑桩及覆盖板；

第三步：构筑连续墙及覆盖板；

第四步：开挖及支撑安装；

第五步：开挖及构筑底板；

第六步：构筑侧墙、柱及楼板；

第七步：构筑侧墙及顶板；

第八步：构筑内部结构及道路复原。

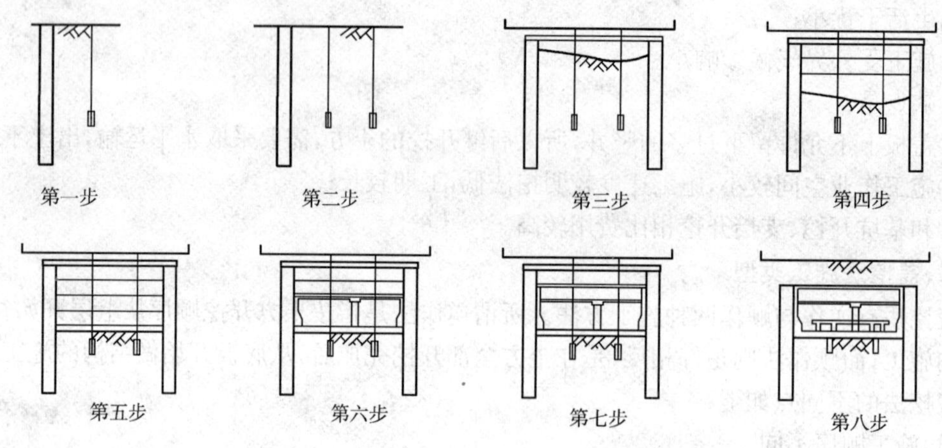

图 10-2　盖挖顺作法施工步骤

盖挖顺作法中的挡土结构是非常重要的，要求具有较高的强度、刚度和较好的止水性。根据现场实际条件、地下水位高低、开挖深度及周围建筑物的临近程度，挡土结构可选择钢筋混凝土钻(挖)孔灌注桩或地下连续墙。刚度大、变形小、防水性好的地下连续墙是饱和软弱地层的首选。随着施工技术的不断进步，工程质量和精度更易于掌握，所以现在在盖挖顺作法中的挡土结构常用来作为主体结构边墙体的一部分，甚至全部。

如开挖的宽度很大，为了缩短横撑的自由长度，防止横撑失稳，并承受横撑倾斜时产生的垂直分力以及行使于覆盖结构上的车辆荷载和吊挂于覆盖结构下的管线重量，经常需要在建造挡土结构的同时建造中间桩柱以支承横撑。中间桩柱可以是钢筋混凝土的钻(挖)孔灌注桩，也可以是采用预制的打入桩(钢或钢筋混凝土的)。中间桩柱一般为临时性结构，在主体结构完成时将其拆除。为了增加中间桩柱的承载力或减少其入土深度，可以采用底部扩孔桩或挤扩桩。例如北京某大厦底部扩孔桩钻孔直径 1m，扩底直径 2.6m 的灌注桩，在相同的入土深度，其竖向承载力比直径 1m 的桩提高 1 倍。

定型的预制覆盖结构一般由型钢纵、横梁和钢—混凝土复合路面板组成。路面板通常厚 200mm、宽 300～500mm、长 1 500～2 000mm。为了便于安装和拆卸，路面板上均设有吊装孔。

10.4　盖挖逆作法

10.4.1　盖挖逆作法概要

盖挖逆作法多用在深层开挖、软弱地层开挖、靠近建筑物施工等情况下。该法在地下建筑结构施工时以结构本身既作挡墙又作内支撑，不架设临时支撑。施工顺序与顺作法相反，从上往下依次开挖和构筑结构本体。又可分为全逆作法和半逆作法。所谓全逆作法就是从地面开始，地上和地下同时进行立体交叉施工的方法；半逆作法是将地下结构自地面往下逐层施工，地面以上结构在地下结构完成后再进行施工。隧道施工中一般所指的就是全逆作法，在开挖过程中，结构物的顶板（或中层板）利用刚性的支挡结构先行修筑，为了使其稳定要使用挡土支撑，而后进行开挖，并在开挖到指定深度后修筑主体。在下部开挖前，对顶板上面的埋设物和地面进行恢复。因此，在急于恢复地面的情况下更能显示此法的优越性。

10.4.2 逆作法的特点

(1)逆作法的优点

①结构本身用来作为支撑，具有相当高的刚度，使挡墙的应力、变形减小，提高了工程的安全性，能有效的控制周围土体的变形和地表的沉降，减小了对周边环境的影响。

②适用于任何不规则形状的平面或大平面的地下工程。

③可以早期展开地上结构的施工。同时进行地上和地下结构的施工，缩短了工程的施工总工期。

④一层结构平面可作为工作台，不必另外架设开挖工作台，大大削减支撑和工作平台等大型临时设施，减少总施工费用。

⑤由于开挖和施工的交错进行，逆作结构的自身荷载由立柱直接承担并传递至地基，减少了大开挖时卸载对持力层的影响，减小了基坑内地基回弹量。

(2)逆作法的缺点

①设置的中间支撑立柱和立柱桩要承受地下结构及同步施工的上部结构的全部荷载，而且土方开挖引起的土体隆起易产生立柱的不均匀沉降，对结构影响不利。

②所设立柱内钢骨和原设计中的梁主筋、基础梁主筋冲突，致使节点构造复杂，加大施工难度。

③为搬运开挖出的土方和施工材料，需在顶板多处设置临时施工孔，必须对顶板加强措施。

④地下工程在楼板的覆盖下进行施工，闭锁的空间使大型机械设备难于进场，带来施工作业上的不便。

⑤混凝土的浇筑在各阶段都分有先浇和后浇两种，产生交接缝，不仅给施工带来不便，而且带来结构上防水的问题，对施工计划和质量管理提出很高的要求。

10.4.3 逆作法的适用场合和注意事项

逆作法适用于以下场合：

①接近开挖地点有重要结构物时。当在地铁或管道等这类高位置的地下公共结构近旁施工时，要求挡墙变形量很小，逆作法施工，不仅多采用刚度较大的挡墙，而且逆作结构作为结构本体，本身具有很大的刚度，能有效控制整体变形。

②有强大土压和其他水平力作用，一般挡土支撑不稳定，而需要强度和刚度都很大的支撑。

③开挖深度大，开挖或修筑主体需较长时间，特别是需要保证施工安全情况下。

④因进度上的理由，需要在底板施工前修筑顶板，以便进行上部回填和开放路面。采用逆

作法施工，能做到地上和地下同时施工，合理、安全、有效缩短工期，提高经济效益。

在逆筑施工中的注意事项有以下几方面。

①因逆筑混凝土作为挡土支撑及主体的一部分使用，故应能充分承受临时设施的自重和其他荷载，同时不能产生有害的变形，并满足主体设计上的各种条件。

②因施工是在顶板之下作业，作业环境差，故要充分注意施工的顺序、方法和安全。

③其开挖要在较短时间内进行、把范围限制在最小限度内，不要开挖过度。

另外还要注意考虑主体结构以外的支撑计划：当层高较高或地梁较高时，必须设置结构以外的支撑。例如井字支撑、斜支撑、中心岛支撑、板撑及土锚杆等各种支撑形式。所以必须考虑在封闭的空间里，如何架设和拆除这些支撑。如果考虑不周，就会引起施工事故的发生。其中斜支撑的用钢量较少，也比较合理。当斜支撑中有较大轴力时，轴力的垂直分量将会影响逆作结构及其立柱，必须对此进行验算。我们还可以在逆作结构的梁端加翼板或增设加固梁，以增强结构的稳定性。

10.4.4 逆作法的施工顺序

如图10-3所示为以一个地下4层SRC(型钢—钢筋混凝土)结构的施工为例说明逆作法的施工顺序。

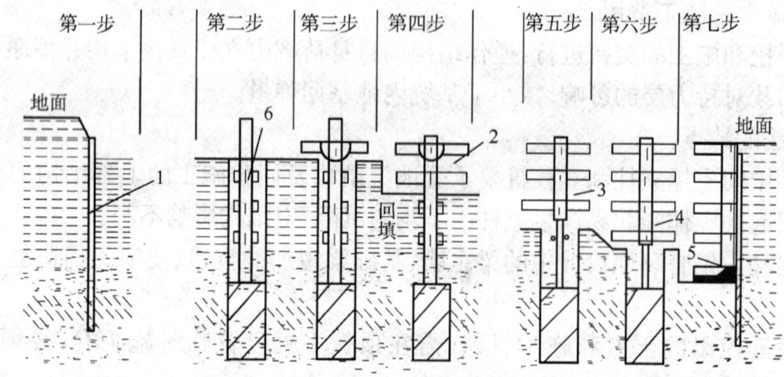

图10-3 逆作法的施工顺序

1-地下连续墙；2-地下一层；3-地下二层；4-地下三层；5-地下四层；6-立柱

第一步：进行围护结构——挡墙的施工，多采用地下连续墙；

第二步：立柱桩的施工，可按照现浇灌注桩进行设计施工，插入钢立柱；

第三步：±0.00层结构施工；

第四步：第一次开挖，地下一层梁板浇筑混凝土；

第五步：第二次开挖和地下二层钢梁架设及梁板浇筑混凝土；

第六步：第三次开挖和地下三层钢梁架设及梁板浇筑混凝土；

第七步：最终开挖，基础及地下四层梁板施工。

由于逆作法是先筑顶板，后逐层往下做，所以需要先设立柱才能支撑逆作结构的重量，而且又因为在地下结构施工的同时，还进行着地上结构的施工，所以所设立柱的承载力必须大于逆作结构的荷载和逆作期上部结构荷载之和。

对于型钢钢筋混凝土结构的建筑物，可以利用它自身的型钢柱作为立柱；但是对于钢筋混凝土结构的建筑物，就需要设置临时用于逆作施工阶段的立柱。

10.4.5 立柱结构的施工

立柱桩一般采用现浇灌注桩，在选择施工方法的时候，要考虑开挖深度范围内地下水的状态、地基的地质构成、土质及其相对密度等因素。现浇灌注桩在削孔时，保证孔壁与桩底稳定的施工方法一般有四种：设置挡墙法，即深基础工法；采用竖管，使用泥水或清水的土螺钻法和反循环法；采用套筒的贝诺托工法；仅使用泥水的 BH 工法，矩形桩。

立柱的安装方式，主要取决于有无地下水。

①有地下水时，立柱的施工一般采用贝诺托工法、土螺钻法和反循环法。开挖过程中，必须有稳定剂；桩的制作也必须在稳定剂中进行。而且，钢立柱必须插入桩混凝土中进行固定。钢立柱不作基础底板。在立柱桩的混凝土达到足够强度，并且能支持住钢柱自重之前，必须在地面上对钢立柱设置临时支撑。根据钢立柱安装及桩混凝土浇筑的施工顺序，将立柱的安装方法分为后插法和先插法两种。利用清水或泥水做钻孔稳定剂的土螺钻法及反循环法，立柱安装时通常使用先插法。先插法安装时，一般采用有中间固定点的 8～10m 长的竖管。因此，当立柱较短时，安装就比较容易控制精度。而立柱较长时，就必须将中间固定点向下移动，并将竖管换成套筒，以使其承担孔壁的反力等。另外，在混凝土浇筑时，为防止侧压移动立柱，不仅应牢牢固定立柱，而且必须采取使混凝土侧向流动较小的浇筑方法。后插法的立柱平面位置在地面上定好，然后将立柱垂直吊入这个位置，并严格把握所定的插入精度。后插法吊入立柱时，其位置的准确不仅取决于立柱的断面，而且取决于重心位置。总的来说，细长立柱安装时，后插法比先插法容易掌握精度。

②没有地下水的时候，立柱的建造，一般多采用深基础工法，在立柱桩建造完后，由人进入桩孔内，直接进行立柱的插入和固定。这时，钢立柱的形状是带有基础底板的，根据柱脚固定方法的不同，有锚钉方式、基础外包混凝土方式以及它们的组合方式。采取基础外包混凝土相对类似的“先插法”，其基础底板下后浇混凝土的高度不高，并且施工时要在钢柱基础底板下将混凝土充填密实。锚钉方式是当桩混凝土浇筑后，将桩固定在预定高度上，依靠预先埋设的锚钉将带有基础板的钢立柱插入并固定好。此外还有用锚钉将钢柱固定后，再采用基础外包混凝土的方式。

因为钢柱插入桩混凝土后进行位置修正需要很大的力，小型千斤顶的力量往往不够。所以立柱安装时，对于桩内插入部分要求具有很高的垂直精度。当垂直精度要求在 1/400～1/200时，以下三种方法来确认垂直精度：钢立柱悬空，目测；悬挂 2m 左右长的铅锤；用倾斜计。当精度要求大于 1/500 时，采用激光电子发光测定管，用电脑来控制垂直精度。

10.4.6 逆作法的接头施工

(1)逆作法接头的位置

逆作法接头的位置基本由地下层的层高来决定，且要满足以下要求：

①使现浇的楼板和梁的混凝土模板易于拼装并保证精度；

②模板和支撑撤去后，易于开挖；

③结构上，尽可能取在内力小的位置；

④建筑上，希望接头和砂浆找平层位于同一标高。

(2)逆作法的接头处理

逆作法的接头施工是逆作法施工的关键环节之一。这种接头施工要求在接头处使先后浇筑的混凝土具有整体性，而且要求在受压缩、张拉、弯曲、剪切等作用时与整体混凝土具有同样的受力性能，其均质性、水密性、气密性等也应达到与整体混凝土等同的质量要求。在逆作法中，上、下层结构的结合面在上层构件的底部，接头缝是采取后填法施工。模板沉降、新浇混凝土的下沉和收缩，往往在其上面形成空隙，并在接头表面产生离析或聚集气泡，容易成为结构和防水上的薄弱环节。另外，由于混凝土的流动压力和浇筑速度不足，造成填充不良，可能也会使钢立柱的阴角部分及后立模板的结合部位容易产生较大的混凝土裂缝。所以在施工中应采用合理的施工方法，防止裂缝的产生。目前的施工技术将逆作法的接头施工分为直接法、注入法和填充法（见图 10-4）三类。根据实际施工情况来看，接头性能的最好是充填法，其次是注入法，最后才是直接法。可接头性能好的造价也高，因此一般都采用直接法和注入法混用。

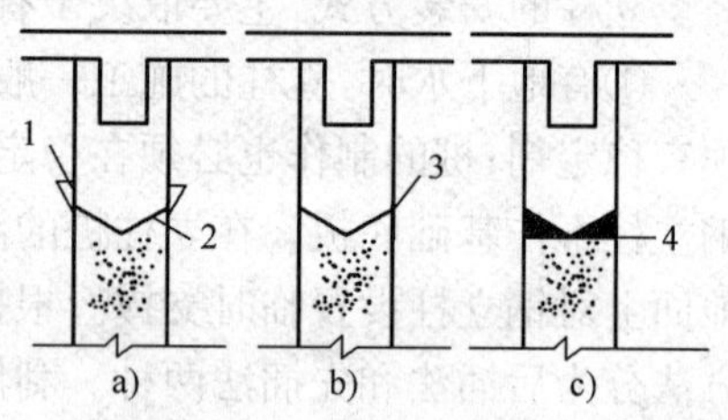

图 10-4　施工缝处理方法

a）直接法；b）注入法；c）填充法

1-浇筑口；2-混凝土；3-水泥浆料；4-无收缩水泥

下面分别对接头处理的三种方法作以详细介绍。

①充填法

充填法是在后浇混凝土浇筑完毕后，将接缝下方 5～10cm 厚的混凝土浮浆层清除掉，然后在此注入无收缩水泥。此充填材料弹性模量稍低于普通的混凝土，所以缝隙应尽可能小些。

充填法的接缝很容易清洗，充填部分的高度也很小，而且没有收缩性，如果施工技术好，可使接缝无间隙，因此能做到接缝的性能最好。如果先浇的混凝土底部平面稍微倾斜会使充填性更好。

②注入法

为提高混凝土的充填密度和析水及气泡的排放度，要求将先浇混凝土底面做成斜面。

注入材料一般有两类。当要求注入较小缝隙时（＞0.1mm），可采用树脂系材料，但成本较高；若是较大缝隙（＞0.5mm）时，采用水泥系材料，但因流动性较差，多采用特殊添加剂。

注入通道的设置可采用钻头穿孔法，即在后浇混凝土硬化后，用钻头在接缝连接处钻孔，缺点是钻孔产生的混凝土碎屑会堵塞注入通道；也可以在先浇的混凝土底部的模板上预先安一个注入用的接缝棒，但因通道预先设置，在后浇混凝土振捣时已埋好了，故使注入材料的注入性要差些；也可用发泡苯乙烯做接缝棒，该法成本低、施工性好、注浆可靠、接头性能好，但对缝隙的大小、注入孔的间距、注入压力等要求较严。

③直接法

在先浇混凝土的下面继续浇筑，浇注口高出施工缝，利用混凝土的自重使其密实，对接缝处实行二次振捣，尽可能排除混凝土中的气体，增加其密实性。具体有漏斗浇筑法、再振动法、套筒浇筑法三种形式。

漏斗浇筑法——先浇筑混凝土的下方，将它做成两个或四个方向的倾角（$\theta=20°\sim30°$），在后浇的模板上部设置高 15～20cm 的漏斗型浇筑口。柱子的浇筑口需要两个以上，混凝土墙的浇筑口应每隔 1m 设一处。当混凝土浇筑到这个高度，利用浇筑压力和振捣器将混凝土缝隙填充密实。当漏斗部分混凝土硬化后，将表面修凿平整。

再振动法——当混凝土浇捣后，经过半个多小时后，从漏斗处插入振动器进行二次振动，尽量排除内部气体，要做到完全无缝，还需要与注入法混合使用。

套筒浇筑法——在先浇混凝土内部，浇筑接头混凝土之前，从上层板面往下埋入 $\phi 150$ 的套筒，后浇筑的混凝土通过套筒从上层板面向下浇筑。浇筑高度比漏斗法要高很多，所以浇筑压力较大，混凝土的密实性也越好，而且不需要做混凝土硬化后的修凿处理。此法必须与注入法混合应用，才能解决混凝土沉降较大的问题。

逆作法存在施工作业空间小、土方的开挖和搬运不便、模板工事复杂等缺点。为改善缺点，解决环保和节能的问题，出现了一些新的逆作法施工工艺，例如地下梁、柱的施工可采用工业化逆作法，及无需模板拆除的素混凝土模板法。

第十一章 沉管隧道施工技术

11.1 概　　述

沉管法是跨越江、河、湖、海水域建造隧道的一种地下工程施工方法。在水底隧道建设中，常用的水下隧道施工方法还有围堰施工法、沉箱施工法及盾构施工法，它们所适用的水宽、水深、航路状况等水道条件和地质条件各有差异，而沉管法适用的范围最广。

沉管法修筑隧道，就是在水底预先挖好沟槽，把在陆地上(船台上或临时干坞内)预制的沉放管段，用拖轮拖运到沉放现场，待管段准确定位就绪后，向管段水箱内灌水压载下沉，然后进行水下连接。处理好管段接头与基础，经覆土回填后，再进行内部设备的安装与装修，便筑成了隧道。沉管隧道简图见图 11-1。

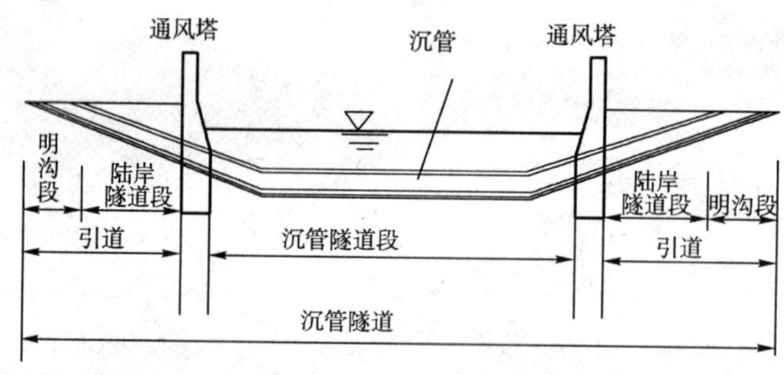

图 11-1　沉管隧道简图

沉管隧道工程是一项国际性的技术，其技术思想往往由一个国家传播到另一个国家。1810 年 Charles Wyatt 首次在伦敦进行了沉管隧道施工试验，虽然因防水问题而失败，但为后来该技术的发展奠定了基础。到 1894 年，在美国的波士顿修建了一条城市下水道，此下水道开发的原理与如今在沉管隧道施工中所使用的原理是一致的，是世界上首次成功地采用沉管技术的工程。自那以后，1910 年美国应用沉管技术原理修建了底特律河双线铁路隧道，当然最早采用的都是钢壳管节的结构形式。日本于 1935 年开始修建沉管隧道，其沉管隧道的修建技术，也是从钢壳结构形式开始的，后来才逐渐被矩形混凝土结构所代替。1942 年，荷兰建成了其国内的第一座沉管隧道，即鹿特丹市的 Mass 河隧道，也是世界上首次采用的矩形钢筋混凝土管节的沉管隧道。它代表了西欧在这一领域的技术特点，与美国的圆形管节形成鲜明对比。矩形混凝土结构代替了以往的圆形断面结构，使沉管隧道的设计和施工又得到了进一步的改进。1959 年，加拿大迪斯隧道成功地采用水力压接法进行管段水下连接，该法很快被世界各国广泛采用，使沉管法变得更加优越。自 1970 年后，沉管技术愈加成熟，应用也更加广泛，至 1995 年二十五年间就修建隧道六十余座，仅 1990～1995 年就高达二十座，沉管隧道的发展举世瞩目。迄今为止世界上已有100多条沉管隧道，其中横断面宽度最大的为比利时亚伯尔隧道，宽达53.1m；沉埋长度最长的是1970年完成的美国加利福尼亚、旧金山海湾地区快速交通隧道，长达5 825m；管段最长为268m。

沉管法隧道施工技术在国内还是一项新技术，经过十多年实践，我国已成功掌握了沉管隧道建设技术。在我国台湾省、香港特区于20世纪40年代、60年代用沉管法修建了4条海湾隧道。我国香港地区在1972年建成的穿越维多利亚港的第一座沉管城市道路海底隧道，是由美国纽约的Parsons Brinckerhoff Quade和Douglas公司负责设计，由英国伦敦Constain国际有限公司及美国纽约Raymond国际公司和香港保华工程有限公司所组成的集团负责施工，其结构形式和工法与美国在20世纪30年代确定的钢壳沉管隧道结构的一般形式及施工工艺无根本差异。1993年在广州建成我国第一条沉管隧道，1995年在宁波甬江建成我国第二条沉管隧道。这两条隧道的建成为我国进一步在长江、黄河、海峡修建沉管隧道积累了丰富的经验。2003年6月，我国建成的世界第二、亚洲最大规模的沉管隧道——上海外环隧道通车了，它全长2 880m，其中沉管段长736m，双向8车道，沉管的管段横断面外部尺寸为9.55m×43m，最大埋深33m，共设7节管段，每节100～108m不等。修建中实施了10多项专题研究，采用卫星定位系统及三维测深技术等，解决了当今沉管施工中最难克服的管段水下位移，表明了我国沉管法隧道施工达到了国际先进水平。

表11-1是各国以往所采用的沉管隧道的典型实例。

沉管隧道的典型实例 表11-1

国家(地区)	隧道名称	长度(m)	修建时间
美国	Baltimore Harbor	1 920	1957
美国	Hampton Road Bridge No. 1	2 091	1957
美国	Chesapeake Bay Bridge	1 750	1964
美国	Bay Area Rapid Transit(BART)	5 825	1970
中国香港	Cross Harbor	1 600	1972
美国	Hampton Road Bridge No. 2	2 229	1976
中国香港	Mass Transit	1 400	1979
荷兰	Hemspeor	1 475	1980
美国	Fort Mchenry	1 646	1987
中国香港	东区海底隧道	1 859	1989
中国香港	西区海底隧道	2 000	1997
日本	多摩川	1 649	1994

11.2 沉管隧道结构简介

11.2.1 沉管隧道结构的分类

一、沉管隧道按施工方式分类

沉管隧道的施工方式，视现场条件、用途、断面大小等，有各种各样的方式。总体上分为两种：不需要修建特殊的船坞，用浮在水上的钢壳箱体作为模板制造管段的“钢壳方式”和在干船坞内制造箱体，而后浮运、沉放的“干船坞方式”。两种方式的利弊，如下所述。

(1)钢壳方式(船台型)

这种方式在美国采用较多，其优点是：

①管段断面是圆形的，主要承受轴力，而承受的弯矩一般较小，在受力上是有利的，特别在水深很大时很经济；

②管段底面积小，基础形成容易，回填土砂也易于进行；

③可利用造船厂的船台，而无需专用的船坞，质量易于保证；

④钢壳可同时用于防水，无需另外的防水设施，同时对施工中或施工后的冲击也有一定的防护作用。

这种方式存在的问题是：

①在浮动状态条件下，灌注混凝土会产生复杂的应力，对此要进行加强，造成断面过大，在经济方面会受到限制；

②钢壳的制作需较多的现场焊接，为防止变形的发生，管段制作很麻烦，而且要求认真地检查；

③因钢材易腐蚀，需对钢壳进行防腐处理；

④对交通隧道而言，断面上下有多余的空间，根据施工实际，实用的直径大约在 10m 以下为宜。隧管内只能设两个车道，建造四车道隧道时，则需制作两管并列的管段。如图 11-2 所示以圆形钢壳断面示例。

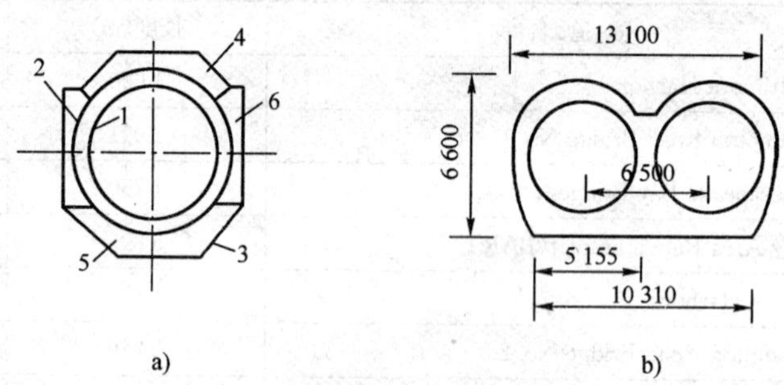

图 11-2 圆形钢壳断面示例(尺寸单位：mm)

a)双层钢壳管段典型断面；b)香港地铁过海隧道

1-混凝土内环；2-钢壳；3-模板(外钢壳)；4-覆盖混凝土；5-龙骨混凝土；6-水下导管浇筑混凝土

(2)干船坞方式

这种方式需修建专用的船坞用以制造预制管段，主要应用于宽度较大公路、铁路、地下铁道等隧道，在欧洲采用较多，其优点有：

①管段在干船坞内制造，不需钢壳，钢材使用量小；

②断面大小不受限制。

这种施工方式存在的问题是：

①必须找到合适的地点，修建干船坞；

②需要设置防水层，并且对防水层要加以保护，以保证隧道的防水性；

③混凝土的质量要求相当重要，特别对混凝土的水密性的要求；

④因其基础底面积大，地层面和管体底面的基础处理比较繁琐。

如图 11-3 所示是矩形钢筋混凝土沉管隧道的断面图例。我国的甬江、珠江沉管隧道就是采用此方式制造的。

两种方式的比较，见表 11-2。

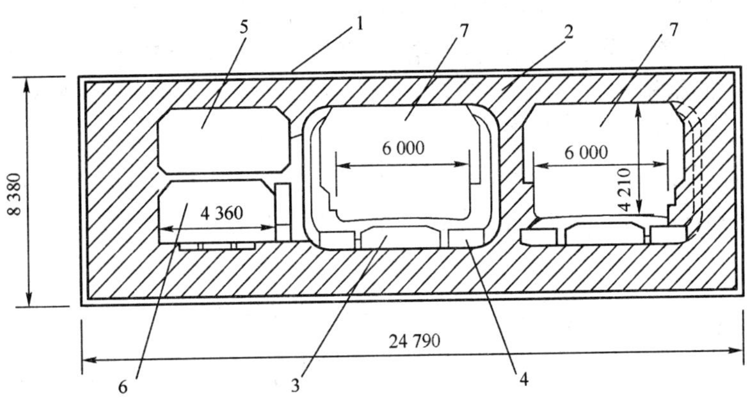

图 11-3　矩形钢筋混凝土沉管隧道的断面图例(尺寸单位：mm)

1-钢板；2-钢筋混凝土；3-送风道；4-排风道；5-自行车道；6-步道；7-车道

两种施工方式的比较　　表 11-2

项　　目	钢壳方式	干船坞方式
用途	双车道公路、单线铁道、下水管等管段宽在 10m 以内的	多车道宽度大的公路(铁道、人行道并置的情况也在内)
断面形状	圆形、外廓为变形的八角形的	矩形
材料	钢壳及钢筋混凝土	钢筋混凝土
管段预制地点	船台等	临时干船坞
浮运沉放	干舷高度 30～50cm，拖航；水上向管段投入砂和混凝土，沉放	干舷高度 10cm 左右，拖航；用管段内的水平衡方法沉放
防水处理	钢壳	防水层：钢板(6～8mm)、沥青、橡胶等
基础处理	一般整平机敷设沙砾	设临时承台，填充砂或砂浆
水中连接	水中混凝土或橡胶密封垫水压连接	橡胶密封垫水压连接

二、按沉管截面类型分类

沉管隧道结构主要有圆形钢壳类与矩形混凝土类两种。它们的基本原理是相同的，但设计、施工及所用材料有所不同。

(1)圆形钢壳类

圆形钢壳类隧道主要使用国家为美国。钢壳管段是钢壳和混凝土的组合结构，通常用内、外两层骨架制成。内壳是预制的短节，在船坞滑台上将它焊接成要求长度的短节，加上辅助的加强板，再安装外部钢壳并焊接好。外壳顶部设有浇筑混凝土用的孔，在管段底部要灌注一定量的混凝土，以便在下水时起镇重和稳定作用。这种形式的隧道管段通常在船坞滑台上侧向下水，并要灌注较多的混凝土，一般是直接下沉到已充分准备好和破碎的砾石垫层上。它的另外一种形式是采用单层内钢壳与外层混凝土衬砌，或两者兼有。这种船台型管段的横断面，一般内层是圆形，外层形状为圆形、八角形或花篮形等。隧管内只能设两个车道，建造多车道隧道时，则需制作几管并列的管段。

因为圆形钢壳类结构是通过钢壳施工方式建造，其优点和缺点与前面所述的钢壳施工方式的相同。

(2)矩形混凝土类

在干坞中制作的矩形钢筋混凝土管段比在船台上制作的钢壳圆形、八角形或花篮形管段经济，且矩形断面更能充分利用隧道内的空间，可作为多车道大宽度的公路隧道，因此现已成为沉管隧道的主流结构。如图 11-4 所示为上海外环沉管隧道的断面。矩形混凝土类管段结构的主要材料是钢筋混凝土。管段在临时干坞中制成后在坞内灌水使之浮起并拖运至隧址沉没。因为每一管节是一个整体结构，更易控制混凝土的灌注和限制管节内的结构力。但从力学上看，对外压来说，弯矩是主要的，因此，断面要比圆形的厚些。因管段的宽度大，基底的处理要困难些。

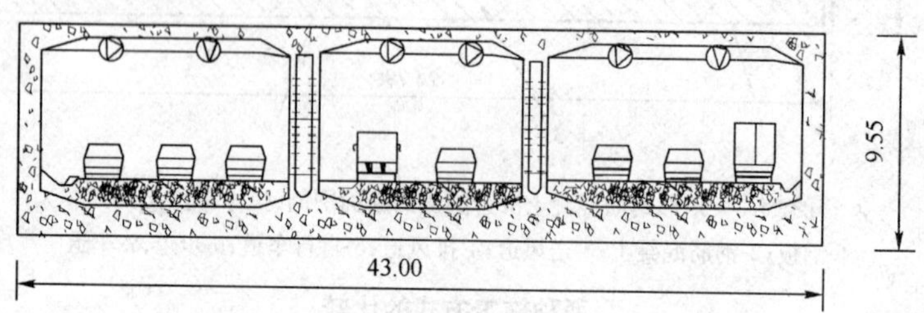

图 11-4　上海外环沉管隧道断面(尺寸单位：m)

当隧道跨度较大，且土、水压力又较大时，采用预应力混凝土结构可获得较经济的效果。预应力的采用，可大大提高水密性、减少管段的开裂，并减小构件厚度和管段的重量。横断面上采用预应力，分全预应力和部分预应力两种。与普通的钢筋混凝土管段相比，预应力沉管管段的特点如下：

①结构的耐久性明显提高

裂缝为钢筋混凝土结构不可避免的缺陷。并且，在沉管管段的长期荷载作用下，裂缝的发展也将是持续的。虽然裂缝一般不影响结构承载能力，但是可能引起结构的漏水，这会对结构及设备的使用带来一定的影响，而且对隧道的结构耐久性也有一定的影响。根据以往相关工程的运营情况，钢筋混凝土结构的裂缝问题是大型隧道结构工程建设的重要技术问题。

采用预应力混凝土结构的沉管管段，能大大提高结构的抗裂性能，满足结构耐久性的要求。

②有优越的总体功能适用性

普通钢筋混凝土管段，需要设计满足双向布置 8 个车道是较为困难的。预应力混凝土管段，能够满足双向布置 6 个或 8 个车道的要求，在车道布置及使用功能上，有很大的优越性，在结构的总体尺寸上，管段的宽度也可以缩小较多。

③造价降低

经测算，对相同交通要求的工程而言，采用预应力混凝土管段的工程造价略低于钢筋混凝土管段。

另外也有采用钢纤维或化学纤维混凝土的，例如采用 Dura 纤维——美国 Hill 兄弟化工公司生产的高强聚丙烯单丝或网状纤维，可以极为有效的控制管节混凝土塑性收缩及离析裂缝，大大改善钢筋混凝土管节的抗渗能力。

11.2.2　沉管隧道的结构设计要点

沉管隧道设计涉及面广，设计内容多，设计质量直接影响隧道的施工和使用。因此设计指导思想必须考虑先进性、合理性、安全性及经济性(包括建设费与运营费)等。同时隧道的设计还必须考虑所用材料、施工设备、施工机械、施工技术和施工工艺等因素，对于不同地理位置的隧道，还要考虑周围环境的影响。

设计主要内容包括：几何设计、结构设计、通风设计、照明设计、内装设计、给排水设计、供电设计、运营与安全设施设计等，对于兼有其他特殊要求的隧道，还要进行其他设计。

一、荷载分析

作用在沉管结构上的荷载主要有：结构自重、水压力、土压力、浮力、施工荷载、波浪及水流压力、沉降摩擦力、车辆活载、沉船荷载、地基反力、温度应力、不均匀沉降影响、地震荷载等。实际情况荷载组合见表 11-3。

荷载组合表 表 11-3

阶　段	荷载形式	具体内容
使用阶段	静载	结构自重、水压力、土压力、浮力、地基反力、温度应力及不均匀沉降产生的摩擦力
	活载	车辆荷载
	特殊荷载	落锚或沉船的荷重、内部爆炸、内部进水的影响等
施工阶段	静载	结构自重、水压力、土压力、浮力
	施工荷载	设备压重等
	特殊荷载	波浪冲击力等

二、一般管段结构设计

沉管段的结构设计，按横断面和纵断面分别进行。

(1)横断面结构设计

用干船坞制作的钢筋混凝土管段，决定横断面时，要注意对浮力的平衡，一般把混凝土管段看成平面框架进行应力计算。由于荷载组合的种类较多，且各截面所处的位置与埋深均不同，其所受的水、土压力也不同，因此不能只按一个横截面分析的结果来决定整节或整条隧道的横向配筋。

钢壳要有充分的强度、刚度和防水性，以便能在混凝土衬砌的施工中作为外模与支撑。进行横截面设计时，其强度一般是由混凝土衬砌施工时的应力控制的，可将每一处的横肋作为独立的闭合框架来处理。在使用阶段，横截面分析应考虑隧道在完全回填后所承受的各种荷载组合。通常这些荷载组合产生的弯矩在中心墙附近的顶部、底部以及外墙的中心部位外侧受拉，在其间的区域为内侧受拉。

(2)纵断面结构设计

施工阶段的钢筋混凝土管段纵向受力分析，主要计算浮运、沉放时施工荷载所引起的弯矩。在河海上浮运的管段，长度越大，所受的纵向弯矩就越大。在使用阶段，钢筋混凝土管段纵向受力分析，一般按弹性地基梁理论进行计算，通常纵向钢筋的配筋率为 0.20%～0.30%。

将钢壳作为一个整体梁进行分析，前提条件是在纵向发生变形而横截面方向无显著的变形，因此为了保证截面的刚度必须有足够的横肋或支柱进行加强，以防止扭曲或局部弯曲。

三、预应力混凝土管段设计

当隧道跨度较大，并且土、水压力较大时，采用预应力结构可改善管段结构的抗裂性能，并能获得较经济的效果。

管段的顶、底板及隔墙的预应力设计，主要是根据对管段的横向受力要求，对结构的抗裂性要求；预应力钢束及普通钢筋共同作用满足结构承载能力要求等；结构的抗裂性由预应力保证。

管段的纵向预应力设计，主要是满足结构的抗裂性要求。管段的纵向设计，按现行规范及设计参考的资料，基本上是不考虑管段的纵向受力。但在施工过程中，由于大体积混凝土的浇筑以及浇筑混凝土的先后顺序问题，混凝土的温差及收缩，均会产生裂缝。在使用过程中，由于不均匀沉降同样会产生结构受力裂缝。因此根据工程中经常出现的裂缝表明，管段的纵向受力是一个应该重视的问题。参照国外及其他行业的结构设计经验，纵向施加的预应力按产生截面应力为1MPa设计的效应较好。

11.3 沉管隧道施工工艺

沉管隧道施工的主要工序流程如图11-5所示。

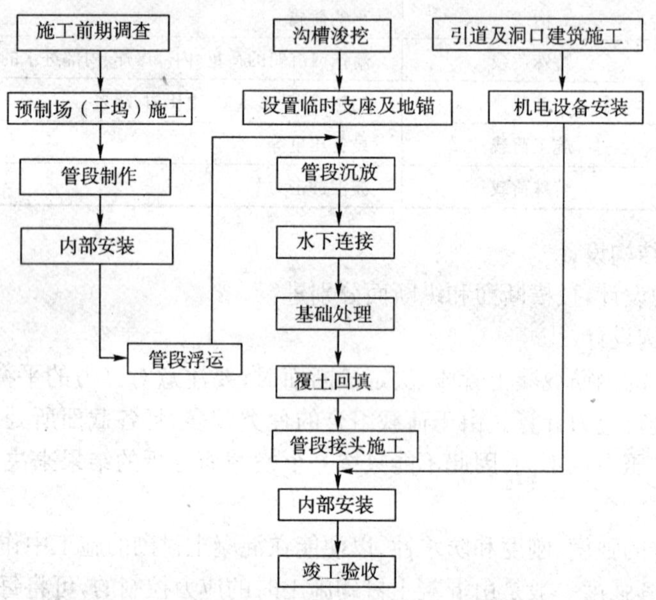

图11-5 沉管隧道施工流程图

11.3.1 沉管法施工的前期调查工作

在沉管隧道施工之前，必须做好水利、地质、气象及地震等方面的调查，具体内容如下：

一、水力调查

(1)流速与流向

必须调查流速的分布规律及其随季节变化的情况，或者在有潮水影响的部分调查其随时间变化的情况。如果平时在相对速度1～1.5m/s的地方进行沉放作业，由于沉放管段的存在会使流水面积缩小，故会进一步增大流速，可能会使清槽不利。因此当流速高达1.5m/s时，要将隧道管段长度限制为140m。

(2)水的密度差异

水的密度可能在一段时间内随地点、深度、沉积和温度的变化而变化，也会跟季节有关。一般情况下，在水面附近的水的密度接近于1，随着水深的增加，水的密度也有增大的趋势。

(3)潮汐及水位变化的影响

潮汐对流速和水位的变化都可能会产生影响，因此会影响管段浇筑场地的选择和设计，以及影响管段的浮运和沉放。

(4)海浪和波浪的影响

一般情况下只需考虑在拖运和沉放时越过隧道管段波浪的影响。当隧道在一些相对暴露条件下的海上浮运、沉放或停泊于一个受损的码头，海浪和波浪对隧道管段的冲击会对管段的受力有很大影响。

(5)水质情况

特别当采用钢壳或钢板外皮做防水层时，必须对水做化学分析，以免腐蚀钢材。

二、地质调查

(1)地基承载力

对于引道部分一般为明挖作业，在现场建造，有必要作详细的地质调查；对于沉放部分，隧道沉放后，隧道内的压舱重加顶部覆土重，连同隧道本身自重，一般比开挖沟槽时被挖去的土砂重量还小，因此地基承载力问题不大。

(2)沉管及其他水下障碍物的探测

首先寻找和量测水下沉船等，以便在容许范围内作出最经济的路线线性。

(3)浚挖技术

要求对土的矿物成分、生物成分及有机成分作出调查，根据浚挖技术，推断疏浚土方量。

三、气象方面的调查

前期的调查工作还包括对风、温度、能见度等方面的气象调查。风和温度对水力性能和作业均会产生较大影响，且也会影响能见度，而较差的能见度有可能会影响定位系统。

四、地震调查

如果计划将沉管隧道修建在强烈的地震带，那么在调查无断层的同时还要收集以往的地震记录，同时了解堆积基岩上土层的性质与成层状态，特别注意土的液化问题。

除以上介绍的几点前期调查内容外，还需对管段制作场地进行调查。只有充分进行前期调查，才能做出合理的沉管隧道规划。

11.3.2 临时干坞的构造与施工

一般情况下在隧址附近的适当位置，需自己建造一个与工程规模相适应的临时干船坞，用于预制沉管管段的场地。它不同于船坞。船坞的周边有永久性的钢筋混凝土坞墙，而临时干坞却没有。干坞的构造没有统一的标准，要根据工程实际，如地理环境、航道运输、管段尺寸及生产规模等具体而定。

一、临时干坞的规模

临时干坞制作场地的规模决定于管段节数、每节宽度与长度，以及管段预制批量，同时还应考虑工期因素，因此应根据工程的具体条件进行比较论证。因此，当沉放区间的长度达数公里时，有时需设数个干坞制作场地，对于大断面的公路隧道，一般要求所建造的干坞场地应尽量能同时制作出全部沉放管段。例如：日本东京港第一航道水底道路隧道(建成于 1976 年)所用临时干坞，其坞底面积达 81 270m^2(宽 126m、长 645m)，可容纳 9 节宽 37.4m，长 115m 的六车道管段同时制作，如图 11-6 所示。

二、临时干坞的深度

临时干坞的深度，应能保证管段制作后能顺利地进行安装工作并浮运出坞。干坞场地底面应设在确保有充分水深的标高上，需保证在管段制作完成、向场地内注水后，能使管段浮起来，并能将它拖曳出干坞。因而，干坞底面应位于坞外水位以下相当的深度。同时也要防止干坞在坞外强大水压力作用下浸水的可能性。

三、坞底与边坡

临时干坞的坞底，一种做法是铺一层 20～30cm 厚无筋混凝土或钢筋混凝土，并要在管段底下铺设一层沙砾或碎石，以防管段起浮时被"吸住"。另一种做法，不用混凝土层而仅铺一层 1～2.5cm 厚的黄沙，另于黄沙层上再铺 20～30cm 厚的一层沙砾或碎石，以防止黄沙的横向移动，并保证坞室灌水时管段能顺利地浮起。在确定坞边坡度时，要进行抗滑稳定性的详细验算。为保证边坡的稳定安全，一般多用防渗墙及井点系统。防渗墙可由钢板桩、塑料板或黑铁皮构成。在管段制造期间，干坞由井点系统疏干。在分批浇制管段的中、小型干坞中，更要特别注意坞室排水时的边坡稳定问题。

四、坞首和闸门

在把全部管段一次浇筑完成的大型干坞中，一般不采用坞门，而仅用土围堰或钢板桩围堰做坞首。管段出坞时，局部拆除坞首围堰便可将管段逐一拖运出坞。在分批浇制管段的中、小型干坞中，常用双排钢板桩围堰坞首，而用一段单排钢板桩作坞门。每次拖运管段出坞时，将此段单排钢板桩临时拔除，即可把管段拖出(见图 11-7)。亦有采用浮箱式闸门的，但这种形式的实例不多。例如，上海外环沉管隧道干坞采用爆破法拆除坞首围堰后拖出管段。

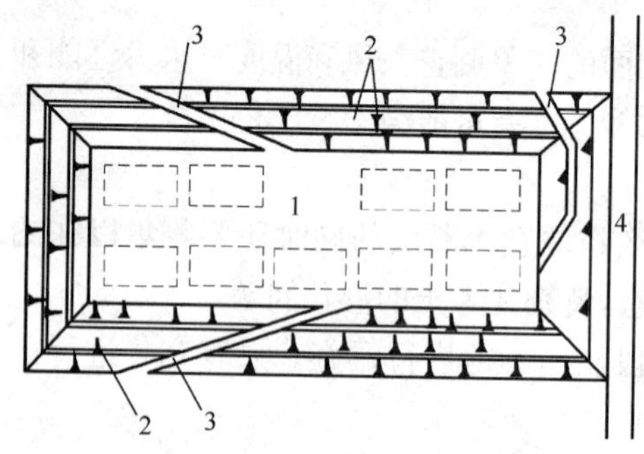

图 11-6　东京港隧道的干坞布置

1-坞底；2-边坡；3-运料道路；4-围堰

图 11-7　埃及隧道临时干坞的坞首与坞门

1-坞首；2-坞门

11.3.3　管段制作

在干坞中制作管段，其工艺与地面钢筋混凝土结构大体相同，但对防水、均质等要求较高，除了从构造方面采取措施外，必须在混凝土选材、温度控制、模板等方面采取特殊措施。

一、管段的施工缝与变形缝

在管段制作中，为了保证管段的水密性，必须注意混凝土的防裂问题，因此须慎重安排施工缝、变形缝。施工缝可分为两种：一种是横断面上的施工缝，也称为纵向施工缝，一般留设在管壁上，在管壁的上下端各留一道，在施工过程中，往往因管段下地层的不均匀沉陷的影响和混凝土的收缩，造成在纵向施工缝中产生应力集中的现象。另一种是沿管段长度方向分段施工时的留缝，也可称为横向施工缝。在施工过程中，通常把横向施工缝做成大致以 15～20m 为间隔的变形缝(见图 11-8)。

二、底板

在船坞制作场地上，如果管段下的地层发生不均匀沉降，有可能引起管段裂缝。一般在船坞底的砂层上铺设一块 6mm 厚的钢板，往往将它和底板混凝土直接浇在一起，这样它不但能起到底板防水的作用，而且在浮运、沉放过程中能防止外力对底板的破坏。也可使用 9～10cm 的钢筋混凝土板来代替这种底部的钢板，在它上面贴上防水膜，并将防水膜从侧墙一直延伸到顶板上，这种替代方法其作用与钢板完全相同，但为了使它和混凝土底板能紧密结合，需应用多根锚杆或钢筋穿过防水膜埋到混凝土底板内。

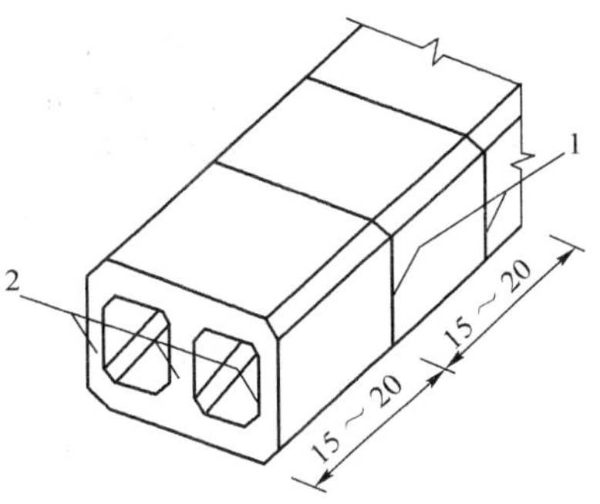

图 11-8 管段变形缝布置(尺寸单位:m)
1-横向施工缝;2-纵向施工缝

三、侧墙与顶板

在侧墙的外周也可使用钢板，这时可将它作为外模板(也可作为侧墙的外防水)，在施工时应确保焊接的质量。在侧墙的外周也有使用柔性防水膜的例子，此时为了避免在施工时对防水膜的破坏，须对防水膜进行保护。例如：比利时斯海尔德特 E3 隧道，在两侧墙上，防水薄膜通过固定到混凝土上的钢梁木板来防护，木板和薄膜之间有的空间，采用砂浆回填。

在混凝土顶板的上面，通常是铺上柔性的防水膜，并在其上面浇捣 15～20cm 厚的(钢筋)混凝土保护层，一直要包到侧墙的上部，并将它做成削角，以避免被船锚钩住。

四、临时隔墙

一旦管段的混凝土结构完成，就在离管段的两端 50～100cm 处安装临时止水用的隔墙。临时隔墙应满足强度高和拆装方便的要求，因为在管段浮运与沉放时，临时隔墙端头将承受巨大的水压力，以及在管段水下连接后又要拆除隔墙。隔墙可用木材、钢材或钢筋混凝土制成，一般使用钢材或钢筋混凝土。另外，在隔墙上还须设置排水阀、进气阀以及供人进出的入孔。

五、压载设施

由于管段大多是自浮的，因此在安装临时隔墙的同时，需有压载设施以保证管段的顺利下沉。现在多数采用加载水箱。在离隔墙 10～15m 的地方，沿隧道轴线位置上至少对称地设置四个水箱。水箱应具有一定的容量，在其充满时，不仅能消除沉放管段的干舷，还应具有 1 000～3 000kN 左右的沉降荷重。水箱的另一作用是在相邻两管段连接后，成为临时隔墙间排出水的贮水槽。

管段的制作还包括以下一些辅助工程：橡胶密封垫圈、临时舱板、拖拉设备、起吊环、通道竖井和测量塔等。

管段在制作完毕后须作一次检漏。如有渗漏，可在浮出坞之前早作处理。一般在干坞灌水之前，先往压载水箱里注压载水，然后再向干坞灌水，24～48h 后，工作人员进入管内对管壁进行检漏。若有渗漏，及时修补。在进行检漏的同时，应进行干舷调整。可通过调整压载水的重量，使干舷达到设计要求必须进行检漏和干舷调整，符合要求的管段才能出坞。

六、预应力管段的施工工况及预应力张拉

由于施工控制及外界控制因素的原因，在干坞灌水及江海中沉放过程中，不能进行预应力工艺的施工，管段施加预应力也不能够根据荷载的逐步增加分批进行，所以管段预制完成后，应在干坞中将全部预应力一次施加完毕。

按一次张拉要求，管段的预应力受力有如下两个工况控制：一是干坞中的弹性地基上管段

自重作用工况；二是管段沉放覆盖完成后全部荷载的作用工况。上述两个工况中，在预应力与荷载的共同作用下，保证控制截面上下缘均能满足抗裂的应力要求。干坞灌水、管段江中沉放等中间过程，均是荷载逐步增加的过程，不控制预应力的设计。

预应力张拉顺序与步骤为：

干坞内管段预制并达到设计强度→张拉顶、底板横向预应力钢束→张拉隔墙竖向预应力钢束→上述张拉锚端浇筑封锚混凝土并达到设计强度→张拉纵向预应力钢束→浇筑封锚混凝土并达到设计强度→进行下一步施工工序。

11.3.4 管段浮运

当管段制作完成之后，开始向船坞内注水。在这期间，需派检查人员从出入口进入沉放管段的内部，经常不断地检查有无漏水情况，一旦发现漏水现象，须立即停止注水，查明原因并进行修补。当船坞内的水位接近干舷(管顶露出水面的高度)量时，应向压载水箱内注水以防止管段上浮。当管段完全被水淹没后，派人从出入口进入沉放管段，排出压载水箱内的水，使管段上浮。管段在浮运时的干舷量一般取 10～15cm 左右，在调整完各节沉放管段后，即可打开干船坞的坞门，将沉放管段曳出，有时只需直接利用拖船即可。

不论干坞与隧址间距离多少，一般应于沉设之日的清晨将舣装完毕的沉管托运到隧址以便进行沉设作业。拖运时必须符合以下气象条件，即风力小于 6 级、能见度(视距)大于 500m。

在进行沉设作业之前 12h，应对水流与气象条件的预报资料作认真地分析，如届时气象条件能符合风力小于 5～6 级，能见度大于 1 000m 以及气温高于－3℃，则可决定进行沉设作业。但在正式开始沉设作业之前 2h，还应对以上条件进行复核。

11.3.5 沟槽浚挖

在沉管隧道施工中，沟槽对沉放管段和其下基础设置有特殊的用途。因此，水底浚挖所需费用在整个隧道工程总造价中所占的比例较小，通常只有 5%～8%左右，但却是一个很重要的工程项目，是直接影响工程能否顺利、迅速开展的关键。沟槽底部应相对平坦，其误差一般为±15cm。沉管隧道的沟槽是用疏浚法开挖的，需要较高的精度。

一、沟槽开挖的要求

沉管沟槽的断面，主要由三个基本尺度决定，即底宽、深度和(边坡)坡度，这些尺寸应视土质情况、沟槽搁置时间以及河道水流情况而定。

沉管基槽的底宽，一般应比管段底宽大 4～10m，不宜定得太小，以免边坡坍塌后，影响管段沉设的顺利进行。沉管基槽的深度，应为覆盖层厚度、管段高度及基础处理所需超挖深度三者之和，如图11-9所示。沉管基槽边坡的稳定坡度，与土层的物理力学性能有密切关系。因

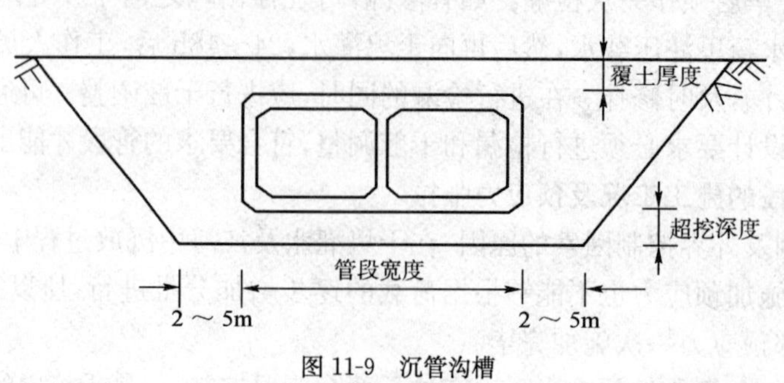

图 11-9 沉管沟槽

此应对不同的土层，分别采用不同的坡度。表 11-4 列出了不同土层的稳定坡度概略数值，可供初步设计时参考。

疏浚坡面坡度　　　　表 11-4

土层种类	荐用坡度	土层种类	荐用坡度
硬土层	1∶0.5～1∶1	紧密的细砂、软弱的砂夹黏土	1∶2～1∶3
沙砾、紧密的砂夹黏土	1∶1～1∶1.5	软黏土、淤泥	1∶3～1∶5
砂、砂夹黏土、较硬黏土	1∶1.5～1∶2	极稠软的淤泥、粉砂	1∶8～1∶10

然而，除了土壤的物理力学性能之外，沟槽留置时间的长短、水流情况等，均对稳定坡度有很大的影响，不可忽视。

二、沟槽浚挖

泥质沟槽开挖的挖泥工作分粗挖和精挖两阶段进行。粗挖挖到离管底标高约 1m 处。为避免淤泥沉积，精挖层应在临近管段沉放前再挖。当挖到沟槽底的标高后，应将槽底浮土和淤泥清除。

水中沟槽开挖的挖泥船由疏浚航道用船改装而成。由于航道深度大多不超过 15m，一般只有 12～13m 左右，所以通常港务部门疏浚航道用的挖泥船，挖深都不超过 20m。可是沉管沟槽的底深常是 22～23m 左右，有的工例达 27～30m，个别工例达 40m。因此，一般不能直接利用现有挖泥船进行沉管沟槽浚挖，需要根据设计要求、地质情况，进行一些必要的改装工作。

在浚挖作业中，常用的挖泥船有下列四种。

(1)吸扬式挖泥船

有绞吸式和耙吸式两种。前者利用绞刀绞松水底土壤，通过泥泵作用，从吸泥口、吸泥管吸进泥浆，经过排泥管卸泥于水下或输送到陆地上去；后者则利用泥耙挖取水底土壤，通过泥泵作用，将泥浆装进船上泥舱内，自航到深水抛泥区卸泥。

吸扬式挖泥船的特点：

①浚挖一般土层时，生产率很高；

②浚挖成本低；

③不需泥驳配合工作；

④开挖面(槽底)平整度较高，一般为±(0.15～0.3)m。

(2)抓扬式挖泥船

亦称抓斗挖泥船，平整度可达±(0.3～0.5)m，是沉管隧道中常用的一种挖泥船。挖泥时利用吊在旋转式起重把杆上的抓斗，抓取水底土壤，然后将泥土卸到泥驳上运走，一般不能自航，靠收放锚缆移动船位，施工时需配备拖轮和泥驳。抓斗容量通常是 0.2～4.0m^3，最近发展到 10～13m^3。

抓斗挖泥船的特点：

①挖泥船构造简单，造价低。

②船体尺度小，长与宽均显著地小于其他挖泥船。

③浚挖深度较大，且易于加深。美国 1969 年建成的旧金山港的地下铁道(BART)水底段，采用沉管法施工，浚挖时就全靠这种挖泥船浚挖沉管基槽。

④遇到较硬土层时，可改用重型齿斗进行浚挖(见表 11-5)。重型斗的重量特别大，超过普通抓斗一倍左右。例如普通型 1.1m^3 抓斗，重达 4.4t。虽然浚挖硬土层时效率低，一次投

斗的挖深和实际生产率均明显地降低，但是由于这种挖泥船比较简单，而且船体尺度亦较小，故常在同一隧位上，布置多艘这种抓斗挖泥船进行施工，故实际速度并不慢。

一次投斗的挖深(单位:m) 表 11-5

抓斗＼土类	软黏土	黏土夹砂	硬黏土	砂、粉砂
重型抓斗			0.5～1.0	0.5～0.8
普通大型抓斗	1.5～2.5	1.0～1.5		

(3)链斗式挖泥船

这种挖泥船是用装在斗桥滚筒上、能连续运转的一串泥斗挖取水底土壤，通过卸泥槽排入泥驳。施工时需要泥驳和拖轮配合，一般泥斗容量为 0.1～0.8m³。这种挖泥船的特点是：

①生产率比较高。

②浚挖成本较低。

③能浚挖硬土层。

④开挖面的平整度较高，可达±(0.15～0.2)m。

⑤定位锚缆较长，作业时水面占位较大。

(4)铲扬式挖泥船

亦称铲斗挖泥船，开挖面的平整度相对差些。这种挖泥船是用悬挂在把杆钢缆上和连接斗柄上的铲斗，在回旋装置操纵下，推压斗柄，使铲斗切入水底土壤内进行挖掘，然后提升铲斗，将泥土卸入泥驳。这种挖泥船适用于硬土层，标准贯入度达 $N=40\sim50$ 的硬土亦可直接挖掘，不需锚缆定位，水面占位小，但挖泥船的造价高，浚挖费用亦高。

一般都采用分层分段浚挖方式。在沟槽断面上，分成二或三层，逐层浚挖。在平面上，沿隧道纵轴方向，划成若干段，分段分批进行浚挖。

在断面上面的一(或二)层，厚度较大，土方量亦大，一般采用抓斗挖泥船，或链斗挖泥船进行粗挖。粗挖层的浚挖精度，要求比较低。最下一层为细挖层，厚度较薄，一般为 3m 左右。进行细挖时，如有条件，最好有吸扬式挖泥船施工，其平整度较高，速度快，并可争取在管段沉设前及时吸除回淤。

浚挖施工时，要做到一边容许船舶通行，一边进行施工作业，所以粗挖层施工时，应分段进行。挖到主航道时，还须组织夜间作业，以减少对航行的干扰。为了避免最后挖成的管段基槽敞露过久，以致沉积过多的回淤土而妨碍沉设施工，细挖层也必须分段进行。一般是挖一段，沉一节。早挖、多挖，往往是没有意义的。1969 年建成的比利时肯尼迪(J. F. Kennedy)水底道路隧道工例中，曾一口气把沉管基槽全部挖成，由于回淤量大而且快，最后不得不留一艘生产率为 100m³/h 的大型吸扬式挖泥船来回吸除回淤。这项清除工作，实际上是一个连续作业的过程，直到管段沉设完毕。在这种回淤量大的情况下，更应采用分层分段浚挖方式。

对于岩石沟槽的开挖，首先清除岩面上的覆盖层，然后用水下爆破方法挖槽，最后清礁。水下炸礁采用钻孔爆破法，根据岩性及产状决定炮眼直径、排距与孔距。炮眼深度一般超过开挖面以下 0.5m，用电报网路连接起爆。水下爆破要注意冲击波对过往船只和水中人员的安全，要保证其安全距离符合规定，同时加强水上交通管理，设置各种临时航标以引导船只通过。

11.3.6 管段沉放

管段沉放是整个沉管隧道施工中比较重要的一个环节，它不仅受天气、水路、自然条件的支配，还受航道条件的制约。

当管段运抵隧道位置现场后，须将其定位于挖好的基槽上方，管段的中线应与隧道的轴线基本重合，定位完毕后，可开始灌注压载水，管段即开始缓慢下沉。管道下沉的全过程通常需要 2～4h。下沉作业一般分为初次下沉、靠拢下沉、着地下沉三个步骤。

(1)初次下沉

先灌注压载水使管段下沉力达到规定值的 50%，然后进行位置校正，待管段前后位置校正完毕后，再继续灌水直至下沉完全达到下沉的规定值，并使管段开始以 20～50cm/min 的速度下沉，直到管底离设计标高 4～5m 为止。

(2)靠拢下沉

先把管段向前面已沉放管段方向平移，直至距前面已设管段大约 2～2.5m 处，然后下沉管段至高于其最终标高的 0.5m 处。管段的水平位置要随时测定并予校正。

(3)着地下沉

再次下沉管段，至离最终位置 20～50cm 处。接着，把管段拉向距前面已设管段约为 10cm 处，再检查其水平位置。着地时，先将管段前段搁上已设管段的鼻式托座，然后将其后端轻轻搁置到临时支座上。待管段位置校正后，即可卸去全部吊力。

管段沉放方法中最常用的是浮箱分吊法和方驳扛吊法。

(1)浮箱分吊法

浮箱分吊法是以大型浮箱代替起重船的分吊沉放方法，其设备简单，最适用于宽度特大的大型沉管。沉放时管段上方用四只 1 000～1 500kN 的方形浮箱直接将管段吊起。四只浮箱可分为前后两组，每组两只用钢桁架联系起来，并用四根锚索定位。起吊卷扬机和浮箱的定位卷扬机则安设在定位塔顶部，管段本身则用另六根锚索定位。

(2)方驳扛吊法

又有四驳和双驳之分。四驳扛吊法，利用两副“扛棒”来完成沉放作业。每副“扛棒”的两“肩”就是两艘方驳，共四艘方驳。左右两艘方驳的“扛棒”，一般是型钢梁或钢板梁，在前后两组方驳之间可用钢桁架连接起来，成为一个整体的驳船组。驳船组用六根锚索定位，所用的定位卷扬机全部安置于驳船上，吊索的吊力通过“扛棒”传到方驳上。起吊卷扬机则安置在方驳上，也可直接安放在“扛棒”钢梁上。在方驳扛吊法中，由于管段一般的下沉力只有 1 000kN，每副“扛棒”上仅受力 500～2 000kN，因此只要用 1 000～2 000kN 的小型方驳就够了。双驳扛吊法，采用两艘方驳，具体沉放方法同四驳扛吊法。

11.3.7 水下连接

管段的水下连接常用的有水下混凝土法和水力压接法。

一、水下混凝土法

进行水下连接时，要先在管段的两端安装矩形堰板，在管段沉放就位、接缝对准拼合、安放底部罩板后，在前后两块平堰板的两侧，安置圆弧形堰板，然后把封闭模板插入堰板侧边，形成由堰板、封闭模板、上下罩板所围成的空间，随后往这个空间内灌注水下混凝土，从而形成水下混凝土的连接。等到水下混凝土充分硬化后，抽掉临时隔墙内的水，再进行管段内部接头部位混凝土衬砌的施工。

水下混凝土法形成的接头是刚性的，一旦发生误差难以修补，并且该法工艺复杂、潜水工作量大，现已较少应用。

二、水力压接法

利用作用在管段上的巨大水压力使安装在管段端部周边上的橡胶垫圈发生压缩变形，进而形成一个水密性良好而又可靠的管段接头，其主要工序如下。

(1)对位

当管段着地下沉时必须结合管段连接工作的对位。当管段沉设到临时支撑上后，首先进行初步定位，而后用临时支撑上的垂直、水平千斤顶进行精确定位。

(2)拉合

用一个较小的机械力量，将刚沉放好的管段拉向前一节已铺设的管段，使 GINA 橡胶垫圈的尖肋部被挤压而产生初步变形，使两节管段初步密贴。拉合时一般只要求 GINA 橡胶垫圈被压缩 20mm，便能达到初步止水。拉合时所需的拉力一般由安装在管段竖壁上的千斤顶提供，用液压千斤顶驱动锤形螺杆，并将其插进既有管段端部的螺口内，用约 1 500kN 的力把新设管段拖靠到既有管段上。除拉合千斤顶之外，还可采用定位卷扬机进行拉合作业。

(3)压接

打开安装在临时隔墙上的排水阀，抽掉在临时隔墙内的水。排水后，作用在新设管段自由端的静水压力将达到几千甚至几万吨，于是巨大的水压力将管段推向前方，GINA 橡胶再一次被压缩，接头就完全封住了。

压接完毕后即可拆除隔墙，各既设管道相通，连成整体。

水力压接法工艺简单、施工方便、质量可靠、节省工料费用，目前已在各国的水底工程普遍采用。

11.3.8 基础施工

沉管隧道对各种地质条件的适应性很强，几乎没有什么复杂的地质条件能阻碍沉管法施工。在沉管隧道中，进行基础处理的目的不是为了对付地基土的沉降，而是因为开槽作业后的槽底表面总有相当程度的不平整(不论使用哪一种类型的挖泥船)，使槽底表面与沉管底面之间存在着很多不规则的空隙。这些不规则的空隙会导致地基土受力不均而局部破坏，从而引起不均匀沉降，使沉管结构受到较高的局部应力，以致开裂。因此，在沉管隧道中必须进行基础处理即将其一一垫平，以消除这些有害的空隙。

基础施工的方法有刮铺法、喷砂法、压砂法(也称流沙法 Sand flow method)等三种主要方法。刮铺法是在管段沉放之前进行，而其他两种方法在管段沉放后进行，又称为后填法，潜水工作量小，对航道的干扰也小。

一、刮铺法

如图 11-10 所示，在基底两侧打数排短桩安设导轨，以控制高程和坡度。在刮板船上安设导轨和刮板梁，刮板梁支承在导轨上，钢刮板梁扫过水底的沙子碎石而形成基础。刮板船用大块平衡重沉到海底，使船浮于水中稳定的水位上。

用抓斗或通过刮铺机砂石喂料管向海底投放砂、石料。投放的范围为一节管段的长度，宽度为管段底宽加 1.5～2m。按投放材料最佳粒径为 1.3～1.9cm 的圆形砂砾石。纯砂粒径太细，在水流作用下，基础易遭破坏。必要时对刮石材料通过管段底部预留孔压注水泥斑脱土。

为保证基础密实，管段就位后，加过量的压重水，使基础沉降。刮铺法表面平整度变化范围刮砂约±5cm，刮石约±20cm。

刮铺法的主要特点：

①需加工特制的专用刮铺设备，否则精度较难控制，作业时间亦较长。

②导轨的安装要求具有较高的精度，否则会影响基础处理的效果。

③需要水下潜水作业，既费时又费工。

④在刮铺完成后，对于回淤土必须不断清除，直到管段沉放为止。这对于在流速大、回淤快的河道上施工时显得较为困难。

⑤刮铺作业时间较长，因而作业船在水上停留时间也较长，对航道影响较大。

二、喷砂法

如图 11-11 所示，此工法的原理是：在设于管段上的门式起重机上的 3 根 1 组的钢管中，用中央的钢管把水和砂一起喷射，用另外的 2 根钢管同时吸引管段和基础间同量的水来冲填砂。此法的问题是，砂的供给需要从管段以外取得，作业受到气候条件的影响。此外，砂的冲填情况不能完全得到确认。因此，日本开发出从管段内部用同样方法修筑基础的方式。

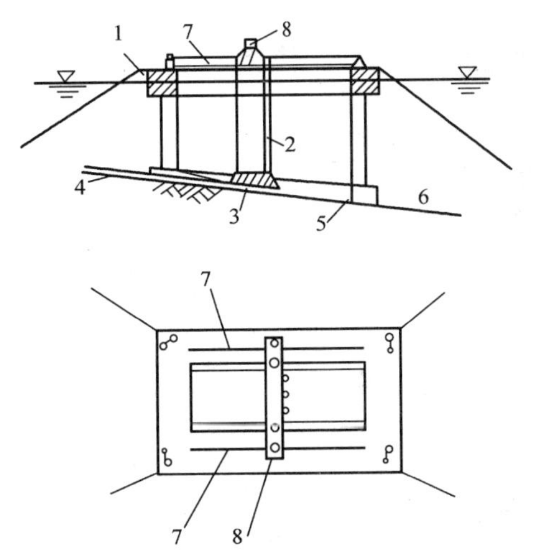

图 11-10 刮铺法

1-浮箱；2-砂石喂料管；3-刮板；4-砂石垫层(0.6～0.9m)；5-锚块；6-沟槽底面；7-钢轨；8-移动钢梁

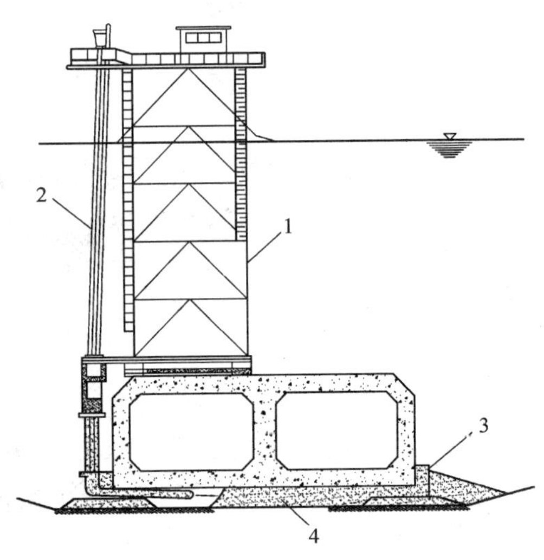

图 11-11 喷砂台架

1-喷砂台支架；2-喷管及吸管；3-临时支座；4-喷入砂垫

三、压注砂浆法

此法是事先于管段底连续铺设尼龙袋，临时支持管段。而后，从沉管作业船上把准备好的砂浆向尼龙袋中压注的方法。也有直接从管段内部向管段底的空隙压注的，即通过事先设在管段底板的压浆孔(每隔 4～9m 设置)，从沉放好的管段内压注。此法的优点是不受气候和航道的影响，从压浆孔压注的情况，也易于确认。

压注的砂浆的流动性要好，对地层反力要有足够的安全度。

采用抛石基层及管底注入填充材料的连续支承式基础的施工步骤实例如图 11-12 所示。

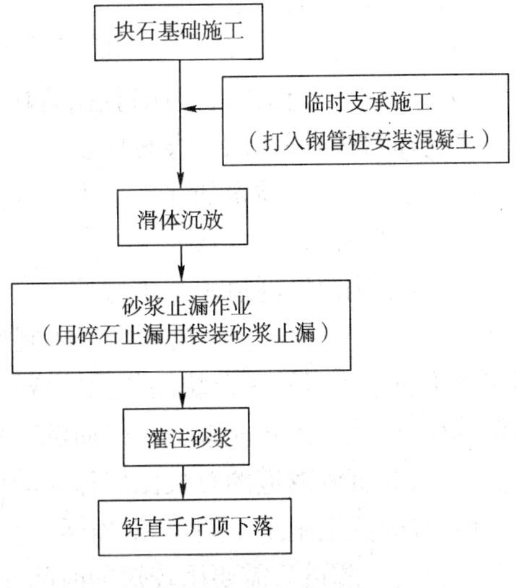

图 11-12 基础的施工步骤

以上三种是基本的基础形式，此外，特殊情况如软弱土层中的沉管基础，也用桩基础。桩基础主要由桩、承台组成，管段搁置在承台上，每个承台用8～10根桩支承。为了在海上易于施工和确保桩的高度和平面位置的精度，采用最多的方法是打钢管桩，桩径1m左右，桩要打到沟槽底部。水深时，要特别注意高度和平面位置的施工。

11.3.9 覆土回填

一旦管段的沉放和连接作业完毕，需在沉放管段的外围进行沙土的回填工作（见图11-13）。

对沟槽进行回填，一是防止流水对沉放管段的冲刷，二是防止船和抛锚等对管段的冲击。在管段的顶部一般设有一层15cm左右的钢筋混凝土保护层，它在船锚的直接作用下可对管段进行防护，但其自身在船锚冲力的作用下可能会有些损害。回填所采用的材料通常是砂，也可部分采用从沟槽中开挖出的材料。

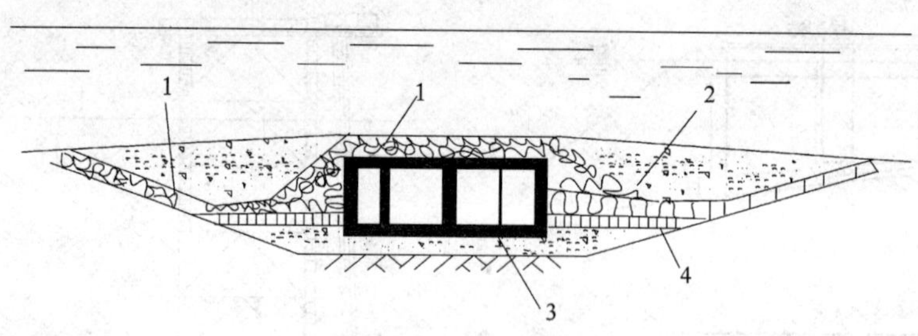

图11-13 基槽回填

1-岩石；2-沉积与砂回填；3-砂回填；4-砾石

11.4 沉管隧道施工特点

总结来看，沉管隧道具有以下施工特点：

(1)隧道的全长可缩短

隧道深度与其他隧道相比，在只要不妨碍通航的深度下就可设置，故隧道全长可缩短。

(2)施工质量有保证

由于预制管段是在船台或临时干坞内浇筑，可制作出质量均匀且防水性能良好的隧道结构；此外，与盾构法相比，每节的预制管段很长，一般100m左右，因而需要在隧址现场施工的隧道接缝非常少，漏水的机会相应也大大减少；而且沉管接头采用水力压接法后，可达到滴水不漏的程度，使施工质量的保证率大大提高。

(3)沉管隧道造价较低

首先，采用沉管隧道施工水底挖沟槽土方少，而且比地下挖土单价低；其次，由于每节管段长度可达100m左右，它一般均为整体制作，完成后从水面上整体拖运，所需的制作和运输费用比盾构法中大量管片分块制作及完成后用汽车运送到隧址所需的费用要低得多；再次，接缝数量减少，也使费用相应减少。因而沉管隧道比盾构隧道的延米单价低。此外，由于沉管隧道可浅埋，水底沉管隧道的总长比埋深大的盾构隧道短得多，所以工程总价相应大幅度降低。

(4)沉管隧道施工工期短，对航运干扰小

一条沉管隧道只需要用较短的时间在临时干坞浇制几节较长的预制管段，并且制作管段和基槽开挖可同步进行，管段的托运和沉放也很快，这样沉管隧道的总施工期比用其他方法建造的水底隧道要短很多。管段制作等大量工作不在隧址，沉放一般在1～3日就能完成，因此在运输十分繁忙的航道上修建水底隧道，航运因施工作业而受干扰和影响的时间，以沉管隧道为最短。

(5)施工条件好

沉管施工中，管段的制作、管段的拖运、沉放等都是在陆地或水上完成，水下作业亦很少，基本上没有。不需要沉箱法和盾构法的压缩空气作业，在相当水深的条件下，能安全施工。因此施工条件好，施工较为安全。

(6)对地质条件的适应性强

该方法在隧址的基槽开挖较浅，基槽开挖和基础处理的施工技术比较简单，而且沉管受到水的浮力作用使地基上的负荷较小，因此该法对地基条件的适应性很强，即使在流沙层中施工也不需特殊的设备或措施。

(7)适用水深范围较大

由于管段先预制后在水中浮运沉放，简化了水中作业，故可在深水中施工。在实际工程中曾达到水下60m。如以潜水作业的最大深度为限度，则沉管隧道的最大深度可达70m。

(8)沉管隧道可做成大断面多车道

由于施工可采用先预制后浮运、沉放，所以可将隧道横向尺寸做大。并且结构基本没有多余空间，一个断面内可同时容纳4～8个车道，空间利用率大大提高。

虽然沉管隧道优点很多，但也存在着一些缺点。例如当隧道截面较大，并且流速较急时，施工就会受到航道的影响，对管段的稳定也会带来问题；沉放管段底面与基础密贴的施工方法欠妥，会造成沉陷和不均匀沉降。

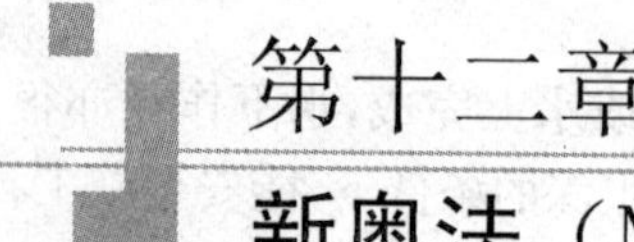

第十二章 新奥法（NATM）施工与监控量测

12.1 新奥法简介

12.1.1 新奥法的发展

新奥法是在1948年由其创始人、奥地利学者L. V. Rabcewicz教授提出并在1958年申请专利，1963年正式命名，随后得到逐步发展。

新奥法又称NATM，是“New Austrian Tunneling Method”的简称，常见译名为“新奥地利隧道施工方法”，但它不完全是一种施工方法，也不单纯是一种设计方法，而是把两者结合为一体的技术方法，因此称为“新奥地利隧道工程法”更为恰当。奥地利国家地下洞室工程委员会提出了一个新奥法的正式定义：“新奥法遵循这样一个原理，即通过发挥围岩承载环的主动作用使洞室的围岩（岩体或土层）成为承载结构部件。”

新奥法自申请专利以来，在世界许多国家中得到迅速推广应用，并取得良好的效果。目前，应用新奥法的隧道类型有铁路、公路、水工隧洞、地铁以及几乎所有其他地下工程。应用工程的埋深从深达1000多米的山岭隧道到仅有几米的城市浅埋隧道。新奥法开始在岩质较好的地层中应用，后来随着经验的不断丰富，较差地层中也开始应用新奥法，并获得成功。由于新奥法技术经济效益明显，故受到国内外工程界的普遍重视。新奥法在隧道工程中的广泛应用并极大地推动了隧道工程技术的进步，目前，新奥法原理已经成为世界各国隧道及地下工程中普遍遵循的原理。

新奥法在我国也得到广泛应用和发展。早在20世纪60年代，新奥法的思想即被引入我国，七十年代末八十年代初得到迅速发展。至今，可以说在所有重点难点的地下工程中都离不开新奥法。用新奥法指导施工的工程实例不胜枚举，例如，复杂隧道有大秦线军都山隧道的黄土浅埋段和洞内泥石流、大瑶山隧道的9号断层、宝中线大寨岭隧道等；长隧道有大瑶山隧道、米花岭隧道；大断面隧道有二滩电站的导流洞，其最大断面面积600m^{2}以上，太平驿电站直径达28.6m的调压井；特殊地质隧道有南昆线家竹箐隧道（软岩高地应力大变形）；城市地下工程有北京地铁复兴门折返线、西单地铁车站、国家计委停车场等。目前高速公路隧道已全面推广新奥法施工，同时，这许多重点难点地下工程的建成带动了我国整个地下工程的发展。

在新奥法的发展过程中，也有一些学者也提出其他隧道工程方法，如法国地下工程协会提出的“收敛－约束法”（Convergence Confinement Method）、挪威人提出的“挪威法”以及目前流行的“信息化施工法”等，其原理及实质与新奥法大同小异，并且是在新奥法基础上发展起来的。

新奥法以其快速、节省、安全和具有很高的灵活性与优越性越来越受到学者和工程技术人员的青睐。这里的灵活性不但指其适用范围广——不同的地质条件、不同的埋深、不同的洞径及不同的支护目的,而且指通过反馈信息调整设计方案——遇到地质条件变化时,可以根据现场量测资料及时调整设计和施工方案,支护强度不够可以补强,过分保险的可以削减。

在新奥法中,人们习惯把加固围岩、使围岩成为支护体部分的锚杆、喷射混凝土和钢支撑等支护称为初期支护或一次支护;而后在围岩位移趋于稳定开始的现场混凝土衬砌称为二次衬砌。也就是说,用新奥法修建的隧道其作业大体分为开挖、一次支护和二次衬砌三项,其中一次支护和二次衬砌合称为复合式支护(衬砌)。

12.1.2 新奥法的主要原则

新奥法摒弃了传统隧道工程中应用厚壁混凝土结构支护松动围岩的理论,把岩体视为连续介质,在粘、弹、塑性理论指导下,根据在岩体中开挖隧道后从变形产生到岩体破坏要有一个时间效应的性质,适时地构筑柔性、薄壁、能与围岩贴紧的支护结构来保护围岩的天然承载力,变围岩本身为支护结构的重要成分,使围岩与构筑的支护结构共同形成为坚固的支承环,共同形成一个长期稳定的洞室。这一新理论集中体现在支护结构种类、支护结构构筑时机、岩压、围岩变形这四者的关系上,贯穿在不断变更的设计施工过程中,提出了与传统方法完全不同的新概念和新观点,它指导着喷锚支护的设计和施工,指导着构筑隧道的全过程。

奥地利教授米勒认为,新奥法的基本概念是要依据科学的原则和构思来进行隧道的施工。这些原则和设计构思已为实践所证实。其中最主要的设计构思是要发挥围岩自身的承压能力,以获得最安全和最经济的效果。

新奥法的主要原则共 22 条,也有不少学者重新归纳提出 18 条、6 条等。本书按 Rabcewice 等人在几个文献上所提的原则,并结合他人总结,归纳介绍如下:

①围岩是洞室的主要承载结构,而不是单纯的荷载,它具有一定的自承能力。支护的作用是保持围岩完整,与围岩联合作用形成稳定的承载环。

②尽最保持围岩原有的结构和强度,防止围岩的松动和破坏。宜采用控制爆破(预裂爆破、光面爆破)或全断面掘进等开挖方法。

③尽可能做到适时支护。通过工程类比、施工前的室内试验和施工过程中对洞室围岩收敛变形、锚杆应力及喷射混凝土支护应力的监测,正确了解围岩的物理力学特性与空间和时间的关系,适时调整支护方案。支护过早或过迟均会产生不利影响。

④支护本身应具有薄、柔、与围岩密贴和早强等特性,支护施工应及时快速,使围岩尽快封闭而处于三向受力状态。锚杆与喷射混凝土及钢丝网与喷射混凝土相结合的支护措施具有上述特点,应尽量采用。

⑤洞室尽可能为圆形断面,或由光滑曲线连接而形成的断面,以避免应力集中。围岩较差的情况下应尽快封闭底拱,使支护与围岩共同形成闭合的环状结构,以确保稳定。

⑥良好的施工组织和施工人员的良好素质对洞室结构施工的安全、经济非常重要。合理安排防渗、排水、开挖、出渣、支护、封闭底拱等项工序,形成稳定合理的工作循环。

采用新奥法修筑地下隧道时,对钻爆法而言,要求采用光面爆破的开挖方法,锚杆和喷射混凝土是其主要的支护手段,而支护时机则需通过现场量测围岩变形的结果来确定。因此,光面爆破、锚喷支护和现场量测被称为新奥法的“三大支柱”。

了解洞室开挖后的变形形态,可以有两种方法:一是试验的方法,包括岩石力学室内试验和现场原位试验;另一种是通过施工过程的位移和应力监测,采用信息反馈的分析手段,得到岩体的物理力学参数。事实上，上述两种方法都在设计和施工中采用。岩石力学试验是了解岩石物理力学参数的主要手段，是初步设计的主要依据，但因受各种外界因素的影响，基于试验的初步设计仍具一定程度的盲目性，于是采用新奥法设计和施工得到广泛应用。

12.2 监控量测在地下工程中的作用

由于地质条件的复杂性和多变性，无论是按照理论计算、数值模拟还是工程类比法所获得的设计资料，均会与施工现场实际情况存在一定出入，现场监控量测就成为检验实际中合理与否的重要标准和手段。现场量测也是新奥法的“三大支柱”之一，其目的与作用主要体现在：为选择合适的支护时间提供依据；掌握围岩动态和支护结构的工作状态，利用量测结果修改设计，指导施工；预见事故和险情，以便及时采取措施，防患于未然；为隧道的安全提供可靠的信息；量测数据经过分析处理与必要的计算和判断之后，进行预测和反馈，以保证施工的安全和隧道的稳定；积累资料，为以后的相似工程提供可靠的依据。

12.2.1 确定合适的支护时间

新奥法的核心思想在于充分发挥围岩的自承作用，减少支护结构体的荷载。当开挖施工后支护过早时，围岩变形量小，支护体承受的荷载大；当开挖后支护过晚时，围岩变形可能超过允许值，则围岩出现破坏，形成作用于支护体上的“松散压力”，加大支护体的荷载。因此，选择合适的支护时间，可充分发挥围岩的自承能力，降低支护结构体所承受的荷载。

如图 12-1 所示为隧道围岩变形(Δr)与支护抗力(P_i)之间的关系曲线，较清楚地显示了围岩变形量与支护抗力之间的上述关系。理想的支护设计应当以最小的支护抗力 $P_{i\,min}$来维持围岩的稳定，也就是支护曲线在 K 点处与围岩特性曲线相交。通常支护设计应有一定的安全度，因此可设计成支护特性曲线在 K'点处与围岩特性曲线相交。

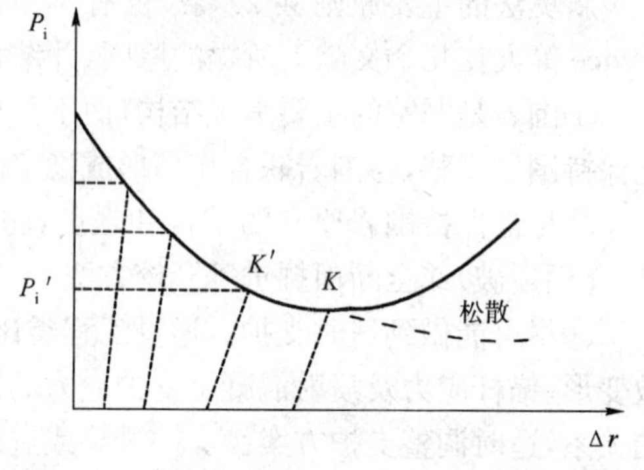

图 12-1 围岩变形与支护抗力间的关系曲线

新奥法的成功之处就在于它能通过采用合理的支护方法和合适的支护时机，使支护特性曲线在接近 $P_{i\,min}$处与围岩特性曲线相交，从而充分发挥围岩的自承能力。如何确定这个合适的支护时机，现场监控量测是极为有效的手段。

12.2.2 为信息化设计与施工提供信息源

信息化设计与施工是新奥法在现阶段的发展与完善，监控量测在其中起着举足轻重的作用。

伴随大量隧道及地下工程的出现，隧道工程理论和方法的不断进步，以及科学技术的不断发展，工程建设中，人们逐渐认识到，工程地质勘察、设计和施工形成系统化、信息化一体的思想非常重要。传统的隧道工程建设方法是地质勘察为设计提供资料，设计仅为施工提供设计结果，不参与施工过程，造成工程地质勘察、设计与施工脱节，其结果是出现工程事故、工程质量问题的产生及工程造价的提高。现代的理论和方法认为，隧道工程建设中，应该在施工前、后及过程中不断注意地质条件与施工状况信息的收集，及时地反馈到设计并指导施工，达到工程建设优化的目的，由此引入了信息化设计与施工理论和方法。

信息化设计与施工在隧道中应用的基本原理是：利用初步勘察得到地质资料，采取数值模拟技术、理论计算和经验类比方法确定初步的设计方案，通过施工现场监测获得地质资料、围岩力学动态、支护工作状态的有关数据及施工技术状态(信息)，再采取多种手段对这些数据进行整理与力学分析，来判断围岩及支护结构体系的稳定性和工作状态，反馈于设计与施工，从而选择和修正开挖、支护参数，使隧道的建设达到优化。信息化设计与施工的核心是信息的采集、整理和反馈。

隧道的信息化设计与施工思路可以概括如图 12-2 所示。从图可以看出，现场监测是信息化设计与施工中的重要内容，是信息的主要来源，对隧道设计的修改、安全状态和稳定性的判断以及反分析等提供直接的第一手资料。可以说，监控量测技术和仪器的好坏直接影响到信息化设计与施工的实施。它是监视设计、施工是否正确的眼睛，是监控围岩是否安全稳定的手段，是隧道建设和运营非常重要的环节。

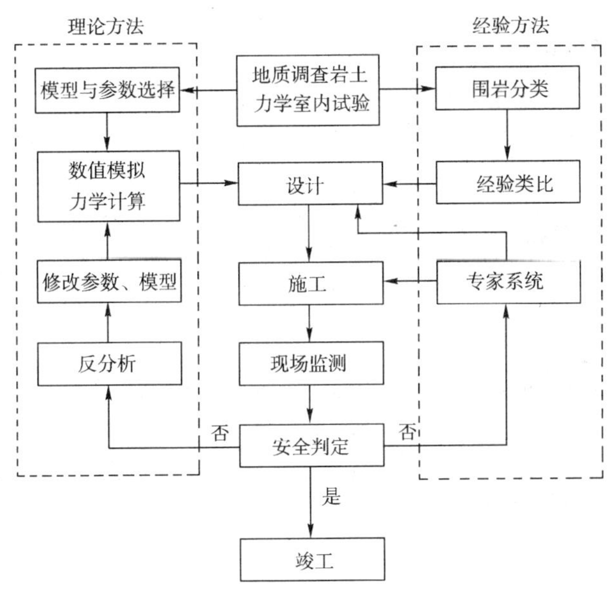

图 12-2　信息化设计与施工流程图

我国隧道建设每年都有事故发生，如围岩变形过大导致衬砌严重开裂、隧道塌方、隧道渗水等，或者安全储备过大，对我国的经济建设造成损失。如果做好监控工作，很多问题可以避免。

12.3　监控量测的主要内容

监控量测作为新奥法的三大支柱之一，就是要及时为设计和施工提供信息依据，没有量测数据，设计和施工总会带有一定的盲目性。地下工程监控量测涉及对象包括大型地下洞室、公路铁路隧道、水工隧洞及城市地铁等。本节主要介绍公路隧道的监测内容，其他地下工程的监控量测可以此为借鉴，并参考对应规范、规定，结合施工对象的实际进行。

采用复合式衬砌的公路隧道，必须将现场监控量测项目列入施工组织设计，并在施工中认真实施。量测计划应根据隧道的围岩条件、支护类型和参数、施工方法，以及所确定的量测目的进行编制。同时应考虑量测费用的经济性，并注意与施工的进程相适应。

12.3.1　量测项目及断面、测点布置

一、量测内容

复合式衬砌的隧道应按表 12-1 选择量测项目。根据《公路隧道施工技术规范》(JTJ 042—1994)规定，表中的 1～4 项为必测项目，5～11 项为选测项目，可根据围岩条件、地表沉降要求等确定。

隧道现场监控量测项目及量测方法　　表 12-1

序号	项目名称	方法及工具	布　置	量测间隔时间			
				1～15d	16 d～1 个月	1～3 个月	大于 3 个月
1	地质和支护状况观察	岩性、结构面产状及支护裂缝观察或描述，地质罗盘等	开挖后及初期支护后进行	每次爆破后进行			
2	周边位移	各种类型收敛计	每 10～50m 一个断面，每断面 2～3 对测点	1～2 次/天	1 次/2 天	1～2 次/周	1～3 次/月
3	拱顶下沉	水平仪、水准尺、钢尺或测杆	每 10～50m 一个断面	1～2 次/天	1 次/2 天	1～2 次/周	1～3 次/月
4	锚杆或锚索内力及抗拔力	各类电测锚杆、锚杆测力计及拉拔器	每 10m 一个断面，每个断面至少做三根锚杆	—	—	—	—
5	地表下沉	水平仪、水准尺	每 5～50m 一个断面，每个断面至少 7 个测点，每隧道至少 2 个断面。中线每 5～20m 一个测点	开挖面距量测断面前后<2*B* 时，1～2 次/天； 开挖面距量测断面前后<5*B* 时，1 次/2 天； 开挖面距量测断面前后>5*B* 时，1 次/周			
6	围岩体内位移(洞内设点)	洞内钻孔中安设单点、多点杆式或钢丝式位移计	每 5～100m 一个断面，每断面 2～11 个测点	1～2 次/天	1 次/2 天	1～2 次/周	1～3 次/月
7	围岩体内位移(地表设点)	地面钻孔中安设各类位移计	每代表性地段一个断面，每断面 3～5 个钻孔	同地表下沉要求			
8	围岩压力及两层支护间压力	各种类型压力盒	每代表性地段一个断面，每断面宜为 15～20 个测点	1～2 次/天	1 次/2 天	1～2 次/周	1～3 次/月
9	钢支撑内力及外力	支柱压力计或其他测力计	每 10 榀钢拱支撑一对测力计	1～2 次/天	1 次/2 天	1～2 次/周	1～3 次/月
10	支护、衬砌内应力、表面应力及裂缝量测	各类混凝土内应变计、应力计、测缝计及表面应力解除法	每代表性地段一个断面、每断面宜为 11 测点	1～2 次/天	1 次/2 天	1～2 次/周	1～3 次/月
11	围岩弹性波测试	各种声波仪及配套探头	在有代表性地段设置	—	—	—	—

注：*B* 为隧道开挖宽度。

针对上述项目进行监控量测时，应注意遵循以下原则：

①爆破开挖后应立即进行工程地质与水文地质状况观察和记录，并进行地质描述。地质变化处和重要地段，应有照片记载。初期支护完成后应进行喷层表面的观察和记录，并进行裂缝描述。

②隧道开挖后应及时进行围岩、初期支护的周边位移量测、拱顶下沉量测；安设锚杆后，应进行锚杆抗拔力试验。当围岩差、断面大或地表沉降控制严时宜进行围岩体内位移量测和其他量测。位于Ⅳ～Ⅵ级围岩中且覆盖层厚度小于40m的隧道，应进行地表沉降量测。

③量测部位和测点布置，应根据地质条件、量测项目和施工方法等确定。

④测点应距开挖面2m的范围内尽快安设，并应保证爆破后24h内或下一次爆破前测读初次读数。

⑤测点的测试频率应根据围岩和支护的位移速度及离开挖面的距离确定。

⑥现场量测手段，应根据量测项目及国内量测仪器的现状来选用。一般应尽量选择简单可靠、耐久、成本低、稳定性能好、被测量的物理概念明确、有足够大的量程、便于进行分析和反馈的测试仪具。

二、测试断面布置

(1)单项测试断面

把量测单项内容布设在同一个测试断面，了解围岩和支护在该断面的动态变化情况。

(2)综合多项目测试断面

把多项量测内容组合布设在同一个测试断面，使各项量测结果、各种量测手段互相校验、相互印证，对该断面的动态变化，进行综合的数值分析和理论解析，作出更为接近工程实际的判断，以此来修正支护参数和指导施工。

隧道工程现场量测的上述两种测试断面，一般均沿隧道纵向间隔布设。由于各量测项目的要求不同，其测试断面的间距亦不相同。

隧道工程测试断面的间距，有以下三种情况：

①隧道洞顶地表下沉量与隧道埋深关系很大，其测试断面间距，可参照表12-2，其中B为隧道开挖宽度。

地表下沉测试断面间距 表12-2

埋深H与洞室跨度B的关系	$H>2B$	$2B>H>B$	$H<B$
断面间距(m)	20～50	10～20	5～10

②拱顶下沉、周边位移量测，测点一般应布设在同一断面，其测试断面间距与隧道长度、围岩条件、施工方法等多种因素有关，一般洞口段、软岩间距较小，硬岩间距较大，实际实施中可参考相关规范规定灵活掌握。

③其他量测项目，一般都可布设在综合测试断面上(常称为代表性测试断面)。在一般围岩条件下，可每隔200～500m设一个断面。

测试断面应安设在距开挖工作面2m的范围内，工程实际上有的已安设在距开挖工作面仅1m的范围内，其观察与量测效果更佳(但注意加强保护仪器和测点)。量测断面间距，依据工程对象不同，相关规范有明确规定，可参照执行。

三、净空位移量测的测线布置

由于观测断面形状、围岩条件、开挖方式的不同，测线位置、数量亦有所不同，没有统一的规定，具体实施中可参考表 12-3 和图 12-3。

净空位移量测的测线数 表 12-3

开挖方法	一般地段	特殊地段		
		洞口附近	埋深小于 $2B$	有膨胀压力或偏压地段
全断面开挖	一条水平测线		三条或五条	
短台阶法	两条水平测线	三条或六条	三条或六条	三条或六条
多台阶法	每台阶一条水平测线	每台阶三条	每台阶三条	每台阶三条

注：B 为隧道开挖宽度。

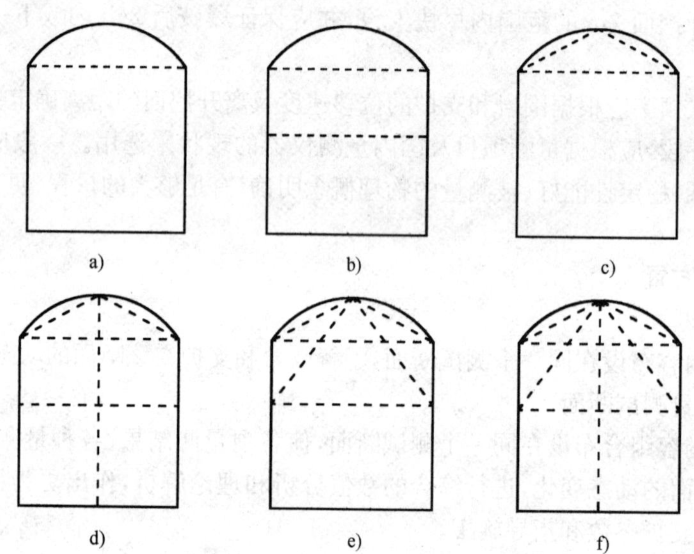

图 12-3 净空位移测线布置

a)一条测线；b)两条测线；c)三条测线；d)五条测线；e)六条测线；f)七条测线

拱顶下沉量测的测点，一般可与净空位移测点共用，这样做既节省了安设工作量，更重要的是使测点统一在一起，测试结果能够互相校验。

四、围岩内部位移测孔的布置

测量围岩内部位移的位移计，通常布置在拱顶、边墙和拱脚部位。围岩内部位移测孔布置，除应考虑地质、隧道断面形状、开挖等因素外，一般应与净空位移测线相应布设，以便使两项测试结果能够相互印证，协同分析与应用。一般每 100～500m 设一个量测断面，测孔常见布置方式如图 12-4 所示，也可依据实际情况将该图的 b)、c)方式只进行单侧布置而变成特殊的三测孔和四测孔形式。

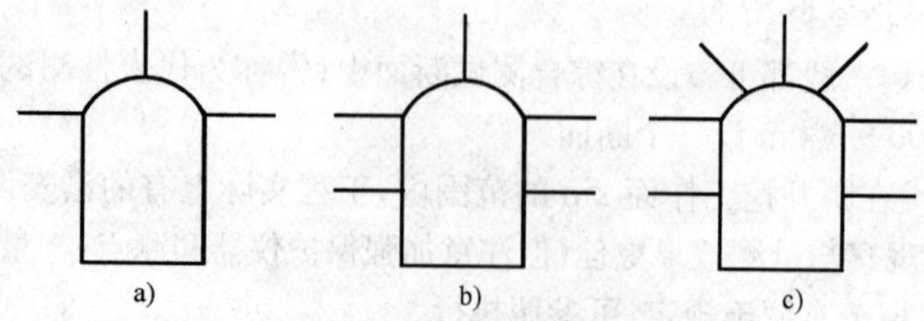

图 12-4 围岩内部位移测孔布置

a)三测孔；b)五测孔；c)七测孔

五、锚杆轴力量测测孔布置

局部加强锚杆，要在加强区域内有代表性的位置布设量测锚杆。若为全断面布设系统锚杆(不包括仰拱)，在断面上布置锚杆轴力量测测孔也可参照如图 12-4 所示的方式进行。

六、喷层(衬砌)应力量测点布置

喷层应力量测，除应与锚杆受力量测孔相对应布设外，还要在有代表性的部位设置测点，以便了解喷层(衬砌)在整个断面上的受力状态和支护作用，测定具体布设形式见图 12-5。

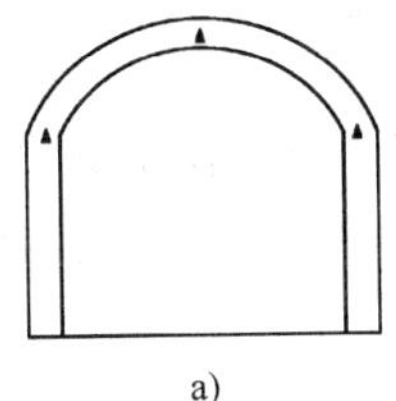

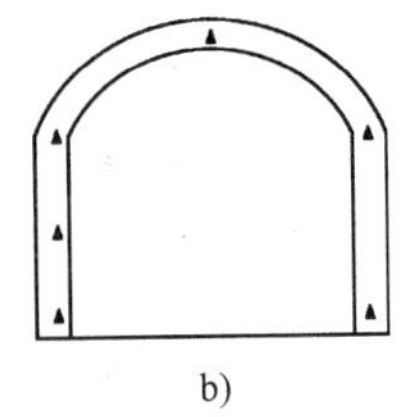

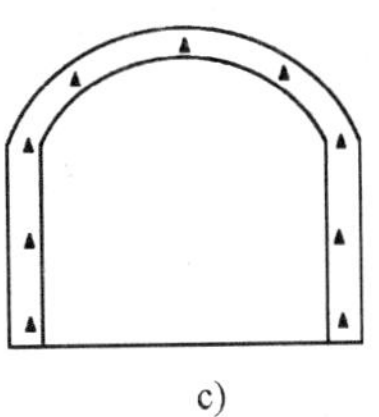

图 12-5 喷层应力量测点布置

a)三测点；b)六测点；c)九测点

七、格栅(钢架)应力量测布置

格栅(钢架)应力量测应选取具有代表性的断面进行，其测点设置在具有代表性的受力部位，可以和喷层应力量测的测点相对应布置，以便掌握格栅(钢架)和喷层在整个断面上受力状态和支护作用。如图 12-6 所示为一般情况下的测点布置。具体施工时，根据该工程的具体情况，对测点的数量和位置作相应调整。

八、地表、地中沉降测点布置

地表、地中沉降测点，原则上主要测点应布置在隧道中心线上，并在与隧道轴线正交平面的一定范围内布设必要的数量(见图 12-7)，并在有可能下沉的范围外设置不会下沉的固定测点。

图 12-6 格栅(钢架)应力量测点布置

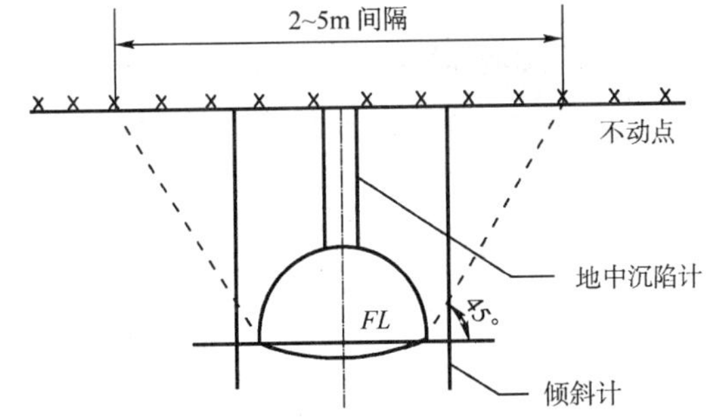

图 12-7 地表下沉量测范围及地中沉降测点布置

九、围岩压力量测测点布置

围岩压力量测的测点一般埋设在拱顶、拱脚和仰拱的中间，其量测断面一般和支护衬砌间压力以及支护、衬砌应力的测点布置在一个断面上，以便将量测结果相互印证。

12.3.2 主要量测项目的量测方法

一、地质素描

与隧道施工进展同步进行的洞内围岩地质和支护状况的观察及描述，通常称为地质素描。它是隧道设计和施工过程中不可缺少的一项重要地质勘察工作，是围岩工程地质特性和支护措施合理性的最直观、最简单、最经济的描述和评价。

实践证明,隧道开挖工作面的工程地质与水文地质观察和描述,对于判断围岩稳定性和预测开挖面前方的地质条件是十分重要的;开挖工作面(又称掌子面)附近初期支护状况的观察和裂缝描述,对于直接判断围岩的稳定性和支护参数的检验也是不可缺少的。因此,将该两项观察定为各类围岩都应采用的第一项必测项目。

二、隧道拱顶下沉和地表下沉量测

由已知高程的临时或永久水准点(通常借用隧道高程控制点),用较高精度的水准仪,可观测出隧道拱顶或隧道上方地表各点的下沉量及其随时间的变化情况。隧道底臌也可用此法观测。这个值是绝对位移值。也可以用收敛计测拱顶相对于隧道底的相对位移。

拱顶是隧道周边上的一个特殊点,一般其挠度最大,位移情况(绝大多数下沉、极少数抬高)具有较强的代表性;浅埋隧道洞顶地表下沉量测,应在隧道尚未开挖前就开始进行,借以获得开挖过程中的全部位移曲线。

三、隧道周边相对位移量测

(1)量测原理

洞室的开挖,改变了岩体的初始应力状态,由于应力重新分布和洞壁应力释放的结果,使围岩产生了变形,洞壁有了不同程度的向内净空位移。为了控制围岩的动态,进行位移量测是必要的。对隧道周边位移的量测是最直接、最直观、最有意义、最经济和最常用的量测项目。为量测方便起见除对拱顶、地表下沉及底臌可以量测绝对位移值外,坑道周边其他各点,一般均用收敛计量测其中两点之间的相对位移值,来反映围岩位移动态。

位移量测数据包括位移量和位移速率,用来判定围岩与支护结构体的稳定性,为修正设计提供依据,指导施工。

(2)位移常用量测工具

如图 12-8 所示为现在常用的位移量测工具——数显收敛计,其具有携带方便、经济,视窗读数方便准确,量测精度高的特点。量测长度一般为 0.5~30m,精度可达 0.01mm。

图 12-8 数显收敛计实物照片

净空相对位移量按下式计算:

$$u_n = R_n - R_0 \tag{12-1}$$

式中:u_n——第 n 次量测时净空相对位移值;

R_n——第 n 次量测时的净空位移观测值;

R_0——初始净空位移观测值。

当测尺为普通钢尺时,还要消除温度的影响,尤其当洞室净空大(测线长)、温度变化大时,应进行温度修正,其计算式为:

$$u_n = R_n - R_0 - \alpha L(t_n - t_0) \tag{12-2}$$

式中:L——量测基线长;

α——钢尺的线膨胀系数,一般取 12×10^{-6}(℃);

t_n——第 n 次量测时的温度;

t_0——初始量测时的温度。

其他符号同式(12-1)。

当需要位移速率值时，用净空相对位移值除以量测间隔时间即可。

四、位移计测围岩内部位移

围岩内部各点的位移同坑道周边位移一样是围岩动态表现。它不仅反映了围岩内部的松弛程度，而且更能反映围岩松弛范围的大小，这也是判断围岩稳定性的一个重要参考指标。在实际量测工作中，先是向围岩钻孔，然后用位移计量测钻孔内(围岩内部)各点相对于孔口(岩壁)一点的相对位移。

位移计有两种类型：一类是机械式；另一类是电测式。其构造是由定位装置、位移传递装置、孔口固定装置、百分表或读数仪等部分组成。主要构造的作用分别为：

①定位装置是将位移传递装置固定于钻孔中的某一点，则其位移代表围岩内部该点位移。定位装置多采用机械式锚头，其形式有楔缝式、支撑式、压缩木式等。

②位移传递装置是将锚固点的位移以某种方式传递至孔口外，以便测取读数。传递的方式有机械式和电测式两类。其中机械式位移传递构件有直杆式、钢带式、钢丝式；电测式位移传感器有电磁感应式、差动电阻式、电阻式。

直杆式位移计结构简单，安装方便，稳定可靠，价格低廉。但观测精度较低，观测不太方便，一般单孔只能观测 1～2 个测点的位移[见图 12-9a)]。钢带式和钢丝式位移计则可单孔观测多个测点，如 DWJ-1 型深孔钢丝式位移计可同时观测到单孔中不同深度的 6 个点位[见图 12-9b)]。

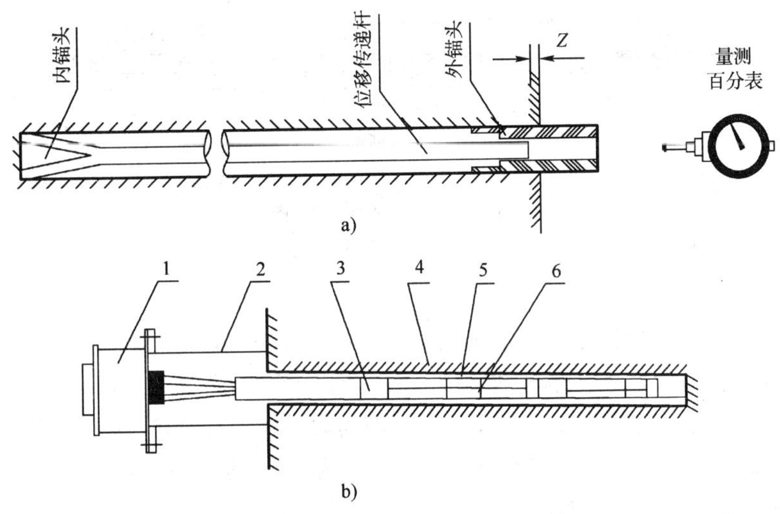

图 12-9　机械式位移计

a)单点杆式位移计；b)DWJ-1 型深孔六点伸长计结构原理示意图

电测式位移计的传感器须有读数仪来配合输送、接收电信号，并读取读数。电测式位移计多用于进行深孔多点位移测试，其观测精度较高，测读方便，且能进行遥测，但受外界影响较大，稳定性较差，费用较高(见图 12-10)。

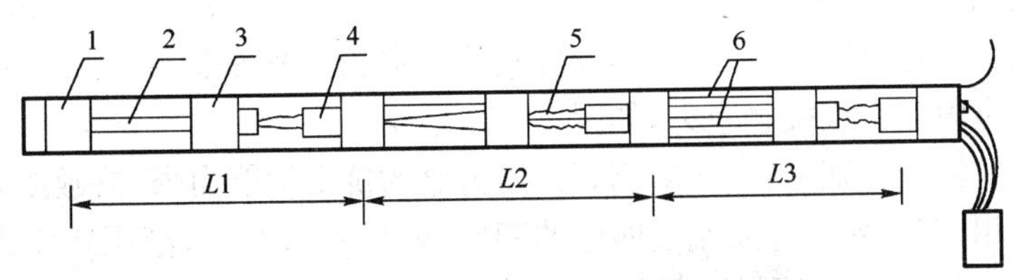

图 12-10　电测式多点位移计

1-锚固压缩木；2-位移传递杆；3-硬杂木定位器；4-WY-40 位移传感器；5-位移测点；6-测试导线

③孔口固定装置。一般测试的是孔内各点相对于孔口一点的相对位移,故须在孔口设固定点或基准面。

五、应力、应变量测

(1)量测内容

应力、应变量测内容较多,一般分两项:一是对支护体内的应力、应变量测;二是对围岩的应力、应变量测及围岩与支护体间接触应力量测。前者量测项目有:混凝土喷层的应力量测,锚杆应力量测。除通过量测直接测得岩体的应力应变外,还可以用位移反分析法在理论上将所测得的位移值推断出与之相适应的各种参数,其中包括应力-应变和岩体的弹性模量。

测量应力应变使用的量测仪器很多,以下简要介绍量测支护与围岩间的接触应力及支护内应力的方法。

(2)量测仪器与方法

①量测锚杆

量测锚杆为一空心钢管,用与锚杆相同的方法锚固在测试部位,以量测锚杆的受力状态。量测锚杆的内腔,在四个预定位置各固结一根细长的金属杆(也可用在孔口拉紧的钢丝代替),作成测点。量测锚杆的标准长度为6m或9m,如图12-11所示。

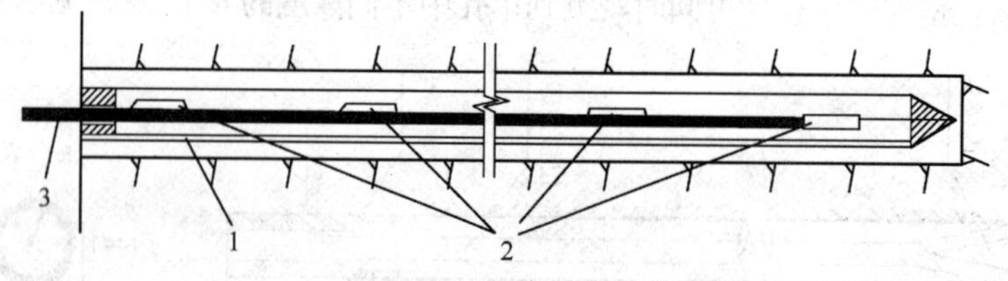

图12-11　量测锚杆示意图

1-空心铝管;2-电阻应变片;3-量测电线束

②压力盒

支护(喷射混凝土或模筑混凝土衬砌)的内应力及其与围岩之间的接触应力大小,既反映了支护的工作状态,又反映了围岩施加于支护的形变压力情况,因此,对支护的内应力及其与围岩接触应力的量测就成为必要。这种量测可采用盒式压力传感器(称压力盒)进行测试。将压力盒埋设于混凝土内的测试部位及支护—围岩接触面的测试部位,则压力盒所受压力即为该部位(测点)压力。压力盒的布置方式如图12-12所示。

压力盒有两种传感方式:一种是变磁阻调频式;另一种是液压式。

变磁阻调频式压力盒的工作原理是:当压力作用于承压板上时,通过油层传到传感单元的膜上,使之产生变形,改变了磁路的气隙,即改变了磁阻,当输入振荡电信号时,即发生电磁感应,其输出信号的频率发生改变,这种频率改变因压力的大小而变化,据此可测出压力的大小,如图12-13a)所示。

液压式压力盒又称格氏(Gbozel)压力盒,其传感器为一扁平油腔,通过油压泵加压,由油泵表可直接测读出内应力或接触应力,如图12-13b)所示。

两种压力盒的特点分别为:变磁阻调频式压力盒的抗干扰能力强,灵敏度高,适于遥测,但在硬质介质中应用,存在着与介质刚度匹配的问题,效果不太理想;液压式压力盒减少了应力集中的影响,其性能比较稳定可靠,是较理想的压力盒,国内已有单位研制出机械式油腔压力盒。

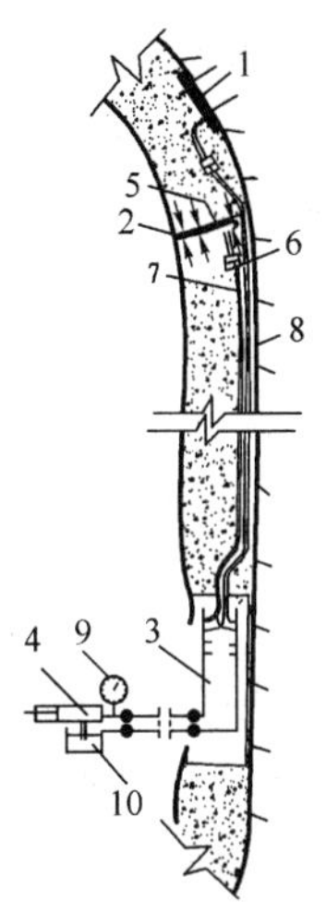

图 12-12　压力盒布置方式
1-接触面上的压力盒；2-喷层中的压力盒；3-控制箱；4-水泵；5-垫板；6-阀门；7-压力管；8-回水管；9-压力表；10-水箱

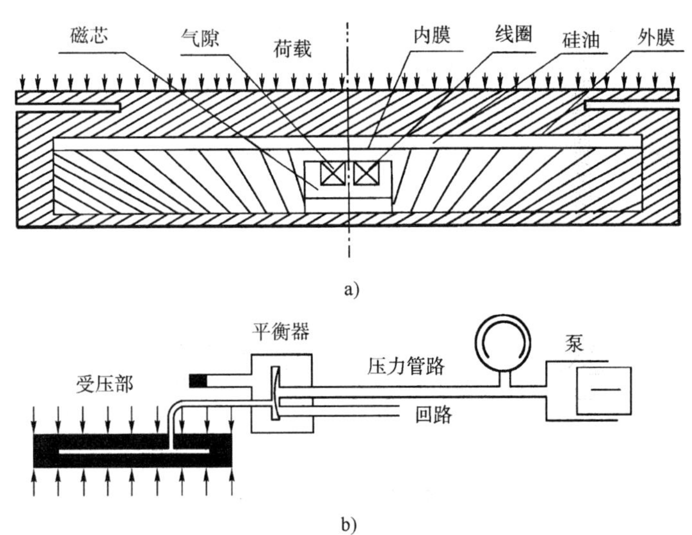

图 12-13　压力盒
a)变磁阻调频式压力盒；b)格鲁茨尔压力盒

12.4　量测资料的整理和反馈

12.4.1　量测资料的整理

现场量测数据是随时间和空间变化的，要及时用变化关系图表示出来。如图 12-14～图 12-16所示为假想的三种位移和速度的关系曲线图。

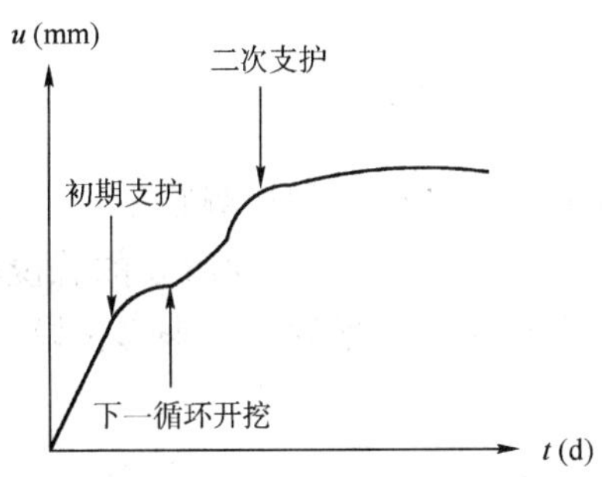

图 12-14　位移(u)-时间(t)关系曲线

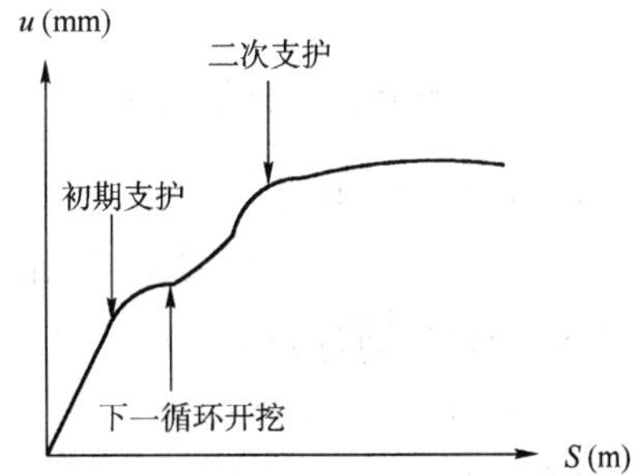

图 12-15　位移(u)-开挖面距离(S)关系曲线

类似关系曲线还有多个同时或不同时测点位移随时间(见图 12-17)、空间的关系，及围岩或支护体内各种应力、应变分别随时间、空间的关系等，这些曲线还可以通过回归分析整理出相应的关系式。

①收敛-位移量测可采用回归分析方法整理，回归分析的函数可选用指数、双曲线或对数函数。取对数函数时，收敛值可表示为：

$$\Delta = a + b\lg(t + k) \tag{12-3}$$

式中：Δ——收敛值(mm)；

t——量测时间(d)；

a、b、k——待定常数。

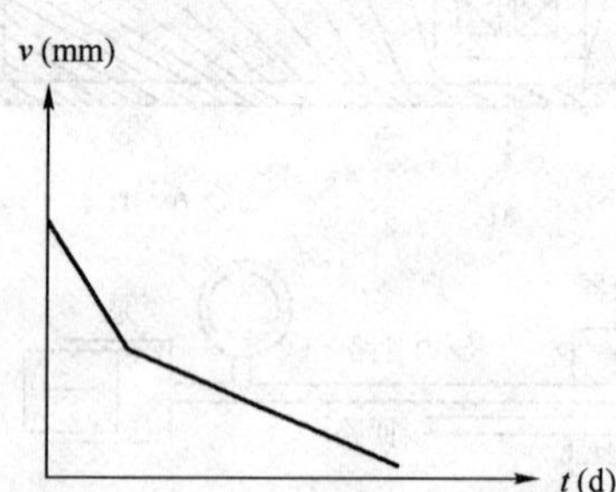

图 12-16 位移速度(v)-时间(t)关系曲线

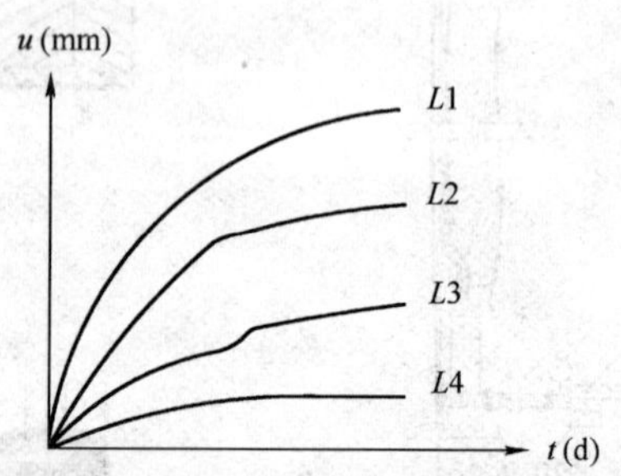

图 12-17 各测点位移(u)-时间(t)关系曲线

②收敛值的变化率-位移速率，在一时段内收敛值变化量与时间之比称为该时段的平均收敛值速率 Δ_t：

$$\Delta_t = \frac{\Delta_2 - \Delta_1}{t_2 - t_1} \tag{12-4}$$

式中：Δ_t——平均收敛值速率(mm/d)。

也可对式(12-3)取导数，求出位移值的瞬时收敛值速率 Δ_t：

$$\Delta_t = \frac{d\Delta}{dt} = \frac{d}{dt}[a + b\lg(t + k)] = \frac{b\lg e}{t + k} \tag{12-5}$$

式中：e——自然对数的底，取 2.718 3。

应用上式可求出相应于收敛值速率 Δ_t 时，所需的时间 t 为

$$t = \frac{b\lg e}{\Delta_t} - k \tag{12-6}$$

12.4.2 量测资料的分析与反馈

量测资料、数据分析反馈于设计、施工是监控设计的重要一环，根据量测获得的各类曲线可作进一步分析整理，得出相关参数，如通过位移-时间曲线，能看出各时间阶段的总位移量、位移速度及其速度变化的趋势等。这里，仅简要介绍根据对量测数据的分析来修正设计参数和调整施工措施的一些准则。

一、地质预报

地质预报就是根据地质素描来预测预报开挖面前方围岩的地质状况，以便考虑选择适当的施工方案，调整各项施工措施。具体内容包括以下几方面。

①在洞内直观评价当前已暴露围岩的稳定状态，检验和修正初步的围岩分类。

②根据修正的围岩分类，检验初步设计的支护参数是否合理，如不恰当，则应予修正。

③直观检验初期支护的实际工作状态。

④根据当前围岩的地质特征，推断前方一定范围内围岩的地质特征，进行地质预报，防范不良地质突然出现。

⑤根据地质预报，并结合对已作初期支护实际工作状态的评价，预先确定下循环的支护参数和施工措施。

⑥配合量测工作进行测试位置选取和量测成果的分析。

二、围岩壁面位移(净空位移)分析与反馈

下面以一假想例(见图 12-18)作分析。若具备了围岩压力与径向位移及位移与时间的关系时，可以判断围岩的稳定性、支护方法与支护时间。

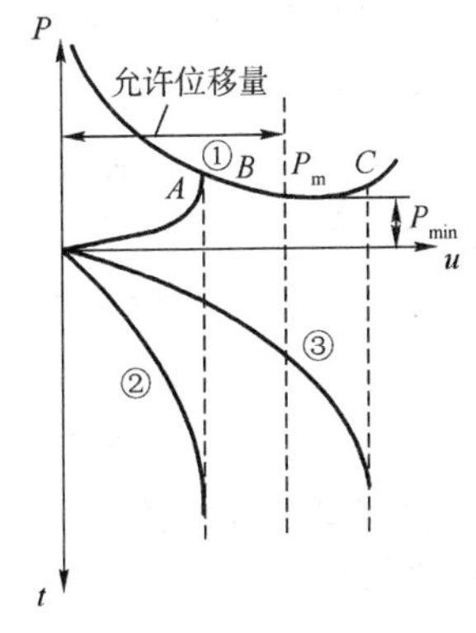

图 12-18　围岩压力 P 与位移 u 关系图

曲线①代表洞室侧壁径向位移 u 与围岩压力 P 的关系曲线。当支护特性曲线与围岩特性曲线在最大允许变形量处相交，则所提供的支护抗力最小，当平衡点位于 P_m 点右侧曲线上时，则将引起变形(位移)急剧增大，当出现曲线③的位移-时间曲线时，围岩发生破坏，这是不容许的。因此，根据对位移-时间曲线的回归分析，若预计的变形量将要超过允许的变形量时，迅速采取增长、加密锚杆，增厚喷混凝土层，设置仰拱等提高支护抗力的措施，使变形控制在允许的范围内。

围岩允许位移值通常是按经验确定的，它取决于岩性条件，原岩应力大小与方向，洞室断面尺寸及支护类型等因素。按照我国《锚杆喷射混凝土支护技术规范》(GB 50086—2001)，监测数据的应用应符合下列规定：

后期支护施工前，实测收敛速度与收敛值必须同时满足下列条件：

①隧洞周边水平收敛速度小于 0.2mm/d，拱顶或底板垂直位移速度小于 0.1mm/d；

②隧洞周边水平收敛速度，以及拱顶或底板垂直位移速度明显下降；

③隧洞位移相对值已达到总相对位移的 90%以上。

当出现下列情况之一，且收敛速度仍无明显下降时，必须立即采取措施，加强初期支护，并修改原支护设计参数：

①位移无明显下降，实测位移相对值已接近表 12-4 中规定的数值，喷射混凝土出现明显裂缝；

②实测位移速度出现急剧增长时。

隧洞周边允许位移相对值(%)　　表 12-4

围岩分级 \ 隧洞埋深(m)	<50	50～300	>300
III	0.1～0.3	0.2～0.5	0.4～1.2
IV	0.15～0.5	0.4～1.2	0.8～2.0
V	0.2～0.8	0.6～1.6	1.0～3.0

注：1. 周边位移相对值系指两测点间实测位移累计值与两测点间距离之比，两测点间位移值也称收敛值。

2. 脆性围岩取表中较小值，塑性围岩取表中较大值。

3. 本表适用于高跨比为 0.8～1.2 的下列地下工程：

III 级围岩跨度不大于 20m；

IV 级围岩跨度不大于 15m；

V 级围岩跨度不大于 10m。

4. I、II 级围岩中进行量测的地下工程，以及 III、IV、V 级围岩在表注 3 范围之外的地下工程应根据实测数据的综合分析或采用工程类比方法确定允许值。

不稳定围岩的位移速率，其规律大致与典型的蠕变曲线一致，先减速，后等速，最后加速而至破坏。所以在围岩未稳定前出现等速过程，可能是围岩出现不稳定的预兆。出现明显的加速过程则预示围岩已出现明显的破坏，需要及时加强支护。

三、围岩内位移及松动区的分析与反馈

围岩内位移与松动区的大小一般采用多点位移计或声波仪等进行量测，按此绘制各位移计的围岩内位移图(见图12-19)或声波纵波波速大小图。由图即能确定围岩的移动范围与松动范围。根据理论分析，围岩洞壁位移量是与松动区的大小一一对应的，相对于围岩的最大允许变形量就有一个最大允许的松动区半径。当围岩松动区半径超过此允许值时，围岩就会出现松动破坏，此时必须加强支护或改变施工方式，以减少松动区范围。

四、锚杆轴力量测分析与反馈

根据量测锚杆测得的应变，即能按式(12-7)算出锚杆的轴力：

$$N=\frac{\pi}{8}D^2E(\varepsilon_1+\varepsilon_2) \qquad (12\text{-}7)$$

式中：N——锚杆轴向力；

D——锚杆直径；

E——锚杆材料的弹性模量；

ε_1、ε_2——分别为对称的一组应变片量得的两个应变值。

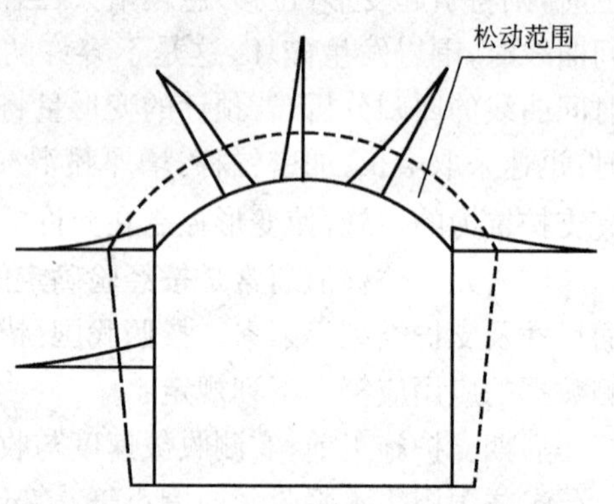

图12-19 围岩内部位移图

锚杆轴向力是检验锚杆效果与锚杆强度的依据，根据锚杆极限抗拉强度与锚杆应力比值 K_1(锚杆安全系数)即能作出判断。锚杆轴力越大，则 K_1 值越小。当实测的锚杆轴力较高，接近或超过锚杆设计强度，同时围岩变形又很大，则必须及时增设锚杆；当实测的锚杆轴力较低或出现压应力时，同时围岩变形又很小，则可适当减少锚杆数量。

五、围岩压力量测分析与反馈

根据围岩压力分布曲线可知围岩压力的大小及其分布状况，围岩压力的大小与围岩壁的位移量及支护刚度有密切关系。围岩压力大，表明支护结构受力大，这可能有两种情况：一是围岩压力大但围岩变形量不大，这表明支护时机，尤其是抑拱的封底时间过早，此时需延迟支护时间，让围岩应力有较多的释放；另一是围岩压力大，且围岩变形量也大，此时应加强支护，以限制围岩变形。当测得的围岩压力很小但变形很大时，则还应考虑是否会出现围岩失稳。

六、喷层应力量测分析与反馈

喷层应力与围岩压力及位移密切相关。喷层应力大的原因有两个方面，一是围岩压力和位移大；二是由于支护不足。喷层应力量测可以掌握沿洞室周边喷层应力分布状态及其随时间的变化，从而监视喷层的安全程度，为是否需要调整支护参数提供信息。

在实际工程中，一般允许喷层有少量局部裂纹，但不能有明显的裂损或剥落、起鼓等。如果喷层应力过大，或出现明显裂损，则应适当增加初始喷层厚度。如果喷层厚度已较厚时，则不应再增加喷层厚度，而应增强锚杆、调整施工措施、改变封底时间等。

七、地表下沉分析与反馈

地表下沉监测一般适用于隧道洞口段及浅埋隧道。对于隧道洞口段，由于隧道开挖，对洞口山坡体造成扰动，影响其稳定性，可能导致局部坍塌或滑坡，严重时甚至掩埋洞口；对于浅埋隧道，可能由于隧道的开挖而引起上覆岩体的下沉，致使地面建筑的破坏和地面环境的改变。地表下沉的监控量测对地面有建筑物的浅埋隧道和城市地下通道尤为重要。

如果量测结果表明地表下沉量不大，能满足限制性更求，则说明支护参数和施工措施是适当的；如果地表下沉量大或出现增加的趋势，则应加强支护和调整施工措施，如适当加喷混凝土、增设锚杆、加钢筋网、加钢支撑、超前支护等，或缩短开挖循环进尺、提前封闭仰拱、甚至预注浆加固围岩等；如果洞口开挖可能造成山体失稳，则应先采取稳固山体的施工措施，再进行隧道施工。

另外，还应注意对浅埋隧道的横向地表位移观测，横向地表位移带发生在浅埋偏压隧道工程中，其处理较为复杂，应加强治理偏压的对策研究。

12.5 隧道施工过程中的超前预报技术

大量铁路和公路工程建设实践表明，由于受地质勘察精度、经费等诸多条件的限制，根据地质勘察资料作出的设计与实际不符的情况屡有发生。一方面导致隧道的大变形、塌方、涌水、涌泥、涌沙、岩爆、瓦斯爆炸等灾害时有发生，给施工造成极大的危害；另一方面，也可能导致设计保守，浪费人力、物力、财力。因此，在施工期间，采用各种技术、手段和方法对控制工程岩体的地质条件(情况)进行及时的超前预测预报，可以提前采取预防措施，避免灾害的发生或在一定程度上减少因灾害造成的损失，也可对不合适的设计进行修正，减少因对地质条件不明而保守设计造成的浪费。

隧道施工期地质超前预报由来已久，国外如英、法、日、德等国家均将此列为隧道工程建设的重要研究内容。在隧道建设中使用的超前预报方法有很多，依据预报距离，可分为长期(长距离)预报和短期(短距离)预报，长期超前地质预报的预报距离为掌子面前方 100～300m 以上，短期超前地质预报是在长期超前地质预报的基础上进行的，预报距离为掌子面前方 15～30m；按采取的手段可分为工程地质调查推断法、钻孔探测法(直接法)和地球物理探测法(间接法)，还有超前导坑法等其他方法。下面，就较常用的方法进行介绍。

12.5.1 工程地质调查与推断法

对于有经验的工程地质人员，该法是最为可靠的方法，这点已经得到权威人士的肯定和大量工程实践的验证。

工程地质调查与推断是通过区域地质资料分析、隧道轴线地表和洞内工程地质调查，了解隧道所处地段岩层地质年代、结构构造，借助经验公式和传统方法，推断前方的工程地质情况，预测隧道掌子面前方的不良地质现象可能的类型、部位、规模。该方法重视区域地质资料收集分析、隧道地面踏勘、掌子面地质编录等工作。

具体操作过程中，根据区域地质调查、隧道轴向地表调查和洞内地质素描所取得的第一手资料，综合采用岩层岩性和层位预测法、地质体延伸预测法、地面地质体投射法。

(1)岩层岩性和层位预测法

在掌子面和隧道隧洞两壁出露的岩层与地表某段岩层证为同一和确认标志层的前提下，

用地表岩层的层序预报掌子面前方将要出现的岩层。

关键技术是证明为同一岩层和确认标志层。

(2)地质体延伸预测法

在长期超前地质预报得出的不良地质体厚度的基础上，依据掌子面已揭露的不良地质体的产状和单壁始见的位置，经过一系列的三角函数运算，求得条带状不良地质体在隧洞掌子面前方延伸和消失的位置。

关键技术是正确的三角函数运算。

(3)地面地质体投射法

在地表准确鉴别不良地质体的性质、位置、规模和岩体质量，以及精确测量不良地质体产状的基础上，应用地面地质界面和地质体透射公式进行超前地质预报的技术。

关键技术是拥有在地表准确鉴别不良地质体的性质、位置、规模和岩体质量的野外工作基本功。

12.5.2 TSP 203 超前预报技术

TSP(Tunnel Seismic Prediction)超前预报技术是利用高灵敏度的地震波接收器，广泛收集由布置在隧道单侧壁上多个地震激发点产生的地震波及其在围岩传播中遇到不同反射界面时的反射波，通过分析反射界面所在的位置，进而结合具体的地质情况，预测影响施工不良地质体的位置、宽度、产状等，是一种有效的物探方法。

仪器采用瑞士安伯格公司开发生产的 TSP 202/203，以工程地质调查和推断法为依据，在隧道中合适位置布置炮点和接收点，通过爆破激发地震波，经结构面和不良地质体反射后，由接收点设备设置的震源反射波的数据采集系统(传感器和记录仪)，将数据经微机处理后储存起来。炮点和接收点布置示意如图 12-20 所示。

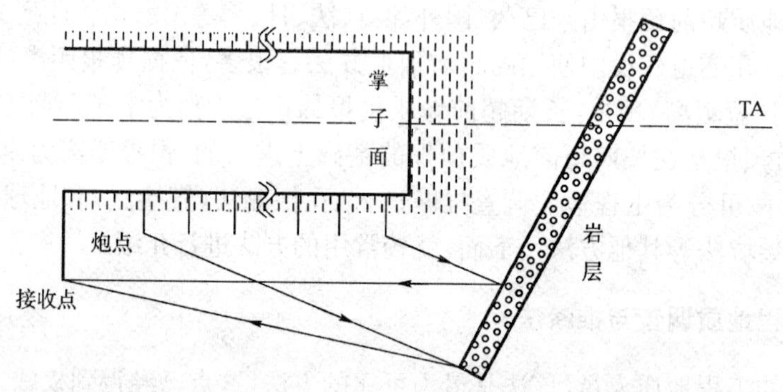

图 12-20　TSP 203 炮点和接收点布置示意图

TSP 探测的原理(见图 12-21)，在 A_1、A_2、A_3 等位置激发震源，产生的地震波遇不良地质界面(波阻抗面)发生反射而被 Q_1 位置的传感器接收，在计算时利用波的可逆性，可认为是 Q_1 位置发出的地震波经不良地质界面反射而传到 A_1、A_2、A_3 等点，这时可认为波是从像点 $IP(Q_1)$发出而直接传到 A_1、A_2、A_3 等点，此时的 Q_1 和 $IP(Q_1)$是关于不良地质界面(波阻抗面)对称的，由于 Q_1、A_1、A_2、A_3 点的空间坐标是已知的，由联立方程可求出像点 $IP(Q_1)$的空间坐标，进而由点 Q_1 和 $IP(Q_1)$的空间坐标求出两点所在直线的空间直线方程，由于不良地质界面是线段 $Q_1—IP(Q_1)$的中垂面，故可求出该不良地质界面相对于坐标原点 Q_1 的空间方程，进一步可求出不良地质界面的空间位置。

12.5.3 超前地质钻探

超前钻探是采用较早的超前地质预报手段之一，是超前地质预报技术体系主要组成部分，占有重要的地位，具有不可或缺、不可替代的作用，特别是在岩溶隧道的超前地质预报中，更起到突出的作用。超前钻探一般在隧道洞身长期、短期超前地质预报基础上进行，侧重长期、短期超前地质预报已经基本认定的主要不良地质区段；除非特殊情况，一般不宜全隧道连续进行。

超前地质钻探通过钻探取芯来进行，能够直观提供掌子面前方岩土体特征及异常情况信息。只是该方法提供的数据毕竟是“一孔之见”，尽管可以通过多布置钻孔数量来提高精确度，但又对施工成本和进度带来巨大影响。不可否认的是，由于钻孔提供的岩芯具有直观性，能较好验证其他地质预报方法所取得的成果，并能为地质专家的推断提供较好的参考作用。

12.5.4 地质雷达探测方法

地质雷达探测方法是通过发射天线向隧道掌子面前方发射电磁波信号，由接收天线接收电磁波信号在目标体中的反射波，然后对地质雷达数据进行分析处理。根据雷达波形、电磁场强度、振幅和双程走时等参数推断掌子面前方的地质构造，是一种比较有效的无损伤探测方法。

在实际应用过程中较常采用的方法有反射法和映像法。反射法的工作原理如图 12-22 所示，检波器固定在掌子面上一固定点，在不同测点上激发地震波，激发的地震波遇波阻抗界面发生反射沿 V 字形线路到达接受点，通过对波形的解译，可以预测弹性波经过区域的地质情况。

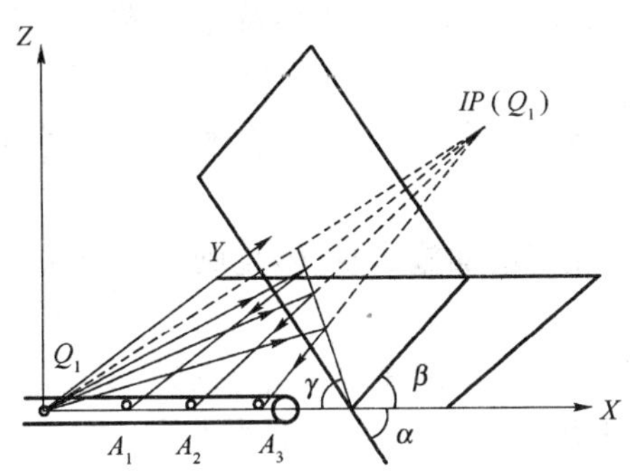

图 12-21 TSP 探测原理

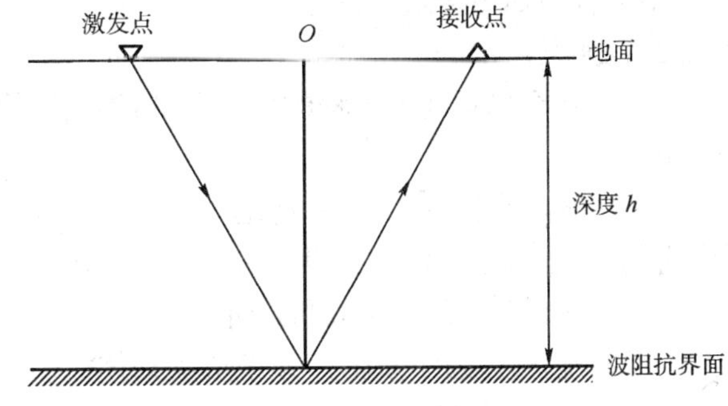

图 12-22 地震反射法工作原理示意图

反射波的时距曲线方程可表示为：

$$t_{反} = 2\sqrt{\left(\frac{h}{v}\right)^2 + \left(\frac{x}{v}\right)^2} \tag{12-8}$$

式中：x——炮间距，为一固定值；

h——界面深度；

v——介质的纵波速度。

地震映像法工作原理与反射法类似，不同之处在于接受点和激发点处在同一位置且两者一起移动，弹性波反射后以近直线返回，波形反映的是测点正前方的地质情况。此时式(12-8)中 x 值为 0。实际工作时，两种方法同时采用，可以互相检验和补充。

此外，还存在一些其他的地质超前预报方法和技术，无论采取何种手段，必须与施工现场的实际地质情况相适应，必须有丰富的野外地质工作经验和扎实的业务功底，并结合预报的实际情况及时调整思路，使超前预报结果更准确、更接近实际情况。

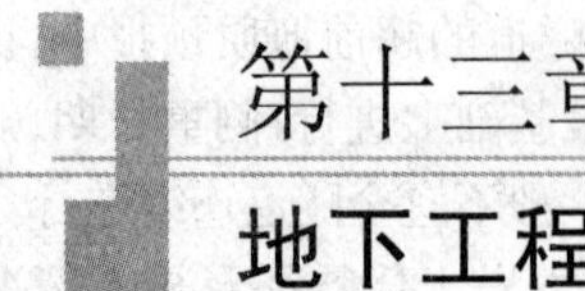

第十三章 地下工程防排水施工技术

13.1 概　　述

地下工程是指修筑于岩土环境中的地下构筑物，其涉及面极广，包括城市高层建筑的地下部分、地铁、公路隧道、铁路隧道、水工隧道、地下贮油库、地下国防工程、地下核料库等。这些工程的修建，均会与地下水环境相互作用，共同影响。一方面，工程的施工会影响地下水环境，另一方面，地下水对其施工和使用也会带来负面作用。具体来讲，地下水对地下工程危害主要表现为：

①地下工程的渗漏水，会侵蚀地下结构，影响构筑物的耐久性，同时增加地下空间中的湿度，降低各种附属结构及设备（如电器设备等）的工作效率和使用寿命。当渗漏水具有腐蚀性时，表现得尤其严重。

②渗漏水会恶化地下工程的使用环境，影响其使用功能，同时也会增加使用期的维护难度和维护费用。

③地下水丰富地区，尤其在有地下暗河区域施工时，轻则增加施工难度，重则导致施工地质灾害的发生，甚至损坏施工设备和造成人员伤亡。

④当地下工程为交通通道时，路面积水会恶化环境，降低路面与轮胎的摩擦力，威胁行车安全。

⑤寒冷地区反复的冻融循环，造成支护体混凝土冻胀开裂破坏；在支护混凝土体与围岩之间，由于冻胀引起拱圈变形、破坏。

⑥寒冷地区交通隧道漏水还将使隧道路面冻结，顶部产生冰柱侵界，危及行车安全。

可见，地下水的渗透和侵蚀作用对地下工程的危害，轻者增加施工难度和影响其使用功能，严重者使整个工程报废，造成巨大的经济损失和严重的社会影响。如辽宁省某隧道，工程竣工后，漏水十分严重，沿隧道施工缝、拱顶、侧墙有涌水、射水及渗漏水。经估算，漏水治理与补强的费用占总投资的37.4%，造成了重大的经济损失。国内外的铁路隧道、公路隧道、地下铁道等地下工程因渗漏而影响结构稳定、使用功能和运营安全的现象也普遍存在。因此，防止地下水对地下工程的危害，做好地下工程的防排水是地下工程设计和施工的重要课题。

13.2 地下工程中常遇的地下水

13.2.1 地下水分类

岩土体中的水有气态、液态（吸附水、薄膜水、毛细管水和重力水）和固态三种形式，其中以液态水为主。地下水根据埋藏条件可分为包气带水、潜水和承压水三类。其次，不论哪种类型的地下水，都可按含水层的空隙性质分为孔隙水、裂隙水和岩溶水，因此，地下水可以组合成9种不同类型(见表13-1)。

地下水分类表　　表13-1

按埋藏条件分	按含水层性质分		
	孔隙水	裂隙水	岩溶水
包气带水(潜水面以上未被水饱和的岩土层中的水)	土壤水——土壤中未饱和的水； 上层滞水——局部隔水层以上的饱和水	出露于地表的裂隙岩体中，季节性存在的水	垂直渗入带中的水
潜水(地面以下，第一个稳定隔水层以上具有自由水面的水)	各种松散堆积物中的水	基岩上部裂隙中的水	裸露岩溶化岩层中的水
承压水(两个隔水层之间承受水压力的水)	松散堆积物构成的承压盆地和承压斜地中的水	构造盆地、向斜及单斜岩层中的层状裂隙水，断层破碎带中的深部水	构造盆地、向斜及单斜岩溶岩层中的水

13.2.2　地下工程中常遇的地下水

一、上层滞水

上层滞水一般存在于近地表岩土层的包气带中，如透水性不大的夹层，阻滞下渗的大气降水和凝结水，并且使它聚集起来如图13-1a)所示；地表的低洼地区，由于降水很难从其中流走，也可以形成上层滞水。上层滞水型的地下水，距地表一般较浅，分布范围有限，补给区与分布区一致，水量极不稳定，通常是雨季出现，旱季消失。因此，旱季勘测时往往很难发现。另外，在居民区和工业区上下水管的渗漏，也有可能出现上层滞水，人工填土层也会出现上层滞水。

二、潜水

潜水是埋藏在地表以下第一个隔水层以上的地下水。当开挖到潜水层时，即出现自由水面，或称潜水面，在地下工程中通常把这个自由水面标高称作地下水位。潜水主要由大气降水、地表水和凝结水补给，变化幅度比较大。潜水系重力水，在重力作用下，由高水位流向低水位。当河水水位低于潜水位时，潜水补给河水如图13-1b)所示；当河水水位高于潜水水位时，河水补给潜水。因此，当地下工程采取自流排水的办法防水时，必须准确掌握地表水体(江河、湖泊、水渠、水库等)的常年水位变化情况，对于近地表水体构筑的地下工程，要特别注意防止洪水倒灌。

三、毛细管水

通常毛细管水可以部分或全部充满离潜水面一定高度的土壤孔隙，如图13-1c)所示。毛细管现象是由于土粒和水接触时受到表面张力的作用，水沿着土粒间的连通孔隙上升而引起的。土壤的孔隙所构成的毛细管系统很复杂，所形成的沟管通向各个方向，沟管的粗细变化也很大，而薄膜水的存在又妨碍了毛细管水的运动；因此土中毛细管水的上升高度不可能用简单的数学公式来计算，它与土壤的种类、孔隙和颗粒大小及土壤湿润程度有关。一般粗砂和大块碎石类土中毛细管水的上升高度不超过几厘米，而黄土可超过 2m，黏土则更大。因为水的毛细管上升引力作用是与毛细管的直径成反比例的。当温度为 15℃时，直径为 1mm 的毛细管里的水上升高度为 0.29cm；而直径为 0.1mm 的可上升 29cm，直径为 0.01mm 的可上升 200cm。实验证明，小碎石粒径为 1.0～0.5mm 时，水可上升 1.31cm；土粒径为 0.2～0.1mm 时，水可上升 4.82cm；土粒径为 0.1～0.05mm 时，水可上升 10.5cm。土壤中的毛细管水上升，也可传播到与地下水和土壤的毛细管水相接触的地下工程。在地下工程防水设计时，毛细管水带区取潜水位以上 1m，毛细管带以上部分可设防潮层。

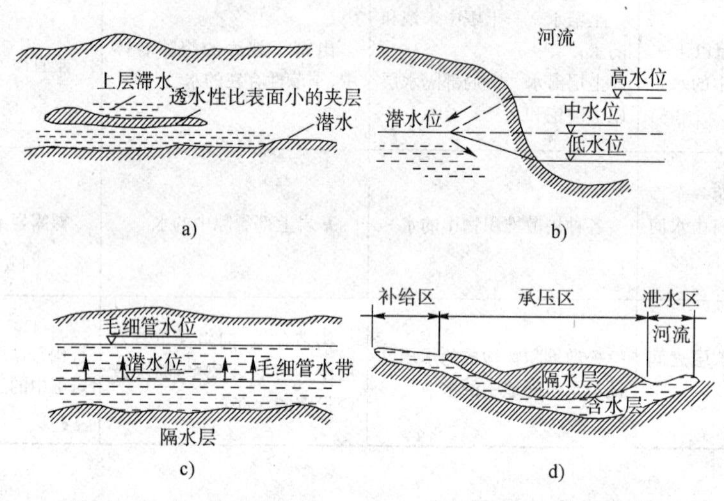

图 13-1 地下工程常遇见的地下水

a)上层滞水；b)潜水与河水补给关系；c)毛细管水；d)层间水

四、层间水

埋藏在两个隔水层之间的地下水称为层间水。在层间水未充满透水层时为无压水，如水充满了两个隔水层之间的含水层，打井至该层时，水便在井中上升甚至自动喷出。这种层间水称为承压水或自流水。承压水的特征是上下都有隔水层，具有明显的补给区、承压区和泄水区，如图 13-1d)所示。补给区和泄水区相距很远；由于具有隔水层顶板，受地表水文、气候因素影响较小，水质好，水温变化小。它是很好的给水水源，但是当地下工程穿过该层时，由于层间水压力大，要采取可靠的防压力水渗透措施，否则将造成严重后果。

13.3 地下工程防排水原则

各种地下工程的防排水原则有相同之处，一般采取“防、排、截、堵”等措施。多年的工程实践经验证明，仅有刚性防水层是不够的，还必须合理结合柔性防水层。修订后的《地下工程防水技术规范》(GB 50108—2001)规定：地下工程防水的设计和施工应遵循“防、排、截、堵相结合，刚柔相济，因地制宜，综合治理”的原则。

由于地下工程的种类不同、使用功能各异、面对的地下水环境及对地下水的保护也存在差别，因此，各自的设计和施工原则也各具特点。公路隧道、铁路隧道和地下铁道设计和施工规范从各自的特点、功能和使用要求出发，分别提出了自己的防水设计和施工要求。

《公路隧道设计规范》(JTG D70—2004)规定：隧道防排水应遵循“防、排、截、堵结合，因地制宜，综合治理”的原则，保证隧道结构物和营运设备的正常使用和行车安全。隧道防排水设计应对地表水、地下水妥善处理，洞内外应形成一个完整通畅的防排水系统。该规范对不同等级的公路防排水均提出了具体要求，同时规定：当采取防排水工程措施时，应注意保护自然环境。当隧道内渗漏水引起地表水减少，影响居民生产、生活用水时，应对围岩采取堵水措施，减少地下水的渗漏。《公路隧道施工技术规范》(JTJ 042—1994)规定：隧道施工防排水设施应与营运防排水工程相结合，施工防排水工作应按防、截、排、堵相结合的综合治理原则进行。

“防”——要求隧道衬砌结构、防水层具有一定的防水能力，能防止地下水透过防水层、衬砌结构渗入。“防”的方法可采用防水混凝土、塑料防水板和防水布等。

“排”——隧道应有畅通的排水设施，将衬砌背后、掌子面前方及路面结构层下的积水导入排水系统，排水效果好，可以减少渗水压力和渗水量，也能有效防止路面冒水、翻浆，减少隧道病害。

必须重点指出的是：大量排水亦会引起严重的后果，如围岩颗粒流失，降低围岩稳定性或造成当地农田灌溉和生活用水困难等，因此，要求设计和施工时应事先详细了解工程区域水文地质条件、环境要求，以“限量排放”为原则，结合注浆堵水制定设计方案与措施，妥善处理排水问题。若施工会贯通地下暗河时，可采取避让或提前对暗河进行改道等措施。

“截”——在隧道施工和运营过程中，当洞口边仰坡有流水冲刷，地表水及地下水易于渗漏时，应设置截、排水沟和采取消除积水的措施。对易于流入和渗漏到隧道的地表水，应采用设置截(排)水沟、清除积水、填筑积水坑洼地、封闭渗漏点等措施，对于地下水，应采取导坑、泄水洞、井点降水等措施。

“堵”即在隧道施工过程中，有渗漏水时，可采用注浆、喷涂等方法堵住；运营后渗漏水地段也可采用注浆、喷涂或用嵌填材料、防水抹面等方法堵水。

隧道防排水工作应结合水文地质条件、施工技术水平、工程防水等级、材料来源和成本等，因地制宜，选择适宜的方法，以达到防水可靠，排水通畅，线路基床底部无积水，经济合理，最终保障结构物和设备的正常使用和行车安全。

《铁路隧道设计规范》(TB 10003—2005)规定：新建和改建隧道防排水应采取“防、排、截、堵结合，因地制宜，综合治理”的原则，采取切实可靠的设计、施工措施，保障结构物和设备的正常使用和行车安全。对地表水和地下水应作妥善处理，洞内外应形成一个完整的防排水系统。

《地铁设计规范》(GB 50157—2003)规定：地铁工程的防水设计，应根据气候条件、工程地质和水文地质状况、结构特点、施工方法和使用要求等因素进行，以保证结构的安全、耐久性和使用要求，并应遵循“以防为主、刚柔结合、多道防线、因地制宜，综合治理”的原则，采取与其相适应的防水措施。当结构处于贫水稳定地层，同时位于地下潜水位以上时，在确保安全的条件下，可考虑限排。

地铁隧道工程属大型构筑物，长期处于地下，时刻受地下水的渗透作用，防水问题能否有效地解决不仅影响工程本身的坚固性和耐久性，而且直接影响地铁的正常使用。防排结合的提法仅限隧道处于贫水稳定的地层，围岩渗透系数小，可允许限排，因结构排水不致对周围环境造成不良影响；反之，当围岩渗透系数大，使用机械排除工程内部渗漏水需要耗费大量能源和费用，且大量的排水还可能引起地面和地面建筑物不均匀沉降和破坏，这种情况则不允许排水。“刚柔结合、多道防线”，其出发点是从材料角度要求在地铁工程中刚性防水材料和柔性防水材料结合使用。多道设防是针对地铁工程的特点与要求，通过防水材料和构造措施，在各道设防中发挥各自的作用，达到优势互补、综合设防的要求，以确保地铁工程防水和防腐的可靠性，从而提高结构的使用寿命。实际上，目前地铁工程结构主体不仅采用了防水混凝土，同时也使用了柔性防水材料。“因地制宜、综合治理”是指勘察、设计、施工、管理和维护保养各个环节都要考虑防水要求，应根据工程及水文地质条件、隧道衬砌的形式、施工技术水平、工程防水等级、材料来源和价格等因素，因地制宜地选择相适应的防水措施。

到目前为止，尽管各种地下建筑工程在设计中都采取了一定的防水措施，但在实践中因防水失效而造成渗漏的情况仍大量存在，甚至出现各种病害，影响其使用功能。出现这种现象的原因是多方面的，如水文勘测资料不全面、防水方案不完善、防水结构不合理、防水材料质量不高等。但是十分重要的原因是在设计中未能认清地下水的存在情况、运动规律和渗漏途径，没有针对出现渗漏的各种可能性采取可靠的防水措施。此外，施工质量不能保证，不能实现设计意图，也常常是地下建筑工程防水失效的重要原因。

多年的工程实践证明，地下防水工程是集材料、规划、设计、施工、维护为一体的综合性、系统性工程，它们之间既各自独立，又相互影响。材料是基础，规划与设计是前提，施工是关键，维护是保证，这已成为专家们的共识。因此，为了保证地下工程的防水质量，应从以上各方面系统考虑，采取合理的措施，达到地下工程的防水等级标准要求。

13.4 地下工程排水

地下工程排水是将水在渗漏进建筑物、构筑物内部之前加以疏导和排除，各种地下工程如公路隧道、铁路隧道及地铁等的设计和施工规范中均对排水有明确规定，实践中面对具体的工程对象可参照执行。综合各种排水方法，可分为地表水的排除、人工降低地下水位和将水引入地下结构后再有组织地排走等几种做法。这些防水措施的主要特点是解除了水量较大的重力水对地下建筑的直接威胁，卸掉了这些水的静水压力，对于承压水的防治效果尤为显著。但必须注意对生活和生产用水的影响。

13.4.1 地表水的排除

该方法是将地下工程顶部以上的地表水有组织地排去。在山区的隧道中，为了防止地表水汇集，从洞门进入隧道，隧道进洞前应先做好洞顶、洞口、辅助坑道口的地面排水系统，防止地表水的下渗和冲刷。通常的做法是，根据地表水情况，在洞门顶外修建排水沟或截水沟，引离地表水。在城市地下工程中，为了防止地表水集聚下渗到地层中形成局部的上层滞水，在一定范围内将地面做出排水坡度，周围用排水沟将水引走，并在这个范围内用抗渗性较好的材料（如混凝土、灰土、黏土等）做成隔水层，能较有效的防止地表水下渗。

13.4.2 人工降低地下水位

当地下工程结构全部或部分处于地下水位线中且地下水较丰富时采用该方法，设计和施工时在地下结构的中部或中下部周围设置集水管，将水集中后用机械抽出排走，从而将地下结构周围的地下水位降低，一直降到抽水点的标高，现成一个疏干漏斗区（见图 13-2）。在这个漏斗区范围内，不再有重力水和相应的静水压力，使地下结构防水的可靠程度大大提高。在地下水位高的地区，地下结构的施工常常采用

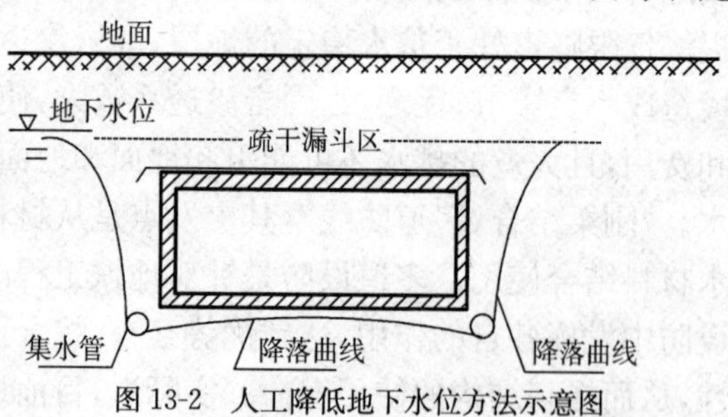

图 13-2 人工降低地下水位方法示意图

井点降水的方法保持基坑的干燥，如果设计的人工降水系统能与施工降水系统相结合，是比较经济合理的。应当说明的是，为了保证人工降低水位的效果，必须使集水管畅通不堵塞，同时抽水设备应能自动启动，而且动力不能中断。

13.4.3 地下结构内排水

当地下工程所处环境的渗水量不大时可采用该方法，是将水导入地下结构后再有组织地排走。通常采用两种方法：其一，允许地下水通过防水板的漏水层汇集于排水管，引入结构内的排水沟排走(见图 13-3)；其二，在地下结构中设置一个夹层，两层之间留出一定空隙，在底部设排水沟将渗入的水集中后排走(见图 13-4)。这两种方法的共同点是在结构内部增加一道排水设施。当涌水量较大时，则必须掌握涌水的流量，增设泄水管、盲沟等来有效排水。

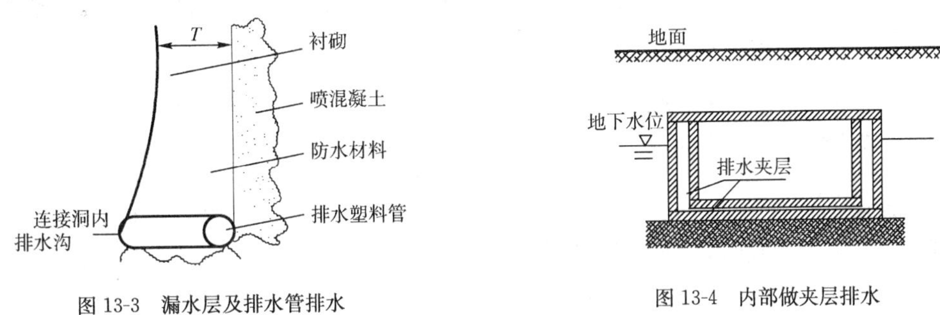

图 13-3 漏水层及排水管排水

图 13-4 内部做夹层排水

13.5 地下工程细部防水

地下工程防水一般包括刚性防水和柔性防水。刚性防水指通过提高地下结构主体的密实性和憎水性，并对接缝处进行防水处理，以达到不让地下水渗漏进入地下工程结构内部的目的。刚性防水包括防水混凝土、砂浆防水层、细部结构防水等；地下工程柔性防水是通过铺设防水板和涂刷防水膜等方式，给地下结构施作一层具有一定延展性的附加防水层，以达到防水目的。柔性防水的措施主要包括卷材防水、涂抹防水及防水板防水等。

各种地下结构防水，在相关规范中均有明确规定设计和施工时必须以之为依据，结合工程对象的实际采取综合防水措施。由于细部构造是各种地下结构所共有，也是防水的薄弱环节，具有结构复杂、防水工艺繁琐、施工难度大的特点，稍有不慎就会造成渗漏。因此，本节仅重点介绍地下工程细部结构防水。地下工程细部结构一般包括变形缝、施工缝、后浇带、穿墙管及桩头等。

13.5.1 变形缝防水

一、变形缝防水的一般规定

①变形缝应满足密封防水、适应变形、施工方便、检修容易等要求。

②用于伸缩的变形缝宜不设或少设，可根据不同的工程结构类别及工程地质情况采用诱导缝、加强带、后浇带等替代措施。

③变形缝处混凝土的结构厚度不应小于 300mm。

二、变形缝防水设计要求

①用于沉降的变形缝其最大允许沉降差值不应大于 30mm。当计算沉降差值大于

30mm 时，应在设计时采取特殊措施。

②用于沉降的变形缝的宽度宜为 20～30mm，用于伸缩的变形缝的宽度宜小于此值。

③常见变形缝的几种复合防水构造形式（见图 13-5 和图 13-6），亦可采用其他新型、成熟、可靠的防水构造形式。

④对环境温度高于 50℃处的变形缝，可采用 2mm 厚的紫铜片或 3mm 厚的不锈钢等金属止水带，其中间呈圆弧形，如图 13-7 所示。

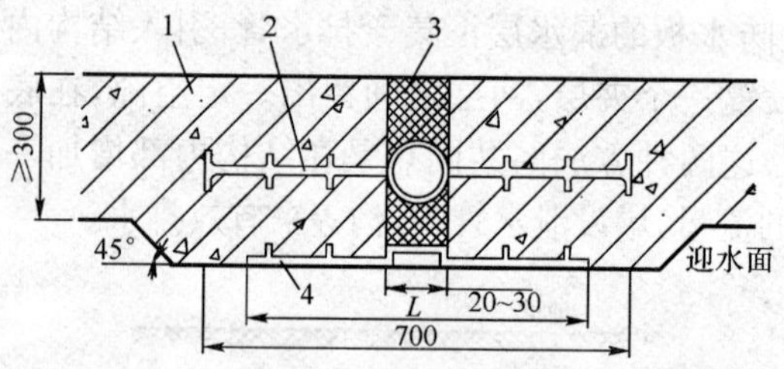

图 13-5 中埋式止水带与外贴式防水层复合防水构造（尺寸单位：mm）

外贴式止水带 L≥300；外贴式防水卷材 L≥400；外涂防水徐层 L≥400

1-混凝土结构；2-中埋式止水带；3-填缝材料；4-外贴防水层

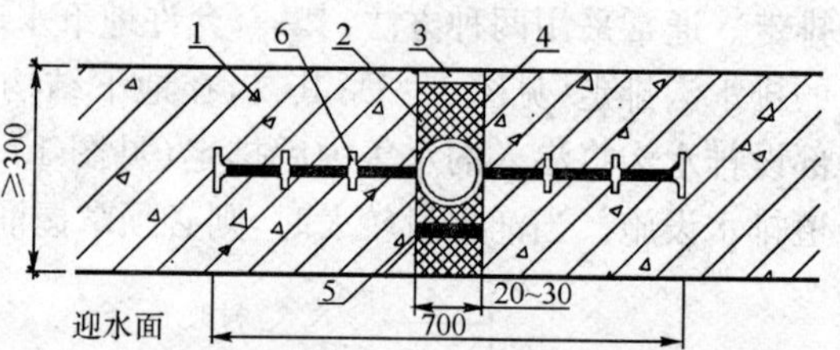

图 13-6 中埋式止水带与遇水膨胀橡胶条、嵌缝材料复合防水构造（尺寸单位：mm）

1-混凝土结构；2-填缝材料；3-嵌缝材料；4-背衬材料；5-遇水膨胀橡胶条；6-中埋式止水带

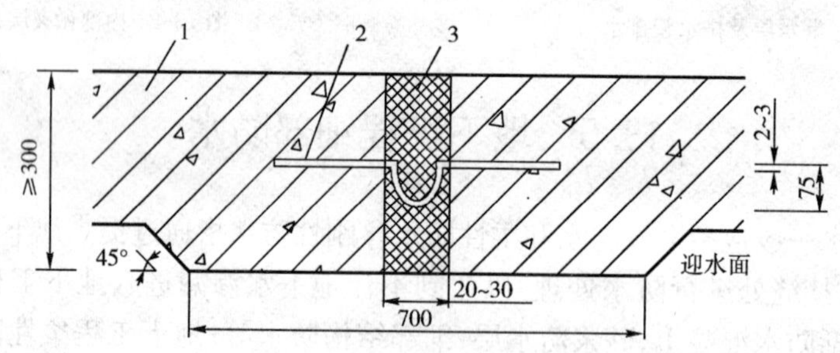

图 13-7 中埋式金属止水带（尺寸单位：mm）

1-混凝土结构；2-金属止水带；3-填缝材料

⑤止水条宜选用制品型遇水膨胀橡胶止水条，其物理力学性能应符合表 13-2 的规定。当选用其他新型、成熟、可靠的材料时，其物理性能应符合国家相关标准的要求。

制品型遇水膨胀橡胶止水条物理力学性能表 表 13-2

项目	硬度（邵氏 A）	拉伸强度（MPa）	拉断伸长率（%）	体积膨胀倍率（%）	反复浸水试验			低温弯折（−20℃×2h）	防霉等级
					拉伸强度（MPa）	拉断伸长率（%）	体积膨胀倍率（%）		
指标	42±7	≥3.5	≥450	≥200	≥3	≥350	≥200	无裂纹	优于 2 级

⑥变形缝使用的橡胶止水带的物理性能应符合表 13-3 的要求。当选用其他新型、成熟、可靠的材料时，其物理性能应符合国家相关标准的要求。

橡胶止水带物理性能表 表 13-3

项目	性能要求		
	B型	S型	J型
硬度（邵氏 A）	60±5	60±5	60±5
拉伸强度（MPa）	≥15	≥12	≥10

续上表

项目			性能要求		
			B型	S型	J型
拉断伸长率(%)			≥380	≥380	≥300
压缩永久变形(%)	70℃×24h		≤35	≤35	≤35
	23℃×168h		≤20	≤20	≤20
撕裂强度(kN/m)			≥30	≥25	≥25
脆性温度(℃)			≤−45	≤−40	≤−40
热空气老化	70℃×168h	硬度变化(邵氏A)	≤+8	≤+8	—
		拉伸强度(MPa)	≥12	≥10	—
		拉断伸长率(%)	≥300	≥300	—
	100℃×168h	硬度变化(邵氏A)	—	—	≤+8
		拉伸强度(MPa)	—	—	≥9
		拉断伸长率(%)	—	—	≥250
臭氧老化 50pphm:20%,48h			2级	2级	0级

三、变形缝施工要求

①缝内两侧应平整、清洁、无渗水；

②缝底应先设置与嵌缝材料无黏结力的背衬材料或遇水膨胀橡胶条；

③嵌缝应密实；

④中埋式止水带接头连接应采用热焊，不得叠接；背贴式止水带应与防水板焊接，止水条不得受潮。

13.5.2 施工缝防水

施工缝常见防水构造形式有单一构造形式和复合构造形式。单一构造形式又按使用的防水材料不同而分为3种构造形式，如图13-8a)、b)和c)所示，b)中背贴式止水带$L \geq 150$mm，外涂防水涂料$L=200$mm，外抹防水砂浆$L=200$mm；c)中钢板止水带$L \geq 100$mm，橡胶止水带$L \geq 125$mm，钢边橡胶止水带$L \geq 120$mm。复合构造形式是将单一构造形式结合使用，若当图13-8a)、b)复合时，即是同时使用遇水膨胀止水条和背贴止水带综合防水。

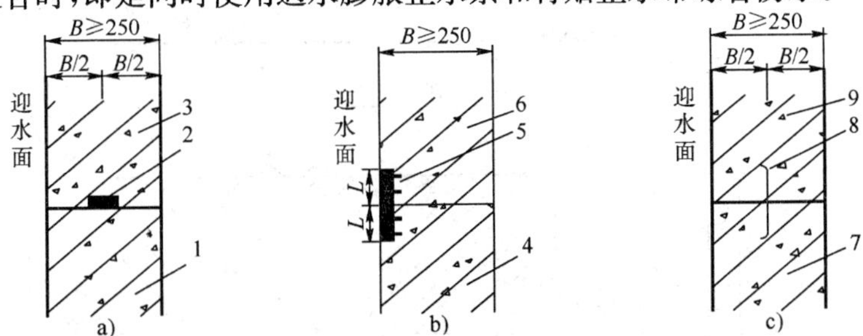

图13-8 施工缝单一防水构造形式

1-先浇混凝土；2-遇水膨胀止水条；3-后浇混凝土；4-先浇混凝土；5-背贴止水带；6-后浇混凝土；7-先浇混凝土；8-中埋止水带；9-后浇混凝土

施工缝的施工应符合下列规定：

①墙体纵向施工缝不应留设在剪力与弯矩最大处或底板与边墙的交接处，应留在高出底板顶面不小于 30cm 的墙体上。拱墙结合的水平施工缝，宜留在拱墙接缝以下 15～30 cm 处；墙体有预留孔洞时，施工缝距孔洞边缘不应小于 300mm。

②环向施工缝应避开地下水和裂隙水较多的地段，并宜与变形缝相结合。

③水平施工缝浇筑混凝土前应将其表面浮浆和杂物清除，铺水泥砂浆或涂刷混凝土界面处理剂并及时浇筑混凝土。

④垂直施工缝浇筑混凝土前应将其表面清理干净，涂刷界面处理剂并及时浇筑混凝土。

⑤施工缝采用遇水膨胀橡胶止水条止水时，应将止水条牢固地安装在缝表面预留凹槽内。

⑥施工缝采用中埋式止水带止水时，应确保止水带位置准确、牢固可靠。

13.5.3 后浇带防水

后浇带的防水接缝施工应符合下列规定：

①施工缝浇筑混凝土前应将其表面清理干净，涂刷水泥砂浆或界面处理剂并及时浇筑混凝土。

②选用的遇水膨胀止水条应具有缓胀性能，其 7d 的膨胀率应不大于最终膨胀率的 60%。遇水膨胀止水条应牢固地安装在缝表面或预留槽内。

③采用中埋式止水带时，应确保位置准确、固定牢靠。

④后浇带应设在受力和变形较小的部位，间距宜为 30～60m，宽度宜为 700～1 000mm。

⑤后浇带可做成平直缝，结构主筋不宜在缝中断开，如必须断开，则主筋搭接长度应大于 45 倍主筋直径，并应按设计要求加设附加钢筋。后浇带的防水构造如图 13-9 所示。

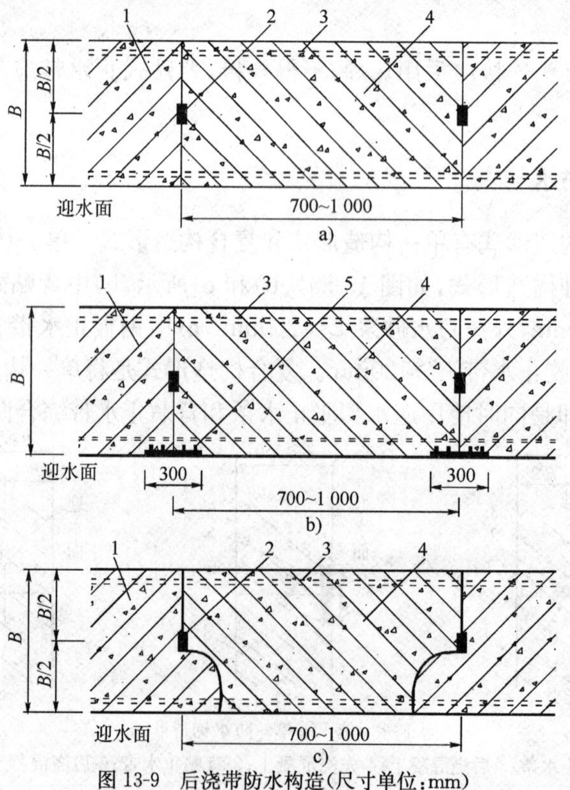

图 13-9 后浇带防水构造（尺寸单位：mm）

1-先浇混凝土；2-遇水膨胀止水条；3-结构主筋；4-后浇补偿收缩混凝土 5-背贴式止水带

13.5.4 穿墙管防水

穿墙管防水施工应符合下列规定：

①金属止水环应与主管满焊密实，并作防腐处理，采用套管式穿墙防水构造时，翼环与套管应满焊密实，并在施工前将套臂内表面清理干净。

②管与管间距应大于 30mm。

③遇水膨胀止水圈穿墙管，管径宜小于 50mm，胶圈应用黏结剂满黏固定于管上，并应涂缓胀剂。

④穿墙管线较多时，宜相对集中，采用穿墙盒的方法。穿墙盒的封口钢板应与墙上的预留角钢焊严，并从钢板上的预留浇筑孔注入聚合物水泥砂浆或改性沥青等密封材料处理。

第十四章
地下工程施工中若干环境影响问题

14.1 概　　述

随着经济的发展，科技的进步，人类需要更多的空间和更快捷经济舒适的交通方式，因此，把目光转移到地下空间和隧道工程的开发利用上来是一种必然趋势。世界范围内工程界普遍认为："19 世纪是桥梁的世纪，20 世纪是高层建筑的世纪，21 世纪则是人类开发利用地下空间的世纪"。地下空间将作为新型国土资源造福于人类，并从总体上称为"地下工业"。人们已在地下岩土体中建成了交通隧道、高层建筑基础、民用商用设施以及贮气、石油储存设施等，全世界 30 多个核能发电国家都力求用地下深部岩石洞室作为核废料永久储存库。从世界各国大中城市发展的历史来看，开发和利用地下空间是城市可持续发展的必由之路。

然而，在开发地下空间的过程中，也带来了一系列破坏和影响环境的问题，如水土流失、环境污染、城市地面沉降、噪声、滑坡、突水涌泥和泥石流等。因此，如何对地下空间进行合理开发以实现可持续发展，以及如何减小对环境的破坏已经成为全球地下空间利用进程中不容忽视的问题，人们必须面对环境岩土工程问题。

与此相适应，近年来发展了一个新兴的研究领域——环境岩土工程。环境岩土工程(Environmental Geotechnology)一词，源自美国宾州里海大学土木系美籍华人方晓阳教授在 1986 年 4 月 21～23 日主持召开的第一届环境岩土工程国际学术研讨会。目前，国内外对环境岩土工程的定义和学科地位还未统一，其研究内容和范围也存在着一些差别。在国际上，对环境岩土工程一词的定义可分为两种观点：一种观点是以方晓阳教授为代表，他在论文"Introductory Remarks on Environmental Geotechnology"中，认为"环境岩土工程(Environmental geotechnology)是一门交叉学科，研究岩石、土的物理化学性质及其与大气圈、生物圈、水圈、岩石圈和微生物圈的相互作用"；另一种观点的代表性人物是美国工程院院士、著名岩土工程学家、美国西弗吉尼亚理工学院的 J. K. Mitchell 教授，他认为"环境岩土工程是岩土工程学科中的一个分支学科"。

在国内，也有许多学者开始从事这一领域的研究，并提出了自己的观点和看法。比较有代表性的有以下几个。

①胡中雄等对环境岩土工程下的定义是：一门应用岩土工程的概念进行环境保护的跨学科的边缘学科，并将环境岩土工程的研究内容大致分成三大类：第一类称为环境工程，指用岩土工程的方法来抵御由于天灾引起的环境问题，如洪水、滑坡等；第二类称为环境卫生工程，指用岩土工程的方法来抵御由各种化学污染引起的环境问题，如城市垃圾填埋处理等；第三类是指人类工程活动引起的一些环境问题，如开挖隧道引起的地面变形等。

②袁建新定义的环境岩土工程学是：一门新兴的综合性交叉学科，它涉及岩土力学与岩土工程、卫生工程、环境工程、土壤学、地质学、水文地质、水文地球物理、地球化学、工程地质、采矿工程及农业工程学等。

③龚晓南认为：环境岩土工程是岩土工程与环境科学密切结合的一门科学，它主要应用岩土工程的观点、技术和方法为治理和保护环境服务。

④施斌也对环境岩土工程与岩土工程的区别进行过阐述，认为环境岩土工程研究的主要内容是用岩土工程的基本原理、方法和手段防止自然和人类活动引起的岩土环境的恶化，分析和评价环境与各类岩土工程间的相互作用和影响，改善城市和人类环境的运行和生活质量，保持人类社会经济的可持续发展。环境岩土工程除了需要力学基础外，还需要化学、环境科学、地质科学和社会科学等。

他同时认为环境岩土工程包含两层意思：一是方法上的，即它是相对于当前以力学为基础的岩土工程而提出的。在研究方法上，它强调多学科性，尤其强调大气圈、水圈、岩石圈和生物圈对岩土工程的影响，其中又特别强调化学和生物的作用，强调环境科学和工程与当前岩土工程的结合。二是研究内容上的，即与传统的岩土工程相比，它大大扩展了其研究内容。传统的岩土工程主要的研究内容包括在各种工程地质条件上的勘察、设计、施工、监测，安全和可靠地建造各种土木工程，它的理论基础是力学，而环境岩土工程的研究内容，除了上述研究内容外，更重要的是应用包括岩土工程在内的各种方法和手段，防止自然和人类活动引起的岩、土、水环境的恶化，分析和评价环境与各类岩土工程间的相互作用和影响，以确保各类工程的安全运行和人类生活质量的提高。因此环境岩土工程在研究内容上比岩土工程大大扩展了。

环境岩土工程既可以是岩土工程(Geotechnical Engineering)的一个分支学科(偏重于力学)，也可以是岩土环境工程(Geoenvironmental Engineering)的分支学科(偏重于化学)，随着研究内容和方法的不断丰富和发展，它更应成为一门独立的新型交叉学科，成为多学科融合的典范学科。

无论环境岩土工程定义和学科内涵如何，在进行地下工程施工过程中，对环境的影响和破坏是不争的事实，地下工程施工对环境的影响和保护问题，是环境岩土工程研究的问题之一。本章仅介绍与地下工程施工相关的若干环境影响问题。

14.2 城市基坑开挖的环境土工问题

人类在开发和利用城市地下空间过程中，基坑开挖是常见的施工活动。地铁车站、高多层建筑的地下室、城市道路下穿通道、地下商用设施等地下工程建设中，常常要进行深基坑开挖。在开挖基坑过程中，由于改变了原土体的应力场，必然会导致周围地层的移动和变形，严重时会引起支挡结构的变形破坏、基坑周围地表沉降、基坑失稳和基底隆起等问题。基坑开挖常见的环境土工问题有以下几个方面。

14.2.1 基坑边坡的失稳与防止措施

一、边坡变形与破坏问题

基坑开挖首先涉及的是边坡问题。基坑开挖形成的土质边坡，由于施工的扰动及土体赋存条件的改变，导致应力状态发生了质的变化，同时在本身重量和其他因素影响下，土体将会失稳产生向低处坍滑的趋势，其破坏方式通常有如图14-1所示的三种情况。

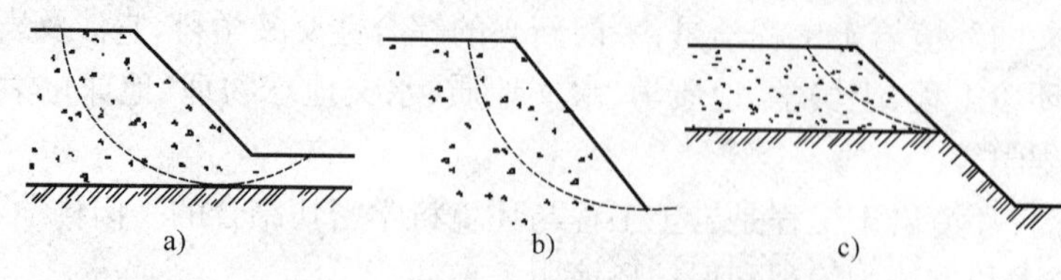

图 14-1 基坑开挖边坡滑动破坏的基本类型
a)底部破坏;b)斜面前破坏;c)斜面内破坏

①底部破坏:往往形成在软土地层中,滑动圆心多发生在坡面中的垂直线上,破坏面位于基底软硬交互层。

②斜面前破坏:常发生在黏性土中,由于坡面倾角较大形成,基本破坏形式为坡前破坏。

③斜面内破坏:常在接近于斜坡面下面的硬层出现,且为坡间破坏。

此外,当基坑位于岩体中时,由于表层风化严重、结构面发育或岩体松散破碎,也可发生坍塌、表层滑动或沿结构面的剪切破坏。

二、基坑边坡失稳的防止措施

基坑开挖的边坡失稳,往往是由于坡高度、坡度角、土重度、黏结力和摩擦角 5 个参数决定。在制订基坑边坡失稳防止措施时,应以这些影响因素为依据,结合现场情况具体分析,采取合理方案。一般说来,基坑边坡失稳常见的防止措施有以下几种。

(1)改变边坡几何形状

改变边坡几何形状一般通过放缓边坡角、将边坡修成台阶形、降低边坡高度,以及坡顶卸荷等来实现。该措施是通过改变边坡外形,来增加边坡稳定性,目的是减少基坑边坡的下滑力。

(2)改善土石力学性能

对于力学性能差的土石,可采取工程手段改善其力学性能。措施有灌浆加固法(如灌入水泥浆液、化学浆液等)、施加锚杆锚索等。

(3)设置边坡护面

基坑边坡护面的目的一方面是防止雨水冲刷坡面造成局部破坏和失稳,另一方面控制地表水经裂缝渗入边坡内部,从而减少因为水的因素导致土体软化和孔隙水压力上升的可能性。护面一般采用喷射混凝土层的方式,当为永久裸露边坡时,宜结合植被护坡进行。为了增加边坡护面坡的抗裂强度,内部可以配置一定的构造钢筋。

设置边坡护面须结合防排水设施来进行。

(4)边坡坡脚抗滑加固

当基坑开挖深度大,且因为场地限制边坡角度不能继续放缓而达到稳定性要求时,可以对边坡坡脚进行抗滑加固。较常见的加固方法有:设置抗滑桩、旋喷法、分层注浆法、深层搅拌法等。

采用这种方法时,必须注意加固区应穿过滑动面并在滑动面两侧保持一定范围。

14.2.2 支挡结构的变形

随着地下工程的发展,基坑开挖深度不断增加,对基坑支护技术的要求也越来越高。目前,深基坑支挡结构的形式较多,技术也都比较成熟,但在实际施工过程中,也会因为支挡结构变形而导致事故的发生。

基坑支挡结构的变形表现为两个方面:水平变形和竖向变形。当基坑开挖较浅时,支挡结构主要为向基坑方向的水平变位,地表也开始变形;随着开挖深度的增加,设置支挡,土压力增大,墙体变位逐渐恢复,此时,地表变形的范围增大,最大变位量也增大;当基坑开挖深度进一步增大时,基坑应力释放量增大,往往会造成地下墙体的向上变位,减少了入土深度。另一方面,由于基坑开挖土体自重应力的释放,致使墙体有所上升。同时,如果泥浆沟槽清孔质量不好,亦会造成支挡墙的向下沉降。

支挡结构水平变位的大小,主要取决于基坑的宽度、开挖深度地层的性质、支挡结构的刚度和入土深度。基坑的暴露时间、支撑的及时性、支撑刚度位置和支撑预加轴力,对减少支挡结构的变位起重要作用。

深基坑工程往往处于城市人口密集区,而我国以前对地下空间的开发缺乏规划,因此基坑工程附近经常管线密布,重要建筑也常存在。如果基坑支挡结构变形过大,就会引起基坑周围的建筑物、道路以及水、电、煤气管网等管线工程的破坏,带来严重的环境影响和破坏问题及社会问题。

14.2.3 基坑周围地表沉降变形

基坑开挖引起的地表沉降是基坑工程带来的重要环境土工问题之一。在深基坑开挖进程中,所产生的地面沉降主要来自两个方面:一是地下水疏干产生的差异性地面沉降;另一种是由于护坡设施的侧向变形引起的地面沉降。前者产生的沉降是在较大范围内,一般是以深基坑为中心的环形区域里;后者主要集中在基坑四周。当开挖深度较大且土质较弱时,基坑周围土体塑性区范围较大,土体的塑性流动也较大,土体从支护结构外围向坑内和坑底移动,此时支护结构后产生地层移动,这也是地表沉降的主要原因。

疏干地下水产生地面沉降,如果水位降低不太大,产生的沉降危害可不予考虑,但水头降低过大,并且疏干的范围又较小时,不均匀沉降可能引起建筑物的倾斜、墙体开裂。在实际施工过程中,该环境影响问题是较常见的。如南京华荣大厦基坑深 8.5m,在开挖过程中,由于大面积疏干地下水,产生较大地面沉降,加上挖孔桩产生的地面沉降,其累计沉降量达 10~23cm,危及周围房屋,尤其危及新华日报胶印车间的安全。周围房屋墙体、结构产生裂缝,缝宽3~5cm,新华日报社室内从德国进口的 3 台罗兰胶印机滚筒水平验收时误差 0.7mm(是允许误差 0.04mm 的 17.5 倍),造成有可能停机停报的危险,仅一次德国专家的校正误差费用就达 10 万元,造成很大的经济损失。

支挡结构变形产生的地面沉降,对基坑周边产生的影响同样严重。根据工程实践经验,在基坑周边的地面沉降往往是地下水疏干和支挡结构变形叠加的结果。

14.2.4 基坑失稳

勘察工作的不充分、设计的失误以及施工上的过失,均会造成基坑的失稳。基坑失稳往往与边坡变形、支挡结构破坏及地面沉降等联系在一起,其主要表现在如下几个方面。

①支挡结构失效造成失稳。基坑开挖时支挡结构出现问题的原因,有的是因为支护结构位移大,有的是因为护坡桩的断裂。支护结构失效将极大地影响和改变地质环境,最直接的影响是造成基坑边坡失稳,进而引起地面沉降,房屋开裂,甚至倒塌。

②地基土强度不足,支挡结构嵌入深度不够,桩侧土滑动而造成整体滑动失稳,其滑动力

矩主要来自地表超载及其底面以上的土体重量。

③基底水平面两侧的荷载不平衡，发生“踢脚”现象，当“踢脚”产生过量隆起时，也可造成基坑失稳。

④基坑开挖若遇到承压水层也可能产生基坑底臌，造成基坑失稳。

上述基坑失稳现象，究其原因主要表现在两个方面：一是因结构(支挡结构和支撑结构)的强度或刚度不足而使基坑失稳；二是地基土的强度不足而造成基坑失稳。

14.2.5 基坑涌沙

如果基坑施工位于疏松的沙土层，并且地下水位较高，沙土层受向上的渗透水压作用，当产生的动水力坡度大于沙土层的极限动水力坡度时，沙土颗粒就会处于悬浮状态，在渗透力作用下，细沙向上涌出，就会发生涌沙。

在施工中所遇到的流沙(或管涌)常见有三种情况：

①轻微涌沙：板桩缝隙不密，有一部分的细沙随着地下水一起穿过缝隙而流入基坑中，增加基坑的泥泞程度。

②中等涌沙：在基坑底部尤其是靠近板桩的地方，常会出现有一堆细沙缓缓冒出，仔细观察可见细沙堆中形成许多细小的排水槽，冒出的水夹杂着一些细砂颗粒在慢慢地流动。

③严重涌沙：在出现轻微甚至中等涌沙时继续开挖，某些情况下，流沙的冒出速度很快，有时就像开水初沸时的翻泡，此时基坑底部成为流动状态。

城市软土分布区，由于黏性土层和含水层相间分布，在止水帷幕失效或由于降水未达到要求时，因过大的水压力作用，就会发生基坑大量涌沙，造成基坑失稳，进而引发诸如地面沉降、建筑物开裂、地下管线破坏等严重的环境土工问题。

防止涌沙，要从其发生的原因入手。一方面加固松软的沙土层，增加其强度；另一方面，通过降水措施，降低渗透水压力。

14.2.6 基坑隆起变形

每个基坑开挖后，都会有不同程度的隆起现象发生，主要原因有四个方面：

①由于土体挖除，自重应力释放，致使基底向上回弹。

②基底土体回弹后，土体松弛与蠕变的影响，使基底隆起。

③基坑开挖后，支挡结构向基坑内变位，在基底面以下部分的支挡结构向基坑方向变位时，挤推其前面的土体，造成基底的隆起。

④黏性土基坑积水，因黏性土吸水使土体积增大而隆起。

有的工程基坑隆起量不大，基坑并未失稳，处于正常的施工状态；有的工程在施工过程中，基坑发生较大的隆起量，造成基坑失稳。研究表明，基坑的隆起量与基坑开挖后搁置的时间长短有关，据日本的实测数据，在不到10天的基坑搁置时间中，隆起量增加约50%左右，这说明土壤具流变性。当基坑开挖深度较小时，因土壤蠕变引起的增加量不显著，随着开挖深度的增加，这种增加量的比例就会变大，因此，基坑开挖后应尽量减少基坑的搁置时间。

14.3 山岭隧道施工中的环境影响问题

山岭隧道包括公路隧道、铁路隧道以及引水隧洞等，一般修建于地壳表层，位于地下水最活跃的部分。在岩土中开凿隧道，势必带来大量弃渣，同时造成周围地应力场的改变，岩土结构松散，地表水、地下水重新分布。尽管随着隧道施工水平的逐步提高，我国高速公路、高速和大能力铁路建设越来越多，但由此而涉及的环境保护和环境影响问题，还未得到足够的重视。过去相当长的时间内，人类社会的传统发展模式是以资源的过度消耗和环境恶化为代价，结果带来诸如自然资源的可持续利用降低、环境污染、地质灾害频繁、生态平衡遭到破坏等重大问题。在山岭隧道施工中，不能重复过去的错误，必须对环境影响和破坏问题有清醒的认识。

山岭隧道施工中的环境问题涉及面极广，本节只介绍施工弃渣、洞口边仰坡破坏及地下水的影响等方面的问题。

14.3.1 弃渣的影响与处置

在山岭隧道修筑过程中，无论是施工便道的修建、洞门的开挖还是洞身的掘进，都不可避免地产生一定的施工弃渣。从现阶段来看，尽管我国相关单位对施工中的环保问题已给予足够重视，但仍存在施工中对弃渣无序处置的现象，尤其在山岭重丘区施工时更是如此，弃渣破坏植被，影响环境的情况仍然存在，有的甚至触目惊心，能够见到隧道弃渣破坏大面积山体植被的情况。

隧道弃渣的无序处置，会造成植被破坏、环境污染、水土流失等一系列问题，严重者甚至诱发泥石流、滑坡等地质灾害，因此，其危害应引起足够的重视和警惕。总体说来，弃渣无序处置的危害主要有：

①破坏植被，影响自然景观，侵占土地。

②引起水土流失，改变区域内的表层岩土环境和土壤结构，使土壤沙砾化，恶化土壤质量，降低农作物产量。

③在江河湖泊区域的弃渣，会影响湿地，抬高河床，导致洪涝灾害的发生，甚至阻塞航道。

④在诱发地质灾害方面，山坡上的弃渣可能加陡坡角，增加荷载，导致滑坡的发生；大气降雨丰富的山区陡峻沟谷内的弃渣极易引起泥石流。

隧道施工所产生的弃渣，只要处理措施得当，方案合理，上述问题完全可以避免。在隧道施工过程中，弃渣的处置，可遵循以下方法和原则：

①用作回填材料

无论公路还是铁路，修筑过程中都会有回填路基，只要做好线路规划，可将大量弃渣用作路基的回填材料；在隧道工程所在区域的市政设施和基础设施建设中，也会需要建设填料，如果能与当地政府部门提前协商，亦能较好解决弃渣问题。

②用作施工石材

如果隧道开挖区域岩体为坚硬岩石，如玄武岩、白云岩等，可用于浆砌片石护坡、挡土墙施工的石材，也可用于混凝土体的骨料，既降低了工程成本，又可解决弃渣问题。

③弃渣无法利用的，必须合理规划弃渣场

弃渣场不得侵占农田和耕地，不得影响城乡居民的正常生活与生产；弃渣排放时，要集中堆放，以降低弃渣防护成本，减小影响范围；须重点指出的是，弃渣场址选择和堆放，不得诱发地质灾害，如滑坡和泥石流等。在满足上述条件前提下，尽量缩短弃渣排放的运距。

④弃渣场必须有合理的防排水系统和可靠的"复绿"手段

应做好弃渣场地表的排、截水设施，尽量减少地表水的下渗量，并做好渣底下渗水的汇排水设计，形成合理的防排水系统。

施工结束后，弃渣场不能放任不管，须按照环保要求做好“复绿”工作，确保其对环境生态不造成永久的负面影响。

14.3.2 洞口边仰坡的破坏与处理

在山岭隧道设计和施工过程中，洞口的仰坡和边坡处理是不可回避的问题。由于隧道洞口处岩性多为强风化岩体或第四纪土层，且易受地表水或地下水的影响，故往往较差。因此，洞口的坡体在隧道施工中极易出现失稳现象，其不仅影响工期，造成经济上的损失，威胁人身和设备安全，也会带来严重的环境影响和破坏问题，如植被破坏、水土流失甚至诱发地质灾害等等。如图14-2所示为某隧道施工导致山体失稳的照片，从中可以看出，山岭隧道洞口边仰坡处置不当将带来的严重后果。因此，必须重视隧道洞口边仰坡破坏的影响因素及处理措施。

图14-2 某隧道洞口边仰坡垮塌

一、山岭隧道边仰坡破坏的影响因素

隧道洞口边仰坡稳定性的影响因素及其影响程度是采取正确处理措施的依据。由于具体工程的差异性、地质条件的复杂性，洞口边仰坡的处理不能采取相同的处理措施。因此，需要对影响隧道边仰坡稳定的各种因素进行具体分析，综合决策。

（1）岩性的影响

地层的岩性，是影响边坡稳定的基本因素。岩性是岩体的地质组成、岩石的物理力学性质及微观的化学特征。不同的地层岩组有其特殊的矿物成分、亲水特性以及抗风化能力，所以，岩性特征对边仰坡的变形破坏有着直接影响。坚硬完整的块状或厚层状岩组，易形成天然的高陡边坡；软弱岩层中形成的边坡稳定坡高较低，坡度较缓，如果在这样的岩层中人为形成高陡的隧道洞口边仰坡，极易发生变形破坏；某些遇水易软化岩组构成的边仰坡，在天然、干燥的状况下是稳定的，一旦经地下水的浸泡，岩体的强度大大降低，容易失稳。

（2）岩体结构的影响

岩体中结构面的存在，降低了岩体的整体强度，增大了岩体的变形性能，对岩体的不均匀性、各向异性和非连续性等亦有影响。不稳定岩体往往是沿着一个或多个结构面组合形成的弱面发生变形破坏。

结构面成为潜在滑动面的两个最重要的因素是结构面产状与斜坡面的空间组合关系及其结构面的力学性能。结构面倾向与坡向基本一致并形成一定夹角时，才具有潜在滑动面的可能性；当结构面与坡面为反倾或斜交角度较大时，它对边坡稳定性影响只是破坏坡体岩石的完整性和控制滑体或岩崩体的边界；隧道洞口边仰坡的稳定性同时取决于潜在破坏面的抗剪强度，破坏与否和结构面的力学性能相关，也就是取决于潜在破坏面的力学性能。

(3)岩体的风化程度

风化作用造成岩体结构面的规模增大，条件恶化，并可产生风化裂隙等次生结构面及次生黏土矿物，使地表水易于入渗，改变地下水的动态等。长期的风化作用可使岩土体的抗剪强度减弱，影响边坡的形状和坡度，还可使边坡岩土体脱落或崩塌。

(4)边仰坡的几何特性

边仰坡的几何特性系指边坡的高度、坡角、坡面形态以及边坡的临空条件等。不利形态和规模的边坡往往在坡顶产生张应力，并引起坡顶出现张裂缝；在坡脚产生强烈的剪应力，出现剪切破坏带，这些作用极大降低边坡的稳定性。对均质岩坡而言，其坡度越陡，坡高越大则稳定性越差。

(5)地下水的影响

地下水的存在使边坡岩土体的含水率增大，岩土体容重也随之增加，而且孔隙水压力也随之增大，从而引起剪应力增大和边坡抗剪能力下降，使边坡稳定受到影响。地下水的渗透流动，对坡体产生动水压力，在动水压力作用下，水流将带走边坡断层破碎带或其他软弱结构面中的细小颗粒，经过长期的渗流作用，边坡内部可能形成较为连贯的渗流通道，随着通道的不断扩大，坡体被不断掏空，最终将导致边坡失稳。水的软化作用也会导致边坡岩土体强度降低，进而引起边坡的失稳。

(6)隧道断面大小影响

隧道开挖断面越大，对边坡的扰动越大，边坡的应力场改变也越大，在坡顶和坡脚引起应力集中现象更加明显，边坡的稳定性随之降低。隧道的开挖往往减小坡体滑动面的抗滑力，同时，隧道断面越大，塑性区的范围变大，坡体容易发生变形，降低边坡的稳定性。

(7)工程施工的影响

隧道的开挖、施工便道的修建以及施工场地的平整，都可能对隧道洞口边仰坡的稳定性构成威胁，其影响主要表现在：改变了山体坡面的几何形态，可能加陡坡角；改变了地应力的分布状态，诱发应力释放或导致应力集中；开挖坡脚，增大临空面，为潜在滑动面的剪切破坏创造条件；破坏植被，导致雨水渗入；反复的爆破震动，造成岩体的疲劳损伤等。

(8)时间的影响

对于风化破碎岩体和软岩地层，隧道洞口边仰坡的稳定性具有显著的时间效应。当现场施工管理合理，加固措施及时有效，往往能保持边仰坡的稳定性，从而避免对环境的破坏；相反，若只注重隧道开挖进度，对洞口边仰坡加固的力度不够或不及时，随着时间的延长，会导致边仰坡的蠕变破坏。

二、隧道洞口边仰坡处理原则和措施

要避免隧道洞口边仰坡所带来的环境影响问题，必须分析其影响因素及影响程度，采取与之适宜的处理措施。一般说来，隧道洞口边仰坡的常见处理原则和措施有：

(1)隧道洞口设置要遵循“早进晚出”的原则

隧道洞口设置遵循“早进晚出”的原则，这样就会尽可能与自然保持一致，减少对山体的切割及对山体的破坏和扰动。

(2)设计和施工时贯彻“环保工程”的理念

隧道洞口设计和施工过程中，应避免因洞口刷坡诱发病害，尽量少刷坡和破坏植被；采用“自然进洞”的原则，合理确定洞口位置和洞口方案，正确安排施工步骤，并借助一些辅助施工措施来保障进洞安全和保护自然生态环境，尽最大可能保护和恢复自然环境；在隧道施工阶段，注意隧道洞口土石方开挖与回填尽量避开雨季；对隧道边仰坡及渣场路堤边坡及时进行植草绿化。

(3)及时完善防排水设施

在隧道洞口边仰坡上，及时设置截水沟，在洞口与洞内完善排水系统，尽量做到雨水少渗入地下，避免边仰坡崩塌、诱发滑坡等地质灾害。

(4)采取必要的加固措施

对于稳定性较差的边仰坡，要先采取合适的加固措施，然后才开始隧道的开挖。这些加固措施包括注浆加固法、地表喷锚网加固法、填土反压工法、挡墙工法、明洞工法等。

14.3.3 山岭隧道施工中地下水的影响问题

山岭隧道修筑过程中，地下水是不可回避的问题。地下水与隧道施工的影响是相互的，一方面地下水会对围岩和构筑物的稳定性带来负面影响，另一方面，工程施工过程中，会污染水源、影响生产和生活用水。一般说来，山岭隧道施工中，地下水带来的环境问题主要包括：

①隧道施工过程中，如果地下水较丰富，会增加掘进和支护难度；当隧道穿越岩溶发育地区，尤其在存在地下暗河时，有可能发生涌水涌泥等施工地质灾害，威胁施工人员和设备的安全。

②在施工期，水从隧道大量流失，围岩中的地下水冲刷岩层节理裂隙或岩溶管道中的充填物，使其贯通性愈来愈好，同时增加围岩容重，增加支护体所承担的荷载，在软岩地区，还会降低围岩力学性能，所有这些，加剧了隧道围岩塌方的可能性，甚至发生“通天”塌方，一方面危及施工安全，另一方面，导致水土流失和破坏地表植被；在运营期，大量地下水的存在，将加大衬砌渗漏变形、路面翻浆冒泥等各种隧道病害发生的可能性。

③地下水长期由隧道大量排走，地下水位降低，引起洞周地面沉降，甚至导致洞顶地表塌陷；地下水的大量流失，还会影响居民生活用水，使地表干旱缺水、农作物减产和地面植被破坏。

④隧道修筑过程中，施工废水会造成地下水的污染，同时，地下水位下降使地表水、大气降水等入渗能力加强，污染物随水渗入地下水和土壤，导致水质和土质遭受污染，间接影响人民身体健康。施工过程中产生的废水，主要来源于以下几个方面：a. 施工过程中产生的岩粉和其他细颗粒尘土进入水体；b. 隧道内各种施工机械渗漏油而导致的水体污染；c. 涌水带出的地层泥浆和泥沙；d. 注浆作业产生的 pH 值污染；e. 喷射混凝土产生的碱性污染。

对地下水的处理，应遵循“防、排、截、堵结合，因地制宜，综合治理”的原则，做到既保证安全施工，又兼顾环保要求；当地表有重要水源如水库、城镇居民饮用水源时，设计和施工单位应有高度的风险意识，在设计和施工时应采取万无一失的措施，确保此种重要水源不受隧道施工的影响；针对隧道区地下水系的破坏问题，在隧道建设早期就对区域内的地下水系受隧道建设的影响程度进行评估，以确定该线位是否合理，这项工作虽然繁琐复杂，但是对于环境保护是不可或缺的；如果隧道穿越围岩富水地段，可以对破碎区进行围岩注浆加固，使隧道开挖面周围的围岩得以封闭，保证地下水不会大量经过隧道排水系统流向洞外；而对于施工过程中产生的废水，应在洞口修建污水池，对悬浮物质的净化采用药品凝聚和自然沉淀相结合的处理方法，将水污染带来的环境损伤降低到最低程度。

14.3.4 山岭隧道的其他环境影响问题

山岭隧道施工中的环境岩土工程问题还包括有毒有害气体、噪声、粉尘和振动等，这些危害主要来源于凿岩及出渣、施工机械尾气排放和爆破等方面。为保证施工人员及附近居民的人身健康，生产生活不受影响《公路隧道施工技术规程》(JTJ 042—1994)对施工中作业环境的卫生标准作了如下规定：

①坑道中氧气含量按体积计不应小于20%。

②坑道内气温不宜高于30℃。

③有害气体浓度要求：

a. 一氧化碳(CO)一般情况下不大于30mg/m^3，特殊情况下，施工人员必须进入工作面时，可为100mg/m^3，但工作时间不得超过30min；

b. 二氧化碳(CO_2)按体积计不得大于0.5%；

c. 氮氧化物(NO_2)在5～8 mg/m^3 以下；

d. 甲烷(CH_4)按体积计不得大于0.5%；否则必须按煤炭工业部现行的《煤矿安全规程》有关的规定办理；

④粉尘浓度。

含10%以上游离二氧化硅的粉尘，每立方米空气中不得大于2mg；含10%以下游离二氧化硅的矿物性粉尘，每立方米空气中不得大于4mg；

⑤噪声不宜人于90dB。

对于振动的标准，规范中未作明确规定，但欧洲的Reiher和Meister对爆破震动对人的影响做了相关研究工作，他们用振动速度来区分人们对振动感受的主观描述，当振动速度为0.1～0.2cm/s时，没有感觉；0.2～0.5cm/s时，轻微感觉；0.5～1.0cm/s时，有显著感觉；1.0～2.0cm/s时，感觉不愉快；2.0～3.0cm/s时，烦躁不安；3.0～4.0cm/s时，感觉惊慌。

为保证施工环境符合要求，解决上述隧道施工所带来的环境影响问题，可从以下几个方面采取措施：

(1)完善通风系统

隧道施工通风应能满足洞内各项作业所需要的最大风量。

风量按每人每分钟供应新鲜空气3m^3 计算，采用内燃机械作业时，1kW供风量不宜大于3m^3/min。风速在全断面开挖时不应小于0.15m/s，坑道内不应小于0.25m/s，但均不应大于6m/s。

瓦斯地段通风，应将新鲜空气送至开挖面，将开挖面附近的瓦斯含量稀释到1.0%以下；并用排风管将瓦斯气体排到洞外，不允许瓦斯气体流入隧道后方内。

(2)采取降尘措施

凿岩时采用湿式凿岩，与干式凿岩相比，可降低粉尘80%；喷射混凝土时采用湿喷法，与干喷法相比，湿喷法可降低粉尘85%；增加洒水车洒水和水雾降尘的频率，另外，少破坏植被，增加覆盖，也可达到降尘的目的。

(3)改进爆破手段

采用控制爆破和微差分段爆破方法，同时加强爆破震动监测；利用水封爆破和水炮泥手段来降低爆破粉尘。

(4)加强施工管理和设备管理

合理安排施工过程，避免集中作业；尽量选用噪声小，尾气排放少，机况好的机械；大噪声设备远离噪声敏感点，错开其作业时间，在条件容许时，可增加隔音门和隔音罩等。

(5)加强个人防护

隧道施工中，受现场条件的限制，完全解决噪声、粉尘、有毒有害气体问题很难做到，因此施工人员必须加强个人防护。如按规定配戴防尘口罩、在噪声大的环境作业戴上耳塞等安全防护用品。

14.4 盾构掘进对环境的影响及防治

盾构法施工不仅具有安全快捷、适应地层广、施工质量有保障、防水性能好、机械化程度高等优点，而且还有对周围环境影响小的优势。但是，由于盾构施工环节较多，施工控制因素也多，加之地质情况往往复杂多变，勘探资料与地层实际情况间也会存在偏差，因此施工过程中不可避免会造成对环境的影响。

由于盾构法施工的隧道，往往要穿越城市中心地带，因建筑物密集、施工场地狭小、地质情况复杂、地下管网密布、交通繁忙、施工条件受到限制等，对环境的控制要求更为严格。盾构施工对环境的影响主要表现在地面隆沉或地层水平位移等。如果这种变形过大，可能导致地表建筑物倾斜、开裂、倒塌；地下管线断裂；地面凹陷、隆起，道路破坏，桥梁开裂变形；地层水平位移过大时可能引起地下桩基偏移及管线与通道错位等，进而导致桩基承载力下降并影响管线与通道的正常使用，甚至毁坏。

14.4.1 盾构掘进造成地层变形的原因分析

盾构推进引起的地层变形一般由三部分组成：先于盾构前方的地表变形；盾构通过时的地层变形，也叫地层损失；盾构离开后的土体固结。先于盾构前方的地表变形，是由于土体受挤压，盾构掘进引起地下水位下降等原因引起的，不是所有的盾构施工工程都会发生，一般变形量较小。

一、盾构通过时地层损失原因分析

地层损失是指盾构施工中实际挖除的土壤体积与理论计算的排土体积之差。地层损失率以地层损失体积占盾构理论排土体积的百分比 $V_s(\%)$ 来表示。

圆形盾构理论排土体积 V_0 为：

$$V_0 = \pi \cdot r_0^2 \cdot L \tag{14-1}$$

式中：r_0——盾构外径；

L——推进长度。

单位长度地层损失量计算公式为：

$$V_s = V_s(\%) \cdot \pi \cdot r_0^2 \tag{14-2}$$

引起地层损失的施工及其他因素较多，盾构通过时地层损失的原因主要有以下几种。

(1)开挖面土体移动

当盾构掘进时，刀盘前方土体的水土压力没有得到及时有效的平衡，盾构前方土体就会处于不稳定状态。当盾构掘进时，盾构掘进速度慢、进土量少而螺旋输送器排土量大，引起土舱内压力下降或土压力设定值偏小时，开挖土体向盾构内移动，引起地层损失而导致盾构上方地面沉降，这种地层损失是极为有害的，是地面沉降产生的主要原因之一。相反，如果盾构施加的压力过大，则正向土体向上、向前移动，引起地层损失欠挖而导致盾构前上方土体隆起。

(2)土体挤入盾尾空隙

由于盾尾后面隧道外周建筑空隙中压浆不及时，压浆量不足，压浆压力不恰当，使盾尾后周边土体失去原始三维平衡状态，而向盾尾空隙中移动，也会引起地层损失。

(3)土体补偿管片外侧与土层之间的空隙

在盾构法施工过程中，管片外侧与土层之间会存在一定间隙，原因在于：

①由于管片要在盾壳内安装，盾壳需要一定的刚度来满足抵挡水土压力的需要，因此，盾壳需要一定的厚度，这个厚度一般为5～8cm。

②盾构掘进的土层可能存在软硬不均等现象，为降低掘进时盾构机姿态偏差的影响，在管片安装时，需要预留一定的安装误差，即在管片与盾壳之间留有一定的间隙。

③为了减少推进时周围地层对盾壳的摩阻力，降低千斤顶推力的设计，一般将盾体做成梭形，即由刀盘向盾尾做成前大后小的梭子状，以利于盾构机推进时减少摩阻力，一般盾体前后半径相差在3～5cm左右。

④盾构体为一刚体且具有一定的长度，为满足盾体能顺利完成转弯施工，常常需要进行一定的超挖，这也会导致施工间隙的存在。

⑤掘进时刀盘切削土体连带的扩孔效应。

可见，管片外侧与土体之间必然存在一定间隙，由此产生的地层损失可通过同步注浆等施工措施得到弥补。但是，若填充不及时或填充不饱满、浆液稳定性差强度低等情况发生时，管片周围地层将在土压力的作用下产生变形，从而发生地层沉降。由此产生的地基沉降大小与注浆材料材质及注入时间、位置、压力、数量等有关。

(4)改变推进方向

盾构在曲线推进、纠偏、抬头推进或叩头推进过程中，实际开挖面不是圆形而是椭圆形，盾构的壳板与围岩之间不均匀摩擦，引起地层损失，出现地面沉降。盾构轴线与隧道轴线偏角越大，则对土体扰动和超挖而引起的地层损失也越大。

(5)盾构后退

在盾构暂停推进中，由于盾构推进千斤顶漏油回缩而可能引起盾构后退，使开挖面土体坍落或松动，造成地层损失。

(6)盾构移动对地层的摩擦和剪切，造成对临近土体的扰动。

(7)在土、水压力作用下，隧道衬砌产生的变形也会引起少量的地层损失。

二、固结沉降原因分析

由于盾构推进过程中的挤压、超挖和盾尾的压浆作用，对地层产生扰动，使隧道周围地层产生正、负超孔隙水压力，从而引起地层沉降称为固结沉降。固结沉降可分为主固结沉降和次固结沉降。

主固结沉降为超孔隙水压力消散引起的土层压密。主固结沉降与土层厚度有密切关系，土层越厚，主固结沉降占总沉降比例越大。因此，在隧道埋深较大的工程中，施工沉降虽然很小，但主固结沉降的作用不可忽视。

次固结沉降是由于土层骨架蠕动引起的剪切变形沉降。在孔隙比和灵敏度较大的软塑和流塑性土层中，次固结沉降往往要持续几个月，有的甚至要几年以上。它所占总沉降的比例可高达35%以上。

固结沉降大小依赖于土的类型、盾尾空隙注浆的方案及盾构机推进对土体的扰动情况。固结沉降与时间有关,通常经过几个月后才能稳定。

14.4.2 地层变形的控制措施

如前文所述,如果盾构法施工时岩土体变形过大,会造成地面沉降、隆起、地层平移等环境问题,从而对地表建筑物、道路桥梁、地下管线、桩基础等造成危害。因此,在盾构施工前,必须进行详细的地质勘察和工程调查,了解地质特性,掌握可能受影响的建筑物、道路桥梁、地下管线等的分布情况,预测变形对其影响,采取必要的工程措施;在施工过程中,采取合理的监测方案和监测措施,并做好地质超前预报工作,掌握岩土体地质变化情况,提前制定应对措施。为了控制变形而采取的措施一般包括以下几个方面。

一、保持开挖面的土压平衡

保持盾构开挖面的稳定,是最主要的控制地面沉降的措施。保持开挖面土压力平衡可以减少开挖面土体的坍塌、变形和扰动,减少土体损失从而减少土层的沉降和隆起。要保持开挖面土压平衡,关键在于选择恰当的盾构机类型和设定合理的土压。

盾构机的类型有很多种,分别对应不同的性能参数和压力平衡模式。为了保持开挖面的稳定,必须综合考虑土质条件、地层岩性、开挖面稳定程度、隧道埋深和地下水位等工程地质和水文地质因素,来选择合适的盾构机类型和压力平衡模式。

土压力的设定需要考虑土层土压力、地下水压力以及为施工中不可预见因素而准备的预备压力等多种要素。它设定的原则,要能维持开挖面土体稳定,不致因土压设定偏低引起沉降或土压偏高引起地表隆起,而且在掘进过程中不是一成不变的,须根据条件的变化而随时调整。

二、衬砌背后注浆

为了减少和防止地面沉降,在盾构掘进中,衬砌背后的环形空隙要及时充填足量的浆液。要保证良好的注浆效果,须做到以下几点。

(1)同步注浆

同步注浆即注浆与盾构掘进同时进行,通过同步注浆系统及盾尾的内置注浆管,在盾构向前推进盾尾空隙形成的同时进行。这样能使衬砌与土层间的空隙迅速充填,达到减少地面沉降的目的。

(2)保证浆液质量

浆液的选择、配比、制作与储运必须合理。浆体必须满足的要求有:具有能充分填满间隙的流动性;注入后必须在规定的时间内硬化;保证管片与周围土体的共同作用,减少地层扰动;具有一定的动强度,以满足抗震要求;产生的体积收缩小;受到地下水稀释不引起材料的离析等。

(3)控制注浆压力

注浆压力小,不能保证空隙的充填,不利于控制地层沉降;压力过大,压出的浆液在地层中产生劈裂效应,加大了地层的扰动,同时会产生瞬时应力集中,可能损伤衬砌体。一般要求注浆压力略大于该点的静水压力和土压力之和。在决定注浆压力时,应考虑由于注浆管的压力损耗和管口的扩散效应导致的压力减弱。

(4)保证注浆量

浆液收缩和失水、盾尾带泥等因素使得实际注浆量大于理论注浆量,因此注浆量要充足。

必要时采用二次注浆，弥补一次注浆量的不足，减少地面沉降。

三、优化施工参数

①控制刀盘和土舱压力、排土量和推进速度，螺旋机转速，千斤顶推进速度，要尽量不使或少使前方土体受压；

②控制盾构推进中的“姿态”，推进轴线尽量与隧道保持一致，减少纠偏；

③控制施工中的超挖，减少由此造成的地层损失；

④控制衬砌拼装偏差，提高隧道质量，减少施工后期沉降。

四、其他工程措施

(1)在施工中作好防水工作，防止地下水位下降。

(2)当盾构法施工影响范围内有对变形敏感的建筑物时，可采用“隔断法”，即在盾构隧道和建筑物间设置隔断墙等保护措施。该法需要建筑物基础和隧道之间有一定的施工空间，隔断墙墙体可由钢板桩、地下连续墙、深层搅拌桩和挖孔桩等构成，主要用于承受由地下工程施工引起的侧向土压力和由地基差异沉降产生的负摩阻力，使之减小建筑物靠盾构隧道侧的土体变形。为防止隔断墙侧向位移，还可在墙顶部构筑联系梁并以地锚支承。需要注意的是，隔断墙本身的施工也是近邻施工，故施工中要注意控制对周围土体的影响。

(3)土体加固也是一种有效控制地层变形的方法。在局部软弱土层地段、围岩不稳定地段、地基土较差的盾构洞口地段，以及承载力不足的建筑物地基，均可采取土体加固措施。加固的方法有注浆加固法、高压旋喷法、冻结法等方法。

正确选用土体加固方法，能使地层蠕动趋势减少，颗粒土被固结，孔隙被充填，土体稳定程度增加，提高其力学性能；通过建筑物地基的加固，可提高其承载强度和刚度而抑制建筑物的沉降变形。

(4)进行信息化施工。注意收集施工中的各种信息，尤其要重视超前预报工作和监控量测工作，对施工过程中的各种信息进行及时、科学的分析，并将变化的情况反馈到下一步施工中，以便作出正确的调整。

(5)基础托换。当盾构施工对建筑物桩基础产生影响时，需要对桩基础进行托换。桩基托换就是将建筑物对桩基的载荷，通过托换的方式，被转移到新建的桩基上去，而老的桩基则被拆除的工程方法。

一般在下列情况下需要进行桩基托换：

①盾构开挖通过桩基附近，从而削弱了桩的侧向约束，降低了桩的承载能力；

②盾构开挖穿过桩体本身，导致桩的承载力大幅下降或消失；

③盾构开挖从距离桩底很近的地方穿过，使桩端承载力受到严重损失。

以上是常用的能有效控制盾构法施工地层变形的方法和措施，值得指出的是，在实际施工过程中，具体的工程对象千差万别，地质情况复杂多变，必须针对具体情况具体分析，采取灵活多变合理的手段，才能有效削弱和防治盾构法施工对环境的影响。

14.5 隧道施工对邻近建筑物的影响及对策

基础设施建设的需要和地下工程施工技术的进步，使得越来越多的隧道工程投入建设。由于受各种主客观因素的限制，新建隧道与既有建筑物之间可能会距离较近，它的施工，往往会对既有建筑物结构造成一定影响。在设计和施工过程中，必须重视这一问题，首先应了解新建隧道对地中和地表结构物的影响范围及影响程度，全面调查既有结构物的现状，预测其受影响状况，对比安全判据进行稳定性评价，最终确定合理的施工对策。

14.5.1 新建隧道对地中结构物的影响

结构物的相互影响是按结构物间的位置关系来分类的。如图 14-3 和图 14-4 所示，目前基本上将相互影响范围分为 3 个区域来考虑，即：无影响范围；要注意的范围；必须采取措施的范围。

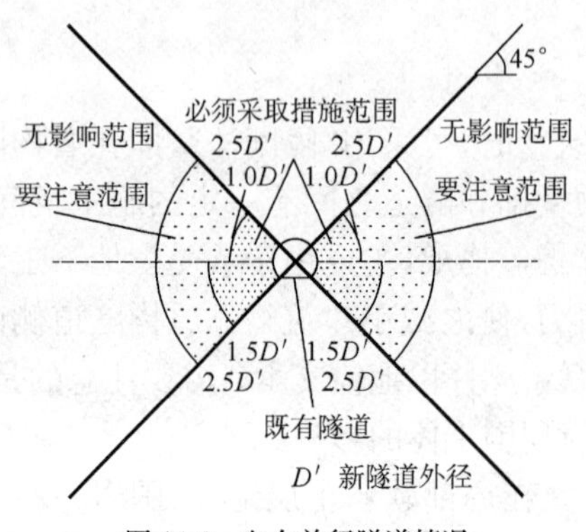

图 14-3 左右并行隧道情况

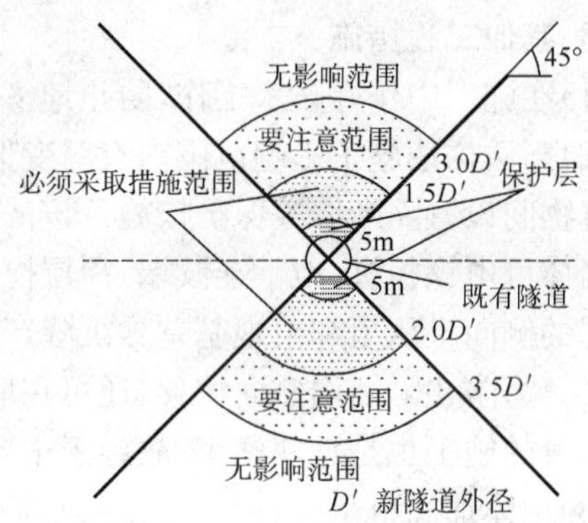

图 14-4 重叠隧道情况

如图 14-3 和图 14-4 所示的“间隔”，是指隧道衬砌外缘到另一结构外缘的最小距离。相互影响判定时采用的 D'（隧道外径）值，指隧道衬砌外缘的垂直高度或水平宽度中最大值。图中地质条件是以洪积的粉砂岩等为基础的，在地质情况好或不良时，应加以修正，即：

稳定的硬岩：　　　　　　　　−20%

洪积沙层、黏性土层：　　　　+20%

不稳定的围岩(膨胀性围岩等)：　+40%

图中地质条件下，新建隧道对地中结构物的影响范围划分见表 14-1 和表 14-2。

左右并行隧道相互影响范围的划分　　表 14-1

隧道位置的相互关系	隧道间隔	接近度的划分
后建隧道比先建隧道位置高的情况	＜1.0D' 1.0～2.5D' ＞2.5D'	必须采取措施的范围 要注意的范围 无影响范围
后建隧道比先建隧道位置低的情况	＜1.5D' 1.5～2.5D' ＞2.5D'	必须采取措施的范围 要注意的范围 无影响范围

上下交错隧道相互影响范围的划分　　表 14-2

隧道位置的相互关系	隧道间隔	接近度的划分
新建隧道在既有隧道的下方	＜2.0D' 2.0～3.5D' ＞3.5D'	必须采取措施的范围 要注意的范围 无影响范围
新建隧道在既有隧道的上方	＜1.5D' 1.5～3.0D' ＞3.0D'	必须采取措施的范围 要注意的范围 无影响范围

14.5.2 新建隧道对地表结构物的影响

新建隧道对地表结构物的影响如图 14-5 所示，基本上将相互影响范围同样分为三个区域来考虑。即：无影响范围、要注意的范围和必须采取措施的范围。

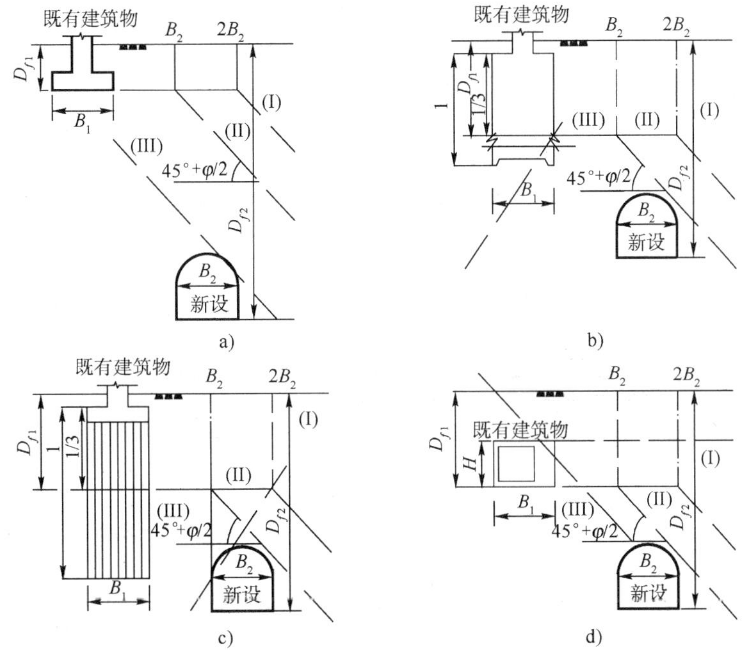

图 14-5 新建隧道对地表结构物的影响

a)浅基础；b)深基础；c)桩基础；d)地中建筑物

(I)-无影响范围；(II)要注意范围；(III)必须采取措施的范围

14.5.3 邻近建筑物隧道施工中既有结构物现状调查

在邻近建筑物施工前，应根据隧道影响区域(无影响范围、要注意范围、必须采取措施范围)和既有建筑物的健全度来进行以下调查：

(1)既有建筑物在无影响范围内的调查

根据档案资料确认既有结构物状态，并根据目视检查该处的状况，当既有建筑物的健全度为变异显著、有变异时，要以既有建筑物在注意影响范围内的基准进行调查。

(2)既有建筑物在要注意范围内的调查

根据既有结构物的档案、施工记录等确认既有结构的状态，并进行相应的目视检查，根据这些尚不能明确判别时，应采用钻孔等合理的方法进行实地结构调查，如果既有建筑物的健全度为变异显著、有变异时，应以既有建筑物在必须采取措施范围的基准进行调查。

(3)既有建筑物在必须采取措施的范围内的调查

要对以下项目进行详细的既有建筑物结构调查，正确地掌握既有建筑物结构及其状态，如果既有建筑物的健全度为变异显著、有变异时，要明确其变异的原因、变异状况、发展性等。

既有建筑物调查项目有：

①既有建筑物结构调查。

材料：混凝土、喷混凝土、砌块、石材等；

厚度：设计厚度与实际厚度等；

结构：先拱后墙、先墙后拱、有无钢筋、支护情况、仰拱等；

状况：开裂、漏水、接缝情况等；

背后：有无空洞、有无回填、地质状况等；

净空断面：有无侵限；

排水：涌水量、堆积物等。

既有建筑物的调查范围从邻近建筑物施工方面看，从要注意范围和无影响范围的边界到 $2D$（D 为既有隧道直径）左右的外侧位置（见图 14-6）。

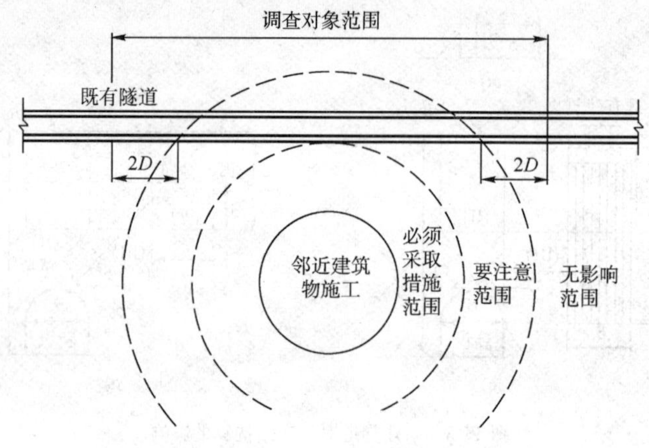

图 14-6　调查范围确定

②地层调查。邻近建筑物工程的预测，应充分掌握既有建筑物、新建隧道周边及中间地层的物理力学特性。调查根据影响范围（无影响范围、要注意影响范围、必须采取措施范围）进行，但因接近施工的种类、规模、地形、地质条件、既有建筑物健全度等不同，其调查项目、调查范围是不同的，要根据预测的影响来决定。

地层调查主要是掌握地质构造、分布状况、地下水状况、风化程度、变质状况、强度变形特性等，为了进行影响预测而采用有限元数值解析时，应进行相应的试验从而获取必要的参数值。

③邻近建筑物施工单元调查。计划邻近建筑物工程时，应正确地掌握决定新建结构物的设计、施工计划、位置的必要条件，同时要确立与既有建筑物的位置关系。

14.5.4　邻近建筑物施工影响预测

邻近建筑物施工影响预测有经验方法、解析方法等。

一、经验方法

在要注意影响范围或必须采取措施范围内计划邻近建筑物工程时，应根据过去的邻近建筑物工程实例，调查类似的工程以便对影响进行预测。评价和分析类似工程实例时，应注意以下内容：

①邻近建筑物施工的种类。

②邻近建筑物施工的工程规模。

③邻近建筑物施工的设计、施工方法。

④与既有建筑物的间隔、位置关系。

⑤原地形、地质情况。

⑥既有结构物的健全度。

⑦管理体制和管理基准。

⑧邻近建筑物工程的工程概况。

⑨安全监测的量测结果。

二、解析方法

解析方法有：

①视既有建筑物和地层为一体的解析方法。该法考虑既有建筑物对地层动态的影响及建筑物和地层的相互作用。

②把用另外方法求出的既有建筑物变形，作为强制变形输入的方法。该法使用在预计的地层变形规模大，既有建筑物的存在对地层动态没有影响或采用三维计算时。

③既有建筑物作为荷载输入的方法。该法使用在预计既有建筑物的刚性相当大，隧道几乎不产生变形的情况。

采用解析方法进行预测时应注意如下内容：解析方法的选择，解析范围和边界，输入常数，衬砌状况，解析结果的评价，对策、安全监测的反馈。

解析计算的主体，对于无影响范围、要注意影响范围可以以邻近建筑物施工侧（新建隧道）的解析结果进行预测，但对必须采取措施范围的邻近建筑物施工影响分析，应以既有建筑物侧为主。

14.5.5 邻近建筑物施工安全判断标准

新建隧道对既有构筑物的影响是毋庸置疑的，只是影响程度不同而已，因此，在临近既有构筑物修建隧道时，必须进行影响预测和监控量测。进行相互影响预测或有关安全的应力变形监测时，应以相关规范为依据，根据结构物稳定、建筑限界的要求等设定容许值，确保施工和结构物的安全。常见的控制标准有：

(1)邻近建筑物施工中应力控制标准

一般以应力增量控制，如果既有建筑物是健全的，则控制标准为：拉应力为 1MPa，压应力 5MPa；如果既有建筑物有不影响使用功能的损伤情况，则：拉应力 0.5MPa，压应力 2MPa。

(2)邻近建筑物施工中爆破震动控制标准

爆破震动安全判据一般有振动速度、加速度和频率等几种标准，目前较普遍的以振动速度为判断标准。

爆破震动基本上受爆源的距离和炸药用量、地层条件、既有结构物状况的控制，此外，炸药的类型和爆破模式也有影响。因此，在施工前，应进行爆破模式、炸药类型、地质状况、装药结构等方面的研究。

对爆破震动，视结构物的健全度，振动速度的容许值列于表 14-3。

振动速度的容许值 表 14-3

既有结构的健全度	容许振动速度(cm/s)	既有结构的健全度	容许振动速度(cm/s)
变异显著	2	无变异	4
有变异	3		

14.5.6 邻近建筑物隧道施工对策

一、邻近建筑物施工应采取的措施

首先,应根据邻近建筑物施工影响范围确定是否应采取措施(表 14-4)。

邻近建筑物施工影响范围分类及应采取的措施 表 14-4

接近度划分	划分原则	措施
无影响范围	不考虑相互影响	一般不需要采取措施
要注意影响范围	通常不会产生有害影响,但影响是存在的	一般采取合适的施工方法,根据结构物的位移、变形量等容许值,决定采取的措施,要求进行监控量测管理
必须采取措施范围	产生有害影响	必须从施工方法上采取措施,根据结构物的位移、变形来研究影响程度并采取措施,要求进行充分的监控量测管理

其次,应研究采取何种措施,可分为既有建筑物侧的对策、中间地层对策和新建隧道侧的对策。

(1)既有建筑物侧的对策

根据影响预测结果和安全判断标准的对比,在必要时,为确保既有建筑物的安全而应采取对应的施工对策。

最基本的施工是增加既有隧道衬砌承载力和修复劣化、开裂的衬砌。具体包括:回填压浆;防止衬砌掉块措施,如压注砂浆和树脂、设金属网、挡板等;钢拱架加强;内衬加强;内面加强;锚杆加强;横撑加强;改建。

维修对策有:剥离可能掉落的浮块;表面清扫;整理排水沟;防治漏水等。

(2)新建隧道侧的对策

在"必须采取措施范围"和"要注意范围"进行新建隧道施工时,应研究开挖引起位移的控制对策,措施包括改变开挖方式,改变分部尺寸,改变支护、衬砌结构形式等。对策的制定,应参考影响程度预测结果和安全判断标准。

(3)中间地层的对策

根据影响预测结果和安全判断标准的对比,显示邻近建筑物施工有不良影响时,为减轻和消除影响,应在中间地层采取措施。常用强化、改良地层的方法,如压浆法、冻结法等,也可采取隔断影响的方法,如地下连续壁、管棚、钢管桩等。

二、邻近建筑物隧道施工中的监控量测

在邻近建筑物进行隧道施工时,必须做好监控量测工作,一方面可以验证影响预测的准确性,另一方面也可为影响预测提供依据和指导,更重要的是,可以为措施的制定提供准确的现场第一手资料,保证施工安全。进行监控量测时,应根据施工前的调查结果、影响预测结果,确定合理的监控量测内容和安全判断的标准值和警戒值。

(1)常见的监控量测内容

监控量测内容基本上有：

①衬砌表面观察；

②洞周收敛；

③路面和洞顶沉降；

④支护结构体的应力和应变；

⑤地中位移；

⑥倾斜；

⑦锚杆轴力；

⑧拱架应力；

⑨地下水等。

(2)管理等级和警戒值的设定

管理等级和警戒值的设定是监控量测工作中的重要内容，应结合工程的具体情况，慎重确定。监控量测过程中，依据监测结果，对应管理等级和警戒值，采取对应的措施。管理等级和警戒值可参考表14-5(表中将监控量测工作按照3个等级进行管理)，也可依据相关规范的规定选取。

管理等级、警戒值和措施 表14-5

管理等级	措施	警戒值
1	确认量测值，引起注意	容许值的1/2
2	增加监控量测频率，研究对策	容许值的3/4
3	立即停止施工，上报和通报相关部门，研究新对策	容许值

第十五章
地下工程施工组织与管理

15.1 地下工程施工组织

15.1.1 地下工程施工组织设计

一、施工组织设计的作用

施工组织设计是根据国家或业主对拟建工程的要求、设计图纸和编制施工组织设计的基本原则，从拟建工程施工全过程的人力、物力和空间等三个因素着手，在人力与物力、主体与辅助、供应与消耗、生产与储存、专业与协作、使用与维护、空间布置与时间排列等方面进行科学合理部署，为建筑产品生产的节奏性、均衡性和连续性提供最优方案，从而以最少的资源消耗取得最大的经济效果，使最终建筑产品的生产在时间上达到速度快和周期短；在质量上达到精度高和功能好；在经济上达到消耗少、成本低和利润高的目的。

施工组织设计是科学地组织和指导施工的重要技术文件，是编制计划、进行施工准备和安排施工任务、准备材料和设备、组织施工及考核施工单位技术经济指标的主要依据。

二、施工组织设计编制内容

施工组织设计的编制内容，是由文字说明和图表两部分组成，大致包括下列内容。

(1)编制的依据和原则

进行施工组织设计编制时，应以下列资料为基础：

①工程施工设计文件和勘察调查资料，包括地形图、测量资料、地质报告和图纸以及地下工程设计图纸和说明书；

②国家和部门颁发的有关方针、政策、设计规范、施工及验收规范、预算定额、各项技术经济指标、安全规程、劳动保护及环境保护等文件；

③施工企业的技术装备、施工力量、技术水平，以及可能达到的施工机械化程度和工程平均进度指标等；

④工程实施的新技术、新工艺、新方法资料；

⑤与有关协作单位签订的供电、供水、交通运输及物资供应等合同(协议)；

⑥市场设备、工具、材料的规格、性能、产地、价格、供求情况；

⑦临近工程或类似工程施工技术资料及所遇到的各种问题和处理办法。

(2)建设项目工程概况

说明本工程的工作性质、目的任务、经费来源、类型特征与工作量、工程质量、工期与其他特殊要求等。

(3)自然地理经济状况、施工条件和工程地质水文地质条件

工程所在地区的交通位置、地形地貌、气象、水文情况，可能利用的运输道路、电力、水源及建筑材料等情况、施工场地、弃渣条件，以及当地居民点社会状况、生活条件等。

工程地质和水文地质特征：地层、岩性及地质构造特征，着重阐明地质构造变动的性质、类型、规模；断层、节理、软弱结构面特征及岩体的基本物理力学性质；地下水类型、含水层的分布范围、水量和补给关系、水质及其对混凝土的侵蚀性等；特别是影响工程进度的不良地质和特殊地质现象(流沙、岩溶、人为坑洞、滑坡等)，工程通过含有害气体或有害矿体的地层时，应说明其分布范围、成分和含量。

(4)施工准备工作计划

施工准备是整个工程建设的序幕和整个工程按期开工和顺利开展的重要保证。地下工程项目施工准备工作通常包括技术准备、物资准备、劳动组织准备、施工现场准备和施工场地准备。施工准备工作计划应详细阐明各项施工准备工作的要求。

(5)施工方案和施工方法

既包括整个单位工程施工方案和施工方法的选择，也包括各项作业方法的选择。

(6)施工进度计划

包括施工总进度计划和阶段计划。

(7)施工场地布置

包括施工运输、辅助企业(附属工厂、仓库及风、水、电的供应)、临时生活设施及施工临时建筑等的布置。

(8)主要施工技术措施

(9)施工安全、质量和节约等组织技术措施

(10)资源需要量计划

包括建筑材料、设备、各类人员、水、电、气等。

(11)各项技术经济指标

(12)各类图表

包括：

①交通位置图和工程布置图。

②工程穿过岩层的地质预计剖面图。

③各类洞室、竖井、斜井的平面图、断面图及断面布置图。

④施工工序图、施工网络图、施工组织进度图。

⑤钻爆施工图。

⑥施工场地布置图，包括永久和临时建筑物、工棚仓库、材料堆放场地、设备布置位置、炸药库、弃渣场、调车场、料场、混凝土搅拌站、轧石系统、交通道路、风水电设施及管线、排水系统等，另外，对于竖井和斜井，还应包括地表卸渣系统图和卷扬或提升系统图。

⑦人员组织机构图，工班劳动力的组织循环图及劳动力需求表。

⑧不同类型工程工作量合计表。

⑨施工设备、工具、仪表需用量计划表、主要材料需用量计划表。

⑩主要技术经济指标汇总表。

三、施工组织设计的编制

施工组织设计由中标的施工企业编制，编制时必须以合同工期的要求和相关规定为基础，

并广泛征求各协作施工单位的意见。对结构复杂、条件差、施工难度大或采用新工艺、新技术的项目,要进行专业性研究,通过专家审定,报业主审批后采用。

编制施工组织设计可按下述步骤进行:

①调查分析工程地质、水文地质及工程施工设计等基本资料,掌握工程特性和施工条件,做好设计基础工作。

②根据建设方规定的工程总工期或合理工期,按照经验或本单位实际情况与施工方案初定实际工期。

③根据工程总布置要求,选择确定工作面数量。

④确定洞口及施工支洞的数量及布置、辅助工程、对外交通、风水电及混凝土系统的布置及工程量。

⑤在此基础上核算各工作面的开挖、衬砌、锚喷、清理等主要工程工期,合计总工期,分析是否满足计划工期要求;若不满足,必须重新确定施工方案或工作面数量,直到满足为止。

⑥计算材料、施工设备、劳动力和工程费用及工期等。

⑦选择各工作面的开挖与衬砌支护的施工方法及临时支护结构。

⑧编制开挖作业循环图和衬砌作业流程图。

⑨编制工程施工进度计划和工程量、材料、设备、劳动力计划。

⑩编制施工平面图。

⑪编制设计报告。

整个设计编制程序见图 15-1。

15.1.2 施工方案

编制施工组织设计,关键是确定合理的施工方案。施工方案带有全局性和前瞻性,包含关键的施工技术和施工组织措施,其合理性将直接影响工程的施工效率、质量、工期和技术经济效果,是使工程施工达到高效、快速、优质、低耗、安全要求的重要保证。

一、施工方案的定义

施工方案是解决完成单位工程或分部分项工程所需要的人工、材料、机械、资金、方法等可变因素及合理安排。

地下建筑工程施工,可分为开挖(包括钻爆与装运岩石)、支护(包括临时、永久性支护和衬砌)、安装三部分工作。所谓地下工程施工方案,即指工程施工过程中这三项工作在时间和位置上的安排关系或安排计划。施工方案在工程施工中起行动指南作用,每项工程无论规模大小,都要认真地研究和确定。

二、施工方案确定的依据

每个施工方案都适合于一定的条件,结合具体条件才能分清方案的优缺点,以便取舍,在确定方案时,考虑的因素越多,方案适应性越强,方案越佳。确定施工方案,主要考虑工程类型、施工条件(包括工程地质和水文条件)、施工要求(包括质量、工期或进度、工程费用等)等方面的因素。具体来讲,施工方案确定的依据有:

(1)工程类型与用途

在相同地质条件下,不同类型、不同用途的工程,因其工作要求不同而需选择不同的施工方案,反应在施工方案的差异主要是支护衬砌方案不同。在地质条件相同的场合,对围岩稳定性的要求越高,支护费用(包括勘察、支护的设计和建筑)越大。这里,因工程类型和用途的不同发生支护费用的改变或施工方案的改变，既有从安全系数上考虑，又有工程目的和工程服务要求上的考虑。

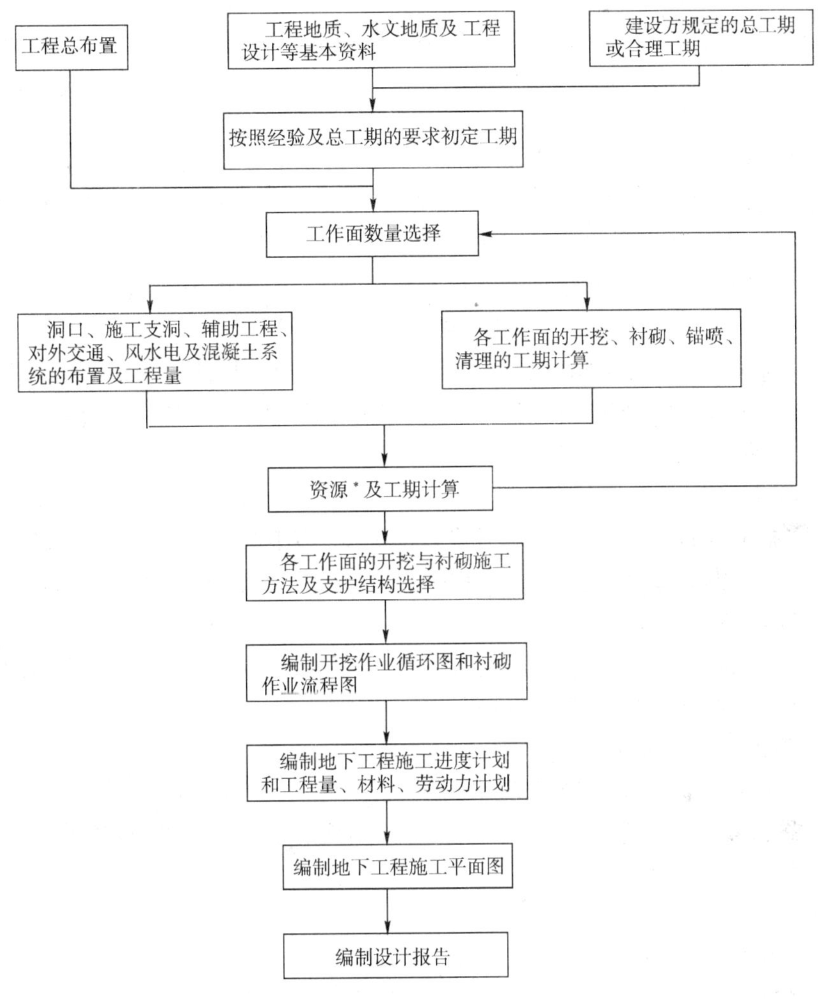

图 15-1 地下工程施工组织设计编制步骤示意图

注：资源为材料、施工设备、劳动力和工程费用数量的统称

(2)地形、地质和水文条件

①地形地理条件。如工程所处的地点、交通情况、施工点海拔高度等是否有利于设备的进出与使用及材料的运输；生活居住条件、供水、通风能否满足要求；洞(井)口的出渣条件、取材(建筑材料)条件是否方便。

②地质和水文条件。工程地质和水文地质条件是确定施工方案的重要依据之一，在某种程度上对施工方法的选择起决定性作用。在选择方案前应进行地质勘察，查明表土和岩层性质及水文情况，据此并结合其他条件来确定施工方案和方法；在施工过程中，还需要跟踪收集施工信息，并作好超前预报工作，根据变化的工程地质和水文地质情况对施工方案随时作出调整。

(3)工程规模与掘进断面

一般来说，工程规模越大，投入的设备越多，机械化程度越高，技术性越强，因而，确定方案的难度越大,有时需要靠现代管理科学理论与方法和计算机来帮助。这里,工程规模大小,不但指巷道或竖斜井的数量和工作量多少,而且指巷道或竖、斜井的长短或深浅(独头)。因为后者对施工方案、施工方法的选择影响很大。

掘进断面同样是选择的重要依据之一,不同的断面,其开挖方法、支护方法及选用设备不尽相同,施工组织也有差异。

(4)工程工期、质量要求和造价情况

对于承包工程,确定施工方案首先要满足工期与质量要求,由工期和质量来确定进度指标,进而来确定施工方法,选用设备与材料。工程总工期的确定一般由设计单位进行,它是根据建设方的要求,在不超过现有最佳施工能力前提下确定的,施工方确定的施工工期不应超过该总工期。质量标准(设计方提出特殊质量标准除外)一般由国家或各部门制定。所以,确定施工方案与方法应将工期和质量作为重要依据。

工程造价对选择施工方案与施工方法也有一定影响,因为确定方案的原则之一是经济合理。在激烈的市场竞争中,当造价过低时,不得不考虑采用特殊措施,如加快施工进度、精减施工人员或设备,采用先进工艺和设备等。

(5)施工能力

对于确定施工方案,若把上述因素看成外部因素,施工能力则可看成内部因素,确定施工方案时应以施工能力为基础。要充分考虑施工队伍的特点、状态、技术能力、装备状况、施工经历,以便有针对性地选用施工方案。

另外,国内外的施工能力,工程竞争情况,竞争对手情况,工程承担的风险,建设方的资金情况等都是选择施工方案时须考虑的因素。

三、选择施工方案的原则

选择并确定施工方案,应做到技术上可行并有一定的先进性,经济上合理、管理科学、施工速度快、容易保证质量和安全。总的原则应符合快速、优质、安全、经济及均衡生产的要求。

(1)快速的原则

对于每一项工程,尽快完成施工任务是基本要求之一,在人力、物力和条件允许的情况下,按期并提前完成任务是选择并确定施工方案的前提之一,也是保证良好经济效益的前提之一。快速施工涉及的因素很多,除各项施工程序如钻眼爆破、装运、支护、浇筑等达到快速施工外,各程序之间次序安排、时间安排都要恰当合理,衔接自然,尽可能地减少辅助时间,尽可能多利用平行作业。

快速施工还要靠先进的施工设备、可靠的材料、合理的劳动组织结构和科学的管理方式,形成一个快速高效的系统。若在整个系统中,只重视某一部分或某一施工程序,顾此失彼,则必然不能制定好一项快速的施工方案。

当然,制定快速施工方案与外部因素也有关系,如材料和资金来源的落实情况,施工前的准备工作程度,自然灾害的影响,其他单位施工时的干扰,施工方和建设方的合作情况等。这些因素也是制定施工方案要考虑的内容。

(2)优质的原则

工程施工质量必须合格,并尽可能地达到优质标准,这是施工的基本要求。在制定施工方案与施工方法时,首先要对照并满足国家或部门制定的有关质量验收标准,还要满足工程设计中提出的特殊质量标准要求。围绕这些标准来确定施工方法,切不可盲目地自行一套。我国各部门因地下工程的用途不同，相应制订了各自的质量标准，确定方案时应根据工程类型选用相应标准。

要满足施工质量，必须有一套相应措施，有时也涉及设备的选型、施工方法的改变、劳动组织与管理等。不能先确定何种施工方法和管理组织，再来分析这种方案达到什么质量标准，而是要先以合适的质量标准来选择施工方案。

(3)安全的原则

任何一种施工方案都必须保证安全施工，特别在确定选用爆破器材、爆破方法、通风设备与通风时间、设计支护方法与支护时间时，要充分满足安全要求，不可违章确定施工方案和施工方法。

安全生产与快速施工并不矛盾，两者可以辩证地结合在一起，即在安全的条件下追求快速施工，在快速施工时注意安全。若片面地追求快速施工，忽视安全生产，势必达不到快速施工。另外，还要建立安全生产制度和组织，从管理上确保安全生产。

(4)经济的原则

地下建筑工程作为商品社会的一种商品，采用一种特殊的出售方式——投标。施工企业间为取得生产权，互相竞争。竞争的结果，除满足工期及质量要求外，必须达到最合理的低价款承包。所以，确定科学合理的施工方案和施工方法至关重要。企业不但要以较低价款维持施工，而且还要获得一定比例的利润。

快速、优质、安全的施工方案确实是经济方案的重要内容，但有时却非最经济方案。如花上大笔费用购某种昂贵的施工设备，虽然能达到快速、优质、安全的要求，但却不经济，如改用现有的普通设备稍加改进并跟上其他措施也基本能满足要求，就显得经济合理。另外，还要针对工程特点选择适当的方案，如工区交通不便，或有流动性，则应选择灵活轻便的设备。因此，先进合理的施工方法和科学的管理措施，是施工方案经济合理的根本保证。

总之，选择经济合理的施工方案要与现实状况结合，不能纸上谈兵。要把本企业的人力、物力、财力最大限度地发挥起来。另外，还要不断了解市场行情和国内外最新科技动态，尽量合理利用新技术、新工艺、新设备。

四、施工方案的主要内容

地下工程施工方案的主要内容一般包括施工顺序、施工方法、施工机械设备的选择、施工流水组织、施工方案的技术经济评价等。

(1)确定施工顺序

确定施工方案、编制施工进度计划时首先应该考虑选择合理的施工顺序，它对于施工组织能否顺利进行、保证工程进度和工程质量，都起着十分重要的作用。

工程的施工顺序确定的依据包括工期要求、地下结构的特点、资源供应等情况，并要做到在施工工艺和施工组织上可行、符合施工方法的技术要求、满足工程质量、安全、考虑工程所在地气候、环境和地质的影响等。

在决定施工顺序时，要依据具体情况来确定地表工程和地下工程的关系，并对单项工程作出详细的施工顺序。如灌注桩基础施工顺序为：

场地平整→选择桩机→设备测量桩位→安放护筒→钻机定位→钻进成孔→第一次清孔→钢筋笼吊放→下导管→第二次清孔→浇筑水下混凝土→拔除护筒→钻机移位→自然养护→挖土→桩身检测→作基础承台。

(2)施工方法

施工方法选择时应遵循如下原则：

①主要考虑主导施工过程的施工方法。所谓主导施工过程一般是指工程量大、在施工中占重要地位的施工过程，施工技术复杂或采用新技术、新工艺、新结构以及对工程质量起关键作用的施工过程。如隧道施工中的开挖和支护施工，岩体开挖中的爆破、土方开挖工程施工，地下管道施工的盾构、顶管工程的施工等。

②与工程地质、水文及地形条件等相匹配。

③满足施工技术的要求。

④提高机械化施工程度，充分发挥机械效率。

⑤充分考虑安全、先进、合理、可行、经济等因素。一般来讲，地下工程的总体施工方法，在工程的设计阶段就应基本选定。

(3)施工机械的选择

施工机械的选择，对施工效率、工程质量、生产安全与成本等具有决定作用，尤其在机械化施工作为实现建筑工业化的重要因素的情况下，施工机械的选择将成为施工方法选择的中心环节。在实际选择时应注意以下几点：

①选择主导施工过程的施工机械，应根据工程的特点，决定其最适宜的机械类型。

②选择与主导施工过程施工机械配套的各种辅助机械和运输机具时，应使它们的生产能力相互协调一致，并且保证有效地利用主导施工机械，充分发挥主导施工机械的效益。

③应充分利用施工企业现有的机械，并在同一工地贯彻一机多用的原则，提高机械化和自动化程度，尽量减少手工操作。

(4)工程施工工序的组织

工程施工工序的组织，是施工方案编制的重要内容，是影响施工方案优劣程度的基本因素，在确定施工工序时，一般根据工程特点、性质和施工条件，主要解决流水段的划分和流水施工工序的组织方式两方面的问题。

①流水段的划分

正确合理划分施工流水段，是组织流水施工的关键，它直接影响到流水施工的方式、工程进度、劳动力及物资的供应等。

②流水施工工序的组织方式

在组织流水施工时，应根据工程特点、性质和施工条件组织全等节拍、成倍节拍和分别流水等施工方式。

若流水组中各施工过程的流水节拍大致相等，或者各主要施工过程的流水节拍相等，在施工工艺允许的情况下，尽量组织流水组的全等节拍专业流水施工，以达到缩短工期的目的；若流水组中各施工过程的流水节拍存在整数倍的关系（或存在公约数），在施工条件和劳动力允许的情况下，可以组织流水组的成倍节拍专业流水施工。若不符合上述两种情况，则可以组织流水组的分别流水施工，这是常见的一种组织流水施工的方法。

(5)施工方案的技术经济评价

施工方案的技术经济分析一般是从技术和经济的角度，进行定性和定量分析，评价施工方案的优劣，从而选取技术先进可行、质量可靠、经济合理的最佳方案。

定性分析不进行准确的数据计算，只是对优缺点作一般的分析和比较。定性分析的内容通常有：施工操作的难易程度和安全可靠性，为后续工程提供有利施工条件的可能性，对不同季节施工带来的困难，能否为现场文明施工创造有利条件。

定量的技术经济分析一般是计算出不同施工方案的工期指标、劳动生产率指标、工程质量指标、安全指标、降低成本率、主要工程工种机械化程度及三大材料节约指标的具体数值，然后进行比较分析。

15.1.3 工程进度计划

工程进度计划是施工组织设计的另一重要组成部分，它是在施工方案已经确定的基础上，决定着各项工程的施工顺序、各工序的施工持续时间及整个工期，并且还是编制劳动力、材料和机具设备供应计划的依据。

工程进度计划的编制是以施工作业方式为基础。

一、施工作业方式

目前在地下工程中采用较多的施工作业方式主要有顺序作业、平行作业和流水作业。

(1)顺序作业

施工顺序作业受施工方案的制约，一旦确定了施工方案，顺序也就确定了，不同的工程项目，有着其固有的施工技术规律和合理的顺序关系，如隧道修建的施工顺序为：

放样→打眼→装药→爆破→通信→处理危石→出渣→支护

为一个循环，顺序作业按这一施工技术规律来组织。

(2)平行作业

对于施工工艺、工序相同的线形工程(如隧道)，为缩短工期，可同时开拓多个工作面，按同样的施工工序同时平行进行作业。这种作业方式的优点是能缩短工期，但配置的设备和施工人员多。

(3)流水作业

流水作业是一种科学组织生产的方法，它确立在分工、协作和大批量生产的基础上。施工进度计划的设计和编制应当以流水作业原理为依据，以便使生产有鲜明的节奏性、均衡性和连续性。

①流水作业法的实质

流水作业指将整个建造过程分解为若干施工过程或工序，每个施工过程或工序分别由固定的工作队负责完成；把建设对象尽可能地划分为劳动量大致相等的施工段；确定各施工队在各施工段上的工作持续时间(称为流水节拍)；各施工队按一定的施工工艺，配备相应的机具，依次连续地由一个施工段转移到另一个施工段，反复地完成同类工作；不同的作业队完成工作的时间适当搭接起来。

②流水施工的分类

组织流水作业的基本方式有3类，即等节奏流水、异节奏流水和无节奏流水。

等节奏流水：其特征是在组织流水的范围里，各施工队在各段上的流水节拍相等，在可能的情况下，要尽量采用这种流水方式，因为这种方式能保证工人的工作连续、均衡、有节奏。

异节奏流水，即每一个工作队在各流水段上的工作延续时间(节拍)保持不变，而不同的工作队的流水节拍却不一定相等。

几个施工过程的流水节拍如果能成为某一个常数的倍数，则可组织成倍节拍流水施工。成倍节拍流水作业组织图是按全等节拍流水作业组织的。如甲工序的流水节拍为2，乙工序的流水节拍为6，丙工序的流水节拍为4，都是2的倍数，故其流水步距为2。各工序要投入的作业队数为流水节拍与最大公约数相除的商数，即：甲工序1个队，乙工序3个队，丙工序2个队。

无节奏流水:有时由于受各段工程量的差异或工作面限制,所能安排的人数不相同,使各施工过程在各段及各施工过程之间的流水节拍均无规律性,这时,组织等节奏流水作业或异节奏流水作业均有困难,则可组织分别流水。分别流水的特点是允许施工面有空闲,而要保证各施工过程的工作队连续作业,而且要使各工作队在同一施工段上不交叉作业,更不能发生工序颠倒的现象。

二、水平图表

水平图表是工程施工中广泛采用的流水作业图表,它简明、直观、易于了解。其编制过程为:

(1)确定施工过程项目

单位工程是由许多工种工程或单项作业组成的,编制工程进度计划时,首先应根据施工图和采用的定额手册的项目划分,按施工顺序,将各单项作业详细列出。列施工项目时,通常应按顺序列成表格,编排序号,查对是否遗漏或重复。凡是与工程对象施工直接有关的内容均应列入。项目划分的粗细要和定额手册的项目划分相一致,以便直接套用定额手册。

(2)计算工程量

按所列施工项目,列表逐项计算工程量。工程量计算可按设计图纸中注明的尺寸照实计算。计量单位应与定额手册中的计量单位相一致。

(3)确定劳动量和施工机械台班数量

工程量计算完以后,必须根据相关劳动定额计算每一单项作业需要的劳动量。当采用机械施工时,还要根据机械台班定额计算需要的机械台班数量。

套用定额时要考虑到作业人员的实际技术水平和具体的施工条件,必要时应对定额作适当的调整,这样可以使得所制定的进度计划更加切合实际。

(4)确定各施工过程的持续时间

劳动量和机械台班量确定之后,便可计算各单项作业的持续时间,一般以天为单位表示。持续时间的长短与参加作业的人数、机械台数以及每天的施工班数有关。计算施工过程持续时间,首先根据工期要求、工程性质和特点,以及施工条件来确定每天工作班数。施工人数和机械台数,一般根据本单位现有职工人数和可使用的机械台数为依据进行计算。

$$T = L/(m \times n) \tag{15-1}$$

式中:T——施工过程持续时间;

L——完成该施工过程总劳动量(或机械台班量);

m——每天工作班数;

n——参加施工人数(或机械台数)。

如果计算出来的持续时间过长,而工期要求较紧时,就要考虑设法增加作业人数,或增加工作班数(当原来只工作 1~2 班时),或者增加机械台数和机械的工作班数。

(5)画出施工进度表和决定施工工期

各施工过程的持续时间确定之后,便可安排进度,绘制成施工进度表。首先,按施工顺序排列施工过程,然后考虑各施工过程尽可能平行作业,即进度线要搭接起来,这样可大大缩短工期。此外还应找出采用较大型机械和耗费劳动量最多的施工过程,也叫做主导施工过程,注意使其他施工过程和主导施工过程很好地协调和搭接。各施工过程的持续时间用水平进度线的长短表示,所以,这种计划图表叫水平图表。表 15-1 为某单位工程进度计划的水平图表。

某单位工程进度计划表（水平图表）

表 15-1

序号	分项工程名称	工程量		定额	需要劳动量	劳动组织		机械设备	每天工作班数	工作持续天数	进度																																																	
		单位	数量			工种	每班人数				三月			四月			五月			六月			七月			八月			九月			十月			十一月			十二月			一月			二月			三月			四月			五月			六月			七月			八月		
											上旬	中旬	下旬	上旬	中旬	下旬	上旬	中旬	下旬	上旬	中旬	下旬	上旬	中旬	下旬	上旬	中旬	下旬	上旬	中旬	下旬	上旬	中旬	下旬	上旬	中旬	下旬	上旬	中旬	下旬	上旬	中旬	下旬	上旬	中旬	下旬	上旬	中旬	下旬	上旬	中旬	下旬	上旬	中旬	下旬	上旬	中旬	下旬	上旬	中旬	下旬	上旬	中旬	下旬
1	1号口洞口接近道路																																																														
2	1号口暂设工程																																																														
3	2号口洞口接近道路																																																														
4	2号口暂设工程																																																														
5	1号口切口开挖																																																														
6	2号口切口开挖																																																														
7	1号口引洞开挖																																																														
8	2号口引洞开挖																																																														
9	主洞导坑开挖																																																														
10	主洞扩大开挖																																																														
11	1号口引洞衬砌																																																														
12	2号口引洞衬砌																																																														
13	主洞衬砌																																																														
14	防水隔潮工程																																																														
15	洞室地坪																																																														
16	设备安装																																																														
17	1号口伪装																																																														
18	2号口伪装																																																														

(6)调整进度计划

施工进度计划初步编制后，必须检查其施工顺序是否合理，工期要求是否满足，劳动力、材料、机械的使用是否均衡。为了检查劳动力是否均衡，还可作劳动力平衡图。对有几个单位工程同时施工的工程来说，应将所有单位工程一起来考虑，看总的劳动力、主要机械的使用是否均衡。

需要调整计划时，可适当地增加或缩短某些施工过程的持续时间，或适当地提前或推后某些施工过程的开工时间，在条件允许时，尽量组织平行作业。

三、竖向图表

这种进度计划是以各个单项作业的循环作业图表为基础编制的。图表的水平轴表示洞室长度，竖轴表示施工日期，各单项作业则以不同图例形式的线条表示。

各作业线对水平轴的斜率即表示该项作业的施工速度。如图 15-2 所示即为竖向图表形式的某单位工程施工进度计划。这种进度图表中表示施工日期的不是水平轴，而是竖轴；进度线条也不是水平线条，而是斜向线条，所以这种图表叫竖向图表。

竖向图表编制方法：首先找出决定工程进度的主要工程(或工序)，然后根据主导施工工序循环作业图表确定作业持续时间，并在工程进度图表上画出该工序的作业线条。其他各项作业，根据在施工中使各项作业按一定的间隔均衡地向前推进的原则，图表上其他各作业线，可按一定间隔，大致保持平行。为了保证各项作业均衡地推进，必须把各项作业的循环时间配成不同的倍数或比例，使其协调。

在工程进度图表上引一条水平线与各作业进度线条相交，就可以确定该时间沿洞室长度方向上各作业的分布情况和确定所需劳动力数量，从而也就可以画出该工程的劳动力计划图表。同样，还可以绘出每一阶段的主要材料耗用量和主要机械耗用量的计划图表。

四、网络图

网络图又叫流线图，这是一种用统筹方法编制的施工进度计划形式。

统筹法的核心是将头绪万千的任务或工序繁纷的工程，经过周密分析和统筹安排建立成网络模型——网络图，再通过系统的数学计算，从中找出对完成整个工程起关键性作用的线路来。这条线路又叫主要矛盾线，构成这条线路的工序就叫主导工序(或关键工序)。这样，就为完成整个工程指出了工作的重心和方向，有利于对计划进行有效的检查、调整和控制。

工程网络计划的编制要点是：弄清逻辑关系，讲究排列方法，计算必须准确，关键线路突出，仔细研究进行调整。

网络计划的表达形式是网络图。网络图是由若干个代表工程计划中各项工作的箭线和连接箭线的节点所构成的网状图形。它用一个箭线表示一个施工过程，施工过程的名称写在箭线上面，施工持续时间写在箭线下面，箭尾表示施工过程开始，箭头表示施工过程结束。

用统筹法编制进度计划的步骤可归纳如下：

①对所计划的工程进行深入的分析和研究，根据制订的施工方案，拟出为完成该项工程所必需的施工过程，并确定其最合理的施工顺序。

②根据所确定的施工顺序，绘制出网络草图。

③根据工程量、劳动力、施工机具情况，计算各施工过程的作业时间(即各施工活动消耗时间)。

④计算有关时间参数。

⑤确定关键线路和总工期。

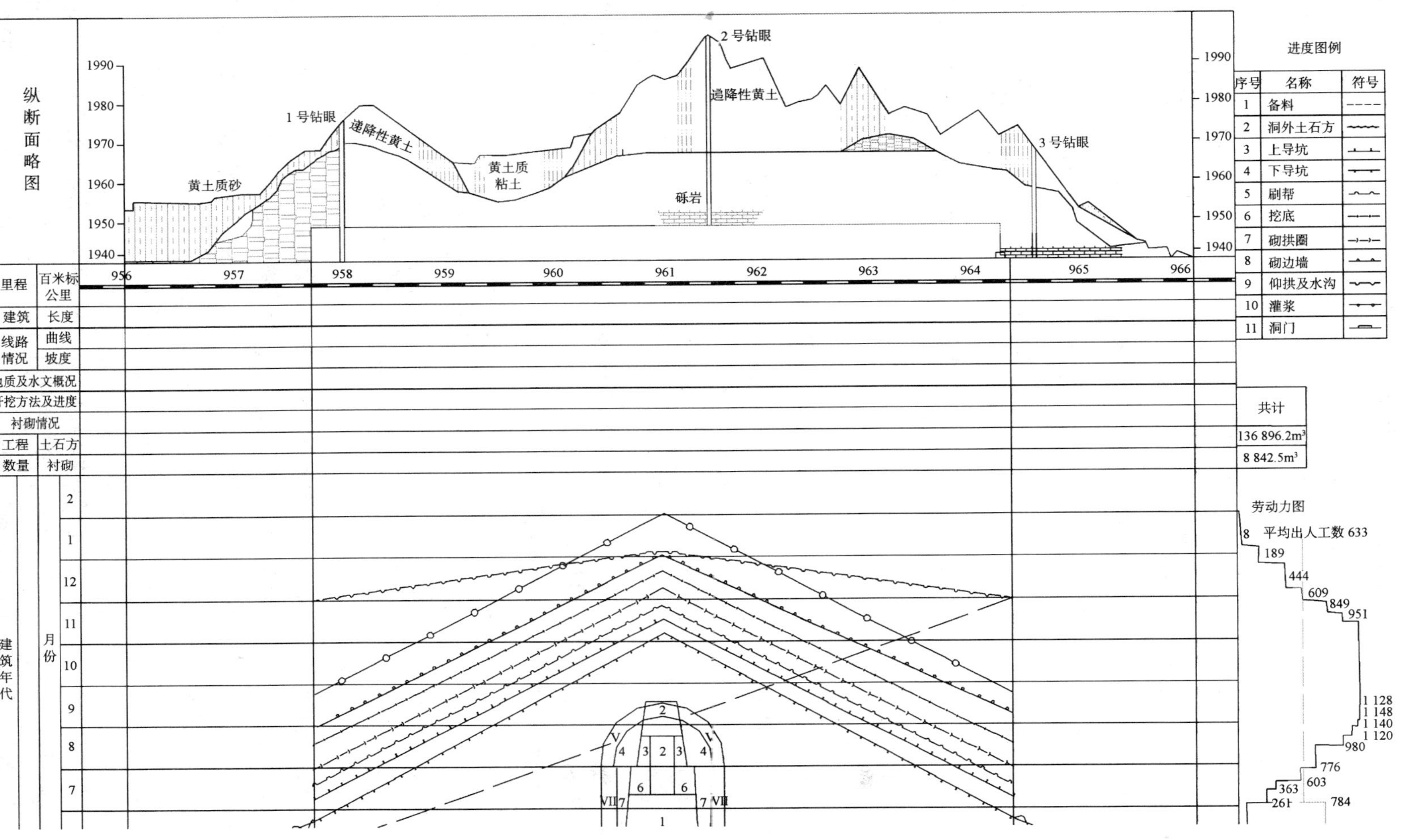

图 15-2 单位工程进度计划（竖向图表）

⑥检查调整计划。检验所确定的工程总工期是否符合合同规定的建设期限。若不符合，应首先从关键线路进行调整。调整的方法，一是通过技术革新，缩短关键工序的作业时间。另一方面，就是通过改变施工活动的划分，使顺序开展的活动改变为平行或搭接进行。

⑦绘制正式的网络图，关键线路用粗线条表示。为便于指导施工，可在每一节点上注明日历日期；在箭头线上还可以标注工效要求或形象进度等说明。

如图 15-3 所示，为某个单位洞室工程的网络图。该工程导洞开挖与洞室扩大相互搭接施工。全洞开挖完后再进行洞室衬砌。衬砌(包括仰拱)施工时，仰拱和洞室衬砌的模板、钢筋、混凝土等项施工过程也采用相互搭接施工的方式。

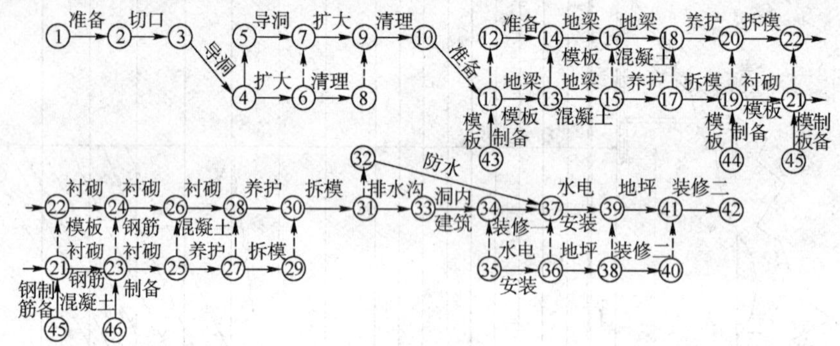

图 15-3　单位工程施工网络图实例

与水平图表、竖向图表形式的施工进度计划相比，网络图形式的施工进度计划有以下优点：

第一，施工过程间的关系明确，展开顺序表达清楚，一目了然。

第二，还指出了完成整个工程的主要矛盾或关键环节，从而有利于对计划的有效控制。

由于网络图中每项活动都需要消耗一定的资源，所以，编好的网络图，即可据此编制该工程的劳动力、材料、机具的需用量计划。

五、主要材料、机具、劳动力需用量计划

(1)施工工料分析

编制主要材料、机具、劳动力需用量计划，首先必须进行工料分析。工料分析就是计算各项工程需要的各工种劳动力数量和各种主要材料、机械台班的需用量。工料分析是编制主要材料、机具、劳动力需用量计划的原始资料，也是安排生产计划、组织施工、备料和组织机具、材料进场的依据。

工料分析是根据施工图纸和施工定额来编制的。编制步骤是：列出施工过程项目，计算工程量，套用定额计算各施工过程的用工、材料数量和机械台班数量，然后列出工料分析表。计算用工、用料及机械台班数量时，分别套用施工定额中的劳动定额、材料消耗定额及机械定额。没有施工定额套用的作业项，可根据经验数据或指标套用，各单位根据自己需要内容设计工料分析表。

(2)主要材料、机具、劳动力需用量计划的编制

有了工料分析，就可以根据施工进度计划编制主要材料、机具、劳动力的需用量计划。编制这个计划的目的，在于按照工程进度及时地组织材料、机具和人力进场，保证施工顺利进行，保证施工进度计划的完成。在安排材料(特别是砂、石大堆材料)供应计划时，要根据所在地区的气象、气候和自然条件，以及运输情况等，考虑适当的储备量，以免造成停工待料。材料需用

量计划可按月或按旬安排，对于用料数量很大的工程，应按旬安排计划；对于用料较少的工程，则可按月安排计划，组织供应。

15.1.4 施工场地设计

围绕地下工程，在地表需要建设支持施工的道路、动力供应和设备维修等辅助车间，物资存放仓库，指挥管理机构的办公房屋和人员生活用建筑，其中大多数为施工临时建筑，此外还得布置各类管线电缆等。这些建筑物与构筑物所形成的空间，就构成了地下工程施工的地表工业场地。

在进行施工场地设计时，为了达到合理布置的目的，应遵循以下原则：

①平面布置要力求紧凑，尽可能地减少施工用地，不占或少占农田(若为基本农田，按法律规定，只有国务院才有批准权限)。

②合理布置施工现场的运输道路，及各种材料堆场、加工场、仓库位置、各种机具的位置；尽量使各种材料的运输距离最短，避免场内二次搬运。

③尽量减少临时设施的工程量，降低临时设施费用。利用原有建筑物，提前修建可供施工使用的永久性建筑物；采用活动式拆卸房屋和就地取材的廉价材料；临时道路尽可能沿自然标高修筑以减少土方量，加工场的位置可选择在开拓费用最少之处等。

④方便工人的生产和生活，合理地规划行政管理和文化生活福利和福利用房的相对位置。

⑤符合劳动保护、环境保护、技术安全和防火的要求。

施工工业场地布置的成果，需要标在一定比例尺的施工地区地形图上，构成施工工业场地布置图。

一、工地供水

工地用水量由生产用水、生活用水和消防用水三部分组成。生产用水是指掘进工程用水、混凝土工程用水、装岩运输机械、施工辅助车间和动力设备所耗用的水量。用水量与工程规模、机械化程度、施工进度、人员数量和气候条件等有关，变化幅度较大，可根据工程所在地的实际情况据经验估计；生活用水指驻工地职工的饮用和卫生方面的一切用水，其用量也有一定的变化，可参考如下标准估算：生产工人平均用水量 0.1～0.15m^3/d，非生产工人平均用水量 0.08～0.12m^3/d；在消防方面，除按要求在设计、施工及布置等方面作好防火工作外，还应按临时建筑房屋每 3 000m^2 消耗水量 15～20L/s，灭火时间 0.5～1.0h 来计算消防用水储备量。

工地用水的水源，一般由现场实际情况而定，常用水源有：山上泉水、河水或钻井取水，条件允许时也可使用自来水。在缺水地区，则用汽车运输或长距离管道供水。

临时供水管网一般有环状管网、枝状管网和混合管网三种布置方式。环状管网能保证供水的可靠性，但管线长、造价高，适用于要求供水可靠的建筑项目或建筑群；枝状管网由干管和支管组成，管线短、造价低，但供水可靠性差，适用于一般的中小型工程；混合管网是主要用水区及干管采用环状，其他用水区及支管采用枝状的混合形式，兼有两种管网的优点，一般适用于大型工程。

供水管网的布置应在保证供水的前提下，使管道铺设越短越好，同时还应考虑在施工期间支管具有移动的可能性；布置管网时应尽量利用原有的供水管网和提前铺设的永久性管网；管网位置必须避开拟建工程场址；管网铺设要与土方平整规划协调。

二、工地供电

设计工地供电时主要解决三个问题：确定用电地点和需电量、选择电源、设计供电系统。

(1)工地需电量确定

在施工阶段中，由一个变电站控制的供电区域所需的总功率可用下式决定：

$$P = K \times \left(\frac{K_m + \Sigma K_c P_y}{\cos\varphi_0} + \Sigma K_c P_z\right) \tag{15-2}$$

式中：P——供电区域所需的总功率(kW)；

K——考虑输电网路中功率损失的系数，一般取1.05～1.10；

K_m——动力用电的同时负荷系数，可采用0.75～0.85；

$\cos\varphi_0$——功率因素的平均计算值(施工现场最高为0.75～0.85，一般为0.65～0.75)；

K_c——需电系数，一般取0.6～0.8之间，也可依据动力设备和照明设备的具体情况在相关手册中查取；

P_y——动力用电的铭牌功率(kW)，见动力装置手册或说明书；

P_z——整个工地照明用电量总和(kW)。

(2)选择电源和变压器

电源一般有工地自发电和地方电网供电两种方式。一般应尽量采用地方电网供电，自发电可作为备用，在地方电网供电不稳定时采用。在利用地方电网时，事先必须向供电部门申请。

在选择电源时，应根据重要程度分级，一般情况下，矿井提升设备、有沼气的地下工程通风设备、涌水量大的地下工程排水设备，如果停电可造成人身伤亡或设备损坏，长期才能恢复生产的用户属于Ⅰ级用户。Ⅰ级用户应有两个独立的电源，以保证用户的供电。空气压缩机、混凝土搅拌机、水泵及井下照明线路、电机车充电、整流设备等如果停电会造成大量废品、运输中断，给企业造成很大经济损失的属于Ⅱ级用户。对于Ⅱ级用户一般应采用双回路供电。

随用户不同，应供应不同电压的电能，一般照明用电为220V，动力用电为380V，某些大型工程机械则可能用600V或更高。隧洞等地下工程施工工作面照明为了保证安全，要求采用24～36V的安全电压。围岩稳定或支护后的隧道部分，若洞高于2.5m，按正规要求在洞顶安装照明设施的可用127V或220V电压；若洞高低于2.5m的则须用安全电压供电。

选择变压器时，其容量可按下式计算：

$$P = K(\sum P_{max}/\cos\varphi) \tag{15-3}$$

式中：P——变压器的容量(kW)；

K——功率损失系数，取1.05；

$\sum P_{max}$——各施工区最大计算荷载(kW)；

$\cos\varphi$——功率因素，取0.75。

根据上述计算结果，从变压器产品目录中选择适当型号的配电变压器。

关于电缆规格的选择设计参照有关电工手册。

(3)变压器及供电线路的布置

单位工程的临时供电线路，一般采用枝状布置，其要求为：

①尽量利用已有的供电线路和已有的变压器。

②若只设一台变压器，线路枝状布置，变压器一般设置在引入电源的安全区；若设置多台变压器，各变压器作环状连接布置，每个变压器与用电点作枝状布置。

③变压器设置在用电集中的地方，或者布置在现场边缘高压线接入处，高度要离地面超过3m，四周安装高度大于1.7m的护栏，并作明显警戒标志，变压器的位置不能影响生产和生活。

④线路宜在路边布置，距建筑物的距离应大于1.5m，电杆间距25～40m，高度4～6m，跨铁路时高度为7.5m。

⑤线路布置不得妨碍正常生产和生活，如影响交通和机械的施工、进出、装拆、吊装等，同时注意避开堆场、临时设施、基槽及后期工程所在地。

⑥按照电工相关规程操作和使用，注意接线和使用时的安全。

三、空气压缩机站设计

地下工程压气供应的主要对象是风动凿岩机、风镐等风动工具，以及喷混凝土以及其他风动机械。

(1)压缩空气量计算

空气压缩机站的总压缩空气供应量可按下式确定：

$$Q = K_1 K_2 \Sigma n_i q_i K_i \tag{15-4}$$

式中：Q——压缩机站生产的总压缩空气量(m^3/min)；

K_1——压缩空气在管网中输送时的能量损失系数，取1.1～1.3，与管线长度、弯头、闸门等有关；

K_2——随海拔高度H(km)的升高而用气量增加系数；

$$K_2 = 1 + 0.12H$$

n_i——同一种类型风动机具数量；

q_i——每台风动机具消耗的压缩空气量，其经验数值参考表15-2；

K_i——风动机具同时工作系数，见表15-2。

风动机具单台压缩空气用量和同时工作系数表 表15-2

机 械 类 型	压缩空气用量(m^3/min)	同时工作机具数量	同时工作系数
凿岩机	3.0～3.5	1～10台	1.0～0.85
装岩机	5.0～6.0	1～2台	1.0～0.75
混凝土喷射机	9.0～12.0	1～2台	1.0～0.75

(2)空气压缩机的选择

空气压缩机根据动力可分为内燃空压机和电动空压机；根据结构特点可分为移动式和固定式两种；根据容量可分为大容量、中容量、小容量三种。一般大容量空压机为固定式。选用空压机应根据工地有无足够的电源供应、工程量大小和集中程度以及施工机动性等确定。一般工程量大而集中、工期长的工程，应选用电动大容量固定式空压机；反之，选用小容量移动式空压机。当缺乏电力或零星工程施工时，则选用移动式内燃空压机。

另外，根据用气量的变化，确定配置空压机容量和台数，并配备必要的备用机组。

(3)压缩空气管路

压缩空气管路设计主要是确定压缩空气输送管径。为了避免和减少管路中的风压损失，除必须按照管路铺设要求连接和防止接头漏气外，还必须根据管路长度和输送的压缩空气量，适当地选择管径。管径太小，空气流速过大，从而增加与管壁的摩擦阻力，使风压损失过大；管径过大又不经济。选用管径要求:在最长的管路中,风压损失不应超过10%~15%,一般空压机处的压缩空气压力为0.6~0.7MPa,而最远处进入凿岩机的风压不宜低于0.5MPa,否则将影响凿岩机的使用效果。确定管径可根据经验公式计算:

$$d = 20\sqrt{Q} \tag{15-5}$$

式中:d——所需管径(mm);

Q——管内压缩空气流量(m^3/min)。

四、运输道路

施工运输道路应按材料构件和工程运输的需要,沿其仓库和堆场来布置,运输道路的布置原则和要求有:主要道路应尽可能利用已有道路或规划的永久性道路的路基,根据建筑总平面图上的永久性道路位置,先修筑路基,作为临时道路,工程结束后再修筑路面;最好是环形布置,并与场外道路相接,保证车辆行驶畅通,如不能环行布置,应在路端设置倒车场地;距离装卸区越近越好;满足机械施工的需要;考虑消防的要求,使道路靠近建筑物、木料场等易燃地方,以便车辆直接开到消火栓处,消防车道宽度不小于3.5m;道路路面应高于施工现场地面标高0.1~0.2m,两旁应有排水沟,一般沟深与底宽均不小于0.4m,以便排除路面积水,保证运输。

五、工程用施工仓库设计

根据物资器材和设备存放的不同要求,工地仓库可以是露天堆放、敞棚式或库房式。仓库中的库存量一方面要保障工程施工的需要,另一方面又应避免贮存过多而积压浪费。

工程一般需要建筑设备及零部件仓库、金属材料仓库、水泥仓库、爆破器材仓库、油料及危险品仓库等。仓库建筑物必须能够确保所有物资在存放中不变质、不损坏、不丢失。为了确保施工安全,尤其是注意爆破器材仓库、油料及危险品仓库的位置。

(1)临时炸药库

根据地质、地形条件不同,炸药库有地面式及洞室式等形式。设置临时炸药库应考虑:

①炸药库应布置在偏僻远离人流、货流通过的地区,合理利用地形,布置在有天然屏障的地段。

②炸药库与工地建筑物及附近居民区、道路、输电线路之间要保持一定的安全距离,安全距离可按照下列公式计算:

$$R = k\sqrt{q} \tag{15-6}$$

式中:R——最小安全距离(m);

q——爆炸的炸药量(kg);

k——安全系数,见表15-3。

炸药爆炸后空气冲击破坏安全系数表 表15-3

安全等级	破坏程度	安全系数	
		无土堤	有土堤
1	安全无破坏	50~150	10~40
2	玻璃窗偶然破坏	10~30	5~9
3	玻璃窗完全破坏,门及窗局部破坏,内墙有裂纹	5~8	2~4
4	内隔墙、门、木板房及板棚等破坏	2~4	1.1~1.9

选择安全系数时，应考虑可能爆炸的具体情况及被保护的建筑物确定。

③雷管与炸药库之间的安全距离可按下式计算：

$$R' = K'\sqrt{N} \tag{15-7}$$

式中：R'——最小安全距离(m)；

K'——安全系数，双方均无土堤时，$K'=0.06$，双方均有土堤时，$K'=0.03$；

N——库内存放的雷管数(个)。

④炸药库房修筑土堤，土堤应高出屋檐 1.5m，其上部宽度不小于 1m，下部按土内摩擦角 45°～60°范围确定。土堤与库房墙间距 2～3m，并设有排水沟。

⑤炸药库应设围墙或铁丝网，它们与炸药库墙距离不小于 40m，围墙外 3～5m 的地方由炸药库管理。

⑥炸药库房屋结构应不低于《建筑设计防火规范》(GB 50016—2006)中规定的耐火等级二级的各项要求；炸药库要有消防水管及贮水量充足且不冻结的蓄水池.

⑦炸药库内不准使用明火。

(2)临时油料库

工程施工临时油料库因服务年限短多采用地上式。油料库一般包括库房及发料间，室外应设装卸平台。

油料库设置时应注意：

①建筑物的耐火等级不得低于二级，建筑物主要部件应采用准燃烧体材料及非燃烧体材料，油库内外应设消防灭火设施；

②油库与其他建筑物、铁路、公路等的防火间距应符合现行《建筑设计防火规范》的规定；

③油库应有良好的通风隔热措施；

④库房内人工照明应采用防爆照明。

(3)材料及构件堆场

材料及构件堆场的面积可由下式计算：

$$F = Q/(nqk) \tag{15-8}$$

式中：F——材料、构件堆场或仓库所需的面积；

Q——某种材料现场总用量；

n——某种材料分批进场次数；

q——某种材料每平方米的储存定额；

k——堆场、仓库的面积利用系数。

材料及构件堆场应遵循的布置原则为：预制构件应尽量靠近垂直运输机械，以减少二次搬运的工程量；各种钢构件一般不宜露天堆放；砂石应尽量靠近泵站，并注意运输装卸方便；工程所需原材料，在拟建工程周边方便处布置。

六、工地其他临时房屋

工地其他临时房屋大概可以分为：

①办公用房：工程指挥部、工区的办公室、会议室等；

②居住用房：主要是现场人员宿舍；

③文化娱乐用房：俱乐部、图书室等；

④生活福利用房：医院、商店、食堂、浴室、理发室、厕所等。

修建这些临时房屋时，一方面应该满足以上各方面的实际需要，另一方面又必须尽一切可能减少修建费用。为此应该考虑：

①尽量利用施工地区附近村镇、城市的民房和文化福利设施；

②采用装配式结构和移动式的临时房屋，以便转移到其他工地使用；

③对于不能拆迁的临时房屋，尽可能利用当地材料修建，并按使用年限选用适当的建筑标准；

④办公室、职工宿舍等布置，应便利工人的生产与生活，既要靠近施工现场，又要避开洞口和其他产生噪声点，以不影响办公室和保证作业人员的休息。

工地临时房屋的需要量，取决于工程规模，工期长短等因素。可根据工地的工人、干部及家属的总人数和国家规定的房屋面积定额，算出各类房屋的建筑面积，并参照工程所在地区的具体条件来确定。

15.2 地下工程施工管理

15.2.1 施工企业工程质量管理

多年来，我国一直强调必须贯彻"百年大计，质量第一"的方针，质量管理工作也越来越为人们所重视。工程质量的好坏，不仅对项目投资单位和施工单位具有重要意义，同时对国家及人民的生命财产安全也有着重要影响。

作为建设工程产品的工程项目，投资和耗费的人工、材料、能源都相当大，投资者付出巨大的投资，要求获得理想的、满足适用要求的工程产品，以期在预定时间内能发挥作用，达到投资目的；作为施工单位，质量好坏关乎一个企业的诚信和声誉，而且极大影响其经济效益，不好的工程质量，可能会返工、维修，为此付出大量额外的代价，如果给国家和人民生命财产造成影响，其损失将会更大。

作为建设工程产品的工程项目，质量的优劣，不仅关系到工程的适用性，而且还关系到人民生命财产的安全和社会安定。因为施工质量低劣，造成工程质量事故或潜伏隐患，其后果是不堪设想的。所以在工程建设过程中，加强质量管理，确保国家和人民生命财产安全是施工项目管理的头等大事。

一、工程项目质量的基本概念

根据我国国家标准《质量管理和质量保证——术语》(GB/T 6583—1994)和国际标准《质量——术语》(ISO 8402—1994)，质量的定义是"反映产品或服务满足明确或隐含需要能力的特征和特性的总和"。定义中"产品或服务"是质量的主体。

定义中的"明确需要"，一般指在合同环境下用户提出的要求或需要，通过合同及标准、规范、图纸、技术文件作出明文规定，由供方保证实现；"隐含需要"指非合同环境(即市场环境)中，用户未提出或未提出明确要求，而由生产企业通过市场调研进行识别与探明的要求或需要。是用户或社会对产品服务的"期望"，也是人们所公认的不言而喻的"需要"，如房屋建筑能满足居住功能。

工程项目质量包括建筑工程产品质量和服务质量两方面。

建筑工程产品质量是指建筑工程产品适合于某种规定的用途，满足人们要求其所具备的质量特性的程度。

服务质量是一种无形的产品，是指企业在工程建设中和工程使用时的服务，满足用户要求的程度。其质量特性依服务业内不同行业而异，但一般应包括：服务时间、服务能力、服务范围、服务态度。

二、质量管理和质量保证标准简介

1987 年 3 月国际标准化组织(ISO)正式发布的 ISO 9000《质量管理和质量保证》系列标准后，世界各国和地区纷纷等同或等效采用该标准。我国于 1992 年发布了等同采用国际标准的 GB/T 19000—ISO 9000《质量管理和质量保证》系列标准。这一系列标准是为了帮助企业建立、完善质量体系，提高质量意识和质量保证能力，提高管理素质和市场经济条件下的竞争能力。

(1)系列标准的组成

ISO 9000 系列标准是在 ISO 8402—1986《质量——术语》的基础上产生的。我国等同采用 ISO 9000 系列标准制定的 GB/T 19000 系列标准由 5 个标准组成：

GB/T 19000—ISO 9000《质量管理和质量保证——选择和使用指南》；

GB/T 19001—ISO 9001《质量体系——设计、开发、生产、安装和服务的质量保证模式》；

GB/T 19002—ISO 9002《质量体系——生产和安装的质量保证模式》；

GB/T 19003—ISO 9003《质量体系——最终检验和试验的质量保证模式》；

GB/T 19004—ISO 9004《质量管理和质量体系要素——指南》。

(2)系列标准的分类

《质量管理和质量保证》系列标准是互为关联、互相支持的有机整体，其可分为三种类型：指导性标准(标准的选择指南)、质量保证模式标准、企业质量体系基础性标准(体系要素)。

ISO 9000 标准为指导性标准，阐述了系列标准的结构和分类，阐明了质量方针、质量管理、质量体系、质量控制和质量保证等 5 个关键质量术语的概念及概念之间的相互关系，规定了使用和选择质量体系标准的原理、原则、程序和方法。该标准在系列标准中起着指导作用，国际标准化组织称它为系列标准中具有交通指南性质的标准。

ISO 9001、ISO 9002、ISO 9003 为质量保证模式标准。这类标准适用于合同环境下的外部质量保证，为供需双方签订含有质量保证要求的合同提供了不同水平的三种质量保证模式，选定的模式标准既可作为生产方质量保证工作的依据，也可作为需方对供方进行质量体系评价的依据，以及企业申请质量体系认证的认证标准。

ISO 9004 标准为企业质量体系的基础性标准。该标准从市场经济需求出发，提出阐述企业质量体系的原理、原则和一般应包括的质量要素。标准具有高度的普遍性和指导性。对不同产业、各种行业的生产企业给予指导，是企业质量管理和质量体系的通用参考模式。

(3)质量体系标准的选择

建筑行业涉足范围包括设计、科研、房地产开发、市政、施工、试验、质量监督、建设监理等，在建立企业内部质量管理体系时，应该选择 ISO 9004 标准，这是一致的。由于企业各自的特点，质量形成的过程不同，因此，所建立的质量体系也是不相同的。

各单位在按照 ISO 9004 标准建立质量体系的基础上，如选择质量保证模式，可以根据企业产品的特点，选择 ISO 9001 或 ISO 9002 或 ISO 9003 标准，具体地说，设计、科研、房地产开发、总承包(集团)公司等单位可以选择 ISO 9001 标准，市政、施工(土建、安装、机械化施工、装饰、防腐、防水)等企业可以选择 ISO 9002 标准。

因为 ISO 9001 标准中包括了设计，因此对设计院、研究院和房地产开发公司等单位也适用，ISO 9002 标准中只包括生产和安装，因此，只对施工企业适用；ISO 9003 标准涉及试验和检验，所以适用于试验室、质监站和监理公司等单位。在各单位选择标准时，可根据自己的具体情况，灵活掌握。

(4)建筑企业建立质量体系的目的和基本原则

建筑施工企业建立质量体系的目的就是为了实现企业的基本任务，保证企业的生存和发展，提高企业的信誉，增强企业活力，提高企业竞争力。为了实现这个目的，企业生产的工程产品应达到如下目标：

①工程产品要满足建设方的需要和规定的用途。

②满足用户对工程产品的质量要求和期望，达到适应性、可靠性、耐久性、美观性和经济性的要求。

③符合有关标准的规定和技术规范的要求。

④符合安全、环保等方面的法令或条例的规定。

⑤工程产品取费低、质量优、具有竞争力。

⑥能使企业获得良好的经济效益。

建筑施工企业建立质量体系应注意的原则有：

①适应环境的原则：企业建立质量体系，选择体系要素，首先要了解外部合同环境所需要的质量保证范围和质量保证程度，以确定质量体系要素的数量和应开展的质量保证活动的程度，这就是建立质量体系适应环境的原则。

②实现企业目标的原则：企业质量体系的建立，必须保证企业目标的实现，选择合适的质量体系要素，建立完善质量体系，并进行合理的质量职能分解，落实质量责任制；按照有关质量体系文件规定，使质量体系正常运转；通过质量审核和评定，使供需双方在风险、成本、利益三方面达到最佳组合。这就是要实现企业目标的原则。

③适应建筑工程特点的原则：不同的工程项目其主体结构形式、装配水平和使用功能要求都不同，这就要求我们在建立质量体系时，要充分考虑其建筑工程的特点，明确施工各工序应满足的质量要求，对各环节影响质量的因素控制的范围和程度要求，从而确定质量要素的项目、数量和要素采用程度，以保证稳定地实现工程质量特性和特征要求。

④最低风险、最佳成本和最大利益原则：只有满足上述三条原则，选择和确定质量体系要素，建立和完善质量体系，才能使之适应各种不同的环境，将施工企业风险降到最低，适应各种工程类型和施工特点，获得最佳成本，全面实现企业目标，使企业在市场竞争中立于不败之地，获得最大的企业利益和社会效益。

三、企业质量体系的建立和运行

企业要生存和发展，提高自身竞争力和市场占有率就都要建立质量体系，开展内部与外部质量保证活动。

(1)质量体系的建立

《质量管理体系》GB/T 19004 标准明确了企业建立质量体系的原则性工作为：确定质量环，明确和完善体系结构，质量体系的文件化，质量体系的定期审核与复审以及质量体系的评审和评价。

按照国际标准 ISO 9000 和国家标准《质理管理体系》(GB/T 19000—2000)建立一个新的质量体系或更新、完善现行的质量体系，一般经历的步骤为：

①企业领导决策。建立质量体系涉及企业内部很多部门，领导认识到建立质量体系的重要性和必要性，并亲自领导、亲自实践和统筹安排，是建立健全质量体系的首要条件。

②编制工作计划。包括培训计划、体系分析、职能分配、文件编制、配备仪器仪表和设备等内容。

③分层次教育培训。组织学习 ISO 9000 和 GB/T 19000 等系列标准，结合本企业特点，了解建立质量体系的目的和作用，详细研究与本职工作有直接联系的要素，提出控制要素的办法。

④分析企业特点。结合企业的特点和具体情况，确定采用哪些要素和采用程度如何。采用的要素要能保证工程的适应性和符合性。

⑤落实各项要素。企业在选好合适的质量体系要素后，要进行二级要素展开，制定实施二级所必需的质量活动计划，并把各项质量活动落实到具体的部门或个人。

⑥编制质量体系文件。质量体系文件按其作用可分为法规性文件和见证性文件两类。法规性文件是用以规定质量管理工作的原则，阐述质量体系的构成，明确有关部门和人员的质量职能，规定各项活动的目的要求、内容和程序的文件。见证性文件是用以表明质量体系的运行情况和证实其有效性的文件(如质量记录、报告等)。这些文件记载了质量体系要素的实施情况和工程实体质量的状态，是质量体系运行的见证。

(2)企业质量体系的运行

保持质量体系的正常运行和持续实用有效，是企业质量管理的一项重要任务，是质量体系发挥实际效能、实现质量目标的主要阶段。质量体系运行是执行质量体系文件、实现质量目标、保持质量体系持续有效和不断优化的过程。

要保证质量体系的有效运行，必须依靠组织协调、质量监督、质量信息管理、质量体系审核和复审等手段和措施来实现。

四、企业质量体系控制的要素

(1)建筑施工企业质量体系要素

质量体系要素是构成质量体系的基本单元。它是产生和形成工程产品的主要因素。

质量体系是由若干个相互关联、相互作用的基本要素组成。在建筑施工企业施工建筑安装工程的全部活动中，工序内容多、施工环节多、工序交叉作业多，有外部条件和环境的因素，也有内部管理和技术水平的因素，企业要根据自身的特点，参照质量管理和质量保证国际标准和国家标准中所列的质量体系要素的内容，选用和增删要素，建立和完善施工企业的质量体系。一般分为非合同环境下的质量体系要素和合同环境下的质量体系要素。

非合同环境下的质量体系要素参照 GB/T 19004—ISO 9004，提出了企业在非合同环境下建立质量体系的 17 个要素，供企业选用。

合同环境下的质量体系要素，其质量体系的建立，是根据投资者和第三方的质量保证要求，结合施工企业的特点，参考《质量体系生产安装和服务的质量保证模式》(ISO 9002)建立和健全本企业的质量体系。

(2)建筑工程项目质量体系要素

工程项目是建筑施工企业的施工对象。从工程实际出发，对工程项目质量管理和质量体系要素进行的讨论，仅限于从承接施工任务、施工准备开始，直至竣工验收。从目前市场竞争角度出发，还应增加竣工交验后的工程回访与保修任务。以上施工管理过程由不同要素构成，现罗列如下，供企业在工程项目管理时选择、删减。

①工程项目领导职责

②工程项目质量体系原理和原则

a. 质量环。根据工程项目质量形成的质量环全过程来判定，包括任务承接、施工准备、材料采购、施工生产、试验与检验、功能试验、竣工交验、回访与保修等 8 个阶段。

b. 工程项目质量体系结构。包括质量责任与权限、组织机构、资源和人员等内容。

c. 质量体系文件。包括政策纲领性文件、管理性文件和执行性文件。

d. 质量体系审核。包括审核活动的范围，如确定要审核的体系要素，确定审核的部门、范围，审核人员的资格等；审核依据；审核报告。

e. 质量体系的评审和评价。

③工程项目质量成本管理

包括工程项目质量成本科目和质量成本分析报告。

④工程招投(议)标

工程招投(议)标是施工企业工程产品质量环中的一个重要环节，要确定合理的标价，须注意投标信息质量、合理确定企业投标的标底、加强投标工作的管理。

⑤施工准备质量

施工准备是根据建设单位需要，工程设计、施工规范的规定，安排、规定施工生产方法程序，合理地将材料、设备、能源和专业技术组织起来，为工程获得符合性质量创造条件。施工准备质量关系到工程施工的经济合理性和工程质量的稳定性，它直接影响工程的最终整体质量。

⑥采购质量

对外购物资的采购必须做好计划，主要有以下几项工作应加以控制：采购质量大纲包括的内容；对规范、图纸和订货单的要求；选择合格的供方；关于质量保证的协议；关于检验方法的协议；处理质量争端的规定；进货检验计划和进货控制；进货质量记录。

⑦施工过程质量控制

施工过程是建筑物符合性质量形成的过程。建筑物使用功能能否满足需要和潜在需要，施工过程起着很重要的作用。

施工过程的质量职能是根据设计和工艺技术文件规定、施工质量控制计划要求，对各项影响施工质量的因素具体实施控制的活动，保证生产出符合设计和规范质量要求的工程。

施工过程质量控制内容包括落实现场质量责任制；贯彻并加强工艺纪律的管理；现场文明施工与均衡生产；正常地开展 QC(Quality Control)小组活动。

⑧工序管理点控制

工程施工要力争一次成优、一次合格，必须以预防为主，加强因素控制，确定特定特殊工序、关键环节的管理点，实施工程施工的动态管理。

a. 管理点的设置。应根据不同管理层次和职能，按以下原则分级设置：质量目标的重要项目、薄弱环节、关键部位、施工部位需要控制的重要质量特性；影响工期、质量、成本、安全、材料消耗等重要因素环节；新材料、新技术、新工艺的施工环节；质量信息反馈中，缺陷频数较多的项目。随施工进度和影响因素的变化，管理点的设置要不断推移和调整。

b. 实施管理点的控制。管理点的控制一般按以下方法和措施进行：制定管理点的管理办法(包括一次合格率和“三工序”活动的管理办法)；落实管理点的质量责任；开展管理点 QC 小组活动；在管理点上开展抽检一次合格管理和检查上道工序、保证本道工序、服务下道工序的“三工序”活动；进行管理点的质量记录；落实与经济责任制结合的检查考核制度。

c. 工序管理点的文件。包括：管理点流程图；管理点明细表；管理点（岗位）质量因素分析表；操作指导卡（作业指导书）；自检、交接检、专业检查记录以及控制图表；工序质量分析与计算；质量保持与质量改进的措施与实施记录；工序质量信息。

d. 工序管理点实际效果的考查。管理点的实际效果主要表现在施工质量管理水平和各项质量指标的实现情况上。要运用数理统计方法绘制工程项目总体质量情况分析图表，该图表要反映动态控制过程与工程项目实际质量情况，各阶段质量分析要纳入工程项目方针目标管理，并实行经济奖惩。

⑨不合格的控制与纠正

一旦发现工程质量和半成品、成品的质量不能满足规定要求时，应立即采取措施。首先鉴别确定问题的等级，然后采取及时、正确的纠正措施并作出处理，最后，还得分析反省、作出相应整改，预防类似情况再发生。

⑩半成品与成品保护

半成品与成品保护工作贯穿于施工全过程，因此在施工现场要采取一定的措施和制定相关制度，搞好半成品与成品的保护与管理工作，使施工质量故障损失减少到较低程度，保证工程质量，使生产顺利进行。

⑪工程质量的检验与验证

工程质量检验是保证工程质量满足规定要求的重要职能，加强检验应贯彻施工者自检与专业检相结合的原则，应做到及时、准确、真实、可靠。主要包括预检、隐检、以 QC 小组为核心的班组质量检验、工程使用功能的测试等工作。

⑫工程回访与保修

工程项目施工具有一次性特点，工程竣工交验后，该施工项目组织机构即行撤销，根据下个工程项目情况进行重新组合。因此，工程回访与保修工作则由施工企业有关职能部门进行。

⑬工程项目质量文件与记录

质量文件和记录是质量体系的一个重要组成部分。工程项目质量体系中应制订有关质量文件和记录的管理办法，该办法应包括：标记、收集、编目、归档、储存、保管、使用、收回和处理、更改修订等内容，还应制订用户或供方查阅、索取所需记录的规定，以证明工程质量达到预定的要求，并验证质量体系的有效运行。

a. 工程项目质量文件：

质量体系文件；

施工图纸与变更洽商；

施工组织设计与施工进度计划；

工程质量设计与质量责任制；

工序质量控制与管理点规定；

技术规范与工艺操作规程；

试验、检验规定与作业程序；

技术交底与作业指导书；

有关质量保证的文件和资料。

b. 工程项目质量记录：

工程隐检、预检资料与分部、分项工程验收资料；

各种试验数据、鉴定报告、材料试验单；

各种验证报告、工序质量审核报告(资料)、工程质量审核报告、质量体系审核报告；

有关施工中质量信息记录；

QC小组活动记录；

质量成本报告；

各种质量管理活动记录。

⑭人员

人员是管理的主体，人员素质对质量体系的有效运行起着重要作用。加强全员培训，提高全体职工质量意识和劳动技能，调动广大职工积极性，是搞好质量工作的根本保证。本要素要求做好人员的培训、资格认证和调动人员积极性等方面的工作。

⑮测量和试验设备的控制

本要素的控制，可保证根据试验、测量作出决策或活动的正确性。要求对计量器具、仪器、探测设备、专门的试验设备以及有关计算机软件都要进行控制。制定并贯彻落实监督程序，使测量过程(包括设备、程序和操作者的技能)处于控制状态，将测量误差与要求进行对比，当达不到精密度和偏移要求时，应及时采取合理的措施。

⑯工程(产品)安全与责任

工程产品的安全与责任事故缺陷类型有：开发设计缺陷，制造缺陷或施工缺陷，使用缺陷。为了避免上述缺陷，提高工程安全性，减少质量责任，项目经理应识别和重视工程施工质量安全问题，特别要注意制订相关工作程序，力求将质量责任风险限制到最低程度，减少责任事故的发生；企业要严格贯彻遵守有关安全的法令、条例和规定，加强安全生产教育，树立预防为主的思想，制止和纠正违章指挥、违章操作，监督和落实方案的实施并做好安全设计与试验工作。

15.2.2 合同管理和风险管理

合同亦称契约，是签约双方当事人为实现某一目的以明确相互权利和义务而签订的书面协议。任何合同均应具备合同的主体、标的和内容三大要素。

合同管理是指企业对以自身为当事人的合同，依法进行订立、履行、变更、解除、转让、终止以及审查、监督、控制等一系列行为的总称。其中订立、履行、变更、解除、转让、终止是合同管理的内容；审查、监督、控制是合同管理的手段。项目合同管理包括对业主的施工承包合同和对分包方、分供方的合同管理和合同索赔管理等几个方面。

一、施工合同管理

施工项目合同管理，就是实现有效控制工程造价，提高企业的利润，加强对施工合同的管理。项目合同管理必须是全过程的、系统性的、动态性的。

加强合同管理首先应树立合同意识，合同管理人员应认真学习国家的法律和法规，掌握业务知识，在签订施工企业合同时应认真把关，认真做好合同签订前的合同评审工作，从源头上堵塞合同漏洞，防范合同风险；第二，合同签订后，认真进行交底，施工人员特别是现场施工管理人员应认真学习合同，明确合同规定的施工范围及双方的责任、权利和义务等；第三，加强企业内部的管理，结合企业的实际情况，制定合同的管理办法，明确相关人员的责、权、利，调动合同管理机构的积极性。

二、分包、分供合同管理

由于企业规模的扩张和社会分工的细化，利用社会资源进行分包分供，是做强做大企业的有效途径。分包、分供合同也是施工企业合同管理的难点和重点，是维护企业利益的关键工作，是容易造成企业利润流失的关键环节。一般应遵循以下原则：

①合法性原则。分包一定要遵守同业主签订的合同规定，不得违法分包；要求分包商必须具有项目工程要求的相应资质。

②合理性原则。项目要对中标后拟分包的工程，进行认真分析，对不平衡报价进行调整后再分包。在确保项目的责任成本目标和利润目标的前提下，制定分包工程的承包价。

③采用招标的形式确定分包、分供单位。

④集体参与，相互监督原则。项目都要成立以项目经理为组长，项目总工、副经理、书记、技术、材料、合同管理部门负责人参加的合同管理领导小组，实行集体参与，互相监督。要规范合同签订、施工监督、验工、拨款、竣工结算中的每一个环节，防止利润流失。

三、合同索赔管理

索赔是合同当事人在合同实施过程中，根据法律、合同规定及惯例，对非自身过错，而是应由对方承担的责任的情况造成的实际损失向对方提出经济和(或)时间补偿的要求。

索赔是合同双方经常发生的合同管理业务，是双方的合作方式，而不是对立。索赔工作的健康开展，对培育建筑市场，促进建筑业发展，提高建设效益，起着非常重要的作用；索赔的开展，有利于促进双方加强内部管理，严格履行合同。做好项目的索赔管理主要遵循以下几点：

①签好合同是索赔成功的前提。施工企业在签订合同时，应考虑各种不利因素，为合同履行时创造索赔机会。

②研究合同寻找索赔机会。要对施工合同进行完整、全面、详细的分析，通过研究切实了解合同约定的自己和对方的权利和义务，预测合同风险，分析进行合同索赔的可能性，以便采取最有效的合同管理策略和索赔策略。

③加强合同管理，捕捉索赔机会。合同是索赔的依据，索赔是合同管理的延续。建设工程施工，从合同签订到合同终止，是一个较长的过程，在过程中种种原因都会影响承包人的利益而应提出索赔：如工程地质条件变化，国家经济政策的变化，合同不完善，变更设计，发包、监理、设计等单位过错，自然灾害，不可抗力等。

④学会科学索赔方法。索赔一定要坚持科学方法，承包人必须熟悉索赔业务，注意索赔策略和方法，严格按合同规定的时间和要求提出索赔。严谨的索赔报告是索赔成功的关键。索赔报告要客观真实，资料完整，文字简洁，用词婉转，计算精确。

四、项目的风险管理

风险是指威胁到项目计划实施和目标实现的潜在事件或环境。风险管理是系统地将处理风险的途径程序化。风险管理的程序一般为预测、分析、评价和处理。风险管理应注意以下几个方面：

①在投标之前，对招标文件深入研究和全面分析；详细勘察现场，审查图纸，复核工程量；分析合同条款，制定投标策略；要深入了解发包人的资信、经营作风和合同应当具备的相应条件。

②施工合同谈判前，承包人应设立专门的合同管理机构负责施工合同的评审，对合同条款认真研究；在人员配备上，要求承包人的合同谈判人员既要懂工程技术，又要懂法律、经营、管理、造价财务。在谈判策略上，承包人应善于在合同中限制风险和转移风险，达到风险在双方中合理分配。

③加强合同履行时动态管理，建立企业风险预警机制。企业相关管理部门加强对项目合同履约的动态监控，密切关注项目资金、效益、技术、法律等方面的风险，最大限度地减少企业承担的风险。

④合理转移风险。对不可预测风险的发生，在合同履行过程中，推行索赔制度是转移风险的有效方法，尽可能把风险降到最低限度。

15.2.3 施工现场管理

施工管理的要求是：实现高速度、高质量、高工效、低成本和文明施工。它是施工管理的目标，也是衡量建筑企业施工管理水平的主要标志。

施工管理的基本任务是遵循建筑生产的特点和规律，把施工过程有机地组织起来。加强组织协调，充分发挥人力、物力和财力的作用，用最快的速度、最好的质量、最低的消耗，取得最大的经济效果。

施工现场管理的主要内容包括现场施工技术管理、现场材料管理、现场机械设备管理和安全生产管理等。

一、现场施工技术管理

现场施工技术管理的主要任务是：

①正确贯彻各项技术政策和法令，执行相关技术规范与规定。

②建立和健全组织结构，形成技术保障体系，按照技术规律科学地组织各项技术工作，充分发挥技术的作用。

③建立技术责任制，严格遵守基本建设程序、施工程序和正常的生产技术秩序，组织现场文明施工，确保工程质量，安全施工，降低消耗，提高建设投资和生产施工设备投资的效益。

④促进企业的科学研究、技术开发、技术教育、技术改造、技术更新和技术进步，不断提高技术水平。

⑤努力提高技术工作的技术经济效果，做到技术与经济的统一。

⑥提高技术成果的商品化程度。

现场施工技术管理的具体要求是：按工程技术的规律来组织和进行技术管理工作；认真贯彻并检查国家有关技术政策、规范、规程的执行情况；制定与建设工程有关并适合企业的技术规定和管理制度；拟定和组织贯彻技术工作计划和技术措施计划；组织新技术、新结构、新材料、新工艺的试验推广和科技情报的交流。

现场施工技术管理的主要内容：

(1)贯彻施工组织设计(或施工方案)

施工组织设计(或施工方案)是现场施工具有全面性的技术经济文件，是指导施工的法规，必须达到如下要求：

①熟悉施工组织设计(或施工方案)的内容。对其中的工程概况、施工部署、施工顺序、施工方法、进度计划、物资供应、现场平面布置，以及质量、安全、节约等技术措施要非常清楚；对采用的新技术、新工艺，要参照有关技术文件和技术资料，领会精神实质与做法。

②做好施工组织设计的交底工作。在工程开工前，要向工人班组进行施工组织设计的交底，组织工人班组认真学习施工组织设计，做出具体说明，提出具体要求，使全体施工人员全面了解工程的施工部署、施工方法、质量要求及安全生产等。

③认真按照施工组织设计的要求指挥生产。

(2)熟悉图纸

通过会审图纸、设计交底办理一次性洽商以后，应将设计变更的内容及时修改在图纸上，对施工过程中发生的技术性洽商，也应及时在施工图纸上注明。

(3)技术交底

技术交底工作应根据工程的不同情况，由公司总工程师、分公司主任工程师、项目经理部项目工程师领导组织全面的技术交底。技术交底的主要内容有：图纸交底、施工组织设计交底、分项工程技术交底。

分项工程技术交底由主管工长组织，由班组长、质量干事、安全干事等进行，必要时向全体班组人员交底。其主要内容包括图纸要求(设计要求的重要尺寸，轴线及标高，预留孔洞，预埋件的位置、规格、大小、数量等)；材料及配合比要求；施工组织设计的有关事项，如施工顺序、施工方法、工序搭接等；质量、安全、节约的具体要求和措施；班组责任制的要求；克服质量通病的要求，可能出现的质量通病的预防措施等。

(4)督促班组按规范及工艺标准施工

施工验收规范及工艺标准是现场施工和验收的依据，因此，应学习和熟练掌握各种规范及分项工程工艺标准的主要内容。在施工中必须掌握的规范主要有土石方工程、地基与基础工程、砖石工程、混凝土工程及防水工程等；经常深入施工现场，检查和督促班组人员严格按规范和工艺标准的要求进行施工。

(5)对隐蔽工程的检查与验收

隐蔽工程的检查与验收，是指本工序操作完成以后将被下道工序所掩埋、包裹而无法再检查的工程项目，在隐蔽前所进行的检查与验收。

对地下工程一般有开挖面轮廓、喷混凝土厚度、防水工程、注浆加固、二次衬砌厚度、锚杆和钢筋的品种、位置、形状、规格、数量、接头位置、搭接长度、预埋件，以及除锈、代用变更情况等。

(6)整理上报各种技术资料

施工中的各种技术资料主要是工程技术档案资料，它是工程合理使用、维修、改建、扩建及施工单位总结施工管理经验的依据。在施工过程中积累的原始资料有：

①重要分项工程或复杂部位技术交底记录。

②施工记录、隐蔽工程验收记录。

③施工日记。

④工程质量检查评定和质量事故处理资料。

⑤设备和管线调试、试压、试运转记录。

二、现场施工材料管理

施工材料管理的任务是组织货源，保证供应和加强核算，降低成本。

现场材料管理的要求是：依据施工平面设计，做好材料的堆放和工地临时仓库的建造；按施工组织设计计划分期分批组织材料进场；坚持现场领发料制度；加强材料耗用核算工作，避免超耗无法挽回；合理地选择和确定施工材料，并对进场的材料进行严格的检查和验收；经常清理现场，回收整理余料，做到工完场清。

现场材料管理分为施工准备阶段的材料管理和施工阶段的材料管理，其主要内容分为以下几个方面。

(1)施工准备阶段的材料管理

①了解工程概况，调查现场条件。查设计资料，了解工程基本情况和对材料供应工作的要求；根据工程合同工期、施工组织设计、施工方案、施工进度、施工平面、材料需求量，制定材料供应方式和数量；了解当地自然条件，掌握运输、资源状况和货源供应条件；建立现场材料管理

制度，了解对材料管理工作的要求。

②正确编制施工材料需用量计划。按施工图纸、预算资料确定材料用量，根据需用量、现场条件、资源情况确定申请量、采购量和运输量；按施工组织设计确定材料使用时间；以此为基础，并结合储备要求计算储备量及占地面积；编制施工材料需用量计划。

③设计平面规划，布置材料堆放。本内容可结合施工场地设计进行。

(2)施工阶段的现场材料管理

①进场材料的验收。现场材料管理人员应全面检查、验收入场的材料。应特别注意以下几点：现场材料都是将要被工程消耗的材料，其品种、规格、型号、质量、数量必须和现场材料需用计划相吻合；现场材料中有许多地方材料，计量中容易出现差错，应事先做好计量准备，约定好验量的方法，保证进场材料的数量；进场材料的质量必须严格检查，确认合格后才能验收，因此要求现场材料管理人员熟悉各种材料质量的检验方法。

②现场材料的保管。材料进场后，保管状况如何，直接影响到材料领取的方便程度和材料质量的保持，甚至关系到工程质量。现场材料保管要注意以下几点：对于易混淆规格的材料要分别堆放，严格管理；对于受自然界影响易变质的材料，应依据其变质的原因采取针对性保管措施，防止变质损坏；采取正确的措施，防范露天堆放材料的散失；现场材料中有许多结构件，它们体大量重，不好装卸，要防止安全事故的发生。

③现场材料的发放。材料发放的基本要求是：按质、按量、齐备、准时、有计划地发放材料，确保生产一线的需要，严格出库手续，防止不合理的领用，促进材料的节约和合理使用。

三、施工机械设备管理

施工机械设备管理的任务：正确地选购、及时地维护和修理、合理地使用、适时地改造和更新机械设备，使企业能使用适宜的先进的技术装备，并处于良好的、高效的状态，为企业安全、优质、高效完成生产任务创造条件。

施工机械设备管理的主要内容：

(1)正确选用机械设备

选用的原则有：符合实际需要的原则；配套供应的原则；实际可能的原则；经济合理的原则。

(2)正确使用机械设备

①建立健全机械设备的使用制度：

a. 实行定机、定人、定岗位责任的三定制度，这是人机固定的岗位责任制度。

b. 操作证制度。凡上岗操作机械设备人员，必须经过技术培训，经考试合格发给操作证后，才能上机操作。

c. 交接班制度。上班作业人员应向接班人员交代设备的运转情况，故障的处理记录等，接班人员应全面检查设备的状况，发现疑问要及时提出，以分清责任，保证设备正常运转。

d. 奖惩制度。定期对机械设备的使用状况进行检查、评比，根据评比结果实施奖惩，以鼓励先进，鞭策后进。

②严格执行机械设备使用中的技术规定：

a. 机械设备的技术试验规定。凡是新购进、新制造和重新安装的机械，都必须经过检查、保养、试运转、鉴定(统称为技术试验)，合格后才能正式投入使用。

b. 机械设备磨合期的规定。其目的就是使机械零件磨合良好，增强零件的耐用性，提高机械运行的可靠性和经济性，延长大修间隔期和使用寿命。

c. 季节性使用机械设备的规定。建筑机械多数是在露天作业，受气候影响大，特别是冬季应采取相应的技术措施，如预热保温、换用冬季润滑油等。

③建立机械设备技术档案，包括：

a. 机械设备的原始技术文件；

b. 机械技术试验和验收记录，交接清单；

c. 机械设备的运转记录、消耗记录；

d. 机械设备的历次主要修理和改装记录及有关资料；

e. 机械设备的事故分析记录及有关资料。

四、现场安全技术管理

(1)落实安全责任，实施责任管理

①建立、完善以项目经理为首的安全生产领导组织，有组织、有领导地开展安全管理活动，承担组织、领导安全生产的责任。

②建立各级人员安全生产责任制度，明确各级人员的安全责任。

项目经理是施工项目安全管理的第一负责人；各级职能部门、人员，在各自业务范围内，对实现安全生产的要求负责；全体员工承担安全生产责任，建立安全生产责任制。

③施工项目应通过监察部门的安全生产资质审查，并得到认可。

④施工项目负责施工生产中物的状态审验与认可，承担物的状态漏验、失控的管理责任。

⑤一切管理、操作人员均需与施工项目签订安全协议，向施工项目做出安全保证。

⑥安全生产责任落实情况的检查，应认真、详细地记录，作为分配、补偿的原始资料之一。

(2)安全教育

①新工人入场必须进行入场教育和岗位安全教育。

②特殊工种如起重、电气、爆破、焊接、潜水、驾驶等工人应进行相应的安全教育和技术训练，经考核合格，方准上岗操作。

③采用新技术，使用新设备、新材料，推行新工艺之前，必须向有关人员进行安全知识、技能、意识的全面安全教育。

④经常性安全教育，特别是坚持班前安全教育。

⑤做好暑季、冬季、雨季、夜间等施工时的安全教育。

(3)安全检查

安全检查是发现不安全行为和不安全状态的重要途径，是消除事故隐患，落实整改措施，防止事故伤害，改善劳动条件的重要方法。

①安全检查主要查思想、查管理、查制度、查现场、查隐患、查事故处理等。

②安全检查要成立由第一负责人为首，业务部门、人员参加的安全检查组织，建立安全检查制度，有计划、有目的、有准备、有整改、有总结、有处理地进行检查。

③针对电气线路、机械动力等关键性作业进行检查，以防止机械伤人、触电等人身事故。

④根据施工特点进行检查，如吊装、爆破、防毒、防塌等检查。

⑤季节性检查，如防寒、防冻、防暑、防洪、防台风等检查。

⑥防火及安全生产检查。检查其是否有消防组织，是否有完备的消防工具和设施，水源、道路是否畅通；施工人员进入施工现场是否佩戴安全帽，安全带、安全网及其他防护用品和设施的性能是否可靠。

⑦安全检查的形式有：定期安全检查、突击性安全检查、特殊检查。

(4)现场安全用电的措施

①按现行的施工现场临时用电安全技术规范规定,或按当地的施工暂设电气工程安全用电管理规定及当地供电部门的标准要求执行。

②施工现场内一般不架裸导线。现场架空线与建筑物水平距离不小于10m,线离地面的高度不小于6m,跨越建筑物或临时设施时的垂直距离不小于2.5m。

③每台电气设备机械应分设开关和熔断保险,严禁一闸多机,各种电器设备均要采取接零或接地保护。

④凡是移动式设备和手持电动工具均要在配电箱内装设漏电保护装置。

⑤照明线路要按标准架设,不准采用一根火线与一根地线的做法,不准借用保护接地做照明零线。

⑥任何单位、任何人都不准擅自指派无电工资质的人员进行电气设备的安装和维修等工作,不准强令电工从事违章冒险作业。

⑦对从事电焊工作的人员要加强安全教育,使他们懂得电焊机二次电压不是安全电压。

(5)电焊作业预防触电的措施

①保证各类电焊机的机壳有良好的接地保护。

②电焊钳要有可靠的绝缘,不准使用无绝缘的简易焊钳和绝缘把损坏的焊钳。

③在狭小场地或金属管架上作业时,要用绝缘衬垫将焊工与焊接件绝缘。

④工作中如有人触电,不要用手拉触电人,应立即切断电源;如触电者已处于昏迷休克状态,要立即进行人工呼吸,同时尽快送医院抢救。

(6)施工现场防火的措施

①各施工单位必须严格执行《消防法》和公安部关于建筑工地防火的基本措施。

②现场应划分用火作业区、易燃易爆材料区、生活区,按规定保持防火间距。

③现场应有车辆循环通道,通道宽度不小于3.5m,严禁占用场内通道堆放材料。

④现场应设专用消防用水管网,配备消火栓,较大工程要分区设消火栓。

⑤现场临时设施、仓库、易燃料场和用火处要有足够的灭火工具和设备,对消防器材要有专人管理并定期检查。

⑥严格三级用火审批制度,切实落实"二证一器一监护(即焊工证、动火证、灭火器与现场防火监护)"工作。

参 考 文 献

[1] 杨其新,王明年. 地下工程施工与管理[M]. 成都:西南交通大学出版社,2005.

[2] 龚维明,等. 地下结构工程[M]. 南京:东南大学出版社,2004.

[3] 高谦,等. 地下工程系统分析与设计[M]. 北京:中国建材工业出版社,2005.

[4] 贺少辉,等. 地下工程[M]. 北京:北京交通大学出版社、清华大学出版社,2006.

[5] 周传波,等. 岩石深孔爆破技术新进展[M]. 武汉:中国地质大学(武汉)出版社,2005.

[6] 周传波,谷任国,罗学东. 坚硬岩石一次爆破成井掏槽方式的数值模拟研究[J]. 岩石力学与工程学报,2002,24(13):2298~2303.

[7] ZHOU Chuan-bo, YAO Ying-kang, GUO Liao-wu etal. Numerical simulation of independent advance of ore breaking in the non-pillar sublevel caving method[J]. Journal of China University of Mining & Technology, 2007, 17(2): 0295~0300.

[8] 于亚伦主编. 工程爆破理论与技术[M]. 北京:冶金工业出版社,2004.

[9] 张志呈,肖正学,郭学彬,等. 裂隙岩体爆破技术[M]. 成都:四川科学技术出版社,1999:50~51.

[10] 李夕兵,等. 岩石地下建筑工程[M]. 长沙:中南工业大学出版社, 1999.

[11] D. E. Grad & M. E. Kipp. The micromechanics of impact fracture of rock [J]. Int. J. Rock Mech. Min. Sci. & Geomech. Abstr. Vol. 16, 1979.

[12] Y. Sano. Underdetermined system theory applied to qualitative analysis of responses caused by attenuating plane waves[J]. J. Appl. phys. 1990, 65(10).

[13] Thorne B. J.. Application Model for Rock Fragmentation and Comparison of Calculations with Blasting Experiments in Granite[J]. SAND, 1990:90~138.

[14] Thorne B. J. . Application of a damage model for rock fragmentation to the straight creek mine blast experiments[J]. SAND, 1991:91.

[15] Yang R. A new constitutive model for blast damage[J]. Int. J. Rock Mech. Min. Sci. , 1996, 33(3):245~254.

[16] 朱维申,何满潮. 复杂条件下围岩稳定性与岩体动态施工力学[M]. 北京:科学出版社,1995.

[17] 唐辉明,等. 工程地质数值模拟的理论与方法[M]. 武汉:中国地质大学(武汉)出版社,2001.

[18] Fu Bingjun, Liu Yongxie and Ma Yanxun. The development of rock caverns in hydraulic engineering of china and the case history of Lubuge project[J]. Chinese Journal of rock mechanics and engineering. 1995, 14(sulp).

[19] 金美海,等. 公路隧道环保施工综合研究[J]. 西部探矿工程,2007,4:126~128.

[20] Lin Yunmei (chief editors). New development in rock mechanics and engineering[M]. Shenyang: Northeastern University Press, 1994.

[21] Zhou Weiyuan, Yang Ruoging(chief editors). Rock mechanics in China[M]. Beijing: China Science Press, 1995.

[22] Harries. G. The moding of long cytindrical of explosive[A]. Proc. 1st Int. symp. Rock Fragmentation by Blasting Luiea[A], Sweeden, 1992:61-67.

[23] 雷永健, 周传波, 饶学治. 合理掏槽方法和爆破参数提高平巷掘进爆破率的实践[J]. 工程爆破, 2006, 12(1): 71~74.

[24] 陈建平,吴立. 地下建筑工程设计与施工[M]. 武汉:中国地质大学出版社,2000.
[25] 胡中雄,李向约,方晓阳. 环境岩土工程学概论[J]. 岩土工程学报,1990,12(1):98～107.
[26] 袁建新. 环境岩土工程问题综述[J]. 岩土力学,1996,17(2):88～93.
[27] 龚晓南. 21 世纪岩土工程发展展望[J]. 岩土工程学报,2000,22(2):238～242.
[28] 施斌. 关于环境岩土工程[J]. 工程地质学报,2002 ,10(4):349～355.
[29] H. Y. Fang. Introductory remarkson environmental geotechnology. [A]. Proceedings of the first International Symposiumon Environmental Geotechnology[C]. Pennsylvania: ENVD Publishing Company, Inc, 1986, 1～14.
[30] H. Y. Fang. Introduction to environmental geotechnology [M]. CRCPress, 1997,1～21.
[31] R. M. Koerner. KeynoteAddress. Proceedings of the First International Symposiumon Environmental Geotechnology [C], Vol. 2.
[32] 李相然,岳同助. 城市地下工程实用技术[M]. 北京:中国建材工业出版社,2000,7.
[33] 高辛财,刘维宁. 隧道施工期间的环境保护分析与对策[J]. 铁道建筑技术, 2003,1:38～40.
[34] 周文波. 盾构法隧道施工技术及应用[M]. 北京:中国建筑工业出版社,2004.
[35] 王占生,王梦恕. 盾构施工对周围建筑物的安全影响及处理措施 [J]. 中国安全科学学报, 2002,12(2):45～50.
[36] 夏明耀,曾进伦. 地下工程设计施工手册 [M] . 北京:中国建筑工业出版社,1999.
[37] 刘志刚,赵勇. 隧道施工地质技术[M] . 北京:中国铁道出版社,2001,12.
[38] 夏才初,李永盛. 地下工程测试理论与监测技术[M]. 上海:同济大学出版社,1999.
[39] 孙钧. 地下工程设计理论与实践[M]. 上海: 上海科学技术出版社,1996.
[40] 韩瑞庚. 地下工程新奥法[M]. 北京:科学出版社, 1987.
[41] 钱东升. 公路隧道施工技术[M]. 北京:人民交通出版社,2003.
[42] 余彬泉,陈传灿. 顶管施工技术[M]. 北京:人民交通出版社,1998.
[43] 王梦恕. 我国地铁施工方法综述与展望[J]. 地下空间,1998,6.
[44] 中华人民共和国行业标准. 建筑基坑工程技术规范(YB 9258—1997)[S]. 北京:冶金工业出版社,1998.
[45] 于书翰,杜谟远. 隧道施工[M]. 北京:人民交通出版社,1999.
[46] 余志成,施文华. 深基坑支护设计与施工[M]. 北京:中国建筑工业出版社,1999.
[47] 赵志缙. 简明深基坑工程设计施工手册[M]. 北京:中国建筑工业出版社,2000.
[48] 周树发. 建筑施工[M]. 北京:中国铁道出版社,2002.
[49] 关宝树,国兆林. 隧道及地下工程[M]. 成都:西南交通大学出版社,2000.
[50] 应惠清,曾进伦,谈至明,等. 土木施工技术(下)[M]. 上海:同济大学出版社,2003.
[51] 翁家杰. 地下工程[M]. 北京:煤炭工业出版社,1995.
[52] 马保松,Dstein,蒋国盛. 顶管和微型隧道技术[M]. 北京:人民交通出版社,2004.
[53] 李茜,付乐,等. 简明地下结构设计施工资料集成[M]. 北京:中国电力出版社,2005.
[54] 高乃熙. 顶管技术[M]. 北京:中国建筑工业出版社,1984.
[55] 中华人民共和国建设部 JGJ 120—1999 建筑基坑支护技术规程. 北京:中国建筑工业出版社,1999.
[56] 关宝树,国兆林主编. 隧道及地下工程[M]. 成都:西南交通大学出版社,2000 .
[57] 崔江余,梁仁旺. 建筑基坑工程设计计算与施工[M]. 北京:中国建材工业出版社,1999.
[58] 周爱国. 隧道工程现场施工技术[M]. 北京:人民交通出版社,2004.